Josef Betten

Tensorrechnung für Ingenieure

Leitfäden der angewandten Mathematik und Mechanik

Unter Mitwirkung von
Prof. Dr. G. Hotz, Saarbrücken
Prof. Dr. P. Kall, Zürich
Prof. Dr. Dr.-Ing. E. h. K. Magnus, München
Prof. Dr. E. Meister, Darmstadt

herausgegeben von
Prof. Dr. Dr. h. c. H. Görtler, Freiburg

Band 64

B. G. Teubner Stuttgart

Tensorrechnung für Ingenieure

Von Dr.-Ing. Josef Betten
Professor an der Techn. Hochschule Aachen

Mit 45 Bildern, 7 Tabellen, 220 Übungsaufgaben und vollständig ausgearbeiteten Lösungen

B. G. Teubner Stuttgart 1987

Univ.-Prof. Dr.-Ing. Josef Betten

Abitur 1958. Ein Jahr Praktikum bei KHD, Köln, MWM, Mannheim, FRISTEIN, Paderborn. Von 1958 bis 1964 Studium des Maschinenbaus an der Technischen Hochschule Aachen. Von 1964 bis 1968 Industrietätigkeit bei der Rheinischen Walzmaschinenfabrik in Köln. Von 1968 bis 1970 wiss. Mitarbeiter und wiss. Assistent an der RWTH Aachen. Promotion 1968 unmittelbar nach der Industrietätigkeit, 1970 Lehrauftrag in „Mathematische Modelle in der Werkstoffkunde". 1971 Habilitation an der Fakultät für Maschinenwesen der RWTH Aachen. 1970/1972 Akademischer Rat/Akademischer Oberrat. 1973 Ernennung zum apl. Professor. 1977 Ernennung zum Studienprofessor. 1980 Berufung als Ordentlicher Universitätsprofessor an die TU Graz für Mechanik. 1981 Ernennung zum beamteten Professor an der RWTH Aachen. 1987 Ernennung zum Univ.-Prof. an der RWTH Aachen.

Arbeitsgebiete: Tensorrechnung, Kontinuumsmechanik (Elasto-, Plasto- und Kriechmechanik)

CIP-Kurztitelaufnahme der Deutschen Bibliothek

Betten, Josef:
Tensorrechnung für Ingenieure / von Josef Betten. - Stuttgart : Teubner, 1987
(Leitfäden der angewandten Mathematik und Mechanik ; Bd. 64)
ISBN 978-3-322-99338-0 ISBN 978-3-322-99337-3 (eBook)
DOI 10.1007/978-3-322-99337-3

NE: GT

Softcover reprint of the hardcover 1st edition 1987

Gesamtherstellung: Zechnersche Buchdruckerei GmbH, Speyer

Vorwort

Die Tensorrechnung entstand um die Jahrhundertwende und wurde von den italienischen Mathematikern RICCI und LEVI-CIVITA, die Schüler von RIEMANN und CHRISTOFFEL waren, begründet [1]. Die bekannteste physikalische Anwendung erfuhr die Tensorrechnung in der Relativitätstheorie [2,3]. Weitere Anwendungsgebiete sind z.B. die Differentialgeometrie [2,4] und die Kontinuumsmechanik [2,5 bis 10].

In den letzten Jahren dringt der Tensorkalkül immer stärker auch in die technische Literatur vor, so daß künftig die Tensorrechnung zum mathematischen Rüstzeug des Ingenieurs gehören wird, etwa wie lineare Algebra, Matrizenrechnung, Infinitesimalrechnung oder die "Methode der finiten Elemente", die in vielen Konstruktionsbüros schon seit einigen Jahren zum alltäglich benutzten Werkzeug des Ingenieurs zählt.

Der Zweck des vorliegenden Buches besteht darin, den Studierenden ingenieurwissenschaftlicher Fachrichtungen, Doktoranden und auch bereits in der Praxis tätigen Ingenieuren zur Erleichterung des Literaturstudiums ein Hilfsmittel zu geben. Zur Festigung des Stoffes werden an gegebenen Stellen Übungsaufgaben eingeblendet, deren Lösungen im Anhang ausgearbeitet sind.

Der mit den Namen RICCI und LEVI-CIVITA verbundene Begriff des "absoluten Differentialkalküls" wird in diesem Buch nicht behandelt. Als Einführung in die Tensorrechnung werden alle Rechenoperationen in rechtwinklig CARTESIschen Koordinaten durchgeführt, d.h., es werden CARTESIsche Tensoren besprochen. Hiervon ist Teil E ausgenommen, in dem allgemeine Koordinatensysteme zugrunde gelegt werden.

Der Inhalt des vorliegenden Buches (mit Ausnahme von Teil E) entspricht etwa dem Stoff meiner Lehrveranstaltung "Tensorrechnung für Ingenieure I", die ich seit mehr als 15 Jahren jeweils im Wintersemester für Studierende des Studienganges "Grundlagen des Maschinenwesens" (5. Semester) an der RWTH Aachen halte. Allgemeine krummlinige Koordinaten (Teil E) und der erwähnte "absolute Differentialkalkül" sind Gegenstand meiner Sommervorlesungen und Übungen in "Tensorrechnung für Ingenieure II".

Gegenüber einer früheren Ausgabe [11] wurden einige Ziffern gekürzt, um Raum zu schaffen für neuere Ergebnisse. Auch wurden aufgrund der in den Vorlesungen gewonnenen Erfahrungen manche Darstellungen verbessert; einige mußten erweitert und anschaulicher herausgestellt werden, während andere kürzer gefaßt werden konnten. Zusätzlich wurden zwei neue Teile (D und E) aufgenommen, zu denen aus Platzgründen keine gesonderten Übungsaufgaben gebracht werden konnten. Allerdings enthalten sie zur Illustration genügend Anwendungsbeispiele.

Teil D (Tensorfunktionen) basiert auf Vorlesungen, die ich im Juli 1984 in Udine (CISM) und im Juli 1986 in Bad Honnef (Physikzentrum) gehalten habe. An diesen Veranstaltungen waren als Vortragende auch meine Kollegen BOEHLER (Grenoble), RIVLIN (Bethlehem, U.S.A.) und SPENCER (Nottingham) beteiligt. Die "Lecture Notes" sind in [12] veröffentlicht.

Die wohl wichtigste Anwendung der Darstellungstheorie von Tensorfunktionen liegt im Aufstellen von Stoffgleichungen (constitutive equations). Im Hinblick auf den zunehmenden Einsatz von Werkstoffen, die sich nicht linear elastisch und nicht isotrop verhalten oder bei denen große Verformungen auftreten, sind die Tensorfunktionen von grundlegender Bedeutung für die Kontinuumsmechanik, in der auch nicht-newtonsche Fluide [13,14] behandelt werden.

Allen Rezensenten und Lesern, die sich die Mühe gemacht haben, mein früheres Buch [11] zu begutachten, möchte ich danken. Ihre Bemerkungen habe ich weitgehend berücksichtigen können. Mein Dank gilt auch den Studenten meiner Vorlesungen, deren Kritik für mich besonders wichtig und aufschlußreich ist.

Herzlich gedankt sei an dieser Stelle Frau M. VOLLSTEDT, die mit unermüdlicher Sorgfalt und großem Geschick die reproduktionsreife Vorlage erstellte. Gleichermaßen möchte ich Herrn A. HERBST, dem Leiter des Zeichenbüros, danken, der die Bilder und Tabellen sorgfältig und termingerecht angefertigt bzw. koordiniert hat.

Dem Teubner-Verlag, insbesondere Herrn Dr. P. SPUHLER, sei gedankt für die bereitwillige Aufnahme meines Manuskriptes und die gute und verständnisvolle Zusammenarbeit. Ferner möchte ich meinem Kollegen, Herrn Prof. Dr. E. MEISTER, für seine wertvollen Ratschläge danken.

Aachen, März 1987 Josef Betten

Inhaltsverzeichnis

A Einleitung

Viele geometrische und physikalische Größen haben einerseits vom zugrundegelegten Koordinatensystem unabhängige Bedeutungen, andererseits kann man ihnen in jedem Koordinatensystem "Maßzahlen" (Tensorkoordinaten) zuordnen, die bei Transformationen des Koordinatensystems ganz bestimmten Transformationsgesetzen gehorchen. Solche Größen bezeichnet man als Tensoren. Man unterscheidet Tensoren 0-ter, erster, 2-ter und höherer Stufe, allgemein Tensoren ν-ter Stufe. In der klassischen Form werden diese Größen als Skalare, Vektoren, Dyaden, Triaden etc. bezeichnet. Die allgemeine Bezeichnung Tensor geht auf den Spannungstensor (tendere = spannen) zurück, einer Dyade, die in der Kontinuumsmechanik eine fundamentale Rolle spielt.

Die Untersuchung solcher Größen auf ihr Transformationsverhalten hin in allgemeinen Koordinatensystemen, die schiefwinklig und/oder krummlinig sein können, führt zum allgemeinen Tensorkalkül. Im vorliegenden Buch wird mit Ausnahme von Kapitel E der Tensorbegriff in sehr einfacher und elementarer Weise behandelt, und zwar wird der dreidimensionale EUKLIDsche Raum mit rechtwinkligen CARTESIschen Koordinaten*) betrachtet. Man spricht dann von CARTESIschen Tensoren.

Zur Darstellung der tensoriellen Größen soll im folgenden die Indexschreibweise bevorzugt werden. So drückt man beispielsweise den Geschwindigkeitsvektor, der in symbolischer Schreibweise durch $\vec{v}$ oder $\underset{\sim}{v}$ gekennzeichnet wird und im dreidimensionalen EUKLIDschen Raum die Koordinaten v_1, v_2, v_3 besitzt, kurz durch v_i aus. Entsprechendes gilt z.B. für den Spannungstensor $\underset{\sim}{\sigma}$, für den in der Indexschreibweise σ_{ij} geschrieben wird. In der Literatur findet man beide Schreibweisen. So sollte man auch mit beiden Schreibweisen vertraut sein. Die symbolische Schreibweise verdeutlicht den vom Koordinatensystem unabhängigen physikalischen Gehalt einer Beziehung zwischen den Feldgrößen. Zum Herleiten von Formeln und beim Lösen von Übungsaufgaben bietet jedoch die Indexschreibweise meistens größere Vorteile, insbesondere bei Tensoren, deren Stufenzahl größer als zwei ist.

---

*) Ein CARTESIsches Koordinatensystem ist durch gleiche lineare Maßeinteilung auf allen Achsen ausgezeichnet. Insbesondere spricht man von rechtwinkligen CARTESIschen Koordinaten, wenn die Koordinatenachsen paarweise orthogonal sind.

B Tensoralgebra

In diesem Teil des Buches werden die wichtigsten algebraischen Tensoroperationen in rechtwinklig CARTESIschen Koordinaten beschrieben und eingeübt. Danach können erst analytische Operationen wie Differentiationen und Integrationen behandelt werden. Das führt zur Tensoranalysis (Teil C).

1 Vektoren (Tensoren erster Stufe) und einfache Vektoroperationen

1.1 Zum Vektorbegriff, Norm und Skalarprodukt

Vektoren lassen sich als Strecken (geometrisches Objekt) darstellen, die eine Länge (Betrag des Vektors) und eine Richtung mit Richtungssinn (Durchlaufsinn) haben. Der Vektor $\vec{A}$ besitzt als Element des dreidimensionalen Vektorraumes drei Koordinaten:

$$\vec{A} = (A_1, A_2, A_3) = (A_i) \ . \qquad (1.1)$$

Die Lage des Anfangspunktes und des Endpunktes sind durch die "Ortsvektoren" $\vec{y} = (y_1, y_2, y_3)$ und $\vec{x} = (x_1, x_2, x_3)$ bestimmt, so daß sich die Koordinaten des Vektors aus folgender Differenz ergeben (Bild 1.1):

$$A_i = x_i - y_i \ , \qquad i = 1,2,3 \ . \qquad (1.2)$$

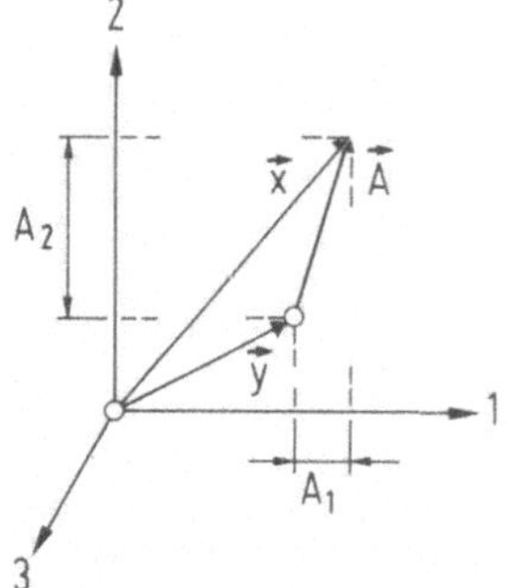

Bild 1.1
Zur Darstellung des Vektors $\vec{A}$

Symbolisch drückt man Gl. (1.2) durch $\vec{A} = \vec{x} - \vec{y}$ aus. Entsprechend $i = 1,2,3$ stellt (1.2) ein Gleichungssystem dar, das aus drei Gleichungen besteht. Falls $\vec{y}$ der Nullvektor ist ($y_1 = y_2 = y_3 = 0$), fällt $\vec{A}$ mit dem Ortsvektor $\vec{x}$ zusammen. Im folgenden wird immer angenommen, daß der Anfangspunkt des Vektors im Koordinatenursprung liegt, wie Bild 1.2 zeigt.

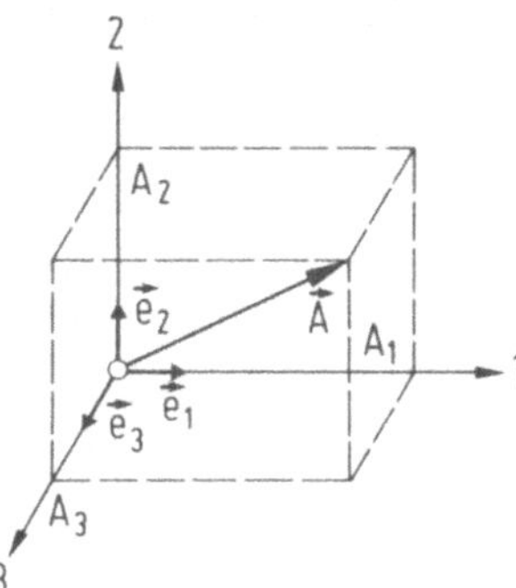

Bild 1.2
Zerlegung des Vektors $\vec{A}$

Der in Bild 1.2 dargestellte Vektor $\vec{A}$ kann in Form einer Linearkombination

$$\vec{A} = A_1\vec{e}_1 + A_2\vec{e}_2 + A_3\vec{e}_3 = \sum_{i=1}^{3} A_i\vec{e}_i \tag{1.3}$$

in drei Komponenten zerlegt werden mit den Koeffizienten A_1, A_2, A_3, die man Koordinaten des Vektors nennt, und den Basisvektoren mit dem Betrag EINS in Richtung der drei Koordinatenachsen 1,2 und 3:

$$\vec{e}_1 = (1,0,0), \qquad \vec{e}_2 = (0,1,0), \qquad \vec{e}_3 = (0,0,1). \tag{1.4}$$

Da die drei Basisvektoren (1.4) paarweise orthogonal sind und die Länge EINS haben, nennt man die Gesamtheit der im Ursprung angetragenen Basisvektoren ein orthonormiertes Dreibein.

Die Indizes 1,2,3 am Zeichen e in (1.4) haben eine andere Bedeutung als die Indizes in (1.3) am "Kernbuchstaben" A des Vektors $\vec{A}$. Während durch die Schreibweise $\vec{e}_i$, $i = 1,2,3$, drei verschiedene Vektoren symbolisiert werden, kennzeichnet A_i, $i = 1,2,3$, die drei Koordinaten eines einzelnen Vektors $\vec{A}$. Daher wäre es vielleicht sinnvoller, die übliche Schreibweise in (1.4) durch ${}^1\vec{e},\ldots,{}^3\vec{e}$ zu ersetzen, wobei die Linkszeiger als Unterscheidungsmerkmal benutzt werden. Die insgesamt neun Koordinaten der drei Basisvektoren lassen sich dann analog zu A_i gemäß ${}^1e_i,\ldots,{}^3e_i$, $i = 1,2,3$, ausdrücken. Mit diesen Bezeichnungen stellt man wegen (1.4) die Identität

$$A_i = A_1 \, {}^1e_i + A_2 \, {}^2e_i + A_3 \, {}^3e_i \qquad (\underset{\sim}{1.3})$$

fest, die man mit (1.3) vergleichen möge.

Wie in der Einleitung bereits angedeutet, findet man in der Literatur, z.B. in [2,10,11,15 bis 19] die Redeweisen "Vektor V_i", "Tensor zweiter Stufe T_{ij}" oder "Tensor vierter Stufe A_{ijkl}". Richtig muß es heißen: "Die Koordinaten A_i des Vektors $\vec{A}$", "Die Koordinaten A_{ij} des Tensors zweiter Stufe $\underset{\approx}{A}$" oder "Die Koordinaten A_{ijkl} des Tensors vierter Stufe $\underset{\approx}{A}$". Das Symbol $\underset{\approx}{A}$ allein gibt jedoch keinen Aufschluß über die Art (Stufenzahl) des Tensors, was die ungenaue Ausdrucksweise entschuldigen möge.

Da der Vektor $\vec{A}$ als geometrisches Objekt "orientierte Strecke" gedeutet werden kann, bleibt er von einer Koordinatentransformation unberührt und ist in diesem Sinne <u>invariant</u>! Lediglich die Zerlegung gemäß (1.3) ist von einer Transformation betroffen. So gehen die Koordinaten A_1, A_2, A_3 beispielsweise bei einer Drehung des orthonormierten Dreibeins in die Koordinaten A_1^*, A_2^*, A_3^* über *):

$$\vec{A} = A_1^* \vec{e}_1^* + A_2^* \vec{e}_2^* + A_3^* \vec{e}_3^* \, . \qquad (1.3^*)$$

Das Transformationsverhalten der Vektorkoordinaten $\{A_i\} \to \{A_i^*\}$ beim Übergang von der Basis $\vec{e}_i$ zu einer Basis $\vec{e}_i^*$ wird in Ziffer 1.3 ausführlich besprochen. Dieses <u>Transformationsgesetz</u> ergibt sich aus der geometrischen Deutung des Vektors als orientierte Strecke. Weitere wesentliche Merkmale und Bemerkungen zum Vektorbegriff findet man z.B. in [20] oder auch in den Normen DIN 1303, DIN 1312 und DIN 4895.

Der Vektor $\vec{A}$ ist als einfach indizierte Größe A_i darstellbar und wird daher in der Tensorrechnung als Tensor erster Stufe bezeichnet - im Gegensatz zum Skalar $\mathcal{S}$ (Tensor 0-ter Stufe).

Der <u>Betrag</u> A (die <u>euklidische Norm</u>, die <u>Länge</u>) eines Vektors $\vec{A}$ folgt aus dem Satz von PYTHAGORAS mit den Bezeichnungen gemäß Bild 1.1 zu:

$$A^2 = (x_1-y_1)^2 + (x_2-y_2)^2 + (x_3-y_3)^2 \equiv \sum_{i=1}^{3} (x_i-y_i)^2 \qquad (1.5)$$

bzw. wegen Gl. (1.2) auch

$$A^2 = \sum_{i=1}^{3} A_i^2 \equiv A_i A_i = A_1^2 + A_2^2 + A_3^2 \, . \qquad (1.6)$$

---

*) Häufig sagt man "Vektoren bzw. allgemein Tensoren transformieren sich". Diese Redeweise ist nicht ganz gerechtfertigt, da sie den Eindruck erweckt, daß es sich um zwei verschiedene Objekte handelt; in Wirklichkeit sind die A_i und A_i^* nur zwei verschiedene Darstellungen eines und desselben geometrischen Gebildes, nämlich des Vektors schlechthin!

Darin ist die <u>Summationsvereinbarung</u> nach EINSTEIN [3] berücksichtigt, wonach über einen <u>doppelt</u> auftretenden Index in einem Produkt oder allgemein in einem <u>Monom</u> summiert wird. Wörtlich heißt es in [3]:

> "Tritt ein Index in einem Term eines Ausdrucks zweimal auf, so ist über ihn stets zu summieren, wenn nicht ausdrücklich das Gegenteil bemerkt ist."

Die Summationsvereinbarung ist eine formale Besonderheit der Tensorrechnung und verkürzt die Schreibweise algebraischer Formen, da sie nur in monomialer Gestalt geschrieben werden, d.h., für ein homogenes Polynom z.B. gibt man nur dessen typisches <u>Monom</u> an und kündigt die auszuführende Summation durch doppelt auftretende Indizes an. Man nennt diese Indizes <u>stumm</u> oder <u>gebunden</u> im Gegensatz zu einem <u>freien</u> Index. Ein stummer Index tritt nach außen, d.h. im Ergebnis nicht in Erscheinung, da er an eine Operation (die Summation) <u>gebunden</u> ist (analog zu einer Integrationsvariablen). Beispielsweise gilt:

$$\sum_{i=1}^{3} A_i B_i \equiv A_i B_i \Rightarrow A_i B_i = A_1 B_1 + A_2 B_2 + A_3 B_3 , \tag{1.7}$$

$$\sum_{i=1}^{3} A_{ii} \equiv A_{ii} \equiv A_{kk} \Rightarrow A_{kk} = A_{11} + A_{22} + A_{33} . \tag{1.8}$$

Man beachte jedoch

$$(A_{ii})^2 = (A_{11} + A_{22} + A_{33})^2 \tag{1.9}$$

im Gegensatz zu:

$$A_{ii}^2 = A_{11}^2 + A_{22}^2 + A_{33}^2 . \tag{1.10}$$

Aufgrund der Summationsvereinbarung ist auch in (1.3) das Summenzeichen überflüssig.

Die Richtung eines Vektors (Bild 1.3) wird angegeben durch die <u>Richtungskosinusse</u>

$$\cos \alpha_i = A_i / A , \qquad i = 1,2,3. \tag{1.11}$$

Multipliziert man beide Seiten in (1.11) mit sich selbst,

$$\cos \alpha_i \cos \alpha_i = A_i A_i / A^2 , \tag{1.12}$$

so erhält man unter Berücksichtigung der Summationsvereinbarung und wegen (1.6) die bekannte Beziehung:

$$\cos^2\alpha_1 + \cos^2\alpha_2 + \cos^2\alpha_3 = 1 \ . \quad (1.13)$$

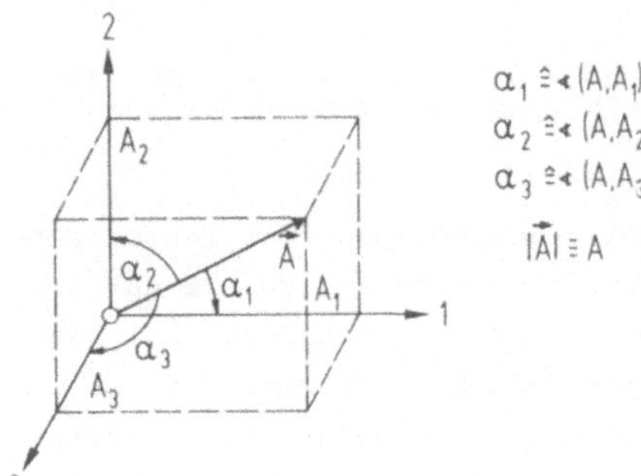

Bild 1.3
Orientierung eines Vektors $\vec{A}$

Die in (1.12) durchgeführte Produktbildung ist der Sonderfall einer Überschiebung, so wie auch (1.6) ein Sonderfall des inneren oder skalaren Produktes (1.7) ist.

Über den Kosinussatz ist eine geometrische Deutung des inneren oder skalaren Produktes zweier Vektoren $\vec{A}$ und $\vec{B}$ gegeben. Dazu bildet man aus der Vektoraddition

$$\vec{A} = \vec{B} + \vec{C} \qquad \text{bzw.} \qquad A_i = B_i + C_i \ , \quad (1.14a)$$

die eine geometrische Deutung im Vektorparallelogramm findet, den in Bild 1.4 dargestellten Differenzvektor

$$\vec{C} = \vec{A} - \vec{B} \qquad \text{bzw.} \qquad C_i = A_i - B_i \ . \quad (1.14b)$$

Dieser hat die Norm C mit

$$C^2 = C_iC_i = (A_i - B_i)(A_i - B_i) = A^2 + B^2 - 2A_iB_i \ . \quad (1.15)$$

Vergleicht man damit den Kosinussatz (Bild 1.4),

$$C^2 = A^2 + B^2 - 2AB\cos\vartheta \ , \quad (1.16)$$

so erhält man unmittelbar das innere Produkt (1.7) zu

$$\boxed{A_iB_i = AB\cos\vartheta} \ . \quad (1.17)$$

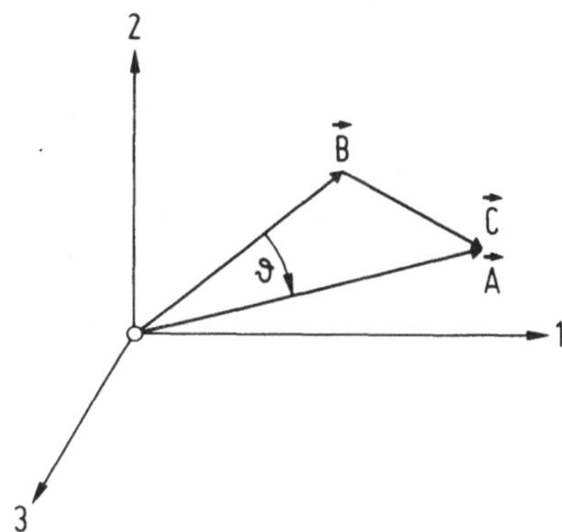

Bild 1.4
Skizze zur Vektoraddition und zum Skalarprodukt

Das Ergebnis des inneren Produktes (1.7) kann somit gemäß (1.17) durch skalare (invariante) Größen (Beträge A,B und Winkel ϑ) ausgedrückt werden, so daß die Bezeichnung <u>Skalarprodukt</u> sinnvoll ist.

In der symbolischen Schreibweise deutet man die skalare Verknüpfung zweier Vektoren $\vec{A}$ und $\vec{B}$ durch einen Punkt an,

$$\vec{A} \cdot \vec{B} = |\vec{A}|\,|\vec{B}|\cos\vartheta \equiv AB\cos\vartheta \,, \tag{1.17*}$$

und spricht daher auch vom <u>Punktprodukt</u>.

Das innere Produkt tritt bei vielen Anwendungen aus dem Ingenieurbereich auf. Am bekanntesten ist die Arbeit als Skalarprodukt aus Kraft und Weg. Aus dem Ergebnis (1.17) liest man für $A \neq 0$ und $B \neq 0$ zwei wichtige Grenzfälle ab:

$$A_iB_i = \begin{cases} 0 \Rightarrow \vartheta = \frac{\pi}{2}\,, & \text{d.h., } \vec{A} \perp \vec{B} \\ AB \Rightarrow \vartheta = 0\,, & \text{d.h., } A_i = \lambda B_i\,. \end{cases} \tag{1.18}$$

Für den Sonderfall, daß $\vec{B}$ irgendeinen <u>Einsvektor</u> $\vec{e}$ darstellt, liefert das Skalarprodukt (1.17) die Länge der Projektion des Vektors $\vec{A}$ auf die Richtung von $\vec{e}$, d.h., $\vec{A}\cdot\vec{e} = A\cos\vartheta$. Setzt man darin für $\vec{e}$ der Reihe nach die Basisvektoren (1.4) ein, so folgt wegen $\vartheta \equiv \alpha$ und (1.11) die Beziehung

$$\vec{A} \cdot \vec{e}_i = A_i \,, \tag{1.19}$$

die man unter Berücksichtigung von (1.17*) auch unmittelbar aus den Bildern (1.2) und (1.3) ablesen kann.

Setzt man in (1.19) die Zerlegung (1.3) unter Berücksichtigung der Summationsvereinbarung ein*), so erhält man die Beziehung

$$A_k\vec{e}_k \cdot \vec{e}_i = A_i \, , \tag{1.20}$$

die nur für

$$\boxed{\vec{e}_i \cdot \vec{e}_k = \delta_{ik}} \tag{1.21}$$

gültig ist; denn aufgrund der Eigenschaft des KRONECKER-Symbols δ_{ik} gilt die Austauschregel

$$\boxed{A_i = \delta_{ik}A_k} \quad , \tag{1.22}$$

die in der Tensorrechnung sehr häufig benutzt wird. Danach wird der stumme Index (hier "k") gegen den verbleibenden freien Index (hier "i") ausgetauscht. Nach der Austauschregel wird durch das Einwirken des KRONECKER-Symbols auf A_k lediglich eine Umindizierung ($A_k \to A_i$) herbeigeführt. Die Vektorkoordinaten selbst ändern sich dabei nicht.

Da das Skalarprodukt zweier Vektoren kommutativ ist, beinhaltet (1.21) insgesamt sechs ($\delta_{ik} = \delta_{ki}$) Bedingungen, die zum Ausdruck bringen, daß die Basisvektoren (1.4) paarweise orthogonal und normiert sind (→ orthonormierte Basis). Die Beziehung (1.21) nennt man Orthonormierungsbedingung.

Für die Anwendungen aus dem Ingenieurbereich ist häufig die Zerlegung eines Vektors $\vec{A}$ in zwei orthogonale Richtungen erforderlich, so z.B. in eine Normalkomponente $\vec{N}$ und eine Tangentialkomponente $\vec{T}$, wenn man an die Belastung eines Körpers durch eine Einzelkraft denkt (Bild 1.5).

Es sei $\vec{n}$ der Normaleneinsvektor, dann gilt für die Komponente in Normalenrichtung:

$$\vec{N} = |\vec{N}|\vec{n} = A \cos \vartheta \; \vec{n} = A_i n_i \vec{n} \equiv A_k n_k \vec{n} \; . \tag{1.23a}$$

Diese besitzt die Koordinaten

$$N_i = A_k n_k n_i \equiv A_j n_j n_i \; . \tag{1.23b}$$

---

*) Hierbei ist zu beachten, daß stumme Indizes nur paarweise vorhanden sein dürfen, damit die Summationsvorschrift eindeutig ist. Daher wurde in (1.3) der Summationsindex "i" durch "k" ersetzt.

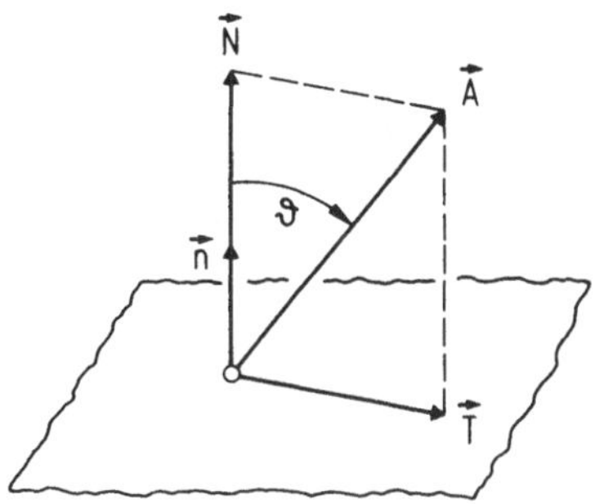

Bild 1.5
Normal- und Tangentialkomponente eines Vektors $\vec{A}$

Aus der Differenz

$$T_i = A_i - A_k n_k n_i \tag{1.24}$$

ergeben sich die Koordinaten der Tangentialkomponente (Reibkraft).

In (1.23b) und (1.24) ist "i" ein freier Index, für den man die Zahlen 1, 2 oder 3 einsetzen kann. Dagegen ist "k" ein stummer Index (Summationsindex), über den von 1 bis 3 summiert werden muß, da er paarweise in einem Monom auftritt. In (1.23a) kann der stumme Index "k" durch jeden anderen Index ersetzt werden, so beispielsweise durch "i", wodurch das Ergebnis nicht geändert wird. Dagegen darf man in (1.23b) und (1.24) den Summationsindex "k" nicht durch "i" ersetzen, da sonst die Summationsvorschrift nicht eindeutig wäre. Alle anderen Indizes kann man anstelle von "k" benutzen, ohne das Ergebnis zu beeinflussen. Läßt man $\vec{n}$ beispielsweise mit dem Basisvektor $\vec{e}_2$ aus (1.4) zusammenfallen, so ergibt sich aus (1.23b) und (1.24) das triviale Ergebnis: $N_1 = N_3 = 0$, $N_2 \equiv A_2$, $T_1 \equiv A_1$, $T_2 = 0$, $T_3 \equiv A_3$, wie man leicht nachprüfen kann.

Übungsaufgaben

1.1.1 Man bestimme den Einsvektor, der

a) parallel zum Vektor $\vec{A} = (2,3,-6)$ verläuft,
b) die Richtung vom Punkt P(1,0,3) zum Punkt Q(0,2,1) festlegt.

1.1.2 Es sei $\vec{x}$ ein Ortsvektor, dessen Anfangspunkt im Ursprung liegt und dessen Endpunkt in einen beliebigen Punkt $P(x_1,x_2,x_3)$ fällt, und $\vec{A}$ ein konstanter Vektor mit $A \geq x$. Man zeige, daß das verschwindende Skalarprodukt $(x_i - A_i)x_i = 0$ auf die Gleichung einer Kugel führt. Man skizziere das Ergebnis in der Ebene $x_3 = 0$ für $A_3 = 0$.

1.1.3 Man untersuche das Dreibein, das aus den Vektoren
$\vec{A} = (-1/\sqrt{2}, 1/\sqrt{2}, 0)$, $\vec{B} = (-1/\sqrt{6}, -1/\sqrt{6}, 2/\sqrt{6})$ und $\vec{C} = (1/\sqrt{3}, 1/\sqrt{3}, 1/\sqrt{3})$

gebildet wird.

1.1.4 Was bedeuten folgende Ausdrücke:
a) A_{ii}, b) B_{ijj}, c) $A_i T_{ij}$, d) $A_i B_j T_{ij}$?

1.1.5 Man leite die Gleichung einer Kugel vom Radius R her; der Mittelpunkt sei durch den Vektor M_i bestimmt.

1.2 Lineare Abhängigkeit von Vektoren

In der geometrischen Statik wird die Resultierende $\vec{R}$ aller im Punkte P angreifenden Kräfte (Bild 1.6) durch Addition (Satz vom Vektorpolygon) gefunden:

$$R_i = A_i + C_i + \ldots \qquad (1.25)$$

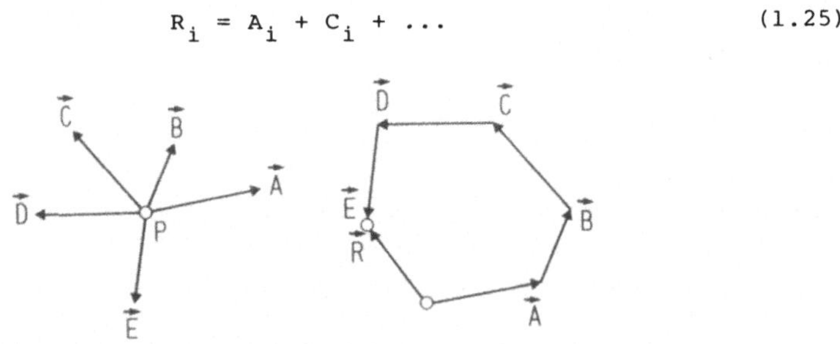

Bild 1.6 Lageplan und Kräfteplan (Vektorpolygon)

Der Gleichgewichtszustand wird durch das Verschwinden eines Vektors ($R_i \equiv 0_i$) charakterisiert; dann ist das Vektorpolygon geschlossen. Mit dieser Vorstellung ist der Begriff der linearen Abhängigkeit verbunden:

Die Vektoren $\vec{A}$, $\vec{B}$ usw. sind dann linear abhängig, wenn durch geeignete Wahl von Faktoren α, β usw. vor den Vektoren die Resultierende $\vec{R}$ zum Verschwinden gebracht werden kann:

$$\boxed{\alpha A_i + \beta B_i + \gamma C_i + \ldots = 0_i} \quad . \qquad (1.26)$$

Dann sind die Vektoren durch diese Linearkombination linear miteinander verknüpft. Algebraisch stellt die Bedingung (1.26) ein homogenes lineares Gleichungssystem dar, und zwar entsprechend i = 1,2,3 mit drei linearen homogenen Gleichungen für die Unbekannten α, β, γ usw.

Die Definition des Begriffes der linearen Abhängigkeit kann auch folgendermaßen formuliert werden:

Die Vektoren $\vec{A}$, $\vec{B}$ usw. heißen linear abhängig, wenn es reelle Zahlen α, β usw. gibt, die nicht alle Null sind, so daß (1.26) gilt.

Ein Sonderfall liegt vor, wenn α und β von Null verschieden sind und alle Koeffizienten verschwinden:

$$\alpha A_i + \beta B_i = 0_i \quad \text{bzw.} \quad A_i = \mu B_i \quad \text{mit} \quad \mu \equiv -\alpha/\beta, \tag{1.27}$$

d.h., zwei linear abhängige Vektoren sind kollinear; sie liegen auf derselben Geraden.

Ein weiterer Sonderfall ist gegeben, wenn in (1.26) drei Koeffizienten (α,β,γ) von Null verschieden sind, während alle anderen verschwinden:

$$\boxed{\alpha A_i + \beta B_i + \gamma C_i = 0_i} \quad \left.\begin{aligned} A_1\alpha + B_1\beta + C_1\gamma &= 0 \\ A_2\alpha + B_2\beta + C_2\gamma &= 0 \\ A_3\alpha + B_3\beta + C_3\gamma &= 0 \quad . \end{aligned}\right\} \tag{1.28}$$

Die Vektoren A_i, B_i und C_i heißen dann komplanar, d.h., sie liegen in einer Ebene. Aufgrund der CRAMERschen Regel besitzt das System (1.28) dann und nur dann eine nicht triviale Lösung für α,β und γ, wenn seine Determinante verschwindet:

$$\begin{vmatrix} A_1 & B_1 & C_1 \\ A_2 & B_2 & C_2 \\ A_3 & B_3 & C_3 \end{vmatrix} = \begin{vmatrix} A_1 & A_2 & A_3 \\ B_1 & B_2 & B_3 \\ C_1 & C_2 & C_3 \end{vmatrix} = 0 \ , \tag{1.29}$$

d.h., das Verschwinden der aus den Koordinaten von drei Vektoren gebildeten Determinante ist notwendig und hinreichend dafür, daß die drei Vektoren linear abhängig sind. Falls die drei Vektoren $\vec{A}$, $\vec{B}$ und $\vec{C}$ nicht komplanar sind, bilden sie ein (räumliches) Dreibein. Jeder weitere Vektor $\vec{V}$ des Raumes kann dann in der Form

$$V_i = \alpha A_i + \beta B_i + \gamma C_i \tag{1.30}$$

dargestellt werden.

Allgemein kann die lineare Abhängigkeit von Vektoren des n-dimensionalen Vektorraumes $(i = 1,2,\ldots,n)$ folgendermaßen definiert werden:

Endlich viele Vektoren ${}^1\vec{A}$, ${}^2\vec{A},\ldots,{}^N\vec{A}$, die keine Nullvektoren sind, heißen linear abhängig, wenn ihre nichttriviale Linearkombination der Nullvektor ist, d.h., wenn die n Gleichungen $(i = 1,2,\ldots,n)$

$$ {}^{1}\alpha\,{}^{1}A_i + {}^{2}\alpha\,{}^{2}A_i + \ldots + {}^{N}\alpha\,{}^{N}A_i = 0_i \tag{1.31}$$

erfüllt sind, ohne daß alle N reellen Zahlen ${}^{1}\alpha, {}^{2}\alpha, \ldots, {}^{N}\alpha$ verschwinden. Bei linearer Unabhängigkeit folgt: ${}^{M}\alpha = 0$ für alle M von 1 bis N. Ist N > n, so sind die N Vektoren stets linear abhängig. Die Anzahl linear unabhängiger Vektoren ist höchstens gleich der Dimension des Raumes.

Ein System von n linear unabhängigen Vektoren, die den n-dimensionalen Raum aufspannen (erzeugen), heißt Basis. Speziell nennt man (1.4) eine kanonische Basis.

Übungsaufgaben

1.2.1 Man untersuche, ob die Vektoren $\vec{A} = (3,1,-2)$, $\vec{B} = (4,-1,-1)$ und $\vec{C} = (1,-2,1)$ linear abhängig sind.

1.2.2 Vom Koordinatenursprung gehen drei Vektoren A_i, B_i und C_i aus. Welche Bedingung muß erfüllt sein, damit die Endpunkte der drei Vektoren auf einer Geraden liegen?

1.2.3 Man zeige, daß der Vektor A_i senkrecht auf der Ebene $A_1x_1 + A_2x_2 + A_3x_3 = \varkappa$ steht.

1.2.4 Man beweise den Höhensatz von EUKLID (um -300).

1.3 Transformationsverhalten von Vektoren

Der Vektor A_i (i = 1,2,3) tritt zunächst als geordnetes Zahlentripel auf und gehorcht bestimmten Rechenregeln (DIN 1303, [20]). Darüber hinaus kann man zeigen, daß er zusätzlich durch ein Transformationsgesetz ausgezeichnet ist, dem seine Koordinaten beim Übergang von der Basis $\vec{e}_i$ in (1.3) zur Basis $\vec{e}^*_i$ in (1.3*) gehorchen:

$$\{A_1, A_2, A_3\} \to \{A^*_1, A^*_2, A^*_3\} \; . \tag{1.32}$$

Zur Veranschaulichung sei nur die Drehung eines rechtwinklig CARTESIschen Achsenkreuzes in der Ebene betrachtet (Bild 1.7).

Die neuen Koordinaten (durch "*" gekennzeichnet) lassen sich gemäß Bild 1.7 durch die Ausgangskoordinaten folgendermaßen ausdrücken:

$$A^*_1 = A_1 \cos\varphi + A_2 \sin\varphi \equiv A_1 \cos(x^*_1, x_1) + A_2 \cos(x^*_1, x_2)$$
$$A^*_2 = A_2 \cos\varphi - A_1 \sin\varphi \equiv A_1 \cos(x^*_2, x_1) + A_2 \cos(x^*_2, x_2) \, .$$

Führt man die Richtungskosinusse ein,

$$\cos\alpha_{ij} \equiv \cos(x^*_i, x_j) := a_{ij} \; , \tag{1.33}$$

wobei α_{ij} die Winkel zwischen den neuen i*- und den alten j-Richtungen sind (Bild 1.7), dann kann man kürzer schreiben:

$$A_1^* = a_{11}A_1 + a_{12}A_2 , \qquad A_2^* = a_{21}A_1 + a_{22}A_2 .$$

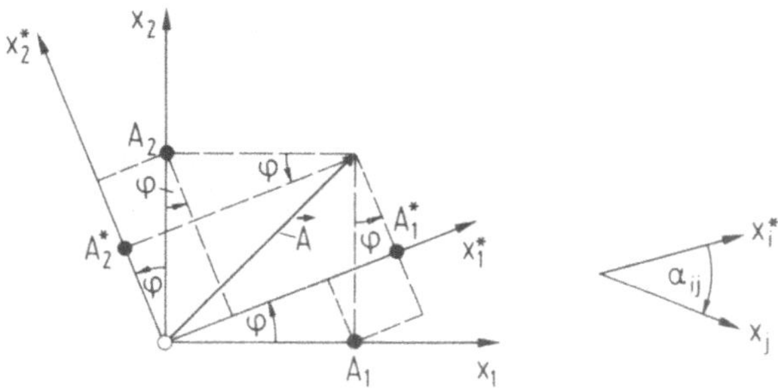

Bild 1.7 Koordinatentransformation

Die Verallgemeinerung auf den Raum lautet offenbar:

$$\left.\begin{aligned} A_1^* &= a_{11}A_1 + a_{12}A_2 + a_{13}A_3 \\ A_2^* &= a_{21}A_1 + a_{22}A_2 + a_{23}A_3 \\ A_3^* &= a_{31}A_1 + a_{32}A_2 + a_{33}A_3 , \end{aligned}\right\} \tag{1.34a}$$

bzw. unter Berücksichtigung der Summationsvorschrift (Ziffer 1.1):

$$\boxed{A_i^* = a_{ij}A_j} \ . \tag{1.34b}$$

Das lineare Gleichungssystem (1.34a,b) stellt das <u>Transformationsgesetz</u> (1.32) für Vektorkoordinaten dar.

Wie aus der analytischen Geometrie bekannt ist, transformieren sich geradlinige rechtwinklige Koordinaten eines Punktes nach demselben Gesetz:

$$\boxed{x_i^* = a_{ij}x_j} \ . \tag{1.35}$$

Zusammenfassend kann definiert werden: Ist das Transformationsgesetz (1.32) durch eine Linearkombination (1.34a,b) bzw. (1.35) gegeben, dann handelt es sich um CARTESIsche Koordinaten. Die Vektoren sind dann CARTESIsche Tensoren erster Stufe. Sind insbesondere die Koeffizienten a_{ij} in der Linearkombination die Richtungskosinusse (1.33), so liegen rechtwinklige CARTESIsche Tensoren vor.

Die <u>inverse</u> Transformation zu (1.32)

$$\{A_1^*, A_2^*, A_3^*\} \rightarrow \{A_1, A_2, A_3\} \tag{1.36}$$

erhält man aus dem linearen Gleichungssystem (1.34) über die CRAMERsche Regel:

$$A_1 |a_{ij}| = \begin{vmatrix} A_1^* & a_{12} & a_{13} \\ A_2^* & a_{22} & a_{23} \\ A_3^* & a_{32} & a_{33} \end{vmatrix} \quad \text{usw.} \tag{1.37}$$

mit der Auflösung:

$$A_1 = \frac{a_{22}a_{33} - a_{32}a_{23}}{|a_{ij}|} A_1^* - \frac{a_{12}a_{33} - a_{32}a_{13}}{|a_{ij}|} A_2^* + \frac{a_{12}a_{23} - a_{22}a_{13}}{|a_{ij}|} A_3^* .$$

Definiert man darin

$$\frac{a_{22}a_{33} - a_{32}a_{23}}{|a_{ij}|} := b_{11} , \quad \frac{a_{12}a_{33} - a_{32}a_{13}}{|a_{ij}|} := - b_{12} \quad \text{usw.,} \tag{1.38}$$

so erhält man das zu (1.34a) bzw. (1.34b) inverse Transformationsgesetz:

$$\left. \begin{aligned} A_1 &= b_{11}A_1^* + b_{12}A_2^* + b_{13}A_3^* \\ A_2 &= b_{21}A_1^* + b_{22}A_2^* + b_{23}A_3^* \\ A_3 &= b_{31}A_1^* + b_{32}A_2^* + b_{33}A_3^* \end{aligned} \right\} \tag{1.39a}$$

bzw. in der Schreibweise:

$$\boxed{A_i = b_{ij}A_j^*} \ . \tag{1.39b}$$

Darin ist b_{ij} die zu a_{ij} inverse Transformationsmatrix:

$$b_{ij} = a_{ij}^{(-1)} \ . \tag{1.40}$$

Wie in Ziffer 2.2 noch gezeigt wird, gilt für die Transformationsmatrix:

$$a_{ik}a_{jk} = a_{ki}a_{kj} = \delta_{ij} \quad \text{und} \quad |a_{ij}| = 1 \tag{1.41a,b}$$

mit δ_{ij} als KRONECKER-Symbol. Die Bedingung (1.41a) umfaßt wegen der Symmetrie $\delta_{ij} = \delta_{ji}$ insgesamt sechs "Einzelbedingungen", und zwar drei Normierungsbedingungen ($i = j$) und drei Orthogonalitätsbedingungen ($i \neq j$). Beide Gruppen lassen sich in dem Begriff der Orthonormierung zusammenfassen. Eine derartige Matrix, die das Gleichungssystem (1.41a) erfüllt, nennt man daher orthonormierte Matrix. Für sie gilt, daß die transponierte Matrix $(a_{ij})^t = (a_{ji})$, die durch Spiegelung an der Hauptdiagonalen entsteht, mit der inversen Matrix übereinstimmt:

$$a_{ij}^{(-1)} = a_{ji} \Rightarrow \boxed{b_{ij} = a_{ji}} \quad . \tag{1.42}$$

Damit kann das Transformationsgesetz (1.32), (1.36) in umkehrbar eindeutiger Weise durch

$$\boxed{A_i^* = a_{ij}A_j} \quad \Leftrightarrow \quad \boxed{A_i = a_{ji}A_j^*} \tag{1.43}$$

angegeben werden.

Übungsaufgaben

1.3.1 Gegeben ist die Ebene $A_i x_i = 1$. Man untersuche das Transformationsverhalten des Koeffizientenschemas A_i.

1.3.2 Man verifiziere die Austauschregel (1.22).

1.3.3 Man zeige, daß
a) die Norm eines Vektors und
b) das innere Produkt zweier Vektoren gegenüber der Drehung $x_i^* = a_{ij}x_j$ invariant sind.

1.3.4 Die Koordinaten eines Vektors transformieren sich gemäß $\{A_1, A_2, A_3\} \to \{A_2, A_3, A_1\}$. Man ermittle die Transformationsmatrix a_{ij}, ihre Determinante und erläutere die Drehung des Achsenkreuzes.

1.3.5 Man bestimme den Winkel zwischen den Vektoren $\vec{A} = (3,2,6)$ und $\vec{B} = (4,0,3)$.

2 Dyaden (Tensoren 2-ter Stufe)

Dyaden oder Tensoren 2-ter Stufe (zweifach indiziert, z.B. T_{ij}, A_{ij}) können in mehrfacher Weise auftreten bzw. definiert oder aufgefaßt werden, so beispielsweise als dyadisches Produkt (tensorielles Produkt) zweier Vektoren A_i und B_i gemäß der Rechenvorschrift

$$T_{ij} = A_i B_j \Rightarrow \begin{pmatrix} T_{11} & T_{12} & T_{13} \\ T_{21} & T_{22} & T_{23} \\ T_{31} & T_{32} & T_{33} \end{pmatrix} = \begin{pmatrix} A_1B_1 & A_1B_2 & A_1B_3 \\ A_2B_1 & A_2B_2 & A_2B_3 \\ A_3B_1 & A_3B_2 & A_3B_3 \end{pmatrix} . \tag{2.1a}$$

In der symbolischen Schreibweise wird die dyadische Verknüpfung zweier Vektoren (Tensorprodukt) durch

$$\underset{\sim}{T} = \vec{A} \otimes \vec{B} \tag{2.1b}$$

ausgedrückt. Setzt man darin die Vektorzerlegung (1.3) ein, so erhält man unter Berücksichtigung der Summationsvereinbarung und mit (2.1a) auch folgende Darstellung:

$$\underset{\sim}{T} = A_i B_j \vec{e}_i \otimes \vec{e}_j \equiv T_{ij} \vec{e}_i \otimes \vec{e}_j \; . \tag{2.1c}$$

Weiterhin kann ein Tensor 2-ter Stufe als <u>linearer Operator</u> einer <u>linearen Vektorfunktion</u> definiert werden:

$$\boxed{A_i = f_i(B_1, B_2, B_3) = T_{ij} B_j} \; . \tag{2.2}$$

Als Operator erzeugt der Tensor $\underset{\sim}{T}$ durch Einwirken auf den Vektor $\vec{B}$ einen Vektor $\vec{A}$ (Ü 2.1.6). Er vermittelt den "funktionellen" Zusammenhang zwischen einem "abhängig" veränderlichen Vektor A_i und einem "unabhängig" veränderlichen Vektor B_j, und zwar in Form einer <u>Linearkombination</u>.

Im Gegensatz dazu ist (1.34b) keine funktionelle Beziehung zwischen zwei verschiedenen Vektoren, sondern nur die Ausdrucksform eines (einzigen) Vektors A_i in einem anderen (gedrehten) Koordinatensystem. Somit ist auch a_{ij} kein Tensor, sondern eine Matrix (Transformationsmatrix).

Als Beispiel für einen Zusammenhang gemäß (2.2) sei auf die fundamentale Beziehung

$$p_i = \sigma_{ji} n_j \tag{2.3}$$

der Kontinuumsmechanik hingewiesen, die eine lineare Vektorabbildung $n_i \rightarrow p_i$ darstellt. Darin sind p_i der Spannungsvektor bezüglich einer durch den Normaleneinsvektor n_i gekennzeichneten Tetraederfläche in der Nachbarschaft eines betrachteten Punktes und σ_{ij} der Spannungstensor (Bild 3.1).

Schließlich kann ein Tensor 2-ter Stufe auch durch den Begriff der <u>Tensorquadrik</u> definiert werden, worauf in Ziffer 2.3 näher eingegangen wird.

2.1 Transformationsverhalten

Ähnlich wie Tensoren erster Stufe (Ziffer 1.3) können auch Tensoren 2-ter Stufe durch ihr charakteristisches Transformationsverhalten definiert werden. Wird dieses Verhalten speziell in rechtwinkligen CARTESIschen Koordinaten untersucht, so spricht man auch von CARTESIschen Tensoren 2-ter Stufe. Man findet das Transformationsgesetz, indem man vom dyadischen Produkt (2.1) ausgeht und das für Vektoren charakteristische Gesetz (1.43) heranzieht und in (2.1a) einsetzt:

$$T_{ij} = A_i B_j \begin{cases} A_i = a_{ki} A_k^* \\ B_j = a_{lj} B_l^* \end{cases} \Bigg\} = a_{ki} a_{lj} A_k^* B_l^* \; . \tag{2.4}$$

Man beachte: Damit die Summationsvorschrift in (2.4) eindeutig ist, dürfen die stummen Indizes (k und l) nur paarweise auftreten. Außerdem kann nicht der Index "j" als stummer Index wie in (1.43) gewählt werden. Auf derartige Umindizierungen ist in der Tensorrechnung immer zu achten!

Der Zusammenhang (2.4) kann auch in der Form

$$\boxed{T_{ij} = a_{ki} a_{lj} T_{kl}^*} \tag{2.5}$$

angegeben werden, da im gedrehten Koordinatensystem (<u>Transformationsmatrix</u> a_{ij}) das dyadische Produkt durch

$$T_{ij}^* = A_i^* B_j^* \tag{2.6}$$

ausgedrückt wird. Die Umkehrung zu (2.4) bzw. (2.5) erhält man entsprechend, wenn man von (2.6) ausgeht und (1.43) berücksichtigt:

$$T_{ij}^* = A_i^* B_j^* \begin{cases} A_i^* = a_{ik} A_k \\ B_j^* = a_{jl} B_l \end{cases} \Bigg\} = a_{ik} a_{jl} A_k B_l \tag{2.7}$$

oder wegen $A_k B_l = T_{kl}$ gemäß (2.1) auch:

$$\boxed{T_{ij}^* = a_{ik} a_{jl} T_{kl}} \; . \tag{2.8}$$

Zusammenfassend kann der <u>Dyadenbegriff</u> folgendermaßen definiert werden:

Dyaden (Tensoren 2-ter Stufe) sind durch 3,3-Matrizen darstellbare, geordnete Zahlenschemata mit $3^2 = 9$ Elementen. Sie haben bezüglich des rechtwinklig CARTESIschen Achsenkreuzes x_i, $i = 1,2,3$, die Koordinaten T_{ij}, $i,j = 1,2,3$, und bezüglich des gedrehten Systems x_i^* die Koordinaten T_{ij}^*. Dabei ist die Abbildung $\{T_{ij}\} \rightarrow \{T_{ij}^*\}$

umkehrbar eindeutig und durch das Gesetz

$$\boxed{T^*_{ij} = a_{ik}a_{jl}T_{kl}} \quad <=> \quad \boxed{T_{ij} = a_{ki}a_{lj}T^*_{kl}} \tag{2.9}$$

gegeben.

Trägheitstensor J_{ij}, Spannungstensor σ_{ij} und Verzerrungstensor ε_{ij} sind Beispiele aus dem Ingenieurbereich.

In Matrizenform kann (2.9) gemäß

$$\boxed{\underset{\sim}{T}^* = \underset{\sim}{a}\ \underset{\sim}{T}\ \underset{\sim}{a}^t} \quad <=> \quad \boxed{\underset{\sim}{T} = \underset{\sim}{a}^t\ \underset{\sim}{T}\ \underset{\sim}{a}} \tag{2.9*}$$

angegeben werden (Ü 2.2.10). Darin ist $\underset{\sim}{a}^t$ die zu $\underset{\sim}{a}$ transponierte <u>Transformationsmatrix</u>.

Übungsaufgaben

2.1.1 Man ermittle aus (2.9) und (2.9*) die Tensorkoordinate T^*_{23}.

2.1.2 Man gehe von (2.3) aus und stelle das Transformationsgesetz für den Spannungstensor auf.

2.1.3 Es seien A_{ij} und B_{ij} Tensoren 2-ter Stufe. Man zeige, daß auch die Linearkombination $C_{ij} = \alpha A_{ij} + \beta B_{ij}$ Tensorcharakter hat.

2.1.4 Es sei $(\sigma_{ij}) = \begin{pmatrix} \sigma & \tau & a\tau \\ \tau & \sigma & b\tau \\ a\tau & b\tau & \sigma \end{pmatrix}$ ein gegebener Spannungszustand. Darin sind σ eine Normal- und τ eine Schubspannung.
Man bestimme die Konstanten a und b so, daß der Spannungsvektor (2.3) auf der Oktaederebene mit dem Normaleneinsvektor $n_i = (1/\sqrt{3}, 1/\sqrt{3}, 1/\sqrt{3})$ verschwindet. Welcher Zwang besteht zwischen σ und τ?

2.1.5 Es ist $\sigma = p_i n_i$ die Normalspannung bezüglich einer Fläche, die durch den Normaleneinsvektor n_i gekennzeichnet ist und p_i der zugehörige Spannungsvektor (2.3). Man leite aus den gegebenen Gleichungen das Transformationsgesetz für den Spannungstensor her.

2.1.6 Es sei $\underset{\sim}{T}$ ein Tensor 2-ter Stufe und $\vec{B}$ ein Vektor. Man zeige, daß durch (2.2) ein Vektor $\vec{A}$ erzeugt wird.

2.1.7 Es sei $\underset{\sim}{A}$ ein Tensor zweiter Stufe. Man benutze die Indexschreibweise und überprüfe den Tensorcharakter folgender Größen:
a) $\underset{\sim}{A}\underset{\sim}{A}$, b) $\underset{\sim}{A}^t\underset{\sim}{A}$, c) $\underset{\sim}{A}\underset{\sim}{A}^t$, d) $\underset{\sim}{A}^t\underset{\sim}{A}^t$.

2.2 Transformationsmatrix und Substitutionstensor

Im folgenden seien einige Eigenschaften der Transformationsmatrix a_{ij}, deren Elemente bei orthogonalen Transformationen die Richtungskosinusse

(1.33) sind, zusammengestellt. Dazu betrachte man die Basisvektoren $\vec{e}^*$, die in Bild 1.7 die neuen x_i^*-Achsen festlegen. Diese drei (i = 1,2,3) Vektoren kann man bezüglich der ursprünglichen Basis (1.4) analog (1.3) zerlegen und erhält wegen (1.33):

$$\left.\begin{aligned}\vec{e}_1^* &= a_{11}\vec{e}_1 + a_{12}\vec{e}_2 + a_{13}\vec{e}_3\\ \vec{e}_2^* &= a_{21}\vec{e}_1 + a_{22}\vec{e}_2 + a_{23}\vec{e}_3\\ \vec{e}_3^* &= a_{31}\vec{e}_1 + a_{32}\vec{e}_2 + a_{33}\vec{e}_3\end{aligned}\right\} \Rightarrow \boxed{\vec{e}_i^* = a_{ir}\vec{e}_r}\ . \qquad (2.10a)$$

Wegen $\cos(x_i, x_j^*) \equiv a_{ji}$ gilt für die Umkehrung offenbar:

$$\boxed{\vec{e}_i = a_{ri}\vec{e}_r^*}\ . \qquad (2.10b)$$

Analog (1.21) ist auch die neue Basis orthonormiert:

$$\boxed{\vec{e}_i^* \cdot \vec{e}_j^* = \delta_{ij}}\ , \qquad (1.21^*)$$

so daß man durch Einsetzen von (2.10a) in (1.21*) und unter Berücksichtigung von (1.21) erhält:

$$\left.\begin{aligned}\vec{e}_i^* &= a_{ip}\vec{e}_p\\ \vec{e}^* &= a_{jq}\vec{e}_q\end{aligned}\right\} \Rightarrow \underbrace{\vec{e}_i^* \cdot \vec{e}_j^*}_{\delta_{ij}} = a_{ip}a_{jq}\underbrace{\vec{e}_p \cdot \vec{e}_q}_{\delta_{pq}}$$

Darin gilt $a_{ip}a_{jq}\delta_{pq} \equiv a_{ik}a_{jk}$ aufgrund der Austauschregel (1.22), so daß schließlich das Ergebnis

$$\boxed{a_{ik}a_{jk} = \delta_{ij}} \qquad (2.11a)$$

folgt. Entsprechend weist man

$$\boxed{a_{ki}a_{kj} = \delta_{ij}} \qquad (2.11b)$$

nach, indem man (2.10b) in (1.21) einsetzt und (1.21*) berücksichtigt.

Auch bei diesem Rechengang wird im letzten Schritt die Austauschregel benutzt (Ü 2.2.2).

In Matrizenform kann (2.11a,b) gemäß

$$\boxed{\underset{\sim}{a}\,\underset{\sim}{a}^t = \underset{\sim}{a}^t\,\underset{\sim}{a} = \underset{\sim}{\delta}} \qquad (2.11^*)$$

ausgedrückt werden. Für die inverse Matrix (1.40) erhält man entsprechende Beziehungen, wie leicht nachgeprüft werden kann (Ü 2.2.2).

Aufgrund der Symmetrie der Einheitsmatrix ($\delta_{ij} = \delta_{ji}$)*) umfaßt die Orthonormierungsbedingung (2.11a) anstatt neun nur sechs unabhängige Gleichungen:

$$\left.\begin{aligned}
a_{11}^2 + a_{12}^2 + a_{13}^2 &= 1\\
a_{21}^2 + a_{22}^2 + a_{23}^2 &= 1\\
a_{31}^2 + a_{32}^2 + a_{33}^2 &= 1\\
a_{11}a_{21} + a_{12}a_{22} + a_{13}a_{23} &= 0\\
a_{21}a_{31} + a_{22}a_{32} + a_{23}a_{33} &= 0\\
a_{31}a_{11} + a_{32}a_{12} + a_{33}a_{13} &= 0\,.
\end{aligned}\right\} \qquad (2.12)$$

Darin stellen die ersten drei Gleichungen ($i = j$) Normierungsbedingungen und die letzten drei Gleichungen ($i \neq j$) Orthogonalitätsbedingungen dar, was zusammenfassend auf den Begriff der Orthonormierung führt (Ziffer 1.3), d.h., die Zeilenvektoren der Matrix a_{ij} sind normiert und paarweise orthogonal. Entsprechendes gilt für die Spaltenvektoren, was aus (2.11b) gefolgert werden kann. Eine Matrix, die den Bedingungen (2.11a,b) genügt, nennt man daher orthonormierte Matrix. Häufig sagt man auch orthogonale Matrix (DIN 1303).

Aus (2.12) können weitere Eigenschaften der Transformationsmatrix gefunden werden. So können beispielsweise die erste, vierte und sechste Gleichung in (2.12) als lineares Gleichungssystem zur Bestimmung der Elemente a_{11}, a_{12} und a_{13} aufgefaßt werden:

$$\left.\begin{aligned}
a_{11}a_{11} + a_{12}a_{12} + a_{13}a_{13} &= 1\\
a_{21}a_{11} + a_{22}a_{12} + a_{23}a_{13} &= 0\\
a_{31}a_{11} + a_{32}a_{12} + a_{33}a_{13} &= 0\,.
\end{aligned}\right\} \qquad (2.13)$$

Seine Koeffizientenmatrix stimmt mit a_{ij} überein. Die Auflösung des Systems (2.13) nach der CRAMERschen Regel ergibt:

---

*) Dagegen ist die Transformationsmatrix im allgemeinen nicht symmetrisch ($a_{ij} \neq a_{ji}$).

$$\left.\begin{aligned} a_{11}|a_{ij}| &= a_{22}a_{33} - a_{32}a_{23} \\ a_{12}|a_{ij}| &= -(a_{21}a_{33} - a_{31}a_{23}) \\ a_{13}|a_{ij}| &= a_{21}a_{32} - a_{31}a_{22} \quad . \end{aligned}\right\} \tag{2.14}$$

Vergleicht man damit die Definition (1.38), so findet man:

$$a_{11} = b_{11} \;, \qquad a_{12} = b_{21} \;, \qquad a_{13} = b_{31} \;, \tag{2.15}$$

d.h., der Zusammenhang zwischen einer orthonormierten <u>Matrix</u> a_{ij} und ihrer <u>Inversion</u> b_{ij} gemäß (1.42) ist damit bestätigt. Analog zu (2.13) kann z.B. für a_{21}, a_{22}, a_{23} ein lineares Gleichungssystem aufgestellt werden mit einer den Gln. (2.14) entsprechenden Lösung. Im allgemeinen ist die Lösung $a_{ij}|a_{ij}|$ (nicht summieren über i und j wegen der Absolutstriche!) gleich dem algebraischen Komplement des Elementes a_{ij}:

$$a_{ij}|a_{ij}| = (-1)^{i+j}U(a_{ij}) \quad . \tag{2.16}$$

Darin ist $U(a_{ij})$ die zum Element a_{ij} gehörende Unterdeterminante.

Das Ergebnis (2.15) bzw. (1.42) kann wesentlich einfacher und eleganter gefunden werden, wenn man beispielsweise die <u>Orthonormierungsbedingung</u> (2.11a) mit der inversen Matrix $a_{pj}^{(-1)}$ überschiebt:

$$a_{ik}\underbrace{a_{pj}^{(-1)}a_{jk}}_{\delta_{pk}} = \delta_{ij}a_{pj}^{(-1)}$$

und auf beiden Seiten dieses Zwischenergebnisses die Austauschregel (1.22) berücksichtigt:

$$\boxed{a_{ip} = a_{pi}^{(-1)}} \quad . \tag{2.17}$$

In Übereinstimmung mit der Aussage in (1.42) besagt das Ergebnis (2.17), daß die <u>Inverse</u> einer <u>orthonormierten Matrix</u> mit der <u>transponierten</u> übereinstimmt ($\underset{\sim}{a}^{-1} = \underset{\sim}{a}^{t}$).

Umgekehrt kann man aus der Eigenschaft (2.17) die <u>Orthonormierungsbedingungen</u> (2.11) folgern, indem man (2.17) beispielsweise mit a_{jp} überschiebt, was sofort auf (2.11a) führt. Nach DIN 1303 wird durch $\underset{\sim}{a}^{-1} = \underset{\sim}{a}^{t}$ eine <u>orthogonale Matrix</u> definiert. Die Bezeichnung <u>orthonormierte Matrix</u> wird in DIN 1303 nicht benutzt.

Eine weitere Eigenschaft der <u>orthonormierten Matrix</u> kann wiederum unmittelbar aus (2.11), gefolgert werden. Bildet man nämlich die Determinante von (2.11*), so folgt wegen $|\underset{\sim}{\delta}| = 1$ zunächst $|\underset{\sim}{a}\,\underset{\sim}{a}^{t}| = |\underset{\sim}{a}^{t}\,\underset{\sim}{a}| = 1$ und daraus unter Berücksichtigung des <u>Multiplikationssatzes für Determinanten</u>

und wegen $|\underset{\sim}{a}^t| = |\underset{\sim}{a}|$ schließlich:

$$|\underset{\sim}{a}|^2 = 1 \Rightarrow \boxed{|\underset{\sim}{a}| = \pm 1} \quad . \tag{2.18a}$$

Der Wert der Determinante einer orthonormierten Matrix ist "+1" bei einer reinen Drehung des Achsenkreuzes und "-1", wenn außerdem oder nur eine Spiegelung vorliegt:

$$|a_{ij}| = |\cos(x_i^*, x_j)| = \begin{cases} +1, & \text{wenn beide Systeme } x_i^* \text{ und } x_i \text{ rechtshändig} \\ -1, & \text{wenn ein System rechtshändig, das andere linkshändig} \end{cases} \tag{2.18b}$$

Matrizen (oder auch Tensoren und lineare Transformationen), die den Bedingungen (2.11) genügen und eine positive Determinante besitzen heißen auch "eigentlich (proper) orthogonal", solche mit negativer Determinante "uneigentlich (improper) orthogonal".

Im Zusammenhang mit den Beziehungen (2.11a,b) und (2.11*) ist das quadratische Schema (δ_{ij}), dessen Elemente durch das KRONECKER-Symbol bestimmt sind, als Matrix anzusehen, und zwar als Einheitsmatrix.

Ebenso muß das KRONECKER-Schema (δ_{ij}) im Sinne von

$$\delta_{ij} = \partial x_i / \partial x_j \equiv \partial x_i^* / \partial x_j^* = \delta_{ij}^* \tag{2.19}$$

als Matrix aufgefaßt werden, und zwar aufgrund des Bildungsgesetzes der Elemente als Funktionalmatrix (JACOBIsche Matrix) einer Koordinatentransformation des Systems x_i auf sich selbst, d.h. einer Einheitstransformation bzw. einer identischen Transformation. Daher ist es sinnvoll, von einer Einheitsmatrix (δ_{ij}) zu sprechen. Ihre Determinante (Funktionaldeterminante, JACOBIsche Determinante) besitzt den Wert EINS.

Bisweilen kann dieses Schema jedoch als Tensor angesprochen oder benutzt werden, und zwar als isotroper Tensor, dessen Koordinaten gegenüber einer Achsendrehung invariant sind $(\delta_{ij}^* \equiv \delta_{ij})$. Um das zu beweisen, muß die Tensoreigenschaft (2.9) für δ_{ij} nachgeprüft werden, d.h., man muß zeigen, daß für $T_{ij} = \delta_{ij}$ das Transformationsgesetz zu keinem Widerspruch führt. Dieser Nachweis ist in Tabelle 2.1 veranschaulicht.

Ausgehend vom Tensor δ_{ij}, d.h. vom Transformationsgesetz (2.9) mit $T_{ij} = \delta_{ij}$, gelangt man über die Austauschregel zu den Orthonormierungsbedingungen, in denen δ_{ij} das Zeilen-Spaltenprodukt aus der Transformationsmatrix und seiner transponierten Matrix gemäß (2.11*) darstellt und somit als Matrix anzusprechen ist.

Umgekehrt kann man von der Matrix δ_{ij}, d.h. von den Orthonormierungsbedingungen ausgehen und erhält unter Berücksichtigung der Austauschregel das Transformationsgesetz, das δ_{ij} als Tensor 2-ter Stufe erfüllt, wie aus Tabelle 2.1 hervorgeht.

Damit ist gezeigt, daß δ_{ij} mal als Matrix (Einheitsmatrix), mal als Tensor 2-ter Stufe (Einheitstensor) auftreten kann. Als Einheitsmatrix charakterisiert δ_{ij} eine identische Transformation in (2.19), als Einheitstensor $[T_{ij} \equiv \delta_{ij}$ in (2.2)$]$ bzw. Operator (Ziffer 2.4) erzeugt δ_{ij} durch Einwirken auf einen Vektor keinen neuen Vektor, sondern bewirkt lediglich eine Umindizierung [Austauschregel (1.22)], so daß auch die Bezeichnung Substitutionstensor gerechtfertigt (sinnvoll) ist. In der Aus-

Tabelle 2.1 δ_{ij} als Substitutionstensor und Einheitsmatrix

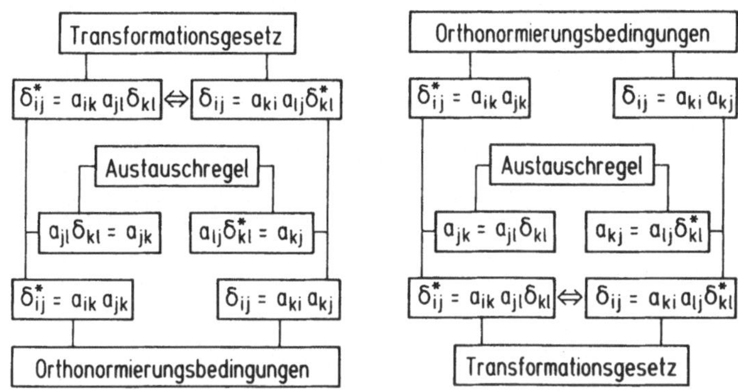

tauschregel (1.22) kann das KRONECKER-Symbol im Hinblick auf das Transformationsgesetz (1.43) jedoch auch als Matrix interpretiert werden.

Übungsaufgaben

2.2.1 Als Koordinatentransformation werde eine Spiegelung der x_3-Achse an der x_1-x_2-Ebene vorgenommen, während die x_1- und x_2-Achsen fest bleiben. Man stelle die Transformationsmatrix $\underset{\sim}{a}$ auf und gebe ihre Determinante an. Wie würde die Matrix lauten, wenn alle Achsen fest blieben?

2.2.2 Man leite die Orthonormierungsbedingung (2.11b) her und weise ferner entsprechende Beziehungen für die inverse Transformationsmatrix nach.

2.2.3 Man ermittle folgende Ausdrücke, in denen δ_{ij} das KRONECKER-Symbol ist:

a) δ_{ii} , b) $\delta_{ij}\delta_{ji}$, c) $\delta_{ij}\delta_{jk}\delta_{ki}$, d) $\delta_{ij}\delta_{jk}$,
e) $\delta_{ij}\delta_{jk}\delta_{kl}$, f) $\delta_{ij}A_{ik}$.

2.2.4 Gegeben sei ein Vektor (1.1). Man gebe seine Koordinaten A^*_1, A^*_2, A^*_3 bezüglich eines transformierten Systems x^*_i an, das durch eine Drehung ϑ um die x_3-Achse aus dem ursprünglichen System x_i hervorgeht.

2.2.5 In der Transformationsmatrix $(a_{ij}) = \begin{pmatrix} 3/5 & -4/5 & 0 \\ 0 & 0 & 0 \\ a_{31} & a_{32} & a_{33} \end{pmatrix}$
bestimme man die Elemente a_{31}, a_{32}, a_{33} derart, daß (a_{ij}) eine orthonormierte Matrix ist und ein Rechtssystem wieder in ein solches überführt.

2.2.6 Die Winkel α_{ij} zwischen den neuen i*- und den alten j-Richtungen seien durch $\alpha_{ij} = \frac{\pi}{4}\begin{pmatrix} 3 & 4/3 & 8/3 \\ 2 & 1 & 1 \\ 1 & 4/3 & 8/3 \end{pmatrix}$ gegeben. Man gebe die Transformationsmatrix a_{ij} an und überprüfe, ob sie orthonormiert ist.

2.2.7 Man multipliziere die Transformationsmatrizen aus den Aufgaben 2.2.4 und 2.2.5 miteinander und überprüfe, ob die so gebildete Matrix orthonormiert ist.

2.2.8 Man stelle die Transformationsmatrix auf, die ein orthogonales Achsenkreuz (x_1-, x_2-, x_3-Achse) so dreht, daß die x^*_1-Achse mit der Normalen n_i der Oktaederebene zusammenfällt. Weiterhin soll die x_2^*-Achse symmetrisch zur x_1- und x_2-Achse liegen und mit der x_3-Achse einen Winkel bilden, der kleiner als $\pi/2$ ist ($\alpha_{23} < \pi/2$).

2.2.9 Man überprüfe die Beziehung (2.11*) für die Matrix a_{ij} aus der Aufgabe 2.2.4.

2.2.10 Man zeige, daß man das Transformationsgesetz (2.9) auch in der Matrizenform (2.9*) darstellen kann.

2.2.11 Man beweise, daß das Volumenintegral $J_{ij} = \iiint \rho(\delta_{ij}r^2 - x_i x_j)dV$ über einen Körper der Dichte ρ einen Tensor 2-ter Stufe (Trägheitstensor) darstellt. Darin sind x_i die Koordinaten eines Massenpunktes und r die Norm des Radiusvektors. Man rechne ferner die einzelnen Koordinaten des Trägheitstensors aus.

2.2.12 Die Transformationsmatrizen $\underset{\approx}{a}$ und $\underset{\approx}{b}$ seien orthonormiert. Man benutze die analytische Schreibweise und überprüfe, ob folgende Produkte ebenfalls orthonormiert sind:

a) $\underset{\approx}{A} = \underset{\approx}{a}\,\underset{\approx}{b}$, b) $\underset{\approx}{B} = \underset{\approx}{a}^t\,\underset{\approx}{b}$, c) $\underset{\approx}{C} = (\underset{\approx}{a}\,\underset{\approx}{b})^t$, d) $\underset{\approx}{D} = \underset{\approx}{b}^t\,\underset{\approx}{a}^t$.

2.2.13 Man zeige, daß durch Hintereinanderschalten von zwei Drehungen $\underset{\approx}{a}$ und $\underset{\approx}{b}$ eine orthogonale Transformation $\underset{\approx}{b}\,\underset{\approx}{a} = \underset{\approx}{c}$ entsteht.

2.3 Tensorquadrik, Deviator und Kugeltensor

Der Begriff der Dyade, des zweistufigen Tensors, ergibt sich auch schon bei der Untersuchung recht einfacher geometrischer Figuren. Beispielsweise kann die Gleichung einer Mittelpunktsfläche zweiter Ordnung mit dem Mittelpunkt im Koordinatenursprung in der Form

$$\boxed{A_{ij}x_i x_j = 1} \tag{2.20a}$$

geschrieben werden. Darin kann man ohne Einschränkung der Allgemeinheit die Symmetrie des "Koeffizientenschemas" ($A_{ij} = A_{ji}$) annehmen, so daß (2.20a) mit der quadratischen Form

$$A_{11}x_1^2 + A_{22}x_2^2 + A_{33}x_3^2 + 2(A_{12}x_1x_2 + A_{13}x_1x_3 + A_{23}x_2x_3) = 1 \tag{2.20b}$$

identisch ist. Man kann zeigen, daß A_{ij} in (2.20) Tensorcharakter hat. Dazu untersuche man das Transformationsverhalten beim Übergang auf ein gedrehtes System, in dem die quadratische Form lautet:

$$A_{ij}^* x_i^* x_j^* \equiv A_{kl}^* x_k^* x_l^* = 1 \ . \tag{2.21}$$

Setzt man darin das Transformationsgesetz $x_k^* = a_{ki}x_i$ bzw. $x_l^* = a_{lj}x_j$ für den Ortsvektor ein, so erhält man:

$$a_{ki}a_{lj}A_{kl}^*x_ix_j = 1 \; . \tag{2.22}$$

Der Koeffizientenvergleich mit der Form (2.20a) führt dann auf das Transformationsgesetz eines Tensors 2-ter Stufe gemäß (2.5):

$$A_{ij} = a_{ki}a_{lj}A_{kl}^* \; . \tag{2.23}$$

Entsprechend geht man von

$$A_{ij}x_ix_j \equiv A_{kl}x_kx_l = 1 \tag{2.20a}$$

aus, setzt darin die Inversion $x_k = a_{ik}x_i^*$ bzw. $x_l = a_{jl}x_j^*$ ein:

$$a_{ik}a_{jl}A_{kl}x_i^*x_j^* = 1 \tag{2.24}$$

und vergleicht dieses Ergebnis mit der Form (2.21):

$$A_{ij}^* = a_{ik}a_{jl}A_{kl} \; . \tag{2.25}$$

Damit ist der Tensorcharakter (2.9) des Koeffizientenschemas A_{ij} in der quadratischen Form (2.20) bestätigt. Zusammenfassend kann festgehalten werden:

Die Koordinaten eines symmetrischen Tensors 2-ter Stufe (Dyade) lassen sich stets als Koeffizienten der Gleichung einer bestimmten Fläche zweiter Ordnung mit dem Koordinatenursprung als Mittelpunkt deuten. Die Fläche zweiter Ordnung im Raum (z.B. Ellipsoid, Hyperboloid) ist ein geometrisches Objekt (Quadrik), das analytisch durch die Gleichung $A_{ij}x_ix_j = 1$ dargestellt werden kann. Darin ist A_{ij} ein Tensor 2-ter Stufe, so daß die symmetrische Fläche zweiter Ordnung auch als die zu A_{ij} gehörige Tensorquadrik bezeichnet werden kann.

In einem sogenannten <u>Hauptachsensystem</u> ($x_1 = x_I$, $x_2 = x_{II}$, $x_3 = x_{III}$) mit

$$A_{ij} = \begin{pmatrix} A_I & 0 & 0 \\ 0 & A_{II} & 0 \\ 0 & 0 & A_{III} \end{pmatrix} \tag{2.26}$$

lautet die quadratische Form (2.20a) ausgeschrieben:

$$A_I x_I^2 + A_{II} x_{II}^2 + A_{III} x_{III}^2 = 1 \; . \tag{2.27}$$

Spiegelungen $x_K^* = - x_K$ (K = I,II,III) an den Koordinatenebenen (z.B. K = I: Spiegelung an der II-III-Ebene) führen die quadratische Form (2.27) und damit seine Quadratik (geometrisches Objekt "Fläche") in sich selbst über, d.h., Hauptachsen sind geometrische Symmetrieachsen (Bild 2.1).

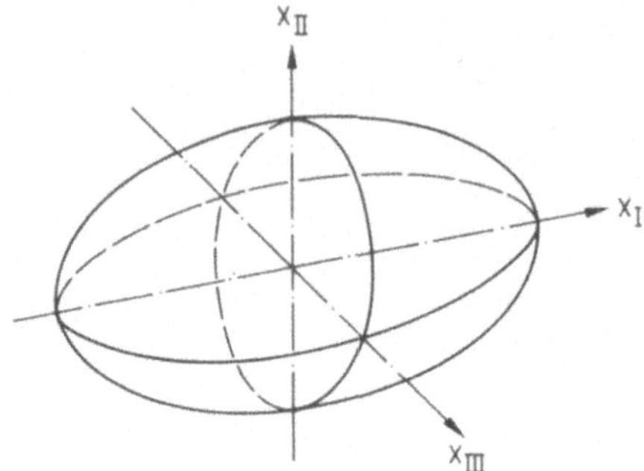

Bild 2.1
Tensorquadrik (z.B. Ellipsoid)

Eine besonders einfache Quadrik ist die Kugel

$$x_I^2 + x_{II}^2 + x_{III}^2 = 1/\lambda \ , \tag{2.28}$$

die sich als Sonderfall mit den Hauptwerten $A_I = A_{II} = A_{III} = \lambda$ aus (2.27), bzw. mit dem <u>Kugeltensor</u> (<u>Kugeldyade</u>)

$$A_{ij} = \begin{pmatrix} \lambda & 0 & 0 \\ 0 & \lambda & 0 \\ 0 & 0 & \lambda \end{pmatrix} \equiv \lambda \ \delta_{ij} \tag{2.29}$$

aus (2.20a) ergibt. Die Koordinaten des Kugeltensors sind gegenüber einer Koordinatentransformation invariant, d.h., <u>der Kugeltensor ist ein isotroper Tensor</u>. Geometrisch ist diese Eigenschaft des Kugeltensors darin begründet, daß bei der Kugel jedes Koordinatensystem ein Hauptachsensystem darstellt. Insbesondere kann in diesem Sinne der <u>Substitutionstensor</u> δ_{ij} als Kugeltensor gedeutet werden (λ = 1).

Bei vielen Anwendungen zerlegt man einen symmetrischen Tensor 2-ter Stufe ($A_{ij} = A_{ji}$) gemäß

$$A_{ij} = A'_{ij} + K_{ij} \tag{2.30}$$

in den speziellen Kugeltensor

$$K_{ij} := \frac{1}{3} A_{kk}\delta_{ij} \tag{2.31}$$

und den Deviator

$$A'_{ij} = A_{ij} - K_{ij} = A_{ij} - \frac{1}{3} A_{kk}\delta_{ij} , \tag{2.32}$$

der aufgrund der Definition (2.31) die besondere Eigenschaft hat, daß seine Spur verschwindet (spurloser Tensor):

$$A'_{ii} = A_{ii} - \frac{1}{3} A_{kk}\delta_{ii} = A_{ii} - A_{kk} \equiv 0 . \tag{2.33}$$

In der Kontinuumsmechanik wird der Verformungszustand, z.B. eines elastischen oder plastischen Körpers, durch den Verzerrungstensor ε_{ij} beschrieben, den man analog (2.30) in seinen Deviator und Kugeltensor zerlegen kann:

$$\varepsilon_{ij} = \varepsilon'_{ij} + \frac{1}{3} \varepsilon_{kk}\delta_{ij} . \tag{2.34}$$

Darin ist der Deviator für die Gestaltänderung und der Kugeltensor für die Volumenänderung verantwortlich, wenn $\underset{\sim}{\varepsilon}$ der logarithmische Verzerrungstensor bedeutet. Dieser Sachverhalt wird in einigen Übungsaufgaben verdeutlicht.

Übungsaufgaben

2.3.1 Man zeige, daß ein Deviator Tensoreigenschaft besitzt.

2.3.2 Gegeben sei die Bilinearform $F = A_{ij}x_iy_j$, die linear von den Koordinaten eines jeden der beiden Vektoren x_i und y_i abhängt. Welche Forderung muß an das Koeffizientenschema A_{ij} gestellt werden, damit die Form F gegenüber einer Koordinatentransformation invariant ist? Welche Sonderfälle enthält die Bilinearform?

2.3.3 Man zerlege die simultane Invariante $\Pi = \varepsilon_{ij}\sigma_{ij}$ in einen "Gestaltänderungsanteil" Π' und in einen Anteil Π_{Vol}, der für die "Volumenänderung" verantwortlich ist.

2.3.4 Man untersuche, in welche geometrische Figuren

a) die Einheitskugel $a_ia_i = 1$ und

b) der Einheitswürfel $a_1 = \pm 1/2$, $a_2 = \pm 1/2$, $a_3 = \pm 1/2$ infolge der Verschiebung $u_i = \varepsilon_{ij}a_j$ übergehen. Darin ist a_i der Ortsvektor, der den geometrischen Ort der unverformten Konfiguration festlegt, während der Ortsvektor $x_i = a_i + u_i$ die Konfiguration im verformten Zustand (Verformungstensor ε_{ij}) beschreibt.

2.3.5 Man beschreibe das Bild einer Kugel $a_ia_i = 1$, das

a) durch die Abbildung $x_i = (1 + \varepsilon_{kk}/3)\delta_{ij}a_j$ und

b) durch die Abbildung $x_i = (\delta_{ij} + \varepsilon'_{ij})a_j$

entsteht (ε'_{ij} $\hat{=}$ Verformungsdeviator). Welche Schlußfolgerungen kann man aus den Ergebnissen ziehen?

2.3.6 Man bestimme die CAUCHYsche Spannungsquadrik $\sigma_{ij}x_i x_j = \varkappa = \text{const.}$ für folgende Spannungszustände:

a) $\sigma_{11} = \sigma_I > 0$, $\sigma_{22} = \sigma_{II} > 0$, $\sigma_{33} = \sigma_{III} > 0$, alle anderen Null,

b) $\sigma_{11} = \sigma_{22} = \sigma_{33} = \sigma$, alle anderen Null,

c) $\sigma_{11} = \sigma$, alle anderen Null,

d) $\sigma_{12} = \sigma_{21} = \tau$, alle anderen Null,

e) Überlagerung der Spannungszustände "b)" und "d)".

2.3.7 Aus der fundamentalen Beziehung der Kontinuumsmechanik (2.3) und der Norm $n_i n_i = 1$ leite man eine Tensorquadrik her.

2.3.8 Man zerlege den Spannungstensor $\sigma_{ij} = \begin{pmatrix} \sigma & \tau & 0 \\ \tau & \sigma & 0 \\ 0 & 0 & \sigma \end{pmatrix}$ in Deviator und Kugeltensor.

2.3.9 Man zeige, daß man jeden Deviator A'_{ij} in fünf einzelne Deviatoren zerlegen kann. Man erläutere diese Superposition für den Fall, daß A'_{ij} der Spannungsdeviator ist.

2.3.10 Beim ebenen plastischen Fließen liegt ein Spannungszustand gemäß $\sigma_{ij} = \begin{pmatrix} \sigma_{11} & \sigma_{12} & 0 \\ \sigma_{12} & \sigma_{22} & 0 \\ 0 & 0 & \frac{1}{2}(\sigma_{11}+\sigma_{22}) \end{pmatrix}$ vor. Man gebe die Schemata für Deviator und Kugeltensor an.

2.4 Operatoreigenschaft eines Tensors 2-ter Stufe

Sind zwei Vektoren A_i und B_i voneinander abhängig, so besteht ein funktioneller Zusammenhang in Form einer Vektorfunktion

$$A_i = f_i(B_1, B_2, B_3) \ . \qquad (2.35)$$

Die einfachste nichttriviale Form ist ein linearer Zusammenhang (Linearkombination, lineares Gleichungssystem) gemäß

$$\boxed{A_i = T_{ij}B_j} \ . \qquad (2.2)$$

Darin ist T_{ij} ein Tensor (Ü 2.1.2), der als linearer Operator gedeutet werden kann. Er erzeugt durch Einwirken auf den Vektor B_i einen neuen Vektor A_i (Ü 2.1.6). Anders ausgedrückt:

> Der Tensor 2-ter Stufe vermittelt eine lineare Abbildung zwischen zwei Vektoren. Dabei stellt der eine Vektor den "Vektorfunktionswert" und der andere das "vektorielle Argument" dar.

Linearität zwischen Funktionswert A_i und Argument B_i ist dann gegeben, wenn sich bei Addition von zwei Argumenten auch die entsprechenden Funktionswerte addieren, d.h. wenn das Superpositionsprinzip für die Zuordnung (2.35) gilt:

$$\left.\begin{array}{l} A_i = f_i(B_j) \\ \\ B_j = \bar{B}_j + \bar{\bar{B}}_j \end{array}\right\} \Rightarrow A_i = \bar{A}_i + \bar{\bar{A}}_i \ . \qquad (2.36)$$

Weiterhin muß gelten, daß bei einer Multiplikation des Argumentes B_i mit einer Zahl μ sich auch der Funktionswert A_i mit dieser Zahl multipliziert (Homogenität):

$$\left.\begin{array}{l} A_i = f_i(B_j) \\ \\ B_j = \mu\bar{B}_j \end{array}\right\} \Rightarrow A_i = \mu\bar{A}_i \ . \qquad (2.37)$$

Für die Zuordnungsvorschrift (2.2) sind beide Forderungen der Linearität erfüllt:

$$A_i = T_{ij}(\bar{B}_j+\bar{\bar{B}}_j) = T_{ij}\bar{B}_j + T_{ij}\bar{\bar{B}}_j = \bar{A}_i + \bar{\bar{A}}_i \ , \qquad (2.36^*)$$

$$A_i = T_{ij}(\mu\bar{B}_j) = \mu T_{ij}\bar{B}_j = \mu\bar{A}_i \ . \qquad (2.37^*)$$

Mithin ist der Operator T_{ij} additiv und homogen vom Grade 1, d.h., er ist linear.

Eine spezielle Abbildung ist gegeben durch den Operator $T_{ij} = \lambda\ \delta_{ij}$, der mit (2.2) die "kollineare Verknüpfung" $A_i = \lambda\ B_i$ herstellt. Insbesondere liegt für $\lambda = 1$ eine Einheitsabbildung vor. Der Einheitstensor δ_{ij} bewirkt eine Abbildung, bei der die beiden Vektoren A_i und B_i zusammenfallen:

$$A_i = \delta_{ij}B_j \quad \Rightarrow \quad A_i \equiv B_i \ . \qquad (2.38)$$

Durch das Einwirken des Einheitstensors (Substitutionstensors) als Operator auf einen Vektor bleibt dieser unverändert (Ü 1.3.2).

Läßt man dagegen den Substitutionstensor auf das dyadische Produkt $T_{ij} = A_iB_j$ einwirken, so folgt das Skalarprodukt A_jB_j, das gleichbedeutend ist mit der Spur T_{jj} des Tensors T_{ij}:

$$\delta_{ij}A_iB_j = A_jB_j \equiv T_{jj} = \delta_{ij}T_{ij} \ . \qquad (2.39)$$

Die zu (2.2) inverse Vektorfunktion ist gemäß

$$B_i = (T_{ij})^{-1}A_j \equiv T_{ij}^{(-1)}A_j \qquad (2.40)$$

gegeben. Darin ist $(T_{ij})^{-1} \equiv T_{ij}^{(-1)}$ der zu T_{ij} inverse Operator oder inverse Tensor 2-ter Stufe, dessen Koordinaten nach der Rechenvorschrift (CRAMERsche Regel)

$$(T_{ij})^{-1} \equiv T_{ij}^{(-1)} = (-1)^{i+j} U(T_{ji})/|T_{ij}| \tag{2.41}$$

ermittelt werden. Darin ist $U(T_{ij})$ die zum Element T_{ij} gehörende Unterdeterminante.

Zum Abschluß dieser Ziffer sei noch darauf hingewiesen, daß ein invertierbarer Tensor, den man als Operator einer linearen Abbildung auffassen kann, multiplikativ in positiv definite symmetrische Tensoren und einen eigentlich orthogonalen Tensor eindeutig zerlegt werden kann. Dieses polare Zerlegungstheorem wird in Ziffer 6.4 ausführlich diskutiert.

Übungsaufgaben

2.4.1 Ein Vektor A_i, dessen Projektion A_o auf die 1-2-Ebene mit der 1-Achse den Winkel φ bildet, werde um die 3-Achse im mathematisch positiven Sinne in den Vektor B_i (gleicher Länge) gedreht. Der Drehwinkel sei ϑ. Man ermittle in der Abbildung $B_i = D_{ij}A_j$ die Koordinaten des Drehtensors D_{ij} und seine Inversion.

2.4.2 Es sei $K_i = P_{ij}V_j$ die Komponente eines Vektors V_i in eine vorgegebene Richtung, die mit der Richtung des Einsvektors $e_i = (-1/\sqrt{6}, -1/\sqrt{6}, \sqrt{2/3})$ zusammenfällt. Man ermittle den Projektionstensor P_{ij} und seine Inversion.

3 Hauptachsen eines symmetrischen Tensors 2-ter Stufe

Bei der Behandlung von Aufgaben aus der Kontinuumsmechanik (z.B. aus der Elasto- oder Plastomechanik) kommt der Hauptachsentransformation große Bedeutung zu. So geben beispielsweise die Hauptspannungsrichtungen in einem Kontinuum die Richtungen an, in denen man nur Normalspannungen (Hauptnormalspannungen σ_I, σ_{II}, σ_{III}) des symmetrischen Spannungstensors $\sigma_{ij} = \sigma_{ji}$ antrifft. Daher soll im folgenden die Hauptachsentransformation eingehend behandelt werden.

3.1 Zerlegungen eines Tensors 2-ter Stufe

Neben der additiven Aufspaltung in Deviator und Kugeltensor gemäß (2.30) kann jeder zweistufige Tensor in einen symmetrischen und antisymmetrischen Anteil zerlegt werden. Dazu schreibt man die Identität auf:

$$\left.\begin{aligned} A_{ij} &= \frac{1}{2}(A_{ij}+A_{ji}) + \frac{1}{2}(A_{ij}-A_{ji}) \\ A_{ij} &= (A_{ij})_{sym} + (A_{ij})_{anti} \; . \end{aligned}\right\} \tag{3.1}$$

Aus dieser Aufspaltung folgen unmittelbar die Definitionen der Begriffe Symmetrie und Antisymmetrie (Antimetrie): Der Tensor A_{ij} ist symmetrisch, wenn der antisymmetrische Anteil verschwindet:

$$(A_{ij})_{anti} = O_{ij} \Rightarrow \boxed{A_{ij} = A_{ji}} \; . \tag{3.2a}$$

Umgekehrt gilt:

$$A_{ij} = A_{ji} \Rightarrow \boxed{A_{ij} = \frac{1}{2}(A_{ij}+A_{ji})} \; . \tag{3.2b}$$

Der Tensor A_{ij} ist antisymmetrisch (antimetrisch), wenn der symmetrische Anteil verschwindet:

$$(A_{ij})_{sym} = O_{ij} \Rightarrow \boxed{A_{ij} = -A_{ji}} \; . \tag{3.3}$$

Die Elemente auf der Hauptdiagonalen eines antimetrischen Tensors (3.3) verschwinden ($A_{11} = -A_{11} \Rightarrow A_{11} \equiv 0$ usw.), so daß er durch folgendes Schema gekennzeichnet ist:

$$(A_{ij})_{anti} = \begin{pmatrix} 0 & A_{12} & -A_{31} \\ -A_{12} & 0 & A_{23} \\ A_{31} & -A_{23} & 0 \end{pmatrix} . \tag{3.4}$$

Aufgrund des Vorzeichenwechsels bei der Spiegelung an der Hauptdiagonalen kann man den antisymmetrischen Anteil auch schiefsymmetrisch oder alternierend nennen. Die Bildung des symmetrischen Anteils ist somit als Symmetrisierung ("Mischen") und die des antisymmetrischen Anteils als Alternierung zu bezeichnen.

Führt man den zu A_{ij} transponierten oder konjugierten Tensor $A^T_{ij} = A_{ji}$ ein, so kann man definieren:

Ein Tensor ist symmetrisch, wenn er mit seinem transponierten Tensor zusammenfällt; er ist antisymmetrisch, wenn er sich von seinem transponierten Tensor nur durch das Vorzeichen unterscheidet.

Um zu zeigen, daß der symmetrische und antisymmetrische Anteil je für sich Tensoren sind, genügt es, den Tensorcharakter der transponierten Größe A^T_{ij} nachzuweisen. Da A_{ij} ein Tensor ist, gilt das Transformationsgesetz:

$$A^*_{ij} = a_{ik}a_{jl}A_{kl} \; , \tag{3.5a}$$

bzw. nach Vertauschen der freien Indizes i und j auf beiden Seiten:

$$A^*_{ji} = a_{jk}a_{il}A_{kl} \ . \tag{3.5b}$$

Darin ändert sich die rechte Seite nicht, wenn die stummen Indizes k und l ausgetauscht werden, so daß man in Verbindung mit den transponierten Größen $A^T_{ij} = A_{ji}$ erhält:

$$\left.\begin{aligned} A^*_{jl} &= a_{jl}a_{ik}A_{lk} \\ A^*_{ji} &= A^{T*}_{ij},\ A_{lk} = A^T_{kl} \end{aligned}\right\} \Rightarrow \boxed{A^{T*}_{ij} = a_{ik}a_{jl}A^T_{kl}} \ . \tag{3.6}$$

Damit ist die Tensoreigenschaft der transponierten Größe A^T_{ij} nachgewiesen. Symmetrie und Antimetrie sind invariante Eigenschaften eines Tensors 2-ter Stufe.

Neben dem konjugierten Tensor A^T_{ij} sei noch der adjungierte Tensor erwähnt, dessen Koordinaten man nach der Rechenvorschrift

$$A^A_{ij} = (-1)^{i+j}U(A_{ji}) \tag{3.7}$$

ermittelt. Darin ist $U(A_{ij})$ die zum Element A_{ij} gehörende Unterdeterminante. Dividiert man den adjungierten Tensor (3.7) durch die Determinante $|A_{ij}|$ des Ausgangstensors A_{ij}, so erhält man den inversen oder reziproken Tensor $(A_{ij})^{-1} \equiv A^{(-1)}_{ij}$ gemäß (2.41). Mithin hat (3.7) wie (2.41) Tensorcharakter.

Als Beispiele für symmetrische Tensoren aus dem Ingenieurbereich sei auf den Spannungstensor $\sigma_{ij} = \sigma_{ji}$ und Verzerrungstensor $\varepsilon_{ij} = \varepsilon_{ji}$ hingewiesen. Ein antisymmetrischer Tensor tritt beispielsweise bei der Drehung eines starren Körpers auf. Dort sind die Koordinaten des Winkelgeschwindigkeitsvektors $\omega_i = (\omega_1,\omega_2,\omega_3)$ mit den Koordinaten eines antisymmetrischen Tensors zu identifizieren (Bivektor):

$$\omega_1 \equiv -A_{23} \ , \qquad \omega_2 \equiv -A_{31} \ , \qquad \omega_3 \equiv -A_{12} \ . \tag{3.8}$$

Das Schema des Tensors (3.4) lautet damit:

$$A_{ij} = \begin{pmatrix} 0 & -\omega_3 & \omega_2 \\ \omega_3 & 0 & -\omega_1 \\ -\omega_2 & \omega_1 & 0 \end{pmatrix} . \tag{3.9}$$

Läßt man diesen Tensor auf den Ortsvektor $R_i \equiv x_i = (x_1,x_2,x_3)$ eines Massenpunktes als Operator einwirken, so erhält man den Geschwindigkeitsvektor v_i des Massenpunktes:

$$\boxed{A_{ij}R_j = v_i} \quad \begin{array}{l} v_1 = \omega_2R_3 - \omega_3R_2 \\ v_2 = \omega_3R_1 - \omega_1R_3 \\ v_3 = \omega_1R_2 - \omega_2R_1 \end{array} \tag{3.10}$$

Man beachte darin den Vorzeichenwechsel beim Vertauschen der zyklischen Reihenfolge.

Es sei noch auf eine Schreibweise hingewiesen, die den symmetrischen Anteil eines Tensors A_{ij} durch $A_{(ij)}$ und den antisymmetrischen Anteil durch $A_{[ij]}$ kennzeichnet, so daß die Aufspaltung (3.1) auch durch

$$A_{ij} = A_{(ij)} + A_{[ij]} \tag{3.11}$$

ausgedrückt werden kann.

Die Zerlegung (3.1) bzw. (3.11) ist in der Kontinuumsmechanik von Bedeutung; denn betrachtet man den Verschiebungsgradienten, der gemäß $A_{ij} \equiv \partial u_i/\partial x_j$ aus dem Verschiebungsvektor u_i gebildet wird, so kann (3.1) bei kleinen Verzerrungen als Zerlegung in eine "reine" Streckung (Verzerrung) und in eine "reine" Drehung gedeutet werden. Bei endlichen Deformationen ist diese Aufspaltung additiv nicht mehr möglich; an ihre Stelle tritt eine multiplikative (polare) Zerlegung der allgemeinen Deformation in eine Streckung mit nachfolgender Drehung oder umgekehrt in eine Drehung und anschließender Streckung [6].

Die multiplikative Zerlegung entspricht dem polaren Zerlegungstheorem, auf das in Ziffer 6.4 näher eingegangen wird.

Übungsaufgaben

3.1.1 Gegeben ist ein Tensor $A_{ij} = \begin{pmatrix} 3 & 2 & 1 \\ 0 & -4 & 3 \\ 7 & 11 & -5 \end{pmatrix}$.
Man zerlege ihn und seinen Deviator in einen symmetrischen und antisymmetrischen Anteil. Ferner ermittle man zu A_{ij} den adjungierten und inversen Tensor.

3.1.2 Es seien A_{ij} ein symmetrischer und B_{ij} ein antisymmetrischer Tensor. Man zeige, daß das doppelt verjüngende Produkt $A_{ij}B_{ij}$ verschwindet. Wie groß wird der Ausdruck $A_{ij}B_{ji}$?

3.1.3 Man zeige, daß die quadratische Form $F = A_{ij}x_ix_j$ unverändert bleibt, wenn man darin den Tensor A_{ij} durch seinen symmetrischen Anteil $A_{(ij)}$ ersetzt. Was erhält man, wenn A_{ij} durch $A_{[ij]}$ ersetzt wird?

3.1.4 Man zeige, daß sich die symmetrischen Anteile eines Tensors und seines Deviators nur durch den Kugeltensor $A_{kk}\delta_{ij}/3$ unterscheiden.

3.2 Charakteristische Gleichung eines Tensors 2-ter Stufe

Wie in Kapitel 2 vermerkt [Gl. (2.2)], erzeugt ein Tensor 2-ter Stufe A_{ij} beim Einwirken auf einen Vektor X_i einen Vektor Y_i gemäß der linearen Abbildung

$$Y_i = A_{ij}X_j \; . \tag{3.12}$$

Hierbei unterscheiden sich die Vektoren X_i und Y_i je nach Tensor A_{ij} im allgemeinen durch ihre Länge und Richtung. In einem sogenannten Hauptachsensystem haben beide Vektoren dieselbe Richtung. In diesem Sonderfall ändert der auf X_i einwirkende Tensor A_{ij} nicht seine Richtung, sondern nur seinen Betrag. Dann muß gelten:

$$Y_i = \lambda X_i \; . \tag{3.13}$$

In einem elastischen oder plastischen Kontinuum beispielsweise besteht eine Zuordnung (3.12) zwischen Spannungsvektor p_i einer Fläche und dem Normaleneinsvektor n_i dieser Fläche (Bild 3.1) über den Spannungstensor $\sigma_{ij} = \sigma_{ji}$ gemäß:

$$p_i = \sigma_{ji}n_j = \sigma_{ij}n_j \; . \tag{3.14}$$

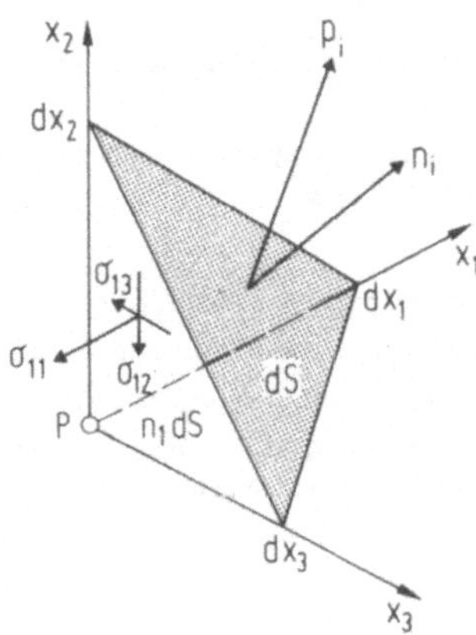

Bild 3.1
Differentielles Tetraeder, Normaleneinsvektor n_i und Spannungsvektor p_i

Verdreht man in einem Punkt des Kontinuums die durch den Normaleneinsvektor n_i gekennzeichnete Schnittfläche dS derart, daß p_i und n_i zusammenfallen, wird in dieser so gefundenen Fläche der zugehörige Spannungsvektor p_i keine Schubspannungen, sondern nur eine Normalspannung, z.B. die Hauptnormalspannung σ_I infolge $p_i^I = (p_I,0,0,)$, hervorrufen. In zwei dazu senkrechten Richtungen trifft man entsprechend die Hauptnormalspannungen σ_{II} und σ_{III} an. Der Spannungstensor σ_{ij} hat für diese Flächenorientierung (Hauptachsensystem) die Hauptdiagonalform

$$\sigma_{ij} = \begin{pmatrix} \sigma_I & 0 & 0 \\ 0 & \sigma_{II} & 0 \\ 0 & 0 & \sigma_{III} \end{pmatrix} . \tag{3.15}$$

Aus der allgemeinen linearen Abbildung (3.12) und der "Forderung" (3.13) folgt unter Berücksichtigung der Austauschregel:

$$\left.\begin{array}{l} Y_i = A_{ij}X_j \\ Y_i = \lambda X_i = \lambda\delta_{ij}X_j \end{array}\right\} \Rightarrow \boxed{(A_{ij}-\lambda\delta_{ij})X_j = 0_i} \tag{3.16a}$$

Das Ergebnis (3.16a) stellt ein System von drei homogenen linearen Gleichungen (entsprechend i = 1,2,3) zur Bestimmung der drei unbekannten Koordinaten des Vektors X_j (entsprechend j = 1,2,3) dar:

$$\left.\begin{array}{ll} i = 1: & (A_{11}-\lambda)X_1 + A_{12}X_2 + A_{13}X_3 = 0 \\ i = 2: & A_{21}X_1 + (A_{22}-\lambda)X_2 + A_{23}X_3 = 0 \\ i = 3: & A_{31}X_1 + A_{32}X_2 + (A_{33}-\lambda)X_3 = 0 . \end{array}\right\} \tag{3.16b}$$

Aufgrund der CRAMERschen Regel liegt dann eine nichttriviale Lösung für X_1,X_2,X_3 vor, wenn die Koeffizientendeterminante in (3.16a,b) verschwindet:

$$\boxed{\det(A_{ij}-\lambda\delta_{ij}) \equiv \begin{vmatrix} (A_{11}-\lambda) & A_{12} & A_{13} \\ A_{21} & (A_{22}-\lambda) & A_{23} \\ A_{31} & A_{32} & (A_{33}-\lambda) \end{vmatrix} \overset{!}{=} 0} . \tag{3.17}$$

Hieraus folgt eine kubische Gleichung, die sogenannte charakteristische Gleichung

$$\boxed{\lambda^3 - J_1\lambda^2 - J_2\lambda - J_3 = 0} \tag{3.18}$$

des Tensors A_{ij} zur Bestimmung der charakteristischen Zahlen (Hauptwerte)

$$\lambda_I \equiv A_I\,, \qquad \lambda_{II} \equiv A_{II}\,, \qquad \lambda_{III} \equiv A_{III}\,. \tag{3.19}$$

Zur besseren Übersicht sind zur Kennzeichnung der Hauptrichtungen römische Ziffern (I,II,III) gewählt. Häufig werden die Hauptwerte bzw. ihre Kehrwerte auch Eigenwerte des Tensors A_{ij} genannt.

Da in der charakteristischen Gleichung (3.18) λ eine skalare Größe ist [Gl. (3.13)], müssen die Koeffizienten J_1, J_2, J_3 in (3.18) ebenfalls skalare Größen sein, d.h., sie sind unabhängig vom Koordinatensystem. Man nennt sie die Hauptinvarianten des Tensors A_{ij}:

$$J_1 = J_1(A_{ij}) = \delta_{ij}A_{ij} = A_{ii} \equiv A_{kk} \tag{3.20a}$$

$$J_2 = J_2(A_{ij}) \equiv - A_{i[i]}A_{j[j]} = \frac{1}{2}(A_{ij}A_{ji} - A_{ii}A_{jj}) \tag{3.20b}$$

$$J_3 = J_3(A_{ij}) \equiv A_{i[i]}A_{j[j]}A_{k[k]} = \det(A_{ij}) \equiv |A_{ij}|\,. \tag{3.20c}$$

Die Richtigkeit dieser Invarianten kann man durch Koeffizientenvergleich aus (3.17) und (3.18) überprüfen (Ü 3.2.14). Die kubische Invariante J_3 gemäß (3.20c) liest man unmittelbar aus (3.17) und (3.18) ab, wenn man den Sonderfall $\lambda = 0$ betrachtet. Die quadratische Invariante J_2 gemäß (3.20b) ist die negative Summe der Unterdeterminanten der Elemente A_{11}, A_{22},A_{33} in der Hauptdiagonalen des Tensorschemas (A_{ij}). Im Gegensatz zu (3.20b) definieren viele Autoren die quadratische Invariante J_2 als positive Summe der genannten Unterdeterminanten (Hauptminoren). Dann muß in (3.18) vor J_2 ein positives Vorzeichen stehen. Bei Aufgaben aus dem Ingenieurbereich, insbesondere der Plastomechanik, ist Definition (3.20b) jedoch zweckmäßiger. Schließlich sei noch erwähnt, daß die lineare Invariante J_1 gemäß (3.20a) die Spur des Tensors A_{ij} darstellt. Weitere Bemerkungen zu den Invarianten findet man unter Ziffer 3.3, in Ü 4.3.5, Ü 4.3.6 und in Kapitel 8.

Setzt man in das lineare Gleichungssystem (3.16a,b) zur Bestimmung der Koordinaten des Vektors X_j für λ der Reihe nach die charakteristischen Zahlen $\lambda_{(\alpha)}$, α = I,II,III ein, so erhält man für jeden λ-Wert (3.19) ein System von drei homogenen linearen Gleichungen in den Unbekannten $X_1^{(\alpha)}$, $X_2^{(\alpha)}$, $X_3^{(\alpha)}$. Jedem Hauptwert $\lambda_{(\alpha)}$ ist mithin ein Eigenvektor $X_j^{(\alpha)}$ zugeordnet*). Aufgrund der Homogenität der drei Gleichungssysteme (α = I,II,III) sind die drei Eigenvektoren X_j^I, X_j^{II}, X_j^{III} nur der Richtung nach bestimmt, während ihre Beträge und ihre Orientierungen beliebig sein können, so daß man streng nur von Eigenrichtungen sprechen darf. Aus diesem Grunde ist

---

*) α ist als Marke und nicht als Index oder Hochzahl anzusehen!

es sinnvoll, das Gleichungssystem (3.16a) einer Normierung entsprechend durch den Betrag des Eigenvektors $|\vec{X}|$ zu dividieren:

$$(A_{ij} - \lambda\delta_{ij})n_j = 0_i \; . \tag{3.21}$$

Darin gibt der Einsvektor

$$n_j = X_j/|\vec{X}| \equiv X_j/\sqrt{X_k X_k} \tag{3.22}$$

die einem Eigenwert λ zugeordnete Eigenrichtung an, so daß neben (3.21) noch zusätzlich die Nebenbedingung

$$n_j n_j = 1 \tag{3.23}$$

zur Verfügung steht.

Nachdem man die charakteristischen Zahlen $\lambda_{(\alpha)}$, α = I,II,III, gemäß (3.19) aus der charakteristischen Gleichung (3.18) bzw. aus (3.17) berechnet hat, kann man sie in das homogene lineare Gleichungssystem (3.21) nacheinander einsetzen und die Eigenrichtungen $n_j^{(\alpha)}$, α = I,II,III unter Berücksichtigung der Nebenbedingung (3.23) bestimmen:

$$\boxed{(A_{ij}-\lambda_{(\alpha)}\delta_{ij})n_j^{(\alpha)} = 0_i \; , \quad n_j^{(\alpha)}n_j^{(\alpha)} = 1 \; , \quad \alpha = \mathrm{I,II,III}} \tag{3.24}$$

Darin mußte die Nebenbedingung (3.23) hinzugefügt werden, damit eine hinreichende Anzahl von unabhängigen Bestimmungsgleichungen zur Verfügung steht. Die eingeklammerte Marke α in (3.24) unterliegt nicht der Summationsvorschrift für Indexpaare. Zu jedem bestimmten $\lambda_{(\alpha)}$, α = I,II,III, erhält man aus dem Gleichungssystem (3.24) ein Zahlentripel $n_j^{(\alpha)}$, j = 1,2,3. Diese drei Zahlen (j = 1,2,3) legen, als Richtungskosinusse aufgefaßt, die der charakteristischen Zahl $\lambda_{(\alpha)}$ entsprechende Eigenrichtung*) des Tensors A_{ij} fest:

Für drei voneinander verschiedene Hauptwerte (3.19) sind die Hauptrichtungen eindeutig bestimmt und paarweise orthogonal, falls der Tensor symmetrisch ist ($A_{ij} = A_{ji}$).

Um das zu zeigen, seien die Gleichungssysteme (3.24) beispielsweise für λ_{II} und λ_{III} angeschrieben:

$$(A_{ij}-\lambda_{II}\delta_{ij})n_j^{II} = 0_i \qquad \text{und} \qquad (A_{ij}-\lambda_{III}\delta_{ij})n_j^{III} = 0_i \; .$$

---

*) Die Eigenvektoren stimmen mit den Zeilenvektoren der Transformationsmatrix überein, die den Tensor auf Diagonalform transformiert (Ü 3.2.8; Zahlenbeispiel in Ü 3.2.5). Man beachte auch (3.52).

Durch Multiplikation mit n_i^{III} und n_i^{II} erhält man daraus:

$$(A_{ij}-\lambda_{II}\delta_{ij})n_j^{II}n_i^{III} = 0 \qquad \text{und} \qquad (A_{ij}-\lambda_{III}\delta_{ij})n_j^{III}n_i^{II} = 0 \;.$$

Beide Systeme werden gleichgesetzt und ausmultipliziert:

$$A_{ij}n_j^{II}n_i^{III} - \lambda_{II}\underbrace{\delta_{ij}n_j^{II}}_{n_i^{II}}n_i^{III} = \underbrace{A_{ij}n_j^{III}n_i^{II}}_{A_{ji}n_i^{III}n_j^{II}} - \lambda_{III}\underbrace{\delta_{ij}n_j^{III}}_{n_i^{III}}n_i^{II} \;,$$

so daß man schließlich erhält:

$$(A_{ij}-A_{ji})n_j^{II}n_i^{III} + (\lambda_{III}-\lambda_{II})n_i^{II}n_i^{III} = 0 \;. \tag{3.25}$$

Unter der Voraussetzung, daß der Tensor A_{ij} symmetrisch ist ($A_{ij} = A_{ji}$), verschwindet in (3.25) der erste Term. Mithin gilt bei Symmetrie:

$$\boxed{(\lambda_{II}-\lambda_{III})n_i^{II}n_i^{III} = 0} \;. \tag{3.26}$$

Für $\lambda_{II} \neq \lambda_{III}$ muß demnach das skalare Produkt $n_i^{II}\, n_i^{III}$ verschwinden, d.h., die Eigenvektoren n_i^{II} und n_i^{III} stehen aufeinander senkrecht. Für die Paarungen λ_I, λ_{II} und λ_I, λ_{III} erhält man entsprechende Zusammenhänge, so daß allgemein folgender Satz gilt:

Für drei voneinander verschiedene Hauptwerte sind die Hauptrichtungen eindeutig bestimmt und paarweise orthogonal, falls der Tensor symmetrisch ist. Stimmen zwei Eigenwerte überein, z.B. $\lambda_{II} \equiv \lambda_{III}$, so ist jede Richtung in der zum Eigenvektor n_i^I senkrechten Ebene eine Hauptrichtung. Die Tensorquadrik in Bild 2.1 ist dann rotationssymmetrisch bezüglich der x_I-Achse. Bei einer Dreifachwurzel der charakteristischen Gleichung (3.18) geht die Tensorquadrik (Bild 2.1) in eine Kugel über, die von allen Achsen orthogonal durchsetzt wird, so daß für diesen Sonderfall jede Richtung eine Hauptrichtung darstellt.

Neben der Orthogonalität der Eigenrichtungen ergibt sich aus der Symmetrie des Tensors eine weitere Konsequenz, die in folgendem Satz ausgedrückt werden kann:

Ein symmetrischer Tensor zweiter Stufe besitzt nur reelle Hauptwerte.

Dieser Satz ist auch aus der Matrizenrechnung bekannt und kann folgendermaßen formuliert werden:

Die Wurzeln einer Säkulargleichung $|\underset{\sim}{M}-\lambda\underset{\sim}{\sigma}| = 0$ sind sämtlich reell, wenn $\underset{\sim}{M}$ eine reelle symmetrische Matrix ist.

Zum Beweis dieses Satzes nehme man an, daß die Zahl λ in der charakteristischen Gleichung (3.18) auch komplex sein kann

$$\lambda = \mu + \sqrt{-1}\nu \qquad (3.27)$$

und führe diese Annahme zum Widerspruch, d.h., man zeige, daß der Imaginärteil verschwindet. Mit dem Ansatz (3.27) müssen die nichttrivialen Lösungen des homogenen Gleichungssystems (3.16a) in der Form

$$X_i = Y_i + \sqrt{-1}\, Z_i \qquad (3.28)$$

gegeben sein. Setzt man (3.27) und (3.28) in (3.16a) ein, so erhält man:

$$(A_{ij}-\mu\delta_{ij}-\sqrt{-1}\nu\ \delta_{ij})(Y_j+\sqrt{-1}\ Z_j) = 0_i\ .$$

Darin müssen der Real- und Imaginärteil je für sich verschwinden:

Re: $$(A_{ij}-\mu\delta_{ij})Y_j + \nu Z_i = 0_i\ , \qquad (3.29a)$$

Im: $$(A_{ij}-\mu\delta_{ij})Z_j - \nu Y_i = 0_i\ . \qquad (3.29b)$$

Die obere Gleichung (3.29a) überschiebe man mit Z_i, die untere (3.29b) mit Y_i:

$$(A_{ij}-\mu\delta_{ij})Y_jZ_i + \nu Z_iZ_i = 0\ , \qquad (3.30a)$$

$$(A_{ij}-\mu\delta_{ij})Z_jY_i - \nu Y_iY_i = 0. \qquad (3.30b)$$

Wegen $(A_{ij}-\mu\delta_{ij})Z_jY_i \equiv (A_{ji}-\mu\delta_{ji})Y_jZ_i$ geht die Differenz der beiden Gleichungen (3.30a,b) in

$$(A_{ij}-A_{ji})Y_jZ_i + \nu(Z_iZ_i+Y_iY_i) = 0 \qquad (3.31)$$

über, so daß bei Symmetrie $A_{ij} = A_{ji}$ folgt:

$$\nu(Y_iY_i+Z_iZ_i) \equiv \nu X_i\bar{X}_i = 0\ . \qquad (3.32)$$

Da der Eigenvektor (3.28) nicht der Nullvektor sein soll, ist seine Norm und damit $X_i\bar{X}_i$ immer von Null verschieden, so daß nach (3.32) die Zahl ν verschwinden muß. Mithin ist die charakteristische Zahl λ reell, was zu beweisen war. In (3.32) bezeichnet $\bar{X}_i$ die zu (3.28) konjugiert komplexe Größe.

Da die Eigenvektoren in (3.24) mit den Zeilenvektoren der Transformationsmatrix übereinstimmen, die den Tensor auf Diagonalform transformiert, was man gemäß

$$n_j^{(\alpha)} \mathrel{\hat{=}} a_{ij} \quad \text{mit } i = 1,2,3 \text{ für } \alpha = I,II,III \tag{3.33}$$

ausdrücken kann (Ü 3.2.8; Zahlenbeispiel in Ü 3.2.5), ist ein symmetrischer Tensor zweiter Stufe eindeutig durch seine Hauptwerte (3.19) und Hauptrichtungen in der Form

$$A_{ij} = A_I n_i^I n_j^I + A_{II} n_i^{II} n_j^{II} + A_{III} n_i^{III} n_j^{III} \tag{3.34}$$

darstellbar. Zum Nachweis dieser Darstellung gehe man von (2.23) aus und betrachte darin das gesternte System als Hauptachsensystem:

$$A^*_{kl} \mathrel{\hat{=}} \text{diag}\{A_I, A_{II}, A_{III}\}$$

so daß damit (2.23) nach Summation über die stummen Indizes k und l in die Form

$$A_{ij} = a_{1i}a_{1j}A_I + a_{2i}a_{2j}A_{II} + a_{3i}a_{3j}A_{III}$$

übergeht, die wegen (3.33) mit (3.34) übereinstimmt. Analog weist man die Darstellung

$$A_i = A_I n_i^I + A_{II} n_i^{II} + A_{III} n_i^{III} \tag{3.35}$$

eines Vektors nach, die formal aus (3.34) durch Streichen des zweiten Index hervorgeht. Allerdings ist bei diesem rein formalen Übergang zu beachten, daß die Größen $A_I, \ldots, A_{III}$ in (3.34) Koordinaten (3.19) eines Tensors zweiter Stufe und in (3.35) Koordinaten eines Vektors bezüglich des Hauptachsensystems sind. Man vergleiche (3.35) auch mit $(\underset{\sim}{1.3})$.

Im Hauptachsensystem vereinfacht sich die charakteristische Gleichung (3.17) mit (3.19) zu

$$\begin{vmatrix} \lambda_I-\lambda & 0 & 0 \\ 0 & \lambda_{II}-\lambda & 0 \\ 0 & 0 & \lambda_{III}-\lambda \end{vmatrix} = (\lambda_I-\lambda)(\lambda_{II}-\lambda)(\lambda_{III}-\lambda) = 0 \tag{3.36a}$$

bzw. zu

$$(A_I-\lambda)(A_{II}-\lambda)(A_{III}-\lambda) = 0 \ , \tag{3.36b}$$

die der kubischen Gleichung

$$\lambda^3-(A_I+A_{II}+A_{III})\lambda^2+(A_{II}A_{III}+A_{III}A_I+A_IA_{II})\lambda-A_IA_{II}A_{III} = 0 \tag{3.36c}$$

entspricht. Der Koeffizientenvergleich mit (3.18) führt in Übereinstimmung mit den Definitionen (3.20a,b,c) auf die Invarianten

$$J_1 = A_I + A_{II} + A_{III} \tag{3.37a}$$

$$J_2 = -\ (A_{II}A_{III} + A_{III}A_I + A_IA_{II}) \tag{3.37b}$$

$$J_3 = A_IA_{II}A_{III} \ . \tag{3.37c}$$

Die Koeffizienten J_1, $-J_2$, J_3 in der charakteristischen Gleichung (3.36c) sind die elementaren symmetrischen Funktionen von A_I, A_{II}, A_{III} (Ziffer 3.3).

Neben der Anwendung auf den Spannungszustand mit den Hauptnormalspannungen (σ_I, σ_{II}, σ_{III}) und den Verformungszustand mit den Hauptdehnungen (ε_I, ε_{II}, ε_{III}) ist die Hauptachsentransformation für die Darstellung von Flächen zweiter Ordnung von Bedeutung (Ziffer 2.3); denn die quadratische Form (2.20a,b) hat im Hauptachsensystem die übersichtlichere Form (2.27), aus der unmittelbar der Flächentyp erkennbar ist. Eine geometrisch ähnliche Form zu (2.20a) kann allgemein durch

$$F = A_{ij}x_ix_j \qquad \text{mit} \qquad x_ix_i = x^2 \tag{3.38}$$

angegeben werden. Da die Hauptachsen von jeder Fläche F = const. orthogonal durchsetzt werden (Bild 2.1), kann die Hauptachsentransformation auf eine Optimierungsaufgabe bzw. auf ein Variationsproblem zurückgeführt werden (F = extremal). In diesem Sinne wäre F gemäß (3.38) als Grundfunktion zu deuten und $x_ix_i = x^2$ die Nebenbedingung. Variationsprobleme mit Nebenbedingung können mit einem sogenannten LAGRANGEschen Multiplikator λ als gewöhnliches Variationsproblem behandelt werden, wenn man Grundfunktion F und Nebenbedingung N zu einer neuen Grundfunktion $\Phi = F \pm \lambda N$ zusammenfaßt und damit die Optimierung vornimmt. Diese Methode heißt LAGRANGEsche Multiplikatorenmethode. Sie soll im folgenden näher erläutert werden und danach auf den vorliegenden Fall (3.38) angewendet werden.

Es sei

$$F = F(x,y,z) \tag{3.39}$$

eine stetige und stetig differenzierbare Funktion von mehreren Veränderlichen (z.B. drei: x,y,z). Gesucht ist das Maximum (Minimum) oder der stationäre Wert unter Berücksichtigung der Nebenbedingungen

$$L = L(x,y,z) = 0 \quad \text{und} \quad M = M(x,y,z) = 0 \ , \tag{3.40a,b}$$

d.h., die Veränderlichen, von denen die Funktion abhängt, sind nicht voneinander unabhängig, sondern durch (3.40a,b) miteinander verknüpft (bedingte Extremwerte). Man findet die Extremwerte, wenn man das vollständige Differential der Funktion (3.39) NULL setzt: dF = 0. Ebenso gilt wegen (3.40a,b) aber auch: dL = dM = 0 und somit die Kombination

$$\boxed{dF \pm \lambda dL \pm \mu dM = 0} \qquad (\text{bzw.: } d\Phi = 0) \ . \tag{3.41}$$

Daraus folgt:

$$\left(\frac{\partial F}{\partial x} \pm \lambda\frac{\partial L}{\partial x} \pm \mu\frac{\partial M}{\partial x}\right) dx + \ldots + \left(\frac{\partial F}{\partial z} \pm \lambda\frac{\partial L}{\partial z} \pm \mu\frac{\partial M}{\partial z}\right) dz = 0 \ . \tag{3.42}$$

Darin werden LAGRANGEsche Multiplikatoren λ,μ so bestimmt, daß die Koeffizienten der Differentiale dx, dy und dz verschwinden:

$$\boxed{\frac{\partial \Phi}{\partial x} = \frac{\partial \Phi}{\partial y} = \frac{\partial \Phi}{\partial z} \overset{!}{=} 0 \qquad \text{mit} \qquad \Phi := F \pm \lambda L \pm \mu M} \tag{3.43}$$

Mithin braucht man bekanntlich nur die partiellen Ableitungen von Φ nach allen Veränderlichen gleich NULL zu setzen, wobei man λ,μ als konstant ansieht. Ebenso gilt auch:

$$\partial\Phi/\partial\lambda = 0 \qquad \text{und} \qquad \partial\Phi/\partial\mu = 0 \ , \tag{3.44a,b}$$

was den Bedingungen (3.40a,b) entspricht.

Wendet man nun die LAGRANGEsche Multiplikatorenmethode auf (3.38) an, so ist anstelle von (3.40a,b) die eine Nebenbedingung

$$L = \delta_{ij}x_i x_j - x^2 = 0 \tag{3.45}$$

zu beachten, so daß man in (3.43) von der modifizierten Grundform

$$\Phi = F - \lambda L = A_{ij}x_i x_j - \lambda(\delta_{ij}x_i x_j - x^2) \tag{3.46}$$

ausgeht und wegen $\partial\Phi/\partial x_i = 0_i$ das bekannte Ergebnis

$$\boxed{(A_{ij} - \lambda\delta_{ij})x_j = 0_i} \tag{3.47}$$

erhält, das gemäß (3.16) auf den Spannungstensor in (3.14) angewendet wird (Bild 3.1).

Die LAGRANGEsche Multiplikatorenmethode kann bei der Hauptachsentransformation eines Tensors zweiter Stufe auch folgendermaßen benutzt werden [6].

Die Koordinaten eines Tensors zweiter Stufe transformieren sich bei der Drehung eines rechtwinkligen kartesischen Koordinatensystems gemäß (2.8) bzw. gemäß

$$A^*_{ij} = a_{ip}a_{jq}A_{pq} \; . \tag{3.48}$$

Darin sind a_{ij} die Elemente einer orthonormierten Transformationsmatrix

$$a_{ip}a_{jp} = \delta_{ij} = a_{pi}a_{pj} \; . \tag{2.11a,b}$$

Gesucht sind die a_{ij} so, daß A^*_{11}, A^*_{22} und A^*_{33} extremal werden. Dabei ist die Nebenbedingung [Orthonormierungsbedingung (2.11)]

$$L_{ij} = a_{ip}a_{jp} - \delta_{ij} = 0_{ij} \tag{3.49}$$

zu erfüllen. Im Sinne der Multiplikatorenmethode geht man von der modifizierten Grundfunktion (hier eine tensorwertige Funktion)

$$\Phi_{ij} = a_{ip}a_{jq}A_{pq} - \lambda(a_{ip}a_{jp}-\delta_{ij}) \tag{3.50}$$

aus und bildet: $\partial\Phi_{11}/\partial a_{1k} = \dots = \partial\Phi_{33}/\partial a_{3k} = 0_k$, d.h.:

$$\frac{\partial\Phi_{(rr)}}{\partial a_{(r)k}} \overset{!}{=} 0_{kr} \;\Rightarrow\; \boxed{(A_{ij}-\lambda_{(r)}\delta_{ij})a_{(r)j} = 0_{ri}} \; . \tag{3.51}$$

Über den eingeklammerten Index r in (3.51) ist nicht zu summieren. Bei der Herleitung von (3.51) wurde die Symmetrie $A_{ij} = A_{ji}$ berücksichtigt. Aus (3.51) erhält man zu den drei charakteristischen Zahlen $\lambda_{(1)} \equiv \lambda_I, \dots, \lambda_{(3)} \equiv \lambda_{III}$ die entsprechenden Eigenvektoren $n_i^{(1)} \equiv n_i^I, \dots, n_i^{(3)} \equiv n_i^{III}$, wobei

$$n_i^{(r)} = (a_{r1}, a_{r2}, a_{r3}) \tag{3.52}$$

der r-te Zeilenvektor in der Matrix (a_{ij}) ist [Aussage (3.33)]. Da in einer orthonormierten Matrix Zeilen- (oder Spalten-)vektoren paarweise orthogonal sind, stehen die Eigenvektoren paarweise aufeinander senkrecht.

Man erhält das charakteristische Gleichungssystem (3.51) auch, wenn man in (3.50) die Elemente Φ_{12}, Φ_{23} und Φ_{31} NULL setzt (Ü 3.2.13).

Wie man die LAGRANGEsche Multiplikatorenmethode auf das Eigenwertproblem eines Tensors 4-ter Stufe anwendet, wird in Ziffer 4.5 gezeigt.

Abschließend seien die wichtigsten Ergebnisse dieser Ziffer zusammengefaßt (Hauptachsentheorem):

Zu jedem symmetrischen Tensor zweiter Stufe $\underset{\sim}{A}$ existiert eine spezielle orthonormierte (orthogonale) Matrix $\underset{\sim}{a}$, so daß gemäß

$$\underset{\approx}{a}\ \underset{\approx}{A}\ \underset{\approx}{a}^t = \mathrm{diag}\{A_I, A_{II}, A_{III}\}$$

die Diagonalgestalt von $\underset{\sim}{A}$ entsteht mit sämtlich reellen Eigenwerten A_I, A_{II}, A_{III}. Die Zeilenvektoren dieser orthonormierten Matrix $\underset{\sim}{a}$ bilden das System der orthonormierten Eigenvektoren. Bei unterschiedlichen Eigenwerten (Hauptwerten) ist jedem dieser Werte ein normierter Eigenvektor eindeutig zugeordnet, so daß bei mehrfachen Eigenwerten die spezielle Matrix $\underset{\sim}{a}$ nicht eindeutig bestimmt ist. Die Eigenwerte können als reelle Lösungen einer Extremalaufgabe mit Nebenbedingung gefunden werden. Sie sind invariant gegenüber einer Ähnlichkeitstransformation, so daß man mit ihnen die drei irreduziblen Invarianten eines Tensors zweiter Stufe bilden kann, die mit den elementaren symmetrischen Funktionen von A_I, A_{II}, A_{III} identisch sind und als skalare Koeffizienten in der charakteristischen Gleichung erkannt werden.

Übungsaufgaben
==============

3.2.1 Gegeben ist der Tensor $A_{ij} = \begin{pmatrix} 5 & -1 & 3 \\ 1 & -6 & -6 \\ -3 & -18 & 1 \end{pmatrix}$. Man bestimme die Hauptwerte seines symmetrischen Anteils.

3.2.2 Einem hydrostatischen Spannungszustand $\sigma_{ij} = \sigma\delta_{ij}$ werde eine Torsion überlagert (Schubspannung $\sigma_{12} = 2\sigma$). Man ermittle Hauptspannungen, Eigenrichtungen und Invarianten.

3.2.3 Gegeben ist die Gleichung einer Fläche zweiter Ordnung

$$x_1^2 + 5x_2^2 + x_3^2 + 2x_1x_2 + 6x_1x_3 + 2x_2x_3 = 1.$$

Man führe die Hauptachsentransformation durch und gebe den Typ der Fläche an.

3.2.4 Man nehme an, daß die Richtungskosinusse a_{ij} einer Drehung mit dem Winkel φ um die x_3-Achse entsprechen. Für den symmetrischen Tensor $A_{ij} = A_{ji}$ zeige man,

a) daß A^*_{11} und A^*_{22} Extremwerte annehmen, wenn $\tan 2\varphi = 2A_{12}/(A_{11}-A_{22})$ gilt,

b) daß A^*_{11} ein Maximum hat, wenn A^*_{22} minimal ist und umgekehrt,

c) daß für den extremen Fall unter a) der Wert A^*_{12} verschwindet.

3.2.5 Gegeben sei ein symmetrischer Tensor T_{ij} mit dem Zahlenschema aus Ü 3.2.2, d.h., $T_{ij} \equiv \sigma_{ij}/\sigma$. Man zeige, daß dieses Schema über das Transformationsgesetz (2.8) auf Diagonalform gebracht werden kann, wenn man die Eigenvektoren n_i^I, n_i^{II}, n_i^{III} des Tensors T_{ij} als Zeilenvektoren für die Transformationsmatrix a_{ij} benutzt. Diesen Übergang stelle man auch symbolisch, d.h. in Matrizenform, dar.

3.2.6 Man diskutiere die Hauptachsentransformation für den Sonderfall $A_{ij} = \delta_{ij}$.

3.2.7 Man bestimme Hauptwerte und Eigenrichtungen für folgende Spannungszustände:

a) $\sigma_{11} = \sigma$, alle anderen Null,

b) $\sigma_{12} = \sigma_{21} = \tau$, alle anderen Null,

c) Überlagerung von a) und b),

d) $\sigma_{12} = \sigma_{21} = \tau_{xy}$, $\sigma_{13} = \sigma_{31} = \tau_{xz}$, alle anderen Null.

3.2.8 Man bestätige die Aussage (3.33), wonach die normierten Eigenvektoren mit den Zeilenvektoren der Transformationsmatrix übereinstimmen, die den Tensor auf Diagonalform transformiert.

3.2.9 Man bringe das Zahlenschema $A_{ij} = \begin{pmatrix} 1 & 1 & 1 \\ 1 & 1 & 1 \\ 1 & 1 & 1 \end{pmatrix}$ auf Diagonalform und bestimme die Hauptrichtungen.

3.2.10 Gegeben ist die Gleichung einer Fläche zweiter Ordnung:

$$3x_1^2 + 2x_2^2 + 3x_3^2 + 2x_1x_3 = 1 \ .$$

Man gebe den Flächentyp an und bestimme die Matrix a_{ij}, die eine Hauptachsentransformation vermittelt. Als Kontrolle führe man analog Ü 3.2.5 die entsprechende Matrizenmultiplikation durch.

Ebenso untersuche man die Fläche

$$x_1^2 + x_2^2 + x_3^2 - x_1x_2 - x_2x_3 - x_3x_1 = 1 \ .$$

3.2.11 Man zeige, daß das charakteristische Polynom $P(\lambda)$ eines Tensors zweiter Stufe vom Koordinatensystem unabhängig ist. Welche Folgerung ergibt sich daraus?

3.2.12 Gegeben sei ein Tensor zweiter Stufe mit den Koordinaten: $A_{11} = A_{22} = A_{33} = 0$, $A_{12} = A_{23} = A_{31} = -A_{21} = -A_{32} = -A_{13} = 1$.
Man führe eine Hauptachsentransformation durch.
Man untersuche auch eine Hauptachsentransformation für den Bivektor (3.8).

3.2.13 Man wende die LAGRANGEsche Multiplikatorenmethode auf die Hauptachsentransformation an, indem man A^*_{11} unter der entsprechenden Nebenbedingung (3.49) extremal werden läßt. Ferner setze man $\Phi_{21} = 0$ in (3.50).

3.2.14 Aus einer geeigneten Zerlegung der Determinante in (3.17) lese man das Bildungsgesetz für die Invarianten J_1, J_2, J_3 in (3.18) ab.

3.3 Invarianten eines Tensors 2-ter Stufe und seines Deviators

Eine Funktion von den Koordinaten eines Tensors, $f = f(A_{ij})$, die bei einer Koordinatentransformation ihren Wert nicht ändert, erfüllt die <u>Invarianzbedingung</u>

$$f(A^*_{ij}) = f(a_{ik}a_{jl}A_{kl}) \equiv f(A_{ij}) \ . \tag{3.53}$$

Bei symmetrischem Tensor kann eine derartige Form als Funktion in den Hauptinvarianten (3.20a,b,c) aufgefaßt werden:

$$f = f(J_1, J_2, J_3) \ . \tag{3.54}$$

Darüber hinaus kann man auch ein Polynom in den Koordinaten eines symmetrischen Tensors 2-ter Stufe, das gegenüber einer Drehung des Achsenkreuzes invariant bleiben soll, als Polynom in den Invarianten des Tensors ansetzen. So läßt sich beispielsweise das plastische Potential isotroper Stoffe durch eine Funktion der Form (3.54) ausdrücken, wenn man A_{ij} mit dem Spannungstensor σ_{ij} identifiziert. Weiterhin kommt der Invariantentheorie (Kapitel 8) in der Elastomechanik und Kriechmechanik, allgemein in der Mechanik isotroper Festkörper große Bedeutung zu. Bei anisotropen Stoffen kann dasselbe Konzept benutzt werden, wenn man den Spannungstensor $A_{ij} \equiv \sigma_{ij}$ durch die "abgeänderten" Größen $\tau_{ij} = \beta_{ijkl}\sigma_{kl}$ ersetzt. Darin ist β_{ijkl} ein vierstufiger Tensor, der die anisotropen Stoffeigenschaften beinhaltet [21]. Allgemeinere Konzepte werden in Kapitel 8 ausführlich diskutiert.

Die durch (3.20a,b,c) definierten Hauptinvarianten können allgemein für jeden Tensor zweiter Stufe gebildet werden und sind Koeffizienten in seiner charakteristischen Gleichung (3.18). Darüber hinaus lassen sich noch weitere Invarianten konstruieren. So ist beispielsweise die Größe

$$S_5 = A_{ij}A_{jk}A_{kl}A_{lm}A_{mi}$$

bzw. allgemein

$$S_\nu = A_{k_1k_2}A_{k_2k_3}A_{k_3k_4} \ldots A_{k_{\nu-1}k_\nu}A_{k_\nu k_1} \tag{3.55}$$

eine skalare Größe 5-ten bzw. ν-ten Grades und damit invariant. Die Tatsache, daß in (3.55) nur stumme Indizes auftreten, zeigt den skalaren Charakter der Größe S_ν. Wie später noch gezeigt wird (Ziffer 5.5), besitzt ein Tensor zweiter Stufe A_{ij} nur drei irreduzible Invarianten, eine lineare, eine quadratische und eine kubische Invariante:

$$S_1 = A_{ii} \ , \qquad S_2 = A_{ij}A_{ji} \ , \qquad S_3 = A_{ij}A_{jk}A_{ki} \ . \tag{3.56a,b,c}$$

Jede andere Invariante (3.55) läßt sich durch diese drei unabhängigen Invarianten ausdrücken, insbesondere die Hauptinvarianten (3.20a,b,c) der charakteristischen Gleichung (3.18):

$$J_1 = S_1 \ , \qquad J_2 = \frac{1}{2}\,(S_2 - S_1^2) \tag{3.57a,b}$$

$$J_3 = \frac{1}{6}\,(2S_3 - 3S_2S_1 + S_1^3) \ . \tag{3.57c}$$

Die Zusammenhänge (3.57a,b) liest man unmittelbar aus (3.20a,b) unter Berücksichtigung von (3.56a,b) ab. Die Beziehung (3.57c) wird im Zusammenhang mit den Übungen zu Ziffer 4.3 hergeleitet.

Die Invarianten (3.56a,b,c) heißen Grundinvarianten im Gegensatz zu den Hauptinvarianten (3.20a,b,c). Beide Systeme sind irreduzibel und können alternativ zur Darstellung der Funktion (3.54) benutzt werden.

Die Hauptwerte eines Tensors ändern sich nicht bei einer Koordinatentransformation und sind daher invariant. Mithin sind auch die in (3.37a, b,c) definierten elementaren symmetrischen Funktionen J_1, $-J_2$, J_3 invariant. Alle symmetrischen Funktionen von A_I, A_{II}, A_{III} können durch die elementaren symmetrischen Funktionen ausgedrückt werden. Beispielsweise gilt:

$$S_4 = A_I^4 + A_{II}^4 + A_{III}^4 = 4J_1J_3 + 4J_1^2J_2 + 2J_2^2 + J_1^4 \, . \qquad (3.58)$$

Demnach kann die symmetrische Funktion S_4 in der angegebenen Weise (3.58) durch die elementaren symmetrischen Funktionen ausgedrückt werden (Ü 5.5.8).

Für den schiefsymmetrischen Tensor (3.9) verschwinden die lineare (3.20a) und kubische (3.20c) Hauptinvarianten, während die quadratische (3.20b) stets von Null verschieden ist und mit $S_2/2$ übereinstimmt:

$$J_2(A_{[ij]}) = -(\omega_1^2 + \omega_2^2 + \omega_3^2) = S_2/2 \, . \qquad (3.59)$$

Dieses Ergebnis kann als negatives Längenquadrat des Bivektors (3.8) gedeutet werden. Mithin kann ein schiefsymmetrischer Tensor durch eine einzige Invariante charakterisiert werden und hat die charakteristische Gleichung (3.18):

$$\lambda(\lambda^2 - J_2) = \lambda(\lambda^2 + \omega_1^2 + \omega_2^2 + \omega_3^2) = 0 \qquad (3.60)$$

mit den Lösungen:

$$\lambda_I = 0 \, , \qquad \lambda_{II;III} = \pm \sqrt{-1}\, W \, . \qquad (3.61)$$

Darin ist $W = \sqrt{\omega_1^2 + \omega_2^2 + \omega_3^2}$ die Länge (Norm) des Bivektors (3.8).

In der Plastizitätstheorie inkompressibler Stoffe spielt der Deviator (2.32) eine grundlegende Rolle. Für ihn vereinfachen sich die Hauptinvarianten (3.20a,b,c) gemäß

$$J_1' = A_{kk}' \equiv 0 \, , \qquad J_2' = \frac{1}{2} A_{ij}'A_{ji}' \, , \qquad J_3' = \det(A_{ij}') \, . \qquad (3.62a,b,c)$$

Für die quadratische Deviatorinvariante (3.62b) ergeben sich wegen $A_{kk}' \equiv 0$ folgende Schreibweisen:*)

*) Hier erkennt man die Zweckmäßigkeit der Definition (3.20b) für die zweite Invariante als negative Summe der Hauptminoren.

$$\left.\begin{aligned} J_2' &= \frac{1}{2}\,(A_{11}'^2 + A_{22}'^2 + A_{33}'^2) + A_{12}^2 + A_{13}^2 + A_{23}^2 \\ &= \frac{1}{6}\,[(A_{11}-A_{22})^2+(A_{22}-A_{33})^2+(A_{33}-A_{11})^2] + A_{12}^2 + A_{13}^2 + A_{23}^2 \\ &= -(A_I'A_{II}'+A_{II}'A_{III}'+A_{III}'A_I') = \frac{1}{2}(A_I'^2+A_{II}'^2+A_{III}'^2) \\ &= \frac{1}{6}[(A_I-A_{II})^2+(A_{II}-A_{III})^2+(A_{III}-A_i)^2]\,, \end{aligned}\right\} \quad (3.63)$$

während die kubische Invariante (3.62c) auch durch

$$J_3' = A_I'A_{II}'A_{III}' = \frac{1}{3}(A_I'^3+A_{II}'^3+A_{III}'^3) = \frac{1}{3}\,A_{ij}'A_{jk}'A_{ki}' \quad (3.64)$$

ausgedrückt werden kann. Eine systematische Reihenfolge ist durch

$$\left.\begin{aligned} J_1' &= A_I' + A_{II}' + A_{III}' \equiv 0 \\ J_2' &= \frac{1}{2}\,(A_I'^2+A_{II}'^2+A_{III}'^3) \\ J_3' &= \frac{1}{3}\,(A_I'^3+A_{II}'^3+A_{III}'^3) \end{aligned}\right\} \quad \boxed{J_\nu' = \frac{1}{\nu}(A_I'^\nu + A_{II}'^\nu + A_{III}'^\nu)} \quad (3.65)$$

gegeben. Darin sind die Hauptwerte A_I', A_{II}', A_{III}' des Deviators nach (2.32) durch die Hauptwerte des Tensors bestimmt:

$$\left.\begin{aligned} A_I' &= \frac{2}{3}[A_I - \frac{1}{2}(A_{II}+A_{III})] \\ A_{II}' &= \frac{2}{3}[A_{II} - \frac{1}{2}(A_{III}+A_I)] \\ A_{III}' &= \frac{2}{3}[A_{III} - \frac{1}{2}(A_I+A_{II})]\,. \end{aligned}\right\} \quad (3.66)$$

Auf der rechten Seite in (3.66) sind die Indizes I, II, III in zyklischer Reihenfolge von links nach rechts und von oben nach unten angeordnet.

Einen Zusammenhang zwischen den Invarianten des Tensors A_{ij} und den entsprechenden Größen seines Deviators $A_{ij}' = A_{ij} - A_{kk}\delta_{ij}/3$ erhält man aus den charakteristischen Gleichungen des Tensors (3.18) und des Deviators

$$\boxed{\lambda'^3 - J_2'\lambda' - J_3' = 0} \quad (3.67)$$

($\lambda' \neq \lambda$ charakteristische Zahl (Hauptwert) des Deviators A_{ij}'). Dazu bringt man die charakteristische Gleichung des Tensors (3.18) mit der Substitution

$$\lambda = \lambda' + J_1/3 \tag{3.68}$$

auf die reduzierte Form:*)

$$\boxed{\lambda'^3 + 3p\lambda' + 2q = 0} \quad . \tag{3.69}$$

Darin ist zur Abkürzung

$$3p := -(J_2 + \frac{1}{3} J_1^2) \;, \qquad 2q := -(J_3 + \frac{1}{3} J_1 J_2 + \frac{2}{27} J_1^3) \tag{3.70a,b}$$

gesetzt. Durch Koeffizientenvergleich folgt aus den beiden reduzierten Formen (3.67) und (3.69):

$$J_2' = J_2 + \frac{1}{3} J_1^2 \;, \qquad J_3' = J_3 + \frac{1}{3} J_1 J_2 + \frac{2}{27} J_1^3 \;. \tag{3.71a,b}$$

Für beide charakteristischen Gleichungen (3.67) und (3.69) lautet die Diskriminante:

$$D := p^3 + q^2 = -(\frac{1}{27} J_2'^3 - \frac{1}{4} J_3'^2) \;. \tag{3.72}$$

Von ihrem Vorzeichen hängt die Anzahl der reellen Lösungen ab:

$$\left.\begin{array}{l} D > 0 \Rightarrow 1 \text{ reelle und 2 komplexe Wurzeln} \\ D < 0 \Rightarrow 3 \text{ verschiedene reelle Wurzeln} \\ D = 0 \Rightarrow 1 \text{ dreifache Wurzel } \lambda_I' = \lambda_{II}' = \lambda_{III}' = 0 \\ \qquad\qquad \text{für } p = q = 0 \text{ und 3 reelle Wurzeln} \\ \qquad\qquad \text{für } p^3 = -p^2 \neq 0 \text{, von denen 2 übereinstimmen.} \end{array}\right\} \tag{3.73}$$

Aufgrund der Symmetrie des Tensors ($A_{ij} = A_{ji}$) und seines Deviators ($A_{ij}' = A_{ji}'$) besitzen ihre charakteristischen Gleichungen (3.69) und (3.67) nur reelle Wurzeln (Ziffer 3.2), so daß der Fall $D > 0$ in (3.73) ausgeschlossen ist. Mithin muß wegen (3.72) gelten:

$$\boxed{J_2'^3/27 \geq J_3'^2/4} \quad . \tag{3.74}$$

---

*) Da die erste Deviatorinvariante identisch verschwindet ($J_1' \equiv 0$), erscheint die charakteristische Gleichung des Deviators a priori in dieser Form. Aus der Substitution (3.68) folgt (3.66) wie auch aus der Definition (2.32).

Darin gilt das Gleichheitszeichen (D = 0) für zwei spezielle Spannungszustände, wenn man A_{ij} bzw. A'_{ij} mit dem Spannungstensor σ_{ij} bzw. seinem Deviator σ'_{ij} identifiziert: Der triviale Sonderfall $J'_2 = J'_3 = 0$ bzw. $p = q = 0$ nach (3.72) liegt beim <u>hydrostatischen Spannungszustand</u> $\sigma_{ij} = \sigma_{kk}\delta_{ij}/3$ vor, für den der Deviator $\sigma'_{ij} = \sigma_{ij} - \sigma_{kk}\delta_{ij}/3$ der <u>Nulltensor</u> ist. Der zweite Sonderfall ist beim <u>einachsigen Vergleichsspannungszustand</u> (<u>Zugversuch</u>) gegeben, der dadurch gekennzeichnet ist, daß nur eine Spannungskoordinate von Null verschieden ist ($\sigma_I \neq 0$). Der Deviator hat dann die Gestalt

$$\sigma'_{ij} = \frac{2}{3}\begin{pmatrix} \sigma_I & 0 & 0 \\ 0 & -\sigma_I/2 & 0 \\ 0 & 0 & -\sigma_I/2 \end{pmatrix} \tag{3.75}$$

mit $p^3 = -q^2 \neq 0$ und drei reellen Wurzeln, von denen nach (3.73) zwei übereinstimmen ($\sigma_I \neq \sigma_{II} \equiv \sigma_{III}$).

Nach dem <u>Fundamentalsatz der Algebra</u> besitzt jede Gleichung ν-ten Grades

$$\lambda^{\nu} + c_1\lambda^{\nu-1} + c_2\lambda^{\nu-2} + \ldots + c_{\nu} = 0 \;, \tag{3.76}$$

deren Koeffizienten $(c_1, c_2, \ldots, c_{\nu})$ reelle oder komplexe Zahlen sind, ν reelle oder komplexe Wurzeln, wobei die $\varkappa$-fachen Wurzeln $\varkappa$-mal gezählt werden. Ein Zusammenhang zwischen den Wurzeln $(\lambda_1, \lambda_2, \ldots, \lambda_{\nu})$ und den Koeffizienten c_{ν} der Gleichung (3.76) ist durch den <u>Wurzelsatz von VIETA</u> gegeben:

$$\left.\begin{aligned}
\lambda_1 + \lambda_2 + \ldots + \lambda_{\nu} &= \sum_{i=1}^{\nu} \lambda_i = -c_1 \;, \\
\lambda_1\lambda_2 + \lambda_1\lambda_3 + \ldots + \lambda_{\nu-1}\lambda_{\nu} &= \sum_{\substack{i=1,j=2\\(i<j)}}^{\nu} \lambda_i\lambda_j = c_2 \;, \\
\lambda_1\lambda_2\lambda_3 + \lambda_1\lambda_2\lambda_4 + \ldots + \lambda_{\nu-2}\lambda_{\nu-1}\lambda_{\nu} &= \sum_{\substack{i=1,j=2,k=3\\(i<j<k)}}^{\nu} \lambda_i\lambda_j\lambda_k = -c_3 \;, \\
\cdots\cdots\cdots\cdots\cdots\cdots & \cdots\cdots\cdots\cdots\cdots \\
\lambda_1\lambda_2\ldots\lambda_{\nu} &= (-1)^{\nu} c_{\nu} \;.
\end{aligned}\right\} \tag{3.77}$$

Wendet man den <u>Satz von VIETA</u> (3.77) auf die charakteristische Gleichung (3.18) des Tensors A_{ij} an und markiert die Wurzeln λ_{ν} durch römische Zahlen, so erhält man in Übereinstimmung mit (3.37a,b,c) die Hauptinvarianten zu:

$$\boxed{J_1 = -c_1 \,, \qquad J_2 = -c_2 \,, \qquad J_3 = -c_3} \,. \tag{3.78}$$

Allgemein gilt $J_\mu = -c_\mu$, $\mu = 1,2,\ldots,\nu$, wenn ein ν-dimensionaler Raum zugrunde gelegt wird, d.h., wenn der Tensor A_{ij} entsprechend $i,j=1,2,\ldots,\nu$ insgesamt ν^2 Koordinaten besitzt und seine charakteristische Gleichung vom Grade ν ist. Solche Gleichungen sind für $\nu > 4$ im allgemeinen nicht algebraisch, d.h. durch Radikale auflösbar.

Im Fall $\nu = 3$, d.h. für die charakteristische Gleichung (3.18) bzw. für die reduzierten Formen (3.67) und (3.69) bieten sich mehrere Auflösungsmethoden an. So kann man die Hilfsgrößen

$$r = \pm \sqrt{|p|} = \pm \sqrt{J_2'/3} \,, \qquad \operatorname{sgn}(r) = \operatorname{sgn}(q) \tag{3.79a}$$

bzw. wegen (3.63)

$$r = \frac{\pm 1}{3\sqrt{2}} \sqrt{(A_I - A_{II})^2 + (A_{II} - A_{III})^2 + (A_{III} - A_I)^2} \tag{3.79b}$$

und

$$\sin 3\varphi = -q/r^3 = J_3'/2r^3 = \frac{3}{2}\sqrt{3}\,\frac{J_3'}{J_2'^{3/2}} \tag{3.80}$$

einführen und erhält für $D \leq 0$ und $p = -J_2'/3 < 0$ die Wurzeln der Gleichung (3.67) zu

$$\left.\begin{aligned} A_I' &\equiv \lambda_I' = 2r \sin(2\pi/3 - \varphi) \\ A_{II}' &\equiv \lambda_{II}' = 2r \sin(4\pi/3 - \varphi) \\ A_{III}' &\equiv \lambda_{III}' = -2r \sin\varphi \,. \end{aligned}\right\} \tag{3.81}$$

Führt man den LODE-Parameter

$$\mu := \frac{2A_{III} - A_I - A_{II}}{A_I - A_{II}} = \frac{3A_{III}'}{A_I' - A_{II}'} \tag{3.82}$$

ein, so folgt mit (3.81) der Zusammenhang

$$\mu = -\sqrt{3}\tan\varphi \,, \tag{3.83}$$

der in [22] geometrisch gedeutet wird.

Zwischen zwei symmetrischen Tensoren A_{ij} und B_{ij} besteht Ähnlichkeit, wenn ihre Hauptachsensysteme zusammenfallen (Koaxialität) und für ihre Hauptwerte

$$A_I/B_I = A_{II}/B_{II} = A_{III}/B_{III} \tag{3.84}$$

gilt. Dann sind ihre Tensorquadriken (Bild 2.1) geometrisch ähnlich. Beim Vergleich zweier Deviatoren A'_{ij} und B'_{ij} vereinfacht sich die Ähnlichkeitsbedingung (3.84) aufgrund der verschwindenden Spuren zu:

$$A'_I/B'_I = A'_{II}/B'_{II}. \tag{3.85}$$

Die Ähnlichkeit (3.84) zweier Tensoren A_{ij} und B_{ij} mit zusammenfallenden Hauptachsen kann auch durch die notwendigen und hinreichenden Bedingungen

$$(J_1^6/J_3^2)_A = (J_1^6/J_3^2)_B, \qquad (J_2^3/J_3^2)_A = (J_2^3/J_3^2)_B \tag{3.86a,b}$$

zum Ausdruck gebracht werden (Ü 3.3.8), die sich bei zwei Deviatoren A'_{ij} und B'_{ij} wegen $(J'_1)_A = (J'_1)_B \equiv 0$ auf eine notwendige und hinreichende Ähnlichkeitsbedingung reduzieren:

$$(J_2'^3/J_3'^2)_{A'} = (J_2'^3/J_3'^2)_{B'}. \tag{3.87}$$

Die "Indizes" A und B bzw. A' und B' an den Klammern in (3.86a,b) bzw. (3.87) sollen zum Ausdruck bringen, daß sich die Invarianten in den Klammern jeweils auf die Tensoren A_{ij} und B_{ij} bzw. auf ihre Deviatoren A'_{ij} und B'_{ij} beziehen.

Aus der Ähnlichkeitsbedingung (3.87) mit (3.80) und (3.83) folgen übereinstimmende LODE-Parameter. Umgekehrt folgt aus übereinstimmenden LODE-Parametern (3.83) mit (3.80) unmittelbar die notwendige und hinreichende Ähnlichkeitsbedingung (3.87). Mithin gilt:

Zwei Deviatoren mit zusammenfallenden Hauptachsen sind ähnlich, wenn ihre LODE-Parameter übereinstimmen.

Dieser Satz gilt nur für Deviatoren, nicht jedoch allgemein für symmetrische Tensoren zweiter Stufe. Um das zu zeigen, braucht man in (3.80) die Deviatorinvarianten J'_2 und J'_3 nur durch die Invarianten des Tensors gemäß (3.71a,b) auszudrücken:

$$\sin 3\varphi = \frac{3}{2}\sqrt{3}\,\frac{1 + \frac{1}{3}\left(\frac{J_1^6}{J_3^2}\right)^{1/6}\left(\frac{J_2^3}{J_3^2}\right)^{1/3} + \frac{2}{27}\left(\frac{J_1^6}{J_3^2}\right)^{1/2}}{\left[\left(\frac{J_2^3}{J_3^2}\right)^{1/3} + \frac{1}{3}\left(\frac{J_1^6}{J_3^2}\right)^{1/3}\right]^{3/2}} \tag{3.88}$$

Aus dieser Schreibweise erkennt man unmittelbar, daß unter den Ähnlichkeitsbedingungen (3.86a,b) die Hilfsgrößen φ_A und φ_B und damit wegen (3.83) die LODE-Parameter μ_A und μ_B für die Tensoren A_{ij} und B_{ij} übereinstimmen. Umgekehrt kann man aus übereinstimmenden LODE-Parametern (3.83) wegen (3.88) nicht auf die Ähnlichkeitsbedingungen (3.86a,b) schließen:

Die Übereinstimmung der LODE-Parameter ist notwendig aber nicht hinreichend für die Ähnlichkeit zweier Tensoren. Bei Deviatoren ist sie auch hinreichend.

Über die Benutzung von LODE-Parametern in der Plastizitätstheorie zur experimentellen Überprüfung von Stoffgleichungen kann man z.B. in [8,22] nachlesen.

Übungsaufgaben

3.3.1 Man zeige, daß folgende Größen invariant sind gegenüber der Koordinatentransformation $x_i^* = a_{ij}x_j$:

a) A_{ii} , b) $A_{ij}A_{ji}$, c) $A_{ij}A_{jk}A_{ki}$.

3.3.2 Man beweise, daß die Größe $J_3 = |A_{ij}|$ eine Invariante ist.

3.3.3 Man ermittle die zweite Deviatorinvariante $J_2' = \frac{1}{2} A_{ij}'A_{ji}'$ für den symmetrischen Tensor ... $A_{ij} = \begin{pmatrix} A_{11} & A_{12} & 0 \\ A_{12} & A_{22} & 0 \\ 0 & 0 & \frac{1}{2}(A_{11}+A_{22}) \end{pmatrix}$ und erläutere das Ergebnis "plastizitätstheoretisch".

3.3.4 Man drücke die Deviatorinvariante J_2' durch die Invarianten J_1 und J_2 des Tensors aus.

3.3.5 Ein Volumenelement habe die Form eines Oktaeders, dessen Ecken so orientiert sind, daß sie auf den Hauptspannungsachsen liegen. Man ermittle in einer Oktaederfläche die Normalspannung (Oktaedernormalspannung σ_o) und die resultierende Schubspannung (Oktaederschubspannung τ_o)

a) über die fundamentale Beziehung $p_i = \sigma_{ji}n_j$ der Kontinuumsmechanik

b) aus dem Transformationsgesetz $\sigma_{ij}^* = a_{ik}a_{jl}\sigma_{kl}$.

3.3.6 Man zeige, daß ein Tensor A_{ij} und sein Deviator A_{ij}' übereinstimmende LODE-Parameter besitzen.

3.3.7 Man überprüfe die Koaxialität von Spannungs- und Verzerrungstensor

a) in einem isotropen elastischen Körper (HOOKE),

b) in einem isotropen starr-plastischen Körper (LÉVY-MISES),

c) in einem isotropen elastisch-plastischen Körper (HENCKY).

3.3.8 Man zeige, daß die Ähnlichkeit (3.84) zweier Tensoren auch durch die Bedingungen (3.86a,b) zum Ausdruck gebracht werden kann. Welche Folgerungen ergeben sich damit für die LODE-Parameter ähnlicher Tensoren?

3.3.9 Gegeben sei ein symmetrischer Tensor A_{ij} mit den Hauptwerten A_I, A_{II}, A_{III}. Man zeige, daß sein inverser Tensor $A_{ij}^{(-1)}$ dieselben Hauptachsen besitzt. Ferner drücke man die Invarianten des inversen Tensors durch die Invarianten des Ausgangstensors aus.

3.3.10 Man stelle die MISESsche Fließbedingung $J_2' = \sigma_F^2/3$ in der Form $\sigma_I - \sigma_{II} = f(\mu)$ dar. Darin sind σ_F die Zugfließgrenze und μ der LODE-Parameter (3.82). Für welche μ-Werte sind die MISESsche und TRESCAsche Fließbedingung $\sigma_I - \sigma_{II} = \sigma_F$ identisch?

3.3.11 Man bestimme die irreduziblen Invarianten des Spannungstensors und seines Deviators

a) beim einachsigen Spannungszustand ($\sigma_I \neq 0$),

b) beim hydrostatischen Spannungszustand (hydrostatischer Druck p).

4 Tensoren höherer Stufe

Ähnlich wie beim Übergang vom Vektor (Tensor erster Stufe) zur Dyade (Tensor 2-ter Stufe) kann man sich den Übergang von einer Dyade zu einer Triade (Tensor dritter Stufe) vorstellen. Mithin kann eine Triade T_{ijk} aus dem Produkt einer Dyade D_{ij} mit einem Vektor V_k oder aus dem Produkt dreier Vektoren A_i, B_i, C_i erzeugt werden:

$$\boxed{T_{ijk} = D_{ij}V_k} \quad \text{oder} \quad \boxed{T_{ijk} = A_iB_jC_k} \quad . \qquad (4.1a,b)$$

In Analogie zum Dyaden-Produkt wäre hier die Bezeichnung Triaden-Produkt sinnvoll: Drei Vektoren werden "triadisch" miteinander verknüpft.

Weiterhin kann eine Triade als "bilinearer" Operator im Zusammenhang mit einer Vektorfunktion von zwei unabhängig veränderlichen Vektoren aufgefaßt werden:

$$\boxed{A_i = f_i(B_j,C_k) = T_{ijk}B_jC_k} \quad . \qquad (4.2)$$

Als Operator erzeugt die Triade T_{ijk} beim Einwirken auf die Argumentvektoren B_j und C_k den abhängig veränderlichen Vektor A_i: Die Vektoren B_j und C_k werden "bilinear" auf den Vektor A_i abgebildet. In der Bilinearkombination (4.2) ist das Koeffizientenschema T_{ijk} ein Tensor dritter Stufe, der $3^3 = 27$ Koordinaten besitzt. Man kann diese Koordinaten durch ein räumliches Schema darstellen, indem man drei (i = 1,2,3) quadratische Schemata mit j = 3 Zeilen und k = 3 Spalten wie Karten hintereinanderlegt (Bild 4.1).

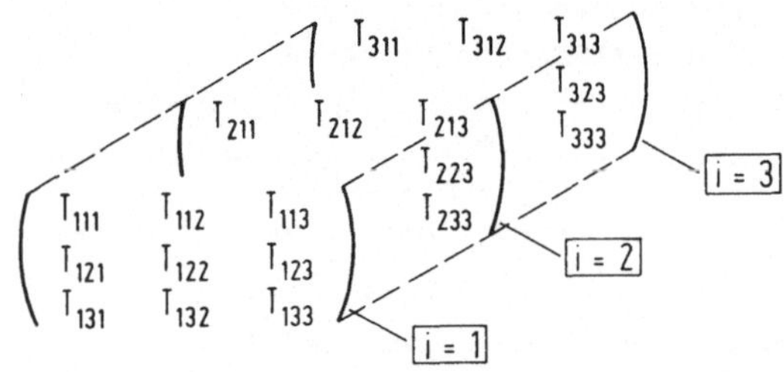

Bild 4.1 Koordinatenschema eines Tensors dritter Stufe

In Erweiterung dessen kann eine Trilinearkombination bzw. ein trilineares Gleichungssystem aufgestellt werden:

$$\boxed{A_i = T_{ijkl} B_j C_k D_l} \quad , \tag{4.3}$$

dessen Koeffizientenschema T_{ijkl} einen Tensor 4-ter Stufe darstellt mit $3^4 = 81$ Koordinaten*). Als linearer Operator auf eine Dyade einwirkend, erzeugt der Tensor 4-ter Stufe wieder eine Dyade:

$$\boxed{A_{ij} = T_{ijkl} B_{kl}} \quad . \tag{4.4}$$

Dieser Zusammenhang stellt ein lineares Gleichungssystem dar, das aus neun linearen Gleichungen besteht, aus denen die neun Koordinaten der Dyade A_{ij} in Abhängigkeit (Linearkombination) der neun Koordinaten der Dyade B_{ij} bestimmt werden können.

Für den Fall, daß A_{ij} mit dem Spannungstensor σ_{ij} und B_{ij} mit dem Verzerrungstensor ε_{ij} identifiziert werden, stimmt das lineare Gleichungssystem (4.4) mit dem Stoffgesetz der linearen Elastizitätstheorie überein:

$$\boxed{\sigma_{ij} = E_{ijkl} \varepsilon_{kl}} \quad . \tag{4.5}$$

Darin ist E_{ijkl} der Elastizitätstensor 4-ter Stufe, der entsprechend der Anzahl seiner Koordinaten 81 elastische Konstanten beinhaltet. Im homogenen Werkstoff ist E_{ijkl} unabhängig von der Lage des Koordinatenursprungs:

$$\partial E_{ijkl} / \partial x_p = 0_{ijklp} \tag{4.6}$$

(Definition der Homogenität). In einem anisotropen Medium werden sich die Koordinaten des Elastizitätstensors bei einer Drehung des Achsenkreuzes ändern:

$$E^*_{ijkl} \neq E_{ijkl} \tag{4.7}$$

(Definition der Anisotropie). In einem isotropen Medium sind dagegen die

---

*) Ein Tensor ν-ter Stufe besitzt im 3-dimensionalen Raum 3^ν, im N-dimensionalen Raum N^ν Koordinaten.

Stoffwerte richtungsunabhängig, so daß die isotrope Stoffeigenschaft durch

$$E^*_{ijkl} \equiv E_{ijkl} \tag{4.8}$$

zum Ausdruck kommt. In einem Stoffgesetz werden dynamische (σ_{ij}) und kinematische (ε_{ij}) Variable miteinander verknüpft. Das "Bindeglied" ist der Tensor (Stofftensor) als Operator. Das in der linearen Elastizitätstheorie benutzte Stoffgesetz (4.5) ist ein finites Stoffgesetz, da die Variablen σ_{ij} und ε_{ij} in finiter Form erscheinen. Dagegen sind die Stoffgesetze der Plastomechanik meistens inkrementell: $d^p\varepsilon_{ij} = f_{ij}(\sigma_{kl},\ldots)$.

In Erweiterung der Bilinearform $F = A_{ij}x_iy_j$ (Ü 2.3.2) kann ein Tensor dritter Stufe oder ein Tensor 4-ter Stufe als "Koeffizientenschema" in einer Trilinearform oder Quartlinearform aufgefaßt werden:

$$F = A_{ijk}x_iy_jz_k\ , \qquad F = A_{ijkl}w_ix_jy_kz_l\ , \tag{4.9a,b}$$

die für $w_i = x_i = y_i = z_i$ in Verallgemeinerung von (2.20) als Flächen dritter oder vierter Ordnung gedeutet werden können:

$$F = A_{ijk}x_ix_jx_k = 1\ , \qquad F = A_{ijkl}x_ix_jx_kx_l = 1\ . \tag{4.10a,b}$$

Die Fläche (4.10b) kann in einem sechsdimensionalen Raum auch als Hyperfläche zweiter Ordnung aufgefaßt werden:

$$F = A_{\alpha\beta}\bar{x}_\alpha\bar{x}_\beta = 1\ , \qquad \alpha,\beta = 1,2,\ldots,6, \tag{4.11}$$

wenn man $x_1^2 \equiv \bar{x}_1$, $x_2^2 \equiv \bar{x}_2$, $x_3^2 \equiv \bar{x}_3$, $x_1x_2 = x_2x_1 \equiv \bar{x}_4$, $x_2x_3 = x_3x_2 \equiv \bar{x}_5$ und $x_3x_1 = x_1x_3 \equiv \bar{x}_6$ setzt.

Schließlich kann ein Tensor ν-ter Stufe als "Koeffizientenschema" in einer Multilinearform $F = A_{k_1k_2\ldots k_\nu}\, x_{k_1}x_{k_2}\ldots x_{k_\nu}$ aufgefaßt werden.

4.1 Transformationsverhalten

Wie in Ziffer 2.1 für die Dyade gezeigt, gehorchen auch die Koordinaten einer Triade einem ganz bestimmten Transformationsgesetz. Das gilt schließlich auch für einen Tensor ν-ter Stufe, d.h., nicht jede ν-fach indizierte Größe $T_{k_1k_2\ldots k_\nu}$ mit 3^ν Elementen wird als Tensor ν-ter Stufe anzusehen sein. Erst wenn man das Transformationsgesetz bestätigt hat, ist der Tensorcharakter nachgewiesen. Dieses Gesetz kann wie in Ziffer 2.1 entwickelt werden. Dazu setzt man beispielsweise in das Triadenprodukt

$$T^*_{ijk} = A^*_i B^*_j C^*_k \qquad \text{bzw.} \qquad T_{ijk} = A_i B_j C_k \tag{4.12a,b}$$

das Transformationsgesetz für Vektoren ein:

$$\begin{aligned} A^* &= a_{il} A_l & \Longleftrightarrow \quad A_i &= a_{li} A^* \\ B^* &= a_{jm} B_m & \Longleftrightarrow \quad B_j &= a_{mj} C^* \\ C^*_k &= a_{kn} C_n & \Longleftrightarrow \quad C_k &= a_{nk} C^*_n \end{aligned}$$

und erhält analog zu (2.9) das Triadengesetz:

$$\boxed{T^*_{ijk} = a_{il} a_{jm} a_{kn} T_{lmn}} \quad \Longleftrightarrow \quad \boxed{T_{ijk} = a_{li} a_{mj} a_{nk} T^*_{lmn}}\,, \tag{4.13}$$

das jeweils aus $3^3 = 27$ Gleichungen mit je 27 Summanden auf der rechten Seite besteht.

Entsprechend findet man das Transformationsgesetz für die Koordinaten eines Tensors 4-ter Stufe:

$$\left.\begin{aligned} T^*_{ijkl} &= a_{im} a_{jn} a_{ko} a_{lp} T_{mnop} \\ T_{ijkl} &= a_{mi} a_{nj} a_{ok} a_{pl} T^*_{mnop} \,. \end{aligned}\right\} \tag{4.14}$$

Das Transformationsgesetz (4.13) bzw. (4.14) kann beliebig erweitert werden. Allgemein gilt für einen Tensor ν-ter Stufe:

$$\boxed{\begin{aligned} T^*_{k_1 k_2 \ldots k_\nu} &= a_{k_1 l_1}\, a_{k_2 l_2} \cdots a_{k_\nu l_\nu}\, T_{l_1 l_2 \ldots l_\nu} \\ T_{k_1 k_2 \ldots k_\nu} &= a_{l_1 k_1}\, a_{l_2 k_2} \cdots a_{l_\nu k_\nu}\, T^*_{l_1 l_2 \ldots l_\nu} \end{aligned}} \tag{4.15}$$

Übungsaufgaben
==============

4.1.1 Man zeige, daß $(T_{ijk}+T_{jki}+T_{kij}+T_{ikj}+T_{kji}+T_{jik})\, x_i x_j x_k = 6 T_{ijk} x_i x_j x_k$ gilt.

4.1.2 Im Stoffgesetz der linearen Elastizitätstheorie (4.5) sind σ_{ij} der Spannungs- und ε_{ij} der Verzerrungstensor. Man zeige, daß das Koeffizientenschema E_{ijkl} einen Tensor 4-ter Stufe darstellt.

4.1.3 Man erläutere, unter welchen Voraussetzungen sich die Anzahl der voneinander unabhängigen Koordinaten des Elastizitätstensors E_{ijkl} auf 21 reduziert.

4.2 Schiefsymmetrische Tensoren, Alternierung

Schiefsymmetrische Tensoren sind für die Anwendungen von großer Bedeutung. Man gewinnt sie durch Alternierung. Ist beispielsweise ein Tensor dritter Stufe A_{ijk} gegeben, so geht durch Alternierung nach seinen drei Indizes aus ihm ein Tensor C_{ijk} gleicher Stufe hervor, der in diesen Indizes schiefsymmetrisch ist. Jede durch Alternierung gewonnene Koordinate C_{ijk} ist definiert als das arithmetische Mittel der sechs Koordinaten des Tensors A_{pqr}, deren Indizes aus i,j,k durch alle möglichen Permutationen hervorgehen. Die Koordinate A_{pqr} behält bei einer geraden Permutation ihr Vorzeichen, während bei einer ungeraden Permutation das Vorzeichen gewechselt wird:

$$\boxed{C_{ijk} := \frac{1}{3!}\,(A_{ijk}+A_{jki}+A_{kij}-A_{jik}-A_{kji}-A_{ikj})} \; . \qquad (4.16)$$

Beispielsweise wird:

$$C_{213} = \frac{1}{6}\,(A_{213}+A_{132}+A_{321}-A_{123}-A_{312}-A_{231})$$

und

$$C_{123} = \frac{1}{6}\,(A_{123}+A_{231}+A_{312}-A_{213}-A_{321}-A_{132}) \; ,$$

d.h., durch Vertauschen zweier Indizes ändert sich das Vorzeichen: $C_{213} = -C_{123}$.

Wählt man in (4.16) nur positive Vorzeichen, so erhält man die Symmetrisierung des Tensors A_{ijk}.

Die durch Alternierung aus dem Tensor A_{ijk} hervorgegangene Größe C_{ijk} hat Tensorcharakter, da C_{ijk} durch Addition (Subtraktion) und Permutation entstanden ist, d.h. durch Operationen, die den Tensorcharakter nicht "verletzen". Die Permutation besteht darin, daß aus einem Tensor A_{ijk} ein neuer Tensor B_{ijk} derselben Stufe und mit denselben Koordinaten gebildet wird, die anders numeriert, d.h. in ein Schema gemäß Bild 4.1 anders eingeordnet sind. Beispielsweise wird die Koordinate, die vorher mit den Indizes i,j,k (i als erster, j als zweiter und k als dritter Index) versehen war, nach einer Permutation mit denselben Indizes in anderer Reihenfolge ausgestattet, etwa j,k,i (j als erster, k als zweiter und i als dritter Index). Der so gewonnene Tensor ist offenbar definiert durch das

Bildungsgesetz: $B_{jki} = A_{ijk}$; in einem gedrehten Koordinatensystem gilt entsprechend: $B^*_{jki} = A^*_{ijk}$. Setzt man darin das Transformationsgesetz (4.13), d.h. $A^*_{ijk} = a_{il}a_{jm}a_{kn}A_{lmn}$ ein, so erhält man wegen $A_{lmn} = B_{mnl}$ das Transformationsgesetz für die "permutierte" Größe B_{jki} zu

$$B^*_{jki} = a_{jm}a_{kn}a_{il}B_{mnl} , \tag{4.17}$$

das aber nichts anderes darstellt als das Triadengesetz (4.13), d.h., <u>durch Permutation bleibt der Tensorcharakter erhalten</u>.

Die Alternierungsvorschrift (4.16) kann auch kürzer ausgedrückt werden:

$$C_{ijk} := A_{[ijk]} . \tag{4.18}$$

Darin soll die eckige Klammer andeuten, daß die Größe C_{ijk} auf der linken Seite durch Alternierung bezüglich der eingeklammerten Indizes i,j,k aus dem Tensor A_{ijk} hervorgeht. Alternieren kann man auch bezüglich willkürlich ausgewählter Indizes, z.B. bezüglich der ersten drei Indizes eines Tensors 5-ter Stufe:

$$C_{ijklm} = A_{[ijk]lm}$$

was bedeutet:

$$C_{ijklm} = \frac{1}{3!} (A_{ijklm}+A_{jkilm}+A_{kijlm}-A_{jiklm}-A_{kjilm}-A_{ikjlm}) . \tag{4.19}$$

Der so gewonnene Tensor ist schiefsymmetrisch in den Indizes i,j,k, über die alterniert wurde, d.h., die $C_{ijklm} = A_{[ijk]lm}$ ändern das Vorzeichen bei der Transposition zweier "alternierender" Indizes [i,j,k], weil dabei auf der rechten Seite in (4.19) die Gruppe der mit "+" behafteten Glieder gegen die Gruppe der mit "-" behafteten Glieder ausgetauscht wird. Entgegen (4.18) wird eine Symmetrisierung durch runde Klammern angedeutet.

Man kann die Alternierung auf einen (zumindest zweistufigen) Tensor auch bezüglich zweier Indizes anwenden. So entsteht z.B. aus einem Tensor 4-ter Stufe A_{ijkl} durch Alternierung bezüglich des zweiten [j] und des vierten [l] Index der Tensor

$$C_{ijkl} = A_{i[j]k[l]} = \frac{1}{2} (A_{ijkl}-A_{ilkj}) . \tag{4.20}$$

Die Alternierung bezüglich <u>zweier</u> Indizes ist von Bedeutung, da der so entstandene Tensor der <u>antisymmetrische</u> Anteil des Tensors ist und sich jeder Tensor ν-ter Stufe beispielsweise gemäß

$$\left.\begin{aligned} A_{k_1k_2k_3\ldots k_\nu} &= \tfrac{1}{2}\,(A_{k_1k_2k_3\ldots k_{\nu-1}k_\nu}+A_{k_1k_2k_{\nu-1}\ldots k_3k_\nu}) + \\ &+ \tfrac{1}{2}\,(A_{k_1k_2k_3\ldots k_{\nu-1}k_\nu}-A_{k_1k_2k_{\nu-1}\ldots k_3k_\nu}) \end{aligned}\right\} \quad (4.21)$$

in einen bezüglich zweier Indizes (k_3 und $k_{\nu-1}$) symmetrischen und antisymmetrischen Anteil zerlegen läßt. Insbesondere ergibt sich für einen Tensor 2-ter Stufe die Zerlegung (3.1) bzw. (3.11) mit dem antisymmetrischen Anteil $A_{[ij]}$, der durch Alternierung entsteht.

Neben der Alternierung bezüglich zweier Indizes ist für die Anwendung die Alternierung bezüglich dreier Indizes gemäß (4.16), (4.18) von größter Bedeutung. Daher sollen die Koordinaten des schiefsymmetrischen Tensors $C_{ijk} = A_{[ijk]}$ im folgenden näher untersucht werden. Aus der Rechenvorschrift (4.16) liest man unmittelbar ab, daß alle Koordinaten mit wenigstens zwei gleichen Indizes verschwinden:

$$\left.\begin{aligned} C_{111} = C_{112} = C_{113} = C_{121} = C_{122} = C_{131} = C_{133} \equiv 0\,, \\ C_{211} = C_{212} = C_{221} = C_{222} = C_{223} = C_{232} = C_{233} \equiv 0\,, \\ C_{311} = C_{313} = C_{322} = C_{323} = C_{331} = C_{332} = C_{333} \equiv 0\,, \end{aligned}\right\} \quad (4.22)$$

d.h., insgesamt verschwinden von den $3^3 = 27$ Koordinaten $3 \cdot 7 = 21$ Koordinaten, so daß nur 6 von Null verschieden sind, und zwar gilt unter Berücksichtigung der Antisymmetrie:

$$\left.\begin{aligned} C_{123} = -C_{132} = -C_{321} = -C_{213} \neq 0\,, \\ C_{231} = -C_{213} = -C_{132} = -C_{321} \neq 0\,, \\ C_{312} = -C_{321} = -C_{213} = -C_{132} \neq 0\,. \end{aligned}\right\} \quad (4.23)$$

Bei einer doppelten Transposition ändert sich das Vorzeichen zweimal, so daß z.B.

$$C_{231} = -C_{213} = C_{123} \qquad \text{oder} \qquad C_{312} = -C_{132} = C_{123}$$

und daher $C_{231} = C_{312}$ wird. Mithin gilt:

$$\boxed{C_{123} = C_{231} = C_{312} = -C_{213} = -C_{321} = -C_{132}}\;. \quad (4.24)$$

Diese Beziehung besagt einfach, daß sich bei einer geraden Permutation der Indizes die Koordinaten eines schiefsymmetrischen Tensors dritter Stufe nicht und bei einer ungeraden Permutation nur ihre Vorzeichen ändern. Somit hat der schiefsymmetrische Tensor dritter Stufe nur eine wesentliche Koordinate, z.B. C_{123}. Die übrigen sind ihr entweder gleich oder unterscheiden sich von ihr nur durch das Vorzeichen.

Mit dem schiefsymmetrischen Tensor C_{ijk} läßt sich eine für die Anwendungen sehr wichtige Invariante gewinnen, und zwar durch eine <u>vollständige Verjüngung</u> der Tensoren C_{ijk}, x_i, y_j, z_k, d.h. durch die Trilinearform:

$$J = C_{ijk}x_iy_jz_k \;, \tag{4.25a}$$

die nach Aussummieren und unter Berücksichtigung von (4.24) die Form

$$J = C_{123}(x_1y_2z_3+x_2y_3z_1+x_3y_1z_2-x_2y_1z_3-x_3y_2z_1-x_1y_3z_2) \tag{4.25b}$$

annimmt. Dafür kann man aber auch schreiben:

$$J = C_{123}\begin{vmatrix} x_1 & x_2 & x_3 \\ y_1 & y_2 & y_3 \\ z_1 & z_2 & z_3 \end{vmatrix} , \tag{4.25c}$$

wie man leicht verifizieren kann, indem man die Determinante nach der Regel von SARRUS auflöst.

Es ist naheliegend, den Faktor C_{123} in (4.25c) gleich EINS zu setzen, dann stimmt die schiefsymmetrische Triade C_{ijk} in (4.25a) mit dem sogenannten ε-Tensor (Ziffer 4.3) überein:

$$\bar{J} = \varepsilon_{ijk}x_iy_jz_k \;. \tag{4.26}$$

Die drei Vektoren x_i, y_i, z_i sind beliebige Ortsvektoren, die geometrisch als die Kanten eines <u>Parallelepipeds</u> angesehen werden können; dann stellt (4.26) das <u>Spatprodukt</u> dar und liefert das Volumen V des Parallelepipeds:

$$\boxed{V \equiv \bar{J} = \varepsilon_{ijk}x_iy_jz_k} \;, \tag{4.27}$$

das <u>symbolisch</u> durch

$$V = (\vec{x} \times \vec{y}) \cdot \vec{z} \tag{4.27*}$$

ausgedrückt wird.

Nimmt man eine Spiegelung des Basisvektors ${}^3e_i$ an der von ${}^1e_i$ und ${}^2e_i$ aufgespannten 1-2-Ebene vor,

$${}^{1*}e_i \equiv {}^1e_i \;, \qquad {}^{2*}e_i \equiv {}^2e_i \;, \qquad {}^{3*}e_i \equiv -{}^3e_i \;, \tag{4.28}$$

so erhält man aus dem ursprünglichen Rechtssystem ein Linkssystem, in dem für das Volumen gilt:

$$V^* = \varepsilon^*_{ijk} x^*_i \, y^*_j \, z^*_k = \varepsilon^*_{123} \begin{vmatrix} x^*_1 & x^*_2 & x^*_3 \\ y^*_1 & y^*_2 & y^*_3 \\ z^*_1 & z^*_2 & z^*_3 \end{vmatrix} \tag{4.29a}$$

das wegen (4.28) auch durch

$$V^* = \varepsilon^*_{123} \begin{vmatrix} x_1 & x_2 & -x_3 \\ y_1 & y_2 & -y_3 \\ z_1 & z_2 & -z_3 \end{vmatrix} = -\varepsilon^*_{123} \begin{vmatrix} x_1 & x_2 & x_3 \\ y_1 & y_2 & y_3 \\ z_1 & z_2 & z_3 \end{vmatrix} \tag{4.29b}$$

ausgedrückt werden kann. Wie man leicht zeigen kann (Ü 4.2.3), ändert die <u>wesentliche Koordinate</u> C_{123} bzw. ε_{123} bei einer <u>Spiegelung</u> das Vorzeichen (<u>relative Invariante</u>):

$$C^*_{123} = -C_{123} \qquad \text{bzw.} \qquad \varepsilon^*_{123} = -\varepsilon_{123} \, , \tag{4.30}$$

so daß (4.29b) in (4.27) übergeht:

$$V^* \equiv V \qquad \text{bzw.} \qquad J^* \dot{\equiv} J \, . \tag{4.31}$$

Mithin ist das Volumen eines Parallelepipeds <u>auch gegenüber einer Spiegelung invariant</u> und <u>kein Pseudoskalar!</u> Dagegen ist die aus den Koordinaten der drei Vektoren x_i, y_i, z_i gebildete Determinante $\det(x_i, y_i, z_i)$ in den Gleichungen (4.25c) und (4.29b) wie die wesentliche Koordinate C_{123} bzw. ε_{123} eine <u>relative Invariante</u> (<u>Pseudoskalar</u>), die nur "relativ zur Orientierung des Dreibeins" invariant bleibt. Beim Übergang vom Rechtssystem zum Linkssystem verschwindet die Determinante $\det(x_i, y_i, z_i)$, d.h., die Vektoren x_i, y_i, z_i des Kantendreibeins sind beim Übergang <u>komplanar</u> [Gln. (1.29), (1.29)], die Determinante hat einen Nulldurchgang:

$$\det(x_i, y_i, z_i) = \begin{cases} V, & \text{falls das Kantendreibein } x_i, y_i, z_i \text{ positiv orientiert ist} \\ 0, & \text{falls die Kantenvektoren } x_i, y_i, z_i \text{ komplanar sind} \\ -V, & \text{falls das Kantendreibein } x_i, y_i, z_i \text{ negativ orientiert ist.} \end{cases} \tag{4.32}$$

Den Vorzeichenwechsel bei einer Spiegelung stellt man auch für die Determinante der Transformationsmatrix a_{ij} fest [Gl. (2.18b) und Ü 2.2.1]. Dagegen bleibt die Determinante eines Tensors A_{ij}, d.h. seine kubische Invariante $J_3 = \det(A_{ij})$, auch durch eine Spiegelung unbeeinflußt (Ü 3.3.2) und ist wie das Volumen (4.31) ein <u>absoluter Skalar</u>, da die "Funktionaldeterminante" (hier: $|a_{ij}| = \pm 1$) keinen Einfluß auf J_3 hat. Dasselbe gilt natürlich auch für die Invarianten J_1, J_2 der charakteristischen Gleichung (3.18) und für ihre Wurzeln (3.19).

Übungsaufgaben

4.2.1 Man zeige, daß im dreidimensionalen Raum ein vollständig schiefsymmetrischer Tensor höchstens dritter Stufe sein kann.

4.2.2 Man ermittle durch Alternierung aus einem gegebenen vierstufigen Tensor A_{ijkl} einen vollständig schiefsymmetrischen Tensor $C_{ijkl} = A_{[ijkl]}$ im dreidimensionalen und vierdimensionalen Raum. Insbesondere bestimme man die Koordinate C_{1234}.

4.2.3 Man zeige, daß durch Spiegelung der x_3-Achse an der x_1x_2-Ebene die wesentliche Koordinate C_{123} eines schiefsymmetrischen Tensors ihr Vorzeichen wechselt: $C^*_{123} = -C_{123}$.

4.2.4 Man wende die Alternierungsvorschrift
a) auf den δ-Tensor,
b) auf den ε-Tensor an.

4.2.5 Man ermittle das Volumen eines Würfels der Kantenlänge EINS
a) im Rechtssystem,
b) in einem Linkssystem.

4.2.6 Man zeige, daß sich die Hauptwerte A_I, A_{II}, A_{III} eines Tensors A_{ij} infolge einer Spiegelung der x_3-Achse an der x_1-x_2-Ebene nicht ändern und deute dieses Ergebnis algebraisch und geometrisch.

4.2.7 Wieviel voneinander unabhängige Koordinaten besitzt ein Tensor dritter Stufe, der bezüglich zweier Indizes schiefsymmetrisch ist? Wieviel Koordinaten verschwinden?

4.2.8 Ein Tensor ν-ter Stufe sei schiefsymmetrisch bezüglich sämtlicher Paare von benachbarten Indizes. Man zeige, daß er dann auch schiefsymmetrisch bezüglich zweier beliebiger Indizes, d.h. vollständig schiefsymmetrisch ist.

4.2.9 Man ermittle $A_{[ij}B_{k]}$ und $A_{(ij}B_{k)}$ für:
a) symmetrischen Tensor $\underset{\sim}{A}$,
b) schiefsymmetrischen Tensor $\underset{\sim}{A}$.

4.2.10 Der zweistufige Tensor $S_{ij} := 2!V_{[i}W_{j]}$ ist ein alternierendes Produkt zweier Vektoren $\vec{V}$ und $\vec{W}$ und wird einfacher Bivektor genannt.
a) Man bestimme seine wesentlichen Koordinaten.
b) Man ermittle die Vektorkoordinaten $S_i = \varepsilon_{ijk}S_{jk}/2$.
Weitere Bemerkungen und Anwendungen findet man in Ü 4.3.23.

4.3 Der ε-Tensor und das e-System

Der in Ziffer 4.2 durch Alternierung (4.16) gewonnene schiefsymmetrische Tensor C_{ijk} bzw. ε_{ijk} für $C_{123} = 1$ kann auch auf andere Weise konstruiert werden, die schon im Ansatz die praktische Nutzanwendung unmittelbar erkennen läßt. Dazu geht man von der Bilinearkombination (4.2) aus, in der die Triade T_{ijk} als Operator auf die Argumentvektoren B_j und C_k einwirkt und einen neuen abhängig veränderlichen Vektor A_i erzeugt. Dieser so gebildete Vektor unterscheidet sich im allgemeinen nach Länge und auch Richtung von den Ausgangsvektoren B_j und C_k. Hinsichtlich der Richtung lassen sich zwei Grenzfälle unterscheiden: In dem einen Fall ist der Operator T_{ijk} so beschaffen, daß die drei Vektoren linear abhängig (komplanar) sind, d.h. in einer Ebene liegen. Dann müssen die drei beteiligten Vektoren die Bedingung (1.29) erfüllen (Ü 4.3.16). Der andere Grenzfall ist dadurch ausgezeichnet, daß der Vektor A_i senkrecht auf der von den Vektoren B_j und C_k aufgespannten Ebene steht. Dieser Fall ist für die Anwendungen besonders wichtig, da beispielsweise das Vektorprodukt einen Vektor liefert, der senkrecht auf den Ausgangsvektoren steht. Beispiele sind der Drehmomentenvektor, der Impulsmomentenvektor (Drallvektor), die CORIOLIS-Beschleunigung, um nur einige zu nennen.

Um zu erreichen, daß der Vektor A_i auf B_i und C_i senkrecht steht, muß die Triade T_{ijk} so beschaffen sein, daß die Skalarprodukte aus den Vektoren A_i und B_i und den Vektoren A_i und C_i verschwinden:

$$A_i B_i \overset{!}{=} 0 \quad \text{und} \quad A_i C_i \overset{!}{=} 0 \, . \tag{4.33a,b}$$

Aus diesen beiden Forderungen und der (quadratischen) Länge

$$A_i A_i = A^2 \tag{4.33c}$$

als "Nebenbedingung", die man vorgibt, können die Koordinaten des "neuen" Vektors A_i eindeutig bestimmt werden. Schreibt man das Gleichungssystem (4.33a,b,c) vollständig aus, so erhält man:

$$\left.\begin{aligned} B_1A_1 + B_2A_2 + B_3A_3 &= 0 \\ C_1A_1 + C_2A_2 + C_3A_3 &= 0 \\ A_1^2 + A_2^2 + A_3^2 &= A^2 \, . \end{aligned}\right\} \tag{4.34}$$

Darin können die beiden ersten Gleichungen als lineares Gleichungssystem in den Unbekannten A_1 und A_2 aufgefaßt werden:

$$\left.\begin{aligned} B_1A_1 + B_2A_2 &= -B_3A_3 \\ C_1A_1 + C_2A_2 &= -C_3A_3 \, , \end{aligned}\right\} \tag{4.35}$$

dessen Auflösung nach der CRAMERschen Regel erfolgt:

$$A_1 = A_3 \frac{B_2C_3 - B_3C_2}{B_1C_2 - B_2C_1}, \qquad A_2 = A_3 \frac{B_3C_1 - B_1C_3}{B_1C_2 - B_2C_1}$$

bzw.

$$\frac{A_1}{B_2C_3 - B_3C_2} = \frac{A_3}{B_1C_2 - B_2C_1}, \qquad \frac{A_2}{B_3C_1 - B_1C_3} = \frac{A_3}{B_1C_2 - B_2C_1}. \qquad (4.36a,b)$$

Diese Beziehungen können folgendermaßen zusammengefaßt werden:

$$\frac{A_1}{B_2C_3 - B_3C_2} = \frac{A_2}{B_3C_1 - B_1C_3} = \frac{A_3}{B_1C_2 - B_2C_1} := \frac{1}{L}. \qquad (4.37)$$

Darin geht der "Längenmaßstab" L in das Volumen des Parallelepipeds mit den Kantenvektoren A_i, B_i, C_i ein (4.27):

$$V = \varepsilon_{ijk}A_iB_jC_k = \varepsilon_{123} \begin{vmatrix} A_1 & A_2 & A_3 \\ B_1 & B_2 & B_3 \\ C_1 & C_2 & C_3 \end{vmatrix} \qquad (4.38)$$

bzw. in die Invariante J der Trilinearform (4.25a):

$$J = T_{ijk}A_iB_jC_k = T_{123} \begin{vmatrix} A_1 & A_2 & A_3 \\ B_1 & B_2 & B_3 \\ C_1 & C_2 & C_3 \end{vmatrix}, \qquad (4.39)$$

wenn T_{ijk} ein schiefsymmetrischer Tensor (4.24) ist; denn löst man die Determinante z.B. in (4.38) auf, indem man nach der ersten Zeile entwickelt, so erhält man wegen $\varepsilon_{123} = 1$ unter Berücksichtigung von (4.37):

$$V = A_1\underbrace{(B_2C_3-B_3C_2)}_{LA_1} - A_2\underbrace{(B_1C_3-B_3C_1)}_{-LA_2} + A_3\underbrace{(B_1C_2-B_2C_1)}_{LA_3}$$

$$V = L(A_1^2+A_2^2+A_3^3) = LA^2 \qquad \text{bzw.} \qquad L = V/A^2 . \qquad (4.40)$$

Für den Fall, daß die drei Vektoren A_i, B_i und C_i <u>orthonormierte Basisvektoren</u> darstellen, sind sie auch Kantenvektoren des Einheitswürfels mit dem Volumen V = 1, so daß für diesen Sonderfall wegen $A^2 = 1$ auch L nach (4.40) den Wert EINS erhält. Umgekehrt kann man natürlich nicht von L = 1 auf ein <u>orthonormiertes Dreibein</u> der Vektoren A_i, B_i, C_i schließen, so daß L = 1 in späteren Rechnungen keine Einbuße an Allgemeinheit bedeutet.

Mit einem allgemeinen Wert für L ermittelt man die Koordinaten des Vektors A_i aus (4.37) zu:

$$\left.\begin{aligned} A_1 &= (B_2C_3-B_3C_2)/L \\ A_2 &= (B_3C_1-B_1C_3)/L \\ A_3 &= (B_1C_2-B_2C_1)/L \;. \end{aligned}\right\} \qquad (4.41)$$

Falls dieser Zusammenhang besteht, werden die Forderungen (4.33a,b) erfüllt. Andererseits kann man formal die Koordinaten A_1, A_2, A_3 unmittelbar aus dem "Ansatz" nach (4.2) angeben:

$$\left.\begin{aligned} A_1 = \; & T_{111}B_1C_1 + T_{112}B_1C_2 + T_{113}B_1C_3 + \\ & + T_{121}B_2C_1 + T_{122}B_2C_2 + T_{123}B_2C_3 + \\ & + T_{131}B_3C_1 + T_{132}B_3C_2 + T_{133}B_3C_3 \end{aligned}\right\} \qquad (4.42)$$

(A_2 und A_3 entsprechend), so daß durch Koeffizientenvergleich aus (4.41) und (4.42) folgt:

$$\left.\begin{aligned} & T_{111} = T_{112} = T_{113} = T_{121} = T_{122} = T_{131} = T_{133} = 0 \;, \\ & T_{123} = 1/L \;, \qquad T_{132} = -1/L \;. \end{aligned}\right\} \qquad (4.43a)$$

Entsprechend erhält man in Übereinstimmung mit den Ergebnissen (4.22) und (4.23):

$$\left.\begin{aligned} & T_{211} = T_{212} = T_{221} = T_{222} = T_{223} = T_{232} = T_{233} = 0 \;, \\ & T_{213} = -1/L \;, \qquad T_{231} = 1/L \;, \end{aligned}\right\} \qquad (4.43b)$$

$$\left.\begin{aligned} & T_{311} = T_{313} = T_{322} = T_{323} = T_{331} = T_{332} = T_{333} = 0 \;, \\ & T_{312} = 1/L \;, \qquad T_{321} = -1/L \;, \end{aligned}\right\} \qquad (4.43c)$$

wenn man A_2 und A_3 aus (4.2) ermittelt und anschließend mit (4.41) vergleicht. Mithin gilt wie beim schiefsymmetrischen Tensor C_{ijk} gemäß (4.24):

$$\boxed{T_{123} = T_{231} = T_{312} = -T_{213} = -T_{321} = -T_{132} = 1/L \;.} \qquad (4.44)$$

Alle übrigen 21 Koordinaten verschwinden. Für $L = 1$ wird $T_{123} = 1$. Man erhält dann wie für $C_{123} = 1$ den <u>ε-Tensor</u>, dessen Koordinaten ε_{ijk} man in einem räumlichen Schema anordnen kann (Bild 4.2).

Man erkennt darin auf jeder der hintereinandergesteckten "Karten" $i = 1,2,3$ den schiefsymmetrischen Charakter, der sich dadurch auszeich-

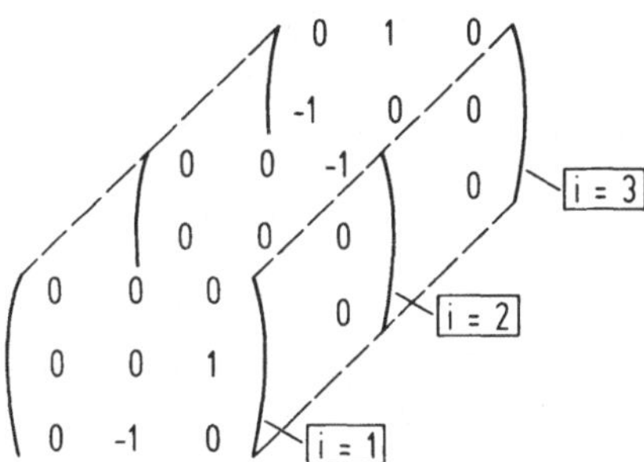

Bild 4.2
Koordinatenschema des ε-Tensors

net, daß einerseits alle Elemente der Hauptdiagonalen verschwinden und andererseits eine Spiegelung an der Hauptdiagonalen mit einem Vorzeichenwechsel verbunden ist. Weiterhin besitzt jede Karte nur zwei von NULL verschiedene Elemente mit den Werten +1 und -1. Die Koordinaten des ε-Tensors, bzw. die Zahlenwerte des LEVI-CIVITAschen Permutationssymbols e_{ijk}, auch e-System genannt, lassen sich nach folgender Regel leicht merken:

$$\frac{\varepsilon_{ijk}}{|a_{pq}|} = e_{ijk} = \begin{cases} 1, & \text{wenn ijk eine gerade Permutation der Zahlen 1,2,3 ist;} \\ -1, & \text{wenn ijk eine ungerade Permutation der Zahlen 1,2,3 ist;} \\ 0, & \text{wenn ijk keine Permutation der Zahlen 1,2,3 darstellt, d.h., wenn mindestens zwei Indizes gleich sind.} \end{cases} \tag{4.45}$$

Bei Beschränkung auf rechtshändige Systeme wie (1.4) und damit auf eigentlich orthogonale Transformationen mit $|a_{pq}| = 1$ kann der ε-Tensor auch durch eine Determinante gemäß

$$\varepsilon_{ijk} = \begin{vmatrix} {}^1e_i & {}^1e_j & {}^1e_k \\ {}^2e_i & {}^2e_j & {}^2e_k \\ {}^3e_i & {}^3e_j & {}^3e_k \end{vmatrix} = \begin{vmatrix} {}^1e_i & {}^2e_i & {}^3e_i \\ {}^1e_j & {}^2e_j & {}^3e_j \\ {}^1e_k & {}^2e_k & {}^3e_k \end{vmatrix}$$

dargestellt werden mit den positiv orientierten Basisvektoren (1.4) als Zeilen- oder Spaltenvektoren. Aus dieser Darstellung liest man unmittelbar die Eigenschaften des ε-Tensor ab.
Als einfache Merkregel gilt mit $|a_{pq}| = 1$:

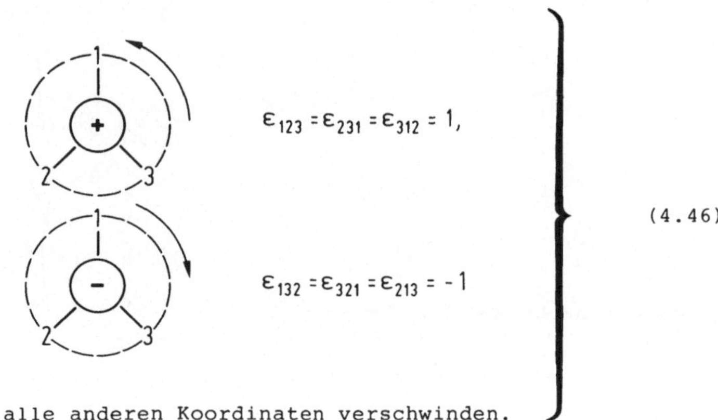

alle anderen Koordinaten verschwinden. (4.46)

Allgemeiner kann man die Eigenschaft des ε-Tensors durch

$$\boxed{\varepsilon_{ijk} = \varepsilon_{jki} = \varepsilon_{kij} = -\varepsilon_{ikj} = -\varepsilon_{kji} = -\varepsilon_{jik}} \qquad (4.47)$$

ausdrücken. Wendet man diese Beziehungen auf den Vektor

$$A_i = \varepsilon_{ijk} B_j C_k \qquad (4.48)$$

an, so erhält man:

$$\left.\begin{aligned} A_i &= \varepsilon_{ijk} B_j C_k = \varepsilon_{jki} B_j C_k = \varepsilon_{kij} B_j C_k = \\ &= -\varepsilon_{ikj} B_j C_k = -\varepsilon_{kji} B_j C_k = -\varepsilon_{jik} B_j C_k \ . \end{aligned}\right\} \qquad (4.49)$$

Darin ändert sich z.B. die vierte Gleichung nicht, wenn man die stummen Indizes j und k vertauscht:

$$A_i = -\varepsilon_{ijk} B_k C_j = -\varepsilon_{ijk} C_j B_k \ . \qquad (4.50)$$

Der Vergleich mit der ersten Gleichung in (4.49),

$$\boxed{A_i = \varepsilon_{ijk} B_j C_k = -\varepsilon_{ijk} C_j B_k} \ , \qquad (4.51)$$

zeigt, daß eine Vertauschung der Vektoren B_i und C_i das Vorzeichen von A_i, d.h. seine Orientierung ändert, symbolisch:

$$(\vec{B} \times \vec{C}) = -(\vec{C} \times \vec{B}) \ . \tag{4.51*}$$

Schreibt man (4.51) vollständig aus, so erhält man unter Berücksichtigung von (4.46):

$$\left.\begin{array}{l} A_1 = B_2C_3 - B_3C_2 = -(C_2B_3 - C_3B_2) \\ A_2 = B_3C_1 - B_1C_3 = -(C_3B_1 - C_1B_3) \\ A_3 = \underbrace{B_1C_2 - B_2C_1}_{\varepsilon_{ijk}B_jC_k} = -\underbrace{(C_1B_2 - C_2B_1)}_{\varepsilon_{ijk}C_jB_k} \end{array}\right\} \tag{4.52}$$

Die Länge A des Vektors A_i erhält man aus (4.48) durch Überschieben mit A_i:

$$A^2 = A_iA_i = \varepsilon_{ijk}B_jC_kA_i = \varepsilon_{ijk}A_iB_jC_k \ . \tag{4.53}$$

Darin ist die letzte Gleichung eine <u>Trilinearform</u> (4.9a), die aufgrund der Eigenschaften (4.46) des <u>ε-Tensors</u> mit der aus den Koordinaten der drei Vektoren A_i, B_i, C_i gebildeten Determinante übereinstimmt, so daß wegen (4.38)

$$A^2 = V \tag{4.54}$$

gilt. Andererseits ermittelt man das Volumen des Parallelepipeds, dessen "Höhenvektor" A_i auf den beiden anderen Kantenvektoren B_i und C_i senkrecht steht, zu:

$$V = ABC \sin\varphi \ . \tag{4.55}$$

In (4.55) ist φ der Winkel zwischen den Vektoren B_i und C_i. Aus (4.54) und (4.55) ergibt sich somit die Länge des aus dem Vektorprodukt (4.48) entstandenen Vektors A_i zu:

$$\boxed{A = BC \sin\varphi} \ . \tag{4.56}$$

Da A_i senkrecht auf den Vektoren B_i und C_i steht, stimmt seine Länge wegen (4.54) mit dem Flächeninhalt des Parallelogramms überein, das aus den Vektoren B_i und C_i gebildet wird ($A = V/A$). Die Länge A kann auch durch Einsetzen der Beziehungen (4.41) mit $L = 1$ in $A^2 = A_iA_i = A_1^2 + A_2^2 + A_3^2$ gefunden werden:

$$A^2 = (B_2C_3-B_3C_2)^2 + (B_3C_1-B_1C_3)^2 + (B_1C_2-B_2C_1)^2 ,$$

$$A^2 = (B_1^2+B_2^2+B_3^2)(C_1^2+C_2^2+C_3^2) - [B_1^2C_1^2+B_2^2C_2^2+B_3^2C_3^2+ +2(B_1B_2C_1C_2+B_2B_3C_2C_3+B_3B_1C_3C_1)] ,$$

$$A^2 = B^2C^2 - \underbrace{[B_1^2C_1^2 +\ldots+ 2(B_1B_2C_1C_2 +\ldots)]}_{(B_iC_i)^2 = B^2C^2\cos^2\varphi} .$$

Mithin erhält man

$$A^2 = B^2C^2(1 - \cos^2\varphi) = B^2C^2 \sin^2\varphi$$

und daraus in Übereinstimmung mit (4.56) die Länge A. Nach (4.56) verschwindet das äußere Produkt (4.48) für $\varphi = 0$ und $\varphi = \pi$, d.h. wenn die Vektoren B_i und C_i kollinear sind.

Beispiele für das Vektorprodukt (4.48) sind der Drehmomentenvektor:

$$M_i = \varepsilon_{ijk}R_jP_k \qquad \text{symbolisch:} \qquad \vec{M} = \vec{R} \times \vec{P} \tag{4.57}$$

(R_i Vektor zwischen Bezugspunkt und Kraftangriffspunkt, P_i Kraftvektor) oder das Impulsmoment, d.h. der Drallvektor:

$$D_i = \varepsilon_{ijk}R_jJ_k \qquad \text{symbolisch:} \qquad \vec{D} = \vec{R} \times \vec{J} \tag{4.58}$$

(R_i Ortsvektor eines Massenpunktes, $J_i = mv_i$ Impulsvektor, m Masse, v_i Geschwindigkeitsvektor). Bildet man die Ableitung des Drallvektors (4.58) nach der Zeit t, so ergibt sich:

$$\dot{D}_i = \frac{d}{dt}\varepsilon_{ijk}R_jJ_k = \varepsilon_{ijk}\dot{R}_jJ_k + \varepsilon_{ijk}R_j\dot{J}_k . \tag{4.59}$$

Wegen $\dot{R}_j = v_j$ und $J_k = m\, v_k$ wird

$$\varepsilon_{ijk}\dot{R}_jJ_k = m\, \varepsilon_{ijk}v_jv_k = N_i$$

mit $|\vec{N}| = N = m|\vec{v}||\vec{v}| \sin 0 = 0$, d.h., $\vec{N}$ ist der Nullvektor, so daß sich (4.59) zu

$$\dot{D}_i = \varepsilon_{ijk}R_j\dot{J}_k \tag{4.60}$$

vereinfacht. Nach NEWTON ist die zeitliche Änderung des Impulsvektors der Kraftvektor:

$$\dot{J}_k = m\,\dot{v}_k = m\,b_k = P_k \tag{4.61}$$

(b_k Beschleunigungsvektor). Mithin wird:

$$\dot{D}_i = \varepsilon_{ijk} R_j P_k = M_i \ , \tag{4.62}$$

d.h., <u>die zeitliche Änderung des Drallvektors ist der Momentenvektor</u>.

Zusammenfassend kann festgehalten werden, daß der <u>ε-Tensor</u> drei Vektoren A_i, B_i und C_i derart miteinander verknüpft, daß

1) durch eine <u>Trilinearform</u> das <u>Spatprodukt</u> gebildet wird:

$$F = \varepsilon_{ijk} A_i B_j C_k = |a_{ij}| \cdot \begin{vmatrix} A_1 & A_2 & A_3 \\ B_1 & B_2 & B_3 \\ C_1 & C_2 & C_3 \end{vmatrix} = V \tag{4.63}$$

2) durch sein Einwirken als "bilinearer" Operator auf zwei Vektoren ein neuer Vektor erzeugt wird, der senkrecht auf den Ausgangsvektoren steht und dessen Länge mit dem Flächeninhalt des Parallelogramms der Ausgangsvektoren übereinstimmt. Man nennt diese Operation das <u>Vektorprodukt</u>:

$A_i = \varepsilon_{ijk} B_j C_k$	$\vec{A} \perp \vec{B}\ ,\quad \vec{A} \perp \vec{C}$	$A = BC \sin\varphi$

. (4.64)

Für die Anwendungen ist der Zusammenhang zwischen dem <u>ε-Tensor</u> und dem <u>Substitutionstensor</u> δ_{ij} von größter Bedeutung, der in einfacher Weise gefunden werden kann. Dazu wendet man den <u>ε-Tensor</u> (4.45) auf drei Zeilenvektoren des <u>Substitutionstensors</u> an und erhält eine Determinante (4.38), deren Elemente über δ_{ij} gegeben sind:

$$\varepsilon_{lmn} \delta_{li} \delta_{mj} \delta_{nk} = \varepsilon_{123} \begin{vmatrix} \delta_{1i} & \delta_{2i} & \delta_{3i} \\ \delta_{1j} & \delta_{2j} & \delta_{3j} \\ \delta_{1k} & \delta_{2k} & \delta_{3k} \end{vmatrix} . \tag{4.65}$$

Darin sind $\delta_{li} \mathrel{\hat{=}} (\delta_{1i}, \delta_{2i}, \delta_{3i})$, $\delta_{mj} \mathrel{\hat{=}} (\delta_{1j}, \delta_{2j}, \delta_{3j})$ und $\delta_{nk} \mathrel{\hat{=}} (\delta_{1k}, \delta_{2k}, \delta_{3k})$ als die i-ten, j-ten und k-ten <u>Zeilenvektoren</u> des δ-Schemas aufzufassen. Die linke Seite in (4.65) kann schrittweise unter Anwendung der <u>Austauschregel</u> folgendermaßen umgeformt werden:

$$\underbrace{\varepsilon_{lmn}\delta_{li}}_{\varepsilon_{imn}}\delta_{mj}\delta_{nk} = \underbrace{\varepsilon_{imn}\delta_{mj}}_{\varepsilon_{ijn}}\delta_{nk} = \varepsilon_{ijn}\delta_{nk} = \varepsilon_{ijk} , \tag{4.66}$$

so daß damit aus (4.65) die wichtige Beziehung

$$\boxed{\varepsilon_{ijk} = \varepsilon_{123} \begin{vmatrix} \delta_{1i} & \delta_{2i} & \delta_{3i} \\ \delta_{1j} & \delta_{2j} & \delta_{3j} \\ \delta_{1k} & \delta_{2k} & \delta_{3k} \end{vmatrix} = \varepsilon_{123} \begin{vmatrix} \delta_{1i} & \delta_{1j} & \delta_{1k} \\ \delta_{2i} & \delta_{2j} & \delta_{2k} \\ \delta_{3i} & \delta_{3j} & \delta_{3k} \end{vmatrix}} \tag{4.67}$$

hervorgeht. Der letzte Übergang in (4.67) ist gestattet, da sich der Wert einer Determinante durch Transposition nicht ändert. Man erkennt aus dem Zusammenhang (4.67) unmittelbar die Eigenschaften des ε-Tensors. So hat z.B. für zwei gleiche Indizes die Determinante zwei übereinstimmende Zeilen bzw. Spalten, so daß ihr Wert verschwindet. Der schiefsymmetrische Charakter des ε-Tensors kommt dadurch zum Ausdruck, daß sich das Vorzeichen einer Determinante ändert, wenn man zwei Zeilen oder zwei Spalten vertauscht. Falls die Determinante so angeordnet ist, daß die Zeilen- oder Spaltenvektoren in gerader Permutation von oben nach unten bzw. von links nach rechts entsprechend i,j,k oder j,k,i oder k,i,j vorzufinden sind, ist das Vorzeichen der Determinante positiv, bei einer Reihenfolge in ungerader Permutation entsprechend i,k,j oder k,j,i oder j,i,k wird dagegen die Determinante negativ. Beispielsweise erhält man aus (4.67):

$$\varepsilon_{312} = \varepsilon_{123} \begin{vmatrix} \delta_{13} & \delta_{11} & \delta_{12} \\ \delta_{23} & \delta_{21} & \delta_{22} \\ \delta_{33} & \delta_{31} & \delta_{32} \end{vmatrix} = \varepsilon_{123} \begin{vmatrix} 0 & 1 & 0 \\ 0 & 0 & 1 \\ 1 & 0 & 0 \end{vmatrix} = \varepsilon_{123} = |a_{ij}| ,$$

$$\varepsilon_{213} = \varepsilon_{123} \begin{vmatrix} \delta_{12} & \delta_{11} & \delta_{13} \\ \delta_{22} & \delta_{21} & \delta_{23} \\ \delta_{32} & \delta_{31} & \delta_{33} \end{vmatrix} = \varepsilon_{123} \begin{vmatrix} 0 & 1 & 0 \\ 1 & 0 & 0 \\ 0 & 0 & 1 \end{vmatrix} = -\varepsilon_{123} = -|a_{ij}| .$$

Als δ-Tensor sechster Stufe (auch verallgemeinertes KRONECKER-Symbol genannt) ist das tensorielle Produkt des ε-Tensors mit sich selbst definiert:

$$\delta_{ijkpqr} := \varepsilon_{ijk}\varepsilon_{pqr} = e_{ijk}e_{pqr} , \tag{4.68}$$

so daß in Verbindung mit (4.45) gilt:

$$\delta_{ijkpqr} = \begin{cases} 1 & \text{für ijk und pqr \underline{zyklisch gleich}} \\ -1 & \text{für ijk und pqr \underline{zyklisch ungleich}} \\ 0 & \text{sonst} \end{cases} \qquad (4.69)$$

Dieser Tensor kann wegen (4.67), (4.68) und $\varepsilon^{*2}_{123} = \varepsilon^{2}_{123} \equiv 1$ sowohl im Rechts- als auch im Linkssystem (<u>absoluter Tensor</u>) durch

$$\varepsilon_{ijk}\varepsilon_{pqr} = \begin{vmatrix} \delta_{1i} & \delta_{1j} & \delta_{1k} \\ \delta_{2i} & \delta_{2j} & \delta_{2k} \\ \delta_{3i} & \delta_{3j} & \delta_{3k} \end{vmatrix} \cdot \begin{vmatrix} \delta_{1p} & \delta_{1q} & \delta_{1r} \\ \delta_{2p} & \delta_{2q} & \delta_{2r} \\ \delta_{3p} & \delta_{3q} & \delta_{3r} \end{vmatrix} \qquad (4.70)$$

ausgedrückt werden. Nach dem Multiplikationssatz für Determinanten stimmt die rechte Seite in (4.70) mit einer Determinante überein, deren Elemente z.B. aus dem "Spalten-Spalten-Produkt" gewonnen werden:

$$\varepsilon_{ijk}\varepsilon_{pqr} = \begin{vmatrix} (\delta_{1i}\delta_{1p}+\delta_{2i}\delta_{2p}+\delta_{3i}\delta_{3p}) & \dots & (\delta_{1i}\delta_{1r}+\delta_{2i}\delta_{2r}+\delta_{3i}\delta_{3r}) \\ \dots & (\delta_{1j}\delta_{1q}+\delta_{2j}\delta_{2q}+\delta_{3j}\delta_{3q}) & \dots \\ (\delta_{1k}\delta_{1p}+\delta_{2k}\delta_{2p}+\delta_{3k}\delta_{3p}) & \dots & (\delta_{1k}\delta_{1r}+\delta_{2k}\delta_{2r}+\delta_{3k}\delta_{3r}) \end{vmatrix} .$$

Aufgrund der Summationsvereinbarung kann man diese Determinante auch kürzer schreiben:

$$\varepsilon_{ijk}\varepsilon_{pqr} = \begin{vmatrix} \delta_{mi}\delta_{mp} & \delta_{mi}\delta_{mq} & \delta_{mi}\delta_{mr} \\ \delta_{mj}\delta_{mp} & \delta_{mj}\delta_{mq} & \delta_{mj}\delta_{mr} \\ \delta_{mk}\delta_{mp} & \delta_{mk}\delta_{mq} & \delta_{mk}\delta_{mr} \end{vmatrix} \qquad (4.71)$$

und erhält unter Berücksichtigung der Austauschregel schließlich den wichtigen Zusammenhang:

$$\boxed{\delta_{ijkpqr} := \varepsilon_{ijk}\varepsilon_{pqr} = \begin{vmatrix} \delta_{ip} & \delta_{iq} & \delta_{ir} \\ \delta_{jp} & \delta_{jq} & \delta_{jr} \\ \delta_{kp} & \delta_{kq} & \delta_{kr} \end{vmatrix} \equiv 3!\,\delta_{i[p]}\delta_{j[q]}\delta_{k[r]}} \quad . \qquad (4.72)$$

Durch eine Verjüngung z.B. bezüglich der Indizes k und r wird der <u>δ-Tensor sechster Stufe</u> reduziert auf den <u>δ-Tensor vierter Stufe</u>:

$$\delta_{ijpq} \equiv \varepsilon_{ijk}\varepsilon_{pqk} = \begin{vmatrix} \delta_{ip} & \delta_{iq} & \delta_{ik} \\ \delta_{jp} & \delta_{jq} & \delta_{jk} \\ \delta_{kp} & \delta_{kq} & 3 \end{vmatrix} . \qquad (4.73a)$$

Löst man die Determinante in (4.73a) auf, so erhält man das Ergebnis:

$$\delta_{ijpq} \equiv \varepsilon_{ijk}\varepsilon_{pqk} = \delta_{ip}\delta_{jq} - \delta_{iq}\delta_{jp} \equiv \begin{vmatrix} \delta_{ip} & \delta_{iq} \\ \delta_{jp} & \delta_{jq} \end{vmatrix} , \tag{4.73b}$$

d.h., der <u>δ-Tensor vierter Stufe</u> stimmt überein mit dem <u>algebraischen Komplement</u> des Elementes $\delta_{kk} = 3$ in der Determinante (4.73a). Entsprechend erhält man durch Verjüngung nach den Indizes j und p:

$$\varepsilon_{ijk}\varepsilon_{jqr} = \begin{vmatrix} \delta_{ij} & \delta_{iq} & \delta_{ir} \\ 3 & \delta_{jq} & \delta_{jr} \\ \delta_{kj} & \delta_{kq} & \delta_{kr} \end{vmatrix} = - \begin{vmatrix} \delta_{iq} & \delta_{ir} \\ \delta_{kq} & \delta_{kr} \end{vmatrix} \tag{4.74a}$$

bzw.

$$\varepsilon_{ijk}\varepsilon_{jqr} = \delta_{ir}\delta_{kq} - \delta_{iq}\delta_{kr} \, . \tag{4.74b}$$

Mit dieser Formel lassen sich beispielsweise die "verschachtelten" Vektorprodukte $\varepsilon_{ijk}\varepsilon_{jqr} A_q B_r C_k$ durch Skalarprodukte folgendermaßen ausdrücken:

$$\varepsilon_{ijk}\underbrace{(\varepsilon_{jqr}A_qB_r)}_{D_j}C_k = \underbrace{\delta_{ir}B_r}_{B_i}\,\underbrace{\delta_{kq}A_q}_{A_k}\,C_k - \underbrace{\delta_{iq}A_q}_{A_i}\,\underbrace{\delta_{kr}B_r}_{B_k}\,C_k$$

$$\varepsilon_{ijk}(\varepsilon_{jqr}A_qB_r)C_k = (A_kC_k)B_i - (B_kC_k)A_i \quad . \tag{4.75}$$

Die Klammern sind in (4.75) nur gesetzt, um den Übergang zur symbolischen Schreibweise besser erkennen zu können:

$$(\vec{A} \times \vec{B}) \times \vec{C} = (\vec{A} \cdot \vec{C})\,\vec{B} - (\vec{B} \cdot \vec{C})\,\vec{A} \, . \tag{4.75*}$$

Der durch (4.73a,b) definierte <u>δ-Tensor vierter Stufe</u> ist symmetrisch bezüglich des ersten und zweiten Indexpaares und schiefsymmetrisch in den ersten und letzten beiden Indizes:

$$\delta_{ijpq} = \delta_{pqij} \, , \qquad \delta_{ijpq} = -\delta_{jipq} = -\delta_{ijqp} \, , \tag{4.76a,b}$$

so daß die Koordinaten des <u>δ-Tensors vierter Stufe</u> verschwinden, wenn i = j = 1,2,3 oder p = q = 1,2,3 oder wenn das Indexpaar pq nicht dieselben Zahlen enthält wie das Indexpaar ij:

$$\delta_{11pq} = \delta_{22pq} = \delta_{ij33} = \delta_{1213} = \delta_{2313} = \ldots = 0 \,.$$

In allen anderen Fällen ist δ_{ijpq} gleich +1 oder -1 je nachdem, ob pq eine gerade oder ungerade Permutation von ij ist, d.h., ob pq durch eine ungerade oder gerade Anzahl von Transpositionen aus ij hervorgeht, z.B.: $\delta_{1212} = +1$ oder $\delta_{2332} = -1$. Analog zu (4.69) gilt für den <u>δ-Tensor vierter Stufe</u>:

$$\delta_{ijpq} = \begin{cases} 1 & \text{für ij und pq \underline{zyklisch gleich}} \\ -1 & \text{für ij und pq \underline{zyklisch ungleich}} \\ 0 & \text{sonst} \end{cases} \tag{4.77}$$

Eine weitere Verjüngung (j = q) in (4.73b) führt schließlich auf den <u>δ-Tensor zweiter Stufe</u>:

$$\delta_{ijpj} = \varepsilon_{ijk}\varepsilon_{pjk} = 3\delta_{ip} - \delta_{ij}\delta_{jp} = 2\delta_{ip} \,, \tag{4.78a}$$

$$\delta_{ip} = \frac{1}{2}\,\delta_{ijpj} = \frac{1}{2}\,(\delta_{i1p1}+\delta_{i2p2}+\delta_{i3p3}) \,, \tag{4.78b}$$

den man auch durch

$$\delta_{ip} = \frac{1}{2}\,\delta_{ijkpjk} = \delta_{i12p12} + \delta_{i23p23} + \delta_{i31p31} \tag{4.78c}$$

ausdrücken kann, wenn man den <u>δ-Tensor sechster Stufe</u> (4.68) entsprechend verjüngt, so daß wegen (4.69) oder (4.77) die Koordinaten des <u>δ-Tensors zweiter Stufe</u> nur 1 oder 0 sein können. Im n-dimensionalen Raum erfolgt die Verjüngung eines <u>δ-Tensors 2ν-ter Stufe</u> zu einem <u>δ-Tensor 2μ-ter Stufe</u> gemäß

$$\delta_{i_1 \ldots i_\mu p_1 \ldots p_\mu} = \frac{(n-\nu)!}{(n-\mu)!}\,\delta_{i_1 \ldots i_\mu i_{\mu+1} \ldots i_\nu p_1 \ldots p_\mu i_{\mu+1} \ldots i_\nu} \tag{4.79}$$

woraus z.B. für $\nu = 3$ und $\mu = 1$

$$\delta_{ip} = \frac{(n-3)!}{(n-1)!}\,\delta_{ijkpjk} = \frac{1}{(n-2)(n-1)}\,\delta_{ijkpjk} \tag{4.80}$$

oder für $\nu = 2$ und $\mu = 1$

$$\delta_{ip} = \frac{1}{n-1}\,\delta_{ijpj} \tag{4.81}$$

folgt. Die Beziehungen (4.78c) und (4.78b) sind Sonderfälle von (4.80) und (4.81) für n = 3. Weiterhin folgt für $\mu = 1$ und i = p wegen $\delta_{p_1 p_1} = n$ aus (4.79):

$$\delta_{i_1 \ldots i_\nu i_1 \ldots i_\nu} = \frac{n!}{(n-\nu)!} \tag{4.82}$$

mit dem Sonderfall

$$\varepsilon_{i_1 \ldots i_n} \varepsilon_{i_1 \ldots i_n} = n! \tag{4.83}$$

für $\nu = n$. Schließlich folgt noch für $\nu = n$ aus (4.79):

$$\varepsilon_{i_1 \ldots i_\mu i_{\mu+1} \ldots i_n} \varepsilon_{p_1 \ldots p_\mu i_{\mu+1} \ldots i_n} = (n-\mu)!\,\delta_{i_1 \ldots i_\mu p_1 \ldots p_\mu} \tag{4.84}$$

mit dem Sonderfall (4.68) für $\mu = n = 3$.

Zum Transformationsverhalten des ε-Tensors bzw. e-Systems (4.45) sei ergänzend folgendes vermerkt: Aus der Invarianz des Volumens ($V^* \equiv V$) erhält man mit (4.63):

$$\varepsilon^*_{ijk} A^*_i B^*_j C^*_k = \varepsilon_{lmn} A_l B_m C_n \ , \tag{4.85}$$

und unter Berücksichtigung des Transformationsgesetzes für Vektoren

$$A^*_i = a_{il} A_l \ , \qquad B^*_j = a_{jm} B_m \ , \qquad C^*_k = a_{kn} C_n \ , \tag{4.86a}$$

$$A_l = a_{il} A^*_i \ , \qquad B_m = a_{jm} B^*_j \ , \qquad C_n = a_{kn} C^*_k \ , \tag{4.86b}$$

folgt aus (4.85):

$$(\varepsilon^*_{ijk} a_{il} a_{jm} a_{kn} - \varepsilon_{lmn})\, A_l\, B_m\, C_n = 0 \ , \tag{4.87a}$$

$$(\varepsilon^*_{ijk} - a_{il} a_{jm} a_{kn} \varepsilon_{lmn})\, A^*_i\, B^*_j\, C^*_k = 0 \ . \tag{4.87b}$$

Falls keiner der Vektoren A_i, B_i, C_i der Nullvektor ist, erkennt man aus (4.87a,b) unmittelbar das Transformationsgesetz (4.13) des ε-Tensors:

$$\boxed{\varepsilon^*_{ijk} = a_{il} a_{jm} a_{kn} \varepsilon_{lmn}} \quad \Longleftrightarrow \quad \boxed{\varepsilon_{ijk} = a_{li} a_{mj} a_{nk} \varepsilon^*_{lmn}} \tag{4.88}$$

Um den Tensorcharakter des LEVI-CIVITAschen Permutationssymbols e_{ijk} zu untersuchen, wende man das dreidimensionale e-System (4.45) auf die Determinante

$$|a_{ij}| = \begin{vmatrix} a_{11} & a_{12} & a_{13} \\ a_{21} & a_{22} & a_{23} \\ a_{31} & a_{32} & a_{33} \end{vmatrix} \equiv a \qquad (4.89)$$

an, die man nach der Rechenvorschrift

$$a = \sum \pm a_{1i}a_{2j}a_{3k} = \sum \pm a_{i1}a_{j2}a_{k3} \qquad (4.90)$$

ermitteln kann (Regel von SARRUS). Darin ist ijk eine Permutation der Zahlen 1,2,3. Es wird über alle 6 Permutationen addiert. Dabei erhalten Glieder mit einer geraden Permutation ein positives Vorzeichen und Glieder mit einer ungeraden Permutation ein negatives Vorzeichen. Diese Regel läßt sich mit Hilfe des dreidimensionalen e-Systems (4.45) formulieren:

$$\boxed{|a_{ij}| = e_{ijk}a_{1i}a_{2j}a_{3k} = e_{ijk}a_{i1}a_{j2}a_{k3}} \; . \qquad (4.91)$$

Einen allgemeineren Zusammenhang zwischen Matrix und Determinante, der (4.91) als Sonderfall enthält, erhält man, wenn man von der Summe

$$e_{ijk}a_{ip}a_{jq}a_{kr} \, , \qquad (i,j,k,p,q,r = 1,2,3)$$

ausgeht, in der die stummen Indizes i,j,k beliebig ersetzt werden können, so daß gilt:

$$e_{ijk}a_{ip}a_{jq}a_{kr} \equiv e_{kji}a_{kp}a_{jq}a_{ir} = e_{kji}a_{ir}a_{jq}a_{kp} \; . \qquad (4.92)$$

Da e_{ijk} schiefsymmetrisch ist ($e_{ijk} = -e_{kji}$), erhält man aus (4.92):

$$e_{ijk}a_{ip}a_{jq}a_{kr} = -e_{ijk}a_{ir}a_{jq}a_{kp} \, , \qquad (4.93)$$

d.h., die Summe $e_{ijk}a_{ip}a_{jq}a_{kr}$ ist schiefsymmetrisch bezüglich zweier beliebiger Indizes aus der Reihe p,q,r und nimmt für p = 1, q = 2, r = 3 den Wert der Determinante an [Gl. (4.91)], so daß gilt:

$$\boxed{e_{ijk}a_{pi}a_{qj}a_{rk} = |a_{ij}| \, e_{pqr}} \; . \qquad (4.94a)$$

Entsprechend weist man nach:

$$e_{ijk}a_{ip}a_{jq}a_{kr} = |a_{ij}|\, e_{pqr} \quad . \tag{4.94b}$$

Faßt man darin die beliebige Matrix a_{ij} als Transformationsmatrix auf und berücksichtigt die Tatsache, daß die Permutationsregel (4.45) vom Koordinatensystem unabhängig ist ($e^*_{ijk} \equiv e_{ijk}$), so führt (4.94a,b) unmittelbar auf das "Transformationsgesetz" des dreidimensionalen e-Systems:

$$e^*_{ijk} = |a_{ji}|^{-1}\, a_{ip}a_{jq}a_{kr}e_{pqr} \tag{4.95a}$$

$$e_{ijk} = |a_{ij}|^{-1}\, a_{pi}a_{qj}a_{rk}e^*_{pqr} \quad . \tag{4.95b}$$

Im Gegensatz zum ε-Tensor (4.88) ist das e-System kein absoluter Tensor, sondern ein relativer Tensor vom Gewicht w = -1, da in das Transformationsgesetz (4.95a,b) die Funktionaldeterminante $|a_{ij}| = |a_{ji}|$ mit der Potenz w = -1 eingeht. Aus (4.95a) erhält man wegen (4.91) z.B. $e^*_{123} = |a_{ji}|^{-1} \cdot |a_{ij}| = 1$. Weiterhin ist wegen $|a_{ij}|^{-2} = 1$ der δ-Tensor (4.68) ein absoluter Tensor.

Die Ergebnisse (4.94a,b) lassen sich offenbar für Determinanten n-ten Grades verallgemeinern:

$$e_{i_1\ldots i_n}|a_{ij}| = e_{k_1\ldots k_n}a_{i_1k_1}a_{i_2k_2}\cdots a_{i_nk_n} \tag{4.96a}$$

$$e_{i_1\ldots i_n}|a_{ij}| = e_{k_1\ldots k_n}a_{k_1i_1}a_{k_2i_2}\cdots a_{k_ni_n} \, , \tag{4.96b}$$

woraus für $i_1 = 1$, $i_2 = 2,\ldots,i_n = n$ der Wert der Determinante folgt:

$$|a_{ij}| = e_{k_1\ldots k_i\ldots k_n}a_{1k_1}\cdots a_{ik_i}\cdots a_{nk_n} = a_{ip}A_{p(i)} \tag{4.97a}$$

(nicht summieren über i),

$$|a_{ij}| = e_{k_1\ldots k_j\ldots k_n}a_{k_11}\cdots a_{k_jj}\cdots a_{k_nn} = a_{qj}A_{(j)q} \tag{4.97b}$$

(nicht summieren über j).

In (4.97a,b) sind

$$A_{pi} := e_{k_1 \dots k_\nu \dots k_n} a_{1k_1} \dots a_{\nu k_\nu} \dots a_{nk_n} , \qquad (\nu \neq i) \qquad (4.98a)$$

das algebraische Komplement (Kofaktor) eines Elementes a_{ip} $(p = 1,\dots,n)$ der i-ten Zeile und

$$A_{jq} := e_{k_1 \dots k_\mu \dots k_n} a_{k_1 1} \dots a_{k_\mu \mu} \dots a_{k_n n} , \qquad (\mu \neq j) \qquad (4.98b)$$

das algebraische Komplement (Kofaktor) eines Elementes a_{qj} $(q = 1,\dots,n)$ der j-ten Spalte. Mithin stellt (4.97a) die Entwicklung nach der i-ten Zeile dar, während (4.97b) einer Entwicklung nach der j-ten Spalte entspricht. Aus den Entwicklungen (4.97a,b) liest man unmittelbar die wichtigsten Eigenschaften einer Determinante ab, die im folgenden kurz aufgezählt seien:

Bei Vertauschung der Zeilen mit den Spalten ändert sich der Wert einer Determinante nicht. Vertauscht man zwei beliebige (nicht unbedingt benachbarte) Zeilen (Spalten), so ändert die Determinante ihr Vorzeichen. Diese Aussage ist gleichbedeutend mit der Tatsache, daß ein vollständig schiefsymmetrischer Tensor (hier das "e-System") nicht nur hinsichtlich sämtlicher Paare von benachbarten Indizes schiefsymmetrisch ist, sondern auch bei der Vertauschung zweier beliebiger Indizes k_α und k_ω sein Vorzeichen wechselt (Ü 4.2.8):

$$e_{k_1 \dots k_\alpha \dots k_\omega \dots k_n} = -e_{k_1 \dots k_\omega \dots k_\alpha \dots k_n} . \qquad (4.99)$$

Besitzt eine Determinante zwei gleiche Zeilen (Spalten) und vertauscht man diese, so ändert sich einerseits gar nichts, andererseits ändert die Determinante aber wegen (4.99) ihr Vorzeichen, so daß in diesem Fall $|a_{ij}| = -|a_{ij}|$ gilt. Mithin verschwindet eine Determinante mit zwei gleichen Zeilen (Spalten):

$$e_{k_1 \dots k_\alpha \dots k_\omega \dots k_n} = 0 \qquad \text{für } \alpha = \omega . \qquad (4.100)$$

Die Determinante ist eine homogene lineare Funktion der Elemente einer Zeile (Zeilenentwicklung) oder auch einer Spalte (Spaltenentwicklung). Enthalten also alle Elemente einer Zeile (Spalte) einen gemeinsamen Faktor, so kann man diesen vor das Determinantenzeichen ziehen (Homogenität). Bestehen die Elemente einer Zeile (Spalte) aus einer bestimmten Anzahl von Summanden, so ist auch die Determinante gleich der Summe der Determinanten, in denen die Elemente der erwähnten Zeile (Spalte) durch die einzelnen Summanden ersetzt sind (Linearität), z.B.:

$$\begin{vmatrix} a_{11} & a_{12} & \tilde{a}_{13} + \bar{a}_{13} \\ a_{21} & a_{22} & \tilde{a}_{23} + \bar{a}_{23} \\ a_{31} & a_{32} & \tilde{a}_{33} + \bar{a}_{33} \end{vmatrix} = \begin{vmatrix} a_{11} & a_{12} & \tilde{a}_{13} \\ a_{21} & a_{22} & \tilde{a}_{23} \\ a_{31} & a_{32} & \tilde{a}_{33} \end{vmatrix} + \begin{vmatrix} a_{11} & a_{12} & \bar{a}_{13} \\ a_{21} & a_{22} & \bar{a}_{23} \\ a_{31} & a_{32} & \bar{a}_{33} \end{vmatrix}$$

Aus Homogenität und Linearität folgert man, daß der Wert einer Determinante verschwindet, wenn sämtliche Elemente einer Zeile (Spalte) gleich Null sind.

Übungsaufgaben

4.3.1 Die Vektoren A_i, B_i, C_i seien linear unabhängig. Dann läßt sich jeder beliebige Vektor V_i durch die Linearkombination (1.30) darstellen. Man zeige, daß $\alpha = \varepsilon_{ijk} V_i B_j C_k / \varepsilon_{pqr} A_p B_q C_r$ gilt. Entsprechend ermittle man β und γ in (1.30).

4.3.2 Man weise folgende Formeln nach:
a) $\varepsilon_{pij}\varepsilon_{pkl} = \delta_{ik}\delta_{jl} - \delta_{il}\delta_{jk}$,
b) $\varepsilon_{pqi}\varepsilon_{pqj} = 2\delta_{ij}$,
c) $\varepsilon_{pqr}\varepsilon_{pqr} = 6$.

4.3.3 Man zeige, daß $\varepsilon_{ijk}A_{jk}$ der Nullvektor ist, falls der Tensor A_{ij} symmetrisch ist, und benutze dieses Ergebnis zur Herleitung der CRAMERschen Regel.

4.3.4 Das <u>vektorielle Produkt</u> zweier Vektoren $\vec{A}$ und $\vec{B}$ wird symbolisch durch $\vec{C} = \vec{A} \times \vec{B}$ ausgedrückt. Man benutze die analytische Schreibweise und zeige, daß der Vektor $\vec{C}$ auf $\vec{A}$ und $\vec{B}$ senkrecht steht.

4.3.5 Man zeige, daß die Invarianten (3.20a,b,c) folgendermaßen ausgedrückt werden können:
a) $J_1 = \frac{1}{2}\varepsilon_{ijk}\varepsilon_{pqr}A_{ip}\delta_{jq}\delta_{kr} = \frac{1}{2}\varepsilon_{ijk}\varepsilon_{pjk}A_{ip}$,
b) $J_2 = -\frac{1}{2}\varepsilon_{ijk}\varepsilon_{pqr}A_{ip}A_{jq}\delta_{kr} = -\frac{1}{2}\varepsilon_{ijk}\varepsilon_{pqk}A_{ip}A_{jq}$,
c) $J_3 = \frac{1}{6}\varepsilon_{ijk}\varepsilon_{pqr}A_{ip}A_{jq}A_{kr}$.
Für J_3 gebe man weitere Formen an.

4.3.6 Für die kubische Invariante J_3 eines Tensors A_{ij} gilt die Beziehung (Ü 4.3.5):
$J_3 = (2A_{ij}A_{jk}A_{ki} - 3A_{ij}A_{ji}A_{kk} + A_{ii}A_{jj}A_{kk})/6$.
Man ermittle
a) die entsprechende Invariante J'_3 für den Deviator A'_{ij},
b) einen Zusammenhang zwischen J'_3 und den Invarianten des Tensors: $J'_3 = J'_3(J_1, J_2, J_3)$.

4.3.7 Man benutze die analytische Schreibweise und beweise die Formel:
$\vec{A} \times (\vec{B} \times \vec{C}) = (\vec{A} \cdot \vec{C})\,\vec{B} - (\vec{A} \cdot \vec{B})\,\vec{C}$.
Man ermittle auch die Länge des Vektors auf der linken Seite und gebe seine Lage an.

4.3.8 Man beweise folgende Identitäten:
a) $\vec{A} \times (\vec{B} \times \vec{C}) + \vec{B} \times (\vec{C} \times \vec{A}) + \vec{C} \times (\vec{A} \times \vec{B}) = \vec{0}$ (JACOBI),
b) $(\vec{A} \times \vec{B}) \cdot (\vec{C} \times \vec{D}) = (\vec{A} \cdot \vec{C})(\vec{B} \cdot \vec{D}) - (\vec{A} \cdot \vec{D})(\vec{B} \cdot \vec{C})$ (LAPLACE)
c) $(\vec{A} \times \vec{B})^2 = A^2B^2 - (\vec{A} \cdot \vec{B})^2$ (LAGRANGE).

4.3.9 Man benutze die analytische Schreibweise und beweise die Formel:
$(\vec{A} \times \vec{B}) \times (\vec{C} \times \vec{D}) = [\vec{A},\vec{C},\vec{D}]\,\vec{B} - [\vec{B},\vec{C},\vec{D}]\,\vec{A}$.

4.3.10 Man beschreibe analytisch die Drehung eines starren Körpers um eine feste Achse.

4.3.11 Durch die Form $A_i = \varepsilon_{ijk}T_{jk}$ wird der Dyade T_{jk} der Vektor A_i zugeordnet, welcher der zur Dyade T_{jk} <u>duale Vektor</u> genannt wird.
a) Man gebe die Koordinaten des Vektors A_i an. Von welchem Teil der Dyade hängen sie ab?
b) Man zeige, daß für eine antisymmetrische Dyade die Umkehrung der angegebenen Form lautet: $T_{jk} = \frac{1}{2}\varepsilon_{ijk}A_i$.

c) Man wende diesen Sachverhalt auf die Drehung eines starren Körpers (Ü 4.3.10) an.

4.3.12 Gegeben sei die Größe $C_{ij} = A_{ij} - \lambda\delta_{ij}$. Darin ist A_{ij} ein symmetrischer Tensor zweiter Stufe.
a) Man zeige, daß C_{ij} Tensorcharakter hat, wenn λ ein <u>absoluter Skalar</u> ist.
b) Man ermittle die charakteristische Gleichung (3.18) ausgehend von der Bedingung

$$\det(C_{ij}) = \frac{1}{6} \begin{vmatrix} C_{ii} & C_{ij} & C_{ik} \\ C_{ji} & C_{jj} & C_{jk} \\ C_{ki} & C_{kj} & C_{kk} \end{vmatrix} \overset{!}{=} 0$$

und weise die Bestimmungsgleichungen (3.20a,b,c) für die Invarianten J_1, J_2, J_3 nach.
c) Wie "b)" aber ausgehend von der Rechenvorschrift

$$\det(C_{ij}) = \frac{1}{6}\,\varepsilon_{ijk}\varepsilon_{pqr}C_{ip}C_{jq}C_{kr} \overset{!}{=} 0.$$

4.3.13 In dem quadratischen Schema eines Tensors zweiter Stufe habe das Element A_{ip} der i-ten Zeile und p-ten Spalte das <u>algebraische Komplement</u> $U_{ip} = (-1)^{i+p}\Delta_{ip}$. Darin ist Δ_{ip} der <u>Minor</u> zum Element A_{ip}. Man zeige, daß
a) die algebraischen Komplemente durch $U_{ip} = \frac{1}{2}\,\varepsilon_{ijk}\varepsilon_{pqr}A_{jq}A_{kr}$ ausgedrückt werden können und Tensorcharakter haben,
b) die negative Spur $-U_{ii}$ mit der zweiten Invarianten (3.20b) des Tensors A_{ij} übereinstimmt.

4.3.14 Man zeige, daß das Produkt der Determinanten der Tensoren A_{ij} und B_{ij} mit der Determinante des Tensors $C_{ij} = A_{ik}B_{kj}$ übereinstimmt (<u>Multiplikationssatz für Determinanten</u>).
Hinweis: Man benutze die Formeln (4.94a,b).

4.3.15 Es sei e_i ein Einsvektor und A_i ein beliebiger Vektor. Man beweise und erläutere die Identität

$$A_i = A_k e_k e_i + \varepsilon_{ijk}e_j\varepsilon_{klm}A_l e_m ,$$

die man symbolisch durch

$$\vec{A} = (\vec{A}\cdot\vec{e})\,\vec{e} + \vec{e}\times(\vec{A}\times\vec{e})$$

ausdrückt.

4.3.16 Man untersuche den Grenzfall, bei dem die drei Vektoren in (4.2) komplanar sind.

4.3.17 Es sei $P_{ij} \neq P_{ji}$ ein allgemeiner Tensor zweiter Stufe.
a) Man verifiziere die Zerlegung $P_{ij} = A_{ij} + \varepsilon_{ijk}u_k/2 + w\delta_{ij}$ mit $A_{ij} := (P_{ij}+P_{ji})/2 - P_{kk}\delta_{ij}/3$, $u_k := \varepsilon_{rsk}P_{rs}$, $w := P_{kk}/3$.
b) Man charakterisiere die einzelnen Terme in der Zerlegung und gebe die Anzahl der unabhängigen Koordinaten für jeden Term an.

4.3.18 Man verifiziere die Identität in (4.72).

4.3.19 Man führe folgende Alternierungen aus:
a) $A_{i[i]}$,
b) $A_{i[i]}A_{j[j]}$,
c) $A_{i[i]}A_{j[j]}A_{k[k]}$.
Welche Größen können in dieser Form ausgedrückt werden?

4.3.20 Unter Benutzung der Indexschreibweise überprüfe man, ob das doppelte Vektorprodukt aus den Vektoren $\vec{A}$, $\vec{B}$, $\vec{C}$ <u>assoziativ</u> ist.

4.3.21 Es seien $\vec{A}$ ein beliebiger Vektor, $\underset{\sim}{T}$ ein schiefsymmetrischer Tensor zweiter Stufe und $\vec{W}$ ein Vektor mit den Koordinaten $W_1 = T_{32}$, $W_2 = T_{13}$, $W_3 = T_{21}$. Man zeige, daß die lineare Vektorfunktion $\underset{\sim}{T}\,\vec{A}$ mit dem Vektorprodukt $\vec{W} \times \vec{A}$ übereinstimmt. Man gebe hierzu ein Anwendungsbeispiel an.

4.3.22 In Ergänzung zu Ü 4.3.10 zeige man, daß die kinetische Energie E durch $\omega_i\omega_j J_{ij}/2$ ausgedrückt werden kann und gebe die Gleichungen des POINSOTschen Trägheitsellipsoides und des MAC CULLAGHschen Drallellipsoides E = const. an. Ferner ermittle man aus E den Drallvektor und gebe seine Lage zum Trägheitsellipsoid an. Schließlich stelle man die EULERschen Gleichungen auf.

4.3.23

a) Man deute den in Ü 4.2.10 definierten Bivektor geometrisch und zeige, daß er in der dualen Form $S_{ij} = \varepsilon_{ijk}S_k \Leftrightarrow S_i = \varepsilon_{ijk}S_{jk}/2$ darstellbar ist.

b) Man charakterisiere ein differentielles Tetraeder (Bild 3.1) durch ein System von Bivektoren (Flächenvektoren, Plangrößen) und zeige, daß ihre Summe auf den Nullvektor führt.

4.3.24 Es sei S_{ij} ein einfacher Bivektor. Man zeige:

$S_{ij}S_{kl} - S_{ik}S_{jl} + S_{il}S_{jk} = 0_{ijkl}$.

4.3.25 In Verallgemeinerung von Ü 4.2.10 und Ü 4.3.23 definiere man einen Trivektor.

4.4 Isotrope Tensoren

Ein Tensor ist dann isotrop, wenn seine Koordinaten von einer beliebigen Drehung des Achsenkreuzes nicht beeinflußt werden, d.h., wenn

$$T^*_{k_1k_2\ldots k_\nu} \equiv T_{k_1k_2\ldots k_\nu} \tag{4.101}$$

gilt. Damit erfüllt ein isotroper Tensor (Kugeltensor) nach (4.15) die Bedingungen:

$$\boxed{\begin{aligned} T_{k_1k_2\ldots k_\nu} &= a_{k_1l_1}a_{k_2l_2}\cdots a_{k_\nu l_\nu}T_{l_1l_2\ldots l_\nu} \\ T_{k_1k_2\ldots k_\nu} &= a_{l_1k_1}a_{l_2k_2}\cdots a_{l_\nu k_\nu}T_{l_1l_2\ldots l_\nu} \end{aligned}} \quad . \tag{4.102}$$

Der einfachste Kugeltensor ist der δ-Tensor zweiter Stufe, bzw. die Form (2.29). Im Zusammenhang mit der Darstellung von Flächen zweiter Ordnung, die Kugelgestalt annehmen, wenn man den isotropen Tensor δ_{ij} in der quadratischen Form (2.20a) als Koeffizientenschema benutzt, wurde bereits in Ziffer 2.3 auf die Begriffe isotroper Tensor und Kugeltensor hingewiesen. Der δ-Tensor zweiter Stufe erfüllt die isotrope Forderung (4.101), wie man für $T_{kl} = \delta_{kl}$ aus (2.8) mit (2.11a) erkennt. Ebenso ist das Permutationssymbol e_{ijk} gemäß (4.45) und damit der ε-Tensor gegenüber einer Drehung des Koordinatensystems <u>invariant</u>. Wegen $|a_{ij}| = 1$ bei einer Drehung entsprechen die Beziehungen (4.94a,b) den Isotropiebedingungen (4.102).

Durch lineare Überlagerung von Kombinationen des ε-Tensors können alle isotropen Tensoren aufgebaut werden; jeder isotrope Tensor geradzahliger Stufenzahl kann durch Kombinationen des δ-Tensors zweiter Stufe gebildet werden.

Beispielsweise kann man für <u>isotrope Tensoren</u> zweiter und vierter Stufe folgende Ansätze machen:

$$T_{ij} = a_1\delta_{ij} = \frac{a_1}{2}\,\delta_{ikjk} \equiv \frac{a_1}{2}\,\varepsilon_{ikl}\varepsilon_{jkl}\ , \tag{4.103}$$

$$T_{ijkl} = b_1\delta_{ij}\delta_{kl} + b_2(\delta_{ik}\delta_{jl}+\delta_{il}\delta_{jk}) + b_3(\delta_{ik}\delta_{jl}-\delta_{il}\delta_{jk}) \tag{4.104a}$$

$$T_{ijkl} = b_1\delta_{ij}\delta_{kl} + b_2(\delta_{ik}\delta_{jl}+\delta_{il}\delta_{jk}) + b_3\varepsilon_{ijp}\varepsilon_{klp}\ . \tag{4.104b}$$

Darin sind die Beziehungen (4.73b) und (4.78a) benutzt. Der isotrope Ansatz (4.104a,b) ist durch die Symmetrieeigenschaft

$$T_{ijkl} = T_{klij} \tag{4.105}$$

ausgezeichnet. Die ersten beiden Terme sind zudem noch symmetrisch in den Indizes i,j und k,l, während der dritte Term in diesen Indizes schiefsymmetrisch ist, so daß für $b_1 \neq b_2$, $b_3 = 0$ die Symmetrieeigenschaften

$$T_{ijkl} = T_{jikl} = T_{ijlk} = T_{klij} \tag{4.106}$$

gegeben sind. Für $b_1 = b_2$, $b_3 = 0$ ist der isotrope Tensor T_{ijkl} <u>vollständig symmetrisch</u>. Insgesamt können nur drei verschiedene <u>isotrope Permutationen</u> vierter Stufe gebildet werden:

$$P_4 = \frac{4!}{2!2!2!} = 3, \qquad \text{und zwar: } \delta_{ij}\delta_{kl}\ ,\ \delta_{ik}\delta_{jl}\ ,\ \delta_{il}\delta_{jk}\ . \tag{4.107}$$

Die restlichen 21 Permutationen sind Wiederholungen und scheiden daher aus.

Bei der "sechsstufigen Anordnung" $\delta_{ij}\delta_{kl}\delta_{mn}$ scheiden aufgrund der Symmetrien.

$$\delta_{ij} = \delta_{ji}\ , \qquad \delta_{kl} = \delta_{lk}\ , \qquad \delta_{mn} = \delta_{nm}\ , \tag{4.108}$$

$$\delta_{ij}\delta_{kl}\delta_{mn} = \delta_{kl}\delta_{mn}\delta_{ij} = \delta_{mn}\delta_{ij}\delta_{kl} = \delta_{ij}\delta_{mn}\delta_{kl} = \delta_{kl}\delta_{ij}\delta_{mn} = \delta_{mn}\delta_{kl}\delta_{ij} \tag{4.109}$$

von den 6! Möglichkeiten 705 aus, so daß nur 15 Permutationen ohne Wiederholungen in einem isotropen Ansatz linear kombiniert werden können:

$$
\left.\begin{array}{llll}
 & P_6 = \frac{6!}{2!2!2!3!} = 15: & & \\
 & \delta_{ij}\delta_{kl}\delta_{mn} , & & \\
 & \delta_{ij}\delta_{km}\delta_{ln} , & \delta_{ij}\delta_{kn}\delta_{lm} , & \\
\delta_{kl}\delta_{im}\delta_{jn} , & \delta_{kl}\delta_{in}\delta_{jm} , & \delta_{mn}\delta_{ik}\delta_{jl} , & \delta_{mn}\delta_{il}\delta_{jk} , \\
\delta_{ik}\delta_{jm}\delta_{ln} , & \delta_{ik}\delta_{jn}\delta_{lm} , & \delta_{il}\delta_{km}\delta_{jn} , & \delta_{il}\delta_{kn}\delta_{jm} , \\
\delta_{im}\delta_{kj}\delta_{ln} , & \delta_{im}\delta_{kn}\delta_{lj} , & \delta_{in}\delta_{kj}\delta_{lm} , & \delta_{in}\delta_{km}\delta_{lj} .
\end{array}\right\} \quad (4.110)
$$

Allgemein kann die Anzahl der isotropen Glieder $\delta_{j_1k_1}\delta_{j_2k_2}\cdots\delta_{j_\mu k_\mu}$ (ohne Wiederholungen) in einem Ansatz für einen isotropen Tensor ν-ter Stufe durch die Formel

$$
\boxed{P_{2\mu} = \frac{(2\mu)!}{2^\mu \cdot \mu!} , \qquad \mu = 1,2,\ldots,\frac{\nu}{2}} \quad (4.111)
$$

bestimmt werden, wie man durch vollständige Induktion nachweist. Bei der Erhöhung der Stufenzahl des isotropen Tensors um zwei erhöht sich die Anzahl der linear zu kombinierenden Glieder gemäß

$$
P_{2\mu+2} = (2\mu+1)P_{2\mu} . \quad (4.112)
$$

Für die Anwendungen aus dem Ingenieurbereich spielen skalare Tensorfunktionen $f = f(A_{ij})$ eines zweistufigen Tensors A_{ij} eine wichtige Rolle, auf die bereits in Ziffer 3.3 hingewiesen wurde. Als Verallgemeinerung der Form (3.54) kann in einem anisotropen Fall die Form

$$
f = f(F_1, F_2, F_3) \quad (4.113)
$$

zugrunde gelegt werden. Darin sind F_1, F_2, F_3 skalare Größen der Form

$$
F_1 = T_{ij}A_{ij} \qquad \text{(lineare Form)} \quad (4.114a)
$$

$$
F_2 = \frac{1}{2} T_{ijkl}A_{ij}A_{kl} \qquad \text{(quadratische Form)} \quad (4.114b)
$$

$$
F_3 = \frac{1}{3} T_{ijklmn}A_{ij}A_{kl}A_{mn} \qquad \text{(kubische Form)} \quad (4.114c)
$$

mit T_{ij}, T_{ijkl} und T_{ijklmn} als Stofftensoren 2-ter, 4-ter und 6-ter Stufe, die in Stoffgleichungen als Koeffizientenschemata erscheinen und die anisotropen Stoffeigenschaften beinhalten, wie an Beispielen noch gezeigt wird. Weitere Möglichkeiten werden in Kapitel 8 diskutiert. Der Übergang von (4.113) zum isotropen Fall (3.54) erfolgt zwanglos aufgrund der Symmetrien (4.105), (4.106) und

$$T_{ijklmn} = T_{jiklmn} = T_{klmnij} = \ldots = T_{mnklij} \, , \qquad (4.115)$$

die man aus (4.114a,b,c) für symmetrischen Tensor $A_{ij} = A_{ji}$ abliest, durch die <u>isotropen Tensoren</u> (4.103), (4.104a) mit $b_3 = 0$ und

$$\left.\begin{aligned} T_{ijklmn} = {} & c_1\delta_{ij}\delta_{kl}\delta_{mn} + c_2(\delta_{ij}\delta_{km}\delta_{ln}+\delta_{ij}\delta_{kn}\delta_{lm}+ \\ & +\delta_{kl}\delta_{im}\delta_{jn}+\delta_{kl}\delta_{in}\delta_{jm}+\delta_{mn}\delta_{ik}\delta_{jl}+\delta_{mn}\delta_{il}\delta_{jk}) + \\ & + c_3(\delta_{ik}\delta_{jm}\delta_{ln}+\delta_{ik}\delta_{jn}\delta_{lm}+\delta_{il}\delta_{km}\delta_{jn}+\delta_{il}\delta_{kn}\delta_{jm}+ \\ & +\delta_{im}\delta_{kj}\delta_{ln}+\delta_{im}\delta_{kn}\delta_{lj}+\delta_{in}\delta_{kj}\delta_{lm}+\delta_{in}\delta_{km}\delta_{lj}) \, ; \end{aligned}\right\} \qquad (4.116)$$

denn für

$$a_1 = 1; \quad b_1 = -1, \quad b_2 = \frac{1}{2}, \quad b_3 = 0; \quad c_1 = \frac{1}{2}, \quad c_2 = -\frac{1}{4}, \quad c_3 = \frac{1}{8} \qquad (4.117)$$

gehen die <u>skalaren Formen</u> (4.114a,b,c) in die lineare (J_1), quadratische (J_2) und kubische (J_3) Invariante (3.20a,b,c) des symmetrischen Tensors A_{ij} über:

$$F_1 = \delta_{ij}A_{ij} \equiv J_1 \, , \quad F_2 = \frac{1}{2}\,(A_{ij}A_{ji}-A_{ii}A_{jj}) \equiv J_2 \, , \qquad (4.118a,b)$$

$$F_3 = \frac{1}{6}\,(2A_{ij}A_{jk}A_{ki}-3A_{ij}A_{ji}A_{kk}+A_{ii}A_{jj}A_{kk}) \equiv J_3 \, . \qquad (4.118c)$$

Setzt man entgegen (4.117)

$$a_1 = 0; \quad b_1 = -\frac{1}{3}, \quad b_2 = \frac{1}{2}, \quad b_3 = 0; \quad c_1 = \frac{2}{9}, \quad c_2 = -\frac{1}{6}, \quad c_3 = \frac{1}{8} \, , \qquad (4.119)$$

so erhält man entsprechend die Invarianten (3.62a,b,c), (3.64) des Deviators A'_{ij}:

$$F_1 = J'_1 \equiv 0, \quad F_2 = \frac{1}{2}\,A'_{ij}A'_{ji} \equiv J'_2 \, , \quad F_3 = \frac{1}{3}\,A'_{ij}A'_{jk}A'_{ki} \equiv J'_3 \, . \qquad (4.120a,b,c)$$

Als Anwendungsbeispiel sei in Erweiterung von (4.5) das <u>Stoffgesetz der nichtlinearen Elastizitätstheorie</u> erwähnt:

$$\boxed{\sigma_{ij} = E_{ij} + E_{ijkl}\varepsilon_{kl} + E_{ijklmn}\varepsilon_{kl}\varepsilon_{mn}} \quad , \tag{4.121}$$

das man aus der elastischen Formänderungsenergiedichte (dem elastischen Potential)

$$\Pi_\varepsilon = E_{ij}\varepsilon_{ij} + \frac{1}{2} E_{ijkl}\varepsilon_{ij}\varepsilon_{kl} + \frac{1}{3} E_{ijklmn}\varepsilon_{ij}\varepsilon_{kl}\varepsilon_{mn} \tag{4.122}$$

über die Stoffregel

$$\sigma_{ij} = \partial\Pi_\varepsilon/\partial\varepsilon_{ij} \tag{4.123}$$

erhält. In (4.121), (4.122) sind E_{ij}, E_{ijkl}, E_{ijklmn} die Elastizitätstensoren 2-ter, 4-ter und 6-ter Stufe, welche die anisotropen Stoffeigenschaften eines nichtlinearelastischen Körpers beinhalten und experimentell bestimmt werden müssen. Der linearen Elastizitätstheorie mit dem Stoffgesetz (4.5) liegt ein quadratisches Potential zugrunde. Dann erhält man mit dem isotropen Tensor (4.104a) für $T_{ijkl} \equiv E_{ijkl}$ und $b_1 \equiv \lambda$, $b_2 \equiv \mu$, $b_3 \equiv 0$ das Stoffgesetz des isotropen HOOKEschen Körpers zu:

$$\sigma_{ij} = \lambda\varepsilon_{kk}\delta_{ij} + 2\mu\,\varepsilon_{ij} \; . \tag{4.124}$$

Die Konstanten λ und μ in (4.124) werden LAMÉsche Konstanten genannt.

In der Plastomechanik benutzt man zweckmäßigerweise den Spannungsdeviator σ'_{ij}, um a priori die Inkompressibilität zu berücksichtigen. Das plastische Potential hat dann ähnlich (4.113) die Form:

$$F = F(F'_1, F'_2, F'_3) \; , \tag{4.125}$$

aus der man über die Fließregel

$$d^p\varepsilon_{ij} = (\partial F/\partial\sigma_{ij})d\lambda \; , \qquad d\lambda \geqq 0 \tag{4.126}$$

($^p\varepsilon_{ij}$ plastischer Anteil des Verzerrungstensors ε_{ij}; $d\lambda$ Proportionalitätsfaktor) die Stoffgleichungen ermittelt. In (4.125) sind die "Teilpotentiale" F'_1, F'_2, F'_3 ähnlich (4.114a,b,c) definiert:

$$F'_1 = P'_{ij}\sigma'_{ij}, \quad F'_2 = \frac{1}{2} P'_{ijkl}\sigma'_{ij}\sigma'_{kl} \; , \tag{4.127a,b}$$

$$F'_3 = \frac{1}{3} P'_{ijklmn}\sigma'_{ij}\sigma'_{kl}\sigma'_{mn} \; . \tag{4.127c}$$

Die Stofftensoren P'_{ij}, P'_{ijkl} usw. könnte man analog zu den E-Moduli E_{ij},

E_{ijkl} usw. in (4.121) auch Plastizitätsmoduli nennen. Analog zu (4.124) erhält man aus dem quadratischen Potential $F = F_2'$ im isotropen Fall (4.104a) mit $T_{ijkl} \equiv P'_{ijkl}$ und (4.119), d.h. mit $F = J_2' = \frac{1}{2}\sigma'_{ij}\sigma'_{ji}$ in Verbindung mit der Fließregel (4.126) die LÉVY-MISES-Gleichungen:

$$d^p\varepsilon_{ij} = \sigma'_{ij} d\lambda \ , \tag{4.128}$$

die bereits in Ü 3.3.7 benutzt wurden.

Gegenüber (4.113) bzw. (4.125) und (4.121) werden in [6] und Teil D allgemeinere Darstellungen von Tensorfunktionen gefunden.

Übungsaufgaben

4.4.1 Man gebe alle Permutationen der Anordnung $\delta_{ij}\delta_{kl}$ an. Welche sind voneinander verschieden?

4.4.2 Man zeige, daß aufgrund der Symmetrieeigenschaften $E_{ijkl} = E_{jikl} = E_{ijlk}$ die Konstanten μ und ν in dem Ansatz $E_{ijkl} = \lambda\delta_{ij}\delta_{kl} + \mu\delta_{ik}\delta_{jl} + \nu\delta_{il}\delta_{jk}$ übereinstimmen. Ferner zeige man, daß der Ansatz die "isotrope Forderung" $E^*_{ijkl} \overset{!}{=} E_{ijkl}$ erfüllt. Man überprüfe auch die Symmetrieeigenschaft $E_{ijkl} = E_{klij}$.

4.4.3 Man zeige, daß $\delta_{j_1k_1}\delta_{j_2k_2}\ldots\delta_{j_\mu k_\mu}$ ein isotroper Tensor ν-ter Stufe ($\nu = 2\mu$) ist.

4.4.4 Man untersuche, ob der ε-Tensor isotrop ist.

4.5 Eigenwertproblem eines Tensors 4-ter Stufe

Ein Tensor vierter Stufe $\underset{\sim}{A}$ mit den Symmetrieeigenschaften (4.106)

$$A_{ijkl} = A_{jikl} = A_{ijlk} = A_{klij} \ , \qquad i,j,k,l = 1,2,3 \tag{4.129}$$

kann als linearer Operator aufgefaßt werden, der zwei symmetrische Dyaden ($X_{ij} = X_{ji}$ und $Y_{ij} = Y_{ji}$) miteinander verknüpft, d.h. gemäß der linearen Transformation

$$Y_{ij} = A_{ijkl}X_{kl} \tag{4.130}$$

durch Einwirken auf einen symmetrischen Tensor zweiter Stufe $\underset{\sim}{X}$ eine symmetrische Bilddyade $\underset{\sim}{Y}$ erzeugt. Aufgrund der Symmetrieeigenschaften der Dyaden $\underset{\sim}{X}$ und $\underset{\sim}{Y}$ kann (4.130) auch durch folgende "Matrizendarstellungen" ausgedrüct werden:

$$\begin{pmatrix} Y_{11} \\ Y_{22} \\ Y_{33} \\ Y_{12} \\ Y_{23} \\ Y_{31} \end{pmatrix} = \left(\begin{array}{ccc|ccc} A_{1111} & A_{1122} & A_{1133} & 2A_{1112} & 2A_{1123} & 2A_{1131} \\ & A_{2222} & A_{2233} & 2A_{2212} & 2A_{2223} & 2A_{2231} \\ \multicolumn{2}{c}{\text{symmetrisch}} & A_{3333} & 2A_{3312} & 2A_{3323} & 2A_{3331} \\ \hline A_{1211} & A_{1222} & A_{1233} & 2A_{1212} & 2A_{1223} & 2A_{1231} \\ A_{2311} & A_{2322} & A_{2333} & & 2A_{2323} & 2A_{2331} \\ A_{3111} & A_{3122} & A_{3133} & \multicolumn{2}{c}{\text{symmetrisch}} & 2A_{3131} \end{array}\right) \begin{pmatrix} X_{11} \\ X_{22} \\ X_{33} \\ X_{12} \\ X_{23} \\ X_{31} \end{pmatrix} \quad (4.131a)$$

$$\begin{pmatrix} Y_{11} \\ Y_{22} \\ Y_{33} \\ Y_{12} \\ Y_{23} \\ Y_{31} \end{pmatrix} = \begin{pmatrix} A_{1111} & A_{1122} & A_{1133} & A_{1112} & A_{1123} & A_{1131} \\ & A_{2222} & A_{2233} & A_{2212} & A_{2223} & A_{2231} \\ & & A_{3333} & A_{3312} & A_{3323} & A_{3331} \\ & & & A_{1212} & A_{1223} & A_{1231} \\ & & & & A_{2323} & A_{2331} \\ \text{symmetrisch} & & & & & A_{3131} \end{pmatrix} \begin{pmatrix} X_{11} \\ X_{22} \\ X_{33} \\ 2X_{12} \\ 2X_{23} \\ 2X_{31} \end{pmatrix} \quad (4.131b)$$

Beschränkt man sich zur besseren Übersicht zunächst mal auf den zweidimensionalen Fall (i,j,k,l = 1,2), so vereinfachen sich die Darstellungen (4.131a,b) zu:

$$\begin{pmatrix} Y_{11} \\ Y_{22} \\ Y_{12} \end{pmatrix} = \begin{pmatrix} A_{1111} & A_{1122} & 2A_{1112} \\ A_{2211} & A_{2222} & 2A_{2212} \\ A_{1211} & A_{1222} & 2A_{1212} \end{pmatrix} \begin{pmatrix} X_{11} \\ X_{22} \\ X_{12} \end{pmatrix} \quad (4.132a)$$

$$\begin{pmatrix} Y_{11} \\ Y_{22} \\ Y_{12} \end{pmatrix} = \begin{pmatrix} A_{1111} & A_{1122} & A_{1112} \\ & A_{2222} & A_{2212} \\ \text{symmetrisch} & & A_{1212} \end{pmatrix} \begin{pmatrix} X_{11} \\ X_{22} \\ 2X_{12} \end{pmatrix} \quad (4.132b)$$

Man erkennt, daß in den Darstellungen (4.131a) und (4.132a) die Koeffizientenmatrizen trotz der Symmetrie (4.129) nicht symmetrisch sind. In der Elastizitätstheorie bevorzugt man deshalb (fast ausschließlich) die Darstellung (4.131b) mit

$$X_{11} \equiv \varepsilon_{11}, \ldots, \quad X_{33} \equiv \varepsilon_{33}, \quad 2X_{12} \equiv \gamma_{12}, \ldots, 2X_{31} \equiv \gamma_{31}, \quad (4.133)$$

die auf VOIGT [23] zurückgeht. In (4.133) sind $\varepsilon_{11}, \varepsilon_{22}, \varepsilon_{33}$ Koordinaten des klassischen Verzerrungstensors, während $\gamma_{12}, \gamma_{23}, \gamma_{31}$ als Gleitungen definiert sind. Es muß jedoch betont werden, daß letztere Größen nicht als Koordinaten eines Tensors gedeutet werden können, sondern lediglich ein Maß für die mit einer Gleitung verbundenen Winkeländerung darstellen. Hingegen sind $\varepsilon_{12}, \varepsilon_{23}, \varepsilon_{31}$ Tensorkoordinaten [6]. Aufgrund dieser Tatsache soll im folgenden die Darstellung (4.131a) bzw. (4.132a) bevorzugt werden.

Zur Formulierung des Eigenwertproblems für einen Tensor 4-ter Stufe mit den Symmetrieeigenschaften (4.129) kann man die nullte Potenz (Ziffer 5.5, Gl. (5.25b), Ü 5.5.3)

$$A^{(0)}_{ijkl} \equiv A_{ijpq}A^{(-1)}_{pqkl} = (\delta_{ik}\delta_{jl} + \delta_{il}\delta_{jk})/2 \equiv A^{(-1)}_{ijpq}A_{pqlk} \tag{4.134}$$

benutzen und erhält analog (3.16a):

$$A_{ijkl}X_{kl} = \bar{\mu}A^{(0)}_{ijkl}X_{kl} \Rightarrow \boxed{(A_{ijkl} - \bar{\mu}A^{(0)}_{ijkl})X_{kl} = 0_{ij}} \tag{4.135}$$

und somit analog (3.17) die <u>charakteristische Gleichung</u>

$$P_n(\bar{\mu}) = \det(A_{ijkl} - \bar{\mu}A^{(0)}_{ijkl}) \overset{!}{=} 0\ , \tag{4.136a}$$

die im zweidimensionalen Fall unter Berücksichtigung von (4.132a) und (4.134), d.h.

$$A^{(0)}_{ijkl} = \begin{pmatrix} 1 & 0 & 0 \\ 0 & 1 & 0 \\ 0 & 0 & 1/2 \end{pmatrix}\ , \tag{4.137}$$

durch

$$\begin{vmatrix} A_{1111}-\bar{\mu} & A_{1122} & 2A_{1112} \\ A_{2211} & A_{2222}-\bar{\mu} & 2A_{2212} \\ A_{1211} & A_{1222} & 2A_{1212}-\bar{\mu} \end{vmatrix} \equiv \det(\bar{\mathfrak{A}}-\bar{\mu}\underset{\sim}{\delta}) = 0 \tag{4.136b}$$

bzw. wegen der <u>Indexsymmetrien</u> (4.129) auch durch

$$\begin{vmatrix} A_{1111}-\bar{\mu} & A_{1122} & A_{1112} \\ & A_{2222}-\bar{\mu} & A_{2212} \\ \text{symmetrisch} & & A_{1212}-\bar{\mu}/2 \end{vmatrix} = 0 \tag{4.136b*}$$

oder durch

$$\boxed{\bar{\mu}^3 - J_1(\bar{\mathfrak{A}})\bar{\mu}^2 - J_2(\bar{\mathfrak{A}})\bar{\mu} - J_3(\bar{\mathfrak{A}}) = 0} \tag{4.136c}$$

ausgedrückt werden kann. In (4.136b,c) ist $\bar{\mathfrak{A}}$ die <u>nicht</u> symmetrische Koeffizientenmatrix des linearen Gleichungssystems (4.132a). Die <u>irreduziblen Invarianten</u> $J_1(\bar{\mathfrak{A}})$, ..., $J_3(\bar{\mathfrak{A}})$ in (4.136c) beziehen sich auf das Matrizenschema $\bar{\mathfrak{A}}$ in (4.132a) und können formal nach der Rechenvorschrift (3.20a,b,c) ermittelt werden:

$$J_1(\bar{\mathfrak{A}}) \equiv \operatorname{tr}\bar{\mathfrak{A}} = A_{1111} + A_{2222} + 2A_{1212}\ , \tag{4.138a}$$

$$J_2(\bar{\mathfrak{A}}) \equiv [\operatorname{tr}\bar{\mathfrak{A}}^2 - (\operatorname{tr}\bar{\mathfrak{A}})^2]/2\ , \tag{4.138b}$$

$$J_3(\bar{\mathfrak{A}}) \equiv \det(\bar{\mathfrak{A}})\ . \tag{4.138c}$$

Man erkennt: Über das Eigenwertproblem (4.135) bzw. die charakteristische Gleichung (4.136a,b,c) erhält man im zweidimensionalen Fall (i,j,k,l=1,2) drei irreduzible Invarianten (4.138a,b,c) eines Tensors vierter Stufe. Im Gegensatz dazu besitzt ein Tensor zweiter Stufe im zweidimensionalen Fall nur die zwei Invarianten:

$$J_1(\underset{\sim}{X}) \equiv \operatorname{tr} \underset{\sim}{X} = X_{11} + X_{22} , \tag{4.139a}$$

$$J_2(\underset{\sim}{X}) \equiv -X_{i[i]}X_{j[j]} \equiv - \det(\underset{\sim}{X}) = X_{12}^2 - X_{11}X_{22} . \tag{4.139b}$$

Eine "Vervollständigung" des Invariantensystems (4.138a,b,c) kann erreicht werden, wenn man das "Eigenwertproblem" im Gegensatz zu (4.135) mit dem isotropen Tensor

$$I_{ijkl} := \lambda\delta_{ij}\delta_{kl} + \mu(\delta_{ik}\delta_{jl} + \delta_{il}\delta_{jk}) \tag{4.140}$$

formuliert:

$$A_{ijkl}X_{kl} = I_{ijkl}X_{kl} \Rightarrow \boxed{(A_{ijkl} - I_{ijkl})X_{kl} = 0_{ij}} \tag{4.141}$$

Der Tensor (4.140) ist [im Gegensatz zu (4.134)] der "allgemeinste" isotrope Tensor vierter Stufe, der die Symmetrieeigenschaften (4.129) besitzt. In der Elastizitätstheorie wird (4.140) als isotroper Elastizitätstensor (4.8) benutzt, um das isotrope Stoffverhalten (4.124) zu beschreiben. Die skalaren Größen λ und μ sind dann die LAMÉschen Konstanten. Im isotropen Fall besteht zwischen den Dyaden $\underset{\sim}{X}$ und $\underset{\sim}{Y}$ der Zusammenhang (4.124):

$$Y_{ij} = I_{ijkl}X_{kl} = \lambda X_{rr}\delta_{ij} + 2\mu X_{ij} . \tag{4.142}$$

Dann sind die Dyaden $\underset{\sim}{X}$ und $\underset{\sim}{Y}$ koaxial. Die Koaxialität von Spannungstensor ($Y_{ij} \equiv \sigma_{ij}$) und Verzerrungstensor ($X_{ij} \equiv \varepsilon_{ij}$) gehört zum Wesen der Isotropie [6].

Gemäß (4.141) ist das Eigenwertproblem für einen Tensor 4-ter Stufe formuliert. Der wesentliche Unterschied zum Eigenwertproblem für einen Tensor 2-ter Stufe gemäß (3.16a) besteht also darin, daß in $Y_i = \mu X_i = \mu\delta_{ij}X_j$ die beiden Vektoren $\vec{X}$ und $\vec{Y}$ kollinear, während in der "entsprechenden" Beziehung (4.142) die beiden Dyaden $\underset{\sim}{X}$ und $\underset{\sim}{Y}$ koaxial sind!

Aus (4.141) kann in Verallgemeinerung von (4.136) die charakteristische Gleichung

$$P(\lambda,\mu) = \det(A_{ijkl} - I_{ijkl}) = 0 \tag{4.143a}$$

für einen Tensor vierter Stufe gewonnen werden, die man im zweidimensionalen Fall durch

$$P(\lambda,\mu) = \begin{vmatrix} A_{1111}-(\lambda+2\mu) & A_{1122}-\lambda & 2A_{1112} \\ A_{2211}-\lambda & A_{2222}-(\lambda+2\mu) & 2A_{2212} \\ A_{1211} & A_{1222} & 2A_{1212}-2\mu \end{vmatrix} = 0 \tag{4.143b}$$

bzw. wegen der Indexsymmetrien (4.129) analog (4.136b*) auch durch

$$P(\lambda,\mu) = \begin{vmatrix} A_{1111}-(\lambda+2\mu) & A_{1122}-\lambda & A_{1112} \\ & A_{2222}-(\lambda+2\mu) & A_{2212} \\ \text{symmetrisch} & & A_{1212}-\mu \end{vmatrix} = 0 \qquad (4.143b^*)$$

oder durch

$$\boxed{8\mu^3-4J_1(\bar{\mathfrak{A}})\mu^2-2J_2(\bar{\mathfrak{A}})\mu-J_3(\bar{\mathfrak{A}})-2K_1\lambda-2K_2\lambda\mu+8\lambda\mu^2 = 0} \qquad (4.143c)$$

ausdrücken kann. Die Koeffizienten in (4.143c) sind die 5 irreduziblen Invarianten

$$\left.\begin{aligned} &J_1(\bar{\mathfrak{A}})\ , \qquad J_2(\bar{\mathfrak{A}})\ , \qquad J_3(\bar{\mathfrak{A}})\ , \\ &K_1 \equiv (A_{1112} - A_{2211})^2 - A_{1212}(A_{1111} + A_{2222} - 2A_{1122})\ , \\ &K_2 \equiv J_1(\bar{\mathfrak{A}}) + 2(A_{1212} - A_{1122})\ . \end{aligned}\right\} \qquad (4.144)$$

Für $\lambda = 0$ und $\mu = \bar{\mu}/2$ geht (4.143c) zwanglos in die Vereinfachung (4.136c) über. Somit ist das irreduzible Invariantensystem (4.144) mit 5 Elementen auch vollständiger als das System (4.138a,b,c) mit nur 3 irreduziblen Invarianten.

Der Nachweis der Invarianz $K_1^* \equiv K_1$ bzw. $K_2^* \equiv K_2$ erfolgt analog Ü 3.3.1 unter Berücksichtigung von (4.14) mit $i,j,\dots,o,p = 1,2$. So zeigt man beispielsweise zum Nachweis von $K_2^* \equiv K_2$, daß $A_{1212}^*-A_{1122}^*=A_{1212}-A_{1122}$ gilt.

In Ziffer 8.5 wird die oben geschilderte Vorgehensweise aufgegriffen, um ein irreduzibles Invariantensystem für einen Tensor vierter Stufe im dreidimensionalen Fall ($i,j,k,l = 1,2,3$) zu finden. Die Verallgemeinerung des Systems (4.144) auf den dreidimensionalen Fall ist sehr aufwendig und führt auf ein Invariantensystem mit 15 irreduziblen Elementen (Ziffer 8.5).

Der Zugang zur Integritätsbasis eines Tensors zweiter Stufe kann auch gemäß (3.36a,b,c) erfolgen, was auf die elementaren symmetrischen Funktionen (3.37a,b,c) führt, die mit den irreduziblen Invarianten (3.20 a,b,c) übereinstimmen. In ähnlicher Weise könnte man für den Tensor vierter Stufe vom orthotropen Fall ($A_{1112} = A_{1222} = 0$) ausgehen, der wie der isotrope Fall durch Koaxialität und ein symmetrisches Matrizenschema $\bar{\mathfrak{A}}$ in (4.132a) gekennzeichnet ist. Im zweidimensionalen Fall ($i,j,k,l = 1,2$) erhält man dann die charakteristische Gleichung

$$P(\lambda,\mu) = \begin{vmatrix} A_I-(\lambda+2\mu) & B_I-\lambda & 0 \\ B_I-\lambda & A_{II}-(\lambda+2\mu) & 0 \\ 0 & 0 & A_{III}-2\mu \end{vmatrix} = 0\ , \qquad (4.145)$$

deren Koeffizienten als elementare symmetrische Funktionen gedeutet werden können, die mit den Invarianten (4.144) übereinstimmen. Dieser Sachverhalt wird ebenfalls in Ziffer 8.5 für den dreidimensionalen Fall genauer untersucht.

Ähnlich wie beim Tensor zweiter Stufe kann die LAGRANGEsche Multiplikatorenmethode [Gln. (3.39) bis (3.44)] auch bei der Hauptachsentransformation eines Tensors vierter Stufe benutzt werden, wie im folgenden gezeigt wird.

Analog (3.48) geht man von

$$A^{*}_{ijkl} = a_{ip}a_{jq}a_{kr}a_{ls}A_{pqrs} \tag{4.146}$$

aus. Mit den zwei Nebenbedingungen

$$L_{ijkl} = a_{ip}a_{jp}a_{kq}a_{lq} - \delta_{ij}\delta_{kl} = 0_{ijkl}\ , \tag{4.147a}$$

$$M_{ijkl} = a_{ip}a_{kp}a_{jq}a_{lq} + a_{ip}a_{lp}a_{jq}a_{kq} - \delta_{ik}\delta_{jl} - \delta_{il}\delta_{jk} = 0_{ijkl} \tag{4.147b}$$

wird somit in Erweiterung von (3.50) der modifizierte Tensor vierter Stufe

$$\Phi_{ijkl} = A^{*}_{ijkl} - \lambda L_{ijkl} - \mu M_{ijkl} \tag{4.148}$$

im Sinne der LAGRANGEschen Multiplikatorenmethode als (tensorwertige) Grundfunktion angesehen. Analog (3.51) wird dann gefordert:

$$\partial\Phi_{(iiii)}/\partial a_{(i)n} \stackrel{!}{=} 0_{in} \quad \text{oder:} \quad \partial\Phi_{(ijij)}/\partial a_{(i)n} \stackrel{!}{=} 0_{ijn}\ . \tag{4.149}$$

Eine andere Möglichkeit ist folgende: Analog (3.38) kann man die skalare Funktion

$$F = F(\underset{\sim}{X}) = A_{ijkl}X_{ij}X_{kl} \tag{4.150}$$

als quadratische Form in der Dyade $\underset{\sim}{X}$ auffassen. Darin sind A_{ijkl} die Koordinaten eines symmetrischen Tensors vierter Stufe. Zu untersuchen ist das "stationäre Verhalten" der skalaren Funktion (4.150) unter gewissen "Nebenbedingungen". Welche Bedingungen sind jetzt zu beachten? Im Gegensatz zum Vektor $\vec{x}$ in (3.38) mit nur einer Invarianten, nämlich x^2, besitzt die Dyade $\underset{\sim}{X}$ in (4.150) jedoch drei irreduzible Invarianten:

$$S_1 = X_{ii} \equiv \operatorname{tr} \underset{\sim}{X}\ , \qquad S_2 = X_{ij}X_{ji} \equiv \operatorname{tr} \underset{\sim}{X}^2\ , \tag{4.151a,b}$$

$$S_3 = X_{ij}X_{jk}X_{ki} \equiv \operatorname{tr} \underset{\sim}{X}^3\ , \tag{4.151c}$$

welche die Integritätsbasis der Dyade $\underset{\sim}{X}$ bilden. Mithin müssen im Gegensatz zu (3.45) auch drei "Nebenbedingungen" erfüllt werden:

$$L = \delta_{ij}\delta_{kl}X_{ij}X_{kl} - S_1^2 = 0 \;, \tag{4.152a}$$

$$M = (\delta_{ik}\delta_{jl} + \delta_{il}\delta_{jk})\; X_{ij}X_{kl} - 2S_2 \;, \tag{4.152b}$$

$$N = (\delta_{jk}\delta_{pl} + \delta_{jl}\delta_{pk})\; X_{ip}X_{ij}X_{kl} - 2S_3 \;. \tag{4.152c}$$

Somit ist die modifizierte Grundfunktion

$$\boxed{\Phi = F - \lambda L - \mu M - \nu N} \tag{4.153}$$

auf ihren "stationären Charakter" hin zu untersuchen. Man kann zeigen, daß im zweidimensionalen Fall (i,j,k,l = 1,2) die oben beschriebene LAGRANGEsche Multiplikatorenmethode unmittelbar auf das Ergebnis (4.143) führt. In diesem Sonderfall hat die kubische Invariante (4.151c) und damit auch die dritte "Nebenbedingung" (4.152c) keine Bedeutung, so daß in (4.153) auch $\nu = 0$ gesetzt werden kann. Im dreidimensionalen Fall (i,j,k,l = 1,2,3) führt die Forderung

$$\partial\Phi/\partial X_{rs} \overset{!}{=} 0_{rs} \tag{4.154}$$

auf das nichtlineare Gleichungssystem

$$(A_{ijkl} - I_{ijkl})\; X_{kl} = 3\nu X_{ij}^{(2)} \;, \tag{4.155}$$

das allerdings nur für $\nu = 0$ auf (4.141) führt. Weitere Untersuchungen zu diesem Problem können aus Platzgründen hier nicht diskutiert werden. Daher sei auf [87] verwiesen.

5 Zusammenstellung einfacher Tensoroperationen

In diesem Kapitel werden die wichtigsten algebraischen Tensoroperationen als Überblick zusammengestellt und an Beispielen erläutert [2,10,11].

5.1 Multiplikation mit einem Skalar

Multipliziert man alle Koordinaten eines Tensors ν-ter Stufe mit demselben Skalar, so erhält man die Koordinaten eines gleichstufigen Tensors, der das Produkt des Ausgangstensors mit dem Skalar genannt wird, z.B.:

$$T_{ij} = \lambda A_{ij} \qquad \text{oder:} \qquad T_{ijklm} = \lambda A_{ijklm} \, . \qquad (5.1a,b)$$

Jede Linearkombination aus gleichstufigen Tensoren ist wieder ein Tensor von derselben Stufenzahl.

5.2 Addition

Die Summe zweier Tensoren derselben Stufenzahl, z.B.

$$A_{ij} + B_{ij} = T_{ij} \qquad \text{oder:} \qquad A_{ijklm} + B_{ijklm} = T_{ijklm} \qquad (5.2a,b)$$

führt auf einen gleichstufigen Tensor, dessen Koordinaten durch Addition entsprechender Koordinaten der Ausgangstensoren gebildet werden.

5.3 Multiplikation

Die Menge der Größen, die durch Multiplikation eines jeden Elementes der Menge $A_{j_1 j_2 \ldots j_\mu}$ mit jedem Element der Menge $B_{k_1 k_2 \ldots k_\nu}$ entsteht, wird <u>tensorielles Produkt</u> genannt, das einen Tensor der Stufe $\mu + \nu$ definiert:

$$T_{j_1 j_2 \ldots j_\mu k_1 k_2 \ldots k_\nu} := A_{j_1 j_2 \ldots j_\mu} B_{k_1 k_2 \ldots k_\nu} \, . \qquad (5.3)$$

Im allgemeinen ist das tensorielle Produkt <u>nicht kommutativ!</u> Die tensorielle Verknüpfung zweier Vektoren gemäß (5.3) führt auf das <u>dyadische Produkt</u>:

$$T_{ij} = A_i B_j \qquad \text{symbolisch:} \qquad \underset{\sim}{T} = \vec{A} \otimes \vec{B} \, , \qquad (5.4)$$

dessen <u>Spur</u> das <u>Skalarprodukt</u> darstellt:

$$T \equiv T_{kk} = A_k B_k \qquad \text{symbolisch:} \qquad T = \vec{A} \cdot \vec{B} \qquad (5.5)$$

und als weiteren Sonderfall für $B_i \equiv A_i$ die Norm eines Vektors enthält:

$$A^2 = A_k A_k \qquad \text{symbolisch:} \qquad A^2 = \vec{A} \cdot \vec{A} \ . \tag{5.6}$$

Man beachte:

$$\left.\begin{aligned} T_{ij} &= A_i B_j \neq B_i A_j = \tilde{T}_{ij} \\ \underset{\sim}{T} &= \vec{A} \otimes \vec{B} \neq \vec{B} \otimes \vec{A} = \underset{\sim}{\tilde{T}} \ . \end{aligned}\right\} \tag{5.7}$$

Allerdings gilt:

$$A_i B_j = B_j A_i \neq B_i A_j \ . \tag{5.8}$$

In (5.7) ist $\tilde{T}_{ij} = T_{ji}$ der zu T_{ij} <u>transponierte</u> oder <u>konjugierte Tensor</u> (Ziffer 3.1). Im Fall der Symmetrie ($T_{ij} = T_{ji}$) stimmt der Tensor T_{ij} mit seinem transponierten Tensor $\tilde{T}_{ij}$ überein. Das dyadische Produkt ist schiefsymmetrisch, wenn sich T_{ij} und $\tilde{T}_{ij}$ nur durch das Vorzeichen unterscheiden ($T_{ij} = - \tilde{T}_{ij}$).

Übungsaufgaben

5.3.1 Man verifiziere:
a) $T_{ij} = A_i B_j = B_j A_i \neq B_i A_j = A_j B_i = T_{ji}$
b) $T_{ijk} = A_{ij} B_k = B_k A_{ij} \neq B_i A_{jk} = A_{jk} B_i = T_{jki}$.
5.3.2 Man zerlege das tensorielle Produkt zweier Vektoren in den symmetrischen und den schiefsymmetrischen Anteil.

5.4 Verjüngung und Überschiebung

Durch <u>Verjüngung</u> oder <u>Kontraktion</u> (Gleichsetzen zweier Indizes und anschließende Summierung gemäß Summationsvereinbarung) entsteht aus einem Tensor ν-ter ein Tensor (ν-2)-ter Stufe mit $3^{\nu-2}$ Koordinaten. Beispielsweise wird aus dem Tensor 2-ter Stufe (Dyade) T_{ij} ein Tensor nullter Stufe (Skalar) $T_{ii} = T_{11} + T_{22} + T_{33}$, der auch die Spur von T_{ij} genannt wird.

Eine spezielle Art der Verjüngung ist das <u>verjüngende Produkt</u>, das auch <u>Faltung</u> oder <u>Überschiebung</u> genannt wird. Sie wird dadurch vorgenommen, daß in einem tensoriellen Produkt zwei Indizes an verschiedenen Faktoren gleichgesetzt werden, z.B.:

$$\left.\begin{aligned} &T_{ijklm} = A_{ij} B_{klm} \\ &\underline{\text{Verjüngung}}\text{: } j = k \end{aligned}\right\} \Rightarrow \underline{\text{Überschiebung:}}\ A_{ik} B_{klm} = T_{ilm} \ . \tag{5.9}$$

Beispielsweise ist das skalare Produkt zweier Vektoren (5.5) ihre Überschiebung:

$$\left.\begin{array}{l}\text{Dyadisches Produkt:}\\ T_{ij} = A_i B_j\\ \underline{\text{Verjüngung:}}\ i = j = k\end{array}\right\} \Rightarrow \underline{\text{Überschiebung:}}\ A_k B_k = T\,. \qquad (5.10)$$

Ein anderes Beispiel einer Überschiebung ist die Operation, bei der ein Tensor ν-ter Stufe $T_{k_1 k_2 \ldots k_\nu}$ der Richtung n_i einen Tensor $(\nu-1)$-ter Stufe zuordnet:

$$T_{k_1 k_2 \ldots k_\mu \ldots k_\nu} n_{k_\mu} = A_{k_1 k_2 \ldots k_{\mu-1} k_{\mu+1} \ldots k_\nu}\,. \qquad (5.11)$$

In der Kontinuumsmechanik wird einer Tetraederfläche (Normaleneinsvektor n_i) über den Spannungstensor σ_{ij} der Spannungsvektor p_i zugeordnet (2.3):

$$\left.\begin{array}{l}\text{Triadenprodukt:}\\ \pi_{ijk} = \sigma_{ij} n_k\\ \underline{\text{Verjüngung:}}\ k = j\end{array}\right\} \Rightarrow \underline{\text{Überschiebung:}}\ \sigma_{ij} n_j = p_i\,. \qquad (5.12)$$

Weitere Beispiele [2,11]:

a) Vektor $\cdot$ Vektor = Skalar: $A_i B_i = T$
Der Punkt ($\cdot$) weist auf das <u>einfach verjüngende</u> Produkt hin.

b) Dyade $\cdot$ Vektor = Vektor: $T_{ij} B_j = A_i$,

c) Dyade $\cdot$ Dyade = Dyade: $A_{ij} B_{jk} = C_{ik}$,

d) Dyade $\cdot\cdot$ Dyade = Skalar: $A_{ij} B_{ji} = C_{kk} = S$.
Darin soll der doppelte Punkt ($\cdot\cdot$) auf die Verknüpfung gemäß dem <u>doppelt verjüngenden</u> Produkt (zweifache Überschiebung) hinweisen.

e) Dyade $\cdot$ Vektor $\cdot$ Vektor = Skalar:

$$T_{ij} A_i B_j = T_{ij} B_j A_i = P$$

oder:

$$T_{ij} A_j B_i = T_{ij} B_i A_j = Q \neq P\,,$$

f) Triade $\cdot$ Vektor = Dyade:

$$T_{ijk} V_i = D_{jk} \qquad \text{oder:} \qquad T_{ijk} V_k = E_{ij}\,,$$

g) Triade $\cdot$ Dyade = Triade:

$$T_{ijk} D_{il} = A_{jkl} \qquad \text{oder:} \qquad T_{ijk} D_{kl} = B_{ijl}\,,$$

h) Triade $\cdot\cdot$ Dyade = Vektor:

$$T_{ijk} D_{ij} = A_k \qquad \text{oder:} \qquad T_{ijk} D_{ik} = B_j\,.$$

Die <u>Überschiebung</u> kann als Sonderfall der <u>Verjüngung</u> aufgefaßt werden, und zwar als Verjüngung (einfach oder mehrfach) eines Produktes, wie in obigen Beispielen zum Ausdruck kommt.

Umgekehrt läßt sich auch die <u>Verjüngung</u> als Sonderfall der <u>Überschie-</u>

bung auffassen, und zwar als eine Überschiebung mit dem Substitutionstensor δ_{ij}:

Dyadisches Produkt:
$T_{ij} = A_iB_j \neq T_{ji}$
Überschiebung mit δ_{ij}:
$\delta_{ij}T_{ij} = \delta_{ij}A_iB_j$

$$\Rightarrow \text{Verjüngung: } T_{ii} = A_iB_i \equiv T\ , \tag{5.13}$$

$B_j = A_j \Rightarrow$ Symmetrie:
$T_{ij} = A_iA_j = A_jA_i = T_{ji}$
Überschiebung mit δ_{ij}:
$\delta_{ij}T_{ij} = \delta_{ij}A_iA_j$

$$\Rightarrow \text{Verjüngung: } T_{ii} = A_iA_i \equiv A^2\ . \tag{5.14}$$

Die Überschiebung $\delta_{ij}A_iB_j = A_iB_i$ = AB cos α bestimmt den Winkel α zwischen den beiden Vektoren A_i und B_i, während die Überschiebung $\delta_{ij}A_iA_j = A^2$ die Länge A des Vektors A_i festlegt (metrische Fundamentalgrößen 1. Art). Mithin kann man den δ-Tensor δ_{ij} auch als speziellen Metriktensor bezeichnen, der zur Berechnung der metrischen Fundamentalgrößen in einem rechtwinkligen CARTESIschen Koordinatensystem herangezogen wird.

Beispiele:

a) δ-Tensor · Triade = Triade:

$$\delta_{ij}T_{ikl} = T_{jkl} \qquad \text{(Austauschregel)}\ ,$$

b) δ-Tensor ·· Triade = Vektor:

$$\delta_{jk}T_{ijk} = T_{ikk} = T_{i11} + T_{i22} + T_{i33} = A_i = (A_1, A_2, A_3)$$

mit $A_1 = T_{111} + T_{122} + T_{133}$, $A_2 = T_{211} + T_{222} + T_{233}$, $A_3 = T_{311} + T_{322} + T_{333}$.

c) δ-Tensor · Triade · Vektor = Dyade:

$$\delta_{ij}T_{jkl}A_k = T_{ikl}A_k = B_{il}\ .$$

Übungsaufgaben

5.4.1 Wieviele Tensoren (ν-2)-ter Stufe können durch Verjüngung aus einem Tensor ν-ter Stufe gebildet werden? Für ν=2, 3 und 4 gebe man Beispiele an.

5.4.2 Man zeige, daß die Anzahl (ohne Wiederholungen) der Φ-fach verjüngenden Produkte eines Tensors ν-ter Stufe mit einem Tensor ω-ter Stufe durch $\Phi!\binom{\nu}{\Phi}\binom{\omega}{\Phi}$ gegeben ist ($\Phi \leq \nu$, $\Phi \leq \omega$). Als Beispiele gebe man alle zweifach verjüngenden Produkte eines Tensors 2-ter Stufe mit einem Tensor dritter Stufe und alle dreifach verjüngenden Produkte aus zwei dreistufigen Tensoren an.

5.4.3 Man beweise, daß für beliebige Tensoren zweiter Stufe das doppelt verjüngende Produkt $A_{ij}B_{ij}$ gemäß

$$A_{ij}B_{ij} = A_{(ij)}B_{(ij)} + A_{[ij]}B_{[ij]}$$

aufgespaltet werden kann.

5.4.4 Man zeige, daß folgende verjüngende Produkte verschwinden:

a) $A_{ij}B_{ij} = 0$, falls A_{ij} symmetrisch und B_{ij} antisymmetrisch ist,

b) $A_{ijk}B_{ljk} = 0$, falls A_{ijk} symmetrisch und B_{ljk} antisymmetrisch bezüglich der wiederholten Indizes j und k ist.

5.5 Potenzieren von Tensoren

Wie beim Potenzieren einer skalaren Größe

$$\lambda \cdot \lambda \cdot \ldots \cdot \lambda := \lambda^p \tag{5.15}$$

kann für Tensoren eine analoge Operation durchgeführt werden. Dabei ist zu beachten, daß das Ergebnis von derselben Stufe ist wie der Ausgangstensor. Multipliziert man beispielsweise einen Tensor 2-ter Stufe mit sich selbst, so erhält man nur dann wieder eine zweifach indizierte Größe, wenn man eine Überschiebung vornimmt, d.h. ein einfach verjüngendes Produkt bildet:

$$\boxed{A_{ij}A_{jk} := A^{(2)}_{ik}} \; . \tag{5.16}$$

Wie beim Skalar nennt man $A^{(2)}_{ik}$ das Quadrat des Tensors A_{ij} (Zeilen-Spaltenprodukt). Im allgemeinen gilt aber: $A^{(2)}_{ik} \neq A^2_{ik}$.

Ebenso könnte man das Quadrat eines Tensors vierter Stufe durch das zweifach verjüngende Produkt

$$\boxed{A_{ijkl}A_{klmn} := A^{(2)}_{ijmn}} \tag{5.17}$$

oder das Quadrat eines Tensors sechster Stufe durch das dreifach verjüngende Produkt

$$A_{ijklmn}A_{lmnpqr} := A^{(2)}_{ijkpqr} \; , \tag{5.18}$$

allgemein das Quadrat eines Tensors ν-ter Stufe mit $\nu = 2\mu$ durch das μ-fach verjüngende Produkt

$$A_{i_1 \ldots i_\mu j_1 \ldots j_\mu} A_{j_1 \ldots j_\mu k_1 \ldots k_\mu} := A^{(2)}_{i_1 \ldots i_\mu k_1 \ldots k_\mu} \tag{5.19}$$

definieren.

Die durch (5.16) bis (5.19) definierten Quadrate eines Tensors haben Tensorcharakter. Das sei am Beispiel (5.16) gezeigt. Dazu wird das entsprechende Quadrat im gedrehten System formuliert:

$$A^{*(2)}_{ik} = A^*_{ij} A^*_{jk} \tag{5.20}$$

und darin die Transformationsgesetze $A^*_{ij} = a_{il} a_{jm} A_{lm}$ und $A^*_{jk} = a_{jq} a_{kr} A_{qr}$ eingesetzt:

$$A^{*(2)}_{ij} = a_{il} \underbrace{a_{jm} a_{jq}}_{\delta_{mq}} a_{kr} A_{lm} A_{qr} = a_{il} a_{kr} \underbrace{\delta_{mq} A_{lm}}_{A_{lq}} A_{qr} ,$$

so daß wegen $A_{lq} A_{qr} := A^{(2)}_{lr}$ das Transformationsgesetz einer Dyade für das Quadrat eines Tensors 2-ter Stufe folgt:

$$A^{*(2)}_{ik} = a_{il} a_{kr} A^{(2)}_{lr} \; . \tag{5.21a}$$

Entsprechend weist man die Inversion

$$A^{(2)}_{ik} = a_{li} a_{rk} A^{*(2)}_{lr} \tag{5.21b}$$

nach.

Aus dem Quadrat (5.16) eines Tensors 2-ter Stufe erhält man durch weitere Überschiebung seine dritte Potenz:

$$A^{(3)}_{il} := A^{(2)}_{ik} A_{kl} \equiv A_{ij} A_{jk} A_{kl} \equiv A_{ij} A^{(2)}_{jl} \tag{5.22}$$

Diese Reihe läßt sich beliebig fortsetzen:

$$A_{ij} A_{jk} A_{kl} A_{lm} := A^{(4)}_{im} \quad \text{usw.} \tag{5.23}$$

Durch Multiplikation einer skalaren Größe λ mit ihrer nullten Potenz $\lambda^0 = 1$ ändert sich ihr Wert nicht ($\lambda^0 \lambda = \lambda$). In gleicher Weise kann man die nullte Potenz $A^{(0)}_{ij}$ eines Tensors A_{ij} definieren, so daß eine Überschiebung mit $A^{(0)}_{ij}$ keine Änderung des Tensors hervorrufen wird:

$$\left.\begin{array}{l} A^{(0)}_{ik} := A_{ij} A_{jk} \\ \text{Nach der Austauschregel} \\ \text{gilt andererseits:} \\ A_{ik} = \delta_{ij} A_{jk} \end{array}\right\} \Rightarrow \boxed{A^{(0)}_{ij} := \delta_{ij}} \; . \tag{5.24}$$

In diesem Sinne ist δ_{ij} als <u>Einheitstensor</u> zu deuten. Entsprechend wird

$$\left.\begin{array}{l} A_{ijmn} := A^{(0)}_{ijkl} A_{klmn} \\ \text{Nach der Austauschregel} \\ \text{gilt andererseits:} \\ A_{ijmn} = \delta_{ik} \delta_{jl} A_{klmn} \end{array}\right\} \Rightarrow \boxed{A^{(0)}_{ijkl} := \delta_{ik} \delta_{jl}} \tag{5.25a}$$

Die durch (5.25a) definierte nullte Potenz eines Tensors 4-ter Stufe hat nur die Symmetrieeigenschaft $A^{(0)}_{ijkl} = A^{(0)}_{klij}$. Falls jedoch die nullte Potenz eines Tensors 4-ter Stufe mit den üblichen Symmetrieeigenschaften (4.129) benötigt wird, ist (5.25a) durch

$$\boxed{A^{(0)}_{ijkl} := (\delta_{ik}\delta_{jl} + \delta_{il}\delta_{jk})/2} \tag{5.25b}$$

zu ersetzen (Ü 5.5.3). Hiervon wurde bereits in (4.135) mit (4.134) Gebrauch gemacht. Wegen (4.129) ist mit (5.25b) auch die Austauschregel $A_{ijmn} = A^{(0)}_{ijkl}A_{klmn}$ vereinbar.

Schließlich kann man analog (5.25a) die nullte Potenz eines Tensors 6-ter Stufe gemäß

$$A^{(0)}_{ijklmn} := \delta_{il}\delta_{jm}\delta_{kn} \tag{5.26}$$

und eines Tensors der Stufenzahl 2μ gemäß

$$\boxed{A^{(0)}_{j_1\ldots j_\mu k_1\ldots k_\mu} := \delta_{j_1k_1}\delta_{j_2k_2}\ldots\delta_{j_\mu k_\mu}} \tag{5.27}$$

definieren, wobei analog (5.25a) nur bestimmte Symmetrieeigenschaften erfüllt werden. Man beachte auch, daß nur einzelne Elemente aus (4.107) oder (4.110) in (5.25) oder (5.26) enthalten sind.

Wie beim Potenzieren skalarer Größen, gelten folgende Regeln

$$\boxed{A^{(p)}_{ij}A^{(q)}_{jk} = A^{(p+q)}_{ik}} \quad \text{und} \quad \boxed{[A^{(p)}_{ij}]^{(q)} = A^{(p\cdot q)}_{ij}} \tag{5.28a,b}$$

für ganze (positive oder negative) Exponenten p und q (Ü 5.5.1).

Zu den Potenzen eines Tensors A_{ij} kann man auch durch Hintereinanderschalten von mehreren linearen Abbildungen gelangen. Dazu geht man von der linearen Vektorfunktion

$$Y_i = A_{ij}X_j \tag{3.12}$$

aus, durch die der Tensor A_{ij} eine lineare Abbildung des Vektors X_i auf den Vektor Y_i vermittelt. Der so gewonnene Bildvektor Y_i kann als Ausgangsvektor einer weiteren linearen Abbildung mit dem gleichen Operator A_{ij} benutzt werden, so daß man als neuen Bildvektor

$$Z_i = A_{ij}Y_j \tag{5.29}$$

erhält, der mithin durch <u>zwei</u> hintereinandergeschaltete lineare Abbildungen aus dem ursprünglichen Vektor X_i entstanden ist:

$$\left.\begin{aligned} Z_i &= A_{ij}Y_j \\ Y_j &= A_{jk}X_k \end{aligned}\right\} \Rightarrow \boxed{Z_i = A_{ij}A_{jk}X_k} \,. \qquad (5.30)$$

Wie bei einer skalaren Funktion

$$\left.\begin{aligned} Z &= AY \\ Y &= AX \end{aligned}\right\} \Rightarrow Z = A^2X \,, \qquad (5.31)$$

kann man sinngemäß die Überschiebung $A_{ij}A_{jk}$ in (5.30) als Quadrat (5.16) definieren:

$$A_{ij}A_{jk} := A_{ik}^{(2)} \quad \Rightarrow \boxed{Z_i = A_{ik}^{(2)}X_k} \,. \qquad (5.32)$$

Drei hintereinandergeschaltete lineare Abbildungen führen entsprechend auf die dritte Potenz (5.22) usw.. Durch den <u>inversen</u> (<u>reziproken, adjungierten</u>) Tensor $A_{ij}^{(-1)}$ erhalten auch negative Potenzen einen Sinn. Die zu (3.12) inverse Abbildung ist durch

$$X_i = A_{ij}^{(-1)}Y_j \qquad (5.33)$$

gegeben. Die Koordinaten des inversen Tensors erhält man bekanntlich aus dem linearen Gleichungssystem (3.12) über die CRAMERsche Regel, d.h. indem man die <u>Adjunkten</u> (<u>algebraischen Komplemente</u>) des transponierten Schemas $A_{ij}^T = A_{ji}$ bildet und durch die Determinante $|A_{ij}|$ dividiert (2.41). Aufgrund der Rechenvorschrift (2.41) ist der <u>inverse Tensor</u> $A_{ij}^{(-1)}$ nur definiert für ein <u>reguläres Schema</u> (A_{ij}), d.h. wenn die Determinante $|A_{ij}|$ <u>nicht</u> verschwindet. Wie bei skalaren Funktionen A das Produkt aus "Operator" A und seiner Inversion A^{-1} eins ergibt, muß gelten:

$$A_{ij}A_{jk}^{(-1)} = \delta_{ik} \,. \qquad (5.34)$$

Man weist (5.34) folgendermaßen nach:

$$\left.\begin{aligned} &\left.\begin{aligned} Y_i &= A_{ij}X_j \\ X_j &= A_{jk}^{(-1)}Y_k \end{aligned}\right\} \Rightarrow Y_i = A_{ij}A_{jk}^{(-1)}Y_k \\ &\text{Austauschregel:} \\ &\qquad Y_i = \delta_{ik}Y_k \end{aligned}\right\} \Rightarrow (5.34).$$

Der Zusammenhang (5.34) ist vereinbar mit der Regel (5.28a) und der Definition (5.24). Entsprechende Überlegungen können auch für Tensoren höherer Stufe angestellt werden, wie beispielsweise in (4.134) angedeutet.

Aus der zweifachen Hintereinanderschaltung (5.32) folgert man entsprechend:

$$\left.\begin{aligned} z_i &= A_{ik}^{(2)} x_k \\ x_k &= A_{kl}^{(-2)} z_l \end{aligned}\right\} \Rightarrow \left.\begin{aligned} & z_i = A_{ik}^{(2)} A_{kl}^{(-2)} z_l \\ & \text{Austauschregel:} \\ & z_i = \delta_{il} z_l \end{aligned}\right\} \Rightarrow A_{ik}^{(2)} A_{kl}^{(-2)} = \delta_{il} \, . \tag{5.35}$$

Allgemein findet man in Übereinstimmung mit der Regel (5.28a) für $q = -p$:

$$A_{ij}^{(p)} A_{jk}^{(-p)} = A_{ik}^{(0)} \equiv \delta_{ik} \, . \tag{5.36}$$

Geht man anstatt von (3.12) von der Abbildung

$$Y_{ij} = A_{ijkl} X_{kl} \tag{5.37}$$

aus und ermittelt durch eine weitere Abbildung eine neue <u>Bilddyade</u>

$$Z_{ij} = A_{ijkl} Y_{kl} \, , \tag{5.38}$$

so kann diese auch durch die Ausgangsdyade X_{ij} analog (5.30) und (5.32) ausgedrückt werden:

$$Z_{ij} \; A_{ijkl} A_{klmn} X_{mn} := A_{ijmn}^{(2)} X_{mn} \, . \tag{5.39}$$

Dieses Ergebnis ist mit (5.17) vereinbar. Entsprechend gelangt man beim Tensor ν-ter Stufe ($\nu = 2\mu$, $\mu = 1,2,\ldots\frac{\nu}{2}$) zur Definition (5.19). Darüber hinaus erhält man analog (5.22), (5.23) die höheren Potenzen $A_{ijmn}^{(3)}$, $A_{ijmn}^{(4)}$ usw., wenn man die Kette der Abbildungen (5.37) → (5.38) fortsetzt.

Allgemein lassen sich mit Hilfe der <u>HAMILTON-CAYLEYschen Gleichung</u>

$$\boxed{A_{ij}^{(p+3)} = J_1(A_{ij}) A_{ij}^{(p+2)} + J_2(A_{ij}) A_{ij}^{(p+1)} + J_3(A_{ij}) A_{ij}^{(p)}} \tag{5.40}$$

alle höheren Potenzen eines Tensors A_{ij} auf A_{ij} selbst und $A_{ij}^{(2)}$ zurückführen. Für den Sonderfall $p = 0$ geht (5.40) wegen (5.24) über in die Gleichung

$$\boxed{A_{ij}^{(3)} = J_1(A_{ij}) A_{ij}^{(2)} + J_2(A_{ij}) A_{ij} + J_3(A_{ij}) \delta_{ij}} \, , \tag{5.41}$$

die auch in einem gedrehten System, d.h. für die transformierten Koordinaten A^*_{ij} gilt und insbesondere für die Hauptwerte $A^*_{ij} = \lambda_{(\alpha)}\delta_{ij}$, $\alpha = I,II,III$ erfüllt ist (3.18). Umgekehrt kann man aus der charakteristischen Gleichung (3.18) die HAMILTON-CAYLEYsche Gleichung (5.41) folgern. Dazu stellt man zunächst fest, daß aus der Diagonalform (3.15) eines Tensors 2-ter Stufe für dessen p-te Potenz

$$A^{(p)}_{ij} = A_{ik_1} A_{k_1k_2} \dots A_{k_{p-2}k_{p-1}} A_{k_{p-1}j} \tag{5.42}$$

auch die Diagonalform folgt:

$$A^{(p)}_{ij} = \begin{pmatrix} \lambda^p_I & 0 & 0 \\ 0 & \lambda^p_{II} & 0 \\ 0 & 0 & \lambda^p_{III} \end{pmatrix} = \begin{pmatrix} A^p_I & 0 & 0 \\ 0 & A^p_{II} & 0 \\ 0 & 0 & A^p_{III} \end{pmatrix}, \tag{5.43}$$

so daß A_{ij} und $A^{(p)}_{ij}$ dieselben Hauptachsen besitzen (Ü 5.5.15).

Da jeder Hauptwert $\lambda_{(\alpha)}$, $\alpha = I,II,III$ die charakteristische Gleichung (3.18) erfüllt und wegen (5.43), d.h. $\lambda^3_I \equiv A^3_I = A^{(3)}_I \equiv A^{(3)}_{11}$ usw. bzw. allgemein $\lambda^p = A^{(p)}_{i(i)}$ (nicht summieren über i!), erfüllt der Tensor A_{ij} selbst die charakteristische Gleichung (3.18), so daß (5.41) gilt. Durch Überschieben von (5.41) mit A_{jk} folgt:

$$A^{(4)}_{ik} = J_1A^{(3)}_{ik} + J_2A^{(2)}_{ik} + J_3A_{ik} \tag{5.44}$$

bzw. nach Einsetzen von (5.41):

$$A^{(4)}_{ik} = (J^2_1 + J_2)A^{(2)}_{ik} + (J_1J_2 + J_3)A_{ik} + J_1J_3\delta_{ik} \,. \tag{5.45}$$

Daraus erhält man durch weitere Überschiebung mit A_{kj} unter Berücksichtigung von (5.41):

$$A^{(5)}_{ij} = (J^3_1+2J_1J_2+J_3)A^{(2)}_{ij} + (J^2_1J_2+J^2_2+J_1J_3)A_{ij} + (J^2_1+J_2)J_3\delta_{ij} \,. \tag{5.46}$$

und schließlich die p-te Potenz als Linearkombination von $A^{(2)}_{ij}$, A_{ij} und δ_{ij}:

$$\boxed{A^{(p)}_{ij} = P_{p-2}(J_1,J_2,J_3)A^{(2)}_{ij} + Q_{p-1}(J_1,J_2,J_3)A_{ij} + R_p(J_1,J_2,J_3)\delta_{ij}} \,. \tag{5.47a}$$

Darin sind die Funktionen P, Q, R wegen (5.41), (5.45) und (5.46) z.B. durch

$$\left.\begin{array}{lll} p = 3:\ P_1 = J_1\ , & Q_2 = J_2\ , & R_3 = J_3\ , \\ p = 4:\ P_2 = J_1^2 + J_2\ , & Q_3 = J_1 J_2 + J_3\ , & R_4 = J_1 J_3\ , \\ p = 5:\ P_3 = J_1^3 + 2J_1J_2 + J_3\ , & Q_4 = (J_1^2+J_2)J_2 + J_1J_3\ , & R_5 = (J_1^2+J_2)J_3 \end{array}\right\} \quad (5.48a)$$

gegeben.

Die Darstellung der p-ten Potenz eines Tensors 2-ter Stufe gemäß (5.47a) kann man auch durch die Schreibweise

$$\boxed{A_{ij}^{(p)} = \sum_{\nu=1}^{3} {}^{p}Q_{3-\nu} A_{ij}^{(3-\nu)}\ ; \qquad p \geq 3} \quad (5.47b)$$

ausdrücken. Darin sind die ${}^{p}Q_{3-\nu}$ skalare Polynome vom Grade $p - 3 + \nu$ in den Hauptinvarianten J_1, J_2, J_3. Man kann diese Polynome in Übereinstimmung mit (5.48a) aus der Rekursionsformel

$$\boxed{{}^{p}Q_{3-\nu} = J_{p-3+\nu} + \sum_{\mu=1}^{p-3} {}^{p-\mu}Q_{3-\nu} J_{\mu}} \quad (5.48b)$$

bestimmen. Mit ${}^{p}Q_2 \equiv P_{p-2}$, ${}^{p}Q_1 \equiv Q_{p-1}$ und ${}^{p}Q_o \equiv R_p$ erhält man aus (5.48b) unmittelbar das Ergebnis (5.48a). Eine Verallgemeinerung der Beziehungen (5.47b) und (5.48b) auf Tensoren 2-ter Stufe im n-dimensionalen Raum $(i,j = 1,2,\ldots,n)$ und auch Anwendungen auf Tensoren 4-ter Stufe im 3-dimensionalen Raum $(i,j,k,l = 1,2,3)$ werden in Ziffer 8.3 diskutiert.

Zur Herleitung der HAMILTON-CAYLEYschen Gleichung (5.41) kann man systematisch auch folgendermaßen vorgehen. Wie in Ü 4.2.2 diskutiert, ist im dreidimensionalen Raum der Permutationstensor 4-ter Stufe immer der Nulltensor

$$\boxed{\varepsilon_{ijkl} \equiv 0_{ijkl}}\ . \quad (5.49)$$

Mithin gilt auch

$$\varepsilon_{ijkl}\varepsilon_{pqrs} \equiv 0_{ijklpqrs}\ . \quad (5.50a)$$

Dieses tensorielle Produkt kann in Erweiterung von (4.72) durch die Identität

$$\begin{vmatrix} \delta_{ip} & \delta_{iq} & \delta_{ir} & \delta_{is} \\ \delta_{jp} & \delta_{jq} & \delta_{jr} & \delta_{js} \\ \delta_{kp} & \delta_{kq} & \delta_{kr} & \delta_{ks} \\ \delta_{lp} & \delta_{lq} & \delta_{lr} & \delta_{ls} \end{vmatrix} \equiv 4!\,\delta_{i[p]}\delta_{j[q]}\delta_{k[r]}\delta_{l[s]} \equiv 0_{i\ldots s} \quad (5.50b)$$

ausgedrückt werden (Ü 5.5.16). Überschiebt man (5.50b) mit $A_{pi}A_{qj}A_{rk}$, so erhält man:

$$\begin{vmatrix} \delta_{ip} & \cdots & \delta_{is} \\ \cdot & & \cdot \\ \cdot & & \cdot \\ \cdot & & \cdot \\ \delta_{lp} & \cdots & \delta_{ls} \end{vmatrix} A_{pi}A_{qj}A_{rk} \equiv 0_{ls} \qquad (5.51a)$$

bzw.

$$\delta_{i[p]}\delta_{j[q]}\delta_{k[r]}\delta_{l[s]}A_{pi}A_{qj}A_{rk} \equiv 0_{ls} \;. \qquad (5.51b)$$

Die drei Faktoren A_{pi}, A_{qj}, A_{rk} in (5.51a) multipliziert man jeweils mit der ersten, zweiten und dritten Zeile der Determinante:

$$\begin{vmatrix} A_{pp} & A_{pq} & A_{pr} & A_{ps} \\ A_{qp} & A_{qq} & A_{qr} & A_{qs} \\ A_{rp} & A_{rq} & A_{rr} & A_{rs} \\ \delta_{lp} & \delta_{lq} & \delta_{lr} & \delta_{ls} \end{vmatrix} \equiv 0_{ls} \;. \qquad (5.52a)$$

Die Identität (5.51b) kann kürzer geschrieben werden:

$$A_{p[p]}A_{q[q]}A_{r[r]}\delta_{l[s]} \equiv 0_{ls} \;, \qquad (5.52b)$$

wenn man in (5.51b) die <u>Austauschregel</u> in der Weise benutzt, daß die stummen Indizes i,j,k an A gegen die verbleibenden Indizes [p], [q], [r] von δ ausgetauscht werden. Man beachte: Die Alternierungsvorschrift, die durch die eckigen Klammern angezeigt wird, darf durch den Indexaustausch nicht verlorengehen. Daher müssen die eckigen Klammern mit ausgetauscht werden (Ü 5.5.17).

Entwickelt man die Determinante (5.52a) nach der vierten Zeile, so erhält man nach einigen Zwischenrechnungen und nach Umindizierung ($l \rightarrow i$, $s \rightarrow j$) die <u>HAMILTON-CAYLEYsche Gleichung</u> (5.41), die durch Überschiebung mit A_{jk} in (5.44) übergeht und nach weiteren Überschiebungen schließlich auf die allgemeinere Form (5.40) gebracht werden kann. Man erhält (5.41) auch aus (5.52b), wenn man die Alternierungsvorschrift ausführt und anschließend die Umindizierung ($l \rightarrow i$, $s \rightarrow j$) vornimmt, d.h., die Gleichungen (5.41), (5.52a,b) oder auch

$$\boxed{A_{p[p]}A_{q[q]}A_{r[r]}\delta_{i[j]} \equiv 0_{ij}} \qquad (5.52b^*)$$

drücken denselben Sachverhalt aus. Wendet man (5.41) auf den Kugeltensor $A_{ij} = \lambda\delta_{ij}$ an (Ü 5.5.6), so erhält man die charakteristische Gleichung (3.18). Mithin kann man das durch (5.41) oder (5.52a,b) ausgedrückte <u>HA-</u>

MILTON-CAYLEYsche Theorem auch folgendermaßen formulieren:

> Ein Tensor erfüllt seine eigene charakteristische Gleichung.

Wie oben erwähnt, findet man den Übergang von (5.52b) zur Darstellung (5.41), indem man analog Ü 4.2.2 alle 24 Permutationen addiert, wobei gerade Permutationen ein positives Vorzeichen erhalten, während ungerade Permutationen mit einem negativen Vorzeichen zu versehen sind. Man kann etwas "eleganter" vorgehen, indem man (5.52b*) zunächst in 4 · 3! Terme gemäß

$$(A_{p[p]}A_{q[q]}A_{r[r]}\delta_{ij} - A_{p[q]}A_{q[r]}A_{r[j]}\delta_{ip} + A_{p[r]}A_{q[j]}A_{r[p]}\delta_{iq} -$$
$$- A_{p[j]}A_{q[p]}A_{r[q]}\delta_{ir})/4 \equiv 0_{ij}$$

zerlegt, woraus man wegen (3.20c) und unter Berücksichtigung der Austauschregel den Zusammenhang

$$J_3\delta_{ij} = A_{i[q]}A_{q[r]}A_{r[j]} - A_{i[j]}A_{p[r]}A_{r[p]} + A_{i[q]}A_{q[p]}A_{p[j]} \quad (5.53a)$$

erhält. Die Terme auf der rechten Seite in (5.53a) sind schiefsymmetrisch in den eingeklammerten Indizes und ändern somit ihr Vorzeichen nur bei einer ungeraden Anzahl von Transpositionen. Mithin vereinfacht sich (5.53a) zu:

$$\boxed{J_3\delta_{ij} = 3A_{i[j]}A_{q[q]}A_{r[r]}} \quad . \qquad (5.53b)$$

Hieraus entsteht durch Spurbildung (i = j) die Invariante J_3 gemäß (3.20c). Führt man dagegen in (5.53b) die Permutationsvorschrift aus, so erhält man unmittelbar (5.41). Man beachte auch Ü 5.5.20. Eine Verallgemeinerung von (5.53b) im n-dimensionalen Raum ist durch (8.37) gegeben (Ü 5.5.27).

Übungsaufgaben

5.5.1 Man beweise die Formeln (5.28a,b).

5.5.2 Man zeige, daß $A_{ijkl}A^{(-1)}_{klmn} = \delta_{im}\delta_{jn}$ gilt. Wie lautet die entsprechende Beziehung für einen Tensor ν-ter Stufe ($\nu = 2\mu$, $\mu = 1,2,\ldots,\frac{\nu}{2}$)?

5.5.3 Für den Elastizitätstensor vierter Stufe im Stoffgesetz (4.5) beweise man die Beziehungen:

$$E_{ijkl}E^{(-1)}_{klmn} = \frac{1}{2}(\delta_{im}\delta_{jn} + \delta_{in}\delta_{jm}) = E^{(-1)}_{ijkl}E_{klmn} \; .$$

5.5.4 Man lege folgende nichtlineare Stoffgleichungen zugrunde:
a) $\sigma_{ij} = C_{ijklmn}\varepsilon_{kl}\varepsilon_{mn}$, b) $\sigma_{ij}\sigma_{kl} = D_{ijklmn}\varepsilon_{mn}$
und stelle die der Aufgabe 5.5.3 entsprechenden Beziehungen auf.

5.5.5 Man leite die HAMILTON-CAYLEYsche Gleichung (5.40) her, indem man von dem Tensor $U_{ip} = \frac{1}{2}\,\varepsilon_{ijk}\varepsilon_{pqr}A_{jq}A_{kr}$ ausgehe, dessen Koordinaten die algebarischen Komplemente der Tensorkoordinaten A_{ip} sind (Ü 4.3.13).

5.5.6 Man wende die HAMILTON-CAYLEYsche Gleichung (5.41) auf folgende Tensoren an:
a) $A_{ij} = \lambda\delta_{ij}$ (Kugeltensor), b) $A_{ij} = \sigma'_{ij}$ (Spannungsdeviator),

c) $A_{ij} = A'_{ij} + J_1\delta_{ij}/3$ (Aufspaltung in Deviator und Kugeltensor). Unter a) diskutiere man auch den Sonderfall $\lambda = 1$.

5.5.7 Man ermittle aus der HAMILTON-CAYLEYschen Gleichung (5.41) durch Verjüngung ($j = i$) die kubische Invariante J_3 eines Tensors A_{ij}.

5.5.8 Man drücke die skalare Größe $S_4 = A_{ij}A_{jk}A_{kl}A_{li}$ durch die drei unabhängigen Invarianten (3.56a,b,c) aus. Ebenso weise man (3.58) nach.

5.5.9 Gegeben sei ein Tensor $\tilde{A}'_{ij} = A_{ij} - \frac{m}{3} A_{kk}\delta_{ij}$, der als "Modifikation" von A_{ij} oder vom Deviator A'_{ij} aufgefaßt werden kann [24]; denn für $m = 0$ folgt $\tilde{A}'_{ij} = A_{ij}$, und für $m = 1$ wird $\tilde{A}'_{ij} = A'_{ij}$. Man bestimme seine Invarianten und überprüfe die Grenzfälle $m = 0$ und $m = 1$. Man diskutiere den Sonderfall $m = 3\lambda/J_1$.

5.5.10 Gegeben sei ein symmetrischer Tensor A_{ij} mit dem Koordinatenschema gemäß Ü 3.2.2. Man ermittle die Hauptwerte und Eigenrichtungen des Quadrates $A^{(2)}_{ik}$ und vergleiche die Ergebnisse mit den entsprechenden Lösungen aus Ü 3.2.2.

5.5.11 Ausgehend von der Vorstellung, daß der Tensor A_{ij} und seine p-te Potenz $A^{(p)}_{ij}$ dasselbe Hauptachsensystem besitzen, ermittle man den Tensor $A_{ij} \equiv \sigma_{ij}/\sigma$ der Aufgabe Ü 3.2.2, indem man das Quadrat $A^{(2)}_{ik}$ aus Ü 5.5.10 als gegeben ansehe, d.h., man bilde $B^{(1/2)}_{ik}$ mit $B_{ik} \equiv A^{(2)}_{ik}$.

5.5.12 Man ziehe die 2-te und 3-te Wurzel, $A^{(1/2)}_{ij}$ und $A^{(1/3)}_{ij}$, aus folgenden Tensoren:

a) $A_{ij} = \begin{pmatrix} 1 & 1 & 1 \\ 1 & 1 & 1 \\ 1 & 1 & 1 \end{pmatrix}$, b) $A_{ij} = \begin{pmatrix} 3 & 0 & 1 \\ 0 & 2 & 0 \\ 1 & 0 & 3 \end{pmatrix}$.

5.5.13 Man bilde nach verschiedenen Methoden die vierte Potenz $A^{(4)}_{ij}$ des in Ü 5.5.12 b) gegebenen Tensors A_{ij}.

5.5.14 Man ermittle die Inversion $A^{(-1)}_{ij}$ des Tensors A_{ij} aus Ü 5.5.12 b) und führe eine Kontrollrechnung für das Ergebnis durch.

5.5.15 Man beweise, daß der Tensor A_{ij} und seine p-te Potenz $A^{(p)}_{ij}$ koaxial sind, d.h. dasselbe Hauptachsensystem besitzen.

5.5.16 Man zeige, daß die Determinante in (5.50b) verschwindet.

5.5.17 Man bestätige folgende Austauschregeln:

a) $\delta_{i[p]}\delta_{j[q]}A_{pi}A_{qj} = A_{p[p]}A_{q[q]}$,

b) $\delta_{i[p]}\delta_{j[q]}\delta_{k[r]}A_{pi}A_{qj}A_{rk} = A_{p[p]}A_{q[q]}A_{r[r]}$.

5.5.18 Man überprüfe, ob das Quadrat eines Deviators ein spurloser Tensor ist.

5.5.19 Ein Tensor erfüllt seine eigene charakteristische Gleichung. Man wende diesen Satz auf einen Tensor zweiter Stufe an. Welche bekannte Gleichung erhält man?

5.5.20 Aus der Beziehung (5.53b) ermittle man:

a) die kubische Invariante J_3,

b) die HAMILTON-CAYLEYsche Gleichung (5.41).

5.5.21 Man drücke die Invarianten des Quadrates eines symmetrischen Tensors $\underset{\sim}{A}$ durch die Invarianten von $\underset{\sim}{A}$ aus.

5.5.22 Es sei $\underset{\sim}{A}$ ein schiefsymmetrischer Tensor. Man zeige:

a) sein Quadrat ist symmetrisch,

b) die dritte Potenz ist schiefsymmetrisch.

5.5.23 Es sei $\underset{\sim}{A}'$ ein Deviator zweiter Stufe. Man zeige die Identität

$2A'^{(4)}_{kk} \equiv (A'^{(2)}_{kk})^2 \equiv 4J'^2_2$. Wie kann man $A'^{(q)}_{kk}$ ausdrücken?

5.5.24 Man ermittle den Tensor $C_{ij} := A^{(4)}_{ij} - A^{(2)}_{ij}A^{(2)}_{kk}/3$, wenn der Ausgangstensor $\underset{\sim}{A}$

a) ein Kugeltensor, b) ein Deviator ist.

5.5.25 Es sei $C_{ij} = A_{ij} + B_{ij}$ mit $A_{ij} = A_{ji}$ und $B_{ij} = B_{ji}$. Man bilde:

a) das Quadrat von $\underset{\sim}{C}$ und seine Spur,

b) die Invariante $J_2(\underset{\sim}{C})$ als Funktion von Invarianten der Tensoren $\underset{\sim}{A}$ und $\underset{\sim}{B}$,

c) die dritte Potenz von $\underset{\sim}{C}$. Wie kann die n-te Potenz dargestellt werden?

5.5.26 Man ermittle: $P_{ij} := \prod_{\alpha=I}^{III} (A_{ij} - \lambda_\alpha \delta_{ij})$. Darin sind λ_α, α=I,II,III, die Hauptwerte des symmetrischen Tensors $\underset{\sim}{A}$.

5.5.27 Man verallgemeinere (5.53b) im n-dimensionalen Raum.

5.5.28 Man definiere einen tensoriellen Quotienten aus den symmetrischen Tensoren A_{ij} und B_{ij}, der ebenfalls symmetrisch und zweiter Stufe ist.

5.6 Isomerenbildung

Im Zusammenhang mit der Alternierung (Ziffer 4.2) wurden Isomere eines Tensors benutzt. Durch Permutation der Indizes eines Tensors entsteht ein neuer Tensor derselben Stufe, der als ein Isomer des Ausgangstensors bezeichnet werden kann, d.h. gleiche Anzahl von Koordinaten besitzt, die aber im Koordinatenschema anders angeordnet sind als beim Ausgangstensor. So ist beispielsweise der transponierte Tensor eines Tensors zweiter Stufe sein einziges Isomer. Eine Triade A_{ijk} hat dagegen die fünf Isomere A_{jki}, A_{kij}, A_{ikj}, A_{jik}, A_{kji}, während ein Tensor ν-ter Stufe insgesamt $\mu=\nu!-1$ Isomere besitzt. Die Alternierungsvorschrift (4.16) kann als arithmetisches Mittel aus dem Tensor selbst und all seinen mit einem Vorzeichen behafteten Isomeren verstanden werden. Dabei ist das Isomer mit einem positiven Vorzeichen zu versehen, wenn es durch eine gerade Anzahl von Transpositionen der Indizes aus dem Ausgangstensor entstanden ist; dagegen wird bei einer ungeraden Anzahl von Transpositionen das negative Vorzeichen gewählt. Ein Tensor ist vollständig symmetrisch, wenn er allen aus ihm entstandenen Isomeren gleich ist. Ein Tensor ist vollständig schiefsymmetrisch, wenn er allen Isomeren gleich ist, die durch eine gerade Anzahl von Transpositionen aus ihm entstanden sind, und sich von den Isomeren durch das Vorzeichen unterscheidet, die aus ihm durch eine ungerade Anzahl von Transpositionen der Indizes entstanden sind. In diesem Zusammenhang sei auf Ü 5.4.4 hingewiesen, und man folgert allgemein aus den Ergebnissen: Wenn von zwei Tensoren $A_{j_1 \dots j_\alpha \dots j_\beta \dots j_\mu}$ und $B_{k_1 \dots k_\gamma \dots k_\delta \dots k_\nu}$ der erste bezüglich der Indizes j_α und j_β symmetrisch und der zweite bezüglich der Indizes k_γ und k_δ schiefsymmetrisch ist, so verschwindet das nach j_α, k_γ und j_β, k_δ doppelt verjüngte Produkt dieser Tensoren:

$$A_{j_1 \ldots j_\alpha \ldots j_\beta \ldots j_\mu} B_{k_1 \ldots j_\alpha \ldots j_\beta \ldots k_\nu} = 0 , \qquad (5.54)$$

wie man unmittelbar der in Ü 5.4.3 bewiesenen Aufspaltung entnimmt.

C Tensoranalysis

Im Anschluß an die Tensoralgebra wird in den Kapiteln 6 und 7 die Tensoranalysis, d.h. die Infinitesimalrechnung der Tensoren behandelt.
Der wesentliche Unterschied zwischen Tensoralgebra und Tensoranalysis besteht darin, daß anstelle von einzelnen Tensoren in der Tensoranalysis Tensorfelder betrachtet werden. Der eigentliche Sinn der Tensorrechnung liegt in der Untersuchung von Tensorfeldern, und für die Anwendungen, insbesondere aus dem Ingenieurbereich, sind gerade Tensorfelder von größter Bedeutung und nicht einzelne konstante Tensoren. Mithin müssen alle in der Tensoralgebra für einzelne Tensoren aufgestellten Operationen als eine notwendige Vorbereitung für die folgenden Kapitel angesehen werden. Diese algebraischen Operationen lassen sich unmittelbar auf Tensorfelder übertragen, wenn man vereinbart, daß diese Operationen für Tensorfelder in jedem Punkt eines Gebietes angewandt werden.
Außer den algebraischen Operationen können in einem Tensorfeld Differentiationen und Integrationen durchgeführt werden, die das Wesen der Tensoranalysis bestimmen.

6 Zur Darstellung und Differentiation von Tensorfeldern

6.1 Der Feldbegriff

Man spricht von einem Feld, wenn in einem Gebiet eine ortsabhängige Größe vorgefunden wird. Diese nennt man Feldgröße; je nach ihrer Art unterscheidet man Skalarfelder, Vektorfelder, Dyadenfelder, Triadenfelder, allgemein Tensorfelder verschiedener Stufe. In ein und demselben Gebiet können auch mehrere Feldgrößen nebeneinander bestehen, so daß dann das betrachtete Gebiet von mehreren Feldern erfüllt ist.

Neben der charakteristischen Ortsabhängigkeit einer Feldgröße (Ortsfunktion) kann diese außerdem von gewissen Parametern und insbesondere von der Zeit t abhängen. Die Zeitabhängigkeit führt auf den Begriff des instationären Feldes im Gegensatz zum stationären Feld.

Ein Skalarfeld läßt sich somit in der Form

$$A = A(x_1, x_2, x_3; t) \qquad \text{bzw.} \qquad A = A(x_i; t) \tag{6.1}$$

darstellen (Ortsvektor x_i). Als Beispiele seien das Temperaturfeld in einem ungleichmäßig erwärmten Körper, das Dichtefeld eines inhomogenen Werkstoffs und skalare Potentialfelder erwähnt.

Zur Beschreibung eines Vektorfeldes muß jede der drei Koordinaten des Vektors als Ortsfunktion bestimmt werden:

$$A_i = A_i(x_1,x_2,x_3;t) \qquad \text{bzw.} \qquad A_i = A_i(x_p;t) \; . \tag{6.2}$$

Beispiele von Vektorfeldern sind der Vektor der elektrischen oder magnetischen Feldstärke, das Kraftfeld, das Geschwindigkeitsfeld eines flüssigen oder gasförmigen Mediums und das Verschiebungsfeld eines deformierbaren festen Körpers, um nur einige zu nennen.

Eine Feldgröße zweiter Stufe findet man in einem Dyadenfeld vor:

$$A_{ij} = A_{ij}(x_1,x_2,x_3;t) \qquad \text{bzw.} \qquad A_{ij} = A_{ij}(x_p;t) \; . \tag{6.3}$$

Als Beispiele hierzu sei auf das Verzerrungsfeld (Deformationsfeld) $\varepsilon_{ij} = \varepsilon_{ij}(x_p;t)$ und das Spannungsfeld $\sigma_{ij} = \sigma_{ij}(x_p;t)$ hingewiesen, die in der Kontinuumsmechanik von grundlegender Bedeutung sind.

In einem Tensorfeld ν-ter Stufe findet man entsprechend der Anzahl der Tensorkoordinaten insgesamt 3^ν Ortsfunktionen vor (im N-dimensionalen Raum N^ν).

Neben der analytischen Darstellung lassen sich Tensorfelder auch folgendermaßen veranschaulichen. Skalarfelder kann man durch sogenannte Niveauflächen darstellen. Sie entstehen durch Verbindung aller Punkte, in denen die Feldgröße zum Zeitpunkt t (Momentaufnahme) den gleichen Wert hat:

$$A(x_1,x_2,x_3) = c = \text{const.} \tag{6.4}$$

Bei einem skalaren Potentialfeld $\varphi = \varphi(x_1,x_2,x_3) = c$ sind die Flächen $c = \text{const.}$ sogenannte Äquipotentialflächen.

Zur Veranschaulichung von Vektorfeldern dienen die Feldlinien (Kraftlinien bei Kraftfeldern, Stromlinien bei Strömungsfeldern), die in jedem Punkt eines Gebietes die Richtung des Feldvektors (Kraftvektor, Geschwindigkeitsvektor) tangieren, d.h., die Feldvektoren sind kollinear mit den Tangentenvektoren der Feldlinien. Mithin sind die Feldlinien durch das System von drei (i = 1,2,3) Differentialgleichungen

$$\boxed{\varepsilon_{ijk} A_j dx_k = 0_i} \tag{6.5a}$$

bestimmt, das (als Vektorprodukt) die Parallelität bzw.die Kollinearität der Vektoren A_i und dx_i zum Ausdruck bringt. Aufgrund der Eigenschaften (4.46) des ε-Tensors besteht das System (6.5a) entsprechend i = 1,2,3 aus den drei Differentialgleichungen:

$$dx_3/dx_2 = A_3/A_2 \;, \qquad dx_3/dx_1 = A_3/A_1 \;, \qquad dx_2/dx_1 = A_2/A_1 \; . \tag{6.5b}$$

In einem ebenen Feld besteht keine x_3-Abhängigkeit, so daß für diesen

Sonderfall nur eine Differentialgleichung besteht:

$$\boxed{dx_2/dx_1 = A_2/A_1} \quad . \tag{6.6}$$

Eine ebene <u>stationäre Potentialströmung</u> kann durch eine komplexe Funktion

$$w = f(z) = f(x_1 + \sqrt{-1}\, x_2) = \varphi(x_1,x_2) + \sqrt{-1}\, \psi(x_1,x_2) \tag{6.7}$$

beschrieben werden. Darin ist $\varphi = \varphi(x_1,x_2)$ das <u>Geschwindigkeitspotential</u>, aus dem die Koordinaten des Geschwindigkeitsvektors $v_i = (v_1,v_2)$ in jedem Punkt (x_1,x_2) nach der Rechenvorschrift

$$v_1 = \partial\varphi/\partial x_1 \qquad \text{und} \qquad v_2 = \partial\varphi/\partial x_2 \tag{6.8a,b}$$

ermittelt werden können. Die Linien φ = const. sind <u>Äquipotentiallinien</u>. Notwendige und hinreichende Bedingungen für die Differenzierbarkeit der <u>holomorphen</u> Funktion (6.7) sind die <u>CAUCHY-RIEMANNschen Differentialgleichungen</u> (Ziffer 12.1):

$$\partial\varphi/\partial x_1 = \partial\psi/\partial x_2 \qquad \text{und} \qquad \partial\varphi/\partial x_2 = -\,\partial\psi/\partial x_1 \;, \tag{6.9a,b}$$

so daß damit die Koordinaten (6.8a,b) des Geschwindigkeitsvektors v_i auch aus der <u>Stromfunktion</u> $\psi = \psi(x_1,x_2)$ gewonnen werden können:

$$v_1 = \partial\psi/\partial x_2 \qquad \text{und} \qquad v_2 = -\,\partial\psi/\partial x_1 \;. \tag{6.10a,b}$$

Man nennt ψ <u>Stromfunktion</u>, da die Linien ψ = const. <u>Stromlinien</u> (<u>Feldlinien</u>) sind. Um das einzusehen, bildet man das vollständige Differential

$$d\psi = \frac{\partial\psi}{\partial x_1}\,dx_1 + \frac{\partial\psi}{\partial x_2}\,dx_2 = -\,v_2 dx_1 + v_1 dx_2 \;;$$

daraus folgt für ψ = const., d.h. $d\psi = 0$, unmittelbar die Differentialgleichung (6.6) der Stromlinien:

$$\boxed{\left(\frac{dx_2}{dx_1}\right)_{\psi=\text{const.}} = \frac{v_2}{v_1}} \quad . \tag{6.11}$$

Damit steht aber auch sofort fest, daß der Geschwindigkeitsvektor v_i senkrecht auf den <u>Äquipotentialflächen</u> φ = const. steht; denn aus

$$d\varphi = \frac{\partial\varphi}{\partial x_1}\,dx_1 + \frac{\partial\varphi}{\partial x_2}\,dx_2 = v_1 dx_1 + v_2 dx_2 = 0$$

folgt analog zu (6.11):

$$\boxed{\left(\frac{dx_2}{dx_1}\right)_{\varphi=\text{const.}} = -\frac{v_1}{v_2}} \quad , \qquad (6.12)$$

d.h. die Orthogonalität von Strom- und Äquipotentiallinien (Bild 6.1).

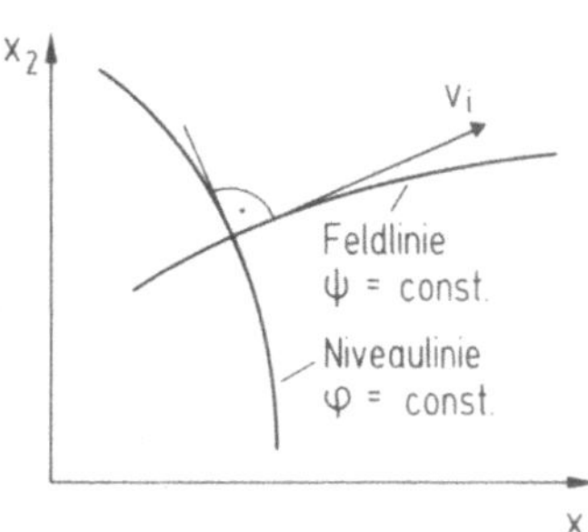

Bild 6.1
Stromlinie ψ = const.und
Äquipotentiallinie φ = const.

Als Beispiel sei eine Quelle-Senkenströmung gemäß Bild 6.2 erwähnt.

Die in Bild 6.2 dargestellte Strömung kann durch die holomorphe Funktion

$$\boxed{z = \coth\frac{w}{2}} \begin{cases} x_1 = \sinh\varphi/(\cosh\varphi - \cos\psi) \\ x_2 = -\sin\psi/(\cosh\varphi - \cos\psi) \end{cases} \qquad (6.13)$$

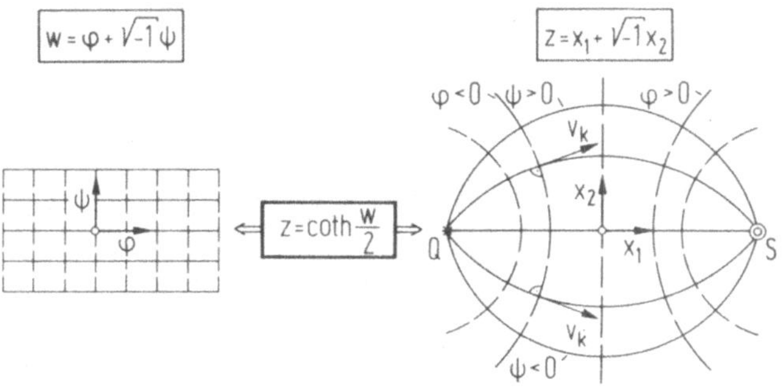

Bild 6.2 Konforme Abbildung (Quell-Senkenströmung)

beschrieben werden (Tabelle 12.1). Die Stromlinien ψ = const sind Kreise (12.42), die durch Quelle (Q) und Senke (S) gehen. Ebenso sind die Äquipotentiallinien φ = const.Kreise (APOLLONIsche Kreise) gemäß (12.41). Die Strom- und Potentiallinien können als krummlinige Koordinaten aufgefaßt werden, die durch eine konforme Abbildung aus der φ-ψ-Ebene hervorgehen, und zwar im Fall einer Quell-Senkenströmung (Bild 6.2) als Bipolarkoordinaten (Ziffer 12.2).

Analog zu (6.13) und Bild 6.2 stellt das komplexe Strömungspotential

$$\boxed{w = \ln \frac{z^2 + 1}{z^2 - 1}} \quad \text{bzw.} \quad \boxed{z = \sqrt{\coth \frac{w}{2}}} \tag{6.14}$$

ein Quell-Senkengebiet dar, das mit zwei Quellen Q_1, Q_2 und zwei Senken S_1, S_2 belegt ist (Bild 6.3).

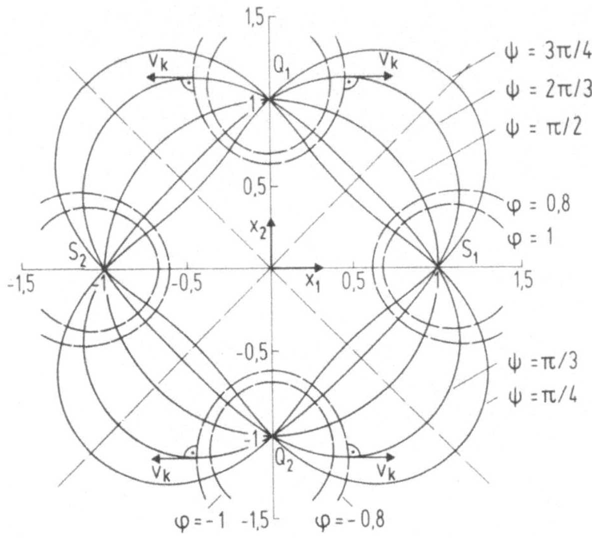

Bild 6.3 Quell-Senkenströmung $z = \sqrt{\coth (w/2)}$

Eine inkompressible Flüssigkeit erfüllt die <u>Kontinuitätsbedingung</u>

$$\partial v_1/\partial x_1 + \partial v_2/\partial x_2 = 0 \ , \tag{6.15}$$

aus der mit (6.8a,b) die <u>LAPLACEsche Differentialgleichung</u>

$$\frac{\partial^2 \varphi}{\partial x_1^2} + \frac{\partial^2 \varphi}{\partial x_2^2} \equiv \Delta\varphi = 0 \tag{6.16}$$

hervorgeht, d.h., $\varphi = \varphi(x_1, x_2)$ ist eine <u>harmonische Funktion</u>, wie man auch unmittelbar durch Differenzieren von (6.9a) nach x_1 und (6.9b) nach x_2 und anschließender Addition nachweist. Entsprechend folgert man aus (6.9a,b):

$$\frac{\partial^2 \psi}{\partial x_1^2} + \frac{\partial^2 \psi}{\partial x_2^2} \equiv \Delta\psi = 0 \ . \tag{6.17}$$

Mithin sind Real- und Imaginärteil einer <u>holomorphen Funktion</u> (6.7) <u>harmonische Funktionen</u>.

Für Felder von symmetrischen Tensoren zweiter Stufe ist eine Darstellung durch orthogonale Kurvennetze möglich, die in jedem Punkt die Eigenrichtungen des Tensors tangieren und mit Charakteristiken bezeichnet werden. In der Plastomechanik z.B. werden sie zur Darstellung von Spannungszuständen herangezogen. Als Gleitlinien geben sie die Richtung der maximalen Schubspannung und*) der maximalen Schiebungsgeschwindigkeiten an. Sie schneiden die Hauptspannungstrajektorien unter einem Winkel von $\pi/4$. In Bild 6.4 sind Gleitlinien des ebenen plastischen Fließens eines idealplastischen Werkstoffs zwischen zwei parallelen rauhen Platten aufgezeichnet.

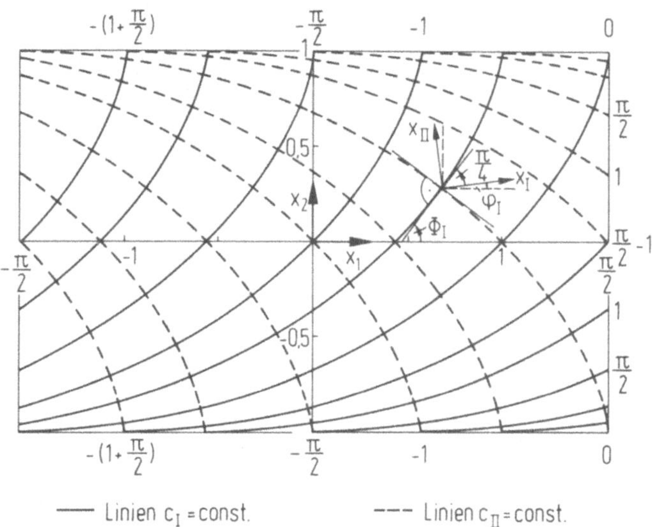

Bild 6.4 Gleitlinienfeld eines Parallelstreifens (orthogonale Zykloiden)

Zur Ermittlung der Charakteristiken in Bild 6.4 kann man vom Tensor der plastischen Verzerrungsgeschwindigkeiten bei ebener Verformung ($^{p}\dot{\varepsilon}_{3j} \equiv 0$), d.h. vom ebenen Verformungsfeld unter Berücksichtigung der plastischen Volumenkonstanz $^{p}\dot{\varepsilon}_{11} + {}^{p}\dot{\varepsilon}_{22} = 0$ ausgehen:

$$^{p}\dot{\varepsilon}_{\alpha\beta} = \begin{pmatrix} ^{p}\dot{\varepsilon}_{11} & ^{p}\dot{\varepsilon}_{12} \\ ^{p}\dot{\varepsilon}_{12} & -^{p}\dot{\varepsilon}_{11} \end{pmatrix}; \quad \alpha = 1,2; \; \beta = 1,2 \tag{6.18}$$

und für dieses Schema zunächst das Feld der Eigenrichtungen bestimmen.

*) Bei Koaxialität zwischen Spannungs- und Verzerrungstensor, d.h. wenn Spannungs- und Verzerrungstensor dieselben Hauptachsensysteme besitzen, sind auch ihre Charakteristiken identisch.

Die Eigenwerte ${}^{p}\dot{\varepsilon}_{I}$ und ${}^{p}\dot{\varepsilon}_{II}$ ergeben sich zu:

$$\begin{vmatrix} {}^{p}\dot{\varepsilon}_{11} - {}^{p}\dot{\varepsilon} & {}^{p}\dot{\varepsilon}_{12} \\ {}^{p}\dot{\varepsilon}_{12} & -{}^{p}\dot{\varepsilon}_{11} - {}^{p}\dot{\varepsilon} \end{vmatrix} \stackrel{!}{=} 0 \Rightarrow {}^{p}\dot{\varepsilon}_{I;II} = \pm\sqrt{{}^{p}\dot{\varepsilon}_{11}^{2} + {}^{p}\dot{\varepsilon}_{12}^{2}} \; . \tag{6.19}$$

Mit der Beziehung

$$\sqrt{2\,{}^{p}\dot{\varepsilon}_{ij}\,{}^{p}\dot{\varepsilon}_{ij}/3} = \dot{\varepsilon}_{F} \tag{6.20}$$

($\dot{\varepsilon}_F$ Vergleichsdehnungsgeschwindigkeit bei Fließbeginn), die man auf der Basis des MISESschen plastischen Potentials ermittelt [6,22], ergeben sich die Eigenwerte (6.19) zu:

$${}^{p}\dot{\varepsilon}_{I} = \sqrt{3}\,\dot{\varepsilon}_{F}/2 \; , \qquad {}^{p}\dot{\varepsilon}_{II} = -\sqrt{3}\,\dot{\varepsilon}_{F}/2 \; . \tag{6.21a,b}$$

Das Feld der Eigenrichtungen $n_{\alpha}^{I;II}$ erhält man aus den Gleichungssystemen:

$$({}^{p}\dot{\varepsilon}_{\alpha\beta} - {}^{p}\dot{\varepsilon}_{I;II}\delta_{\alpha\beta})\,n_{\beta}^{I;II} = 0_{\alpha} \; , \qquad n_{\beta}^{I;II}n_{\beta}^{I;II} = 1 \; , \tag{6.22}$$

und zwar ergibt sich daraus zunächst für die I-Richtung:

$$n_{2}^{I} = \frac{{}^{p}\dot{\varepsilon}_{I} - {}^{p}\dot{\varepsilon}_{11}}{{}^{p}\dot{\varepsilon}_{12}}\,n_{1}^{I} = \frac{\frac{1}{2}\sqrt{3}\dot{\varepsilon}_{F} - \sqrt{\frac{3}{4}\dot{\varepsilon}_{F}^{2} - {}^{p}\dot{\varepsilon}_{12}^{2}}}{{}^{p}\dot{\varepsilon}_{12}}\,n_{1}^{I} \; , \tag{6.23}$$

wenn man die Beziehungen (6.20) und (6.21a) berücksichtigt. Mit der dimensionslosen Größe

$$\dot{G}_{12} := 2\,{}^{p}\dot{\varepsilon}_{12}/\sqrt{3}\dot{\varepsilon}_{F} = 2\sqrt{2}\,{}^{p}\dot{\varepsilon}_{12}/\sqrt{3}\,\dot{\gamma}_{o} \tag{6.24}$$

($\dot{\gamma}_o = \sqrt{2}\,\dot{\varepsilon}_F$ Oktaeder-Gleitung) erhält man das Feld der Eigenrichtungen (Neigung φ zur x_1-Achse) aus

$$\tan\varphi_{I} = n_{2}^{I}/n_{1}^{I} = \left(1 - \sqrt{1 - \dot{G}_{12}^{2}}\right)/\dot{G}_{12} \; . \tag{6.25}$$

Unter einem Winkel von $\pi/4$ zu diesen Trajektorien verlaufen die Gleitlinien (Charakteristiken), die die Richtungen Φ_I maximaler Schiebungsgeschwindigkeiten bzw. maximaler Schubspannungen angeben (MOHRscher Kreis):

$$\left.\begin{aligned} \tan(\Phi_{I} - \tfrac{\pi}{4}) &= \frac{1 - \sqrt{1 - \dot{G}_{12}^{2}}}{\dot{G}_{12}} \\ \tan(\Phi_{I} - \tfrac{\pi}{4}) &= \frac{\tan\Phi_{I} - 1}{1 + \tan\Phi_{I}} \end{aligned}\right\} \Rightarrow \boxed{\tan\Phi_{I} = \sqrt{\frac{1 + \dot{G}_{12}}{1 - \dot{G}_{12}}} = \left(\frac{dx_{2}}{dx_{1}}\right)_{I}} \; . \tag{6.26}$$

Senkrecht dazu findet man die zweite Gleitlinienschar, die somit der Differentialgleichung

$$\left(\frac{dx_2}{dx_1}\right)_{II} = -\sqrt{\frac{1 - \dot{G}_{12}}{1 + \dot{G}_{12}}} \tag{6.27}$$

genügt. Nimmt man eine lineare Schiebungsgeschwindigkeit über x_2 an, d.h. $\dot{G}_{12} = x_2$ (PRANDTLsche Lösung), so folgt aus (6.26) und (6.27) das orthogonale Netz

$$(x_1)_{I;II} = \pm \arc\sin x_2 + \sqrt{1 - x_2^2} + c_{I;II} , \tag{6.28}$$

das in Bild 6.4 dargestellt ist. In [25] werden Beispiele mit krummlinigen Berandungen diskutiert.

Neben dem ebenen Feld ist der Sonderfall des rotationssymmetrischen Feldes für die Anwendungen wichtig, bei dem die Feldgrößen in allen Punkten jedes Kreises um eine bestimmte Achse durch Drehung um diese Achse miteinander zur Deckung gebracht werden können, d.h., die Feldgrößen sind unabhängig vom "Rotationswinkel". Ist ein solches Feld außerdem noch eben (keine x_3-Abhängigkeit), so liegt ein zylindrisches Feld vor. In ähnlicher Weise kann man sich ein kugelsymmetrisches Feld vorstellen.

Übungsaufgaben

6.1.1 Man ermittle Real- und Imaginärteil der komplexen Funktionen (6.13) und (6.14).

6.1.2 Man zeige, daß bei ebenem plastischem Fließen (${}^p\dot{\varepsilon}_{i3} = 0$) und für ebenen plastischen Spannungszustand ($\sigma_{i3} = 0_i$) die Neigungen dx_2/dx_1 der Gleitlinien (Charakteristiken) die Gleichung ${}^p\dot{\varepsilon}_{\alpha\beta} dx_\alpha dx_\beta = 0$ mit $\alpha,\beta = 1,2$ erfüllen. Darin ist ${}^p\dot{\varepsilon}_{\alpha\beta}$, $\alpha,\beta = 1,2$, bzw. ${}^p\dot{\varepsilon}_{ij}$, $i,j = 1,2,3$ der Tensor der plastischen Verzerrungsgeschwindigkeiten.

6.1.3 Aus der Richtungsbedingung ${}^p\dot{\varepsilon}_{\alpha\beta} dx_\alpha dx_\beta = 0$ mit $\alpha,\beta = 1,2$ ermittle man die Charakteristiken eines "ebenen" Parallelstreifens $k \geq \sigma_{12} \geq -k$ unter Berücksichtigung der LÉVY-MISES-Gleichungen ${}^p\dot{\varepsilon}_{ij} = \sigma'_{ij}\dot{\lambda}$ und der MISESschen Fließbedingung $\sigma'_{ij}\sigma'_{ij} = 2k^2$ mit k als Schubfließgrenze. Man diskutiere den Sonderfall einer linearen Schubspannungsverteilung über die Streifendicke bei maximaler Randschubbelastung $(\sigma_{12})_R \equiv k$.

6.14 Gegeben sei der Spannungstensor $\sigma_{ij} = \begin{pmatrix} \sigma_{11} & \sigma_{12} & 0 \\ \sigma_{12} & \sigma_{22} & 0 \\ 0 & 0 & \sigma_{33} \end{pmatrix}$ mit $\sigma_{33} = (\sigma_{11} + \sigma_{22})/2$. Unter Berücksichtigung der Fließbedingung $J'_2 = k^2$ ermittle man das Feld der Eigenrichtungen des Tensors und seines Deviators.

6.1.5 Gegeben sei das Spannungsfeld $\sigma_{ij} = \begin{pmatrix} 0 & 0 & \sigma_{31} \\ 0 & 0 & \sigma_{32} \\ \sigma_{31} & \sigma_{32} & 0 \end{pmatrix} = \sigma'_{ij}$, das bei Torsion eines Stabes erzeugt wird. Unter Berücksichtigung der MISES-Fließbedingung $J'_2 = k^2$ ermittle man das Feld der Eigenrichtungen.

6.2 Nablakalkül für Tensorfelder

Neben dem Wert einer Feldgröße selbst, z.B. einer dreistufigen $A_{ijk} = A_{ijk}(x_p)$, interessiert auch seine Änderung beim Übergang zu einem beliebig benachbarten Punkt:

$$dA_{ijk} = \frac{\partial A_{ijk}}{\partial x_1} dx_1 + \frac{\partial A_{ijk}}{\partial x_2} dx_2 + \frac{\partial A_{ijk}}{\partial x_3} dx_3 \equiv \frac{\partial A_{ijk}}{\partial x_p} dx_p \; . \qquad (6.29)$$

Dieser Ausdruck wird vollständiges Differential des Tensorfeldes A_{ijk} genannt. Da die Elemente der Transformationsmatrix a_{ij} von der Wahl eines Feldpunktes P unabhängig sind und sich beim Übergang von P zu einem Nachbarpunkt $\tilde{P}$ wie Konstanten verhalten, gilt auch für das vollständige Differential (6.29) das tensorielle Transformationsgesetz (4.13):

$$\boxed{d\, A^*_{ijk} = a_{il} a_{jm} a_{kn} d\, A_{lmn}} \; . \qquad (6.30)$$

Zur Charakterisierung der Änderung einer Feldgröße gemäß dem vollständigen Differential (6.29) werden die partiellen Ableitungen $\partial A_{ijk}/\partial x_p$ der Koordinaten des Tensors A_{ijk} nach den Koordinaten des Punktes $P(x_1,x_2,x_3)$ benötigt. Zur Abkürzung kann man schreiben:

$$\frac{\partial A_{ijk}}{\partial x_p} \equiv \nabla_p A_{ijk} \equiv \partial_p A_{ijk} \equiv A_{ijk,p} \; .$$

Ebenso benutzt man die Schreibweisen:

$$\frac{\partial^2 A_{ijk}}{\partial x_p \partial x_q} \equiv \nabla_{pq} A_{ijk} \equiv \partial_{pq} A_{ijk} \equiv A_{ijk,pq}$$

usw.. Indizes, die einem Komma folgen, bedeuten partielle Differentiationen nach den entsprechenden Koordinaten.

Beim Übergang zu einem neuen Koordinatensystem (Drehung) transformieren sich die partiellen Ableitungen nach einem bestimmten Gesetz, das folgendermaßen aufgestellt werden kann:

Im gedrehten Koordinatensystem gilt unter Berücksichtigung der Kettenregel:

$$A^*_{ijk,p} \equiv \frac{\partial A^*_{ijk}}{\partial x^*_p} = \frac{\partial A^*_{ijk}}{\partial x_r} \frac{\partial x_r}{\partial x^*_p} \; . \qquad (6.31)$$

Aus den Transformationsgesetzen

$$A^*_{ijk} = a_{il} a_{jm} a_{kn} A_{lmn} \qquad \text{und} \qquad x_r = a_{pr} x^*_p$$

erhält man

$$\frac{\partial A^*_{ijk}}{\partial x_r} = a_{il}a_{jm}a_{kn}\frac{\partial A_{lmn}}{\partial x_r} \quad \text{und} \quad \frac{\partial x_r}{\partial x^*_p} = a_{pr} ,$$

so daß damit aus (6.31) das Transformationsgesetz

$$\frac{\partial A^*_{ijk}}{\partial x^*_p} = a_{il}a_{jm}a_{kn}a_{pr}\frac{\partial A_{lmn}}{\partial x_r} \tag{6.32}$$

folgt. Entsprechend erhält man die Inversion. Gegenüber dem Ausgangstensor erhöht sich die Stufenzahl:

$$\boxed{\begin{array}{l} A^*_{ijk,p} = a_{il}a_{jm}a_{kn}a_{pr}A_{lmn,r} \\ \hline A_{ijk,p} = a_{li}a_{mj}a_{nk}a_{rp}A^*_{lmn,r} \end{array}} \quad . \tag{6.33}$$

Somit kann folgender fundamentaler Satz formuliert werden:

Die Gesamtheit aller partiellen Ableitungen erster Ordnung (z.B. $A_{ijk,p}$) der Koordinaten eines Tensorfeldes nach den Koordinaten x_p eines Punktes, in dem dieser Tensor im gegebenen Augenblick betrachtet wird, legt einen neuen Tensor fest. Seine Stufenzahl ist um EINS höher als die des Ausgangstensors. Als zusätzlicher Index erscheint im Ergebnis der Index der Koordinate, nach der differenziert wird.

Dieser Satz bringt zum Ausdruck, daß der Operator $\frac{\partial}{\partial x_p} \equiv \partial_p \equiv \nabla_p$ ein Tensor erster Stufe ist (Nabla-Operator ∇):

$$\boxed{\nabla^*_i = a_{ij}\nabla_j} \quad \Leftrightarrow \quad \boxed{\nabla_i = a_{ji}\nabla^*_j} \quad . \tag{6.34}$$

Durch Einwirken dieses Operators auf eine Feldgröße wird ein Gradientenfeld erzeugt:

$$\boxed{G^*_{ijkp} \equiv A^*_{ijk,p} = a_{il}a_{jm}a_{kn}a_{pr}G_{lmnr}} \quad . \tag{6.35}$$

Beispiele: Einem Skalarfeld $\lambda = \lambda(x_i)$ wird ein Vektorfeld (Gradientenvektor)

$$\nabla_i\lambda \equiv \partial_i\lambda \equiv \lambda_{,i} = G_i(x_1,x_2,x_3) \tag{6.36}$$

zugeordnet (symbolisch: grad $\lambda \equiv \nabla\lambda$).

Bei einem Vektorfeld $A_i = A_i(x_p)$ ist der Gradient eine Dyade (Gradientendyade):

$$G_{ij} = \partial_i A_j \equiv \nabla_i A_j \equiv A_{j,i} \tag{6.37}$$

(dyadisches Produkt aus dem Nabla-Vektor ∂_i und dem Feldvektor A_i). Durch Überschiebung mit dem Differential dx_i erhält man aus (6.37):

$$G_{ij}dx_i = A_{j,k}dx_i = \frac{\partial A_j}{\partial x_1}dx_1 + \frac{\partial A_j}{\partial x_2}dx_2 + \frac{\partial A_j}{\partial x_3}dx_3 ,$$

d.h., es entsteht das vollständige Differential des Feldvektors:

$$\boxed{dA_j = G_{ij}dx_i} \; . \tag{6.38}$$

<u>Die Spur der Gradientendyade ist die Divergenz:</u>

$$G_{ii} = \partial_i A_i \equiv A_{i,i} = \frac{\partial A_1}{\partial x_1} + \frac{\partial A_2}{\partial x_2} + \frac{\partial A_3}{\partial x_3} , \tag{6.39}$$

<u>symbolisch:</u>

$$\operatorname{div} \vec{A} = \nabla \cdot \vec{A} = \left(\frac{\partial}{\partial x_1}, \frac{\partial}{\partial x_2}, \frac{\partial}{\partial x_3}\right)\begin{pmatrix} A_1 \\ A_2 \\ A_3 \end{pmatrix} = \frac{\partial A_1}{\partial x_1} + \frac{\partial A_2}{\partial x_2} + \frac{\partial A_3}{\partial x_3} , \tag{6.39*}$$

die ein Maß für die <u>spezifische Quellstärke</u> darstellt und aus dem skalaren Produkt von $\partial_i \equiv \nabla_i$ (<u>Nabla</u>) und A_i (<u>Feldvektor</u>) entsteht.*)

Bildet man aus der genannten Größe das <u>Vektorprodukt</u>, so entsteht ein Vektor, der mit <u>Rotor</u>, <u>Rotation</u>, <u>Wirbel</u>, <u>curl</u> oder auch <u>Quirl</u> bezeichnet wird:

$$R_i = \varepsilon_{ijk}\partial_j A_k \equiv \varepsilon_{ijk}\nabla_j A_k \equiv \varepsilon_{ijk}A_{k,j} \tag{6.40}$$

<u>symbolisch:</u>

$$\operatorname{rot} \vec{A} = \nabla \times \vec{A} \tag{6.40*}$$

und ein Maß für die <u>Wirbelstärke</u> (<u>spezifische Zirkulation</u>) ist. Seine Koordinaten lauten wegen (4.46):

$$\left.\begin{aligned} R_1 &= \partial_2 A_3 - \partial_3 A_2 \equiv \partial A_3/\partial x_2 - \partial A_2/\partial x_3 \\ R_2 &= \partial_3 A_1 - \partial_1 A_3 \equiv \partial A_1/\partial x_3 - \partial A_3/\partial x_1 \\ R_3 &= \partial_1 A_2 - \partial_2 A_1 \equiv \partial A_2/\partial x_1 - \partial A_1/\partial x_2 \; . \end{aligned}\right\} \tag{6.41}$$

Ersetzt man in (6.40) das dyadische Produkt $\partial_j A_k$ durch die Gradientendyade G_{jk} (6.37), so kann der <u>Rotor</u> R_i als der zur Gradientendyade G_{ij} <u>duale Vektor</u> (Ü 4.3.11) aufgefaßt werden:

$$\boxed{R_i = \varepsilon_{ijk}G_{jk}} \; . \tag{6.42}$$

Je nach Eigenschaft der Gradientendyade G_{ij} kann man Vektorfelder einteilen, indem man Felder mit symmetrischer, alternierender und allgemeiner Dyade unterscheidet. Bei symmetrischer Gradientendyade ($G_{ij} = G_{ji}$) verschwindet der Rotor (6.42), wie in Ü 4.3.3 gezeigt wird. Derartige Vek-

---

*) Man beachte: Das Skalarprodukt (6.39) ist <u>nicht</u> kommutativ ($\nabla\cdot\vec{A} \neq \vec{A}\cdot\nabla$, bzw. $\nabla_i A_i \neq A_i\nabla_i$). Mithin kann der <u>Nabla-Operator</u> (<u>Differentialoperator</u>) auch <u>nicht</u> als Nabla-Vektor bezeichnet werden.

torfelder nennt man daher <u>wirbelfrei</u>. Im Gegensatz dazu ist ein Feld <u>quellenfrei</u>, wenn die Divergenz (6.39), d.h. die Spur der Gradientendyade verschwindet. In diesem Fall hat die Gradientendyade <u>Deviatoreigenschaft</u> oder ist <u>schiefsymmetrisch</u>. Die vier möglichen Typen von Vektorfeldern sind in Tabelle 6.1 zusammengestellt [2,11].

Tabelle 6.1 Zusammenstellung der verschiedenen Vektorfelder

$\text{rot}\,\vec{A}$ / $\text{div}\,\vec{A}$	$G_{ij} = G_{ji} \Rightarrow R_i = 0_i$	$G_{ij} \neq G_{ji} \Rightarrow R_i \neq 0_i$
$G_{ii} = 0$	quellen- und wirbelfreies Feld <u>LAPLACEsches Feld</u>	quellenfreies Wirbelfeld } $G_{ij} = -G_{ji}$ <u>solenoidales Feld</u>
$G_{ii} \neq 0$	wirbelfreies Quellenfeld <u>POISSONsches Feld</u>	Quellen- und Wirbelfeld <u>allgemeines Feld</u>

Im Fall einer alternierenden Gradientendyade ($G_{ij} = -G_{ji}$; $G_{ii} = 0$) liegt ein <u>quellenfreies Wirbelfeld</u> vor, und es gilt gemäß Ü 4.3.11 als Umkehrung zu (6.42) unter Berücksichtigung von (4.47):

$$\boxed{G_{jk} = \frac{1}{2}\,\varepsilon_{ijk}R_i = \frac{1}{2}\,\varepsilon_{jki}R_i}\ , \tag{6.43a}$$

bzw. nach Umindizierung:

$$G_{ij} = \frac{1}{2}\,\varepsilon_{ijk}R_k \quad , \tag{6.43b}$$

so daß damit aus (6.38) $dA_j = \frac{1}{2}\,\varepsilon_{ijk}R_k dx_i = \frac{1}{2}\,\varepsilon_{jki}R_k dx_i$, d.h.

$$dA_i = \frac{1}{2}\,\varepsilon_{ijk}R_j dx_k \tag{6.44}$$

folgt. Mithin steht der Vektor dA_i senkrecht auf dem Rotor R_i und auf dx_i. In Analogie zur Drehung eines starren Körpers um eine feste Achse (Ü 4.3.10), $v_i = \varepsilon_{ijk}\omega_j x_k$, bildet die Gesamtheit der dA_i in der Umgebung eines Punktes $(x_i + dx_i)$ einen <u>Wirbel</u> mit dem Rotor ($R_i \mathrel{\hat{=}} \omega_i$) als Achse. Dabei wachsen die Beträge der dA_i wie die der Geschwindigkeitsvektoren v_i beim starren Körper mit dem Radius.

Den Begriff der <u>Divergenz</u> kann man am einfachsten in einem wirbelfreien Quellenfeld (<u>POISSONsches Feld</u>) interpretieren, in dem $G_{ii} \neq 0$ gilt, während der Rotor (6.42) verschwindet und die Gradientendyade G_{ij} symmetrisch ist (Tabelle 6.1). Aus (6.44) folgert man dann (Ü 6.2.15):

$$\varepsilon_{ijk} dA_j dx_k = 0_i \; , \tag{6.45}$$

d.h., die Vektoren dA_i und dx_i haben gleiche Richtungen, so daß man sich bei gleicher Orientierung eine Quelle und bei entgegengesetzter Orientierung eine Senke vorstellen kann; denn konstruiert man in der Nachbarschaft $(x_i + dx_i)$ eines Punktes $P(x_i)$ mit dem Feldvektor A_i die benachbarten Feldvektoren $A_i + dA_i$, so streben diese bei gleicher Orientierung der Vektoren dx_i und dA_i auseinander (<u>divergieren</u>) und bei entgegengesetzter Orientierung zueinander.

Analog zur Aufspaltung (3.1) einer Dyade <u>kann ein allgemeines Vektorfeld</u> A_i <u>in einen rotorfreien Teil</u> B_i <u>und einen divergenzfreien Teil</u> C_i <u>zerlegt werden:</u>

$$A_i = B_i + C_i \quad \text{mit} \quad \varepsilon_{ijk}\nabla_j B_k = 0_i \quad \text{und} \quad \nabla_i C_i = 0 \quad , \tag{6.46}$$

d.h., ein allgemeines Feld (Tabelle 6.1) setzt sich zusammen aus einem symmetrischen Anteil (<u>POISSONsches Feld</u>) und einem schiefsymmetrischen Anteil (<u>solenoidales Feld</u>). Die Gradientendyade (6.37) ist mithin gemäß

$$G_{ij} = G_{(ij)} + G_{[ij]} = \nabla_i B_j + \nabla_i C_j \tag{6.47}$$

zerlegbar, und es gilt:

$$R_i = \varepsilon_{ijk}\nabla_j A_k \equiv \varepsilon_{ijk} G_{[jk]} = \varepsilon_{ijk}\nabla_j C_k \; , \tag{6.48a}$$

$$G_{ii} = \nabla_i A_i \equiv G_{(ii)} = \nabla_i B_i \; . \tag{6.48b}$$

Symbolisch drückt man (6.48a,b) durch

$$\text{rot}\,\vec{A} = \text{rot}\,\vec{C} \; , \qquad \text{div}\,\vec{A} = \text{div}\,\vec{B} \tag{6.48*a,b}$$

aus. In der Zerlegung (6.46) kann B_i als <u>Gradientenfeld eines Skalars</u> λ (Potential) gedeutet werden:

$$B_i = \nabla_i \lambda \; , \tag{6.49}$$

das <u>stets wirbelfrei</u> ist ["Nebenbedingung" in (6.46)]:

$$R_i = \varepsilon_{ijk}\nabla_j B_k = \varepsilon_{ijk}\nabla_j\nabla_k\lambda = 0_i \tag{6.50}$$

<u>symbolisch:</u>

$$\nabla \times \text{grad}\,\lambda = \text{rot grad}\,\lambda = \vec{0} \; . \tag{6.50*}$$

Dagegen ist die <u>Divergenz des Gradientenfeldes</u> (6.49),

$$\nabla_i B_i = \nabla_i \nabla_i \lambda \equiv \frac{\partial^2 \lambda}{\partial x_i \partial x_i} \equiv \Delta\lambda \,, \tag{6.51}$$

im allgemeinen von Null verschieden*). Mit (6.48b) kann die POISSONsche Dgl. (6.51) auch durch

$$\nabla_i (A_i - \nabla_i \lambda) = 0 \tag{6.52}$$

ausgedrückt werden, woraus in Übereinstimmung mit (6.46) die Zerlegung $C_i = A_i - \nabla_i \lambda = A_i - B_i$ gefolgert werden kann.

Es sei noch vermerkt, daß man aus (6.47) nicht auf die Übereinstimmung von $G_{(ij)}$ mit $\nabla_i B_j$ schließen darf; denn aufgrund der Wirbelfreiheit des Anteils B_i bzw. wegen (6.48a) folgt zunächst nur

$$G_{[ij]} = \frac{1}{2} (\nabla_i A_j - \nabla_j A_i) = \frac{1}{2} (\nabla_i C_j - \nabla_j C_i) \,, \tag{6.53}$$

d.h. die Übereinstimmung der schiefsymmetrischen Anteile der Dyaden $\nabla_i A_j$ und $\nabla_i C_j$. Darüber hinaus besitzt im allgemeinen die Dyade $\nabla_i C_j$ auch einen symmetrischen Anteil, so daß man beachten muß:

$$G_{(ij)} = \frac{1}{2} (\nabla_i A_j + \nabla_j A_i) = \frac{1}{2} (\nabla_i B_j + \nabla_j B_i) + \frac{1}{2} (\nabla_i C_j + \nabla_j C_i) \,. \tag{6.54}$$

Übungsaufgaben

6.2.1 Man beweise, daß der Gradient einer skalaren Funktion $f = f(x_i)$ bzw. der Nabla-Operator ∇_i ein Tensor erster Stufe ist.

6.2.2 Man stelle das Transformationsgesetz für den Ausdruck $\partial^2 A_{ijk}/\partial x_p \partial x_q \equiv \nabla_{pq} A_{ijk} \equiv A_{ijk,pq}$ auf.

6.2.3 Gegeben sei das Vektorfeld $A_i = A_i(x_p) = x_i$. Man ermittle: a) die Gradientendyade, b) die Divergenz und c) den Rotor.

6.2.4 Gegeben ist das Skalarfeld $\lambda = |x_i| \equiv x$. Man ermittle den Gradientenvektor.

6.2.5 Gegeben ist das Skalarfeld $\Phi = GD(R^2 - x_1^2 - x_2^2)/2$. Darin sind G der Gleitmodul, $D = \vartheta/l$ die Drillung (ϑ Verdrehwinkel, l Stablänge) und R der Stabradius, so daß Φ das Spannungspotential im tordierten Kreisquerschnitt darstellt. Man ermittle: a) das Gradientenfeld, b) die Gradiendyade, c) die Divergenz des Gradientenfeldes.

6.2.6 Man untersuche das Vektorfeld A_i mit der Eigenschaft $\partial A_i/\partial x_j = \partial A_j/\partial x_i$ und bestimme für das Vektorfeld $A_i' = A_i - cx_i$ die Konstante c

---

*) $\Delta\lambda = 0$ stellt eine LAPLACEsche Dgl. dar, während $\Delta\lambda \neq 0$ einer POISSONschen Dgl. entspricht (Tabelle 6.1). Der LAPLACE-Operator $\Delta = \partial_i \partial_i \equiv \nabla_i \nabla_i \equiv \partial_{ii} \equiv \nabla_{ii} = \frac{\partial^2}{\partial x_1^2} + \frac{\partial^2}{\partial x_2^2} + \frac{\partial^2}{\partial x_3^2}$ (symbolisch: $\Delta = \text{div grad} = \nabla^2$) ist ein Skalar und entsteht durch Verjüngung (Spur) aus dem symmetrischen Operator $\frac{\partial^2}{\partial x_i \partial x_j} \equiv \nabla_{ij} \equiv \partial_{ij} = \partial_{ji}$.

so, daß Quellfreiheit besteht.

6.2.7 Gegeben ist ein Vektorfeld $A_i = A_i(x_p)$. Man ermittle:

a) die Divergenz seines Rotors, b) den Rotor seines Rotors.
Die Ergebnisse gebe man auch in symbolischer Schreibweise an.

6.2.8 Man benutze die analytische Schreibweise und beweise folgende Regeln:

a) $\text{div}\ (\lambda \vec{A}) = \lambda\ \text{div}\ \vec{A} + \vec{A} \cdot \text{grad}\ \lambda$,

b) $\text{div}\ (\vec{A} \times \vec{B}) = \vec{B} \cdot \text{rot}\ \vec{A} - \vec{A} \cdot \text{rot}\ \vec{B}$,

c) $\text{rot}\ (\vec{A} \times \vec{B}) = (\vec{B} \cdot \text{grad})\ \vec{A} - (\vec{A} \cdot \text{grad})\ \vec{B} + \vec{A}\ \text{div}\ \vec{B} - \vec{B}\ \text{div}\ \vec{A}$,

d) $\text{grad}(\vec{A} \cdot \vec{B}) = (\vec{A} \cdot \text{grad})\ \vec{B} + (\vec{B} \cdot \text{grad})\ \vec{A} + \vec{A} \times \text{rot}\ \vec{B} + \vec{B} \times \text{rot}\ \vec{A}$,

e) $(\text{grad}\ \vec{v}) \cdot \vec{v} = \frac{1}{2}\ \text{grad}\ \vec{v}^2 - \vec{v} \times \text{rot}\ \vec{v}$.

Für diese Formel gebe man ein Anwendungsbeispiel an.

6.2.9 Man bilde die Ableitungen $\partial F/\partial x_i$ und $\partial^2 F/\partial x_i \partial x_j$ der quadratischen Form $F = A_{ij} x_i x_j$ mit konstantem A_{ij}.

6.2.10 Man bilde die Ableitung der Funktion $F = x_1^2 + x_2 + 3x_1 x_3$ in Richtung des Normaleneinsvektors $n_i = (1/\sqrt{3}, -1/\sqrt{6}, 1/\sqrt{2})$.

6.2.11 Man zeige, daß der Gradientenvektor $G_i = \nabla_i \Phi$ senkrecht auf der Fläche $\Phi(x_p) = \text{const.}$ steht.

6.2.12 Es sei P ein Ellipsenpunkt, t_i der Tangenteneinsvektor in P, A_i und B_i die Vektoren, die von den Brennpunkten ausgehen und zum Punkt P führen. Man zeige, daß die Strahlen A und B gleiche Winkel mit der Ellipsentangente bilden.

6.2.13 Es sei f(r) eine beliebige Funktion von $r = \sqrt{x_i x_i}$. Man benutze die Indexschreibweise und zeige:

a) $\nabla(f(r)) = \frac{\vec{x}}{r} \frac{df(r)}{dr}$, b) $\nabla^2(f(r)) = \frac{d^2 f(r)}{dr^2} + \frac{2}{r} \frac{df(r)}{dr}$.

6.2.14 Man bilde die Ableitung $\partial/\partial\sigma_{ij}$ folgender Funktionen nach den Koordinaten des Spannungstensors σ_{ij}:

a) $F(\sigma_{ij}) = A_{ij}\sigma_{ij} + \frac{1}{2} A_{ijkl}\sigma_{ij}\sigma_{kl} + \frac{1}{3} A_{ijklmn}\sigma_{ij}\sigma_{kl}\sigma_{mn}$,

b) $F(\sigma'_{ij}) = B_{ij}\sigma'_{ij} + \frac{1}{2} B_{ijkl}\sigma'_{ij}\sigma'_{kl} + \frac{1}{3} B_{ijklmn}\sigma'_{ij}\sigma'_{kl}\sigma'_{mn}$.

Unter b) ist σ'_{ij} der Spannungsdeviator. Die <u>Stofftensoren</u> A_{ij}, A_{ijkl} usw. seien unabhängig vom Ort (<u>Homogenität</u>) und damit unabhängig vom Spannungszustand.

6.2.15 Man weise die Beziehung (6.45) nach.

6.2.16 Man bilde folgende Ableitungen:
a) $\partial J_2/\partial A_{ij}$, b) $\partial J'_2/\partial A'_{ij}$, c) $\partial J'_2/\partial A_{ij}$.
Darin sind J_2 und J'_2 die Invarianten (3.20b) und (3.62b).

6.2.17 Es sei $F = F(A'_{ij})$ eine skalarwertige Funktion von einem Deviator. Man bilde die Ableitung nach dem Tensor $\underset{\sim}{A}$ und gebe ihre Spur an. Man diskutiere ein Anwendungsbeispiel aus der Plastomechanik.

6.2.18 Man verifiziere die Differentiationsregel

$$\partial A_{pq}^{(\lambda)}/\partial A_{ij} = \sum_{\alpha=0}^{\lambda-1} [A_{pi}^{(\alpha)} A_{qj}^{(\lambda-1-\alpha)} + A_{pj}^{(\alpha)} A_{qi}^{(\lambda-1-\alpha)}]/2$$

für $\lambda = 1$ und $\lambda = 2$. Der Tensor $\underset{\sim}{A}$ sei symmetrisch. Wo kann man sie anwenden?

6.2.19 Es sei $U(x_i)$ eine homogene Funktion vom Grade r. Man zeige, daß U der Differentialgleichung

$$x_i(\partial U/\partial x_i) = r\,U$$

genügt (Theorem von EULER). Man wende dieses Theorem auf das plastische Potential $F = F(\sigma_{ij})$ an, das als homogene Funktion angenommen werde und aus dem man über die Fließregel (4.126) die plastischen Verzerrungsinkremente ermittelt.

6.2.20 Man bilde folgende Ableitungen:

$$\text{a)}\ \frac{\partial^2(U_kV_k)}{\partial U_i\,\partial V_j}\,,\quad \text{b)}\ \frac{\partial^3(\varepsilon_{pqr}U_pV_qW_r)}{\partial U_i\,\partial V_j\,\partial W_k}\,,\quad \text{c)}\ \frac{\partial^2(A_{pq}B_{qp})}{\partial A_{ij}\,\partial B_{kl}}\,.$$

Die Tensoren $\underset{\sim}{A}$ und $\underset{\sim}{B}$ seien symmetrisch.

6.3 Zeitableitungen von Tensorfeldern

Das Differenzieren von Feldgrößen nach der Zeit spielt eine wichtige Rolle in der Kontinuumsmechanik. Dabei können die Feldgrößen in LAGRANGEscher (körperbezogener) oder EULERscher (raumbezogener) Form gegeben sein. So kann beispielsweise ein instationäres Temperaturfeld in den Formen

$$T = T(a_i,t) \qquad \text{oder} \qquad T = T(x_i,t) \tag{6.55a,b}$$

beschrieben werden.

In (6.55a) sind die a_i die LAGRANGEschen Koordinaten, die ein bestimmtes Teilchen im Kontinuum charakterisieren, d.h. einem bestimmten Teilchen (als "Namen") zugeordnet werden; denn sie geben die Lage des betrachteten Teilchens zum Zeitpunkt $t = 0$ an (Anfangslage) und sind daher bezeichnend für ein bestimmtes Teilchen. Mithin ist auch die Bezeichnung materielle oder substantielle Koordinaten sinnvoll. Zum Zeitpunkt $t > 0$ befindet sich das Teilchen mit den "Anfangsdaten" a_i in der Augenblickslage x_i. Diese augenblicklichen Koordinaten des betrachteten Teilchens hängen natürlich von seiner Ausgangslage z.Z. $t = 0$ ab und sind für jedes Teilchen eines Kontinuums verschieden. Mithin gilt:

$$x_i = x_i(a_p,t), \qquad i,p = 1,2,3. \tag{6.56a}$$

Hierdurch wird bereits die Bewegung des Kontinuums beschrieben, bei der infolge einer Deformation die einzelnen Teilchen (a_p) entlang Bahnlinien zu einem Zeitpunkt $t > 0$ den Ort x_i erreichen, wie in Bild 6.5 angedeutet.

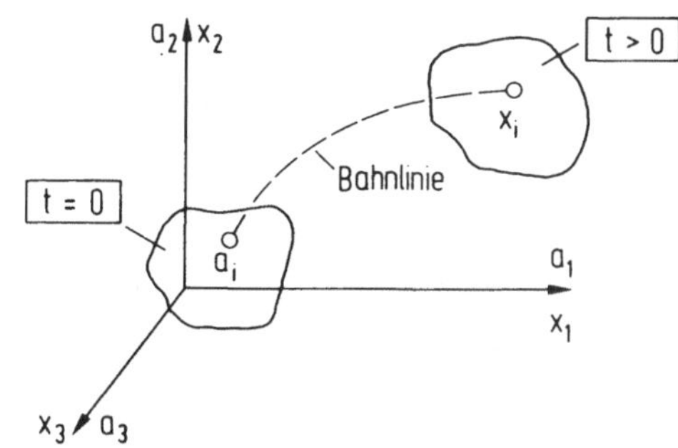

Bild 6.5
Bewegung eines materiellen Teilchens

Für die Bahnlinien ist t Kurvenparameter und a_i Scharparameter. Die Bewegung (6.56a) kann als Abbildung der Anfangskonfiguration (t = 0) auf die augenblickliche Konfiguration (t > 0) gedeutet werden. Unter der Konfiguration eines Körpers versteht man eine stetige und umkehrbar eindeutige Zuordnung von Ortsvektoren x_i zu den materiellen Teilchen a_i, d.h. eine topologische Abbildung der materiellen Punkte auf Raumpunkte, $x_i = x_i(a_p)$, mit der eindeutigen Umkehrung $a_i = a_i(x_p)$. Durch eine derartige Abbildung, die man auch als Homöomorphismus bezeichnet, ist sichergestellt, daß sich benachbarte Punkte auch stets an benachbarten Orten befinden, daß sich ein Teilchen nicht an mehreren Orten befinden kann und daß ein Ort nicht gleichzeitig von mehreren Teilchen eingenommen wird (Axiom der Kontinuität). Eine stetige zeitliche Aufeinanderfolge von Konfigurationen führt auf die Bewegung (6.56a), deren Inversion

$$a_i = a_i(x_p, t) \ , \qquad i,p = 1,2,3 \tag{6.56b}$$

nur dann möglich ist, wenn die JACOBIsche Determinante (Funktionaldeterminante)

$$J := \det(\partial x_i/\partial a_j) \tag{6.57}$$

stets positiv ist. Prinzipiell dürfte die Funktionaldeterminante auch stets negativ sein. Da jedoch die JACOBIsche (6.57) zwei entsprechende Volumenelemente der Konfiguration t = 0 und t > 0 gemäß $dV = J dV_0$ in Beziehung setzt und somit zum Zeitpunkt t = 0 den Wert J = 1 besitzt, kann sie als stetige Funktion der Zeit nur positiv sein. Der Fall J = 0 muß ausgeschlossen werden, da ein Volumenelement nicht verschwinden kann.

Im Gegensatz zur substantiellen Betrachtungsweise (6.56a) werden bei der lokalen Beschreibungsweise (6.56b) EULERsche Koordinaten x_i, i=1,2,3, als unabhängige Veränderliche benutzt. Nach (6.56b) sieht ein Beobachter, der ständig am Platz x_i steht, zum Zeitpunkt t ein Teilchen "namens" a_i seinen Standort passieren.

Die Beschreibungsart (6.56b) ist eine duale Form von (6.56a) und umgekehrt, d.h., die eine Art geht durch Vertauschen der Kernbuchstaben ($x \leftrightarrow a$) aus der anderen hervor. Zum Zeitpunkt t = 0 sind beide Betrachtungsweisen identisch:

$$x_i = x_i(a_p, t = 0) \equiv a_i \ , \qquad a_i = a_i(x_p, t = 0) \equiv x_i \ . \tag{6.58a,b}$$

Die zeitliche Änderung der Temperatur, die ein Teilchen des deformierbaren (bewegenden) Kontinuums erfährt, wird substantielle oder materielle Zeitableitung genannt und wird unterschiedlich bezeichnet:

$$\dot{T} \equiv dT/dt \equiv DT/Dt \equiv [\partial T(a_i, t)/\partial t]_{a_i} \ . \tag{6.59a}$$

Darin deutet der angeheftete Index a_i an, daß die LAGRANGEschen Koordinaten konstant gehalten werden. Die Temperaturänderung (6.59a) wird von einem Beobachter gemessen, der sich mit einem Teilchen bewegt und ein Thermometer ständig in dasselbe Teilchen taucht. Für jedes Teilchen muß somit ein mitfahrendes Thermometer zur Verfügung gestellt werden, um das Temperaturfeld zu messen.

Falls die Temperatur in raumbezogener Schreibweise dargestellt ist, ergibt sich für die materielle Zeitableitung die additive Zerlegung:

$$\frac{dT}{dt} = \frac{\partial T(x_i,t)}{\partial t} + \dot{x}_k \frac{\partial T(x_i,t)}{\partial x_k} . \qquad (6.59b)$$

Darin ist $\dot{x}_i \equiv dx_i/dt$ der Geschwindigkeitsvektor v_i. Der erste Term in (6.59b) ist die lokale Zeitableitung, die von einem ortsfesten Beobachter registriert wird und deshalb auch durch $[\partial T(x_i,t)/\partial t]_{x_i}$ ausgedrückt werden könnte im Gegensatz zu (6.59a). Der zweite Term in (6.59b) wird konvektive Änderung genannt, da er den Beitrag darstellt, den das Teilchen infolge seiner Bewegung erfährt. Auch wenn das Temperaturfeld von der Zeit nicht abhängt, $T = T(x_i)$, ist die materielle Änderung nach der Zeit im allgemeinen von Null verschieden und reduziert sich dann auf den konvektiven Anteil. Für einen mit dem Teilchen mitbewegten Beobachter ändert sich die Temperatur im stationären Fall mit der Zeit deshalb, weil er seinen Ort zeitlich ändert und weil die Temperatur an verschiedenen Orten unterschiedlich ist.

Die additive Aufspaltung der materiellen Zeitableitung gemäß (6.59b) nimmt in symbolischer Schreibweise die Form

$$dT/dt = \partial T/\partial t + \vec{v} \cdot \operatorname{grad} T \qquad (6.59b^*)$$

an, die auch bei Benutzung krummliniger Koordinaten gültig ist.

Formal läßt sich die materielle Zeitableitung (6.59a,b) auch auf tensorielle Feldgrößen

$$T_{ij...} = T_{ij...}(a_p,t) \; ; \qquad T_{ij...} = T_{ij...}(x_p,t) \qquad (6.60a,b)$$

beliebiger Stufenzahl anwenden:

$$\dot{T}_{ij...} \equiv dT_{ij...}/dt = \partial T_{ij...}(a_p,t)/\partial t \; , \qquad (6.61a)$$

$$\dot{T}_{ij...} \equiv \frac{dT_{ij...}}{dt} = \frac{\partial T_{ij...}(x_p,t)}{\partial t} + \dot{x}_q \frac{\partial T_{ij...}(x_p,t)}{\partial x_q} . \qquad (6.61b)$$

Unter Berücksichtigung von $\dot{x}_i \equiv v_i$ liest man aus (6.61b) den Operator

$$\frac{d}{dt} = \frac{\partial}{\partial t} + v_p \frac{\partial}{\partial x_p} \quad \text{bzw.} \quad \frac{d}{dt} = \frac{\partial}{\partial t} + \vec{v} \cdot \nabla_x \qquad (6.62)$$

ab, der zur Ermittlung der materiellen Zeitableitung von tensoriellen Feldgrößen beliebiger Stufen benutzt werden kann, die in raumbezogenen Koordinaten gegeben sind.

In der Kontinuumsmechanik wendet man (6.62) auf den CAUCHYschen Spannungstensor $\sigma_{ij}(x_p,t)$ an und erhält den Tensor der materiellen Spannungsgeschwindigkeit

$$\dot{\sigma}_{ij} \equiv d\sigma_{ij}/dt = \partial\sigma_{ij}/\partial t + v_p \partial\sigma_{ij}/\partial x_p \,, \tag{6.63}$$

der die Geschwindigkeit darstellt, mit der sich die auf das raumfeste Koordinatensystem bezogenen Spannungskomponenten an einem Teilchen ändern, wobei der erste Term der lokale und der zweite Term der konvektive Anteil bedeuten. Es erhebt sich die Frage, ob der Tensor (6.63) in Stoffgleichungen ("constitutive equations") benutzt werden darf. In einer Zugprobe beispielsweise muß ein Beobachter unabhängig von einer etwaigen Änderung (Drehung) der Probenlage den Spannungszustand, die zeitliche Änderung der Spannungen etc., d.h. allgemein den Beanspruchungszustand und das Werkstoffverhalten "objektiv" beurteilen können. Beobachter, die sich unterschiedlich bewegen, müssen aus einer Materialgleichung auf ein und denselben Beanspruchungszustand schließen können. Mithin muß bei der Formulierung von Materialgleichungen das Prinzip der materiellen Objektivität ("principle of material frame-indifference") beachtet werden [6,26-28]. Eine Materialgleichung muß somit form-invariant gegenüber einer starren Drehung und Translation des Bezugssystems sein, und die verwendeten Tensorvariablen müssen objektiv sein. Beispielsweise ist der CAUCHYsche Spannungstensor objektiv, während die Spannungsgeschwindigkeit (6.63) kein objektiver Tensor ist (Ü 6.3.7). Hingegen ist die JAUMANNsche Spannungsgeschwindigkeit objektiv (Ü 6.3.7). Dieser Begriff soll im folgenden kurz erläutert werden.

Die Bezeichnung JAUMANNsche Spannungsgeschwindigkeit $\overset{\circ}{\sigma}_{ij}$ hat PRAGER eingeführt [10]. Darunter wird die zeitliche Änderung des Spannungstensors bezüglich eines Koordinatensystems verstanden, das die augenblickliche Drehung der Umgebung eines betrachteten Punktes P mitmacht:

$$\boxed{\overset{\circ}{\sigma}_{ij} \equiv \frac{d^*\sigma_{ij}}{dt} = \frac{d\sigma_{ij}}{dt} - \varepsilon_{ikl}\omega_k\sigma_{lj} - \varepsilon_{jkl}\omega_k\sigma_{il}} \,. \tag{6.64}$$

Darin bedeutet $d\sigma_{ij}/dt$ die substantielle (materielle) Ableitung (6.63) des Spannungstensors. Zur Herleitung der Formel (6.64) betrachte man die Bewegung eines Punktes Q, der sich in einem Fahrzeug (z.B. Fahrgast in einem fahrenden Zug) relativ zu diesem bewegt (Bild 6.6).

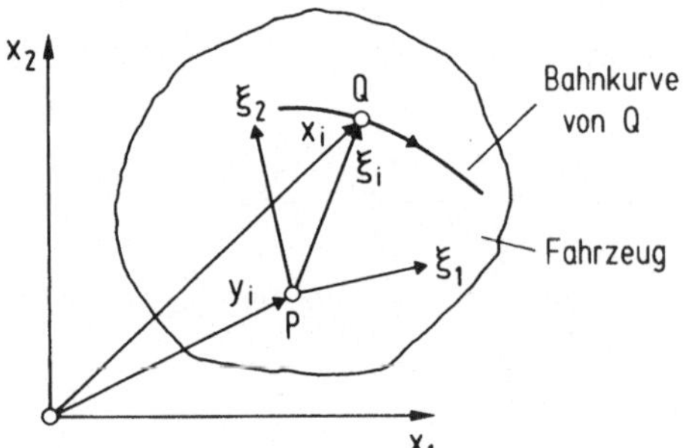

Bild 6.6
Bewegung eines Punktes in einem fahrenden Fahrzeug

Falls der Punkt Q ein Punkt des starren Fahrzeugkörpers wäre, würde seine Geschwindigkeit allein durch die Fahrzeugbewegung bestimmt (Führungsgeschwindigkeit), die sich aus einer Translations- und Rotationsgeschwindigkeit (Winkelgeschwindigkeitsvektor ω_i) zusammensetzt:

$$ {}^{f}v_i = \frac{dy_i}{dt} + \varepsilon_{ijk}\omega_j\xi_k \; . \tag{6.65} $$

Darüber hinaus erfährt der Punkt Q eine Relativgeschwindigkeit

$$ {}^{r}v_i = \frac{d^*\xi_i}{dt} \; , \tag{6.66} $$

die auf eine Relativbewegung zurückzuführen ist und von einem im Fahrzeug sitzenden Beobachter registriert wird. Das Differentiationszeichen $\frac{d^*}{dt}$ in (6.66) - wie auch in (6.64) - soll zum Ausdruck bringen, daß bei der Rechenvorschrift $d^*\xi_i/dt$ auf die Bewegung des Fahrzeuges keine Rücksicht genommen wird und die im körperfesten Koordinatensystem dargestellten Koordinaten des Vektors ξ_i formal abzuleiten sind.
Die absolute Geschwindigkeit des Punktes Q ergibt sich mit (6.65) und (6.66) zu:

$$ \frac{dx_i}{dt} \equiv \dot{x}_i = v_i = {}^{f}v_i + {}^{r}v_i = \frac{dy_i}{dt} + \varepsilon_{ijk}\omega_j\xi_k + \frac{d^*\xi_i}{dt} \; , \tag{6.67} $$

bzw. wegen $x_i - y_i = \xi_i$ gemäß Bild 6.6 zu:

$$ \boxed{\frac{d\xi_i}{dt} = \frac{d^*\xi_i}{dt} + \varepsilon_{ijk}\omega_j\xi_k} \; . \tag{6.68} $$

Diese Beziehung kann auf einen beliebigen zeitabhängigen Vektor $\xi_i = \xi_i(t)$ angewendet werden und ermöglicht die Darstellung der zeitlichen Änderung eines Vektors in einem körperfesten CARTESIschen Koordinatensystem, das sich gegenüber dem raumfesten System mit der Winkelgeschwindigkeit $\omega_i = \omega_i(t)$ bewegt. Insbesondere gilt (6.68) auch für den Winkelgeschwindigkeitsvektor selbst:

$$ \frac{d\omega_i}{dt} = \frac{d^*\omega_i}{dt} + \varepsilon_{ijk}\omega_j\omega_k = \frac{d^*\omega_i}{dt} \; . \tag{6.69} $$

Wendet man die Beziehung (6.68) auf den Spannungsvektor $p_i = \sigma_{ji}n_j$ an (Bild 3.1), so erhält man:

$$ n_j \frac{d\sigma_{ji}}{dt} + \sigma_{ji}\frac{dn_j}{dt} = n_j \frac{d^*\sigma_{ji}}{dt} + \sigma_{ji}\frac{d^*n_j}{dt} + \varepsilon_{ikl}\omega_k\sigma_{jl}n_j \; . \tag{6.70} $$

Darin verschwindet die Ableitung d^*n_j/dt, da das bewegte Koordinatensystem die momentane Drehung eines betrachteten Tetraeders (Bild 3.1) mitmacht, so daß dn_j/dt nach (6.68) mit $\varepsilon_{jkl}\omega_k n_l$ übereinstimmt und (6.70) in

$$ n_j \frac{d\sigma_{ji}}{dt} + \underbrace{\sigma_{ji}\varepsilon_{jkl}\omega_k n_l}_{\equiv\, \sigma_{li}\varepsilon_{lkj}\omega_k n_j \,=\, -\sigma_{li}\varepsilon_{jkl}\omega_k n_j} = n_j \frac{d^*\sigma_{ji}}{dt} + \varepsilon_{ikl}\omega_k\sigma_{jl}n_j $$

bzw. nach Umindizierung ($j \to i$, $i \to j$) in

$$\left(\frac{d\sigma_{ij}}{dt} - \frac{d^*\sigma_{ij}}{dt} - \varepsilon_{ikl}\omega_k\sigma_{lj} - \varepsilon_{jkl}\omega_k\sigma_{il}\right) n_i = 0_j \tag{6.71}$$

übergeht. Da die Beziehung (6.71) für beliebige Normaleneinsvektoren n_i (Bild 3.1) gelten muß, folgt daraus die JAUMANNsche Spannungsgeschwindigkeit (6.64). Für eine beliebige lineare Vektorabbildung (3.12) würde man aus (6.68) analog (6.70)

$$X_j \frac{dA_{ij}}{dt} + \underbrace{A_{ij}\left(\frac{dX_j}{dt} - \frac{d^*X_j}{dt}\right)}_{A_{ij}\varepsilon_{jkl}\omega_k X_l \;\equiv\; A_{il}\varepsilon_{lkj}\omega_k X_j \;=\; -\varepsilon_{jkl}\omega_k A_{il} X_j} = X_j \frac{d^*A_{ij}}{dt} + \varepsilon_{ikl}\omega_k A_{lj} X_j$$

erhalten, woraus in Erweiterung von (6.68) die Beziehung

$$\boxed{\frac{dA_{ij}}{dt} = \frac{d^*A_{ij}}{dt} + \varepsilon_{ikl}\omega_k A_{lj} + \varepsilon_{jkl}\omega_k A_{il}} \tag{6.72}$$

für eine beliebige Dyade A_{ij} folgt. Beispielsweise ergibt sich aus (6.72) für die schiefsymmetrische Dyade $A_{ij} = \varepsilon_{imj}\omega_m$, d.h. für den Bivektor (3.9), der in Ü 4.3.10 zur Beschreibung der Drehung eines starren Körpers benutzt wird, unter Berücksichtigung von (4.72):

$$\varepsilon_{imj}\frac{d\omega_m}{dt} = \varepsilon_{imj}\frac{d^*\omega_m}{dt} + \underbrace{\varepsilon_{ikl}\varepsilon_{lmj}}_{\delta_{im}\delta_{kj} - \delta_{ij}\delta_{km}}\omega_k\omega_m + \underbrace{\varepsilon_{jkl}\varepsilon_{iml}}_{\delta_{ij}\delta_{km} - \delta_{ik}\delta_{jm}}\omega_k\omega_m$$

und daraus unter Benutzung der Austauschregel und (4.46):

$$\varepsilon_{imj}\frac{d\omega_m}{dt} = \varepsilon_{imj}\frac{d^*\omega_m}{dt} \implies \boxed{\frac{d\omega_i}{dt} = \frac{d^*\omega_i}{dt}} \,. \tag{6.73}$$

Das Ergebnis (6.73) stimmt mit (6.69) überein. Ebenso gilt für die Spur einer Dyade $dA_{pp}/dt \equiv d^*A_{pp}/dt$, wie man durch Überschieben von (6.72) mit δ_{ij} formal feststellen kann. Außerdem ist die Spur ein Skalar. Wendet man die Formel (6.72) auf den Substitutionstensor δ_{ij} an, so erhält man das triviale Ergebnis $d\delta_{ij}/dt \equiv d^*\delta_{ij}/dt \equiv 0_{ij}$.

Setzt man statt (3.12) den Vektor

$$A_i = T_{ijk}B_{jk} \tag{6.74}$$

für ξ_i in (6.68) ein, so erhält man nach kurzer Zwischenrechnung unter Benutzung der Formel (6.72) die zeitliche Ableitung einer beliebigen Triade T_{ijk} zu:

$$\frac{dT_{ijk}}{dt} = \frac{d^*T_{ijk}}{dt} + \varepsilon_{ilm}\omega_l T_{mjk} + \varepsilon_{jlm}\omega_l T_{imk} + \varepsilon_{klm}\omega_l T_{ijm} \quad . \tag{6.75}$$

Wendet man zur Kontrolle diese Beziehung auf den ε-Tensor an ($T_{ijk}=\varepsilon_{ijk}$), so erhält man $d\varepsilon_{ijk}/dt \equiv d^*\varepsilon_{ijk}/dt \equiv 0_{ijk}$. Verfolgt man die Entwicklung der Formeln (6.68), (6.72) und (6.75), so erkennt man ihren systematischen Aufbau: Jede weitere Stufenzahl hat ein neues Zusatzglied, z.B. $\varepsilon_{klm}\omega_l T_{ijm}$, zur Folge. Dabei rückt der stumme Index - in (6.75) der Index m - von Glied zu Glied in der Indexreihe an T jeweils um einen Platz von links nach rechts vor und verdrängt einen freien Index, der den ersten Platz an ε einnimmt. Somit ergibt sich die zeitliche Ableitung eines Tensors ν-ter Stufe systematisch aus:

$$\left(\frac{d}{dt} - \frac{d^*}{dt}\right) T_{p_1 \ldots p_\mu \ldots p_\nu} =$$

$$= \varepsilon_{p_1 qr}\omega_q T_{rp_2 \ldots p_\nu} + \varepsilon_{p_2 qr}\omega_q T_{p_1 r p_3 \ldots p_\nu} + \varepsilon_{p_3 qr}\omega_q T_{p_1 p_2 r p_4 \ldots p_\nu} + \ldots +$$

$$+ \varepsilon_{p_\mu qr}\omega_q T_{p_1 \ldots p_{\mu-1} r p_{\mu+1} \ldots p_\nu} + \ldots + \varepsilon_{p_\nu qr}\omega_q T_{p_1 \ldots p_\mu \ldots p_{\nu-1} r} \; . \tag{6.76a}$$

Dieses Ergebnis kann auch durch die Formel

$$\left(\frac{d}{dt} - \frac{d^*}{dt}\right) T_{p_1 \ldots p_\mu \ldots p_\nu} = \sum_{\mu=1}^{\nu} \varepsilon_{s_\mu qr}\omega_q \delta_{rp_\mu} T_{p_1 \ldots p_\mu \ldots p_\nu} \quad \text{mit } s_\mu \rightarrow p_\mu \tag{6.76b}$$

ausgedrückt werden. Darin wird für jedes μ zuerst der Index p_μ an T gegen den Index r ausgetauscht (<u>Austauschregel</u>) und anschließend der Index s_μ an ε durch p_μ ersetzt ($s_\mu \rightarrow p_\mu$). Über die stummen Indizes q und r wird wie üblich von 1 bis 3 summiert. Für isotrope Tensoren, die aus dem ε- bzw. δ-Tensor aufgebaut sind, verschwindet in (6.76a,b) die rechte Seite. So erhält man beispielsweise für den isotropen Tensor

$$T_{p_1 \ldots p_\mu \ldots p_\nu} = \delta_{p_1 p_2}\delta_{p_3 p_4} \ldots \delta_{p_{\nu-1} p_\nu}$$

mit gerader Stufenzahl auf der rechten Seite in (6.76a,b) eine gerade Anzahl von Summanden, die sich paarweise aufheben, etwa das Paar

$$\varepsilon_{p_3 qr}\omega_q \delta_{p_1 p_2}\delta_{rp_4}\delta_{p_5 p_6} \ldots \delta_{p_{\nu-1} p_\nu} + \varepsilon_{p_4 qr}\omega_q \delta_{p_1 p_2}\delta_{p_3 r}\delta_{p_5 p_6} \ldots \delta_{p_{\nu-1} p_\nu} \; ,$$

das aufgrund der Austauschregel in

$$\varepsilon_{p_3 q p_4}\omega_q \delta_{p_1 p_2}\delta_{p_5 p_6} \ldots \delta_{p_{\nu-1} p_\nu} + \varepsilon_{p_4 q p_3}\omega_q \delta_{p_1 p_2}\delta_{p_5 p_6} \ldots \delta_{p_{\nu-1} p_\nu}$$

übergeht und wegen $\varepsilon_{p_4 q p_3} = -\varepsilon_{p_3 q p_4}$ verschwindet.

Neben der JAUMANNschen Zeitableitung werden in der Kontinuumsmechanik noch andere Zeitableitungen benutzt, wie beispielsweise die OLDROYDsche Zeitableitung, die RIVLIN-ERICKSEN-Tensoren und die konvektive Spannungsgeschwindigkeit. Aus Platzgründen sollen diese Größen hier nicht weiter behandelt werden. Sie werden ausführlich in [6] diskutiert, wo sie auch auf ihre Objektivität hin untersucht werden. Ferner sei auf die Übungsaufgaben Ü 6.3.6, Ü 6.3.7, Ü 6.3.15 und Ü 6.3.16 hingewiesen.

Übungsaufgaben

6.3.1 Man ermittle die materielle Zeitableitung der JACOBIschen Determinante (6.57).

6.3.2 Gesucht ist der Zusammenhang zwischen einem Flächenelement in der Anfangskonfiguration und dem entsprechenden Element in der aktuellen Konfiguration. Die Umkehrung ist ebenfalls anzugeben.

6.3.3 Man ermittle die materielle Zeitableitung a) eines Volumenelementes, b) eines Oberflächenelementes, c) eines Linienelementes.

6.3.4 Man ermittle die materielle Zeitableitung folgender Integrale (Transporttheoreme):

$$\text{a)}\ \underset{\sim}{P}(t) = \iiint_V \underset{\sim}{p}(\underset{\sim}{x},t)\,dV\,, \qquad \text{b)}\ \Phi_{ij\ldots}(t) = \iint_S A_{ij\ldots p}(\underset{\sim}{x},t)\,dS_p\,,$$

$$\text{c)}\ \Gamma_{ij\ldots}(t) = \int_C B_{ij\ldots p}(\underset{\sim}{x},t)\,dx_p\,.$$

Darin sind $\underset{\sim}{p}$, $\underset{\sim}{A}$, $\underset{\sim}{B}$ Tensorfelder beliebiger Stufenzahl.

6.3.5 Man wende die in Ü 6.3.4 formulierten Transporttheoreme auf folgende Integrale an:

$$\text{a)}\ V(t) = \iiint_V dV\,, \qquad \text{b)}\ \Phi(t) = \iint_S A_i(\underset{\sim}{x},t)\,dS_i\,, \qquad \text{c)}\ F(t) = \int_{a(t)}^{b(t)} f(x,t)\,dx\,.$$

6.3.6 Welche Folgerungen ergeben sich aus dem Prinzip der materiellen Objektivität für die elastische Stoffgleichung $\sigma_{ij} = f_{ij}(\partial x_p/\partial a_q)$?

6.3.7 Man überprüfe folgende Tensoren auf ihre materielle Objektivität hin: a) den Geschwindigkeitsvektor, b) den Verzerrungsgeschwindigkeitstensor und den Spintensor, c) die materielle Zeitableitung des CAUCHYschen Spannungstensors, die JAUMANNsche und die konvektive Spannungsgeschwindigkeit.

6.3.8 Aus den Bewegungsgleichungen $\rho\partial^2 u_i/\partial t^2 = \partial\sigma_{ij}/\partial x_j$ eines Kontinuums der Dichte ρ (äußere Volumenkräfte unberücksichtigt → freie Schwingungen) leite man für den isotropen elastischen Körper (4.124) eine Differentialgleichung in den Verschiebungen u_i her und ermittle daraus die Wellengleichungen für Longitudinal- und Transversalwellen.

6.3.9 Man wende die Beziehung (6.68) auf den in Ü 2.3.4 benutzten Verschiebungsvektor $u_i = \varepsilon_{ij} a_j$ an.

6.3.10 Man zerlege die absolute Beschleunigung des Punktes Q in Bild 6.6 gemäß $b_i = {}^f b_i + {}^r b_i + {}^C b_i$ in Führungsbeschleunigung, Relativbeschleunigung und CORIOLISbeschleunigung.

6.3.11 Man zeige, daß die Produktregel

$$d(A_{ij}B_{ij})/dt = B_{ij}dA_{ij}/dt + A_{ij}dB_{ij}/dt$$

auch durch

$$d(A_{ij}B_{ij})/dt = B_{ij}d^*A_{ij}/dt + A_{ij}d^*B_{ij}/dt$$

ausgedrückt werden kann. Darin ist d^*/dt die JAUMANNsche Zeitableitung.

6.3.12 Man leite den Zusammenhang (6.75) her.

6.3.13 Man wende Formel (6.76) auf folgende Tensoren an:

a) auf den isotropen Elastizitätstensor 4-ter Stufe

$$E_{ijkl} = \lambda\delta_{ij}\delta_{kl} + \mu(\delta_{ik}\delta_{jl} + \delta_{il}\delta_{jk}) ,$$

b) auf den isotropen Tensor 5-ter Stufe $T_{ijklm} = \delta_{ij}\varepsilon_{klm}$,

c) auf den δ-Tensor 6-ter Stufe $\delta_{ijklmn} = \varepsilon_{ijk}\varepsilon_{lmn}$.

6.3.14 Man ermittle die JAUMANNsche Spannungsgeschwindigkeit (6.64) für den Spannungsdeviator σ'_{ij}.

6.3.15 Die durch $d^{\nu}(ds^2)/dt^{\nu} = {}^{\nu}A_{ij}dx_i dx_j$ definierten symmetrischen Tensoren ${}^{\nu}A_{ij}$, $\nu = 0,1,2,\ldots,\mu$ heißen RIVLIN-ERICKSEN-Tensoren. Man leite eine Rekursionsformel zu ihrer Bestimmung her. Welche Tensoren erhält man speziell für $\nu = 0$, $\nu = 1$ und $\nu = 2$?

6.3.16 Man wende die OLDROYDsche Zeitableitung auf den EULERschen Verzerrungstensor an.

6.4 Der Deformationsgradient und seine polare Zerlegung

In der Kontinuumsmechanik spielt der Deformationsgradient

$$F_{ij} := \partial x_i/\partial a_j \ , \qquad F_{ij}^{(-1)} := \partial a_i/\partial x_j \qquad (6.77a,b)$$

eine fundamentale Rolle. Mit seiner Hilfe lassen sich beispielsweise die verschiedenen Verzerrungstensoren darstellen, die man in der Theorie endlicher Verzerrungen benutzt. Eine Vielzahl von Anwendungen in der Elasto- und Plastomechanik wird in [6] diskutiert. Zur anschaulichen Interpretation des Deformationsgradienten (6.77a,b) betrachte man zu einem festen Zeitpunkt $t > 0$ einen Linienelementvektor $d\vec{s} \mathrel{\hat{=}} dx_i$, der zwei benachbarte materielle Punkte miteinander verbindet und wegen (6.56a,b) durch

$$dx_i = (\partial x_i/\partial a_j)da_j \equiv F_{ij}da_j \ , \qquad da_i = (\partial a_i/\partial x_j)dx_j \equiv F_{ij}^{(-1)}dx_j \quad (6.78a,b)$$

bzw. in symbolischer Schreibweise durch

$$d\vec{s} = \underset{\sim}{F}\, d\vec{s}_0 \ , \qquad d\vec{s}_0 = \underset{\sim}{F}^{-1}\, d\vec{s} \qquad (6.79a,b)$$

dargestellt werden kann (Bild 6.7).

Aus Bild 6.7 wird deutlich, daß ein Linienelementvektor während der Bewegung eine Translation, Rotation und Streckung (bzw. Stauchung) erfährt. Der Bewegungsvorgang ist somit durch den Deformationsgradienten (6.77a,b) charakterisiert, den man zusammenfassend folgendermaßen definieren kann:

Der Deformationsgradient ist ein Doppelfeldtensor zweiter Stufe und bildet einen Linienelementvektor $d\vec{s}_0 \mathrel{\hat{=}} da_i$, der zwei infinitesimal benachbarte materielle Punkte in der Referenzkonfiguration ($t = 0$) verbindet, auf den Linienelementvektor $d\vec{s} \mathrel{\hat{=}} dx_i$ ab,

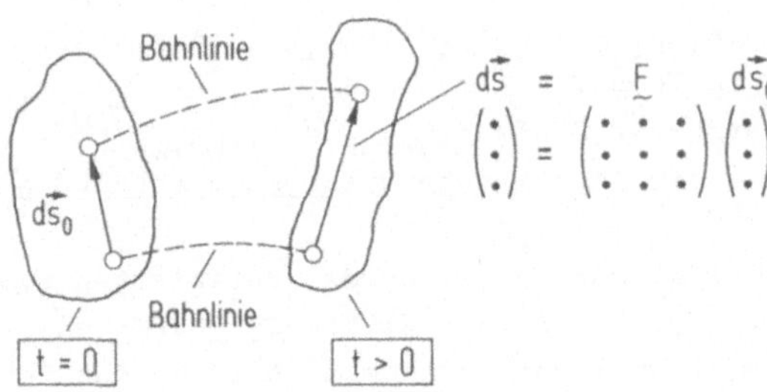

Bild 6.7 Zur Veranschaulichung des Deformationsgradienten

der dieselben materiellen Punkte in der aktuellen Konfiguration ($t > 0$) verbindet.
Doppelfeldtensoren erkennt man am Transformationsverhalten, das in [6] und in Ü 6.4.11 untersucht wird.

Im allgemeinen ist der Deformationsgradient (6.77a) abhängig vom betrachteten Teilchen, d.h. von den LAGRANGEschen Koordinaten a_i. Falls jedoch die Bewegung (6.56a) eine Linearkombination in den Anfangskoordinaten a_i ist, hat der Deformationsgradient für alle materiellen Punkte dasselbe Matrizenschema. Dieser Sonderfall kennzeichnet eine homogene oder affine Deformation [6].

Der Deformationsgradient ist im allgemeinen nicht symmetrisch. Die Symmetrie ist nur bei fehlender Starrkörperbewegung gegeben. Auf die Zerlegung des Deformationsgradienten in Starrkörperbewegung und Verzerrung soll im folgenden näher eingegangen werden.

In der Theorie endlicher Verzerrungen ist die multiplikative Zerlegung des Deformationsgradienten in "reine" Streckung (Verzerrung) und "reine" Drehung von grundlegender Bedeutung. Hierauf wurde bereits am Ende der Ziffer 3.1 hingewiesen.

Analog der polaren Darstellung $z = r\exp(i\varphi)$ einer komplexen Zahl gibt es für den Deformationsgradienten eine Produktzerlegung gemäß dem polaren Zerlegungstheorem. Danach existieren zwei eindeutige Zerlegungen von $\underset{\sim}{F}$:

$$\boxed{\underset{\sim}{F} = \underset{\sim}{R}\underset{\sim}{U} \mathrel{\hat{=}} R_{ik}U_{kj} = F_{ij}} \quad \text{und} \quad \boxed{\underset{\sim}{F} = \underset{\sim}{V}\underset{\sim}{R} \mathrel{\hat{=}} V_{ik}R_{kj} = F_{ij}} \;, \tag{6.80a,b}$$

wobei $\underset{\sim}{R}$ ein eigentlich orthogonaler Tensor,

$$\underset{\sim}{R}^T\underset{\sim}{R} = \underset{\sim}{R}\underset{\sim}{R}^T = \underset{\sim}{\delta} \mathrel{\hat{=}} \delta_{ij} = R_{ki}R_{kj} = R_{ik}R_{jk} \;; \quad \det(R_{ij}) = 1 \;, \tag{6.81}$$

und $\underset{\sim}{U}$, $\underset{\sim}{V}$ zwei symmetrische positiv definite Tensoren sind mit:

$$\underset{\sim}{U}^2 = \underset{\sim}{F}^T\underset{\sim}{F} \equiv \underset{\sim}{C} \quad \text{und} \quad \underset{\sim}{V}^2 = \underset{\sim}{F}\underset{\sim}{F}^T \equiv \underset{\sim}{B} \;. \tag{6.82a,b}$$

Die Tensoren $\underset{\sim}{C}$ und $\underset{\sim}{B}$ werden "rechter" und "linker" CAUCHY-GREEN-Tensor genannt. Sie werden in Tabelle 6.2 zur Formulierung des LAGRANGEschen (λ_{ij}) und EULERschen (η_{ij}) Verzerrungstensors herangezogen [6] und können gemäß $C_{ij} \equiv g_{ij}$ und $B_{ij} \equiv h_{ij}^{(-1)}$ durch die Metriktensoren $\underset{\sim}{g}$ und $\underset{\sim}{h}$ ausgedrückt werden, wobei $\underset{\sim}{g}$ die Metrik des verformten Kontinuums bezüglich der LAGRANGEschen und $\underset{\sim}{h}$ die Metrik des unverformten Kontinuums bezüglich der EULERschen Koordinaten bestimmt.

Tabelle 6.2 Verzerrungs- und Metriktensoren

		Darstellung LAGRANGE	Darstellung EULER
METRIK	verzerrtes Kontinuum	$ds^2 = g_{ij}\,da_i\,da_j$	$ds^2 = \delta_{ij}\,dx_i\,dx_j$
METRIK	unverzerrtes Kontinuum	$ds_0^2 = \delta_{ij}\,da_i\,da_j$	$ds_0^2 = h_{ij}\,dx_i\,dx_j$
METRIKTENSOR	verzerrtes Kontinuum	$g_{ij} \equiv C_{ij} = F_{ki}F_{kj}$ $\underset{\sim}{C} = \underset{\sim}{F}^T\underset{\sim}{F}$	δ_{ij}
METRIKTENSOR	unverzerrtes Kontinuum	δ_{ij}	$h_{ij} \equiv B_{ij}^{(-1)} = F_{ki}^{(-1)}F_{kj}^{(-1)}$ $\underset{\sim}{B} = \underset{\sim}{F}\,\underset{\sim}{F}^T$
VERZERRUNGS-TENSOR		$\lambda_{ij} = \frac{1}{2}(g_{ij} - \delta_{ij})$ $\underset{\sim}{\lambda} = \frac{1}{2}(\underset{\sim}{C} - \underset{\sim}{\delta})$	$\eta_{ij} = \frac{1}{2}(\delta_{ij} - h_{ij})$ $\underset{\sim}{\eta} = \frac{1}{2}(\underset{\sim}{\delta} - \underset{\sim}{B}^{-1})$

Die Symmetrie der Tensoren (6.82a,b) und ihre positive Definitheit werden in [6] gezeigt. Die charakteristischen Zahlen eines positiv definiten Tensors sind alle positiv, so daß die Tensoren $\underset{\sim}{U} = \underset{\sim}{C}^{1/2}$ und $\underset{\sim}{V} = \underset{\sim}{B}^{1/2}$ definiert werden können, die häufig Rechts-Streck-Tensor und Links-Streck-Tensor genannt werden. Sie besitzen dieselben (positiven) Hauptwerte, wie in Ü 6.4.5 gezeigt wird.

Die Beziehungen (6.82a,b) folgen unmittelbar aus den Zerlegungen (6.80 a,b), wenn man annimmt, daß der Tensor $\underset{\sim}{R}$ orthogonal ist (6.81):

$$\underset{\sim}{F}^T\underset{\sim}{F} \mathrel{\hat{=}} F_{ki}F_{kj} = \underbrace{R_{kp}R_{kq}}_{\delta_{pq}}U_{pi}U_{qj} = U_{ip}U_{pj} \equiv U_{ij}^{(2)} \mathrel{\hat{=}} \underset{\sim}{U}^2 ,$$

$$\underset{\sim}{F}\underset{\sim}{F}^T \mathrel{\hat{=}} F_{ik}F_{jk} = V_{ip}V_{jq}\underbrace{R_{pk}R_{qk}}_{\delta_{pq}} = V_{ip}V_{pj} \equiv V_{ij}^{(2)} \mathrel{\hat{=}} \underset{\sim}{V}^2 .$$

Definiert man umgekehrt die invertierbaren Tensoren $\underset{\sim}{U}$ und $\underset{\sim}{V}$ gemäß (6.82 a,b), so folgert man aus den Zerlegungen (6.80a,b), d.h. aus $\underset{\sim}{R} = \underset{\sim}{F}\underset{\sim}{U}^{-1}$ bzw. $\underset{\sim}{R} = \underset{\sim}{V}^{-1}\underset{\sim}{F}$ unmittelbar die Orthonormierungsbedingungen (6.81) unter Berücksichtigung der Symmetrien $\underset{\sim}{U} = \underset{\sim}{U}^T$ und $\underset{\sim}{V} = \underset{\sim}{V}^T$:

$$\underset{\sim}{R}^T\underset{\sim}{R} = (\underset{\sim}{V}^{-1}\underset{\sim}{F})^T\underset{\sim}{V}^{-1}\underset{\sim}{F} = \underset{\sim}{F}^T\underbrace{\underset{\sim}{V}^{-1}\underset{\sim}{V}^{-1}}_{\underset{\sim}{V}^{-2} = (\underset{\sim}{F}^T)^{-1}\underset{\sim}{F}^{-1}}\underset{\sim}{F} = \underset{\sim}{F}^T(\underset{\sim}{F}^T)^{-1}\underset{\sim}{F}^{-1}\underset{\sim}{F} = \underset{\sim}{\delta} \ ,$$

$$\underset{\sim}{R}\underset{\sim}{R}^T = \underset{\sim}{F}\underset{\sim}{U}^{-1}(\underset{\sim}{F}\underset{\sim}{U}^{-1})^T = \underset{\sim}{F}\underbrace{\underset{\sim}{U}^{-1}\underset{\sim}{U}^{-1}}_{\underset{\sim}{U}^{-2} = \underset{\sim}{F}^{-1}(\underset{\sim}{F}^T)^{-1}}\underset{\sim}{F}^T = \underset{\sim}{F}\underset{\sim}{F}^{-1}(\underset{\sim}{F}^T)^{-1}\underset{\sim}{F}^T = \underset{\sim}{\delta} \ .$$

Schließlich kann aus der Zerlegung (6.80a) unmittelbar die Zerlegung (6.80b) gefolgert werden, wenn man die Orthogonalität (6.81) des Tensors $\underset{\sim}{R}$ und die Symmetrie $\underset{\sim}{U} = \underset{\sim}{U}^T$ voraussetzt (Ü 6.4.3). Zum Nachweis der Eindeutigkeit der Zerlegungen (6.80a,b) sei auf Ü 6.4.4 verwiesen.

Das polare Zerlegungstheorem kann recht anschaulich gedeutet werden [6]. Dazu ersetzt man den Deformationsgradienten in (6.78a) durch seine polaren Zerlegungen (6.80a,b), so daß die Abbildung eines Linienelementvektors (Bild 6.7) als Hintereinanderschaltung von Streckung und Rotation bzw. Rotation und Streckung gedeutet werden kann:

$$\left.\begin{aligned} d\xi_i &= U_{ij}da_j \\ dx_i &= R_{ij}d\xi_j \end{aligned}\right\} \Rightarrow \boxed{dx_i = R_{ip}U_{pj}da_j} \tag{6.83a}$$

$$\left.\begin{aligned} d\eta_i &= R_{ij}da_j \\ dx_i &= V_{ij}d\eta_j \end{aligned}\right\} \Rightarrow \boxed{dx_i = V_{ip}R_{pj}da_j} \tag{6.83b}$$

Diese Transformationen sind in Bild 6.8 veranschaulicht.

Im linken Teil des Bildes 6.8 wird der Vektor $d\vec{a}$ zunächst vermöge der linearen Transformation $\underset{\sim}{U}$ auf den Vektor $d\vec{\xi}$ abgebildet, der infolge $\underset{\sim}{R}$ eine starre Drehung erfährt. Abschließend wird eine Verschiebung von P_0 nach P vorgenommen. Alternativ kann dieselbe Bewegung, d.h. die Abbildung $d\vec{x} = \underset{\sim}{F}\,d\vec{a}$ durch Hintereinanderschalten von Translation ($P_0 \rightarrow P$), Rotation infolge $\underset{\sim}{R}$ und Streckung vermöge des linearen Operators $\underset{\sim}{V}$ zusammengesetzt werden, wie im rechten Teil des Bildes 6.8 angedeutet. Die Translation ändert einen materiellen Vektor und auch seine rechtwinkligen Komponenten bezüglich eines gemeinsamen Koordinatensystems nicht. In krummlinigen Koordinaten ändern sich jedoch die ko- und kontravarianten Komponenten eines Vektors auch bei einer Translation.

Die allgemeine Bezeichnung Streckung, die man für die linearen Transformationen $\underset{\sim}{U}$ und $\underset{\sim}{V}$ verwendet, ist einleuchtend, wenn man das polare Zerlegungstheorem (6.80a,b) an der Bewegung eines Elementarquaders erläutert, dessen Kanten mit den Hauptachsen des Tensors $\underset{\sim}{U}$ zusammenfallen, wie in Bild 6.9a angedeutet.

Der Quader wird zunächst vermöge $\underset{\sim}{U}$ in den Hauptrichtungen $\vec{m}_I$, $\vec{m}_{II}$, $\vec{m}_{III}$ gestaucht bzw. gedehnt (Streckung) und danach durch starre Drehung $\underset{\sim}{R}$

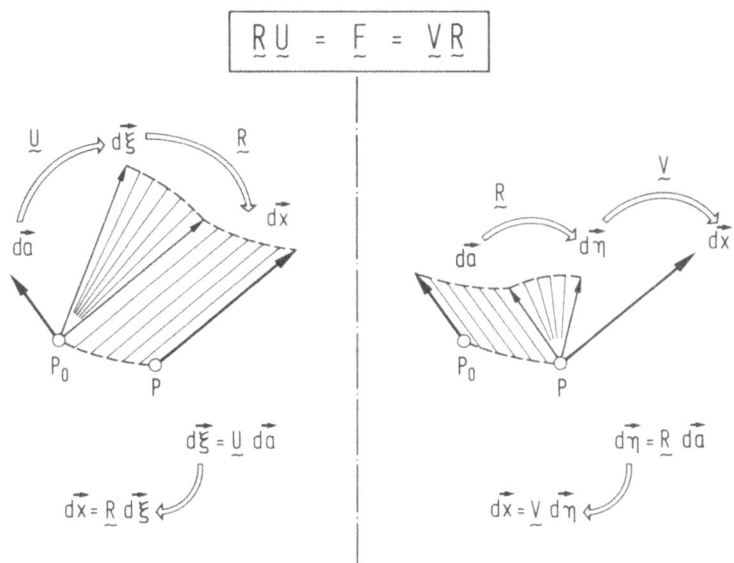

Bild 6.8 Zerlegungen des Deformationsgradienten

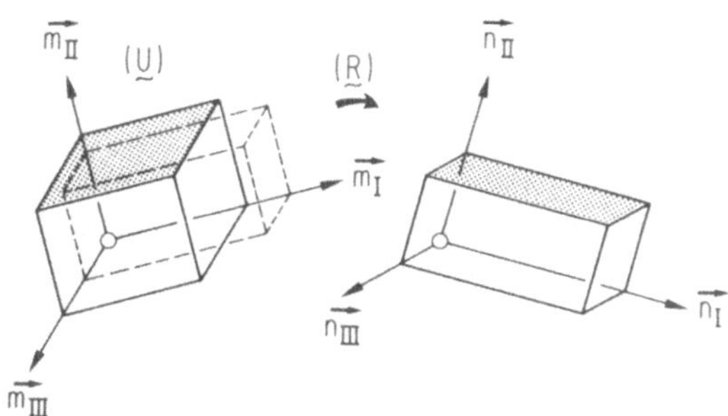

Bild 6.9a Polares Zerlegungstheorem $\underset{\sim}{F} = \underset{\sim}{R}\underset{\sim}{U}$

in die Endlage gebracht, wenn man die Zerlegung $\underset{\sim}{F} = \underset{\sim}{R}\underset{\sim}{U}$ betrachtet. Die zur besseren Übersicht vorgenommene Translation hat in dieser Betrachtung keine Bedeutung. In der Zerlegung $\underset{\sim}{F} = \underset{\sim}{V}\underset{\sim}{R}$ erfährt der Quader (nach der Translation) zunächst die starre Drehung und anschließend Stauchungen bzw. Dehnungen in den Hauptrichtungen $\vec{n}_I$, $\vec{n}_{II}$, $\vec{n}_{III}$ des Tensors $\underset{\sim}{V}$, wie in Bild 6.9b verdeutlicht.

Die in den Bildern 6.9a,b gestrichelt eingezeichneten Körper sind Zwischenabbildungen.

Die Tensoren $\underset{\sim}{U}$ und $\underset{\sim}{V}$ besitzen dieselben Hauptwerte; jedoch sind ihre Hauptachsen infolge $\underset{\sim}{R}$ gegeneinander verdreht:

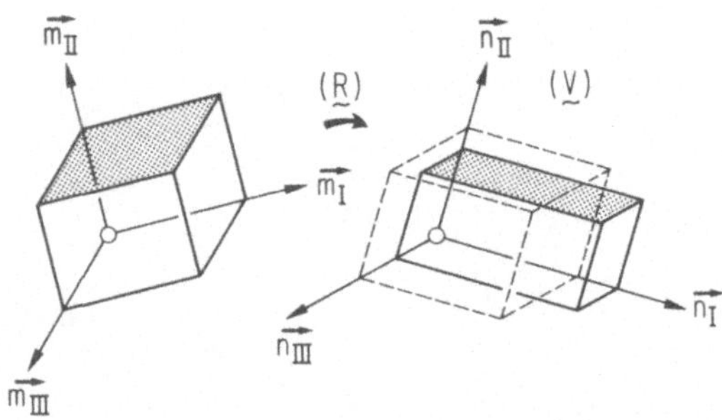

Bild 6.9b Polares Zerlegungstheorem $\underset{\sim}{F} = \underset{\sim}{V}\underset{\sim}{R}$

$$\boxed{n_i^{(\alpha)} = R_{ij} m_j^{(\alpha)} \; ; \qquad \alpha = I, II, III} \; , \tag{6.84}$$

wie in Ü 6.4.12 nachgewiesen wird.

Zusammenfassend kann man den Bildern 6.8 und 6.9a,b entnehmen, daß die linearen Operatoren $\underset{\sim}{U}$ und $\underset{\sim}{V}$ im allgemeinen allen Linienvektoren $d\vec{a}$ in P_0 und $d\vec{\eta}$ in P neben einer Längenänderung auch eine Richtungsänderung verleihen. Hiervon sind Linienelementvektoren in den Hauptrichtungen $m_i^{(\alpha)}$, $n_i^{(\alpha)}$, $\alpha = I, II, III$, der Tensoren $\underset{\sim}{U}$, $\underset{\sim}{V}$ ausgenommen. Diese Vektoren erfahren durch $\underset{\sim}{U}$ bzw. $\underset{\sim}{V}$ nur Längenänderungen, während ihre starre Drehung durch $\underset{\sim}{R}$ hervorgerufen wird.

Übungsaufgaben

6.4.1. Man zeige, daß der Tensor $\underset{\sim}{R}$ in den polaren Zerlegungen (6.80a,b) <u>eigentlich orthogonal</u> ist. Welche Folgerung ergibt sich hieraus?

6.4.2 Man erläutere die Bezeichnung <u>polare</u> Zerlegung.

6.4.3 Unter Voraussetzung der Orthogonalität (6.81) und der Symmetrie $\underset{\sim}{U} = \underset{\sim}{U}^T$ folgere man aus der Zerlegung (6.80a) die Zerlegung (6.80b). Die Rechnung führe man in Matrizen- und Indexschreibweise durch.

6.4.4 Man zeige, daß die Zerlegungen (6.80a,b) <u>eindeutig</u> sind.

6.4.5 Man zeige, daß die Tensoren $\underset{\sim}{U}$ und $\underset{\sim}{V}$ der Zerlegungen (6.80a,b) dieselben Hauptwerte besitzen.

6.4.6 Man leite die Beziehung $dV = \det(\underset{\sim}{F})\, dV_0$ her. Darin ist dV_0 das Volumen eines Elementarquaders.

6.4.7 Man leite einen Zusammenhang zwischen dem "rechten" und "linken" CAUCHY-GREEN-Tensor (6.82a,b) her.

6.4.8 Man wende auf die Bewegung $x_1 = \sqrt{3}a_1$, $x_2 = 2a_2$, $x_3 = \sqrt{3}a_3 - a_2$ das polare Zerlegungstheorem an.

6.4.9 Man diskutiere das polare Zerlegungstheorem bei kleinen Verzerrungen und Rotationen.

6.4.10 Man wende das polare Zerlegungstheorem auf die Scherbewegung $x_1 = a_1 + Ka_2$, $x_2 = Ka_1 + a_2$, $x_3 = a_3$ an. Welche Einschränkung gilt für K?

6.4.11 Man überprüfe, ob der Deformationsgradient ein objektiver Tensor ist und untersuche auch sein Transformationsverhalten.

6.4.12 Aus der Tatsache, daß die Hauptwerte des Tensors $\underset{\sim}{V}$ mit den Hauptwerten des Tensors $\underset{\sim}{U}$ übereinstimmen, folgere man die Beziehung (6.84). Umgekehrt schließe man von (6.84) auf übereinstimmende Hauptwerte.

7 Integralsätze

Zur Erläuterung der Integralsätze ist der Begriff des Flusses eines Tensorfeldes durch eine Fläche, z.B. die Oberfläche eines <u>konvexen</u> Körpers, zu definieren.

Ein Körper (und damit seine Oberfläche) ist dann konvex, wenn er zu je zwei beliebigen Punkten (Randpunkte einbegriffen) stets auch deren Verbindungsgerade ganz enthält. Andernfalls ist er konkav oder zumindest bereichsweise konkav. In diesem Sinne können konvexe Körper auch als Eikörper bezeichnet werden (Bild 7.1).

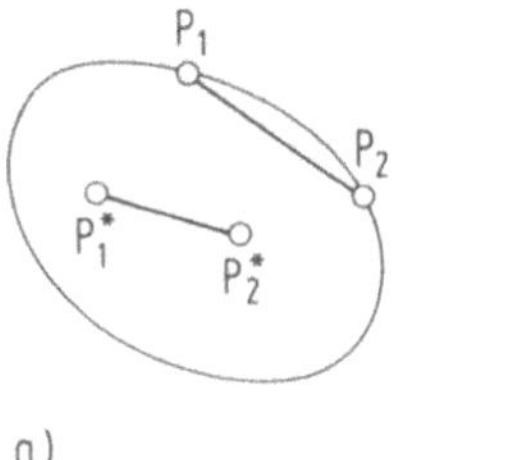

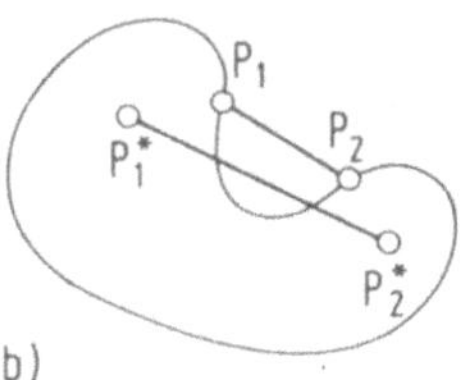

Bild 7.1 a) Überall konvexer b) teilweise konkaver Körper

Oberflächen von konvexen Körpern sind <u>regulär</u>. Allerdings müssen reguläre Flächen nicht konvex sein! Die Konvexität ist eine unnötige Einschränkung für die Anwendung der in den Ziffern 7.2 und 7.3 erläuterten Integralsätze. Von den betrachteten geschlossenen Flächen und (gekrümmten) Flächenstücken wird nur verlangt, daß sie <u>regulär</u> und <u>orientierbar</u> sind.

Man bezeichnet eine Punktmenge ${}^{m}S$ des dreidimensionalen Raumes als ein <u>reguläres Flächenstück</u>, wenn man ein rechtwinklig kartesisches Koordinatenkreuz so legen kann, daß ${}^{m}S$ in der Form $x_3 = {}^{m}f(x_1,x_2)$ darstellbar ist. Darin ist ${}^{m}f(x_1,x_2)$ in einem endlichen Gebiet der x_1-x_2-Ebene stetig differenzierbar. Lassen sich endlich viele reguläre Flächenstücke ${}^{1}S, {}^{2}S, \ldots, {}^{n}S$ stetig aneinander anschließen, so entsteht eine <u>reguläre Fläche S</u>. Mithin kann eine reguläre Fläche endlich viele <u>Kanten besitzen</u>. Ein Punkt $P \in S$, der nicht auf einer Kante liegt, wird als <u>regulärer Flächenpunkt</u> bezeichnet.

Neben der Regularität wird von den betrachteten Flächen auch Orientierbarkeit gefordert. Nicht alle regulären Flächen sind orientierbar, so daß die Integralsätze auf derartige Flächen nicht übertragbar sind. Ein Beispiel für eine nicht orientierbare Fläche ist das MÖBIUSsche Band, das man erhält, wenn man einen rechteckigen Papierstreifen nach einer Verdrehung um 180° zu einem Ring zusammenklebt (Bild 7.2).

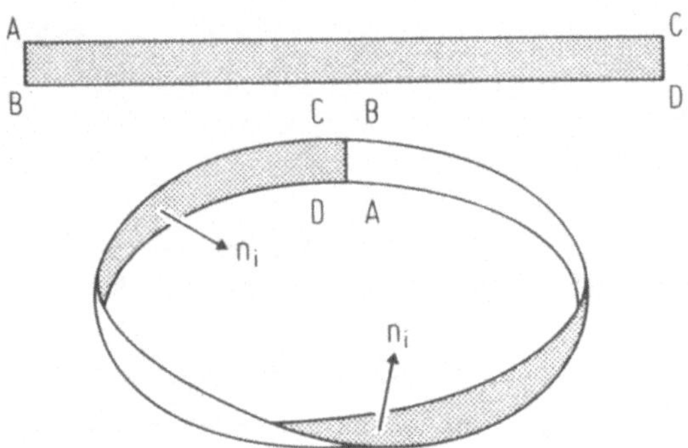

Bild 7.2 MÖBIUSsches Band

Bei dem MÖBIUSschen Band gelangt man auf einem stetigen Weg von der einen Flächenseite zur anderen, so daß die Seiten nicht als getrennt angesehen werden und eine vollständige Färbung von einer Stelle ausgehend möglich ist, ohne den Rand zu überschreiten. Derartige Flächen nennt man auch einseitige Flächen im Gegensatz zu den zweiseitigen Flächen, die orientierbar sind.

7.1 Der Fluß eines Vektor- und Dyadenfeldes durch eine Fläche

Es sei S eine geschlossene reguläre und orientierbare Fläche und n_i der Normaleneinsvektor der äußeren Flächennormalen. Befindet sich die Fläche S in demselben Gebiet G, in dem ein Vektorfeld $A_i = A_i(x_p)$ gegeben ist, dann kann man für diese Fläche definieren:

Das über die Fläche S erstreckte Doppelintegral

$$\Phi = \iint_S A_i n_i dS \tag{7.1}$$

($n_i dS = dS_i \mathrel{\hat{=}}$ orientiertes Flächenelement) heißt Fluß des Vektorfeldes $A_i(x_p)$ durch die Fläche S. Da n_i der Normaleneinsvektor ist, bildet das Skalarprodukt $A_i n_i = A \cos(A_i, n_i)$ die Projektion des Feldvektors A_i auf die positive Richtung der Flächennormalen.

Die Bedeutung des eingeführten Begriffs wird klar, wenn man beispielsweise als Vektorfeld das Geschwindigkeitsfeld $v_i(x_p)$ einer stationären

Flüssigkeitsbewegung annimmt. Dann drückt der Fluß (7.1) das Flüssigkeitsvolumen aus, das in der Zeiteinheit durch die Fläche von der negativen zur positiven Seite, d.h. von innen nach außen hindurchfließt. Strömt die Flüssigkeit in der entgegengesetzten Richtung, so ist der Fluß negativ.

Entsprechend kann der Flußbegriff erweitert werden in einem Dyadenfeld $A_{ij} = A_{ij}(x_p)$. Dann ist der Fluß des Dyadenfeldes durch eine Fläche zu definieren durch das Doppelintegral

$$\Phi_i = \iint_S A_{ij} n_j dS \,, \tag{7.2}$$

das im Gegensatz zum Fluß (7.1) ein Vektor ist. Zwischen beiden Definitionen besteht allerdings eine nahe formale Verwandtschaft; denn die Formel (7.2) stellt gleichsam in drei Varianten ($i = 1,2,3$), d.h. für jede Koordinate des Vektors $\Phi_i = (\Phi_1, \Phi_2, \Phi_3)$ die Formel (7.1) dar.

Als Beispiel sei der Fluß der Spannungsdyade σ_{ij} interpretiert, der sich aus (7.2) wegen (2.3) zu

$$\Phi_i = \iint_S \sigma_{ji} n_j dS = \iint_S p_i dS = \iint_S dP_i \tag{7.3}$$

ergibt. Mithin stellt der Fluß Φ_i des Spannungstensors σ_{ij} durch eine Fläche S den resultierenden Kraftvektor (Resultante) aller auf die Fläche S wirkenden "Spannungskräfte" dar. Darin liegt die physikalische Bedeutung des Flusses eines Spannungstensors.

Schließlich kann der Fluß eines Tensors ν-ter Stufe durch das Doppelintegral

$$\Phi_{k_1 \ldots k_{\mu-1} k_{\mu+1} \ldots k_\nu} = \iint_S A_{k_1 \ldots k_\mu \ldots k_\nu} n_{k_\mu} dS \tag{7.4}$$

definiert werden, das einen Tensor (ν-1)-ter Stufe darstellt, da der stumme Index k_μ auf der linken Seite nicht mehr erscheint.

7.2 Der GAUSSsche Integralsatz

Der GAUSSsche Integralsatz führt die Berechnung des Flusses (7.1) eines Vektorfeldes $A_i(x_p)$ durch eine geschlossene reguläre Fläche S, die von jeder achsenparallelen Geraden in höchstens zwei Punkten durchstoßen wird und einen Körper vom Volumen V begrenzt, auf das dreifache Integral der Divergenz des Vektors $A_i(x_p)$ über diesen Körper zurück:

$$\boxed{\iint_S A_i n_i dS = \iiint_V \partial_i A_i dV} \tag{7.5}$$

bzw. in symbolischer Schreibweise:

$$\iint_S \vec{A} \cdot \vec{n}\, dS = \iiint_V \operatorname{div} \vec{A}\, dV \,. \qquad (7.5^*)$$

Für den Fall, daß $A_i(x_p)$ wieder das Geschwindigkeitsfeld einer stationären Strömung innerhalb eines sogenannten Kontrollraumes ist, läßt sich der Inhalt des GAUSSschen Satzes anschaulich deuten:

Der Fluß durch die Oberfläche eines Kontrollraumes (das gesamte durch die Oberfläche pro Zeiteinheit hindurchfließende Flüssigkeitsvolumen) ist gleich der Summe über die Quellstärken (spezifische Quellstärke mal Volumenelement $\hat{=} \operatorname{div} \vec{A}\, dV$) im Innern des Kontrollraumes (das gesamte im Innern pro Zeiteinheit erzeugte Flüssigkeitsvolumen).

Unter Kontrollraum [11] versteht man jedes Raumvolumen (raumfester Integrationsbereich), das sich in endlich viele regulär begrenzte Teilvolumina zerlegen läßt, deren Randflächen von jeder achsenparallelen Geraden in höchstens zwei Punkten durchstoßen werden. Für ein solches Volumen (Bild 7.3) zeigt man die Gültigkeit des GAUSSschen Satzes (7.5), indem man ihn für jedes der Teilvolumina I,II,III usw. anschreibt und alle diese Ausdrücke addiert.

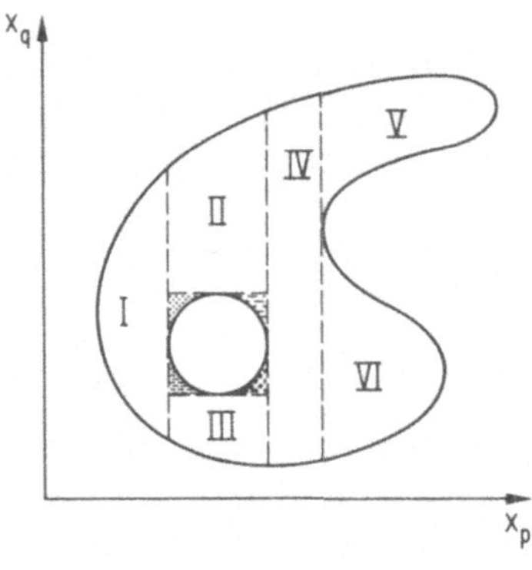

Bild 7.3
Zerlegung eines Kontrollraumes in Teilvolumina

In Bild 7.3 sind alle Teilvolumina regulär begrenzt, aber nicht alle konvex. So sind beispielsweise die vier schraffierten Bereiche konkav.

In gleicher Weise wie in Ziffer 7.1 der Flußbegriff (7.1) gemäß (7.2) auf ein Dyadenfeld $A_{ij} = A_{ij}(x_p)$ erweitert wurde, läßt sich auch ganz formal der GAUSSsche Satz (7.5) auf ein Dyadenfeld übertragen:

$$\iint_S A_{ij} n_j dS = \iiint_V \partial_j A_{ij} dV \equiv \iiint_V A_{ij,j} dV \,. \qquad (7.6)$$

Eine der wichtigsten Anwendungen in der Kontinuumsmechanik findet diese Formel bei der Herleitung der Gleichgewichtsbedingungen. Dann ist A_{ij} die Spannungsdyade σ_{ij}. Bei fehlenden Volumen- und Trägheitskräften verlangt das Gleichgewicht, daß der Fluß (7.3) der Spannungsdyade verschwindet. Mithin folgen unmittelbar aus dem GAUSSschen Satz (7.6) die Gleichgewichtsbedingungen:

$$\boxed{\sigma_{ji,j} = 0_i} \quad \left.\begin{aligned} \frac{\partial\sigma_{11}}{\partial x_1} + \frac{\partial\sigma_{21}}{\partial x_2} + \frac{\partial\sigma_{31}}{\partial x_3} &= 0 , \\ \frac{\partial\sigma_{12}}{\partial x_1} + \frac{\partial\sigma_{22}}{\partial x_2} + \frac{\partial\sigma_{32}}{\partial x_3} &= 0 , \\ \frac{\partial\sigma_{13}}{\partial x_1} + \frac{\partial\sigma_{23}}{\partial x_2} + \frac{\partial\sigma_{33}}{\partial x_3} &= 0 . \end{aligned}\right\} \tag{7.7}$$

Da bei fehlenden Volumenkräften die Divergenz der Spannungsdyade $\partial_j\sigma_{ji} \equiv \equiv \sigma_{ji,j}$ verschwindet, ist in diesem Fall das Spannungsfeld <u>quellfrei</u>. Im sogenannten "klassischen" Kontinuum ist der Spannungstensor symmetrisch ($\sigma_{ij} = \sigma_{ji}$), d.h., der Vektor $\varepsilon_{ijk}\sigma_{jk}$ verschwindet, wie aus dem Momentengleichgewicht folgt (im Gegensatz zum COSSERAT-Kontinuum [6,7]).

Analog zur Herleitung der Gleichgewichtsbedingungen benutzt man das <u>GAUSSsche Divergenztheorem</u> bei der Aufstellung der <u>Kontinuitätsbedingung</u>, die aus dem Prinzip von der Erhaltung der Masse

$$m = \iiint\limits_V \rho dV = \text{const.} \tag{7.8}$$

(V Volumen eines <u>Kontrollraumes</u>, $\rho = \rho(x_i,t)$ Dichtefeld des Kontinuums) folgt. Danach bewirkt eine durch die Begrenzungsfläche S eines Kontrollraumes sekündlich abfließende Masse, die man nach dem GAUSSschen Satz (7.5) durch

$$\iint\limits_S \rho v_i n_i dS = \iiint\limits_V \partial_i(\rho v_i) dV \tag{7.9}$$

ausdrücken kann (v_i Geschwindigkeitsvektor), eine sekündliche Dichteabnahme des gesamten Kontrollraumes:

$$-\frac{\partial m}{\partial t} = -\iiint\limits_V \frac{\partial\rho}{\partial t}\, dV , \tag{7.10}$$

so daß als <u>Massenbilanz</u> angeschrieben werden kann:

$$\iint\limits_S \rho v_i n_i dS = -\frac{\partial m}{\partial t} = -\iiint\limits_V \frac{\partial\rho}{\partial t}\, dV . \tag{7.11}$$

In Verbindung mit dem GAUSSschen Satz (7.9) folgt aus (7.11):

$$\iiint\limits_V [\partial\rho/\partial t + \partial_i(\rho v_i)] dV = 0 . \tag{7.12}$$

Da dieser Ausdruck für jeden beliebigen, d.h. auch beliebig kleinen Kontrollraum gilt, kann man den Kontrollraum auch auf einen Punkt zusammenziehen ("Verfeinerungsprozeß"), so daß in jedem Punkt wird:

$$\boxed{\partial\rho/\partial t + \partial_i(\rho v_i) = 0} \quad . \tag{7.13}$$

Diese Beziehung stellt die Kontinuitätsbedingung dar, die in symbolischer Schreibweise durch

$$\boxed{\partial\rho/\partial t + \mathrm{div}(\rho\vec{v}) = 0} \tag{7.13*}$$

ausgedrückt wird. Durch Ausdifferenzieren erhält man:

$$\underbrace{\partial\rho/\partial t + v_i\partial_i\rho}_{= d\rho/dt \equiv \dot{\rho}} + \rho\partial_i v_i = 0 \qquad \Rightarrow \qquad \boxed{\dot{\rho}/\rho + \partial_i v_i = 0} \quad . \tag{7.14}$$

Aus dem Tensor der Verzerrungsgeschwindigkeit

$$D_{ij} = (\partial_j v_i + \partial_i v_j)/2 \tag{7.15}$$

folgt durch Verjüngung ($i = j$) seine Spur $D_{ii} = \partial_i v_i$, so daß damit die Kontinuitätsbedingung (7.14) in der Form

$$\dot{\rho}/\rho + D_{ii} = 0 \qquad \text{oder} \qquad d\rho/\rho + dD_{ii} = 0 \tag{7.16a,b}$$

geschrieben werden kann, woraus man durch Integration die effektive Volumendilatation (Ü 2.3.5) erhält:

$$\boxed{D_{ii} = -\ln(\rho/\rho_0) = \ln(V/V_0)} \quad . \tag{7.17}$$

Bei inkompressiblen Medien (z.B. plastischer Werkstoff) ist ρ = const, d.h., $\dot{\rho} = 0$. Dann verschwindet nach (7.17) die Volumendilatation (plastische Volumenkonstanz).

Analog zur Verallgemeinerung des Flußbegriffes gemäß (7.4) kann man das GAUSSsche Divergenz-Theorem (7.5) bzw. (7.6) auch auf einen Tensor ν-ter Stufe anwenden:

$$\boxed{\iint\limits_S A_{k_1\ldots k_\mu\ldots k_\nu} n_{k_\mu}\, dS = \iiint\limits_V \partial_{k_\mu} A_{k_1\ldots k_\mu\ldots k_\nu}\, dV} \quad . \tag{7.18}$$

Man beachte auch eine weitere Verallgemeinerung gemäß Ü 7.2.3! Ersetzt man in (7.18) den Tensor $A_{k_1\ldots k_\mu\ldots k_\nu}$ z.B. durch den gleichstufigen Tensor $A_{k_1\ldots k_{\mu-1}} \partial_{k_\mu} B_{k_{\mu+1}\ldots k_\nu}$, so erhält man die Formel:

$$\begin{aligned} &\iint\limits_S n_{k_\mu} A_{k_1\ldots k_{\mu-1}} \partial_{k_\mu} B_{k_{\mu+1}\ldots k_\nu}\, dS = \\ &= \iiint\limits_V (\partial_{k_\mu} A_{k_1\ldots k_{\mu-1}} \partial_{k_\mu} B_{k_{\mu+1}\ldots k_\nu} + A_{k_1\ldots k_{\mu-1}} \partial_{k_\mu} \partial_{k_\mu} B_{k_{\mu+1}\ldots k_\nu})\, dV \; , \end{aligned} \tag{7.19}$$

die als einfachsten Sonderfall ($\nu = 1$) den ersten GREENschen Satz enthält:

$$\iint_S n_i A \partial_i B dS = \iiint_V (\partial_i A \partial_i B + A \Delta B)\, dV \quad , \tag{7.20}$$

den man symbolisch durch

$$\iint_S A\vec{n} \cdot \text{grad } B dS = \iiint_V [(\text{grad } A) \cdot (\text{grad } B) + A\Delta B]\, dV \tag{7.20*}$$

ausdrückt.

Vertauscht man in (7.20) A und B und zieht das Ergebnis von (7.20) ab, so erhält man unmittelbar den <u>zweiten GREENschen Satz</u>:

$$\iint_S n_i (A\partial_i B - B\partial_i A) dS = \iiint_V (A\Delta B - B\Delta A) dV \quad , \tag{7.21}$$

bzw. in symbolischer Schreibweise:

$$\iint_S (A \text{ grad } B - B \text{ grad } A) \cdot \vec{n} dS = \iiint_V (A\Delta B - B\Delta A) dV \; . \tag{7.21*}$$

Schließlich folgert man aus beiden Sätzen [(7.20) und (7.21)] für $A = 1$ die Beziehung

$$\iint_S n_i \partial_i B dS = \iiint_V \Delta B dV \quad \underline{\text{symbolisch:}} \quad \iint_S \vec{n} \cdot \text{grad } B dS = \iiint_V \Delta B dV \; , \tag{7.22}$$

die man auch aus dem GAUSSschen Satz (7.5) für den Gradientenvektor $A_i = \partial_i B$ abliest.

Übungsaufgaben
==============

7.2.1 Man benutze den GAUSSschen Satz und zeige, daß $\iint_S \vec{n} \times (\vec{A} \times \vec{x}) dS = 2V\vec{A}$ gilt, wenn $\vec{A}$ ein konstanter Vektor, $\vec{x}$ der Ortsvektor in V und S die Begrenzungsfläche des Volumens V sind.

7.2.2 Analog zu Ü 7.2.1 weise man $\iint_S x_i n_j dS = V\delta_{ij}$ nach. Darin ist x_i der Ortsvektor des orientierten Flächenelementes $n_j dS = dS_j$.

7.2.3 Man zeige: $\iint_S A_{k_1 \ldots k_\nu} n_p dS = \iiint_V \partial_p A_{k_1 \ldots k_\nu} dV$.

7.2.4 Es seien $R_i = \varepsilon_{ijk} \partial_j A_k$ der Rotor eines Vektorfeldes $A_i = A_i(x_p)$ und $\Phi = \Phi(x_p)$ ein Skalarfeld im gleichen Gebiet; dann gilt: $\iint_S \Phi R_i n_i dS = \iiint_V R_i \partial_i \Phi dV$, was nachzuweisen ist.

7.2.5 Das von einer regulären Begrenzungsfläche S eingeschlossene Volumen läßt sich als Oberflächenintegral $V = \frac{1}{6} \iint_S \nabla(\vec{x} \cdot \vec{x}) \cdot \vec{n} dS$ berechnen, was zu zeigen ist.

7.2.6 Man wende den GAUSSschen Satz (7.5) auf das Vektorfeld $A_i = \Phi B_i$ an. Darin sind $\Phi = \Phi(x_p)$ ein Skalarfeld und B_i ein konstanter Vektor.

7.2.7 Man wende den zweiten GREENschen Satz (7.21) auf die Potentiale φ und ψ zweier quellen- und wirbelfreier Felder $\partial_i \varphi$ und $\partial_i \psi$ an.

7.2.8 Welche Anforderungen müssen an ein Tensorfeld $T_{ij} = T_{ij}(x_p)$ gestellt werden, damit aus ihm nach der Rechenvorschrift $\sigma_{ij} = \varepsilon_{ipr}\varepsilon_{jqs}\partial_{pq}T_{rs}$ ein statisch zulässiges Spannungsfeld ermittelbar ist, das die Gleichgewichtsbedingungen (7.7) erfüllt? Man gebe ferner die einzelnen Koordinaten des Spannungstensors σ_{ij} an und untersuche den Sonderfall eines ebenen Tensorfeldes $T_{ij} = T_{ij}(x_1,x_2)$. Welches Ergebnis erhält man für den Sonderfall, daß T_{33} die einzige von Null verschiedene Koordinate ist?

7.2.9 Aus dem Momentengleichgewicht folgere man die Symmetrie des Spannungstensors.

7.2.10 Man ermittle den Fluß (7.1) des Vektorfeldes $A_i = (2x_1x_3, -x_2^2, x_2x_3)$ durch die Oberfläche des Einheitswürfels $x_1 = \langle 0,1\rangle$, $x_2 = \langle 0,1\rangle$, $x_3 = \langle 0,1\rangle$.

7.3 Der STOKESsche Integralsatz

Der Satz von STOKES stellt einen Zusammenhang zwischen einem Flächenintegral über eine nicht geschlossene reguläre Fläche S und einem Kurvenintegral längs der das reguläre Flächenstück umschließenden regulären Kurve C (Bogenelement ds) dar:

$$\boxed{\int_C A_i dx_i = \iint_S \varepsilon_{ijk}\partial_j A_k dS_i} \quad \text{bzw.} \quad \boxed{\int_C A_i t_i ds = \iint_S R_i n_i dS} \, . \qquad (7.23)$$

Darin sind $t_i = dx_i/ds$ der Tangenteneinsvektor an die Kurve C, $dS_i = n_i dS$ das orientierte Flächenelement und R_i der Rotor (6.40). Das reguläre (im allgemeinen gekrümmte) Flächenstück S und seine Randkurve C seien so orientiert, daß aus dem Tangenteneinsvektor $t_i = t_i(x_p)$ und dem Normaleneinsvektor $n_i = n_i(x_p)$ von S ein Vektorprodukt $\varepsilon_{ijk}t_j n_k$ gebildet werden kann, das für jeden Randpunkt x_p in das Äußere von S weist, d.h., auf der Randkurve ist jeder Durchlaufungssinn positiv, der zusammen mit der Richtung n_i eine Rechtsschraube bildet. Das Vektorfeld $A_i = A_i(x_p)$ in (7.23) wird als stetig differenzierbar angenommen.

Symbolisch drückt man den STOKESschen Integralsatz durch

$$\boxed{\int_C \vec{A} \cdot \vec{t} \, ds = \iint_S \vec{n} \cdot \text{rot}\, \vec{A} \, dS} \qquad (7.23^*)$$

aus.

Demnach ist die Zirkulation des Vektorfeldes A_i über die Randkurve C gleich der gesamten Wirbelung, die eine beliebig durch C gelegte reguläre Fläche S durchsetzt, d.h. gleich dem Wirbelfluß durch die Fläche. In (7.23) liefert das Flächenintegral für alle Flächen S mit derselben geschlossenen Randkurve C denselben Wert, ähnlich wie Linienintegrale, die vom Weg unabhängig sein können und nur vom Anfangs- und Endpunkt abhängen.

Mit Hilfe des STOKESschen Satzes kann der Begriff des Rotors recht anschaulich gedeutet werden. Dazu zieht man die geschlossene reguläre Kurve C und damit das eingespannte Flächenstück auf einen Punkt P zusammen. Die Flächennormale n_i wird sich dabei einer Grenzlage in P nähern, die davon abhängt, wie man die Kurve auf P zusammenzieht, und somit willkürlich ist. Dividiert man den STOKESschen Satz (7.23) durch die Fläche S,

$$\frac{1}{S}\int_C A_i dx_i = \frac{1}{S}\iint_S R_i n_i dS \ ,$$

so folgt unter Benutzung des Mittelwertsatzes der Integralrechnung

$$\iint_S R_i n_i dS = S(R_i n_i)_Q \tag{7.24}$$

zunächst der Zusammenhang

$$(R_i n_i)_Q = \frac{1}{S}\int_C A_i dx_i \ . \tag{7.25}$$

Darin ist im Sinne des Mittelwertsatzes Q ein bestimmter Punkt im Innern von S. Zieht man nun S auf einen betrachteten Punkt P zusammen, so folgt:

$$R_i n_i = \lim_{S\to 0} \frac{1}{S}\int_C A_i dx_i \tag{7.26}$$

(Verfeinerungsprozeß). Auf der linken Seite in (7.26) wird die Projektion des Rotors (6.40) auf die Richtung n_i gebildet, während rechts der Grenzwert des Quotienten aus dem Hüllenintegral des Randes und dem Flächeninhalt steht. Liegt ein Geschwindigkeitsfeld vor ($A_i \equiv v_i$), so ist

$$\int_C v_i dx_i = \int_C v_i t_i ds := \Gamma \tag{7.27}$$

die Zirkulation. Mithin ist die Projektion des Rotors der Geschwindigkeit auf eine bestimmte Richtung gleich dem Grenzwert des Quotienten aus der Zirkulation und eines zu der Richtung senkrecht stehenden Flächenstückes, d.h. gleich der spezifischen Zirkulation oder Zirkulationsdichte:

$$R_i n_i = \lim_{S\to 0} \frac{\Gamma}{S} \ . \tag{7.28}$$

Bei den obigen Überlegungen wurden einfach zusammenhängende Gebiete vorausgesetzt, in denen sich jede geschlossene reguläre Kurve stetig auf einen Punkt zusammenziehen läßt (Gebiete ohne Löcher). In mehrfach zusammenhängenden Gebieten ist die Anwendung des STOKESschen Satzes nur möglich, wenn vorher durch geeignete Schnitte eine Aufteilung in endlich viele einfach zusammenhängende Teilgebiete vorgenommen wurde.

Analog zur Interpretation (7.28) des Rotorbegriffs findet man über den GAUSSschen Satz (7.5) eine anschauliche Deutung für die Divergenz $\partial_i v_i$ eines Geschwindigkeitsfeldes im Punkt x_i als Grenzwert des Quotienten aus dem Vektorfluß (7.1) durch eine kleine geschlossene, den Punkt x_i umgebende Fläche und dem Volumen, das durch diese Fläche begrenzt wird (spezifische Ergiebigkeit, spezifische Quellstärke, Quelldichte):

$$\boxed{\partial_i v_i = \lim_{V\to 0} \frac{1}{V}\iint_S v_i n_i dS = \lim_{V\to 0} \frac{\Phi}{V}} \ . \tag{7.29}$$

Wegen (7.28) und (7.29) können somit die Zirkulationsverteilung und die Quellverteilung in einem Vektorfeld $A_i = A_i(x_p)$ durch das Rotorfeld $R_i = R_i(x_p) = \varepsilon_{ijk}\partial_j A_k(x_p)$ und durch die skalare Funktion $\partial_i A_i = \partial_i A_i(x_p)$ beschrieben werden.

Zusammenfassend können aus den erläuterten Integralsätzen (7.5) und (7.23) folgende äquivalente Bedingungen aufgestellt werden:

I) Für ein quellenfreies Vektorfeld $A_i = A_i(x_p)$ ergeben sich folgende äquivalenten Sätze:
  1) Für alle Punkte x_p gilt $\partial_i A_i(x_p) = 0$.
  2) Das Oberflächenintegral $\iint\limits_S A_i(x_p) n_i(x_p) dS$ verschwindet für alle geschlossenen orientierten regulären Flächen S.
  3) Das Vektorfeld $A_i = A_i(x_p)$ besitzt ein Vektorpotential U_i, d.h., es gibt ein Vektorfeld $U_i = U_i(x_p)$ mit $\varepsilon_{ijk}\partial_j U_k(x_p) = A_i(x_p)$.

II) Entsprechend folgert man aus der Wirbelfreiheit eines Vektorfeldes $A_i = A_i(x_p)$ folgende äquivalenten Sätze:
  1) Für alle Punkte x_p gilt $R_i(x_p) = \varepsilon_{ijk}\partial_j A_k(x_p) = 0_i$.
  2) Das Kurvenintegral $\int\limits_C A_i t_i ds$ verschwindet für alle geschlossenen regulären Kurven.
  3) Das Vektorfeld $A_i = A_i(x_p)$ besitzt ein skalares Potential U, d.h., es existiert eine Funktion $U = U(x_p)$ mit $\partial_i U(x_p) = A_i(x_p)$.

Übungsaufgaben

7.3.1 Welche Folgerung ergibt sich aus dem STOKESschen Satz (7.23) für ein wirbelfreies Vektorfeld $A_i = A_i(x_p)$?

7.3.2 Entsprechend Ü 7.2.6 wende man den STOKESschen Satz (7.23) auf das Vektorfeld $A_i = \Phi B_i$ an. Darin sind $\Phi = \Phi(x_p)$ ein Skalarfeld und B_i ein konstanter Vektor. Das Ergebnis gebe man auch in symbolischer Schreibweise an.

7.3.3 Man leite die Beziehung $\int\limits_C \varepsilon_{ijk} A_j t_k ds = \iint\limits_S (\delta_{ij} A_{k,k} - A_{j,i}) n_j dS$ her.

7.3.4 Man benutze die analytische Methode und beweise die Formel: $\iint\limits_S (\text{grad}\,\varphi \times \text{grad}\,\psi) \cdot d\vec{S} = \int\limits_C \varphi d\psi$. Darin sind $\varphi = \varphi(x_p)$ und $\psi = \psi(x_p)$ Skalarfelder.

7.3.5 Man wende den STOKESschen Satz (7.23) auf den Rotor $A_i = \varepsilon_{ijk}\partial_j v_k$ eines Geschwindigkeitsfeldes $v_i = v_i(x_p)$ an und übertrage das Ergebnis in die symbolische Schreibweise.

7.3.6 Man ermittle die Zirkulation Γ des Geschwindigkeitsfeldes $v_i = \varepsilon_{ijk}\omega_j x_k$ bei konstantem Winkelgeschwindigkeitsvektor ω_i. Das Ergebnis vergleiche man mit dem Rotor des Geschwindigkeitsfeldes.

7.3.7 Man leite die GREENsche Formel $\int\limits_C P dx_1 + Q dx_2 = \iint\limits_S \left(\frac{\partial Q}{\partial x_1} - \frac{\partial P}{\partial x_2}\right) dx_1 dx_2$ her. Darin sind $P = P(x_1,x_2)$ und $Q = Q(x_1,x_2)$ Funktionen zweier Veränderlicher in einem ebenen Gebiet.

7.3.8 Man berechne den Flächeninhalt einer Ellipse $x_1 = a\cos\varphi$, $x_2 = b\sin\varphi$ mit Hilfe der in Ü 7.3.7 angegebenen GREENschen Formel.

7.3.9 Es sei S die Oberfläche der oberen Halbkugel $x_1^2 + x_2^2 + x_3^2 = r^2$, die vom Kreis $x_1^2 + x_2^2 = r^2$ begrenzt wird. Am Beispiel $A_i = (2x_1 - x_2, - x_2x_3^2, - x_2^2x_3)$ verifiziere man den STOKESschen Satz (7.23).

7.3.10 Es sei $\Phi = \Phi(z,\bar{z})$ eine stetige Funktion mit stetigen partiellen Ableitungen in einem Gebiet S und auf einer Berandung C. Man zeige, daß die in Ü 7.3.7 hergeleitete GREENsche Formel in der komplexen Form $\int_C \Phi(z,\bar{z})dz = 2\sqrt{-1} \iint_S \frac{\partial\Phi}{\partial\bar{z}} dx_1dx_2$ geschrieben werden kann. Darin sind $z = x_1 + \sqrt{-1}\, x_2$ und $\bar{z} = x_1 - \sqrt{-1}\, x_2$.

D Tensorfunktionen

Tensorfunktionen sind dadurch gekennzeichnet, daß ihre Argumente tensorielle Größen sind. Man unterscheidet skalarwertige und tensorwertige Tensorfunktionen.
In der Kontinuumsmechanik ist die Darstellung solcher Funktionen von größter Bedeutung. So sind beispielsweise das elastische und plastische Potential [6] oder auch das Kriechpotential [21] skalarwertige Tensorfunktionen.

Das Stoffverhalten von Materialien wird durch tensorwertige Tensorfunktionen beschrieben [6]. Ein sehr bemerkenswerter Überblick über die Geschichte der Entwicklung von Materialgleichungen ("constitutive equations") wird von TRUESDELL in [29] mit ergänzenden Literaturhinweisen gegeben.

In den letzten 30 Jahren etwa ist das Interesse an der Entwicklung phenomenologischer Theorien zur Beschreibung des mechanischen Verhaltens von Stoffen, die nichtlinearen Stoffgesetzen gehorchen, ständig gestiegen [30]. Im Hinblick auf die zunehmende Bedeutung solcher Materialien wird auch künftig die Darstellungstheorie von Tensorfunktionen im Mittelpunkt des Interesses von Kontinuumstheoretikern, Physikern, Ingenieurwissenschaftlern etc. stehen. Ausführlich wird die Darstellungstheorie in [12] behandelt. Im folgenden wird ein kurzer Überblick gegeben.

8 Skalarwertige Tensorfunktionen; Invariantentheorie

Viele Mathematiker haben sich intensiv mit Problemen der Invariantentheorie befaßt. Bedeutende Ergebnisse findet man in Büchern von GRACE und YOUNG [31], GUREVICH [32], RIVLIN [33], SCHUR [34], WEITZENBÖCK [35], WEYL [36], um nur einige Beiträge zu erwähnen.

Die Invariantentheorie ist auch grundlegend für Anwendungen in der Kontinuumsmechanik, wie bereits oben erwähnt. Hierzu findet man bedeutende Beiträge z.B. von SPENCER [37], TRUESDELL und NOLL [26]. Weitere Anwendungen werden in [6,12] diskutiert. In [6] wird die Funktion

$$F = F(\sigma_{ij};\ A_{ij},\ A_{ijkl},\ A_{ijklmn},\ \ldots) \tag{8.1}$$

betrachtet, die eine skalarwertige Tensorfunktion von mehreren Argumenttensoren unterschiedlicher Stufenzahl ist. Beispielsweise könnte F das plastische Potential sein.
Dann sind σ_{ij} der CAUCHYsche Spannungstensor und A_{ij}, A_{ijkl} usw. Stofftensoren, die das anisotrope Verhalten charakterisieren. Das Hauptproblem bei der Darstellung einer skalarwertigen Funktion (8.1) besteht darin,

ein irreduzibles Invariantensystem aufzustellen, das als Basis (auch Integritätsbasis genannt) des gesamten Invariantensystems der gegebenen Tensorvariablen σ_{ij}, A_{ij}, A_{ijk} etc. bezeichnet wird.

Nach SCHUR [34] ist eine Integritätsbasis folgendermaßen definiert:

"Gibt es in dem Invariantensystem einer Gruppe ein endliches Teilsystem, derart, daß sich jede Invariante als ganze rationale Funktion dieses speziellen darstellen läßt, so heißt jenes Teilsystem eine Integritätsbasis des gesamten Invariantensystems".

Zur Frage der Endlichkeit der Integritätsbais sei auf HILBERTS Theorem [32,37] verwiesen, wonach

für ein endliches System von Tensoren (nicht notwendig derselben Stufe) eine Integritätsbasis existiert, die aus einer begrenzten Anzahl von Invarianten besteht.

Dieser Satz ist für die Invariantentheorie von grundlegender Bedeutung; er rechtfertigt die Suche nach einer Integritätsbasis.

Man nennt (8.1) eine isotrope Tensorfunktion, falls die Invarianz-Bedingung

$$F(a_{ip}a_{jq}\sigma_{pq};\ \ldots,\ a_{ip}a_{jq}a_{kr}a_{ls}A_{pqrs},\ \ldots) \equiv F(\sigma_{ij};\ \ldots,\ A_{ijkl},\ \ldots) \qquad (8.2)$$

unter einer beliebigen orthogonalen Substitution (2.11) erfüllt ist. Die Integritätsbasis für (8.1) besteht aus den irreduziblen Invarianten der einzelnen Argumenttensoren und aus dem System der Simultaninvarianten. In [12,38,39] wird auf die Konstruktion einer solchen Integritätsbasis näher eingegangen. Im folgenden seien nur die wichtigsten Ergebnisse mitgeteilt.

8.1 Integritätsbasis für Tensoren 2-ter Stufe

Einige Bemerkungen zur Integritätsbasis für Tensoren 2-ter Stufe findet man bereits in den Ziffern 3.3 und 5.5. Im folgenden soll das Wesentliche am praktischen Beispiel des plastischen Potentials zusammengestellt werden.

Bei mehraxialer Werkstoffbeanspruchung wird in der Plastomechanik die Existenz einer Fließbedingung angenommen, die bei Isotropie in der Form

$$F = F(\sigma_{ij}) = C_F \qquad (8.3a)$$

bzw. in Hauptachsendarstellung gemäß

$$F = F(\sigma_I,\ \sigma_{II},\ \sigma_{III}) = C_F \qquad (8.3b)$$

ausgedrückt werden kann. Die Fließbedingung stellt einen Zusammenhang zwischen den Spannungen bei Fließbeginn dar. Plastische Formänderungen können nur auftreten, wenn die Fließbedingung erfüllt ist. Die Konstante C_F in (8.3a,b) wird durch einen Werkstoffkennwert (Fließgrenze σ_F) ausgedrückt, der aus dem Experiment bestimmt wird [6].

Um für die skalarwertige Funktion F in (8.3) eine irreduzible Darstellung zu finden, kann man von folgender Überlegung ausgehen. Im isotropen Fall stellt keine der drei Hauptrichtungen I, II, III eine Vorzugsrichtung dar. Somit dürfen alle 3! Permutationen in I, II, III keinen Einfluß auf die Fließbedingung haben:

$$F(\sigma_I, \sigma_{II}, \sigma_{III}) = \ldots = F(\sigma_{III}, \sigma_{II}, \sigma_I) . \qquad (8.4)$$

Dieser Forderung wird genügt, wenn man zur Darstellung von (8.3b) die elementaren symmetrischen Funktionen (3.37a,b,c)

$$\sigma_I + \sigma_{II} + \sigma_{III} \equiv J_1 , \quad \sigma_I\sigma_{II} + \sigma_{II}\sigma_{III} + \sigma_{III}\sigma_I \equiv -J_2 , \qquad (8.5a,b)$$

$$\sigma_I\sigma_{II}\sigma_{III} \equiv J_3 \qquad (8.5c)$$

benutzt [36], d.h. wenn man (8.3b) in der Form

$$\boxed{F(J_1, J_2, J_3) = C_F} \qquad (8.6)$$

darstellt.

Die elementaren symmetrischen Funktionen sind die Koeffizienten des charakteristischen Polynoms

$$P_3(\lambda) = (\lambda - \sigma_I)(\lambda - \sigma_{II})(\lambda - \sigma_{III}) \equiv \lambda^3 - J_1\lambda^2 - J_2\lambda - J_3 . \qquad (8.7)$$

Man kann sie analog (3.20a,b,c) gemäß

$$J_1 := \sigma_{kk} , \quad J_2 := -\sigma_{i[i]}\sigma_{j[j]} , \quad J_3 := \sigma_{i[i]}\sigma_{j[j]}\sigma_{k[k]} \qquad (8.8a,b,c)$$

ausdrücken. Alle symmetrischen Funktionen von σ_I, σ_{II}, σ_{III} können durch die elementaren symmetrischen Funktionen (8.5a,b,c) ausgedrückt werden. Als Beispiel sei auf den Zusammenhang (3.58) hingewiesen. Die Invarianten J_1, J_2, J_3 stellen ein irreduzibles System dar, auch Basis oder Integritätsbasis genannt [34], durch die alle Invarianten des Tensors $\underset{\sim}{\sigma}$ ausgedrückt werden können.

Alternativ kann (8.3) durch die Grundinvarianten

$$S_\nu \equiv \mathrm{tr}\, \underset{\sim}{\sigma}^\nu , \qquad \nu = 1,2,3 \qquad (8.9)$$

dargestellt werden, die ebenfalls irreduzible und Elemente der Integritätsbasis sind. Das Zeichen "tr" in (8.9) steht für "trace" (Spur). Ein Zusammenhang zwischen (8.8) und (8.9) ist durch (3.57) gegeben.

Im isotropen Fall (8.6) vereinfacht sich die Invarianz-Bedingung (8.2) zu

$$F(a_{ip}a_{jq}\sigma_{pq}) \equiv F(\sigma_{ij}) \ . \tag{8.10}$$

Die Anisotropie kann entgegen (8.1) mit (8.2) auch durch "Modifikation" der Invarianz-Bedingung (8.10) berücksichtigt werden, indem man die allgemeine Transformation $\underset{\sim}{a}$ durch eine ihrer Untergruppen $\underset{\sim}{s}$ (ebenfalls mit $s_{ik}s_{jk} = \delta_{ij}$) ersetzt, die kennzeichnend für die Symmetrieeigenschaften des Werkstoffs ist [40,41,42]. Die Aufgabe besteht dann darin, anstelle von (8.5), (8.8) bzw. (8.9) ein auf die Symmetrietransformation $\underset{\sim}{s}$ (Kristallklasse) zugeschnittenes Invariantensystem zu finden. Somit grenzen die metallographischen Symmetrieeigenschaften eines anisotropen Stoffes die möglichen Abhängigkeiten der skalaren Funktion F in (8.3a) von den Spannungen σ_{ij} ein. Im folgenden soll die Anisotropie jedoch durch Stofftensoren ausgedrückt werden, wie in (8.1) angedeutet.

Für "orientierte" Stoffe mit einer Vorzugsrichtung, die durch den Vektor $\vec{u}$ gekennzeichnet ist (transversale Isotropie), kann ein symmetrischer Tensor zweiter Stufe aus dem dyadischen Produkt $A_{ij} = u_i u_j$ erzeugt werden [6]. Das plastische Potential hat dann die Form

$$F = F(\sigma_{ij}, A_{ij}) \ . \tag{8.11}$$

Die Integritätsbasis besteht jetzt aus den irreduziblen Invarianten der beiden Argumenttensoren und aus vier Simultaninvarianten. Diese Invarianten können durch Spurbildung aus Matrizenprodukten der Form

$$M_{ij}^{[\lambda,\nu]} \equiv \sigma_{ik}^{(\lambda)} A_{kj}^{(\nu)} \ , \qquad \lambda,\nu = 0,1,2 \tag{8.12}$$

gefunden werden:

$$M_{rr}^{[\lambda,\nu]} \equiv \sigma_{pq}^{(\lambda)} A_{qp}^{(\nu)} \quad \text{mit} \quad \left\{ \begin{array}{l} \lambda \ , \ \nu = 1,2 \\ \lambda = 0 \Rightarrow \nu = 1,2,3 \\ \nu = 0 \Rightarrow \lambda = 1,2,3 \ . \end{array} \right\} \tag{8.13a}$$

Darin stellen λ,ν in runden Klammern Exponenten dar, während die Kombinationen λ,ν in eckigen Klammern Marken bedeuten, die verschiedene Größen bezeichnen. Für (8.13a) kann man auch schreiben:

$$\left. \begin{array}{l} S_\lambda \equiv \mathrm{tr}\,\underset{\sim}{\sigma}^\lambda \ , \quad T_\nu \equiv \mathrm{tr}\,\underset{\sim}{A}^\nu \ , \qquad \lambda,\nu = 1,2,3 \\ \Omega_1 \equiv \mathrm{tr}\,\underset{\sim}{\sigma}\underset{\sim}{A} \ , \quad \Omega_2 \equiv \mathrm{tr}\,\underset{\sim}{\sigma}\underset{\sim}{A}^2 \ , \quad \Omega_3 \equiv \mathrm{tr}\,\underset{\sim}{A}\underset{\sim}{\sigma}^2 \ , \quad \Omega_4 \equiv \mathrm{tr}\,\underset{\sim}{\sigma}^2\underset{\sim}{A}^2 \ . \end{array} \right\} \tag{8.13b}$$

Alle anderen Invarianten sind redundant. Die Einschränkungen für die Exponenten λ,ν in (8.13a,b) können aus dem HAMILTON-CAYLEYschen Theorem (Ziffer 5.5) gefolgert werden, wonach jede ν-te Potenz eines Tensors zweiter Stufe durch seine zweite, erste und nullte Potenz ausgedrückt werden kann, so daß $\lambda < 3$ für $\nu \neq 0$ und $\nu < 3$ für $\lambda \neq 0$ gefordert werden muß. Das führt von (8.13a) auf die simultanen Invarianten $\Omega_1,\ldots,\Omega_4$ in (8.13b). Ist einer der beiden Exponenten NULL, so kann der andere bis DREI laufen. Man erhält dann die irreduziblen Grundinvarianten S_λ bzw. T_ν der einzelnen Argumenttensoren $\underset{\sim}{\sigma}$ bzw. $\underset{\sim}{A}$.

Konkret kann die Integritätsbasis (8.13a,b) zur Darstellung einer Fließbedingung $F(\sigma_{ij},A_{ij}) = \text{const.}$ für Tiefziehbleche (z.B. Autobleche) herangezogen werden. Für solche Bleche strebt man den isotropen Zustand in der Blechebene an (transversale Isotropie; senkrecht zur Blechnormalen isotropes Verhalten), um die gefürchtete Zipfelbildung zu vermeiden [6]. Dann hat der Vektor $\vec{u}$ im dyadischen Produkt $A_{ij} = u_i u_j$ die Richtung der Blechnormalen (Vorzugsrichtung). Darüber hinaus kann für dieses Beispiel der Vektor $\vec{u}$ ohne Einschränkung der Allgemeinheit als Einsvektor angenommen werden, so daß sich die Integritätsbasis (8.13b) zu

$$S_\lambda \equiv \text{tr}\,\underset{\sim}{\sigma}^{\lambda}\,, \quad \lambda = 1,2,3, \quad \Omega_1 \equiv \text{tr}\,\underset{\sim}{\sigma}\underset{\sim}{A}\,, \quad \Omega_3 \equiv \text{tr}\,\underset{\sim}{A}\underset{\sim}{\sigma}^2 \qquad (8.14)$$

vereinfacht und somit nur noch aus fünf irreduziblen Elementen besteht.

Ein anderer wichtiger Anwendungsfall ist die orthogonale Anisotropie (Orthotropie). Dafür existieren drei Vorzugsrichtungen, so daß drei Stofftensoren

$$A_{ij} = u_i u_j\,, \quad B_{ij} = v_i v_j\,, \quad C_{ij} = w_i w_j \qquad (8.15a,b,c)$$

in Betracht zu ziehen sind und anstelle von (8.1) die Funktion

$$F = F(\sigma_{ij};\ A_{ij},\ B_{ij},\ C_{ij}) \qquad (8.16)$$

darzustellen ist, die vier symmetrische Argumenttensoren 2-ter Stufe enthält. Allerdings kann man wieder ohne Einschränkung der Allgemeinheit annehmen, daß die Vektoren $\vec{u},\vec{v},\vec{w}$ in (8.15a,b,c) Einsvektoren sind. Darüber hinaus stehen diese Vektoren aufgrund der Orthotropie paarweise aufeinander senkrecht [6], so daß die Beziehung

$$u_i u_j + v_i v_j + w_i w_j = \delta_{ij} \qquad (8.17)$$

gilt, mit der man einen Argumenttensor (z.B. $C_{ij} = w_i w_j$) in (8.16) eliminieren kann. Mithin ist anstelle von (8.16) eine skalare Funktion mit drei symmetrischen Argumenttensoren 2-ter Stufe darzustellen.

Schließlich sei noch für den isotropen Fall auf eine alternative Darstellung zu (8.6) hingewiesen:

$$F(J_1;\ J_2',\ J_3') = C_F\,, \qquad (8.6^*)$$

die den Vorteil hat, daß sie den Einfluß der Volumenänderung (J_1) und der

Gestaltänderung (J_2', J_3') unmittelbar erkennen läßt [6]. Aufgrund der Zusammenhänge (3.71a,b) sind die Darstellungen (8.6) und (8.6*) äquivalent. Formal kann (8.6*) auch folgendermaßen gefunden werden. Man spalte in (8.3a) den Spannungstensor gemäß $\sigma_{ij} = \sigma'_{ij} + K_{ij}$ mit $K_{ij} := J_1\delta_{ij}/3$ in Deviator (2.32) und Kugeltensor (2.31) auf, d.h., man betrachte F als skalarwertige Funktion mit zwei Argumenttensoren: $F = F(\sigma'_{ij}, K_{ij})$. Für diese beiden Tensoren erhält man nach (8.13b) die Integritätsbasis

$$J_1 := \sigma_{kk}\ , \quad J_2' := \sigma'_{ij}\sigma'_{ji}/2\ , \quad J_3' := \sigma'_{ij}\sigma'_{jk}\sigma'_{ki}/3 \qquad (8.8^*a,b,c)$$

und somit als Alternative zu (8.6) die Darstellung (8.6*).

8.2 Vereinfachtes charakteristisches Polynom für Tensoren 4-ter Stufe

Im folgenden soll die skalare Funktion

$$F = F(\sigma_{ij};\ A_{ijkl}) \qquad (8.18)$$

zugrundegelegt werden, die als Sonderfälle die Beispiele (8.3), (8.11) und (8.16) enthält und der Invarianz-Bedingung

$$F(a_{ip}a_{jq}\sigma_{pq};\ a_{ip}a_{jq}a_{kr}a_{ls}A_{pqrs}) \equiv F(\sigma_{ij};\ A_{ijkl}) \qquad (8.19)$$

genügt. Zur Darstellung der Funktion (8.18) werden neben den irreduziblen Invarianten der einzelnen Argumenttensoren $\underset{\sim}{\sigma}$, $\underset{\sim}{A}$ auch die Simultaninvarianten benötigt. Zunächst soll ein System von irreduziblen Invarianten für den Tensor 4-ter Stufe gefunden werden.

Dazu wird der Tensor 4-ter Stufe wie in (4.130) als linearer Operator aufgefaßt:

$$Y_{ij} = A_{ijkl}X_{kl} \qquad \text{oder} \qquad Y_\alpha = A_{\alpha\beta}X_\beta \qquad (8.20a,b)$$

mit $i,j,k,l = 1,2,3$ oder $\alpha,\beta = 1,2,\ldots,9$. In (8.20) werden zwei mögliche Indexschreibweisen benutzt. Die Transformationsgesetze der Tensorkomponenten lauten darin:

$$Y^*_{ij} = a_{ip}a_{jq}Y_{pq} \qquad \text{oder} \qquad Y^*_\alpha = a_{\alpha\beta}X_\beta \qquad (8.21a,b)$$

und

$$A^*_{ijkl} = a_{ip}a_{jq}a_{kr}a_{ls}A_{pqrs} \qquad \text{oder} \qquad A^*_{\alpha\beta} = a_{\alpha\xi}a_{\beta\eta}A_{\xi\eta} \qquad (8.22a,b)$$

mit den Orthonormierungsbedingungen:

$$a_{it}a_{jt} = \delta_{ij} \qquad \text{oder} \qquad a_{\alpha\xi}a_{\beta\xi} = \delta_{\alpha\beta} \tag{8.23a,b}$$

wobei

$$\left.\begin{array}{l} a_{\alpha\xi} \mathrel{\hat{=}} a_{ip}a_{jq} \\ a_{\beta\xi} \mathrel{\hat{=}} a_{kp}a_{lq} \end{array}\right\} \Rightarrow a_{\alpha\xi}a_{\beta\xi} \mathrel{\hat{=}} a_{ip}a_{jq}a_{kp}a_{lq} = \delta_{ik}\delta_{jl} \mathrel{\hat{=}} \delta_{\alpha\beta} . \tag{8.24}$$

Das Eigenwertproblem $\underset{\sim}{A}\vec{X} = \lambda\vec{X}$ führt mit (8.20a,b) auf:

$$(A_{ijkl} - \lambda A^{(0)}_{ijkl})X_{kl} = 0_{ij} \qquad \text{oder} \qquad (A_{\alpha\beta} - \lambda A^{(0)}_{\alpha\beta})X_{\beta} = 0_{\alpha} , \tag{8.25a,b}$$

worin $A^{(0)}_{ijkl} \equiv \delta_{ik}\delta_{jl}$ oder $A^{(0)}_{\alpha\beta} \equiv \delta_{\alpha\beta}$ die nullte Potenz (Ziffer 5.5) des Tensors vierter Stufe ist. Das Gleichungssystem (8.25) hat nur dann eine nichttriviale Lösung, wenn die Determinante des Systems verschwindet:

$$\det(A_{ijkl} - \lambda A^{(0)}_{ijkl}) = 0 \qquad \text{oder} \qquad \det(A_{\alpha\beta} - \lambda A^{(0)}_{\alpha\beta}) = 0 . \tag{8.26a,b}$$

Die Auflösung dieser Determinante führt auf die charakteristische Gleichung bzw. auf das <u>charakteristische Polynom</u> [38]:

$$\boxed{P_n(\lambda) = \det(A_{ijkl} - \lambda A^{(0)}_{ijkl}) = \sum_{\nu=0}^{n} J_{\nu}(\underset{\sim}{A}) \cdot \lambda^{n-\nu}} \tag{8.27}$$

Darin sind die Koeffizienten J_ν irreduzible Invarianten eines Tensors $\underset{\sim}{A}$ vierter Stufe, die man nach [38,39] durch <u>Alternierung</u> aus

$$\boxed{(-1)^{n-\nu}J_{\nu} \equiv A_{\alpha_1[\alpha_1}A_{\alpha_2[\alpha_2]} \cdots A_{\alpha_\nu[\alpha_\nu]}} \tag{8.28}$$

mit $(-1)^n J_0 \equiv 1$ gewinnt, d.h., die rechte Seite in (8.28) ist gleich der Summe aller $\binom{n}{\nu} = \frac{n!}{\nu!(n-\nu)!}$ <u>Hauptminoren</u> der Zeilenzahl $\nu \leq n$, wobei $\nu = 1$ die Spur und $\nu = n$ die Determinante des $n \times n$ Matrizenschemas $\underset{\sim}{A}$ ergeben. Die griechischen Indizes $\alpha_1, \alpha_2, \ldots, \alpha_\nu$ in (8.28) sind stellvertretend für jeweils ein Indexpaar (ij), (kl) usw. des vierstufigen Tensors. Der Tensor $A^{(0)}_{ijkl}$ in (8.27) ist ein vierstufiger <u>Einstensor</u>, der bei symmetrischem <u>Stofftensor</u>,

$$A_{ijkl} = A_{jikl} = A_{ijlk} = A_{klij} , \qquad i,j,k,l = 1,2,3 \tag{8.29a}$$

oder

$$A_{\alpha\beta} = A_{\beta\alpha} , \qquad \alpha,\beta = 1,2,\ldots,6 , \tag{8.29b}$$

durch den zweistufigen <u>KRONECKER-Tensor</u> δ_{ij} gemäß (4.134) ausgedrückt werden kann. Der Grad n in (8.27) ist in diesem Fall n = 6, wie in (8.29b) angedeutet.

Die <u>Hauptinvarianten</u> J_ν in (8.28) lassen sich durch Polynome in den <u>Grundinvarianten</u>

$$S_\nu \equiv \text{tr}\,\underset{\sim}{A}^\nu \equiv A_{i_1j_1i_2j_2}A_{i_2j_2i_3j_3}\ \cdots\ A_{i_\nu j_\nu i_1j_1}\ , \qquad (8.30)$$

d.h. in den Spuren der ν-ten Potenzen, ausdrücken:

$$J_1 \equiv -S_1\ ,\quad J_2 \equiv (S_1^2 - S_2)/2!\ ,\quad J_3 \equiv -(S_1^3 - 3S_1S_2 + 2S_3)/3!\ ,$$

$$J_4 \equiv (S_1^4 + 8S_1S_3 - 6S_2S_1^2 + 3S_2^2 - 6S_4)/4!\ ,$$

$$J_5 \equiv -(S_1^5 - 30S_1S_4 + 15S_1S_2^2 - 20S_2S_3 - 10S_2S_1^3 + 20S_3S_1^2 + 24\,S_5)/5!\ ,$$

$$J_6 \equiv (S_1^6 + 144S_1S_5 - 120S_1S_2S_3 - 15S_2S_1^4 + 90S_2S_4 + 40S_3S_1^3 - 15S_2^3 - 90S_4S_1^2 + 40S_3^2 + 45S_2^2S_1^2 - 120S_6)/6!\,. \qquad (8.31)$$

Beide Invariantensysteme, (8.30) oder alternativ (8.31), sind irreduzibel. Es muß jedoch betont werden, daß sie nicht vollständig sind, da einige irreduzible Invarianten wie beispielsweise

$$A_{iijj}\ ,\quad A_{iipq}A_{pqjj}\ ,\quad A_{ijip}A_{pjqr}A_{rsqs}\quad \text{usw.}$$

nicht in (8.30) oder (8.31) enthalten sind. Dieses liegt daran, daß der vierstufige Tensor (8.29a) des dreidimensionalen Raumes durch einen zweistufigen Tensor (8.29b) im sechsdimensionalen Raum dargestellt wurde. Mithin muß das charakteristische Polynom (8.27) verallgemeinert werden. Ein Vorschlag wurde bereits durch (4.143) in Ziffer 4.5 angedeutet und im zweidimensionalen Fall untersucht. In Ziffer 8.5 wird die Verallgemeinerung auf den dreidimensionalen Fall behandelt und ein gegenüber (8.30) und (8.31) erweitertes irreduzibles Invariantensystem gefunden.

8.3 Anwendung des HAMILTON-CAYLEYschen Theorems auf Tensoren 4-ter Stufe

Wie in [43] gezeigt, ist der Zugang zu dem Invariantensystem (8.28) eines Tensors vierter Stufe auch mit Hilfe des HAMILTON-CAYLEYschen Theorems möglich, wonach eine Matrix ihre eigene charakteristische Gleichung erfüllt. Dieser Satz läßt sich nicht nur auf Matrizen [44], sondern auch auf Tensoren zweiter (Ziffer 5.5) und höherer Stufe anwenden. Dazu geht man am einfachsten von der trivialen Aussage aus, daß ein vollständig schiefsymmetrischer Tensor, z.B. der Permutationstensor $\underset{\sim}{\varepsilon}$, von höherer Stufenzahl als n ein Nulltensor ist:

$$\varepsilon_{\alpha_1\alpha_2\ldots\alpha_n\alpha_{n+1}} = 0_{\alpha_1\alpha_2\ldots\alpha_n\alpha_{n+1}} . \tag{8.32}$$

Mithin führt auch folgende aus dem äußeren Produkt gebildete Determinante auf einen Nulltensor, und zwar der Stufenzahl 2(n + 1),

$$\varepsilon_{\alpha_1\ldots\alpha_{n+1}}\varepsilon_{\beta_1\ldots\beta_{n+1}} = \begin{vmatrix} \delta_{\alpha_1\beta_1} & \ldots & \delta_{\alpha_1\beta_{n+1}} \\ \vdots & & \vdots \\ \delta_{\alpha_{n+1}\beta_1} & \ldots & \delta_{\alpha_{n+1}\beta_{n+1}} \end{vmatrix} \equiv 0_{\alpha_1\ldots\beta_{n+1}} , \tag{8.33a}$$

was man auch durch die Permutationsvorschrift

$$(n+1)!\ \delta_{\alpha_1[\beta_1]}\delta_{\alpha_2[\beta_2]}\ \cdots\ \delta_{\alpha_n[\beta_n]}\delta_{\alpha_{n+1}[\beta_{n+1}]} \equiv 0_{\alpha_1\ldots\beta_{n+1}} \tag{8.33b}$$

zum Ausdruck bringen kann. Damit verschwindet auch die Überschiebung

$$\delta_{\alpha_1[\beta_1]}\delta_{\alpha_2[\beta_2]}\cdots\delta_{\alpha_n[\beta_n]}\delta_{\alpha_{n+1}[\beta_{n+1}]}A_{\beta_1\alpha_1}A_{\beta_2\alpha_2}\cdots A_{\beta_n\alpha_n} \equiv 0_{\alpha_{n+1}\beta_{n+1}} , \tag{8.34}$$

die man aufgrund der "Austauschregel" (Ü 5.5.17)

$$\delta_{i[p]}\delta_{j[q]}\ \cdots\ \delta_{m[t]}T_{pi}T_{qj}\ \cdots\ T_{tm} = T_{p[p]}T_{q[q]}\ \cdots\ T_{t[t]} \tag{8.35}$$

auch durch

$$A_{\beta_1[\beta_1]}A_{\beta_2[\beta_2]}\ \cdots\ A_{\beta_n[\beta_n]}\delta_{\alpha_{n+1}[\beta_{n+1}]} \equiv 0_{\alpha_{n+1}\beta_{n+1}} \tag{8.36a}$$

bzw. nach Umindizieren durch

$$\boxed{A_{\alpha_1[\alpha_1]}A_{\alpha_2[\alpha_2]}\ \cdots\ A_{\alpha_n[\alpha_n]}\delta_{\beta[\gamma]} \equiv 0_{\alpha\gamma}} \tag{8.36b}$$

ausdrücken kann. In Verallgemeinerung von (5.53) kann (8.36b) gemäß

$$J_n\delta_{\beta\gamma} = nA_{\beta[\gamma]}A_{\alpha_1[\alpha_1]}A_{\alpha_2[\alpha_2]}\ \cdots\ A_{\alpha_{n-1}[\alpha_{n-1}]} \tag{8.37}$$

zerlegt werden, worin $J_n \equiv A_{\alpha_1[\alpha_1]}\ \ldots\ A_{\alpha_n[\alpha_n]}$ wegen (8.28) die Determinante des n × n Matrizenschemas für den vierstufigen Tensor $\underset{\sim}{A}$ ist. Eine weitere Zerlegung von (8.37) führt schließlich auf die algebraische Tensorgleichung n-ten Grades:

$$\boxed{\sum_{\nu=0}^{n} J_\nu A^{(n-\nu)}_{\beta\gamma} \equiv 0_{\beta\gamma} \ ; \qquad \beta,\gamma = 1,2,\ldots,n} \tag{8.38}$$

mit den Koeffizienten J_ν aus (8.28). Ersetzt man in (8.38) den Tensor $\underset{\sim}{A}$ durch seine <u>Eigenwerte</u> (bzw. durch den Kugeltensor $\lambda\delta_{\beta\gamma}$), so folgt unmittelbar die <u>charakteristische Gleichung</u> $P_n(\lambda) \equiv 0$ in Übereinstimmung mit (8.27); umgekehrt gesehen:

Ein Tensor erfüllt seine eigene charakteristische Gleichung. Die Beziehung (8.38) beinhaltet das HAMILTON-CAYLEYsche Theorem, das man auch durch (8.36b) ausdrücken kann. Darüber hinaus gewinnt man aus (8.38) die Aussage, daß die n-te Potenz und alle höheren Potenzen eines Tensors durch Terme ausgedrückt werden können, die von geringerer Potenz als n sind:

$$A_{\beta\gamma}^{(p)} = \sum_{\nu=1}^{n} {}^{p}Q_{n-\nu} A_{\beta\gamma}^{(n-\nu)} \quad ; \quad p \geq n , \tag{8.39}$$

wobei n = 6 gilt, wenn $\underset{\sim}{A}$ ein symmetrischer Tensor vierter Stufe (8.29) ist, während n = 3 bei einem symmetrischen Tensor zweiter Stufe ($A_{ij} = A_{ji}$; i,j = 1,2,3) einzusetzen ist, was unmittelbar auf das Ergebnis (5.47b) führt.

Die Koeffizienten ${}^{p}Q_{n-\nu}$ in (8.39) sind skalare Polynome vom Grade p-n+ν in den Hauptinvarianten $J_1,\dots,J_\nu$. Für den symmetrischen Tensor vierter Stufe (n = 6) sind sie in Tabelle 8.1 für verschiedene Potenzen (p = 6,7,8) aufgelistet.

Tabelle 8.1 Skalare Polynome ${}^{p}Q_{n-\nu}$ in (8.39) für einen symmetrischen Tensor 4-ter Stufe (n = 6)

ν \ p	6	7	8
1	$-J_1$	$-J_2 + J_1^2$	$-J_3 + 2J_1 J_2 - J_1^3$
2	$-J_2$	$-J_3 + J_1 J_2$	$-J_4 + J_1 J_3 + J_2 (J_2 - J_1^2)$
3	$-J_3$	$-J_4 + J_1 J_3$	$-J_5 + J_1 J_4 + J_3 (J_2 - J_1^2)$
4	$-J_4$	$-J_5 + J_1 J_4$	$-J_6 + J_1 J_5 + J_4 (J_2 - J_1^2)$
5	$-J_5$	$-J_6 + J_1 J_5$	$J_1 J_6 + J_5 (J_2 - J_1^2)$
6	$-J_6$	$J_1 J_6$	$J_6 (J_2 - J_1^2)$

Diese Polynome können aus der Rekursisonsformel

$${}^{p}Q_{n-\nu} = (-1)^{n-1} (J_{p-n+\nu} + \sum_{\mu=1}^{p-n} {}^{p-\mu}Q_{n-\nu} J_\mu) \tag{8.40}$$

bestimmt werden, die für beliebige Dimension n gültig ist [6,12,45] und für den Tensor zweiter Stufe (n = 3) zwanglos in die Formel (5.48b) mit den Beispielen (5.48a) übergeht.

8.4 Konstruktion von Simultaninvarianten

Zur Konstruktion von Simultaninvarianten des Spannungstensors $\underset{\sim}{\sigma}$ und eines vierstufigen Stofftensors $\underset{\sim}{A}$ wird in [39] folgendes Theorem zugrundegelegt:

Eine skalarwertige Funktion $f(\vec{v},\underset{\sim}{T})$ eines Vektors $\vec{v}$ und eines symmetrischen Tensors $\underset{\sim}{T}$ zweiter Stufe ist dann und nur dann eine orthogonale Invariante, wenn sie als Funktion der 2 n speziellen Invarianten

$$J_1(\underset{\sim}{T}), \ldots , J_n(\underset{\sim}{T}), v^2, \vec{v}\cdot\underset{\sim}{T}\vec{v}, \ldots , \vec{v}\cdot\underset{\sim}{T}^{n-1}\vec{v} \tag{8.41}$$

ausgedrückt werden kann.

Dieses Theorem ist gültig für beliebige Dimension n [26]. In Erweiterung von (8.41) und unter Berücksichtigung des HAMILTON-CAYLEYsche Theorems (8.38) bzw. der Folgerung (8.39) wird in [39] ein System von 15 Simultaninvarianten aufgestellt:

$$\left.\begin{aligned} &\Pi_2^{[\nu]} \equiv \sigma_{ij}A_{ijkl}^{(\nu)}\sigma_{kl} , \qquad \Pi_3^{[\nu]} \equiv \sigma_{ij}A_{ijkl}^{(\nu)}\sigma_{kl}^{(2)} , \\ &\Pi_4^{[\nu]} \equiv \sigma_{ij}^{(2)}A_{ijkl}^{(\nu)}\sigma_{kl}^{(2)} , \qquad \nu = 1,2,\ldots,5 . \end{aligned}\right\} \tag{8.42}$$

Darin stellt ν in einer runden Klammer, $A_{ijkl}^{(\nu)}$, einen Exponenten dar, während ν in einer eckigen Klammer, $\Pi^{[\nu]}$, eine Marke ist, um anzudeuten, daß mit ν verschiedene Größen gemeint sind.

Einige der Invarianten in (8.42) kann man auch folgendermaßen finden. Betrachtet man beispielsweise den zweistufigen Tensor $B_{pq} \equiv \sigma_{ij}A_{ijpq}$, so ist die Grundinvariante $B_{pq}B_{qp}$ identisch mit der Simultaninvariante $\Pi_2^{[2]}$. Mit $C_{pq} \equiv \sigma_{ij}^{(2)}A_{ijpq}$ findet man $C_{pq}C_{qp} \equiv \Pi_4^{[2]}$. Weitere Beispiele sind:

$$B_{pq}\sigma_{qp} \equiv \Pi_2^{[1]} , \quad B_{pq}\sigma_{qp}^{(2)} = C_{pq}\sigma_{qp} \equiv \Pi_3^{[1]} , \quad C_{pq}\sigma_{qp}^{(2)} \equiv \Pi_4^{[1]} .$$

Der isotrope Spezialfall kann durch den isotropen Stofftensor

$$A_{ijkl}^{(\nu)} = a_\nu\delta_{ij}\delta_{kl} + b_\nu(\delta_{ik}\delta_{jl} + \delta_{il}\delta_{jk}) \tag{8.43}$$

der ν-ten Potenz charakterisiert werden. Dann geht die Simultaninvariante $\Pi_2^{[\nu]}$ aus (8.42) für $a_\nu = -1/2$, $b_\nu = 1/4$ in die Hauptinvariante $J_2(\underset{\sim}{\sigma})$ gemäß (8.8b) über und für $a_\nu = 0$, $b_\nu = 1/2$ in die Grundinvariante $S_2(\underset{\sim}{\sigma}) \equiv \equiv \mathrm{tr}\,\underset{\sim}{\sigma}^2$ des Spannungstensors über. Weiterhin wird $\Pi_3^{[\nu]} = J_3(\underset{\sim}{\sigma}) - J_1^3(\underset{\sim}{\sigma})/6$ für $a_\nu = -1/6$, $b_\nu = 1/6$, während für $a_\nu = 0$, $b_\nu = 1/2$ die Simultaninvariante $\Pi_3^{[\nu]}$ mit der kubischen Grundinvariante $S_3(\underset{\sim}{\sigma})$ übereinstimmt. Schließlich ergeben sich aus den Simultaninvarianten

$$\Pi_1^{[\nu]} \equiv \delta_{ij}A_{ijkl}^{(\nu)}\sigma_{kl} \qquad \text{oder} \qquad \Pi_{1*}^{[\nu]} \equiv \delta_{ij}A_{ijkl}^{(\nu)}\sigma_{kl}^{(2)} \tag{8.44a,b}$$

die Grundinvarianten $S_1(\underset{\sim}{\sigma})$ oder $S_2(\underset{\sim}{\sigma})$, wenn $3a_\nu + 2b_\nu = 1$ gilt.

Es muß betont werden, daß die Invarianten (8.44a,b), die in [6] zur Darstellung des plastischen Potentials (8.18) mit berücksichtigt werden, im System (8.42) nicht enthalten sind. Darüber hinaus hat ein Vektor $\vec{v}$ beliebiger Dimension n nur eine Invariante, nämlich v^2 in (8.41). Im Gegensatz dazu besitzt im dreidimensionalen Raum ein Tensor zweiter Stufe drei Invarianten (8.8a,b,c). Mithin können das System der irreduziblen Hauptinvarianten (8.31) und das System der irreduziblen Simultaninvarianten (8.42) nicht vollständig sein. Man muß sich dieser Tatsache bewußt sein, wenn man einen Tensor vierter Stufe (8.29a) als Tensor zweiter Stufe (8.29b) bezüglich eines höher dimensionierten Raumes auffaßt, oder einen symmetrischen Tensor zweiter Stufe ($\sigma_{ij} = \sigma_{ji}$; i,j = 1,2,3) formal durch einen sechsdimensionalen Vektor (σ_α; α = 1,2,..,6) ersetzt.

In (8.42) und (8.44a,b) werden Simultaninvarianten angegeben, die nur zwei Argumenttensoren der Funktion (8.1) enthalten. Mit Hilfe des Polarisierungsprozesses erhält man aus bereits gefundenen Invarianten neue Invarianten, die weitere Argumenttensoren enthalten. Hierzu sollen im folgenden ein paar Beispiele aufgezählt werden. Geht man von der bekannten Integritätsbasis (8.13a,b) aus, so erhält man bei einer zusätzlichen Variablen $B_{ij} = B_{ji}$ in (8.11), d.h. für $F = F(\sigma_{ij}, A_{ij}, B_{ij})$ beispielsweise die Simultaninvarianten

$$B_{ij}\frac{\partial\Omega_3}{\partial\sigma_{ij}} = 2\,B_{ij}\sigma_{jk}A_k \equiv 2\,\mathrm{tr}\,\underset{\sim}{B}\underset{\sim}{\sigma}\underset{\sim}{A}\ , \tag{8.45}$$

$$B_{ij}\frac{\partial\Omega_2}{\partial\sigma_{ij}} = B_{pq}A_{qp}^{(2)} \equiv \mathrm{tr}\,\underset{\sim}{B}\underset{\sim}{A}^2\ , \tag{8.46}$$

oder allgemeiner:

$$B_{ij}^{(\mu)}\frac{\partial M_{rr}^{[\lambda,\nu]}}{\partial\sigma_{ij}} = B_{ij}^{(\mu)}A_{qp}^{(\nu)}Q_{pqji}^{[\lambda]}\ . \tag{8.47}$$

Darin sind die λ verschiedenen vierstufigen Tensoren $\underset{\approx}{Q}^{[\lambda]}$ gemäß

$$Q_{pqij}^{[\lambda]} \equiv \frac{\partial\sigma_{pq}^{(\lambda)}}{\partial\sigma_{ij}} = \sum_{\alpha=0}^{\lambda-1}\frac{1}{2}\,[\sigma_{pi}^{(\alpha)}\sigma_{qj}^{(\lambda-1-\alpha)} + \sigma_{pj}^{(\alpha)}\sigma_{qi}^{(\lambda-1-\alpha)}] \tag{8.48}$$

definiert [6]. Sie besitzen die folgenden Symmetrieeigenschaften:

$$Q_{pqij}^{[\lambda]} = Q_{qpij}^{[\lambda]} = Q_{pqji}^{[\lambda]} = Q_{ijpq}^{[\lambda]}\ . \tag{8.49}$$

In [6] werden die Größen (8.48) zur Formulierung plastischer Stoffgleichungen benutzt. Man beachte auch Ü 6.2.18.

Das Invariantensystem (8.47) enthält für $B_{ij} \equiv A_{ij}$ auch folgende Beispiele:

$$A_{ij}\,\frac{\partial\Omega_3}{\partial\sigma_{ij}} = 2\Omega_2 \qquad \text{oder:} \qquad \sigma_{ij}\,\frac{\partial\Omega_2}{\partial A_{ij}} = 2\Omega_3\ , \tag{8.50a,b}$$

$$A_{ij}\partial S_1/\partial\sigma_{ij} = T_1 \qquad \text{oder:} \qquad \sigma_{ij}\partial T_1/\partial A_{ij} = S_1\ , \tag{8.51a,b}$$

$$A_{ij}\,\frac{\partial\Omega_4}{\partial\sigma_{ij}} = A^{(2)}_{ij}\,\frac{\partial\Omega_3}{\partial\sigma_{ij}} = 2(T_1\Omega_2 + T_2\Omega_1 + T_3S_1)\ . \tag{8.52}$$

Die letzten Beispiele (8.50) bis (8.52) zeigen nur "Übergänge" von einem Element zu anderen derselben Integritätsbasis (8.13b).

Schließlich sei noch auf die Polarisierung

$$G = D_{ij}\partial F/\partial B_{ij} \tag{8.53}$$

mit

$$F \equiv A_{pq}B_{qr}C_{rp} \qquad \text{und} \qquad G \equiv A_{pq}D_{qr}C_{rp} \tag{8.54}$$

hingewiesen, die aus F eine neue Simultaninvariante G erzeugt, indem die Tensorvariable B_{ij} durch D_{ij} ersetzt wird.

Obige Beispiele sind mit folgendem Satz vereinbar:

Ist $F({}^1A_{ij}, {}^2A_{ij},\ldots,{}^hA_{ij})$ eine Simultaninvariante in den h Tensorvariablen ${}^hA_{ij}$, so sind

$${}^rG_{ij}({}^hA_{ij},B_{ij}) = B_{ij}\,\frac{\partial F}{\partial\,{}^rA_{ij}}\ , \qquad r = 1,2,\ldots,h \tag{8.55}$$

Simultaninvarianten in den h + 1 Veränderlichen ${}^hA_{ij}$, B_{ij}.

Ist F homogen vom Grade EINS in ${}^rA_{ij}$, so entsteht ${}^rG$ aus F, indem man in F die Tensorvariable ${}^rA_{ij}$ formal durch B_{ij} ersetzt.

In obigen Beispielen werden nur Tensorvariable derselben Stufenzahl und mit gleichen Symmetrieeigenschaften betrachtet. Ebenso werden auch in [37] diese Voraussetzungen getroffen und darüber hinaus nur Operationen der Form $A_{ij}\partial/\partial B_{ij}$ zugrunde gelegt, wobei dieser Operator als Polarisationsoperator bezeichnet wird. Weitere Bemerkungen zur Polarisation findet man in [37] unter dem Stichwort PEANO's Theorem, in [34] unter ARONHOLDscher Polarisierungsprozeß oder in [36] unter PASCAL's Theorem.

In [12,46] wird die Polarisierung auch auf Tensoren unterschiedlicher Stufenzahl angewendet, d.h., es wird eine skalare Funktion $F = F(\sigma_{ij}, B_{ij},A_{ijkl})$ betrachtet, die gegenüber (8.18) eine weitere Tensorvariable (B_{ij}) enthält. Nachstehend seien ein paar Beispiele aus [12, 46] aufgelistet. Geht man von den Simultaninvarianten $\Pi_3^{[\nu]}$ in (8.42) aus, so erhält man durch Polarisierung:

$$B_{ij}\partial\Pi_3^{[\nu]}/\partial\sigma_{ij} = B_{ij}D_{ji} + 2B_{ij}\sigma_{jk}C_{ki} \equiv \operatorname{tr}\underset{\sim\sim}{BD} + 2\operatorname{tr}\underset{\sim\sim\sim}{B\sigma C} \tag{8.56}$$

mit den Abkürzungen

$$C_{ij} \equiv A^{(\nu)}_{ijpq}\sigma_{pq} \qquad \text{und} \qquad D_{ij} \equiv A^{(\nu)}_{ijpq}\sigma^{(2)}_{pq}\ . \tag{8.57a,b}$$

Geht man von $S_2(\underset{\sim}{\sigma}) \equiv \operatorname{tr}\underset{\sim}{\sigma}^2$ in (8.13b) aus, so findet man durch Polarisierung:

$$A_{ijkl}\frac{\partial^2 S_2(\underset{\sim}{\sigma})}{\partial\sigma_{ij}\partial\sigma_{kl}} = 2A_{ijij} \equiv 2J_1(\underset{\sim}{A}) \tag{8.58}$$

oder:

$$A^{(\nu)}_{ijkl}\sigma_{kl}\partial S_2(\underset{\sim}{\sigma})/\partial\sigma_{ij} = 2\sigma_{ij}A^{(\nu)}_{ijkl}\sigma_{kl} \equiv 2\Pi^{[\nu]}_2 \ . \tag{8.59}$$

Ein anderes Beispiel wäre:

$$A^{(\nu)}_{ijkl}\sigma_{kl}\partial S_3(\underset{\sim}{\sigma})/\partial\sigma_{ij} = 3\sigma^{(2)}_{ij}A^{(\nu)}_{ijkl}\sigma_{kl} \equiv 3\Pi^{[\nu]}_3 \tag{8.60}$$

oder auch:

$$B_{ij}\sigma_{kl}\partial S_2(\underset{\sim}{A})/\partial A_{ijkl} = 2B_{ij}\tau_{ji} \equiv 2\ \mathrm{tr}\ \underset{\sim}{B}\underset{\sim}{\tau} \tag{8.61}$$

mit $S_2(\underset{\sim}{A})$ aus (8.30) und der Abkürzung

$$\tau_{ij} = A_{ijpq}\sigma_{pq} \ . \tag{8.62}$$

Weitere Beispiele sind:

$$B_{ij}B_{kl}\partial\Pi^{[1]}_3/\partial A_{ijkl} = B_{ij}\sigma_{ji}B_{kl}\sigma^{(2)}_{lk} \equiv (\mathrm{tr}\ \underset{\sim}{B}\underset{\sim}{\sigma})(\mathrm{tr}\ \underset{\sim}{B}\underset{\sim}{\sigma}^2) \ , \tag{8.63}$$

$$B_{ij}\sigma_{kl}\partial\Pi^{[1]}_3/\partial A_{ijkl} = B_{ij}\sigma_{ji}\sigma^{(3)}_{kk} \equiv (\mathrm{tr}\ \underset{\sim}{B}\underset{\sim}{\sigma})(\mathrm{tr}\ \underset{\sim}{\sigma}^3) \ . \tag{8.64}$$

Einige Anwendungen der Invariantentheorie zur Formulierung von Fließ- und Versagenskriterien werden in [47,48] diskutiert, wo theoretische Ergebnisse mit experimentellen Daten von Sinter- und Polymerwerkstoffen verglichen werden. Anwendungen in der Kriechmechanik findet man in [43,49].

8.5 Erweitertes charakteristisches Polynom eines Tensors 4-ter Stufe

Am Ende der Ziffer 8.2 wird darauf hingewiesen, daß die Invarianten in (8.31) zwar irreduzible sind, aber kein vollständiges irreduzibles Invariantensystem darstellen. Da diese Invarianten Koeffizienten im charakteristischen Polynom (8.27) sind, muß ein erweiteres Polynom aufgestellt werden, um weitere irreduzible Invarianten zu finden. Das in Ziffer 4.5 diskutierte Eigenwertproblem eines Tensors 4-ter Stufe führt auf ein solches Polynom:

$$\boxed{P(\lambda,\mu) = \det(A_{ijkl} - I_{ijkl})} \ , \tag{4.143a}$$

das im zweidimensionalen Fall (i,j,k,l = 1,2) die Koeffizienten (irreduzible Invarianten) (4.144) hat. Im folgenden soll der dreidimensionale Fall (i,j,k,l = 1,2,3) betrachtet werden. Dann kann der isotrope, vierstufige Tensor (4.140) in (4.143a) wegen (4.142) bzw. wegen $Y_\alpha = I_{\alpha\beta}X_\beta$, $\alpha,\beta = 1,2,\ldots,6$, in der Matrizenform

$$I_{ijkl} \equiv \begin{pmatrix} 2\mu+\lambda & \lambda & \lambda & 0 & 0 & 0 \\ \lambda & 2\mu+\lambda & \lambda & 0 & 0 & 0 \\ \lambda & \lambda & 2\mu+\lambda & 0 & 0 & 0 \\ 0 & 0 & 0 & 2\mu & 0 & 0 \\ 0 & 0 & 0 & 0 & 2\mu & 0 \\ 0 & 0 & 0 & 0 & 0 & 2\mu \end{pmatrix} \tag{8.65}$$

dargestellt werden, die quasidiagonal ist von der Struktur $\{3,1,1,1\}$. Der inverse Tensor zu (4.140) kann aus $X_{ij} = I^{(-1)}_{ijkl}Y_{kl}$ mit (4.142) gefunden werden:

$$I^{(-1)}_{ijkl} = \frac{1}{4\mu}(\delta_{ik}\delta_{jl} + \delta_{il}\delta_{jk}) - \frac{\lambda}{2\mu(3\lambda+2\mu)}\delta_{ij}\delta_{kl} \,. \tag{8.66}$$

Zur Überprüfung dieses Ergebnisses weise man die Beziehungen

$$I^{(-1)}_{ijpq}I_{pqkl} = I_{ijpq}I^{(-1)}_{pqkl} \equiv A^{(0)}_{ijkl} \tag{8.67}$$

nach, wobei die nullte Potenz des vierstufigen Tensors die Diagonalgestalt

$$A^{(0)}_{ijkl} = \{1,1,1,1,1,1\} \tag{8.68}$$

besitzt. Für den Spezialfall ($\lambda = 0$, $\mu = 1/2$) geht der isotrope Tensor (8.65) in den Einstensor (8.68) über, und das charakteristische Polynom (4.143a) wird dann durch die vereinfachte Form (8.27) ersetzt. Ferner vereinfacht sich die Determinante

$$\det(I_{ijkl}) = 32(2\mu + 3\lambda)\mu^5 \tag{8.69}$$

von (8.65) zu $\det(A^{(0)}_{ijkl}) = 1$, wenn $\lambda = 0$ und $\mu = 1/2$ gesetzt wird.

Im folgenden sollen irreduzible Invarianten ermittelt werden als Koeffizienten in der charakteristischen Gleichung $P(\lambda,\mu) = 0$. Wegen (8.20 a,b), (4.131a), (8.29a,b) und (8.65) kann die charakteristische Gleichung (4.143a) gemäß

$$\begin{vmatrix} A_{1111}-\Omega & A_{1122}-\lambda & A_{1133}-\lambda & 2A_{1112} & 2A_{1123} & 2A_{1131} \\ A_{2211}-\lambda & A_{2222}-\Omega & A_{2233}-\lambda & 2A_{2212} & 2A_{2223} & 2A_{2231} \\ A_{3311}-\lambda & A_{3322}-\lambda & A_{3333}-\Omega & 2A_{3312} & 2A_{3323} & 2A_{3331} \\ A_{1211} & A_{1222} & A_{1233} & 2A_{1212}-2\mu & 2A_{1223} & 2A_{1231} \\ A_{2311} & A_{2322} & A_{2333} & 2A_{2312} & 2A_{2323}-2\mu & 2A_{2331} \\ A_{3111} & A_{3122} & A_{3133} & 2A_{3112} & 2A_{3123} & 2A_{3131}-2\mu \end{vmatrix} = 0 \tag{8.70a}$$

oder gemäß

$$\begin{vmatrix} A_{1111}-\Omega & A_{1122}-\lambda & A_{1133}-\lambda & A_{1112} & A_{1123} & A_{1131} \\ & A_{2222}-\Omega & A_{2233}-\lambda & A_{2212} & A_{2223} & A_{2231} \\ & & A_{3333}-\Omega & A_{3312} & A_{3323} & A_{3331} \\ & & & A_{1212}-\mu & A_{1223} & A_{1231} \\ & & & & A_{2323}-\mu & A_{2331} \\ \text{symmetrisch} & & & & & A_{3131}-\mu \end{vmatrix} = 0 \qquad (8.70b)$$

geschrieben werden, wobei die Abkürzung $\Omega \equiv 2\mu + \lambda$ benutzt wird. Die Determinante in (8.70a,b) ist ein Polynom vom Grade 3 in λ und vom Grade 6 in μ:

$$\boxed{P(\lambda,\mu) = \sum_{p,q} C_{(p,q)} \lambda^p \mu^p , \qquad p = 0,1,2,3;\ q = 0,1,\ldots,6,\ p + q \leq 6} \qquad (8.71)$$

mit 22 Koeffizienten $C_{(p,q)}$. Allerdings kann die charakteristische Gleichung $P(\lambda,\mu) = 0$ beispielsweise durch den Koeffizienten $C_{(0,6)}$ dividiert werden, so daß man aus (8.70a,b) maximal 21 Invarianten gewinnen kann. Es muß untersucht werden, ob redundante Elemente in den 21 Invarianten enthalten sind und somit a priori ausscheiden. Um das zu untersuchen, muß die Determinante in (8.70a,b) ausgerechnet werden. Dazu wurde ein Rechenprogramm entwickelt [87], das die Polynomdarstellung (8.71) liefert und die Koeffizienten $C_{(p,q)}$, d.h. die gesuchten Invarianten ausdruckt. Diese sind jedoch sehr unübersichtliche Ausdrücke in den Koordinaten A_{ijkl} des vierstufigen Tensors.

Zur besseren Übersicht und um das Bildungsgesetz der Invarianten besser erkennen zu können wird im folgenden (ohne Einbuße an Informationen) ein anderer Weg eingeschlagen, den man auch "zu Fuß" schreiten kann. Der Zugang zur Integritätsbasis (3.20a,b,c) für einen Tensor zweiter Stufe kann vereinfachend gemäß (3.36a,b,c) erfolgen, was auf die elementaren symmetrischen Funktionen (3.37a,b,c) führt, die mit (3.20a,b,c) übereinstimmen und somit das vollständige irreduzible Invariantensystem (Integritätsbasis) des Tensors 2-ter Stufe darstellen. Analog soll im folgenden für den Tensor 4-ter Stufe vom orthotropen Fall [6] mit

$$A_{1112} = A_{1123} = A_{1131} = A_{2212} = A_{2223} = A_{2231} = A_{3312} = A_{3323} = A_{3331} = 0 \qquad (8.72)$$

ausgegangen werden. Dann sind die Dyaden $\underset{\sim}{X}$ und $\underset{\sim}{Y}$ in (8.20a) koaxial und anstelle von (8.70a,b) ist folgende Determinante auszurechnen:

$$\begin{vmatrix} A_I-(2\mu+\lambda) & B_I-\lambda & B_{II}-\lambda & 0 & 0 & 0 \\ B_I-\lambda & A_{II}-(2\mu+\lambda) & B_{III}-\lambda & 0 & 0 & 0 \\ B_{II}-\lambda & B_{III}-\lambda & A_{III}-(2\mu+\lambda) & 0 & 0 & 0 \\ 0 & 0 & 0 & A_{IV}-2\mu & 0 & 0 \\ 0 & 0 & 0 & 0 & A_V-2\mu & 0 \\ 0 & 0 & 0 & 0 & 0 & A_{VI}-2\mu \end{vmatrix} = 0, \quad (8.73)$$

was auf das <u>charakteristische Polynom</u>

$$\boxed{\begin{aligned} P(\lambda,\mu) = {} & 64\mu^6 - 32I_1\mu^5 + 16I_2\mu^4 - 8I_3\mu^3 + 4I_4\mu^2 - 2I_5\mu + 3I_6\lambda^2 + \\ & + I_7\lambda + I_8\lambda\mu + I_9\lambda\mu^2 + I_{10}\lambda\mu^3 + I_{11}\lambda\mu^4 + 96\lambda\mu^5 - 6I_{12}\lambda^2\mu + \\ & + 12I_{13}\lambda^2\mu^2 - 24I_{14}\lambda^2\mu^3 + I_{15} , \end{aligned}} \quad (8.74)$$

führt, dessen Koeffizienten <u>15</u> <u>irreduzible Invarianten</u> des Tensors 4-ter Stufe sind:

$$\left.\begin{aligned} I_1 &\equiv K_1 + M_1 , \quad I_2 \equiv K_2 + M_2 + K_1M_1 - L_1^2 + 2L_2 , \\ I_3 &\equiv D + M_3 + K_1M_2 + M_1(K_2 - L_1^2 + 2L_2) , \\ I_4 &\equiv M_1D + K_1M_3 + M_2(K_2 - L_1^2 + 2L_2) , \\ I_5 &\equiv M_2D + M_3(K_2 - L_1^2 + 2L_2) , \quad I_6 \equiv K_1M_3 , \\ I_7 &\equiv M_3(L_1^2 - 4L_2 - K_2 + 2N) , \\ I_8 &\equiv 4M_3(K_1 - L_1) - 2M_2(L_1^2 - 4L_2 - K_2 + 2N) , \\ I_9 &\equiv 4M_1(L_1^2 - 4L_2 - K_2 + 2N) - 8M_2(K_1 - L_1) - 12M_3 , \\ I_{10} &\equiv 8[2M_1(K_1 - L_1) - L_1^2 + 4L_2 + K_2 - 2N + 3M_2] , \\ I_{11} &\equiv - 16[2(K_1 - L_1) + 3M_1] , \quad I_{12} \equiv K_1M_2 , \\ I_{13} &\equiv K_1M_1 , \quad I_{14} \equiv K_1 , \quad I_{15} \equiv M_3D . \end{aligned}\right\} \quad (8.75)$$

Im System (8.75) werden die folgenden Abkürzungen benutzt:

$$\left.\begin{aligned}
&K_1 \equiv A_I + A_{II} + A_{III}, && M_1 \equiv A_{IV} + A_V + A_{VI} ,\\
&K_2 \equiv A_IA_{II} + A_{II}A_{III} + A_{III}A_I , && M_2 \equiv A_{IV}A_V + A_VA_{VI} + A_{VI}A_{IV} ,\\
&K_3 \equiv A_IA_{II}A_{III} , && M_3 \equiv A_{IV}A_VA_{VI} ,\\
&L_1 \equiv B_I + B_{II} + B_{III} ,\\
&L_2 = B_IB_{II} + B_{II}B_{III} + B_{III}B_I ,\\
&L_3 = B_IB_{II}B_{III} ,\\
&N \equiv A_IB_{III} + A_{II}B_{II} + A_{III}B_I ,\\
&D \equiv K_3 + 2L_3 - (A_IB_{III}^2 + A_{II}B_{II}^2 + A_{III}B_I^2) .
\end{aligned}\right\} \quad (8.76)$$

Speziell sind in (8.75) die Invarianten I_1 die Spur und I_{15} die Determinante des Tensors 4-ter Stufe. Für den Sonderfall $\lambda = 0$ sind wegen (8.74) nur die sechs Invarianten $I_1,\ldots,I_5,I_{15}$ relevant, die mit den Invarianten in (8.31) übereinstimmen, wenn darüber hinaus $B_I = B_{II} = B_{III} = 0$ gesetzt wird.

Bemerkung: Faßt man im charakteristischen Polynom (8.74) alle in λ quadratischen Glieder zusammen, so erhält man mit (8.75) und (8.76) den verschwindenden Ausdruck

$$3K_1[-(2\mu)^3 + M_1(2\mu)^2 - M_2(2\mu) + M_3]\lambda^2 \equiv 0 ; \qquad (8.77)$$

denn in der eckigen Klammer erkennt man ein "charakteristisches Polynom" in (2μ):

$$P(2\mu) := \begin{vmatrix} A_{IV} - 2\mu & 0 & 0 \\ 0 & A_V - 2\mu & 0 \\ 0 & 0 & A_{VI} - 2\mu \end{vmatrix} , \qquad (8.78)$$

das wegen (8.73) verschwinden muß.

9 Tensorwertige Funktionen

In der Kontinuumsmechanik werden Tensorfunktionen vom Typ

$$Z_{ij} = f_{ij}(X_{pq},Y_{pq},A_{pqrs}) \qquad (9.1)$$

mit der Indexsymmetrie $f_{ij} = f_{ji}$ zur Beschreibung des mechanischen Verhaltens eines Stoffes benutzt (Materialgleichungen, constitutive equations). Darin sind die Argumenttensoren zweiter ($\underset{\sim}{X}$, $\underset{\sim}{Y}$) und vierter ($\underset{\sim}{A}$) Stufe meistens symmetrisch. Beispielsweise kann das Kriechverhalten eines anisotropen Stoffes im tertiären Stadium durch eine solche Funktion im allgemeinen zum Ausdruck gebracht werden [6]. Dann stellen $Z_{ij} = Z_{ji}$ die Koordinaten des Verzerrungsgeschwindigkeitstensors dar, während $\underset{\sim}{X}$ der CAUCHYsche Spannungstensor und $\underset{\sim}{Y}$ ein symmetrischer anisotroper Schadenstensor [50] sind. Dagegen ist $\underset{\sim}{A}$ ein vierstufiger Anisotropietensor mit den Indexsymmetrien (8.29a,b), der die im schadlosen Zustand bereits vorhandene Anisotropie charakterisiert. Somit ist die Darstellung der Tensorfunktion (9.1) von größter Bedeutung. Allgemein kann (9.1) durch eine Linearkombination

$$\boxed{\underset{\sim}{Z} = \sum_{\alpha} \varphi_{\alpha} \underset{\sim}{G}_{\alpha}} \tag{9.2}$$

dargestellt werden. Darin sind $\underset{\sim}{G}_{\alpha}$ symmetrische Tensorgeneratoren zweiter Stufe, die aus den betrachteten Argumenttensoren $\underset{\sim}{X}$, $\underset{\sim}{Y}$, $\underset{\sim}{A}$ erzeugt werden müssen. So sind beispielsweise die über "Matrizenmultiplikation" gewonnenen Größen

$$\{\underset{\sim}{X}^{\lambda}\underset{\sim}{Y}^{\nu} + \underset{\sim}{Y}^{\nu}\underset{\sim}{X}^{\lambda}\}_{ij} \equiv X_{ik}^{(\lambda)} Y_{kj}^{(\nu)} + Y_{ik}^{(\nu)} X_{kj}^{(\lambda)} \tag{9.3}$$

und

$$\{\underset{\sim}{X}^{\lambda}\underset{\sim}{A}^{\mu} \cdot \underset{\sim}{Y}^{\nu} + \underset{\sim}{A}^{\mu} \cdot \underset{\sim}{Y}^{\nu}\underset{\sim}{X}^{\lambda}\}_{ij} \equiv X_{ik}^{(\lambda)} A_{kjpq}^{(\mu)} Y_{pq}^{(\nu)} + A_{ikpq}^{(\mu)} Y_{pq}^{(\nu)} X_{kj}^{(\lambda)} \tag{9.4}$$

symmetrische Tensorgeneratoren zweiter Stufe. Damit wird die aus Gründen der materiellen Objektivität [6] geforderte Bedingung der Forminvarianz

$$a_{ik}a_{jl}f_{kl}(X_{pq},\ldots,A_{pqrs}) \equiv f_{ij}(a_{pt}a_{qu}X_{tu},\ldots,a_{pt}a_{qu}a_{rv}a_{sw}A_{tuvw}) \tag{9.5}$$

unter beliebiger Transformation $\underset{\sim}{a}$ der orthogonalen Gruppe erfüllt.

Bei der Suche nach einem irreduziblen System von Tensorgeneratoren ist zu beachten, daß aufgrund des Theorems (8.39) die Potenzen $\lambda,\nu = 0,1,2$ für Tensoren zweiter Stufe und $\mu = 0,1,2,\ldots,5$ für Tensoren vierter Stufe in (9.4) möglich sind.

Ein weiteres Ziel ist es, die Darstellung (9.2) auf die kanonische Form

$$\boxed{Z_{ij} = {}^{0}H_{ijkl}\delta_{kl} + {}^{1}H_{ijkl}X_{kl} + {}^{2}H_{ijkl}X_{kl}^{(2)}} \tag{9.6}$$

zu bringen. Sie besteht aus drei Termen, die man als Beiträge nullter, erster und zweiter Ordnung in der Tensorvariablen $\underset{\sim}{X}$ deuten kann. Die Einflüsse der Tensorvariablen $\underset{\sim}{Y}$ und $\underset{\sim}{A}$ auf den Funktionswert $\underset{\sim}{Z}$ kommen durch die tensorwertigen Funktionen ${}^{0}\underset{\sim}{H}$, ${}^{1}\underset{\sim}{H}$, ${}^{2}\underset{\sim}{H}$ vierter Stufe zum Ausdruck.
Für das oben skizzierte Beispiel aus der Kriechmechanik werden in [50,51] kanonische Formen (9.6) zur Untersuchung der Schadens- und Anisotropie-

einflüsse hergeleitet. In [52] werden zum Vergleich der klassischen Plastomechanik mit der Theorie tensorwertiger Funktionen kanonische Formen (9.6) gegenübergestellt und erforderliche Modifikationen der klassischen Fließregel gefolgert.

Man findet die Funktionen ${}^0\underset{\sim}{H}$, ${}^1\underset{\sim}{H}$, ${}^2\underset{\sim}{H}$ in (9.6) durch Anwendung der Identitäten [53]

$$\{(\underset{\sim}{X}^\lambda\underset{\sim}{Y}^\nu + \underset{\sim}{Y}^\nu\underset{\sim}{X}^\lambda)/2\}_{ij} \equiv \eta^{[\nu]}_{ijkl}X^{(\lambda)}_{kl} \equiv \xi^{[\lambda]}_{ijkl}Y^{(\nu)}_{kl} , \qquad (9.7)$$

die für beliebige Werte λ und ν gelten, wobei die Symbole $\xi^{[\lambda]}_{ijkl}$ und $\eta^{[\nu]}_{ijkl}$ symmetrische Tensoren vierter Stufe darstellen, die man aus den gegebenen symmetrischen Argumenttensoren $\underset{\sim}{X}$ und $\underset{\sim}{Y}$ nach folgendem Bildungsgesetz erhält:

$$\xi^{[\lambda]}_{ijkl} \equiv (X^{(\lambda)}_{ik}\delta_{jl} + X^{(\lambda)}_{il}\delta_{jk} + \delta_{ik}X^{(\lambda)}_{jl} + \delta_{il}X^{(\lambda)}_{jk})/4 \qquad (9.8a)$$

$$\eta^{[\nu]}_{ijkl} \equiv (Y^{(\nu)}_{ik}\delta_{jl} + Y^{(\nu)}_{il}\delta_{jk} + \delta_{ik}Y^{(\nu)}_{jl} + \delta_{il}Y^{(\nu)}_{jk})/4 . \qquad (9.8b)$$

Darin sind λ und ν in runden Klammern Exponenten, während auf der linken Seite λ und ν in eckige Klammern gesetzt wurden, um anzudeuten, daß λ und ν unterschiedliche Tensoren bezeichnen.

Die Koeffizienten φ_α in der Linearkombination (9.2) sind skalarwertige Funktionen von Invarianten der Argumenttensoren $\underset{\sim}{X}$, $\underset{\sim}{Y}$, $\underset{\sim}{A}$. Man findet diese Invarianten, wenn man beachtet, daß die Spur eines jeden Tensorproduktes, das aus den beteiligten Argumenttensoren der darzustellenden Tensorfunktion gebildet werden kann, eine orthogonale Invariante ist. Um mit Hilfe dieser Aussage ein irreduzibles Invariantensystem zu erzielen, das der Darstellung (9.2) angepaßt ist, bilde man die Spuren

$$\left.\begin{aligned} &\mathrm{tr}\ \underset{\sim}{Z}\underset{\sim}{X} = \mathrm{tr} \sum_\alpha \varphi_\alpha \underset{\sim}{G}_\alpha \underset{\sim}{X} \equiv \sum_\alpha \varphi_\alpha\ \mathrm{tr}\ \underset{\sim}{G}_\alpha\underset{\sim}{X} , \\ &\mathrm{tr}\ \underset{\sim}{Z}\underset{\sim}{Y} , \quad \mathrm{tr}\ \underset{\sim}{Z}\underset{\sim}{A} \cdot \underset{\sim}{X} , \quad \mathrm{tr}\ \underset{\sim}{Z}\underset{\sim}{A} \cdot \underset{\sim}{Y} \equiv Z_{ij}A_{ijpq}Y_{pq} . \end{aligned}\right\} \qquad (9.9)$$

Alternativ kann man aus (9.2) die Spuren tr $\underset{\sim}{Z}$, tr $\underset{\sim}{Z}^2$ und tr $\underset{\sim}{Z}^3$ bilden. Man erhält ein Invariantensystem, das äquivalente und reduzible Elemente enthält. Das Aussortieren der redundanten Elemente wird erleichtert, wenn man z.B. folgende Lemmata berücksichtigt:

- Falls $\underset{\sim}{G}$ ein reduzibler Tensorgenerator ist, dann sind auch die Invarianten tr $\underset{\sim}{X}\underset{\sim}{G}$ und tr $\underset{\sim}{G}\underset{\sim}{X}$ reduzierbar, wobei $\underset{\sim}{X}$ ein beliebiger Tensor zweiter Stufe ist.
- Die Spur eines Matrizenproduktes ändert sich nicht, wenn die Reihenfolge seiner Faktoren zyklisch vertauscht wird.
- Die Spur eines Matrizenproduktes stimmt überein mit der Spur der Transposition, tr $\underset{\sim}{A}\underset{\sim}{B}$ = tr $(\underset{\sim}{A}\underset{\sim}{B})^T$.
- Die Transposition eines Matrizenproduktes überträgt sich auf die einzelnen Faktoren. Dabei müssen die gespiegelten Faktoren jedoch in umge-

kehrter Reihenfolge aufgeschrieben werden: $(\underset{\sim}{A}\underset{\sim}{B}\underset{\sim}{C})^T = \underset{\sim}{C}^T\underset{\sim}{B}^T\underset{\sim}{A}^T$. Mithin gilt auch: $\mathrm{tr}\, \underset{\sim}{A}\underset{\sim}{B}\underset{\sim}{C} = \mathrm{tr}\, \underset{\sim}{C}^T\underset{\sim}{B}^T\underset{\sim}{A}^T$.

Beispielsweise erhält man aus der <u>irreduziblen Darstellung</u>*)

$$\boxed{Y_{ij} = \varphi_0\delta_{ij} + \varphi_1 X_{ij} + \varphi_2 X_{ij}^{(2)}} \tag{9.10}$$

einer tensorwertigen Funktion $Y_{ij} = f_{ij}(\underset{\sim}{X})$ mit einem Argumenttensor durch Überschiebungen die Invarianten

$$Y_{ij}X_{ji} = \varphi_0 \,\mathrm{tr}\, \underset{\sim}{X} + \varphi_1 \,\mathrm{tr}\, \underset{\sim}{X}^2 + \varphi_2 \mathrm{tr}\, \underset{\sim}{X}^3 , \tag{9.11a}$$

$$Y_{ij}X_{ji}^{(2)} = \varphi_0 \,\mathrm{tr}\, \underset{\sim}{X}^2 + \varphi_1 \,\mathrm{tr}\, \underset{\sim}{X}^3 + \varphi_2 \,\mathrm{tr}\, \underset{\sim}{X}^4 . \tag{9.11b}$$

Weitere Invarianten sind:

$$\mathrm{tr}\, \underset{\sim}{Y} = 3\varphi_0 + \varphi_1 \,\mathrm{tr}\, \underset{\sim}{X} + \varphi_2 \,\mathrm{tr}\, \underset{\sim}{X}^2 , \tag{9.12a}$$

$$\mathrm{tr}\, \underset{\sim}{Y}^2 = 3\varphi_0^2 + 2\varphi_0\varphi_1 \,\mathrm{tr}\, \underset{\sim}{X} + (\varphi_1^2 + 2\varphi_0\varphi_2) \,\mathrm{tr}\, \underset{\sim}{X}^2 + 2\varphi_1\varphi_2 \,\mathrm{tr}\, \underset{\sim}{X}^3 + \varphi_2^2 \,\mathrm{tr}\, \underset{\sim}{X}^4 , \tag{9.12b}$$

und ebenso auch $\mathrm{tr}\, \underset{\sim}{Y}^3$. In (9.11b) und in (9.12b) ist die Invariante $\mathrm{tr}\, \underset{\sim}{X}^4$ reduzierbar (Ü 5.5.8), so daß man aus (9.11) oder alternativ aus (9.12) auf die Abhängigkeit der skalaren Funktionen φ_0, φ_1, φ_2 von der <u>Integritätsbasis</u> $\mathrm{tr}\, \underset{\sim}{X}$, $\mathrm{tr}\, \underset{\sim}{X}^2$, $\mathrm{tr}\, \underset{\sim}{X}^3$ schließen kann [56].

Man kann auch folgendermaßen argumentieren. Die Tensoren $\underset{\sim}{X}$ und $\underset{\sim}{Y}$ in (9.10) sind <u>koaxial</u> und haben im gemeinsamen Hauptachsensystem die Koordinaten X_I, X_{II}, X_{III} und Y_I, Y_{II}, Y_{III}. Letztere können über die darzustellende Funktion $Y_{ij} = f_{ij}(\underset{\sim}{X})$ durch die Hauptwerte des Argumenttensor $\underset{\sim}{X}$ ausgedrückt werden. Mithin ergibt sich für die skalaren Koeffizienten φ_0, φ_1, φ_2 der Darstellung (9.10) das lineare Gleichungssystem

$$\left.\begin{aligned} \varphi_0 + \varphi_1 X_I + \varphi_2 X_I^2 &= f_I(X_I, X_{II}, X_{III}) \\ \varphi_0 + \varphi_1 X_{II} + \varphi_2 X_{II}^2 &= f_{II}(X_I, X_{II}, X_{III}) \\ \varphi_0 + \varphi_1 X_{III} + \varphi_2 X_{III}^2 &= f_{III}(X_I, X_{II}, X_{III}) , \end{aligned}\right\} \tag{9.13}$$

das eindeutig lösbar ist, wenn die <u>VANDERMONDEsche Determinante</u> (Systemdeterminante) von NULL verschieden ist. Das ist bei unterschiedlichen Hauptwerten des Tensors $\underset{\sim}{X}$ der Fall. Sind zwei Hauptwerte gleich, so können zur Bestimmung der skalaren Koeffizienten <u>Interpolationsmethoden</u> für tensorwertige Funktionen benutzt werden, auf die in Kapitel 10 ausführlich eingegangen wird. Aus (9.13) und Kapitel 10 geht hervor, daß die Ko-

---

*) Höhere Potenzen sind wegen (5.47a,b) reduzierbar.

effizienten φ_0, φ_1, φ_2 skalare Funktionen der Hauptwerte X_I, X_{II}, X_{III} und damit der elementaren symmetrischen Funktionen, d.h. der Integritätsbasis sind (Ziffer 9.4).

Ein anderes Beispiel ist die Stoffgleichung

$$d^P\varepsilon_{ij} = f_{ij}(\sigma_{pq}, A_{pq}) = \sum_{\lambda,\nu=0}^{2} \varphi_{(\lambda,\nu)} G_{ij}^{[\lambda,\nu]} , \tag{9.14}$$

die in [6] zur Beschreibung des transversal isotropen plastischen Fliessens benutzt wird. Darin sind $d^P\varepsilon_{ij}$ die plastischen Verzerrungsinkremente. Die $[\lambda,\nu]$ verschiedenen symmetrischen Tensorgeneratoren

$$G_{ij}^{[\lambda,\nu]} = (M_{ij}^{[\lambda,\nu]} + M_{ji}^{[\lambda,\nu]})/2 \tag{9.15}$$

werden aus Matrizenprodukten der Form (8.12) gebildet. Aus den Überschiebungen

$$\sigma_{ij} d^P\varepsilon_{ji} = \sum_{\lambda,\nu=0}^{2} \varphi_{(\lambda,\nu)} \sigma_{ik}^{(\lambda+1)} A_{ki}^{(\nu)} , \tag{9.16a}$$

$$A_{ij} d^P\varepsilon_{ji} = \sum_{\lambda,\nu=0}^{2} \varphi_{(\lambda,\nu)} \sigma_{ik}^{(\lambda)} A_{ki}^{(\nu+1)} \tag{9.16b}$$

kann man unter Berücksichtigung der Reduzierbarkeit der Invarianten $\sigma_{ik}^{(3)} A_{ki}$, $\sigma_{ik}^{(3)} A_{ki}^{(2)}$, $\sigma_{ik} A_{ki}^{(3)}$ und $\sigma_{ik}^{(2)} A_{ki}^{(3)}$ schließen, daß die skalaren Funktionen $\varphi_{(\lambda,\nu)}$ in (9.14) von der Integritätsbasis (8.13) abhängig sind.

Weitere Beispiele werden in Kapitel 10 ausführlich behandelt, wo auch die Koeffizienten der Stoffgleichungen als Funktionen der Integritätsbasis und abhängig von Werkstoffparametern bestimmt werden.

Im folgenden sollen einige Darstellungen von tensorwertigen Funktionen aufgelistet werden.

9.1 Darstellung durch Superposition

Durch eine "Superposition" gemäß

$$\mathcal{R}(\underset{\sim}{X},\underset{\sim}{Y},\underset{\sim}{A}) = \mathcal{R}_1(\underset{\sim}{X},\underset{\sim}{Y}) + \mathcal{R}_2(\underset{\sim}{X},\underset{\sim}{A}) + \mathcal{R}_3(\underset{\sim}{Y},\underset{\sim}{A}) \tag{9.17}$$

erhält man nach [50] für die Funktion (9.1) die Darstellung

$$f_{ij} = \sum_{\lambda,\nu} {}^1\varphi_{(\lambda,\nu)} \, {}^1G_{ij}^{[\lambda,\nu]} + \ldots + \sum_{\lambda,\mu,\nu} {}^3\varphi_{(\lambda,\mu,\nu)} \, {}^3G_{ij}^{[\lambda,\mu,\nu]} \tag{9.18}$$

mit den Tensorgeneratoren

$${}^1G_{ij}^{[\lambda,\nu]} \equiv (L_{ij}^{[\lambda,\nu]} + L_{ji}^{[\lambda,\nu]})/2, \quad {}^2G_{ij}^{[\lambda,\mu,\nu]} \equiv (M_{ij}^{[\lambda,\mu,\nu]} + M_{ji}^{[\lambda,\mu,\nu]})/2, \tag{9.19a,b}$$

$$ {}^3G_{ij}^{[\lambda,\mu,\nu]} \equiv (N_{ij}^{[\lambda,\mu,\nu]} + N_{ji}^{[\lambda,\mu,\nu]})/2; \quad \lambda,\nu = 0,1,2; \quad \mu = 0,1,\ldots,5. \quad (9.19c) $$

Darin sind folgende Matrizenprodukte benutzt:

$$ \{\underset{\sim}{L}^{[\lambda,\nu]}\}_{ij} \equiv L_{ij}^{[\lambda,\nu]} \equiv X_{ik}^{(\lambda)} Y_{kj}^{(\nu)} \equiv \{\underset{\sim}{X}^{\lambda}\underset{\sim}{Y}^{\nu}\}_{ij} \,, \quad (9.20a) $$

$$ M_{ij}^{[\lambda,\mu,\nu]} \equiv X_{ik}^{(\lambda)} A_{kjpq}^{(\mu)} X_{pq}^{(\nu)} \,, \quad N_{ij}^{[\lambda,\mu,\nu]} \equiv Y_{ik}^{(\lambda)} A_{kjpq}^{(\mu)} Y_{pq}^{(\nu)} \,. \quad (9.20b,c) $$

Aufgrund des Theorems (8.39) umfaßt (9.19a) neun irreduzible Tensorgeneratoren und (9.19b,c) ohne $\mu = 0$*) jeweils 45 Generatoren, so daß die Darstellung (9.18) aus insgesamt 99 irreduziblen Tensorgeneratoren besteht. Berücksichtigt man noch die Matrizenprodukte

$$ P_{ij}^{[\lambda,\mu,\nu]} \equiv X_{ik}^{(\lambda)} A_{kjpq}^{(\mu)} Y_{pq}^{(\nu)} \,, \quad Q_{ij}^{[\lambda,\mu,\nu]} \equiv Y_{ik}^{(\nu)} A_{ijpq}^{(\mu)} X_{pq}^{(\lambda)} \,, \quad (9.21a,b) $$

so findet man zusätzlich 40 Generatoren, die noch nicht in (9.19a,b,c) enthalten sind.

Die skalarwertigen Funktionen ${}^1\varphi_{(\lambda,\nu)}$, ${}^2\varphi_{(\lambda,\mu,\nu)}$, etc. in (9.18) sind Funktionen von Invarianten, die man analog (9.11a,b) den Überschiebungen

$$ \left. \begin{array}{l} f_{ij}X_{ji} \,, \quad f_{ij}Y_{ji} \,, \quad f_{ij}A_{jipq}X_{pq} \,, \quad f_{ij}A_{jipq}X_{pq}^{(2)} \,, \\ f_{ij}A_{jipq}Y_{pq} \,, \quad f_{ij}A_{jipq}Y_{pq}^{(2)} \,, \end{array} \right\} \quad (9.22) $$

oder analog (9.12a,b) den Skalaren f_{ii}, $f_{ij}f_{ji}$, $f_{ij}f_{jk}f_{ki}$ entnimmt.

Für die tensorwertige Funktion $f_{ij}(X_{pq}, X_{pq}, Z_{pq})$ mit drei symmetrischen Argumenttensoren zweiter Stufe findet man in [51] durch "Superposition" gemäß

$$ \mathfrak{R}(\underset{\sim}{X},\underset{\sim}{Y},\underset{\sim}{Z}) = \mathfrak{R}_1(\underset{\sim}{X},\underset{\sim}{Y}) + \mathfrak{R}_2(\underset{\sim}{Y},\underset{\sim}{Z}) + \mathfrak{R}_3(\underset{\sim}{Z},\underset{\sim}{X}) \quad (9.23) $$

die Darstellung

$$ \begin{aligned} \underset{\sim}{f} = {} & \varphi_0\underset{\sim}{\delta} + \varphi_1\underset{\sim}{X} + \ldots + \varphi_4\underset{\sim}{X}^2 + \ldots + \varphi_7(\underset{\sim}{X}\underset{\sim}{Y} + \underset{\sim}{Y}\underset{\sim}{X}) + \ldots + \varphi_{10}(\underset{\sim}{X}\underset{\sim}{Y}^2 + \underset{\sim}{Y}^2\underset{\sim}{X}) + \ldots + \\ & + \varphi_{13}(\underset{\sim}{X}^2\underset{\sim}{Y} + \underset{\sim}{Y}\underset{\sim}{X}^2) + \ldots + \varphi_{16}(\underset{\sim}{X}^2\underset{\sim}{Y}^2 + \underset{\sim}{Y}^2\underset{\sim}{X}^2) + \ldots + \varphi_{18}(\underset{\sim}{Z}^2\underset{\sim}{X}^2 + \underset{\sim}{X}^2\underset{\sim}{Z}^2) \,, \quad (9.24) \end{aligned} $$

die 19 symmetrische Tensorgeneratoren enthält. Mit (9.24) werden die Überschiebungen

$$ X_{ij}f_{ji} \equiv \mathrm{tr}\,\underset{\sim}{X}\underset{\sim}{f} \,, \quad Y_{ij}f_{ji} \equiv \mathrm{tr}\,\underset{\sim}{Y}\underset{\sim}{f} \,, \quad Z_{ij}f_{ji} \equiv \mathrm{tr}\,\underset{\sim}{Z}\underset{\sim}{f} \quad (9.25) $$

gebildet, denen man die 28 irreduziblen Invarianten

---

*) Der Fall $\mu = 0$ ist bereits in (9.19a) enthalten.

$$\left.\begin{array}{l} \mathrm{tr}\,\underset{\sim}{X}^{\nu}\,, \quad \mathrm{tr}\,\underset{\sim}{Y}^{\nu}\,, \quad \mathrm{tr}\,\underset{\sim}{Z}^{\nu}\,, \qquad \nu = 1,2,3\,, \\ \mathrm{tr}\,\underset{\sim}{X}\underset{\sim}{Y}\,, \ldots, \mathrm{tr}\,\underset{\sim}{X}^2\underset{\sim}{Y}\,, \ldots, \mathrm{tr}\,\underset{\sim}{X}\underset{\sim}{Y}^2\,, \ldots, \mathrm{tr}\,\underset{\sim}{X}^2\underset{\sim}{Y}^2\,, \ldots, \\ \mathrm{tr}\,\underset{\sim}{X}\underset{\sim}{Y}\underset{\sim}{Z}\,, \mathrm{tr}\,\underset{\sim}{X}^2\underset{\sim}{Y}\underset{\sim}{Z}\,, \ldots, \mathrm{tr}\,\underset{\sim}{X}^2\underset{\sim}{Y}^2\underset{\sim}{Z}\,, \ldots, \mathrm{tr}\,\underset{\sim}{Z}^2\underset{\sim}{X}^2\underset{\sim}{Y} \end{array}\right\} \quad (9,26)$$

entnehmen kann. Die Punkte in (9.24) und (9.26) stehen stellvertretend für zyklische Vertauschungen.

Gegenüber der Darstellung in [37] ist (9.24) eine vereinfachte Darstellung, da Produkte wie $\underset{\sim}{X}\underset{\sim}{Y}\underset{\sim}{Z}$ oder $\underset{\sim}{X}\underset{\sim}{Y}^2\underset{\sim}{Z}^2$ in (9.24) nicht enthalten sind. Die Integritätsbasis (9.26) stimmt jedoch mit [37] überein. Weitere Vergleiche mit Ergebnissen anderer Autoren werden in [51] gezogen. Auch wird in [51] die kanonische Form (9.6) für die tensorwertige Funktion (9.24) gefunden.

9.2 Symmetrischer und nicht-symmetrischer Argumenttensor 2-ter Stufe

Es sei

$$Z_{ij} = f_{ij}(\hat{X}_{pq}, Y_{pq}) = Z_{ji} \qquad (9.27)$$

eine tensorwertige Funktion, in der $\hat{X}_{pq} \neq \hat{X}_{qp}$ ein nicht-symmetrischer und $Y_{pq} = Y_{qp}$ ein symmetrischer Tensor zweiter Stufe sind. Die Linearkombination (9.2) enthält dann nach [51] folgende 13 symmetrische Tensorgeneratoren:

$$\left.\begin{array}{cccc} & \underset{\sim}{\delta} & & \\ & \underset{\sim}{\hat{X}} + \underset{\sim}{\hat{X}}' & \underset{\sim}{Y} & \\ \underset{\sim}{\hat{X}}^2 + \underset{\sim}{\hat{X}}'^2 & \underset{\sim}{\hat{X}}\underset{\sim}{Y} + \underset{\sim}{Y}\underset{\sim}{\hat{X}}' & \underset{\sim}{Y}\underset{\sim}{\hat{X}} + \underset{\sim}{\hat{X}}'\underset{\sim}{Y} & \underset{\sim}{Y}^2 \\ \underset{\sim}{\hat{X}}^2\underset{\sim}{Y} + \underset{\sim}{Y}\underset{\sim}{\hat{X}}'^2 & \underset{\sim}{\hat{X}}\underset{\sim}{Y}^2 + \underset{\sim}{Y}^2\underset{\sim}{\hat{X}}' & \underset{\sim}{Y}\underset{\sim}{\hat{X}}^2 + \underset{\sim}{\hat{X}}'^2\underset{\sim}{Y} & \underset{\sim}{Y}^2\underset{\sim}{\hat{X}} + \underset{\sim}{\hat{X}}'\underset{\sim}{Y}^2 \\ & \underset{\sim}{\hat{X}}^2\underset{\sim}{Y}^2 + \underset{\sim}{Y}^2\underset{\sim}{\hat{X}}'^2 & \underset{\sim}{Y}^2\underset{\sim}{\hat{X}}^2 + \underset{\sim}{\hat{X}}'^2\underset{\sim}{Y}^2 & . \end{array}\right\} \quad (9.28)$$

Darin bedeutet $\underset{\sim}{\hat{X}}' \equiv \underset{\sim}{\hat{X}}^T$ die Transponierte zu $\underset{\sim}{\hat{X}}$. Falls beide Argumenttensoren in (9.27) nicht symmetrisch sind, erhöht sich die Anzahl der Tensorgeneratoren in (9.28) auf 17. Ist jedoch $\underset{\sim}{\hat{X}}$ wie $\underset{\sim}{Y}$ symmetrisch, so reduziert sich die Anzahl der Generatoren in (9.28) auf 9. Mit (9.28) erhält man die Darstellung (9.2) für die Tensorfunktion (9.27):

$$\underset{\sim}{Z} = \varphi_0\underset{\sim}{\delta} + \varphi_1(\underset{\sim}{\hat{X}} + \underset{\sim}{\hat{X}}')/2 + \varphi_2\underset{\sim}{Y} + \ldots + \varphi_{12}(\underset{\sim}{Y}^2\underset{\sim}{\hat{X}}^2 + \underset{\sim}{\hat{X}}'^2\underset{\sim}{Y}^2)/2 \,. \qquad (9.29)$$

Analog (9.16a,b) entnimmt man den Spuren

$$\mathrm{tr}\,\hat{\underset{\sim}{X}}\underset{\sim}{Z} = \mathrm{tr}\,\underset{\sim}{Z}\hat{\underset{\sim}{X}}' \qquad \text{und} \qquad \mathrm{tr}\,\underset{\sim}{Y}\underset{\sim}{Z} = \mathrm{tr}\,\underset{\sim}{Z}\underset{\sim}{Y} \tag{9.30a,b}$$

die der Darstellung (9.29) "angepaßte" Integritätsbasis:

$$\mathrm{tr}\,\hat{\underset{\sim}{X}}^{\nu}\,, \quad \mathrm{tr}\,\underset{\sim}{Y}^{\nu}\,, \quad \nu = 1,2,3\,,$$

$$\mathrm{tr}\,\hat{\underset{\sim}{X}}\hat{\underset{\sim}{X}}',\ \mathrm{tr}\,\hat{\underset{\sim}{X}}\hat{\underset{\sim}{X}}'^{2},\ \mathrm{tr}\,\hat{\underset{\sim}{X}}\underset{\sim}{Y},\ \mathrm{tr}\,\hat{\underset{\sim}{X}}^{2}\underset{\sim}{Y},\ \mathrm{tr}\,\hat{\underset{\sim}{X}}\underset{\sim}{Y}\hat{\underset{\sim}{X}}',\ \mathrm{tr}\,\hat{\underset{\sim}{X}}\underset{\sim}{Y}^{2},\ \mathrm{tr}\,\hat{\underset{\sim}{X}}\underset{\sim}{Y}\hat{\underset{\sim}{X}}'^{2},\ \mathrm{tr}\,\hat{\underset{\sim}{X}}^{2}\underset{\sim}{Y}^{2},$$

$$\mathrm{tr}\,\hat{\underset{\sim}{X}}\underset{\sim}{Y}^{2}\hat{\underset{\sim}{X}}',\ \mathrm{tr}\,\hat{\underset{\sim}{X}}'\underset{\sim}{Y}\hat{\underset{\sim}{X}},\ \mathrm{tr}\,\hat{\underset{\sim}{X}}\underset{\sim}{Y}^{2}\hat{\underset{\sim}{X}}'^{2},\ \mathrm{tr}\,\hat{\underset{\sim}{X}}\hat{\underset{\sim}{X}}'^{2}\underset{\sim}{Y}^{2},\ \mathrm{tr}\,\hat{\underset{\sim}{X}}\hat{\underset{\sim}{X}}'^{2}\underset{\sim}{Y},\ \mathrm{tr}\,\hat{\underset{\sim}{X}}\hat{\underset{\sim}{X}}'\underset{\sim}{Y}^{2}\,, \tag{9.31}$$

die 20 irreduzible Elemente enthält. In [51] wird die Tensorfunktion (9.29) auf eine kanonische Form (9.6) gebracht. Dazu werden in [51] die Identitäten (9.7) und (9.8) auch für nicht-symmetrische Tensoren verallgemeinert.

9.3 Trennung der Tensor-Veränderlichen

In [54] wird eine einfache Methode vorgeschlagen, nach der man durch Trennung der Veränderlichen tensorwertige Funktionen darstellen kann. So kann beispielsweise die Funktion

$$Z_{ij} = f_{ij}(\underset{\sim}{X},\underset{\sim}{Y}) = Z_{ji} \tag{9.32}$$

von zwei symmetrischen Argumenttensoren ($X_{ij} = X_{ji}$, $Y_{ij} = Y_{ji}$) durch Trennung dieser unabhängig Veränderlichen gemäß

$$Z_{ij} = f_{ij}(\underset{\sim}{X},\underset{\sim}{Y}) = [\delta_{ik}\,{}^{0}g_{kj}(\underset{\sim}{Y}) + {}^{0}g_{ik}(\underset{\sim}{Y})\delta_{kj}]/2 +$$

$$+ [X_{ik}\,{}^{1}g_{kj}(\underset{\sim}{Y}) + {}^{1}g_{ik}(\underset{\sim}{Y})X_{kj}]/2 + [X_{ik}^{(2)}\,{}^{2}g_{kj}(\underset{\sim}{Y}) + {}^{2}g_{ik}(\underset{\sim}{Y})X_{kj}^{(2)}]/2 \tag{9.33a}$$

bzw.

$$\boxed{Z_{ij} = \frac{1}{2}\sum_{\lambda=0}^{2}[X_{ik}^{(\lambda)}\,{}^{\lambda}g_{kj}(\underset{\sim}{Y}) + {}^{\lambda}g_{ik}(\underset{\sim}{Y})X_{kj}^{(\lambda)}]} \tag{9.33b}$$

dargestellt werden. Dieses ist eine Darstellung, die aus drei Teilen ($\lambda = 0,1,2$) besteht, die man als Beiträge nullter, erster und zweiter Ordnung in der Veränderlichen $\underset{\sim}{X}$ auffassen kann. Die drei Funktionen ${}^{0}\underset{\sim}{g}$, ${}^{1}\underset{\sim}{g}$, ${}^{2}\underset{\sim}{g}$ sind isotrope Tensorfunktionen der anderen Veränderlichen:

$$\left.\begin{aligned} {}^{0}g_{ij}(\underset{\sim}{Y}) &= \varphi_{(0,0)}\delta_{ij} + \varphi_{(0,1)}Y_{ij} + \varphi_{(0,2)}Y_{ij}^{(2)} \\ {}^{1}g_{ij}(\underset{\sim}{Y}) &= \varphi_{(1,0)}\delta_{ij} + \varphi_{(1,1)}Y_{ij} + \varphi_{(1,2)}Y_{ij}^{(2)} \\ {}^{2}g_{ij}(\underset{\sim}{Y}) &= \varphi_{(2,0)}\delta_{ij} + \varphi_{(2,1)}Y_{ij} + \varphi_{(2,2)}Y_{ij}^{(2)} \end{aligned}\right\} \qquad (9.34a)$$

bzw.

$$\boxed{{}^{\lambda}g_{ij}(\underset{\sim}{Y}) = \sum_{\nu=0}^{2} \varphi_{(\lambda,\nu)} Y_{ij}^{(\nu)}} \quad . \qquad (9.34b)$$

Setzt man (9.34) in (9.33) ein, so findet man die übliche Polynomdarstellung

$$\boxed{Z_{ij} = \frac{1}{2} \sum_{\lambda,\nu=0}^{2} \varphi_{(\lambda,\nu)} \left[X_{ik}^{(\lambda)} Y_{kj}^{(\nu)} + Y_{ik}^{(\nu)} X_{kj}^{(\lambda)} \right]} \quad , \qquad (9.35)$$

die auch in (9.14) mit (9.15) und (8.12) verwendet wird.

Entsprechend kann die in Ziffer 9.1 diskutierte Funktion

$$U_{ij} = f_{ij}(\underset{\sim}{X},\underset{\sim}{Y},\underset{\sim}{Z}) = U_{ji} \quad , \qquad (9.36)$$

abhängig von drei symmetrischen Argumenttensoren $X_{ij} = X_{ji}$, ... , $Z_{ij} = Z_{ji}$ zweiter Stufe, behandelt werden. Somit findet man in Erweiterung von (9.33) für die tensorwertige Funktion (9.36) die Darstellung:

$$\boxed{\begin{aligned} U_{ij} = &\frac{1}{2} \sum_{\lambda=0}^{2} \left[X_{ik}^{(\lambda)}\, {}^{\lambda}g_{kj}(\underset{\sim}{Y},\underset{\sim}{Z}) + {}^{\lambda}g_{ik}(\underset{\sim}{Y},\underset{\sim}{Z}) X_{kj}^{(\lambda)} \right] + \\ &+ \frac{1}{2} \sum_{\lambda=0}^{2} \left[Y_{ik}^{(\lambda)}\, {}^{\lambda}h_{kj}(\underset{\sim}{Z},\underset{\sim}{X}) + {}^{\lambda}h_{ik}(\underset{\sim}{Z},\underset{\sim}{X}) Y_{kj}^{(\lambda)} \right] + \\ &+ \frac{1}{2} \sum_{\lambda=0}^{2} \left[Z_{ik}^{(\lambda)}\, {}^{\lambda}l_{kj}(\underset{\sim}{X},\underset{\sim}{Y}) + {}^{\lambda}l_{ik}(\underset{\sim}{X},\underset{\sim}{Y}) Z_{kj}^{(\lambda)} \right] \end{aligned}} \quad . \qquad (9.37)$$

Darin sind

$$\boxed{{}^{\lambda}g_{ij} = \frac{1}{2} \sum_{\mu,\nu=0}^{2} \varphi_{(\lambda,\mu,\nu)} \left[Y_{ik}^{(\mu)} Z_{kj}^{(\nu)} + Z_{ik}^{(\nu)} Y_{kj}^{(\mu)} \right] \; ; \quad \lambda = 0,1,2} \qquad (9.38)$$

und entsprechend auch ${}^{\lambda}h_{ij}$, ${}^{\lambda}l_{ij}$ <u>isotrope Tensorfunktionen</u> von jeweils zwei Argumenttensoren, so daß die Darstellung (9.37) insgesamt 81 Tensorgeneratoren der Form $X_{ip}^{(\lambda)} Y_{pq}^{(\mu)} Z_{qj}^{(\nu)} + Z_{iq}^{(\nu)} Y_{qp}^{(\mu)} X_{pj}^{(\lambda)}$ mit zyklischen Vertauschungen enthält. Unter den so gefundenen 81 Tensorgeneratoren sind jedoch einige äquivalent, so daß nur 43 irreduzible Elemente übrigbleiben. Diese sind in Tabelle 9.1 aufgelistet.

Die oben beschriebene Methode der Trennung von Tensorvariablen kann auch benutzt werden, um eine Darstellung für tensorwertige Funktionen von mehr als drei Argumenttensoren zu finden. Auch ist diese Methode nicht beschränkt auf Funktionen von symmetrischen Argumenttensoren zweiter Stufe.

Tabelle 9.1 Irreduzible Tensorgeneratoren der Darstellung (9.37)

Grad	irreduzible Tensorgeneratoren	Anzahl
0	$\underset{\sim}{\delta}$	1
1	$\underset{\sim}{X}, \underset{\sim}{Y}, \underset{\sim}{Z}$	3
2	$\underset{\sim}{X}^2$, $(\underset{\sim}{X}\underset{\sim}{Y}+\underset{\sim}{Y}\underset{\sim}{X})$ und zykl. Vertauschungen	6
3	$(\underset{\sim}{X}^2\underset{\sim}{Y}+\underset{\sim}{Y}\underset{\sim}{X}^2)$, $(\underset{\sim}{X}\underset{\sim}{Y}^2+\underset{\sim}{Y}^2\underset{\sim}{X})$, $(\underset{\sim}{X}\underset{\sim}{Y}\underset{\sim}{Z}+\underset{\sim}{Z}\underset{\sim}{Y}\underset{\sim}{X})$ und zykl. Vertauschungen	9
4	$(\underset{\sim}{X}^2\underset{\sim}{Y}^2+\underset{\sim}{Y}^2\underset{\sim}{X}^2)$, $(\underset{\sim}{X}^2\underset{\sim}{Y}\underset{\sim}{Z}+\underset{\sim}{Z}\underset{\sim}{Y}\underset{\sim}{X}^2)$, $(\underset{\sim}{X}\underset{\sim}{Y}^2\underset{\sim}{Z}+\underset{\sim}{Z}\underset{\sim}{Y}^2\underset{\sim}{X})$, $(\underset{\sim}{X}\underset{\sim}{Y}\underset{\sim}{Z}^2+\underset{\sim}{Z}^2\underset{\sim}{Y}\underset{\sim}{X})$ und zykl. Vertauschungen	12
5	$(\underset{\sim}{X}\underset{\sim}{Y}^2\underset{\sim}{Z}^2+\ldots)$, $(\underset{\sim}{X}^2\underset{\sim}{Y}^2\underset{\sim}{Z}+\ldots)$, $(\underset{\sim}{X}^2\underset{\sim}{Y}\underset{\sim}{Z}^2+\ldots)$ und zykl. Vertauschungen	9
6	$(\underset{\sim}{X}^2\underset{\sim}{Y}^2\underset{\sim}{Z}^2+\underset{\sim}{Z}^2\underset{\sim}{Y}^2\underset{\sim}{X}^2)$ und zykl. Vertausch.	3

9.4 Darstellung über Hilfstensoren

Durch Überschieben der tensorwertigen Funktion (9.1) mit einem symmetrischen "Hilfstensor" $\underset{\sim}{T}$ zweiter Stufe gelangt man zu einer invarianten skalaren Funktion

$$f = Z_{ij}T_{ji} = f(T_{pq}, X_{pq}, Y_{pq}, A_{pqrs}) \tag{9.39}$$

in den Argumenttensoren $\underset{\sim}{T}$, $\underset{\sim}{X}$, $\underset{\sim}{Y}$, $\underset{\sim}{A}$, die in dem Hilfstensor $\underset{\sim}{T}$ linear ist [43]. Mithin muß auch die Integritätsbasis für die skalare Funktion (9.39) linear in $\underset{\sim}{T}$ sein, d.h., man kann (9.39) durch

$$f = \sum_{\alpha=1}^{\nu} P_\alpha K_\alpha \tag{9.40}$$

ausdrücken, wenn man unter $K_1, K_2, \ldots, K_\nu$ die Elemente der irreduziblen Integritätsbasis versteht, die linear in $\underset{\sim}{T}$ sind. Die P_α in (9.40) sind dann Polynome nur in den Invarianten der aktuellen Tensoren $\underset{\sim}{X}$, $\underset{\sim}{Y}$, $\underset{\sim}{A}$, d.h. unabhängig von $\underset{\sim}{T}$, so daß man wegen (9.39) aus (9.40) durch Differentiation nach dem "Hilfstensor" $\underset{\sim}{T}$ die "Rechenregel"

$$\boxed{Z_{ij} = \frac{1}{2}\left(\frac{\partial f}{\partial T_{ij}} + \frac{\partial f}{\partial T_{ji}}\right) = \frac{1}{2}\sum_{\alpha=1}^{\nu} P_\alpha \left(\frac{\partial K_\alpha}{\partial T_{ij}} + \frac{\partial K_\alpha}{\partial T_{ji}}\right)} \tag{9.41}$$

zur Aufstellung der tensorwertigen Funktion (9.1) erhält. Dabei ist die Indexsymmetrie des abhängig veränderlichen Tensors gewährleistet ($Z_{ij} = Z_{ji}$).

Das Hauptproblem besteht jetzt in dem Auffinden eines irreduziblen Invariantensystems (Integritätsbasis) der in (9.39) enthaltenen Argumenttensoren T_{pq}, X_{pq}, Y_{pq}, A_{pqrs}, deren Anzahl sich um eins, nämlich um den "Hilfstensor" $\underset{\sim}{T}$, gegenüber der Anzahl der in (9.1) gegebenen Tensorvariablen erhöht. Aus diesem so erweiterten Invariantensystem werden in (9.41) dann nur die Elemente $K_1, K_2, \ldots, K_\nu$ benötigt, die linear in $\underset{\sim}{T}$ sind, wie bereits oben erwähnt.

Als Beispiel sei die Tensorfunktion (9.32) betrachtet. Daraus erhält man die skalare Funktion

$$f = Z_{ij}T_{ji} = f(T_{pq}, X_{pq}, Y_{pq}) \quad . \tag{9.42}$$

Für diese Funktion ist die Integritätsbasis aufzustellen. Sie besteht gemäß (9.26) aus 28 irreduziblen Elementen. In (9.41) werden jedoch nur die Elemente K_α benötigt, die linear in dem willkürlichen Tensor $\underset{\sim}{T}$ sind:

$$K_1 = \mathrm{tr}\,\underset{\sim}{T}\ , \quad K_2 = \mathrm{tr}\,\underset{\sim}{T}\underset{\sim}{X}\ , \quad K_3 = \mathrm{tr}\,\underset{\sim}{T}\underset{\sim}{Y}\ , \quad K_4 = \mathrm{tr}\,\underset{\sim}{T}\underset{\sim}{X}^2\ , \quad K_5 = \mathrm{tr}\,\underset{\sim}{T}\underset{\sim}{Y}^2\ ,$$

$$K_6 = \mathrm{tr}\,\underset{\sim}{T}\underset{\sim}{X}\underset{\sim}{Y}\ , \ K_7 = \mathrm{tr}\,\underset{\sim}{T}\underset{\sim}{X}^2\underset{\sim}{Y}\ , \ K_8 = \mathrm{tr}\,\underset{\sim}{T}\underset{\sim}{X}\underset{\sim}{Y}^2\ , \ K_9 = \mathrm{tr}\,\underset{\sim}{T}\underset{\sim}{X}^2\underset{\sim}{Y}^2\ . \tag{9.43}$$

Damit ermittelt man nach der Rechenvorschrift (9.41) schließlich das Tensorpolynom

$$\boxed{\begin{aligned} Z_{ij} = {} & P_1\delta_{ij} + P_2X_{ij} + P_3Y_{ij} + P_4X^{(2)}_{ij} + P_5Y^{(2)}_{ij} + \\ & + \tfrac{1}{2}\,[P_6(X_{ik}Y_{kj} + Y_{ik}X_{kj}) + P_7(X^{(2)}_{ik}Y_{kj} + Y_{ik}X^{(2)}_{kj}) + \\ & + P_8(X_{ik}Y^{(2)}_{kj} + Y^{(2)}_{ik}X_{kj}) + P_9(X^{(2)}_{ik}Y^{(2)}_{kj} + Y^{(2)}_{ik}X^{(2)}_{kj})] \end{aligned}} \tag{9.44}$$

das mit (9.35) übereinstimmt. In (9.44) sind die $P_1, P_2, \ldots, P_9$ skalare Polynome nur in den Invarianten der aktuellen Tensoren $\underset{\sim}{X}$ und $\underset{\sim}{Y}$, nicht jedoch in den Invarianten (9.43). Damit ist auch gezeigt, daß analog (9.35) das Koeffizientensystem $\varphi_{(\lambda,\nu)}$ in (9.14) von der Integritätsbasis (8.13) abhängt.

Entsprechend kann auch auf diese Weise nachgewiesen werden, daß die Koeffizienten φ_0, φ_1, φ_2 in (9.10) skalare Funktionen der irreduziblen Invarianten des Argumenttensors $\underset{\sim}{X}$ sind, wie bereits im Zusammenhang mit (9.13) vermerkt. Aus der tensorwertigen Funktion $Y_{ij} = f_{ij}(\underset{\sim}{X})$ erhält man durch Überschieben mit dem willkürichen Tensor T_{ij} analog (9.42) die skalare Funktion

$$f = Y_{ij}T_{ji} = f(T_{pq}, X_{pq}) \quad . \tag{9.45}$$

Die Integritätsbasis besteht jetzt wie (8.13) aus 10 irreduziblen Invarianten. Allerdings werden in der Formel (9.41) nur die Elemente K_α benötigt, die linear in dem willkürlichen Tensor sind:

$$K_1 = \text{tr}\, \underset{\sim}{T} \;, \quad K_2 = \text{tr}\, \underset{\sim}{T}\underset{\sim}{X} \;, \quad K_3 = \underset{\sim}{T}\underset{\sim}{X}^2 \;. \tag{9.46}$$

Damit ermittelt man analog zu (9.44) das Tensorpolynom

$$\boxed{Y_{ij} = P_1\delta_{ij} + P_2X_{ij} + P_3X_{ij}^{(2)}} \;, \tag{9.47}$$

das mit (9.10) übereinstimmt. In (9.47) sind wegen (9.40) die P_1, P_2, P_3 und somit die φ_0, φ_1, φ_2 in (9.10) skalare Polynome nur in den irreduziblen Invarianten des aktuellen Argumenttensors $\underset{\sim}{X}$, nicht jedoch in den Invarianten (9.46).

Ähnlich wie nach (9.41) können auch vektorwertige Funktionen aufgestellt werden. So erhält man beispielsweise aus der vektorwertigen Funktion

$$A_i = f_i(B_p, X_{pq}) \tag{9.48}$$

durch Überschieben mit dem willkürlichen Vektor V_i die skalarwertige Funktion

$$f = A_iV_i = f(V_p, B_p, X_{pq}) \;. \tag{9.49}$$

Die Integritätsbasis für die drei Argumente in (9.49) mit $X_{pq} = X_{qp}$ kann man (8.41) für n = 3 entnehmen:

$$\left.\begin{aligned} &X_{rr}^{(\lambda)} \;, \quad \lambda = 1,2,3; \quad V_rV_r \;; \quad B_rB_r \;; \quad V_rB_r \;; \\ &V_pX_{pq}V_q \;, \; V_pX_{pq}^{(2)}V_q \;; \quad B_pX_{pq}B_q \;, \; B_pX_{pq}^{(2)}B_q \;; \quad V_pX_{pq}B_q \;, \; V_pX_{pq}^{(2)}B_q \;. \end{aligned}\right\} \tag{9.50}$$

Da die skalare Funktion (9.49) linear in dem willkürlichen Vektor V_i ist, werden zu ihrer Darstellung nur die Elemente aus (9.50) benötigt, die linear in V_i sind:

$$K_1 = V_rB_r \;, \quad K_2 = V_pX_{pq}B_q \;, \quad K_3 = V_pX_{pq}^{(2)}B_q \;. \tag{9.51}$$

Damit kann (9.49) in Analogie zu (9.40) gemäß

$$f = P_1K_1 + P_2K_2 + P_3K_3 \tag{9.52}$$

dargestellt werden, wobei P_1, P_2, P_3 skalare Funktionen derjenigen Invarianten (9.50) sind, die den willkürlichen Vektor V_i nicht enthalten. Analog zu (9.41) erhält man schließlich durch Differentiation aus (9.52) mit (9.51) die gesuchte Darstellung der vektorwertigen Funktion (9.48):

$$\boxed{A_i = \partial f/\partial V_i = P_1 B_i + P_2 X_{iq} B_q + P_3 X^{(2)}_{iq} B_q} \quad . \tag{9.53}$$

Als weiteres Beispiel sei die Darstellung der <u>tensorwertigen Funktion</u>

$$Z_{ij} = f_{ij}(B_p, X_{pq}) = Z_{ji} \tag{9.54}$$

mit denselben Argumenttensoren wie in (9.48) erwähnt. Durch Überschieben mit dem willkürlichen Tensor $T_{ij} = T_{ji}$ erhält man die skalarwertige Funktion

$$f = T_{ij} f_{ji} = f(B_p, X_{pq}, T_{pq}) \tag{9.55}$$

mit der <u>Integritätsbasis</u>

$$\left.\begin{array}{ll} X^{(\lambda)}_{rr},\ T^{(\lambda)}_{rr} \quad \text{mit} \quad \lambda = 1,2,3\ ; & X^{(\lambda)}_{pq} T^{(\mu)}_{qp} \quad \text{mit} \quad \lambda,\mu = 1,2,; \\ B_p X^{(\mu)}_{pq} T^{(\nu)}_{qr} B_r \quad \text{mit} \quad \mu,\nu = 0,1,2\ . & \end{array}\right\} \tag{9.56}$$

Hieraus werden zur Darstellung von (9.54) gemäß der Rechenvorschrift (9.41) nur die Elemente benötigt, die linear in $\underset{\sim}{T}$ sind:

$$\left.\begin{array}{lll} K_1 = T_{rr}\ , & K_2 = X_{pq} T_{qp}\ , & K_3 = X^{(2)}_{pq} T_{qp}\ , \\ K_4 = B_p T_{pr} B_r\ , & K_5 = B_p X_{pq} T_{qr} B_r\ , & K_6 = B_p X^{(2)}_{pq} T_{qr} B_r\ , \end{array}\right\} \tag{9.57}$$

so daß man schließlich das <u>Tensorpolynom</u>

$$\left.\begin{array}{l} Z_{ij} = P_1 \delta_{ij} + P_2 X_{ij} + P_3 X^{(2)}_{ij} + P_4 B_i B_j + \\ \quad + \frac{1}{2}[P_5 (B_i X_{jk} B_k + X_{ik} B_k B_j) + P_6 (B_i X^{(2)}_{jk} B_k + X^{(2)}_{ik} B_k B_j)] \end{array}\right\} \tag{9.58}$$

findet.

Zum Abschluß dieses Kapitels sei noch bemerkt, daß aus Platzgründen nur Polynom-Darstellungen behandelt wurden. Andere Darstellungen (non-polynomial representations) von skalarwertigen und tensorwertigen Tensorfunktionen führen zu Vereinfachungen dergestalt, daß sie im allgemeinen eine geringere Anzahl irreduzibler Elemente enthalten. In diesem Zusammenhang sei auf die Untersuchungen von BOEHLER [55] verwiesen.

10 Interpolationsmethoden für tensorwertige Funktionen

In [56] werden die klassischen <u>Interpolationsmethoden</u> von LAGRANGE und NEWTON auf tensorwertige Funktionen eines oder zweier Argumenttensoren übertragen. Es zeigt sich, daß aufgrund des HAMILTON-CAYLEYschen Theorems die Restgliedtensoren identisch verschwinden und beide Interpolationsmethoden auf die Standardformen der Darstellungstheorie tensorwertiger Funktionen führen, d.h. auf dieselben isotropen Tensorfunktionen. Grundsätzlich gilt, daß es zu vorgegebenen Stützstellen und entsprechenden Stützwerten nur ein Interpolationspolynom niedrigsten Grades gibt. Die zahlreichen in der numerischen Mathematik bekannten Interpolationsformeln [57-60], wie beispielsweise die Formeln von AITKEN, BESSEL, EVERETT, GAUSS, HERMITE, LAGRANGE, NEVILLE, NEWTON, STIRLING usw., sind lediglich verschiedene Algorithmen oder Darstellungen ein und derselben polynomialen Interpolationsfunktion (Minimalpolynom). Im folgenden seien nur die LAGRANGEsche und NEWTONsche Interpolation herausgegriffen und tensoriell erweitert.

Für beliebige Stützstellen x_α $(\alpha = 1,2,\ldots,n)$ läßt sich ein Interpolationspolynom (n-1)-ten Grades nach LAGRANGE sehr einfach angeben:

$$y = f(x) = \sum_{\alpha=1}^{n} L_\alpha(x) y_\alpha + R_{n-1} \tag{10.1}$$

An den Stützstellen gilt:

$$f(x_\beta) = y_\beta , \qquad \beta = 1,2,\ldots,n \tag{10.2}$$

und

$$L_\alpha(x_\beta) = \begin{cases} 1 \text{ für } \alpha = \beta \\ 0 \text{ für } \alpha \neq \beta \end{cases} \qquad (\alpha,\beta = 1,2,\ldots,n) . \tag{10.3}$$

Die LAGRANGEschen Grundpolynome $L_\alpha(x)$ ergeben sich wegen der Eigenschaft (10.3) zu

$$L_\alpha(x) = \prod_{\substack{\beta=1 \\ \beta\neq\alpha}}^{n} (x-x_\beta)/(x_\alpha-x_\beta) . \tag{10.4}$$

Das Restglied R_{n-1} in (10.1) lautet:

$$R_{n-1} = \frac{1}{n!} (x-x_1) \ldots (x-x_n) \frac{d^n f(\xi)}{dx^n} , \tag{10.5}$$

wobei ξ zwischen der kleinsten und größten Stützstelle liegt.

Die NEWTONsche Interpolation erfolgt nach der Formel

$$f(x) = a_0 + a_1(x-x_1) + a_2(x-x_1)(x-x_2) + \ldots \tag{10.6}$$

mit $a_0 \equiv f(x_1)$. Die Koeffizienten $a_1, a_2,\ldots,a_n$ sind die erste, zweite, ..., n-te dividierte Differenz [57].

Obige Interpolationsformeln lassen sich grundsätzlich ohne Schwierigkeiten auf Funktionen mit mehreren unabhängig Veränderlichen übertragen, wenn auch die Überschaubarkeit mit der Anzahl der Argumente sehr stark abnimmt. Für Funktionen mit zwei unabhängig Veränderlichen kann die Interpolation jedoch noch recht übersichtlich dargestellt werden.

In den folgenden Ziffern wird erörtert, wie man die klassischen Interpolationsmethoden (10.1) und (10.6) auf tensorwertige Funktionen zweiter Stufe sowohl mit einem als auch zwei symmetrischen Argumenttensoren zweiter Stufe übertragen kann. Für Anwendungen, z.B. in der Kontinuumsmechanik, sind solche Untersuchungen [61,62,63] von größter Wichtigkeit, wie im folgenden an Beispielen (Ziffer 10.4) diskutiert werden soll.

10.1 Tensorwertige Funktionen mit einem Argumenttensor

Es sei

$$Y_{ij} = f_{ij}(\underset{\sim}{X}) \qquad \text{mit} \qquad i,j = 1,2,3 \tag{10.7}$$

eine tensorwertige Funktion mit Indexsymmetrie ($Y_{ij} = Y_{ji}$) von einem symmetrischen Argumenttensor ($X_{ij} = X_{ji}$); dann kann aufgrund des HAMILTON-CAYLEYschen Theorems eine Polynomdarstellung von (10.7) nur vom Höchstgrad n = 2 in $\underset{\sim}{X}$ sein:

$$\boxed{Y_{ij} = \Phi_0 \delta_{ij} + \Phi_1 X_{ij} + \Phi_2 X_{ij}^{(2)}} \ . \tag{10.8}$$

Darin sind Φ_0, Φ_1, Φ_2 skalarwertige Funktionen der Integritätsbasis d.h. der irreduziblen Grundinvarianten

$$S_\nu \equiv \operatorname{tr} \underset{\sim}{X}^\nu \ , \qquad \nu = 1,2,3 \tag{10.9}$$

des Argumenttensors $\underset{\sim}{X}$.

10.1.1 Interpolation in Anlehnung an LAGRANGE

Zur Interpolation von tensorwertigen Funktionen fassen wir die Hauptwerte $\lambda_I \equiv X_I$, $\lambda_{II} \equiv X_{II}$, $\lambda_{III} \equiv X_{III}$ des Tensors $\underset{\sim}{X}$ als "Stützstellen" auf. Dann ist die tensorielle Erweiterung der LAGRANGEschen Interpolation (10.1) bis (10.5) durch die Darstellung [56]

$$\boxed{Y_{ij} = f_{ij}(\underset{\sim}{X}) = \sum_{\alpha=I}^{III} f_\alpha \, {}^\alpha L_{ij}(\underset{\sim}{X}) + R_{ij}(\underset{\sim}{X})} \tag{10.10}$$

gegeben, wobei $f_\alpha \equiv Y_\alpha$ (α = I,II,III) die den Hauptwerten X_α zugeordneten Funktionswerte sind. Die Tensoren ${}^\alpha\underset{\sim}{L}$ (α = I,II,III) sind durch

$${}^\alpha L_{ij} \equiv \frac{(X_{ik} - \lambda_{(\alpha+I)}\delta_{ik})(X_{kj} - \lambda_{(\alpha+II)}\delta_{kj})}{(\lambda_{(\alpha)} - \lambda_{(\lambda+I)})(\lambda_{(\alpha)} - \lambda_{(\alpha+II)})} \tag{10.11}$$

definiert*). Die Zählweise $(\alpha + I)$, $(\alpha + II)$ mit $\alpha = I,II,III$ in (10.11) ist zyklisch zu verstehen. Über stumme lateinische Indizes wird wie üblich von 1 bis 3 summiert. Die Summationen über griechische Indizes von I bis III und von 0 bis 2 werden gesondert angezeigt. Der "Restgliedtensor" $\underset{\sim}{R}$ in (10.10) ist in Anlehnung an (10.5) durch

$$\boxed{R_{ij} = \frac{1}{3!}(X_{ik} - \lambda_I\delta_{ik})(X_{kl} - \lambda_{II}\delta_{kl})(X_{lj} - \lambda_{III}\delta_{lj})\frac{d^3 f(\underset{\sim}{X})}{d\underset{\sim}{X}^3}} \qquad (10.12)$$

gegeben. Führt man in (10.12) die Multiplikation aus, so erhält man:

$$\boxed{R_{ij} = \frac{1}{3!}(X_{ij}^{(3)} - J_1 X_{ij}^{(2)} - J_2 X_{ij} - J_3\delta_{ij})\frac{d^3 f(\underset{\sim}{X})}{d\underset{\sim}{X}^3}} \qquad (10.13)$$

mit den Hauptinvarianten

$$J_1 \equiv X_{kk} = \lambda_I + \lambda_{II} + \lambda_{III}\,, \qquad (10.14a)$$

$$J_2 \equiv - X_{i[i]}X_{j[j]} = -(\lambda_{II}\lambda_{III} + \lambda_{III}\lambda_I + \lambda_I\lambda_{II})\,, \qquad (10.14b)$$

$$J_3 \equiv X_{i[i]}X_{j[j]}X_{k[k]} = \lambda_I\lambda_{II}\lambda_{III}\,. \qquad (10.14c)$$

Die eingeklammerten Indizes in (10.14b,c) unterliegen der Alternierungsvorschrift, so daß J_2 die negative Summe der Hauptminoren und J_3 die Determinante des Tensors $\underset{\sim}{X}$ sind. In (10.13) erkennt man die HAMILTON-CAYLEYsche Gleichung

$$\boxed{X_{ij}^{(3)} - J_1 X_{ij}^{(2)} - J_2 X_{ij} - J_3\delta_{ij} = 0_{ij}}\,, \qquad (10.15)$$

so daß der Restgliedtensor $\underset{\sim}{R}$ immer der NULL-Tensor ist.

Führt man in (10.11) die Multiplikation aus, so findet man:

$$\boxed{{}^{\alpha}L_{ij} = {}^{\alpha}\varphi_0\delta_{ij} + {}^{\alpha}\varphi_1 X_{ij} + {}^{\alpha}\varphi_2 X_{ij}^{(2)}}\,, \qquad (10.16)$$

wenn man die Abkürzungen

$${}^{\alpha}\varphi_0 \equiv \lambda_{(\alpha+I)}\lambda_{(\alpha+II)}/N_{(\alpha)}\,, \qquad {}^{\alpha}\varphi_1 \equiv -(\lambda_{(\alpha+I)} + \lambda_{(\alpha+II)})/N_{(\alpha)} \qquad (10.17a,b)$$

$${}^{\alpha}\varphi_2 \equiv 1/N_{(\alpha)} \qquad (10.17c)$$

mit

$$N_{(\alpha)} \equiv (\lambda_{(\alpha)} - \lambda_{(\alpha+I)})(\lambda_{(\alpha)} - \lambda_{(\alpha+II)}) \qquad (10.18)$$

benutzt. Hierbei ist vorauszusetzen, daß alle Hauptwerte unterschiedlich sind $(\lambda_I \neq \lambda_{II} \neq \lambda_{III} \neq \lambda_I)$. Auf eine Darstellung bei zusammenfallenden Hauptwerten ("konfluente Stützstellen") wird in Ziffer 10.3 eingegangen.

---

*) Eine sehr ähnliche Darstellung benutzt SOBOTKA in [64], die auf dem SYLVESTERschen Satz der Matrizenrechnung beruht.

Das Polynom (10.10) selbst kann wegen (10.13) bis (10.18) auf die "Standardform" (10.8) der Darstellungstheorie isotroper Tensorfunktionen gebracht werden, wenn man definiert:

$$\Phi_\nu \equiv \sum_{\alpha=I}^{III} {}^\alpha\varphi_\nu \, f_\alpha \,, \qquad \nu = 0,1,2 \,. \tag{10.19}$$

Geht man von (10.8) aus und setzt die Hauptwerte $\lambda_I \equiv X_I$ etc. ein, so erhält man das lineare Gleichungssystem

$$\left.\begin{aligned} Y_I &= \Phi_0 + \Phi_1 X_I + \Phi_2 X_I^2 \\ Y_{II} &= \Phi_0 + \Phi_1 X_{II} + \Phi_2 X_{II}^2 \\ Y_{III} &= \Phi_0 + \Phi_1 X_{III} + \Phi_2 X_{III}^2 \end{aligned}\right\} \tag{10.20}$$

zur Bestimmung der Φ_0, Φ_1, Φ_2. Die Auflösung von (10.20) nach der CRAMERschen Regel führt unmittelbar auf das Ergebnis (10.19).

10.1.2 Interpolation in Anlehnung an NEWTON

Eine tensorielle Verallgemeinerung der NEWTONschen Interpolationsformel (10.6) kann gemäß

$$Y_{ij} = f_{ij}(\underset{\sim}{X}) = a_0\delta_{ij} + a_1(X_{ij} - \lambda_I\delta_{ij}) + a_2(X_{ik} - \lambda_I\delta_{ik})(X_{kj} - \lambda_{II}\delta_{kj}) + $$
$$+ a_3(X_{ik} - \lambda_I\delta_{ik})(X_{kl} - \lambda_{II}\delta_{kl})(X_{lj} - \lambda_{III}\delta_{lj}) \tag{10.21}$$

erfolgen [56]. Weitere Glieder sind nicht möglich, da ein symmetrischer Tensor zweiter Stufe nur drei reelle Hauptwerte besitzt, die in der Interpolationsaufgabe die Rolle der Stützstellen übernehmen. Darüber hinaus verschwindet der dritte Term in (10.21) aufgrund der HAMILTON-CAYLEYschen Gleichung (10.15), so daß sich (10.21) auf die irreduzible Form

$$\boxed{Y_{ij} = f_{ij}(\underset{\sim}{X}) = a_0\delta_{ij} + a_1(X_{ij} - \lambda_I\delta_{ij}) + a_2(X_{ik} - \lambda_I\delta_{ik})(X_{kj} - \lambda_{II}\delta_{kj})} \tag{10.22}$$

reduziert. Durch Einsetzen der Hauptwerte $X_I = \lambda_I$ etc. mit

$$Y_I \equiv f_{11}(X_{11} \equiv \lambda_I) \,, \quad Y_{II} \equiv f_{22}(X_{22} \equiv \lambda_{II}) \text{ etc.} \tag{10.23*}$$

bestimmt man die skalaren Größen a_0, a_1, a_2 in (10.22) zu:

$$a_0 = Y_I \,, \qquad a_1 = (Y_I - Y_{II})/(\lambda_I - \lambda_{II}) \,, \tag{10.23a,b}$$

$$a_2 = \frac{(Y_I - Y_{II})/(\lambda_I - \lambda_{II}) - (Y_{III} - Y_I)/(\lambda_{III} - \lambda_I)}{\lambda_{II} - \lambda_{III}} \,. \tag{10.23c}$$

Die Interpolationsformel (10.22) kann auf die Standardform

$$\boxed{Y_{ij} = \psi_0 \delta_{ij} + \psi_1 X_{ij} + \psi_2 X_{ij}^{(2)}} \tag{10.24}$$

einer <u>isotropen Tensorfunktion</u> (9.10) gebracht werden, wenn man definiert:

$$\psi_0 \equiv a_0 - a_1\lambda_I + a_2\lambda_I\lambda_{II}, \quad \psi_1 \equiv a_1 - a_2(\lambda_I + \lambda_{II}), \quad \psi_2 \equiv a_2 . \tag{10.25a,b,c}$$

Bei gleichen Hauptwerten sind die Differenzenquotienten erster und zweiter Ordnung, d.h. a_1 und a_2 gemäß (10.23b,c) unbestimmte Ausdrücke. Auf die Darstellung dieses Sonderfalles wird in Ziffer 10.3 eingegangen.

10.1.3 Vergleich der beiden Interpolationsformeln

Zum Vergleich der in den Ziffern 10.1.1 und 10.1.2 angegebenen Interpolationsformeln stellen wir die skalaren Funktionen (10.25a,b,c) in Verbindung mit (10.23a,b,c) durch Quotienten mit dem gemeinsamen Nenner

$$N = (\lambda_I - \lambda_{II})(\lambda_{II} - \lambda_{III})(\lambda_{III} - \lambda_I) \tag{10.26}$$

dar:

$$\psi_0 = [Y_I\lambda_{II}\lambda_{III}(\lambda_{III} - \lambda_{II}) + Y_{II}\lambda_{III}\lambda_I(\lambda_I - \lambda_{III}) + + Y_{III}\lambda_I\lambda_{II}(\lambda_{II} - \lambda_I)]/N \tag{10.27a}$$

$$\psi_1 = [Y_I(\lambda_{II}^2 - \lambda_{III}^2) + Y_{II}(\lambda_{III}^2 - \lambda_I^2) + Y_{III}(\lambda_I^2 - \lambda_{II}^2)]/N \tag{10.27b}$$

$$\psi_2 = [Y_I(\lambda_{III} - \lambda_{II}) + Y_{II}(\lambda_I - \lambda_{III}) + Y_{III}(\lambda_{II} - \lambda_I)]/N \,. \tag{10.27c}$$

Der Vergleich mit (10.19) zeigt:

$$\boxed{\Phi_\nu \equiv \Psi_\nu \,, \qquad \nu = 0,1,2,} \tag{10.28}$$

d.h., die Interpolationen gemäß (10.10) mit verschwindendem "<u>Restgliedtensor</u>" und (10.22) stimmen überein und können durch die <u>kanonische Form</u> (10.8) bzw. (10.24) der <u>Darstellungstheorie isotroper Tensorfunktionen</u> dargestellt werden.

Grundsätzlich gilt, daß es zu vorgegebenen Stützstellen und entsprechenden Stützwerten nur ein Interpolationspolynom niedrigsten Grades gibt. Die zahlreichen in der numerischen Mathematik bekannten Interpolationsformeln sind lediglich verschiedene Algorithmen oder Darstellungen ein und derselben polynomialen Interpolationsfunktion (Minimalpolynom), wie bereits einleitend zu Kapitel 10 erwähnt.

10.2 Tensorwertige Funktionen mit zwei Argumenttensoren

Es sei

$$Z_{ij} = [f_{ij}(\underset{\sim}{X},\underset{\sim}{Y}) + f_{ji}(\underset{\sim}{X},\underset{\sim}{Y})]/2 = Z_{ji} \tag{10.29}$$

eine tensorwertige Funktion von zwei symmetrischen Tensoren ($X_{ij} = X_{ji}$, $Y_{ij} = Y_{ji}$) zweiter Stufe. Dann ist die Polynomdarstellung von (10.29) in Erweiterung von (10.8) durch die Standardform

$$\boxed{f_{ij} = \sum_{\varkappa,\nu=0}^{2} \Phi_{(\varkappa,\nu)} X_{ik}^{(\varkappa)} Y_{kj}^{(\nu)}} \tag{10.30}$$

gegeben. Darin sind die neun $\Phi_{(\varkappa,\nu)}$ skalare Funktionen von der Integritätsbasis, deren Elemente die folgenden 10 irreduziblen Invarianten sind (Ziffer 8.1):

$$S_\nu(\underset{\sim}{X}) \equiv \operatorname{tr} \underset{\sim}{X}^\nu , \quad S_\nu(\underset{\sim}{Y}) \equiv \operatorname{tr} \underset{\sim}{Y}^\nu , \qquad \nu = 1,2,3 \tag{10.31a,b}$$

$$\Omega_1 \equiv \operatorname{tr} \underset{\sim}{X}\underset{\sim}{Y} , \quad \Omega_2 \equiv \operatorname{tr} \underset{\sim}{X}^2\underset{\sim}{Y} , \quad \Omega_3 \equiv \operatorname{tr} \underset{\sim}{X}\underset{\sim}{Y}^2 , \quad \Omega_4 \equiv \operatorname{tr} \underset{\sim}{X}^2\underset{\sim}{Y}^2 . \tag{10.31c}$$

Darin sind je 3 Grundinvarianten (10.31a,b) der einzelnen Argumenttensoren und 4 Simultaninvarianten (10.31c) enthalten.

10.2.1 Interpolation in Anlehnung an LAGRANGE

Im Falle zweier Argumente ist ein skalares Polynom

$$z = f(x,y) = \sum_{\alpha,\rho} a_{\alpha\rho} x^\alpha y^\rho \tag{10.32}$$

zu konstruieren, das die vorgegebenen Stützstellen erfaßt. Im LAGRANGEschen Sinne wird diese Aufgabe durch die Interpolationsformel

$$z = f(x,y) = \sum_{\alpha=1}^{m} \sum_{\rho=1}^{n} L_\alpha(x) L_\rho(y) f(x_\alpha, y_\rho) + R(x,y) \tag{10.33}$$

mit dem Restglied

$$R(x,y) = \frac{(x-x_1)\ldots(x-x_m)}{m!}\frac{\partial^m f(\xi_1,y)}{\partial x^m} + \frac{(y-y_1)\ldots(y-y_n)}{n!}\frac{\partial^n f(x,\eta_1)}{\partial y^n} -$$

$$- \frac{(x-x_1)\ldots(x-x_m)}{m!}\frac{(y-y_1)\ldots(y-y_n)}{n!}\frac{\partial^{(m+n)} f(\xi_2,\eta_2)}{\partial x^m \partial y^n} \qquad (10.34)$$

gelöst. Darin sind (ξ_1,η_1) und (ξ_2,η_2) Punkte aus dem Interpolationsgebiet.

Eine Erweiterung dieser Interpolationsaufgabe auf tensorwertige Funktionen ist analog (10.10) gegeben durch

$$f_{ij}(\underset{\sim}{X},\underset{\sim}{Y}) = \sum_{\alpha,\rho=I}^{III} {}^{\alpha}L_{ik}(\underset{\sim}{X})\,{}^{\rho}L_{kj}(\underset{\sim}{Y})\,f_{(\alpha,\rho)} + R_{ij}(\underset{\sim}{X},\underset{\sim}{Y}) \ . \qquad (10.35)$$

Darin sind folgende Tensorpolynome in $\underset{\sim}{X}$ und $\underset{\sim}{Y}$ benutzt:

$${}^{\alpha}L_{ik}(\underset{\sim}{X}) \equiv (X_{ip} - \lambda_{(\alpha+I)}\delta_{ip})(X_{pk} - \lambda_{(\alpha+II)}\delta_{pk})/M_{(\alpha)} \qquad (10.36a)$$

$${}^{\rho}L_{kj}(\underset{\sim}{Y}) \equiv (Y_{kq} - \mu_{(\rho+I)}\delta_{kq})(Y_{qj} - \mu_{(\rho+II)}\delta_{qj})/N_{(\rho)} \qquad (10.36b)$$

mit den Abkürzungen:

$$M_{(\alpha)} \equiv (\lambda_{(\alpha)} - \lambda_{(\alpha+I)})(\lambda_{(\alpha)} - \lambda_{(\alpha+II)}) \qquad (10.37a)$$

$$N_{(\rho)} \equiv (\mu_{(\rho)} - \mu_{(\rho+I)})(\mu_{(\rho)} - \mu_{(\rho+II)}) \ . \qquad (10.37b)$$

Darin sind $\lambda_{(\alpha)}$, α = I,II,III, die Hauptwerte des Tensors $\underset{\sim}{X}$ und $\mu_{(\rho)}$, ρ = = I,II,III, die Hauptwerte des Tensors $\underset{\sim}{Y}$.

Durch Ausmultiplizieren geht (10.35) mit (10.36a,b) und (10.37a,b) bei verschwindendem Restgliedtensor $\underset{\sim}{R}$ in die Form

$$\boxed{f_{ij} = \sum_{\varkappa,\nu=0}^{2}\ \sum_{\alpha,\rho=I}^{III} f_{(\alpha,\rho)}\,\varphi^{[\alpha,\rho]}_{(\varkappa,\nu)}\,X^{(\varkappa)}_{ik}\,Y^{(\nu)}_{kj}} \qquad (10.38)$$

bzw. in die Standardform (10.30) über, wenn man die skalaren Funktionen $\Phi_{(\varkappa,\nu)}$ gemäß

$$\Phi_{(\varkappa,\nu)} \equiv \sum_{\alpha,\rho=I}^{III} f_{(\alpha,\rho)}\,\varphi^{[\alpha,\rho]}_{(\varkappa,\nu)} \qquad (10.39)$$

bestimmt. Die $f_{(\alpha,\rho)}$ sind die den Hauptwerten $X_{(\alpha)}$, $Y_{(\rho)}$ zugeordneten Funktionswerte: $f_{(\alpha,\rho)} \equiv f(X_{(\alpha)}, Y_{(\rho)})$. Das skalare Faktorensystem $\varphi^{[\alpha\ \rho]}_{(\varkappa,\nu)}$ kann der Tabelle 10.1 entnommen werden.

Die tensorielle Erweiterung des Restgliedes (10.34) führt auf den Restgliedtensor

$$R_{ij}(\underset{\sim}{X},\underset{\sim}{Y}) = R_{ij}(\underset{\sim}{X}) + R_{ij}(\underset{\sim}{Y}) - M_{ij}(\underset{\sim}{X}\underset{\sim}{Y}) \qquad (10.40)$$

Tabelle 10.1 Hilfsgrößen $H_{(\varkappa,\nu)}$ zur Bestimmung des skalaren Faktorensystems $\varphi^{[\alpha,\rho]}_{(\varkappa,\nu)}$ in Gl. (10.38)

$\varphi^{[\alpha,\varrho]}_{(\varkappa,\nu)} N_{(\alpha,\varrho)} \equiv H_{(\varkappa,\nu)}$ mit $N_{(\alpha,\varrho)} \equiv M_{(\alpha)} N_{(\varrho)}$ aus (10.37a,b)			
$\varkappa$ \ ν	0	1	2
0	$H_{(0,2)} H_{(2,0)}$	$H_{(0,2)} H_{(2,1)}$	$\lambda_{(\alpha+I)} \lambda_{(\alpha+II)}$
1	$H_{(1,2)} H_{(2,0)}$	$H_{(1,2)} H_{(2,1)}$	$-(\lambda_{(\alpha+I)} + \lambda_{(\alpha+II)})$
2	$\mu_{(\varrho+I)} \mu_{(\varrho+II)}$	$-(\mu_{(\varrho+I)} + \mu_{(\varrho+II)})$	1

mit den Abkürzungen:

$$R_{ij}(\underset{\sim}{X}) \equiv \frac{1}{3!} (X_{ik} - \lambda_I \delta_{ik}) \ldots (X_{lj} - \lambda_{III} \delta_{lj}) \frac{\partial^3 f(\xi_1, \underset{\sim}{Y})}{\partial \underset{\sim}{X}^3} \quad (10.41a)$$

$$R_{ij}(\underset{\sim}{Y}) \equiv \frac{1}{3!} (Y_{ik} - \mu_I \delta_{ik}) \ldots (Y_{lj} - \mu_{III} \delta_{lj}) \frac{\partial^3 f(\underset{\sim}{X}, \eta_1)}{\partial \underset{\sim}{Y}^3} \quad (10.41b)$$

$$M_{ij}(\underset{\sim}{X}\underset{\sim}{Y}) \equiv \frac{1}{36} (X_{ik} - \lambda_I \delta_{ik}) \ldots (Y_{rj} - \mu_{III} \delta_{rj}) \frac{\partial^6 f(\xi_2, \eta_2)}{\partial \underset{\sim}{X}^3 \partial \underset{\sim}{Y}^3} \quad (10.41c)$$

Dabei sind (ξ_1, η_1) und (ξ_2, η_2) Punkte aus dem Interpolationsgebiet.

Multipliziert man die einzelnen Terme (10.41a,b,c) aus, so stellt man aufgrund der HAMILTON-CAYLEYschen Gleichung (10.15) fest, daß der Restgliedtensor (10.40) verschwindet.

10.2.2 Interpolation in Anlehnung an NEWTON

Als Erweiterung von (10.22) auf tensorwertige Funktionen (10.29) mit zwei Argumenttensoren findet man offenbar die tensorielle Interpolation:

$$\boxed{\begin{aligned} f_{ij}(\underset{\sim}{X},\underset{\sim}{Y}) = {} & a_0\delta_{ij} + a_1(X_{ij} - \lambda_I\delta_{ij}) + \\ & + a_2(X_{ik} - \lambda_I\delta_{ik})(X_{kj} - \lambda_{II}\delta_{kj}) + \\ & + b_1(Y_{ij} - \mu_I\delta_{ij}) + b_2(Y_{ik} - \mu_I\delta_{ik})(Y_{kj} - \mu_{II}\delta_{kj}) + \\ & + c_1(X_{ik} - \lambda_I\delta_{ik})(Y_{kj} - \mu_I\delta_{kj}) + \\ & + c_2(X_{ik} - \lambda_I\delta_{ik})(Y_{kl} - \mu_I\delta_{kl})(Y_{lj} - \mu_{II}\delta_{lj}) + \\ & + c_3(X_{ik} - \lambda_I\delta_{ik})(X_{kl} - \lambda_{II}\delta_{kl})(Y_{lj} - \mu_I\delta_{lj}) + \\ & + c_4(X_{ik} - \lambda_I\delta_{ik})(X_{kl} - \lambda_{II}\delta_{kl})(Y_{lp} - \mu_I\delta_{lp})(Y_{pj} - \mu_{II}\delta_{pj}) \end{aligned}} \qquad (10.42)$$

Als "<u>Stützstellen</u>" stehen die Hauptwerte X_I, X_{II}, X_{III} und Y_I, Y_{II}, Y_{III} der Argumenttensoren $\underset{\sim}{X}$ und $\underset{\sim}{Y}$ mit den entsprechenden Funktionswerten

$$f(X_\alpha, Y_\rho) \equiv f_{(\alpha,\rho)} \qquad \text{mit } \alpha,\rho = I,II,III \qquad (10.43)$$

zur Verfügung. Mit Hilfe dieser "<u>Stützwerte</u>" erfolgt die Bestimmung der 9 skalaren Größen $a_0, a_1, \ldots, c_4$ in (10.42), und zwar erhält man a_0, indem man durch Einsetzen von $X_{11} \equiv X_I = \lambda_I$, $Y_{11} \equiv Y_I = \mu_I$ in (10.42) die Komponente f_{11} dem Stützwert $f_{(I,I)}$ zuordnet. Entsprechend findet man z.B. c_2, indem man für $i = j = 1$ die Werte $X_{11} \equiv X_{II} = \lambda_{II}$, $Y_{11} \equiv Y_{III} = \mu_{III}$ in (10.42) einsetzt und die Komponente f_{11} dem Stützwert $f_{(II,III)}$ zuordnet, insgesamt also:

$$\left\{\begin{matrix} f_{(I,I)} & f_{(I,II)} & f_{(I,III)} \\ f_{(II,I)} & f_{(II,II)} & f_{(II,III)} \\ f_{(III,I)} & f_{(III,II)} & f_{(III,III)} \end{matrix}\right\} \longrightarrow \left\{\begin{matrix} a_0 & b_1 & b_2 \\ a_1 & c_1 & c_2 \\ a_2 & c_3 & c_4 \end{matrix}\right\}$$

Auf diese Weise findet man im einzelnen unter Benutzung der Abkürzungen (10.37a,b):

$$a_0 \equiv f_{(I,I)}, \quad b_1 \equiv (f_{(I,I)} - f_{(I,II)})/(\mu_I - \mu_{II}), \qquad (10.44a,b)$$

$$b_2 \equiv \sum_{\rho=1}^{III} f_{(I,\rho)}/N_{(\rho)}, \quad a_1 \equiv (f_{(I,I)} - f_{(II,I)})/(\lambda_I - \lambda_{II}), \qquad (10.44c,d)$$

$$c_1 \equiv \frac{f_{(I,I)} - f_{(I,II)} + f_{(II,II)} - f_{(II,I)}}{(\lambda_I - \lambda_{II})(\mu_I - \mu_{II})}, \qquad (10.44e)$$

$$c_2 \equiv \sum_{\rho=1}^{III} (f_{(I,\rho)} - f_{(II,\rho)})/[(\lambda_I - \lambda_{II})N_{(\rho)}], \qquad (10.44f)$$

$$a_2 \equiv \sum_{\alpha=I}^{III} f_{(\alpha,I)}/M_{(\alpha)}, \qquad (10.44g)$$

$$c_3 \equiv \sum_{\alpha=I}^{III} (f_{(\alpha,I)} - f_{(\alpha,II)})/[(\mu_I - \mu_{II})M_{(\alpha)}] \,, \tag{10.44h}$$

$$c_4 \equiv \sum_{\alpha,\rho=I}^{III} f_{(\alpha,\rho)}(\lambda_{(\alpha+I)} - \lambda_{(\alpha+II)})(\mu_{(\rho+I)} - \mu_{(\rho+II)})/ \\ / \prod_{\beta=I}^{III} (\lambda_{(\beta)} - \lambda_{(\beta+I)})(\mu_{(\beta)} - \mu_{(\beta+II)}) \,. \tag{10.44i}$$

Man erkennt eine formale Ähnlichkeit der Paare $a_1 \div b_1$, $a_2 \div b_2$ und $c_2 \div c_3$. Im Schema vor (10.44a) sind diese Größen jeweils spiegelsymmetrisch zur Hauptdiagonalen angeordnet.

10.2.3 Vergleich der beiden Interpolationsformeln

Zum Vergleich der in den Ziffern 10.2.1 und 10.2.2 vorgeschlagenen Interpolationsformen (10.38) und (10.42) bringen wir (10.42) auf die Standardform

$$\boxed{f_{ij}(\underset{\sim}{X},\underset{\sim}{Y}) = \sum_{\varkappa,\nu=0}^{2} \Psi_{(\varkappa,\nu)} X_{ik}^{(\varkappa)} Y_{kj}^{(\nu)}} \,. \tag{10.45}$$

Diese Form ergibt sich, wenn man die skalaren Funktionen $\Psi_{(\varkappa,\nu)}$ folgendermaßen bestimmt:

$$\Psi_{(0,0)} \equiv a_0 - a_1\lambda_I + a_2\lambda_I\lambda_{II} - b_1\mu_I + b_2\mu_I\mu_{II} + c_1\lambda_I\mu_I - \\ - c_2\lambda_I\mu_I\mu_{II} - c_3\mu_I\lambda_I\lambda_{II} + c_4\lambda_I\lambda_{II}\mu_I\mu_{II} \,, \tag{10.46a}$$

$$\Psi_{(0,1)} \equiv b_1 - b_2(\mu_I + \mu_{II}) - c_1\lambda_I + c_2\lambda_I(\mu_I + \mu_{II}) + c_2\lambda_I\lambda_{II} - \\ - c_4\lambda_I\lambda_{II}(\mu_I + \mu_{II}) \,, \tag{10.46b}$$

$$\Psi_{(0,2)} \equiv b_2 - c_2\lambda_I + c_4\lambda_I\lambda_{II} \,, \tag{10.46c}$$

$$\Psi_{(1,0)} \equiv a_1 - a_2(\lambda_I + \lambda_{II}) - c_1\mu_I + c_2\mu_I\mu_{II} + c_3\mu_I(\lambda_I + \lambda_{II}) - \\ - c_4\mu_I\mu_{II}(\lambda_I + \lambda_{II}) \,, \tag{10.46d}$$

$$\Psi_{(1,1)} \equiv c_1 - c_2(\mu_I + \mu_{II}) - c_3(\lambda_I + \lambda_{II}) + \\ + c_4(\lambda_I + \lambda_{II})(\mu_I + \mu_{II}) \,, \tag{10.46e}$$

$$\Psi_{(1,2)} \equiv c_2 - c_4(\lambda_I + \lambda_{II}) \,, \quad \Psi_{(2,0)} \equiv a_2 - c_3\mu_I + c_4\mu_I\mu_{II} \,, \tag{10.46f,g}$$

$$\Psi_{(2,1)} \equiv c_3 - c_4(\mu_I + \mu_{II}) \,, \quad \Psi_{(2,2)} \equiv c_4 \,. \tag{10.46h,i}$$

Wie in den Beziehungen (10.44a-i) erkennt man auch in (10.46a-i) eine formale Ähnlichkeit der Paare $\Psi_{(0,1)} \div \Psi_{(1,0)}$, $\Psi_{(0,2)} \div \Psi_{(2,0)}$ und $\Psi_{(1,2)} \div \Psi_{(2,1)}$.

Vergleicht man die Beziehungen (10.46a-i) unter Berücksichtigung von (10.44a-i) mit den skalaren Funktionen (10.39), so stellt man analog zu (10.28) die Identitäten

$$\boxed{\Phi_{(\varkappa,\nu)} \equiv \Psi_{(\varkappa,\nu)} \,, \qquad \varkappa,\nu = 0,1,2} \qquad (10.47)$$

fest, d.h., die Interpolationen gemäß (10.38) und (10.42) mit verschwindendem "Restgliedtensor" (10.40) stimmen überein und können durch die Standardform (10.30) bzw. (10.45) der Darstellungstheorie isotroper Tensorfunktionen (10.29) von zwei Argumenttensoren dargestellt werden. In diesem Zusammenhang sei auch auf die Bemerkungen zu (10.28) hingewiesen.

10.3 Konfluente Stützstellen

Die Interpolation tensorwertiger Funktionen kann auch bei gleichen Hauptwerten ("konfluente Stützstellen") durchgeführt werden. Dazu benötigt man bei zwei gleichen Hauptwerten die erste Ableitung, die man aus (10.22) zu

$$f'_{ij} \equiv \partial Y_{ip}/\partial X_{pj} = [a_1 - (\lambda_I + \lambda_{II})a_2]\delta_{ij} + 2a_2 X_{ij} \qquad (10.48)$$

ermittelt.

Liegt beispielsweise der Fall $\lambda_I = \lambda_{III} \neq \lambda_{II}$ vor, so erhält man mit den vorgegebenen "Stützwerten"

$$Y_I \equiv f_{11}(X_{11} \equiv X_I = \lambda_I) \,, \qquad Y_{II} \equiv f_{22}(X_{22} \equiv X_{II} = \lambda_{II})$$

und der vorgegebenen Ableitung $f'_{11}(X_{11} \equiv \lambda_I) \equiv f'_I$ an der zweifachen "Stützstelle" unter Benutzung von (10.22) und (10.48) die skalaren Größen

$$a_0 = Y_I \,, \qquad a_1 = (Y_I - Y_{II})/(\lambda_I - \lambda_{II}) \,, \qquad (10.49a,b)$$

$$a_2 = (f'_I - a_1)/(\lambda_I - \lambda_{II}) \,. \qquad (10.49c)$$

Die Ergebnisse (10.49a,b) stimmen mit (10.23a,b) überein. Die Beziehung (10.49c) kann man auch unmittelbar aus (10.23c) durch Grenzwertbildung $\lim\limits_{\lambda_{III}\to\lambda_I} a_2$ finden, wenn man berücksichtigt, daß

$$\lim_{\lambda_{III}\to\lambda_I} [(Y_I - Y_{III})/(\lambda_I - \lambda_{III})] = f'_I \qquad (10.50)$$

gilt. Entsprechend findet man für den Fall $\lambda_I = \lambda_{II} \neq \lambda_{III}$ die skalaren Größen

$$a_0 = Y_I \, , \quad a_1 = f'_I \, , \tag{10.51a,b}$$

$$a_2 = [f'_I - (Y_I - Y_{III})/(\lambda_I - \lambda_{III})]/(\lambda_I - \lambda_{III}) \, , \tag{10.51c}$$

während man für $\lambda_I \neq \lambda_{II} = \lambda_{III}$ schließlich

$$a_0 = Y_I \, , \quad a_1 = (Y_I - Y_{II})/(\lambda_I - \lambda_{II}) \, , \tag{10.52a,b}$$

$$a_2 = (a_1 - f'_{II})/(\lambda_I - \lambda_{II}) \tag{10.52c}$$

erhält.

Für den Sonderfall $\lambda_I = \lambda_{II} = \lambda_{III}$ kann die zweite Ableitung der Tensorfunktion (10.22) herangezogen werden, die sich wegen (10.48) zu

$$f''_{ij} \equiv \partial f'_{iq}/\partial X_{qj} = 2a_2\delta_{ij} \tag{10.53}$$

ergibt, so daß man mit $f''_{11} \equiv f''_I$ die Werte

$$a_0 = f_I \, , \quad a_1 = f'_I \, , \quad a_2 = f''_I/2 \tag{10.54a,b,c}$$

findet. Allerdings ist in diesem Sonderfall der Argumenttensor $\underset{\sim}{X}$ ein Kugeltensor mit den Koordinaten $X_{ij} = \lambda_I\delta_{ij}$, so daß sich die Formel (10.22) zu $Y_{ij} = a_0\delta_{ij}$ vereinfacht und die zweite Ableitung (10.53) überflüssig wird.

Läßt man bei der Interpolation einer skalaren Funktion f(x) alle Stützstellen mit der Stützstelle x_0 zusammenfallen, so geht das Interpolationspolynom in die TAYLOR-Reihe der Funktion f(x) im Punkte x_0 über. Fallen alle Hauptwerte eines Argumenttensors jedoch zusammen, so ist die betrachtete tensorwertige Funktion einfach ein Kugeltensor, wie oben erwähnt. Demnach gibt es keine "tensorielle TAYLOR-Reihe".

Die oben beschriebene Interpolation bei konfluenten Stützstellen kann auf tensorwertige Funktionen (10.29) mit zwei Argumenttensoren formal erweitert werden. Dazu benötigt man Ableitungen gemäß

$$Z'_{ij} \equiv (\partial Z_{ip}/\partial X_{pj} + \partial Z_{jp}/X_{pi})/2 \, , \tag{10.55a}$$

$$\dot{Z}_{ij} \equiv (\partial Z_{ip}/\partial Y_{pj} + \partial Z_{jp}/Y_{pi})/2 \, , \tag{10.55b}$$

$$\dot{Z}'_{ij} \equiv (\partial Z'_{ip}/\partial Y_{pj} + \partial Z'_{jp}/\partial Y_{pi} + \partial \dot{Z}_{ip}/\partial X_{pj} + \partial \dot{Z}_{jp}/\partial X_{pi})/4 \, , \tag{10.55c}$$

die man aus (10.42) an den konfluenten Stützstellen ermittelt. Bei zusammenfallenden Hauptwerten $\lambda_I = \lambda_{II} = \lambda_{III} \equiv \lambda$ und $\mu_I = \mu_{II} = \mu_{III} \equiv \mu$ sind beide Argumenttensoren in (10.42) Kugeltensoren, $X_{ij} = \lambda\delta_{ij}$ und $Y_{ij} = \mu\delta_{ij}$, so daß sich die Funktion (10.42) zu $f_{ij} = a_0\delta_{ij}$ vereinfacht.

10.4 Anwendungsbeispiele

Von der Vielzahl der Anwendungsmöglichkeiten obiger Interpolationsformeln seien im folgenden nur ein paar Beispiele skizziert, die für die Tensoralgebra und für Anwendungen in der Kontinuumsmechanik grundlegend sind.

10.4.1 Wurzelziehen aus Tensoren

Es sei

$$X_{ij} = \begin{pmatrix} 3 & 0 & 1 \\ 0 & 2 & 0 \\ 1 & 0 & 3 \end{pmatrix} \tag{10.56}$$

gegeben. Gesucht ist die dritte Wurzel

$$Y_{ij} = X_{ij}^{(1/3)} \ . \tag{10.57}$$

Da (10.56) die Hauptwerte $\lambda_I = 4$, $\lambda_{II} = \lambda_{III} = 2$ besitzt, erhält man aus (10.52a,b,c) die Werte:

$$a_0 = 4^{1/3} \ , \quad a_1 = (4^{1/3} - 2^{1/3})/2 \ , \quad a_2 = (a_1 - 2^{-2/3}/3)/2$$

und damit aus (10.22) für (10.57) die Darstellung

$$Y_{ij} = (4^{1/3} - \tfrac{4}{3}\, 2^{-2/3})\,\delta_{ij} + (2^{1/3} - 4^{1/3} + 2^{-2/3})X_{ij} + \\ + \tfrac{1}{4}\,(4^{1/3} - 2^{1/3} - \tfrac{2}{3}\, 2^{-2/3})X_{ij}^{(2)} \ . \tag{10.58a}$$

Diese Beziehung liefert in Verbindung mit (10.56) das Ergebnis

$$X_{ij}^{(1/3)} = \begin{pmatrix} (2^{1/3}+1)/2^{2/3} & 0 & (2^{1/3}-1)/2^{2/3} \\ 0 & 2^{1/3} & 0 \\ (2^{1/3}-1)/2^{2/3} & 0 & (2^{1/3}+1)/2^{2/3} \end{pmatrix} \tag{10.58b}$$

das mit der Lösung der Übungsaufgabe Ü 5.5.12 übereinstimmt. Darin wird jedoch ein anderer Lösungsweg beschritten.

10.4.2 Tensorielle Darstellung transzendenter Funktionen

In der Kontinuumstheorie endlicher Verzerrungen nimmt der logarithmische Formänderungstensor, auch HENCKYscher Verzerrungstensor genannt [6], eine zentrale Stellung ein, da er u.a. den Vorteil bietet, daß er sich bei großen Formänderungen additiv in Volumenänderung und Gestaltänderung aufspalten läßt [6]. Die Aufgabe, wahre Dehnungen bzw. logarithmische Verzerrungen tensoriell auszudrücken, läuft darauf hinaus, die Funktion

$$\underset{\sim}{Y} = \ln \underset{\sim}{X} \tag{10.59}$$

als isotrope Tensorfunktion in der Standardform (10.8) darzustellen. Die Bestimmung der skalaren Funktionen Φ_0, Φ_1, Φ_2 erfolgt gemäß (10.19), so daß man mit (10.59) erhält:

$$\Phi_\nu \equiv {}^{I}\varphi_\nu \ln \lambda_I + {}^{II}\varphi_\nu \ln \lambda_{II} + {}^{III}\varphi_\nu \ln \lambda_{III} \; . \tag{10.60}$$

Für den speziellen Tensor (10.56) findet man für (10.59) analog (10.58) die Darstellung

$$\ln \underset{\sim}{X} = \ln 2 \begin{pmatrix} 3/2 & 0 & 1 \\ 0 & 1 & 0 \\ 1 & 0 & 3/2 \end{pmatrix} . \tag{10.61}$$

Andere Beispiele sind die Funktionen $\underset{\sim}{Y} = \exp \underset{\sim}{X}$ und $\underset{\sim}{Y} = \sin \underset{\sim}{X}$, die in gleicher Weise tensoriell dargestellt werden können. Die tensorielle Darstellung trigonometrischer Funktionen ist für die Aufstellung von Materialgleichungen für Werkstoffe unter mehraxialer, schwingender Beanspruchung von Bedeutung.

Schließlich sei noch das mechanische Verhalten eines elastisch-plastischen Körpers erwähnt, das beispielsweise durch die transzendente Fließkurve

$$\sigma/\sigma_F = [\tanh (E\varepsilon/\sigma_F)^n]^{1/n} \tag{10.62a}$$

oder auch durch die Wurzelfunktion

$$\sigma/\sigma_F = (E\varepsilon/\sigma_F)/[1 + (E\varepsilon/\sigma_F)^n]^{1/n} \tag{10.62b}$$

gut beschrieben werden kann [65,66]. Darin sind E der Elastizitätsmodul und σ_F die Fließspannung, während der Ansatzfreiwert n den elastisch-plastischen Übergang reguliert. So wird beispielsweise für $n \to \infty$ das Verhalten des PRANDTL-REUSS Körpers erfaßt. Durch die tensorielle Interpolation wird es möglich, das in einem einachsigen Grundversuch ermittelte Stoffverhalten, etwa gemäß der emipirischen Beziehungen (10.62a,b), unmittelbar auf den allgemeinen mehraxialen Fall, d.h. auf einen tensoriellen Zusammenhang zu übertragen. Auch der anisotrope Fall läßt sich erfassen. Dann übernehmen die Werkstoffcharakteristiken von Proben, die unterschiedlichen Richtungen entnommen wurden, die Rolle der "Stützwerte" ein.

In den folgenden Ziffern wird an Beispielen ausführlich gezeigt, wie einachsige Stoffgesetze tensoriell verallgemeinert werden können [61-63].

10.4.3 Tensorielle Verallgemeinerung des NORTON-BAILEYschen Kriechgesetzes

Das Norton-BAILEYsche Kriechgesetz

$$\dot{\varepsilon}/\dot{\varepsilon}_0 = (\sigma/\sigma_0)^n \qquad \text{bzw.} \qquad \dot{\varepsilon} = K\sigma^n \,, \tag{10.63a,b}$$

das zur Beschreibung des sekundären Kriechbereichs bei einachsiger Belastung (σ) häufig benutzt wird, soll tensoriell erweitert werden, d.h., es wird eine isotrope Tensorfunktion

$$\dot{\varepsilon}_{ij} = f_{ij}(\underset{\sim}{\sigma}) = \varphi_0^* \delta_{ij} + \varphi_1^* \sigma_{ij} + \varphi_2^* \sigma_{ij}^{(2)} \tag{10.64}$$

gesucht, die das Werkstoffverhalten bei allgemeiner mehraxialer Belastung beschreibt. Dabei sollen die skalaren Funktionen φ_0^*, φ_1^*, φ_2^* als Funktionen der experimentellen Daten (K,n) ausgedrückt werden.

Zu beachten ist, daß bei großen Verzerrungen die zeitliche Ableitung $\dot{\varepsilon}_{ij}$ des klassischen Verzerrungstensors ε_{ij} durch den Verzerrungsgeschwindigkeitstensor $d_{ij} = (v_{i,j} + v_{j,i})/2$ mit v_i als Geschwindigkeitsvektor in (10.64) zu ersetzen ist [6].

Alternativ kann die Stoffgleichung auch im Spannungsdeviator $\sigma'_{ij} := \sigma_{ij} - \sigma_{kk}\delta_{ij}/3$ angesetzt werden:

$$\dot{\varepsilon}_{ij} = f_{ij}(\underset{\sim}{\sigma}') = \varphi_0 \delta_{ij} + \varphi_1 \sigma'_{ij} + \varphi_2 \sigma'^{(2)}_{ij} \ . \tag{10.65}$$

Für den inkompressiblen Sonderfall ($\dot{\varepsilon}_{kk} = 0$) folgt daraus:

$$3\varphi_0 + \varphi_2 \sigma'^{(2)}_{kk} = 0 \Rightarrow \varphi_0 = -\, 2\varphi_2 J'_2/3 \tag{10.66}$$

mit $J'_2 \equiv \sigma'_{ij}\sigma'_{ji}/2$, so daß sich (10.65) zu

$$\dot{\varepsilon}_{ij} = \varphi_1 \sigma'_{ij} + \varphi_2 (\sigma'^{(2)}_{ij}) \tag{10.67}$$

vereinfacht. Darin sind die spurlosen Tensoren gemäß

$$\sigma'_{ij} \equiv \partial J'_2/\partial\sigma_{ij} \qquad \text{und} \qquad (\sigma'^{(2)}_{ij})' \equiv \partial J'_3/\partial\sigma_{ij} \qquad (10.68a,b)$$

mit $J'_3 \equiv \sigma'_{ij}\sigma'_{jk}\sigma'_{ki}/3$ definiert.

Der einachsige Vergleichszustand (Index V) ist durch die Tensorvariablen

$$(\sigma_{ij})_V = \text{diag}\ \{\sigma,\ 0,\ 0\},\ (\sigma'_{ij})_V = \text{diag}\ \{\tfrac{2}{3}\sigma,\ -\tfrac{1}{3}\sigma,\ -\tfrac{1}{3}\sigma\}\ ,(10.69a,b)$$

$$(\dot{\varepsilon}_{ij})_V = \text{diag}\ \{\dot{\varepsilon},\ -\nu\dot{\varepsilon},\ -\nu\dot{\varepsilon}\} \qquad (10.69c)$$

gekennzeichnet. Letztere gilt bei Isotropie mit der Querzahl ν.

Im folgenden werden die Diagonalelemente (Hauptwerte) des Vergleichszustandes (10.69a,b,c) als "Stützwerte" aufgefaßt und der in Ziffer 10.3 beschriebenen Interpolation zugrunde gelegt. Somit geht das einachsige Stoffgesetz, wie beispielsweise (10.63a,b), unmittelbar in die Bestimmung der gesuchten skalaren Funktionen φ_0, φ_1, φ_2 der isotropen Tensorfunktion (10.65) ein.

Es hat sich herausgestellt, daß die Darstellung (10.65) gegenüber (10.64) im Hinblick auf die Bestimmung der gesuchten skalaren Koeffizienten Vorteile bietet, da im einachsigen Vergleichszustand der Deviator (10.69b) zwei zusammenfallende Hauptwerte ("konfluente Stützstellen") besitzt, die von Null verschieden sind. Der Spannungstensor selbst (10.69a) besitzt hingegen zwei zusammenfallende Hauptwerte, die verschwinden. Dies führt auf formale Unbequemlichkeiten bei der Ermittlung der Ableitung (10.48), die in (10.52c) benötigt wird.

Der Deviatordarstellung (10.65) muß anstelle von (10.63a,b) das einachsige Stoffgesetz

$$\dot{\varepsilon} = K(3/2)^n(\sigma')^n \qquad (10.70)$$

mit der deviatorischen Größe $\sigma' = 2\sigma/3$ zugrunde gelegt werden.

Nach (10.52a) bestimmt man unter Berücksichtigung von (10.69b), d.h. $X_{II} = X_{III} \equiv -\sigma/3$, und (10.70) den Koeffizienten a_0 zu:

$$a_0 = Y_I \equiv K(3/2)^n(\sigma')^n = K\sigma^n \qquad (10.71a)$$

Wegen $Y_{II} = -\nu\dot{\varepsilon} = -\nu K\sigma^n$ und unter Berücksichtigung von (10.69b) und (10.71) ermittelt man den Koeffizienten a_1 gemäß (10.52b) zu:

$$a_1 = (1+\nu)K\sigma^{n-1}\ . \qquad (10.71b)$$

Die in (10.52c) auftretende Ableitung f'_{II} an der konfluenten Stützstelle II/III wird folgendermaßen ausgedrückt. Aus (10.70) folgt:

$$f' \equiv d\dot{\varepsilon}/d\sigma' = nK(3/2)^n(\sigma')^{n-1} = n\dot{\varepsilon}/\sigma' \quad \text{bzw.} \quad f'_{II} = n\dot{\varepsilon}_{II}/\sigma'_{II}\ .(10.72a,b)$$

Wegen (10.69b,c) gilt:

$$\sigma'_{II} = -\sigma/3 \qquad \text{und} \qquad \dot{\varepsilon}_{II} = -\nu\dot{\varepsilon}_I \equiv -\nu\dot{\varepsilon} = -\nu K\sigma^n ,$$

so daß (10.72) durch

$$f'_{II} = 3\nu n K\sigma^{n-1} \tag{10.72c}$$

ausgedrückt werden kann. Damit erhält man wegen (10.69b) und (10.71b) nach (10.52c) den Koeffizienten a_2 zu:

$$a_2 = (1 + \nu - 3\nu n)K\sigma^{n-2} . \tag{10.71c}$$

Mit (10.71a,b,c) ermittelt man nach (10.25a,b,c) schließlich die skalaren Funktionen φ_0, φ_1, φ_2 der isotropen Tensorfunktion (10.65) zu:

$$\boxed{\varphi_0 = \frac{1}{9}(1 - 8\nu + 6\nu n)\ K\sigma^n} \tag{10.73a}$$

$$\boxed{\varphi_1 = \frac{2}{3}(1 + \nu + \frac{3}{2}\nu n)\ K\sigma^{n-1}} \tag{10.73b}$$

$$\boxed{\varphi_2 = (1 + \nu - 3\nu n)\ K\sigma^{n-2}} \tag{10.73c}$$

Zur Überprüfung der Ergebnisse (10.73a,b,c) sollen im folgenden einige "notwendige" Kontrollen durchgeführt werden.

Für den <u>einachsigen Vergleichszustand</u> (i = j = 1) geht die Stoffgleichung (10.65) wegen (10.69) in die Beziehung

$$\dot{\varepsilon} = \varphi_0 + 2\varphi_1\sigma/3 + 4\varphi_2\sigma^2/9 \tag{10.74}$$

über, die mit (10.73a,b,c) unmittelbar auf das <u>NORTON-BAILEYsche Kriechgesetz</u> (10.63) führt.

Die isotrope <u>Querkontraktionszahl</u>

$$\nu := -(\dot{\varepsilon}_{22}/\dot{\varepsilon}_{11})_V = -(\dot{\varepsilon}_{33}/\dot{\varepsilon}_{11})_V \tag{10.75}$$

kann mit (10.65) durch

$$\nu = -(\varphi_0 - \frac{1}{3}\varphi_1\sigma + \frac{1}{9}\varphi_2\sigma^2)/(\varphi_0 + \frac{2}{3}\varphi_1\sigma + \frac{4}{9}\varphi_2\sigma^2) \tag{10.76}$$

ausgedrückt werden. Setzt man darin die Ergebnisse (10.73a,b,c) ein, so erhält man die Identität $\nu = \nu$.

Der <u>inkompressible</u> Fall (10.66) führt mit (10.69) und (10.73a,c) auf

$$(1 - 8\nu + 6\nu n)\ K\sigma^n = -2(1 + \nu - 3\nu n)\ K\sigma^n ,$$

woraus unmittelbar $\nu = 1/2$ folgt.

Die Volumendehnung erhält man aus (10.65) durch Spurbildung:

$$\dot{\varepsilon}_{kk} = 3\varphi_0 + \varphi_2\sigma'^{(2)}_{kk} = 3\varphi_0 + 2\varphi_2 J'_2 \ . \tag{10.77a}$$

Im einachsigen Fall (10.69b) geht sie mit (10.73a,c) über in:

$$\dot{\varepsilon}_{kk} = (1 - 2\nu)\ K\sigma^n \equiv (1 - 2\nu)\dot{\varepsilon} \ . \tag{10.77b}$$

Das Ergebnis stimmt mit der Spur von (10.69c) überein.

Die Dissipationsleistung

$$\dot{D} = \sigma_{ij}\dot{\varepsilon}_{ji} \tag{10.78}$$

kann unter Berücksichtigung der Stoffgleichung (10.65) in der Form

$$\dot{D} = J_1\varphi_0 + 2J'_2\varphi_1 + (3J'_3 + 2J_1\ J'_2/3)\varphi_2 \tag{10.79}$$

ausgedrückt werden und geht im einachsigen Fall (10.69a,b) mit den Invarianten $J_1 \equiv \sigma$, $J'_2 \equiv \sigma^2/3$, $J'_3 \equiv 2\sigma^3/27$ unter Berücksichtigung der Ergebnisse (10.73a,b,c) in

$$\dot{D} = K\sigma^{n+1} \equiv \sigma\dot{\varepsilon} \tag{10.80}$$

über. Mithin ist die Lösung (10.73a,b,c) mit der Hypothese von der Gleichheit der Dissipationsleistung im allgemeinen Zustand und im Vergleichszustand,

$$\dot{D} = \sigma_{ij}\dot{\varepsilon}_{ji} \equiv \sigma\dot{\varepsilon} \ , \tag{10.81}$$

verträglich. Aus (10.81) kann man auch eine Beziehung für die Vergleichsspannung σ herleiten, wie weiter unten gezeigt wird.

Im inkompressiblen Fall (10.66) vereinfacht sich (10.79) zu

$$\dot{D} = 2J'_2\varphi_1 + 3J'_3\varphi_2 \tag{10.82}$$

und enthält nur Deviatorinvarianten. Für den einachsigen Fall (10.69b) folgt aus (10.82) mit (10.73b,c) und wegen $\nu = 1/2$ wieder (10.80).

Die lineare Theorie bei Inkompressibilität ist durch $\varphi_0 = \varphi_2 = 0$ gekennzeichnet. Mit $\varphi_2 = 0$ ist wegen (10.28) nach (10.25c) auch $a_2 = 0$, so daß sich (10.25b) zu $\varphi_1 = a_1$ vereinfacht. Mithin geht (10.65) in die lineare Form

$$\dot{\varepsilon}_{ij} = a_1\sigma'_{ij} \tag{10.83a}$$

über. Setzt man darin (10.71b) mit $\nu = 1/2$ ein, so folgt unmittelbar die Stoffgleichung

$$\dot{\varepsilon}_{ij} = \frac{3}{2}\ K\sigma^{n-1}\sigma'_{ij} \ , \tag{10.83b}$$

die auch in [67] angegeben wird und für die MISESsche Vergleichsspannung $\sigma = \sqrt{3\,J_2'}$ mit der Beziehung von ODQUIST und HULT [68] übereinstimmt.

Setzt man in (10.65) den Deviator $\sigma_{ij}' = \sigma_{ij} - \frac{1}{3} J_1 \delta_{ij}$ mit seinem Quadrat

$$\sigma_{ij}'^{(2)} = \sigma_{ij}^{(2)} - \frac{2}{3} J_1 \sigma_{ij} + \frac{1}{9} J_1^2 \delta_{ij} \qquad (10.84)$$

ein, so erhält man die Darstellung (10.64) mit den skalaren Funktionen

$$\varphi_0^* = \varphi_0 - \frac{1}{3} J_1 \varphi_1 + \frac{1}{9} J_1^2 \varphi_2 \,, \qquad \varphi_1^* = \varphi_1 - \frac{2}{3} J_1 \varphi_2 \,, \qquad \varphi_2^* \equiv \varphi_2 \,. \qquad (10.85a,b,c)$$

Nach der Darstellungstheorie tensorwertiger Funktionen sind die φ_0, φ_1, φ_2 skalare Funktionen der Invarianten. Dieser Einfluß ist in (10.73a, b,c) durch die Vergleichsspannung σ gegeben. Um das zu zeigen, kann man von der Hypothese (10.81) ausgehen und erhält mit (10.63), (10.65), (10.73a,b,c) die kubische Gleichung

$$\boxed{\sigma^3 + A\sigma^2 + B\sigma + C = 0} \,. \qquad (10.86)$$

Darin sind zur Abkürzung gesetzt:

$$A \equiv -\frac{1}{9}(1 - 8\nu + 6\nu n)\, J_1 \,, \qquad B \equiv -\frac{4}{3}(1 + \nu + \frac{3}{2}\nu n)\, J_2' \,, \qquad (10.87a,b)$$

$$C \equiv -(1 + \nu - 3\nu n)(3J_3' + \frac{2}{3} J_1 J_2') \,. \qquad (10.87c)$$

Mithin werden die φ_0, φ_1, φ_2 in (10.73a,b,c) von der Integritätsbasis beeinflußt und enthalten darüber hinaus die Werkstoffparameter K und n:

$$\varphi_0 = \varphi_0(J_1, J_2', J_3'; K, n) \,, \ldots, \, \varphi_2 = \varphi_2(J_1, J_2', J_3'; K, n) \,. \qquad (10.88a,b,c)$$

Die Integritätsbasis J_1, J_2', J_3' in (10.88a,b,c) ist wegen (3.71a,b) äquivalent mit dem irreduziblen Invariantensystem (8.8a,b,c), so daß wegen der Zusammenhänge (10.85a,b,c) die Koeffizienten φ_0^*, φ_1^*, φ_2^* in der isotropen Tensorfunktion (10.64) ebenfalls skalare Funktionen von der Integritätsbasis (8.8a,b,c) und den experimentellen Daten K,n aus (10.63) sind. In diesem Zusammenhang sei auch auf Bemerkungen im Anschluß an (9.13) und (9.47) verwiesen.

10.4.4 Beispiel mit zwei Argumenttensoren

Eine Modifikation des NORTON-BAILEYschen Kriechgesetzes (10.63b) gemäß

$$d = K\sigma^n D^m \qquad \text{mit} \qquad D := 1/(1 - \omega) \qquad (10.89)$$

kann bei einachsiger Belastung (σ) benutzt werden, um Materialschädigungen (ω) zu berücksichtigen, die im tertiären Kriechbereich auftreten [50, 51]. Zur tensoriellen Verallgemeinerung der Beziehung (10.89) wird die tensorwertige Funktion

$$d_{ij} = f_{ij}(\underset{\sim}{\sigma},\underset{\sim}{D}) = \frac{1}{2} \sum_{\nu,\mu=0}^{2} \psi^*_{(\nu,\mu)} [\sigma^{(\nu)}_{ik} D^{(\mu)}_{kj} + D^{(\mu)}_{ik} \sigma^{(\nu)}_{kj}] \tag{10.90}$$

mit zwei symmetrischen Argumenttensoren ($\underset{\sim}{\sigma},\underset{\sim}{D}$) herangezogen. Das Hauptproblem besteht nun darin, die neun skalaren Koeffizienten $\psi^*_{(\nu,\mu)}$ als Funktionen der Integritätsbasis und von experimentellen Daten zu bestimmen. Hierzu wird eine Trennung der Tensor-Veränderlichen (Ziffer 9.3) in (10.90) vorgeschlagen:

$$d_{ij} = f_{ij}(\underset{\sim}{\sigma},\underset{\sim}{D}) = \frac{1}{2} (X_{ik}Y_{kj} + Y_{ik}X_{kj}) \;, \tag{10.91}$$

wobei die isotropen Tensorfunktionen

$$\left.\begin{aligned} X_{ij} &= X_{ij}(\underset{\sim}{\sigma}) = \varphi^*_0\delta_{ij} + \varphi^*_1\sigma_{ij} + \varphi^*_2\sigma^{(2)}_{ij} \\ \varphi^* &= \varphi^*_\nu\,(\mathrm{tr}\,\underset{\sim}{\sigma}^\lambda) = \varphi^*_\nu(\varphi_I,\sigma_{II},\sigma_{III}) \;, \end{aligned}\right\} \tag{10.92}$$

$$\left.\begin{aligned} Y_{ij} &= Y_{ij}(\underset{\sim}{D}) = \Phi_0\delta_{ij} + \Phi_1 D_{ij} + \Phi_2 D^{(2)}_{ij} \\ \Phi_\mu &= \Phi_\mu(\mathrm{tr}\,\underset{\sim}{D}^\lambda) = \Phi_\mu(D_I,D_{II},D_{III}) \end{aligned}\right\} \tag{10.93}$$

($\mu,\nu = 0,1,2$ und $\lambda = 1,2,3$) verwendet werden. Somit findet man:

$$\psi^*_{(\nu,\mu)} = \varphi^*_\nu\Phi_\mu \;, \qquad \mu,\nu = 0,1,2. \tag{10.94}$$

Darin sind die skalaren Größen φ^*_ν durch (10.85a,b,c) bestimmt, während die Φ_μ analog (10.20) aus dem linearen Gleichungssystem

$$\left.\begin{aligned} \Phi_0 + \Phi_1 D_I + \Phi_2 D^2_I &= (D_I)^{m_I} \\ \Phi_0 + \Phi_1 D_{II} + \Phi_2 D^2_{II} &= (D_{II})^{m_{II}} \\ \Phi_0 + \Phi_1 D_{III} + \Phi_2 D^2_{III} &= (D_{III})^{m_{III}} \end{aligned}\right\} \tag{10.95}$$

folgen. Die Exponenten $m_I,\ldots,m_{III}$ in (10.95) können unter Berücksichtigung von (10.89) in Kriechversuchen an Proben aus paarweise orthogonalen Richtungen I,II,III ermittelt werden.

Wegen

$$D_{ij} := (\delta_{ij} - \omega_{ij})^{(-1)} \tag{10.96}$$

und

$$\omega_{ij} = \mathrm{diag}\{(1-\alpha),(1-\beta),(1-\gamma)\} \tag{10.97}$$

kann man die Hauptwerte in (10.95) durch

$$D_I \equiv 1/\alpha \,, \quad D_{II} \equiv 1/\beta \,, \quad D_{III} \equiv 1/\gamma \tag{10.98}$$

ausdrücken [61], wobei α,β,γ die Bruchteile der tragenden Querschnittsflächen x_1 = const., x_2 = const., x_3 = const. eines Tetraeders (Bild 3.1) im geschädigten Zustand [6,50] sind. Falls zwei Parameter in (10.98) übereinstimmen, z.B. $\alpha \neq \beta = \gamma$, lassen sich die Skalaren Φ_μ in (10.94) durch Interpolation gemäß Ziffer 10.3 bestimmen.

Anstelle von (10.92) kann man auch die <u>isotrope Tensorfunktion</u>

$$X_{ij} = X_{ij}(\underset{\sim}{\sigma}') = \varphi_0\delta_{ij} + \varphi_1\sigma'_{ij} + \varphi_2\sigma'^{(2)}_{ij} \tag{10.99}$$

verwenden, was auf die Darstellung

$$d_{ij} = \frac{1}{2}\sum_{\nu,\mu=0}^{2} \varphi_\nu\Phi_\mu[\sigma'^{(\nu)}_{ik}D^{(\mu)}_{kj} + D^{(\mu)}_{ik}\sigma'^{(\nu)}_{kj}] \,, \tag{10.100}$$

führt mit φ_ν gemäß (10.73a,b,c) und Φ_μ wieder aus (10.95).

Die skalaren Koeffizienten $\psi_{(\nu,\mu)} \equiv \varphi_\nu\Phi_\mu$ in (10.100) müssen Funktionen der <u>Integritätsbasis</u>

$$\left.\begin{aligned} &J_1 \equiv \sigma_{kk} \,, \quad J'_2 \equiv \sigma'_{ij}\sigma'_{ji}/2 \,, \quad J'_3 \equiv \sigma'_{ij}\sigma'_{jk}\sigma'_{ki}/3 \,, \\ &L_1 \equiv D_{kk} \,, \quad L_2 \equiv D^{(2)}_{kk} \,, \quad L_3 \equiv D^{(3)}_{kk} \,, \quad \Omega'_1 \equiv \sigma'_{ij}D_{ji} \,, \\ &\Omega'_2 \equiv \sigma'^{(2)}_{ij}D_{ji} \,, \quad \Omega'_3 \equiv \sigma'_{ij}D^{(2)}_{ji} \,, \quad \Omega'_4 \equiv \sigma'^{(2)}_{ij}D^{(2)}_{ji} \,, \end{aligned}\right\} \tag{10.101}$$

sein und darüber hinaus von experimentellen Daten abhängen. Um das zu zeigen, kann man von der Hypothese (10.81) bzw. von $\dot{D} = \sigma_{ij}d_{ji} \equiv \sigma d$ ausgehen, so daß man analog (10.86) die kubische Gleichung

$$\boxed{\sigma^3 + A^*\sigma^2 + B^*\sigma + C^* = 0} \tag{10.102}$$

erhält. Darin sind folgende Abkürzungen eingeführt:

$$A^* \equiv -\frac{1}{9}(1-8\nu+6\nu n)[\Phi_0J_1+\Phi_1(\Omega'_1 + \frac{1}{3}J_1L_1)+\Phi_2(\Omega'_3 + \frac{1}{3}J_1L_2)]/D^m \,, \tag{10.103a}$$

$$B^* \equiv -\frac{2}{3}(1+\nu+\frac{3}{2}\nu n)[2\Phi_0J'_2+\Phi_1(\Omega'_2 + \frac{1}{3}J_1\Omega'_1)+\Phi_2(\Omega'_4 + \frac{1}{3}J_1\Omega'_3)]/D^m, \tag{10.103b}$$

$$\begin{aligned} C^* \equiv -(1+\nu-3\nu n)[&3\Phi_0(J'_3 + \frac{2}{9}J_1J'_2)+\Phi_1(J'_2\Omega'_1+J'_3L_1 + \frac{1}{3}J_1\Omega'_2) + \\ &+ \Phi_2(J'_2\Omega'_3+J'_3L_2 + \frac{1}{3}J_1\Omega'_4)]/D^m \,, \end{aligned} \tag{10.103c}$$

$$D \equiv (D_ID_{II}D_{III})^{1/3} \,, \quad m \equiv (m_I + m_{II} + m_{III})/3 \,. \tag{10.103d,e}$$

Man erkennt, daß die Elemente der Integritätsbasis (10.101) und experimentelle Daten in (10.103 a÷e) enthalten sind. Mithin sind auch die skalaren Koeffizienten $\Psi_{(\nu,\mu)} \equiv \varphi_\nu \Phi_\mu$ in (10.100) wegen (10.73a,b,c), (10.95) und (10.102) skalare Funktionen der Integritätsbasis und von experimentellen Daten:

$$\psi_{(\nu,\mu)} = \psi_{(\nu,\mu)}(J_1, J_2', J_3'; L_1, L_2, L_3; \Omega_1', \ldots, \Omega_4'; \nu, n, K; m_I, m_{II}, m_{III}; D_I, D_{II}, D_{III}) . \tag{10.104}$$

10.4.5 Tensorielle Verallgemeinerung der RAMBERG-OSGOOD-Beziehung

Nichtlinear elastisches Verhalten kann durch die Beziehung

$$\varepsilon = \sigma/E + k(\sigma/E)^n \tag{10.105}$$

beschrieben werden, die auf RAMBERG und OSGOOD zurückgeht [69]. Für das Beispiel (10.105) ermittelt man analog (10.71a,b) mit $Y_{II} = -\nu\varepsilon$ die Koeffizienten a_0 und a_1 zu:

$$a_0 = \sigma/E + k(\sigma/E)^n , \quad a_1 = (1+\nu)[1 + k(\sigma/E)^{n-1}]/E . \tag{10.106a,b}$$

Wegen $\sigma = 3\sigma'/2$ kann das Stoffgesetz (10.105) auch in der Form

$$\varepsilon = \frac{3}{2}\frac{\sigma'}{E} + \left(\frac{3}{2}\right)^n k\left(\frac{\sigma'}{E}\right)^n \tag{10.107}$$

dargestellt werden, so daß damit die Ableitung

$$f' := \frac{df}{d\sigma'} = \frac{1}{\sigma'}\left[\frac{3}{2}\frac{\sigma'}{E} + n\left(\frac{3}{2}\right)^n k\left(\frac{\sigma'}{E}\right)^n\right] \tag{10.108a}$$

folgt. Darin kann man den zweiten Term in der eckigen Klammer wegen (10.107) gemäß

$$\left(\frac{3}{2}\right)^n k\left(\frac{\sigma'}{E}\right)^n = \varepsilon - \frac{3}{2}\frac{\sigma'}{E} \tag{10.107*}$$

ersetzen, so daß man erhält:

$$f' = 3(1-n)/2E + n\varepsilon/\sigma' . \tag{10.108b}$$

An der "konfluenten Stützstelle" II folgt daraus wegen $\sigma'_{II} = -\sigma/3$ und $\varepsilon_{II} = -\nu\varepsilon$ die gesuchte Ableitung unter Berücksichtigung von (10.105) zu:

$$f'_{II} = \frac{3}{2}\frac{1-n}{E} + \frac{3\nu n}{E}\left[1 + k\left(\frac{\sigma}{E}\right)^{n-1}\right] . \tag{10.109}$$

Damit kann der Koeffizient (10.52c) analog (10.71c) bestimmt werden:

$$a_2 = \frac{1}{E\sigma} \{ (1 + \nu - 3\nu n)[1 + k(\frac{\sigma}{E})^{n-1}] - \frac{3}{2} (1 - n) \} . \quad (10.106c)$$

Mit den Koeffizienten (10.106a,b,c) ermittelt man schließlich die gesuchten skalaren Funktionen (10.25a,b,c) der isotropen Tensorfunktion (10.65), in der formal $\dot{\varepsilon}$ durch ε ersetzt wird, zu:

$$\varphi_0 = \frac{1}{3} (1 - n) \frac{\sigma}{E} + \frac{1}{9} (1 - 8\nu + 6\nu n)[\frac{\sigma}{E} + k(\frac{\sigma}{E})^n] \quad (10.110a)$$

$$\varphi_1 = \frac{1-n}{2E} + \frac{2(1+\nu)/3+\nu n}{E} [1 + k(\frac{\sigma}{E})^{n-1}] \quad (10.110b)$$

$$\varphi_2 \equiv a_2 \quad \text{gemäß (10.106c)} \quad (10.110c)$$

Zur Ermittlung der skalaren Funktionen φ_0^*, φ_1^*, φ_2^* der Darstellung (10.64) können wieder die Beziehungen (10.85a,b,c). mit (10.110a,b,c) benutzt werden.

Die Abhängigkeit der Vergleichsspannung σ in (10.110) von den irreduziblen Invarianten ermittelt man analog (10.86) mit entsprechenden Koeffizienten A,B,C.

10.4.6 Tensorielle Darstellung elastisch-plastischer Übergänge

Für Werkstoffe, die sich bei kleinen Verformungen linearelastisch und bei großen Verformungen idealplastisch verhalten, können die Spannungs-Dehnungsbeziehungen (10.62a,b) zur Beschreibung des mechanischen Verhaltens bei einachsiger Belastung (σ) herangezogen werden, da sich beide Beziehungen bei kleinen ε-Werten an die HOOKEsche Gerade und bei großen ε-Werten an die Gerade $\sigma = \sigma_F$ anschmiegen [65,66]. Für $n \to \infty$ fallen beide Beziehungen mit den erwähnten Geraden zusammen. Mithin reguliert der Ansatzfreiwert n in (10.62a,b) den elastisch-plastischen Übergang. Von großem Interesse sind Stoffgleichungen, die den elastisch-plastischen Übergang auch bei mehraxialen Beanspruchungen (σ_{ij}) beschreiben. Solche Gleichungen können durch tensorielle Verallgemeinerung der Beziehungen (10.62 a,b) aufgestellt werden. Dieses soll am Beispiel der transzendenten Fließkurve (10.62a) im folgenden gezeigt werden. Man kann analog (10.64), (10.65) von den isotropen Tensorfunktionen

$$\sigma_{ij} = \sigma(\psi_0^*\delta_{ij} + \psi_1^*\varepsilon_{ij} + \psi_2^*\varepsilon_{ij}^{(2)}) , \quad (10.111)$$

$$\sigma_{ij} = \sigma(\psi_0\delta_{ij} + \psi_1\varepsilon'_{ij} + \psi_2\varepsilon'^{(2)}_{ij}) , \quad (10.112)$$

ausgehen, wobei ähnlich wie (10.85a,b,c) die Zusammenhänge

$$\psi^* = \psi_0 - I_1\psi_1/3 + I_1^2\psi_2/9 \ , \quad \psi_1^* = \psi_1 - 2I_1\psi_2/3 \ , \quad \psi_2^* = \psi_2 \quad (10.113a,b,c)$$

mit $I_1 \equiv \varepsilon_{kk}$ gelten. Analog zu (10.73a,b,c) und (10.110a,b,c) findet man die skalaren Funktionen

$$\psi_0 = (1 - 2I_2'\psi_2)/3 \ , \quad \psi_1 = [C + 2/(1+\nu)]/2\varepsilon \ , \quad (10.114a,b)$$

$$\psi_2 = [1/(1+\nu) - C]/(1+\nu)^2\varepsilon^2 \quad (10.114c)$$

mit $2I_2' \equiv \varepsilon_{ij}'\varepsilon_{ji}'$ und

$$C \equiv \frac{1}{2}\,\frac{9+4\nu}{(1+\nu)^2}\left[1 \pm \sqrt{1 - \frac{8\,(1+\nu)}{(9+4\nu)^2}}\,\right] . \quad (10.115)$$

Die einachsige <u>Vergleichsspannung</u> σ in (10.111) oder (10.112) ist durch (10.62a) zu ersetzen, während die zugehörige <u>Vergleichsdehnung</u> ε in (10.62a) und (10.114a,b,c) ähnlich (10.81) aus dem Postulat

$$D = \sigma_{ij}\varepsilon_{ji} \equiv \sigma\varepsilon \quad (10.116)$$

folgt. Somit erhält man analog (10.86) die kubische Gleichung

$$\boxed{\varepsilon^3 + P\varepsilon^2 + Q\varepsilon + R = 0} \quad (10.117)$$

mit den Abkürzungen

$$P \equiv -I_1/3 \ , \quad Q \equiv -\frac{2}{3}\,C\,I_2' - \frac{4}{3(1+\nu)}\,I_2' \ , \quad (10.118a,b)$$

$$R \equiv \frac{3}{1+\nu}\,\left(C - \frac{1}{1+\nu}\right)\,I_3' \ . \quad (10.118c)$$

Darin sind die <u>irreduziblen Invarianten</u>

$$I_1 = \varepsilon_{kk} \ , \quad I_2' = \varepsilon_{ij}'\varepsilon_{ji}'/2 \ , \quad I_3' = \varepsilon_{ij}'\varepsilon_{jk}'\varepsilon_{ki}'/3 \quad (10.119a,b,c)$$

des Verzerrungstensors ε_{ij} und seines Deviators $\varepsilon_{ij}' = \varepsilon_{ij} - \varepsilon_{kk}\delta_{ij}/3$ einzusetzen, während die Konstante C in (10.118c) durch (10.115) gegeben ist.

Weitere Beispiele lassen sich nach obigen Mustern (Ziffer 10.4) routinemäßig behandeln.

E Allgemeine Koordinaten

In den vorausgegangenen Kapiteln wurden CARTESIsche Tensoren behandelt. Zur Einführung in die Grundlagen der Kontinuumsmechanik ist es aus didaktischen Gründen sinnvoll, zunächst rechtwinklige kartesische Koordinaten zu benutzen [11]. Es kann jedoch von großem Vorteil sein, auf allgemeine (meist krummlinige) Koordinaten überzugehen, auch wenn auf den ersten Blick die Überschaubarkeit der Zusammenhänge erschwert wird. So bieten sich krummlinige Koordinaten für viele Anwendungen aus dem Ingenieurbereich an, z.B. bei der Behandlung technischer Randwertprobleme zur bequemeren Erfassung der Randbedingungen [25]. Zur Untersuchung des mechanischen Verhaltens von zylindrischen oder kugelförmigen Hochdruckbehältern wird man zweckmäßigerweise Zylinder- oder Kugelkoordinaten benutzen [70-72]. In der Schalentheorie ist der Tensorkalkül in krummlinigen Koordinaten ein unverzichtbares mathematisches Hilfsmittel.

Ausführlich werden allgemeine Koordinatensysteme in der Vorlesung [73] und den ergänzenden Übungen behandelt. Ferner sei auf die Werke [74-78] und auf die Aufsätze [3,79] hingewiesen, in denen man wertvolle Beiträge zur Tensorrechnung in krummlinigen Koordinaten finden kann. Aus Platzgründen konnte eine Vielzahl von erwähnenswerten Büchern und Aufsätzen zur Tensorrechnung in allgemeinen Koordinaten nicht im Literaturverzeichnis aufgelistet werden.

Im folgenden sei nur ein kurzer Einblick in das genannte Thema gegeben.

11 Einige Grundlagen zur Tensorrechnung in allgemeinen Koordinaten

Es sei

$$x_i = x_i(\xi_p) \iff \xi_i = \xi_i(x_p) \tag{11.1}$$

eine zulässige Koordinatentransformation mit den JACOBIschen Determinanten $J \equiv |\partial x_i/\partial \xi_j|$ und $K \equiv |\partial \xi_i/\partial x_j|$, die in keinem Punkt eines betrachteten Gebietes verschwinden und für die $JK = 1$ gilt. Weitere Eigenschaften zulässiger Koordinatentransformationen werden in [73,74] ausführlich besprochen. In (11.1) sind die x_i rechtwinklig kartesische Koordinaten, während die ξ_i allgemeine (meist krummlinige) Koordinaten darstellen. Die Lage eines Punktes P kann durch die x_i oder alternativ durch die ξ_i festgelegt werden (Bild 11.1).

Bild 11.1
Orthonormierte und kovariante Basisvektoren

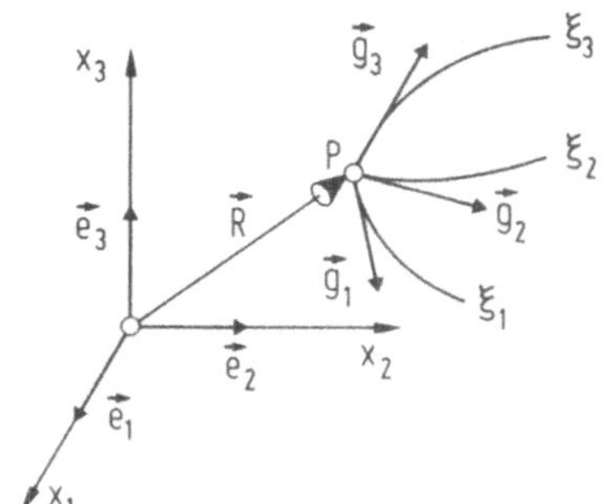

11.1 Basisvektoren, Metriktensoren

Ein Radiusvektor $\vec{R}$ zum Punkte P in Bild 11.1 kann bezüglich der orthonormierten Basis (1.21) gemäß

$$\vec{R} = x_k \vec{e}_k \tag{11.2}$$

zerlegt werden. Da die Basis $\vec{e}_i$ ortsunabhängig ist, gilt:

$$\partial\vec{R}/\partial x_i = \vec{e}_k(\partial x_k/\partial x_i) = \vec{e}_k \delta_{ki} = \vec{e}_i \ , \tag{11.3}$$

d.h., die kartesischen Basisvektoren $\vec{e}_i$ können durch die partiellen Ableitungen des Radiusvektors $\vec{R}$ nach den kartesischen Koordinaten x_i ausgedrückt werden.

Analog (11.3) gilt für die kovarianten Basisvektoren $\vec{g}_i$, die Tangentenvektoren an die ξ_i-Koordinatenlinien in P darstellen, der Zusammenhang:

$$\partial\vec{R}/\partial\xi_i = (\partial\vec{R}/\partial x_p)(\partial x_p/\partial\xi_i) = \vec{e}_p(\partial x_p/\partial\xi_i) = \vec{g}_i \ . \tag{11.4}$$

Daraus geht hervor, daß sich im Gegensatz zur ortsunabhängigen Basis die kovarianten Basisvektoren $\vec{g}_i$ bei krummlinigen Koordinaten von Punkt zu Punkt ändern (begleitendes Dreibein). Die Inversion zu (11.4) ergibt sich folgendermaßen:

$$\vec{e}_i \equiv \partial\vec{R}/\partial x_i = (\partial\vec{R}/\partial\xi_p)(\partial\xi_p/\partial x_i) = \vec{g}_p(\partial\xi_p/\partial x_i) \ . \tag{11.5}$$

Neben der kovarianten Basis (11.4), (11.5) ist eine kontravariante Basis $\vec{g}^i$ definiert, für die gilt:

$$\vec{g}^i = (\partial\xi_i/\partial x_p)\vec{e}^p \iff \vec{e}^i = (\partial x_i/\partial\xi_p)\vec{g}^p \ . \tag{11.6}$$

Man bezeichnet sie auch als duale oder reziproke Basis. Zur Unterscheidung von (11.4) wird der Index hochgestellt. In rechtwinklig kartesischen Koordinaten fallen ko- und kontravariante Basisvektoren zusammen ($\vec{e}_i \equiv \vec{e}^i$). Zwischen den ko- und kontravarianten Basisvektoren im allgemeinen Koordinatensystem erhält man aufgrund der Orthonormierungsbedingungen ($\vec{e}_i \cdot \vec{e}_j = \delta_{ij}$) mit (11.4) und (11.6) den Zusammenhang:

$$\boxed{\vec{g}_i \cdot \vec{g}^j = \delta_{ij} \equiv \delta_i^j} \; . \qquad (11.7)$$

Danach steht beispielsweise der kontravariante Basisvektor $\vec{g}^1$ in P senkrecht auf den kovarianten Grundvektoren (Tangentenvektoren) $\vec{g}_2$ und $\vec{g}_3$, d.h. senkrecht auf einer ξ_1-Fläche (Bild 11.2).

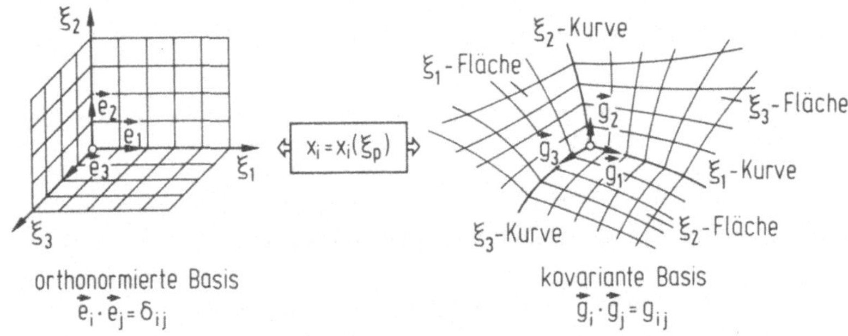

Bild 11.2 Durch die Abbildung (11.1) vermittelte krummlinige Koordinaten

In Ergänzung zu (11.7) lassen sich noch folgende Skalarprodukte bilden:

$$\boxed{\vec{g}_i \cdot \vec{g}_j \equiv g_{ij}} \; , \qquad \boxed{\vec{g}^i \cdot \vec{g}^j \equiv g^{ij}} \; . \qquad (11.8a,b)$$

Man bezeichnet die g_{ij} als <u>kovariante</u> und die g^{ij} als <u>kontravariante Metriktensoren</u>. In diesem Sinne ist $\delta_i^j \equiv g_i^j$ gemäß (11.7) der <u>gemischte Metriktensor</u>. Da das <u>Skalarprodukt</u> zweier Vektoren <u>kommutativ</u> ist, sind alle Metriktensoren symmetrisch. Setzt man die Basisvektoren (11.4) bzw. (11.6) in (11.8a,b) ein, so erhält man:

$$\boxed{g_{ij} = (\partial x_k/\partial \xi_i)(\partial x_k/\partial \xi_j)} \; , \qquad \boxed{g^{ij} = (\partial \xi_i/\partial x_k)(\partial \xi_j/\partial x_k)} \; . \qquad (11.9a,b)$$

Damit ergibt sich die Beziehung

$$\boxed{g_{ik} g^{jk} = \delta_i^j} \; , \qquad (11.10)$$

die man auch aus (11.7) durch Einsetzen von (11.4) und (11.6) herleiten kann. Die Beziehung (11.10) stellt ein lineares Gleichungssystem dar, aus dem man bei gegebenem <u>kovarianten Metriktensor</u> g_{ij} den <u>kontravarianten Metriktensor</u> g^{ij} gemäß

$$g^{ij} = G^{ij}/g \quad \text{mit} \quad G^{ij} \equiv (-1)^{i+j} U(g_{ij}) \tag{11.11}$$

bestimmen kann. Darin sind G^{ij} der Kofaktor (algebraisches Komplement) des Elementes g_{ij} und $g \equiv |g_{ij}|$ die Determinante des kovarianten Metriktensors. Die Bezeichnung $U(g_{ij})$ bedeutet Unterdeterminante zum Element g_{ij}. Wendet man auf (11.10) den Multiplikationssatz der Determinantenlehre an, so findet man die Determinante des kontravarianten Metriktensors: $|g^{ij}| = 1/g$.

Die Basisvektoren (11.4) und (11.6) sind im allgemeinen nicht normiert. Ihre Länge ergibt sich wegen (11.8a,b) zu:

$$|\vec{g}_i| = \sqrt{\vec{g}_i \cdot \vec{g}_{(i)}} = \sqrt{g_{i(i)}} , \qquad |\vec{g}^i| = \sqrt{\vec{g}^i \cdot \vec{g}^{(i)}} = \sqrt{g^{i(i)}} . \tag{11.12a,b}$$

Darin wurde jeweils ein Index in Klammern gesetzt, um anzudeuten, daß in diesem Falle nicht über den doppelt auftretenden Index i summiert werden darf.

In der GAUSSschen Flächentheorie werden die g_{ij} als metrische Fundamentalgrößen erster Art bezeichnet. Mit ihnen lassen sich Bogenlänge und Winkel zwischen zwei Vektoren ausdrücken. Ein Inkrement $d\vec{R}$ des Ortsvektors $\vec{R}$ in Bild 11.1 kann gemäß

$$d\vec{R} = \vec{e}_i dx_i = \vec{g}_i d\xi^i = \vec{g}^i d\xi_i \tag{11.13}$$

zerlegt werden. Hieraus erhält man durch Skalarproduktbildung wegen (11.7) zunächst:

$$\vec{g}^j \cdot \vec{e}_i dx_i = \vec{g}^j \cdot \vec{g}_i d\xi^i = \delta_{ij} d\xi^i = d\xi^j .$$

Setzt man darin (11.6) ein, so folgt wegen $\vec{e}^p \cdot \vec{e}_i = \delta_{ip}$ weiter:

$$d\xi^j = (\partial\xi_j/\partial x_p)\vec{e}^p \cdot \vec{e}_i dx_i = (\partial\xi_j/\partial x_p) dx_p)$$

bzw. nach Umindizierung und wegen $dx_p \equiv dx^p$ auch:

$$d\xi^i = (\partial\xi_i/\partial x_p) dx^p , \tag{11.14a}$$

d.h., die $d\xi^i$ in (11.13) sind vollständige Differentiale und transformieren sich wie (11.6), d.h. kontravariant ("Transformationsmatrix" $\partial\xi_i/\partial x_p$). Entsprechend findet man die kovarianten Größen $d\xi_i$ in (11.13) zu:

$$d\xi_i = (\partial x_p/\partial\xi_i) dx_p . \tag{11.14b}$$

Man erkennt in (11.14b) dieselbe "Transformationsmatrix" $(\partial x_p/\partial\xi_i)$ wie in (11.4), d.h., das Transformationsverhalten der $d\xi_i$ ist im Gegensatz zu (11.14a) kovariant. Ferner können die $d\xi_i$ nicht als vollständige Differentiale gedeutet werden.

Für ein Bogenelement erhält man aus (11.13) mit (11.8a,b):

$$ds^2 = d\vec{R} \cdot d\vec{R} = dx_k dx_k = g_{ij} d\xi^i d\xi^j = g^{ij} d\xi_i d\xi_j \ . \qquad (11.15)$$

Ferner ist auch die "gemischte" Form $ds^2 = d\xi_k d\xi^k$ möglich, die man aus (11.13) wegen (11.7) erhält oder auch aus (11.15), wenn man die Regel vom Heben ($g^{ij}A_j = A^i$) und Senken ($g_{ij}A^j = A_i$) der Indizes benutzt.

11.2 Zur Darstellung von Vektoren und Tensoren

Betrachtet man zwei Vektoren $\vec{A}$ und $\vec{B}$, die analog (11.13) bezüglich der kovarianten und kontravarianten Basis zerlegt werden können,

$$\vec{A} = A^k \vec{g}_k = A_k \vec{g}^k \ , \qquad \vec{B} = B^k \vec{g}_k = B_k \vec{g}^k \ , \qquad (11.16a,b)$$

so führt das Skalarprodukt auf folgende Darstellungen:

$$\vec{A} \cdot \vec{B} = g_{ij} A^i B^j = A^k B_k = A_k B^k = g^{ij} A_i B_j \ . \qquad (11.17)$$

Für $\vec{B} \equiv \vec{A}$ erhält man daraus die Länge eines Vektors:

$$|\vec{A}| \equiv A = \sqrt{g_{ij} A^i A^j} = \ldots = \sqrt{g^{ij} A_i A_j} \ . \qquad (11.18)$$

Da das Skalarprodukt durch AB cos α gegeben ist, gilt wegen (11.17) und (11.18):

$$\cos \alpha = g_{ij} A^i B^j / (AB) \ . \qquad (11.19)$$

Wendet man diese Beziehung auf die kovarianten Basisvektoren an, so erhält man wegen (11.12a) für die Winkel zwischen den Koordinatenlinien:

$$\cos \alpha_{12} = g_{12} / \sqrt{g_{11} g_{22}} \ , \ \ldots \ , \ \cos \alpha_{31} = g_{31} / \sqrt{g_{33} g_{11}} \ . \qquad (11.20)$$

Daraus schließt man:

Eine notwendige und hinreichende Bedingung für die Orthogonalität eines krummlinigen Koordinatensystems ist dadurch gegeben, daß g_{ij} für $i \neq j$ in jedem Punkt eines betrachteten Gebietes verschwindet.

Gemäß (11.16a) sind zwei verschiedene Zerlegungen eines Vektors $\vec{A}$ möglich (Bild (11.3). Die A_k bzw. A^k in (11.16a) oder Bild 11.3 sind die kovarianten bzw. kontravarianten Koordinaten des Vektors $\vec{A}$. Man beachte, daß sie als Koeffizienten vor den kontravarianten bzw. kovarianten Basisvektoren stehen. Einen Zusammenhang zwischen den A_k und A^k erhält man, wenn man (11.16a) skalar mit $\vec{g}_i$ bzw. mit $\vec{g}^i$ multipliziert:

$$\boxed{A_i = g_{ik} A^k} \quad \text{bzw.} \quad \boxed{A^i = g^{ik} A_k} \ . \qquad (11.21a,b)$$

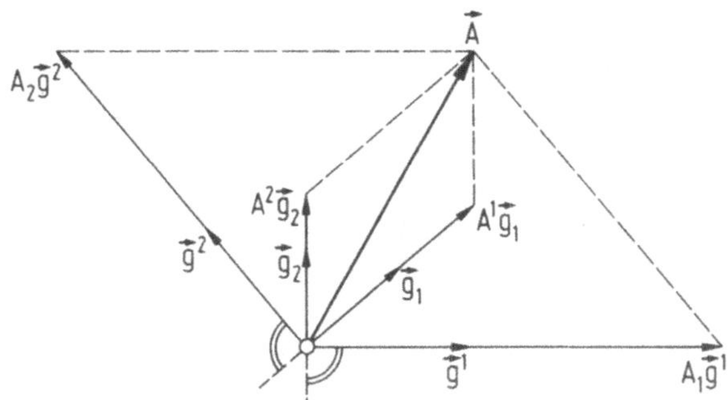

Bild 11.3 Zerlegung eines Vektors bezüglich der kovarianten und kontravarianten Basis

Dieses Ergebnis drückt auch die Regel vom Senken und Heben der Indizes aus. Vergleicht man die Vektorzerlegungen (11.16a) mit der Zerlegung

$$\vec{A} = \bar{A}_k \vec{e}^k \equiv \bar{A}^k \vec{e}_k \tag{11.22}$$

bezüglich der orthonormierten Basis $\vec{e}_k \equiv \vec{e}^k$, so erhält man unter Berücksichtigung von (11.5) und (11.6) die kovarianten und kontravarianten Koordinaten des Vektors $\vec{A}$ aus seinen CARTESIschen Koordinaten $\bar{A}_k \equiv \bar{A}^k$ gemäß:

$$\boxed{A_i = (\partial x_p/\partial \xi_i)\bar{A}_p} \;, \qquad \boxed{A^i = (\partial \xi_i/\partial x_p)\bar{A}^p} \;. \tag{11.23a,b}$$

In (11.23a,b) erkennt man dieselben Transformationsmatrizen $(\partial x_p/\partial \xi_i)$ und $(\partial \xi_i/\partial x_p)$ wie in (11.4) und (11.6).

Tensoren zweiter Stufe gewinnt man aus dem dyadischen Produkt zweier Vektoren, das in symbolischer Schreibweise durch (2.1b) ausgedrückt wird und bezüglich der orthonormierten Basis (1.4) die Darstellung (2.1c) besitzt. Ergänzend dazu findet man in allgemeinen Koordinatensystemen wegen (11.16a,b) folgende vier Darstellungsmöglichkeiten:

$$\underset{\sim}{T} = A_i B_j \vec{g}^i \otimes \vec{g}^j \equiv T_{ij} \vec{g}^i \otimes \vec{g}^j \tag{11.24a}$$

$$\underset{\sim}{T} = A^i B^j \vec{g}_i \otimes \vec{g}_j \equiv T^{ij} \vec{g}_i \otimes \vec{g}_j \tag{11.24b}$$

$$\underset{\sim}{T} = A^i B_j \vec{g}_i \otimes \vec{g}^j \equiv T^{i}_{\cdot j} \vec{g}_i \otimes \vec{g}^j \tag{11.24c}$$

$$\underset{\sim}{T} = A_i B^j \vec{g}^i \otimes \vec{g}_j \equiv T_{i}^{\cdot j} \vec{g}^i \otimes \vec{g}_j \tag{11.24d}$$

Tensoren höherer Stufe können entsprechend dargestellt werden.

11.3 CHRISTOFFEL-Symbole

In der Tensoranalysis spielt der Nabla-Operator eine fundamentale Rolle. Man kann ihn bezüglich einer orthonormierten Basis zerlegen:

$$\nabla = \vec{e}_i \nabla_i \equiv \vec{e}_i \frac{\partial}{\partial x_i} \; . \qquad (11.25a)$$

Unter Benutzung der Kettenregel

$$\frac{\partial}{\partial x_i} = \frac{\partial \xi_p}{\partial x_i} \frac{\partial}{\partial \xi_p}$$

und nach Einsetzen von (11.6) geht aus (11.25a) die Zerlegung

$$\boxed{\nabla = \vec{g}^k \frac{\partial}{\partial \xi_k}} \qquad (11.25b)$$

hervor. Man kann auch (11.4) in (11.25a) einsetzen. Dann erhält man wegen (11.9b) und unter Berücksichtigung der Regel vom Heben und Senken der Indizes ebenfalls die Zerlegung (11.25b).

Die Divergenz eines Vektorfeldes $\vec{A}$ ermittelt man wegen (11.25b) und (11.16a) zu:

$$\boxed{\operatorname{div} \vec{A} = \nabla \cdot \vec{A} = \partial A^i/\partial \xi_i + A^i \Gamma^j_{\cdot ij} \equiv A^i|_i} \; . \qquad (11.26)$$

Darin sind die CHRISTOFFEL-Symbole zweiter Art $\Gamma^k_{\cdot ij}$ benutzt, mit denen man die Ableitungen der Basisvektoren wieder auf die Basisvektoren selbst beziehen kann:

$$\partial \vec{g}_i/\partial \xi_j \equiv \Gamma^k_{\cdot ij} \vec{g}_k \equiv \left\{ {k \atop ij} \right\} \vec{g}_k = \Gamma_{ijk} \vec{g}^k \; , \qquad (11.27a)$$

$$\partial \vec{g}^i/\partial \xi_j \equiv - \Gamma^i_{\cdot kj} \vec{g}^k \equiv - \left\{ {i \atop kj} \right\} \vec{g}^k \; . \qquad (11.27b)$$

Aufgrund der Definition (11.27a) ergeben sich die CHRISTOFFEL-Symbole unter Berücksichtigung von (11.4) und (11.5) zu:

$$\Gamma^k_{\cdot ij} = \frac{\partial \xi_k}{\partial x_p} \frac{\partial^2 x_p}{\partial \xi_i \partial \xi_j} \; . \qquad (11.28a)$$

Sie sind symmetrisch in den unteren Indizes ($\Gamma^k_{\cdot ij} = \Gamma^k_{\cdot ji}$) und lassen sich auch durch den Metriktensor und seine Ableitungen ausdrücken:

$$\Gamma^k_{\cdot ij} = \frac{1}{2} g^{kl} (\partial g_{il}/\partial \xi_j + \partial g_{jl}/\partial \xi_i - \partial g_{ij}/\partial \xi_l) \; . \qquad (11.28b)$$

Die CHRISTOFFEL-Symbole erster Art sind durch

$$\Gamma_{kij} \equiv [ij,k] = \frac{1}{2} (\partial g_{ik}/\partial \xi_j + \partial g_{jk}/\partial \xi_i - \partial g_{ij}/\partial \xi_k) \qquad (11.29)$$

gegeben, woraus wegen $g^{kl}\Gamma_{lij} \equiv \Gamma^{k}_{\cdot ij}$ die Beziehung (11.28b) folgt. Es muß betont werden, daß die CHRISTOFFEL-Symbole keine Tensoren sind.

11.4 Kovariante Ableitung mit Anwendungen

In krummlinigen Koordinaten haben die partiellen Ableitungen $\partial A^i/\partial\xi_j$ und $\partial A_i/\partial\xi_j$ der Vektorkoordinaten A^i oder A_i im allgemeinen keinen Tensorcharakter. Bildet man jedoch die Ableitung $\partial\vec{A}/\partial\xi_j$, so erhält man wegen (11.16a) und unter Berücksichtigung von (11.27a,b) das Ergebnis:

$$\partial\vec{A}/\partial\xi_j = A^i|_j\vec{g}_i = A_i|_j\vec{g}^i \; . \qquad (11.30)$$

Darin sind

$$A^i|_j \equiv \partial A^i/\partial\xi_j + A^k\Gamma^{i}_{\cdot kj} \quad \text{und} \quad A_i|_j \equiv \partial A_i/\partial\xi_j - A_k\Gamma^{k}_{\cdot ij} \qquad (11.31a,b)$$

die kovarianten Ableitungen der kontravarianten und kovarianten Vektorkoordinaten. Diese Ableitungen haben Tensorcharakter. Die Spur von (11.31a) stimmt mit der Divergenz (11.26) überein.

Ist der Vektor $\vec{A}$ in (11.30) der Gradient eines Skalarfeldes Φ, so erhält man wegen (11.25) und (11.27b):

$$\partial\vec{A}/\partial\xi_j = \partial(\nabla\Phi)/\partial\xi_j = T_{ij}\vec{g}^i \; . \qquad (11.32)$$

Darin ist

$$T_{ij} = T_{ji} = \frac{\partial^2\Phi}{\partial\xi_i\partial\xi_j} - \Gamma^{k}_{\cdot ij}\frac{\partial\Phi}{\partial\xi_k} \equiv \Phi_{,i}|_j \qquad (11.33)$$

ein symmetrischer Tensor zweiter Stufe (zweifach kovariant).

Der LAPLACE-Operator Δ ist gemäß $\Delta\Phi$ = div grad Φ definiert. In krummlinigen Koordinaten erhält man wegen (11.25b), (11.26), (11.27), (11.8b) und mit der Abkürzung (11.33) die Beziehung:

$$\Delta\Phi = \nabla\cdot\nabla\Phi = (\vec{g}^i\frac{\partial}{\partial\xi_i})\cdot(\vec{g}^k\frac{\partial\Phi}{\partial\xi_k}) = g^{ij}T_{ij} \equiv g^{ij}\Phi_{,i}|_j \; . \qquad (11.34)$$

Den Gradient eines Vektors $\vec{A}$ ermittelt man über das dyadische Produkt aus Nabla-Operator (11.25b) und Feldvektor (11.16a) wegen (11.31a,b) zu:

$$\underset{\sim}{T} \equiv \nabla\otimes\vec{A} = (\vec{g}^j\frac{\partial}{\partial\xi_j})\otimes(A^i\vec{g}_i) = A^i|_j\vec{g}^j\otimes\vec{g}_i \equiv T^i_j\vec{g}^j\otimes\vec{g}_i \qquad (11.35a)$$

$$\underset{\sim}{T} \equiv \nabla\otimes\vec{A} = (\vec{g}^j\frac{\partial}{\partial\xi_j})\otimes(A_i\vec{g}^i) = A_i|_j\vec{g}^j\otimes\vec{g}^i \equiv T_{ij}\vec{g}^j\otimes\vec{g}^i \; . \qquad (11.35b)$$

Im Gegensatz zu (11.33) ist $T_{ij} \equiv A_i|_j$ in (11.35b) nicht symmetrisch. Aus den Ergebnissen (11.35a,b) erkennt man, daß die gemischten Koordinaten T^i_j und die zweifach kovarianten Koordinaten T_{ij} der Gradientendyade $\underset{\sim}{T} \equiv \nabla\otimes\vec{A}$ mit den kovarianten Ableitungen (11.31a,b) identisch sind, d.h., Gradientenbildung und kovariante Ableitung sind gleichwertige Begriffe.

Bezieht man sich auf krummlinige Koordinaten, wird man die Stoffgleichung (4.5) durch

$$\tau^{ij} = E^{ijkl}\gamma_{kl} \tag{11.36}$$

ausdrücken. Darin ist der infinitesimale Verzerrungstensor durch <u>kovariante Ableitungen</u> aus dem Verschiebungsvektor zu bilden:

$$\gamma_{ij} = (w_i|_j + w_j|_i)/2 \ . \tag{11.37}$$

Aufgrund des Gleichgewichts muß bei fehlenden Körperkräften die <u>Divergenz</u> des Spannungstensors verschwinden. Das führt in Anlehnung an (11.26) auf die <u>Gleichgewichtsbedingungen</u>:

$$\tau^{ij}|_i = 0^j \tag{11.38}$$

am unverformten Körper.

Es ist zu beachten, daß für die Anwendungen die <u>physikalischen Komponenten</u> der Größen τ_{ij}, γ_{ij} und w_i zu bestimmen sind. Darunter versteht man die auf Einsvektoren bezogenen Komponenten:

$$\sigma^{ij} = \tau^{ij}\sqrt{g_{(ii)}g_{(jj)}}\ , \qquad \varepsilon_{ij} = \gamma_{ij}\sqrt{g^{(ii)}g^{(jj)}}\ , \qquad u_i = w_i\sqrt{g^{(ii)}}\ . \tag{11.39a,b,c}$$

Die Klammern um i oder j sollen zum Ausdruck bringen, daß nicht summiert werden darf.

Im folgenden sollen obige Beziehungen auf <u>Zylinderkoordinaten</u>

$$x_1 = \xi_1 \cos\xi_2\ , \quad x_2 = \xi_1 \sin\xi_2\ , \quad x_3 = \xi_3\ , \tag{11.40}$$

mit $\xi_1 \equiv r$, $\xi_2 \equiv \varphi$, $\xi_3 \equiv z$ angewendet werden. Damit ergeben sich die <u>Basisvektoren</u> (11.4) und (11.6) zu:

$$\vec{g}_1 = \vec{e}_1\cos\varphi + \vec{e}_2\sin\varphi\ , \quad \vec{g}_2 = -\vec{e}_1 r\sin\varphi + \vec{e}_2 r\cos\varphi\ , \quad \vec{g}_3 = \vec{e}_3 \tag{11.41a}$$

$$\vec{g}^1 = \vec{g}_1\ , \qquad \vec{g}^2 = \vec{g}_2/r^2\ , \qquad \vec{g}^3 = \vec{g}_3. \tag{11.41b}$$

Die Metriktensoren (11.8a,b), (11.9a,b) lauten:

$$g_{ij} = \begin{pmatrix} 1 & 0 & 0 \\ 0 & r^2 & 0 \\ 0 & 0 & 0 \end{pmatrix}, \quad g^{ij} = \begin{pmatrix} 1 & 0 & 0 \\ 0 & 1/r^2 & 0 \\ 0 & 0 & 1 \end{pmatrix}, \tag{11.42a,b}$$

während man die nicht verschwindenden CHRISTOFFEL-Symbole (11.28a,b), (11.29) zu

$$\Gamma_{221} = \Gamma^{1}_{.22} = -r\ , \quad \Gamma_{122} = r\ , \quad \Gamma^{2}_{.12} = 1/r \tag{11.43}$$

ermittelt. Wegen (11.31b) kann (11.37) auch durch

$$\gamma_{ij} = (\partial w_i/\partial \xi_j + \partial w_j/\partial \xi_i)/2 - w_k \Gamma^k_{.ij} \tag{11.44}$$

ausgedrückt werden. Die physikalischen Komponenten des Verschiebungsvektors ergeben sich wegen (11.39c) und (11.42b) in Zylinderkoordinaten zu:

$$u_r = w_1 , \quad u_\varphi = w_2/r , \quad u_z = w_3 . \tag{11.45}$$

Entsprechend erhält man aus (11.39b):

$$\left.\begin{aligned} &\varepsilon_r = \gamma_{11} , \quad \varepsilon_\varphi = \gamma_{22}/r^2 , \quad \varepsilon_{r\varphi} = \gamma_{12}/r , \quad \varepsilon_z = \gamma_{33} , \\ &\varepsilon_{rz} = \gamma_{13} , \quad \varepsilon_{z\varphi} = \gamma_{32}/r , \end{aligned}\right\} \tag{11.46}$$

so daß mit (11.43) bis (11.45) schließlich folgt:

$$\left.\begin{aligned} &\varepsilon_r = \partial u_r/\partial r , \quad \varepsilon_\varphi = (\partial u_\varphi/\partial \varphi + u_r)/r , \quad \varepsilon_z = u_z/\partial z , \\ &\varepsilon_{r\varphi} = [(\partial u_r/\partial \varphi)/r + \partial u_\varphi/\partial r - u_\varphi/r]/2 , \\ &\varepsilon_{rz} = (\partial u_r/\partial z + \partial u_z/\partial r)/2 , \\ &\varepsilon_{z\varphi} = [(\partial u_z/\partial \varphi)/r + \partial u_\varphi/\partial z]/2 . \end{aligned}\right\} \tag{11.47}$$

Die physikalischen Komponenten der Spannungen ergeben sich aus (11.39a) in Zylinderkoordinaten zu:

$$\left.\begin{aligned} &\sigma_r = \tau^{11} , \quad \sigma_\varphi = r^2 \tau^{22} , \quad \sigma_z = \tau^{33} , \\ &\sigma_{r\varphi} = r\tau^{12} , \quad \sigma_{\varphi z} = r\tau^{23} , \quad \sigma_{zr} = \tau^{31} , \end{aligned}\right\} \tag{11.48}$$

so daß man aus (11.38) wegen

$$A^{ij}|_k = \partial A^{ij}/\partial \xi_k + \Gamma^i_{.kp} A^{pj} + \Gamma^j_{.kp} A^{ip} \tag{11.49}$$

und (11.43) die Gleichgewichtsbedingungen

$$\left.\begin{aligned} &\partial \sigma_r/\partial r + (\partial \sigma_{r\varphi}/\partial \varphi)/r + \partial \sigma_{zr}/\partial z + (\sigma_r - \sigma_\varphi)/r = 0 \\ &\partial \sigma_{r\varphi}/\partial r + (\partial \sigma_\varphi/\partial \varphi)/r + \partial \sigma_{\varphi z}/\partial z + \sigma_{r\varphi}/r = 0 \\ &\partial \sigma_{zr}/\partial r + (\partial \sigma_{\varphi z}/\partial \varphi)/r + \partial \sigma_z/\partial z + \sigma_{zr}/r = 0 \end{aligned}\right\} \tag{11.50}$$

ermittelt.

Für den isotropen Fall erhält man analog (4.140) für den Elastizitätstensor:

$$E^{ijkl} = \lambda g^{ij}g^{kl} + \mu(g^{ik}g^{jl} + g^{il}g^{jk}) , \qquad (11.51)$$

so daß aus (11.36) mit (11.46) und (11.48) folgende Stoffgleichungen folgen:

$$\left.\begin{aligned} \sigma_r &= 2\mu\varepsilon_r + \lambda(\varepsilon_r + \varepsilon_\varphi + \varepsilon_z) , \\ \sigma_\varphi &= 2\mu\varepsilon_\varphi + \lambda(\varepsilon_r + \varepsilon_\varphi + \varepsilon_z) , \\ \sigma_z &= 2\mu\varepsilon_z + \lambda(\varepsilon_r + \varepsilon_\varphi + \varepsilon_z) , \\ \sigma_{r\varphi} = 2\mu\varepsilon_{r\varphi} , \quad \sigma_{\varphi z} &= 2\mu\varepsilon_{\varphi z} , \quad \sigma_{zr} = 2\mu\varepsilon_{zr} . \end{aligned}\right\} \qquad (11.52)$$

Durch (11.34) mit (11.33) ist der <u>LAPLACE-Operator</u> allgemein definiert. In Zylinderkoordinaten erhält man wegen (11.42b) und (11.43) den Operator

$$\Delta = \frac{\partial^2}{\partial r^2} + \frac{1}{r^2}\frac{\partial^2}{\partial\varphi^2} + \frac{1}{r}\frac{\partial}{\partial r} + \frac{\partial^2}{\partial z^2} , \qquad (11.53a)$$

der sich im ebenen Fall zu

$$\Delta = \frac{\partial^2}{\partial r^2} + \frac{1}{r^2}\frac{\partial^2}{\partial\varphi^2} + \frac{1}{r}\frac{\partial}{\partial r} \qquad (11.53b)$$

vereinfacht.

Der <u>LAPLACE-Operator</u> in (11.34) kann auch durch

$$\Delta\Phi = \frac{1}{\sqrt{g}}\frac{\partial}{\partial\xi_i}\left(\sqrt{g}\, g^{ij}\frac{\partial\Phi}{\partial\xi_j}\right) = \frac{1}{\sqrt{g}}\begin{vmatrix} \partial/\partial\xi_1 & \partial/\partial\xi_2 & \partial/\partial\xi_3 & 0 \\ g_{11} & g_{12} & g_{13} & \frac{1}{\sqrt{g}}\frac{\partial\Phi}{\partial\xi_1} \\ g_{21} & g_{22} & g_{23} & \frac{1}{\sqrt{g}}\frac{\partial\Phi}{\partial\xi_2} \\ g_{31} & g_{32} & g_{33} & \frac{1}{\sqrt{g}}\frac{\partial\Phi}{\partial\xi_3} \end{vmatrix} \qquad (11.54)$$

ausgedrückt werden. Dabei ist zu berücksichtigen, daß die in der ersten Zeile stehenden Operatoren $\partial/\partial\xi_i$ auf die entsprechenden Minoren anzuwenden sind. Bei orthogonalen Koordinaten gilt $g_{12} = g_{23} = g_{31} = 0$, wie man (11.20) entnimmt. Dann ist die Determinante $|g_{ij}| \equiv g = g_{11}g_{22}g_{33}$, und (11.54) vereinfacht sich zu:

$$\Delta\Phi = \frac{1}{\sqrt{g}}\left[\frac{\partial}{\partial\xi_1}\left(\sqrt{\frac{g_{22}g_{33}}{g_{11}}}\,\frac{\partial\Phi}{\partial\xi_1}\right) + \ldots + \frac{\partial}{\partial\xi_3}\left(\sqrt{\frac{g_{11}g_{22}}{g_{33}}}\,\frac{\partial\Phi}{\partial\xi_3}\right)\right] . \qquad (11.55)$$

11.5 Irreduzible Invarianten

In der Theorie der Tensorfunktionen spielen die irreduziblen Grundinvarianten

$$S_1 = \delta_{ij}\bar{A}_{ji} \,, \quad S_2 = \bar{A}_{ij}\bar{A}_{ji} \,, \quad S_3 = \bar{A}_{ij}\bar{A}_{jk}\bar{A}_{ki} \qquad (11.56a,b,c)$$

oder alternativ die irreduziblen Hauptinvarianten

$$J_1 \equiv S_1 \,, \quad J_2 = (S_2 - S_1^2)/2 \,, \quad J_3 = (2S_3 - 3S_2S_1 + S_1^3)/6 \qquad (11.57a,b,c)$$

eine fundamentale Rolle (Integritätsbasis). In (11.56a,b,c) sind die $\bar{A}_{ij}$ die Komponenten des Tensors $\underset{\sim}{A}$ bezüglich der orthonormierten Basis $\vec{e}_i$. Die Invarianten (11.56a,b,c) lassen sich auch durch die kovarianten Komponenten des Tensors ausdrücken. Dazu benötigt man die folgenden Transformationsgesetze:

$$A_{ij} = \frac{\partial x_p}{\partial \xi_i}\frac{\partial x_q}{\partial \xi_j}\bar{A}_{pq} \quad \Longleftrightarrow \quad \bar{A}_{ij} = \frac{\partial \xi_p}{\partial x_i}\frac{\partial \xi_q}{\partial x_j}A_{pq} \,, \qquad (11.58)$$

$$A^{ij} = \frac{\partial \xi_i}{\partial x_p}\frac{\partial \xi_j}{\partial x_q}\bar{A}^{pq} \quad \Longleftrightarrow \quad \bar{A}^{ij} = \frac{\partial x_i}{\partial \xi_p}\frac{\partial x_j}{\partial \xi_q}A^{pq} \,, \qquad (11.59)$$

die eine Erweiterung von (11.4), (11.5) und (11.6) auf einen Tensor zweiter Stufe darstellen. Durch Einsetzen in (11.56a,b,c) findet man unter Berücksichtigung von (11.9a,b) schließlich die irreduziblen Grundinvarianten:

$$S_1 = g^{pq}A_{pq} = g_{pq}A^{pq} = A_k^k \,, \qquad (11.60a)$$

$$S_2 = g^{ip}g^{jq}A_{ji}A_{pq} = g_{ip}g_{jq}A^{ji}A^{pq} = A_k^i A_i^k \,, \qquad (11.60b)$$

$$S_3 = g^{ip}g^{jq}g^{kr}A_{ij}A_{qk}A_{rp} = \ldots = A_j^i A_k^j A_i^k \,, \qquad (11.60c)$$

mit denen man gemäß (11.57a,b,c) auch die irreduziblen Hauptinvarianten in kovarianten, kontravarianten oder gemischten Tensorkoordinaten darstellen kann. Entsprechend lassen sich die Ergebnisse aus Ziffer 8.5 auf allgemeine Koordinaten übertragen. Dabei ist auch (4.140) durch (11.51) zu ersetzen.

12 Konforme Abbildungen

In vielen Gebieten der theoretischen Physik werden konforme Abbildungen benutzt, um aus bekannten Lösungen neue zu gewinnen. Im Jahre 1931 gelang es FÖPPL [80], ebene elastische Spannungszustände mittels der konformen

Abbildung zu behandeln. Zur Lösung vieler Aufgaben wurde aus der bekannten AIRYschen Spannungsfunktion in der w-Ebene die entsprechende Funktion für die Abbildung in der komplexen z-Ebene gesucht. Weitere Anwendungen der konformen Abbildung in der Elastomechanik findet man beispielsweise in [81,82], um nur einige Literaturstellen zu nennen. In [25] werden konforme Abbildungen benutzt, um aus der PRANDTLschen Lösung (Bild 6.4) Lösungen für andere plastische Gebiete zu gewinnen. Dazu werden die bekannten Charakteristiken bzw. Gleitlinien (Bild 6.4) der w-Ebene konform auf die z-Ebene (das zu untersuchende Gebiet, z.B. Umformzone beim Walz- oder Ziehvorgang) abgebildet. Im allgemeinen sind Gleitlinien nicht "konforminvariant", d.h., sie können ihre Eigenschaften durch konforme Abbildungen ändern, so daß die für die Gleitlinien wesentliche HENCKY-PRANDTLsche Radienbedingung verletzt werden kann. Dieses Problem wird in [25] genauer untersucht.

Konforme Abbildungen sind dadurch gekennzeichnet, daß ein Winkel zwischen zwei Richtungen durch die Abbildung nicht verzerrt wird und auch der Richtungssinn des Winkels erhalten bleibt (winkeltreue Abbildung). Insbesondere wird ein rechtwinkliges CARTESIsches Koordinatennetz x_i vermöge einer konformen Abbildung auf ein orthogonales krummliniges Koordinatennetz ξ_i transformiert. Mithin ist die Orthogonalität der Basisvektoren bei konformen Abbildungen gegeben. Darüber hinaus werden nur ebene Fälle, d.h. zulässige Koordinatentransformationen

$$x_i = x_i(\xi_1, \xi_2) \quad <=> \quad \xi_i = \xi_i(x_1, x_2) \tag{12.1}$$

betrachtet, so daß der kovariante Metriktensor aufgrund der Orthogonalität die Diagonalform

$$g_{ij} = \mathrm{diag}\{g_{11}, g_{22}, 1\} \tag{12.2}$$

besitzt. Darin ermittelt man die g_{11} und g_{22} wegen (11.9a) aus der Transformation (12.1) zu:

$$g_{11} = (\partial x_1/\partial\xi_1)^2 + (\partial x_2/\partial\xi_1)^2 , \quad g_{22} = (\partial x_1/\partial\xi_2)^2 + (\partial x_2/\partial\xi_2)^2 . \tag{12.3a,b}$$

Mit diesen Größen sind nach (11.12a) die Längen (Maßstäbe) der Basisvektoren gegeben:

$$h_1 = \sqrt{g_{11}} , \quad h_2 = \sqrt{g_{22}} . \tag{12.4a,b}$$

Diese Beziehungen sind in Bild 12.1 veranschaulicht.

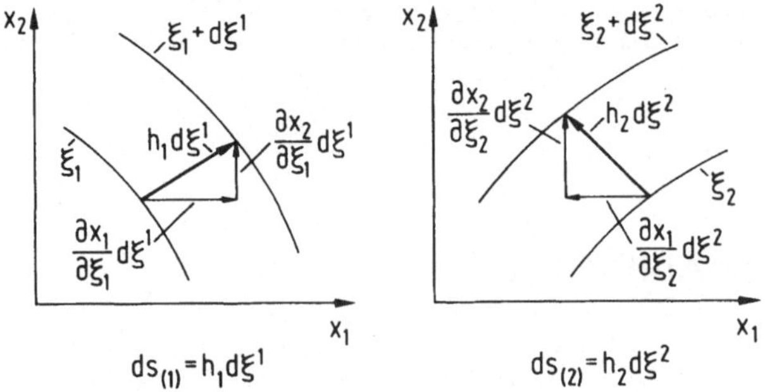

Bild 12.1 Zur Darstellung der "Maßstabsfaktoren" (12.4a,b)

12.1 Holomorphe Funktionen

Neben der Parameterform (12.1) kann die Geometrie durch eine komplexe Funktion

$$z = f(w), \quad z = x_1 + ix_2 \quad \text{z-Ebene} \Leftrightarrow \text{w-Ebene} \quad w = \xi_1 + i\xi_2 \tag{12.5}$$

beschrieben werden, die eine eindeutige Abbildung der z-Ebene auf die w-Ebene (oder umgekehrt) vermittelt (Bild 12.2).

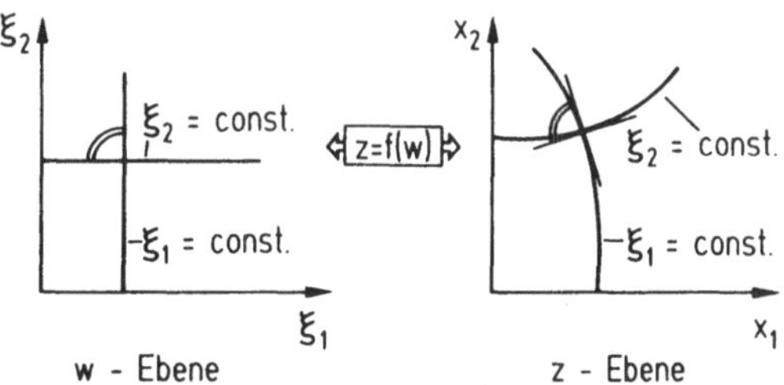

Bild 12.2 Konforme Abbildung

Um die Orthogonalität des krummlinigen Koordinatennetzes von vornherein zu gewährleisten, ist (neben anderen Vorzügen) die Benutzung von regulären oder holomorphen Funktionen f(w), d.h. von konformen Abbildungen, zweckmäßig. Die Funktion f(w) heißt regulär oder holomorph in einem Gebiet, wenn sie dort eindeutig ist und eine stetige Ableitung

$$f'(w) = \lim_{\Delta w \to 0} \frac{f(w + \Delta w) - f(w)}{\Delta w} \tag{12.6}$$

besitzt. Die Definition (12.6) der "Ableitung" im üblichen Sinn ist nur dann sinnvoll, wenn die komplexwertige Funktion f durch w allein darstellbar ist. Das führt unmittelbar auf die CAUCHY-RIEMANNschen Differentialgleichungen

$$\partial x_1/\partial \xi_1 = \partial x_2/\partial \xi_2 \qquad \partial x_1/\partial \xi_2 = -\,\partial x_2/\partial \xi_1 \tag{12.7a,b}$$

die bei konformen Abbildungen erfüllt sind.

Man kann die CAUCHY-RIEMANNschen Differentialgleichungen (12.7a,b) folgendermaßen herleiten. Wegen $w = \xi_1 + i\xi_2$ und $\bar{w} = \xi_1 - i\xi_2$ gilt:

$$\xi_1 = (w + \bar{w})/2 \ , \qquad \xi_2 = (w - \bar{w})/(2i) \ , \tag{12.8}$$

so daß sich die Frage stellt, ob die komplexwertige Funktion

$$f = \alpha(\xi_1,\xi_2) + i\beta(\xi_1,\xi_2) \tag{12.9}$$

als Funktion f(w) der komplexen Veränderlichen w darstellbar ist. Als Gegenbeispiel sei $\alpha(\xi_1,\xi_2) = \xi_1$ und $\beta(\xi_1,\xi_2) = -\xi_2$ angenommen. Dann ist:

$$\alpha(\xi_1,\xi_2) + i\beta(\xi_1,\xi_2) = \xi_1 - i\xi_2 \equiv \bar{w} , \tag{12.10}$$

d.h., die komplexwertige Funktion ist in diesem Fall nicht durch w, sondern durch $\bar{w}$ darstellbar. Im allgemeinen können komplexwertige Funktionen weder durch w allein noch durch $\bar{w}$ allein, sondern nur durch w und $\bar{w}$ ausgedrückt werden. Von spezieller Bedeutung sind die Funktionenpaare $\alpha(\xi_1,\xi_2)$, $\beta(\xi_1,\xi_2)$, die in der Kombination

$$\alpha(\xi_1,\xi_2) + i\beta(\xi_1,\xi_2) = f(w) \tag{12.11}$$

nur von w allein abhängen. Dann muß die Bedingung

$$\partial[\alpha(\xi_1,\xi_2) + i\beta(\xi_1,\xi_2)]/\partial\bar{w} = 0 \tag{12.12}$$

erfüllt werden. Darin ist der Operator $\partial/\partial\bar{w}$ wegen (12.8) durch

$$\frac{\partial}{\partial\bar{w}} = \frac{\partial\xi_1}{\partial\bar{w}}\frac{\partial}{\partial\xi_1} + \frac{\partial\xi_2}{\partial\bar{w}}\frac{\partial}{\partial\xi_2} = \frac{1}{2}\left(\frac{\partial}{\partial\xi_1} + i\frac{\partial}{\partial\xi_2}\right) \tag{12.13}$$

ausdrückbar, so daß aus (12.12) die Bedingung

$$\partial\alpha/\partial\xi_1 - \partial\beta/\partial\xi_2 + i(\partial\beta/\partial\xi_1 + \partial\alpha/\partial\xi_2) = 0 \tag{12.14}$$

folgt, die erfüllt ist, wenn darin der Realteil und der Imaginärteil verschwinden, d.h. wenn die CAUCHY-RIEMANNschen Differentialgleichungen

$$\boxed{\partial\alpha/\partial\xi_1 = \partial\beta/\partial\xi_2} , \qquad \boxed{\partial\beta/\partial\xi_1 = -\partial\alpha/\partial\xi_2} \tag{12.15a,b}$$

erfüllt sind. Mit (12.15a,b) hängt die komplexwertige Funktion (12.9) also nur von einer komplexen Veränderlichen w ab, so daß man den Begriff der Ableitung in üblicher Weise (12.6) definieren kann.

Da die Veränderliche w komplex ist, muß der Grenzwert (12.6) für jede gegen Null konvergente Folge von komplexen Werten gleich sein. So erhält man beispielsweise für $\Delta w = \Delta\xi_1$ mit (12.9) den Quotienten

$$\frac{f(w+\Delta w) - f(w)}{\Delta w} = \frac{\alpha(\xi_1+\Delta\xi_1,\xi_2) - \alpha(\xi_1,\xi_2)}{\Delta\xi_1} + i\,\frac{\beta(\xi_1+\Delta\xi_1,\xi_2) - \beta(\xi_1,\xi_2)}{\Delta\xi_1}$$

und daraus durch Grenzübergang $\Delta\xi_1 \to 0$ die Ableitung

$$f'(w) = \partial\alpha/\partial\xi_1 + i\,\partial\beta/\partial\xi_1 . \tag{12.16a}$$

Entsprechend findet man für $\Delta w = i\,\Delta\xi_2$ durch Grenzübergang $\Delta\xi_2 \to 0$ die Ableitung

$$f'(w) = \partial\beta/\partial\xi_2 - i\ \partial\alpha/\partial\xi_2 \ , \qquad (12.16b)$$

so daß der Vergleich mit (12.16a) unmittelbar auf die CAUCHY-RIEMANNschen Differentialgleichungen (12.15a,b) bzw. wegen (12.5) auf (12.7a,b) führt.

Die geometrische Bedeutung der Ableitung (12.6) kann an Bild 12.3 erläutert werden.

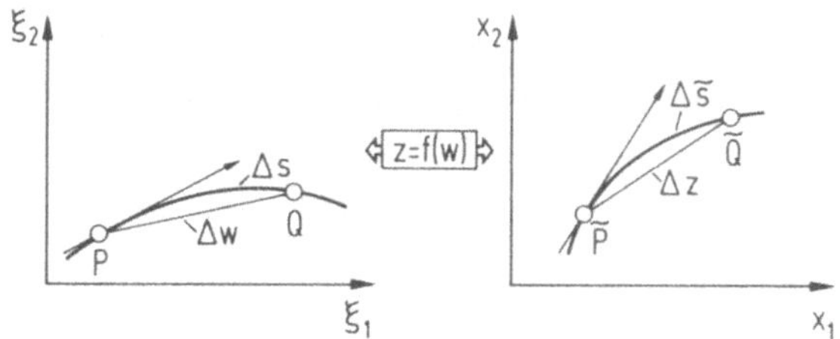

Bild 12.3 Zur geometrischen Deutung der Ableitung

Das Argument der komplexen Zahl Δz in Bild 12.3 ist gleich dem Winkel, den der Differenzvektor Δz mit der reellen Achse einschließt:

$$\Delta z = |\Delta z|\ \exp(i\ \arg\ \Delta z)\ , \qquad \Delta w = |\Delta w|\ \exp(i\ \arg\ \Delta w)\ . \qquad (12.17a,b)$$

Daraus ergibt sich die Differenz

$$\arg\ \Delta z - \arg\ \Delta w = \arg(\Delta z/\Delta w)\ . \qquad (12.18)$$

In der Grenzlage $Q \to P$ fällt die Richtung des Vektors Δz bzw. Δw mit der jeweiligen Tangente in P bzw. $\tilde{P}$ zusammen. Aus (12.18) erkennt man beim Grenzübergang, daß das Argument der Ableitung, $\arg f'(w)$, den Drehwinkel ausmacht, den die Tangente infolge der Abbildung (12.5) überstreicht. Wählt man zwei Kurven, die sich in P unter einem bestimmten Winkel schneiden, so ist der Drehwinkel für beide Tangenten derselbe. Mithin ist die Abbildung (12.5), die durch eine holomorphe Funktion vermittelt wird, in allen Punkten winkeltreu, in denen $f'(w) \neq 0$ ist. Gegenüber der Abbildung ist also nicht nur die Größe, sondern auch der Drehungssinn (Durchlaufsinn) des Winkels zwischen zwei sich schneidenden Kurven invariant. In diesem Sinne ist eine Spiegelung an der reellen Achse, d.h. die Abbildung $z = \bar{w}$ gemäß (12.10), nicht winkeltreu. Abbildungen, bei denen nur die Größe des Winkels erhalten bleibt, heißen isogonal.

Der Betrag der Ableitung (12.6) bzw. (12.16a,b) kann geometrisch folgendermaßen gedeutet werden: Es werden die vermöge der Abbildung (12.5) korrespondierenden Bogenelemente Δs und $\Delta\tilde{s}$ in Bild 12.3 verglichen. Das Verhältnis der Längen der Differenzvektoren

$$|\overrightarrow{\tilde{P}\tilde{Q}}|/|\overrightarrow{PQ}| \equiv \tilde{P}\tilde{Q}/PQ = |\Delta z|/|\Delta w| \qquad (12.19a)$$

kann durch

$$\tilde{P}\tilde{Q}/PQ = |\Delta z/\Delta w| \qquad (12.19b)$$

ausgedrückt werden, da der Betrag eines Quotienten gleich dem Quotienten der Beträge ist, wie man durch Einsetzen von $\Delta z = \Delta x_1 + i\Delta x_2$ und $\Delta w = \Delta\xi_1 + i\Delta\xi_2$ leicht nachweisen kann. Strebt Q gegen P, so geht der Punkt $\tilde{Q}$ gegen $\tilde{P}$, und durch Grenzübergang folgt mit (12.19b):

$$\lim_{Q\to P}(\tilde{P}\tilde{Q}/PQ) = \lim_{\Delta s\to 0}(\Delta\tilde{s}/\Delta s) = \lim_{\Delta w\to 0}|\Delta z/\Delta w| = |dz/dw|$$

bzw. mit $z = f(w)$ und $\lim_{\Delta s\to 0}(\Delta\tilde{s}/\Delta s) = d\tilde{s}/ds$ schließlich:

$$\boxed{d\tilde{s}/ds = |f'(w)|}\ , \tag{12.20}$$

d.h., der Betrag der Ableitung $f'(w)$ charakterisiert das Verhältnis entsprechender Linienelemente im Punkte z bzw. w bei der Abbildung, die durch die komplexe Funktion (12.5) vermittelt wird. Ist beispielsweise $z = f(w) = a_0 + w + w^3$, so vergrößern sich infolge der Abbildung die Längen im Punkte $w = 1$ um das Vierfache.

In Erweiterung zu (12.20) ist das Verhältnis der Flächenänderungen an einer gegebenen Stelle durch

$$\boxed{d\tilde{F}/dF = |f'(w)|^2} \tag{12.21}$$

ausdrückbar. Andererseits ermittelt man in der Tensorrechnung [73,74]

$$d\tilde{F} \equiv dF_{(3)} = \sqrt{g\ g^{33}}\,d\xi^1 d\xi^2\ , \tag{12.22}$$

so daß mit $dF = d\xi^1 d\xi^2$ und wegen (12.2), d.h. wegen $g^{33} = 1/g_{33} = 1$, aus (12.21) folgt:

$$|f'(w)|^2 = \sqrt{g}\ . \tag{12.23}$$

Nach dem Multiplikationssatz der Determinantenlehre erhält man für das Quadrat der Funktionaldeterminante in Verbindung mit (11.9a):

$$J^2 = |\partial x_i/\partial\xi_j| \cdot |\partial x_i/\partial\xi_j| = |(\partial x_k/\partial\xi_i)(\partial x_k/\partial\xi_j)| = |g_{ij}| \equiv g\ , \tag{12.24}$$

so daß wegen (12.23) auch

$$\boxed{|f'(w)|^2 = J} \tag{12.25}$$

gilt.

Die <u>Funktionaldeterminante</u> (<u>JAKOBIsche Determinante</u>) der Funktionen $x_1 = x_1(\xi_1, \xi_2)$ und $x_2 = x_2(\xi_1, \xi_2)$

$$J = \begin{vmatrix} \partial x_1/\partial\xi_1 & \partial x_1/\partial\xi_2 \\ \partial x_2/\partial\xi_1 & \partial x_2/\partial\xi_2 \end{vmatrix} = \frac{\partial x_1}{\partial\xi_1}\frac{\partial x_2}{\partial\xi_2} - \frac{\partial x_1}{\partial\xi_2}\frac{\partial x_2}{\partial\xi_1} \tag{12.26}$$

geht mit den <u>CAUCHY-RIEMANNschen Differentialgleichungen</u> (12.7a,b) über in:

$$J = (\partial x_1/\partial\xi_1)^2 + (\partial x_2/\partial\xi_1)^2\ . \tag{12.27}$$

Wegen (12.16a) und $\alpha \equiv x_1$, $\beta \equiv x_2$ stimmt das Ergebnis (12.27) mit

$$|f'(w)|^2 = |\partial x_1/\partial \xi_1 + i\ \partial x_2/\partial \xi_1|^2 = (\partial x_1/\partial \xi_1)^2 + (\partial x_2/\partial \xi_1)^2 \quad (12.28)$$

überein, was ja auch durch (12.25) zum Ausdruck kommt. Vergleicht man (12.28) mit den Maßstabsfaktoren (12.4a,b), die aufgrund der CAUCHY-RIEMANNschen Differentialgleichungen (12.7a,b) bei konformen Abbildungen gleich sind,

$$\boxed{g_{11} = g_{22}} \Rightarrow \boxed{h_1 = h_2 \equiv H} \Rightarrow g_{ij} = \begin{pmatrix} H^2 & 0 & 0 \\ 0 & H^2 & 0 \\ 0 & 0 & 1 \end{pmatrix}, \quad (12.29)$$

so gilt:

$$\boxed{|f'(w)| = H} \quad . \quad (12.30)$$

12.2 Isothermennetze

Im folgenden werden orthogonale Kurvennetze betrachtet. In der komplexen Ebene $z = x_1 + i\ x_2$ sind zwei Kurvenscharen

$$\xi_1(x_1, x_2) = C_1 \ , \quad \xi_2(x_1, x_2) = C_2 \quad (12.31a,b)$$

dargestellt, wobei C_1 und C_2 beliebige Konstanten sind. In der komplexen Ebene $w = \xi_1 + i\ \xi_2$ entsprechen diesen Kurven die zu den Koordinatenachsen parallelen Geraden $\xi_1 = C_1$ und $\xi_2 = C_2$ (Bild 12.4).

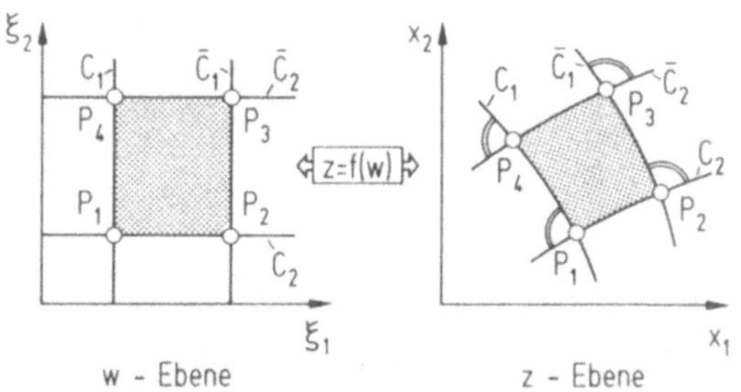

Bild 12.4 Orthogonale Kurvennetze

Wie in Bild 12.4 skizziert, ergibt sich aus dem Netz achsenparalleler Geraden der w-Ebene durch die Abbildung (12.5) ein orthogonales Kurvennetz in der komplexen z-Ebene. Diese zwei Netze nennt man Isothermennetze. Der Sinn dieser Bezeichnung sei kurz erläutert.

Differenziert man die CAUCHY-RIEMANNschen Differentialgleichungen (12.7a,b) nach ξ_1 bzw. ξ_2, so bekommt man nach Addition:

$$\left.\begin{array}{l} \partial^2 x_1/\partial\xi_1^2 = \partial^2 x_2/\partial\xi_1\partial\xi_2 \\ \partial^2 x_1/\partial\xi_2^2 = -\partial^2 x_2/\partial\xi_2\partial\xi_1 \end{array}\right\} \Rightarrow \frac{\partial^2 x_1}{\partial\xi_1^2} + \frac{\partial^2 x_1}{\partial\xi_2^2} = 0 \,. \qquad (12.32a)$$

Entsprechend findet man:

$$\frac{\partial^2 x_2}{\partial\xi_1^2} + \frac{\partial^2 x_2}{\partial\xi_2^2} = 0 \,. \qquad (12.32b)$$

d.h., Real- und Imaginärteil einer holomorphen Funktion erfüllen die LAPLACEsche Differentialgleichung und sind somit harmonische Funktionen. Ebenso genügt aber auch die Temperatur bei einem stationären Wärmestrom der LAPLACEschen Differentialgleichung. Es sei $\xi_1 = \xi_1(x_1,x_2)$ von x_3 unabhängig (ebener Fall). Bei dieser Deutung der Funktion $\xi_1(x_1,x_2)$ als Temperatur eines stationären Wärmestromes sind die Kurvenscharen $\xi_1 = C_1$ in Bild 12.4 Linien gleicher Temperatur. Daher stammt die Bezeichnung Isothermennetz. In dieser Betrachtung sind die Kurven $\xi_2 = C_2$ der zweiten Schar (12.31b), die orthogonal zu denen der ersten Schar (12.31a) verlaufen, Stromlinien des Wärmestromes.

In der Hydrodynamik benutzt man ein komplexes Strömungspotential

$$w = f(z) = \varphi(x_1,x_2) + i\ \psi(x_1,x_2) \qquad (12.33)$$

zur Beschreibung ebener, stationärer, reibungsfreier, inkompressibler Strömungen. Darin ist $\varphi = \varphi(x_1,x_2)$ das Geschwindigkeitspotential (→ Potentialströmung), aus dem man gemäß

$$v_1 = \partial\varphi/\partial x_1 \,, \quad v_2 = \partial\varphi/\partial x_2 \qquad (12.34a,b)$$

die Koordinaten des Geschwindigkeitsvektors $\vec{v}$ ermittelt. Für eine inkompressible ebene Strömung lautet die Kontinuitätsbedingung

$$\partial v_1/\partial x_1 + \partial v_2/\partial x_2 = 0 \,. \qquad (12.35)$$

Aus (12.34a,b) und (12.35) folgt, daß φ harmonisch ist ($\Delta\varphi = 0$). Mithin existiert eine konjugierte harmonische Funktion ψ, so daß (12.33) holomorph ist. Die Funktion ψ heißt Stromfunktion, da durch ψ = const. Stromlinien dargestellt werden. Die Linien φ = const. heißen Äquipotentiallinien (Ziffer 6.1).

Unter Berücksichtigung der CAUCHY-RIEMANNschen Differentialgleichungen

$$\partial\varphi/\partial x_1 = \partial\psi/\partial x_2 \,, \quad \partial\varphi/\partial x_2 = -\partial\psi/\partial x_1 \qquad (12.36a,b)$$

und wegen (12.34a,b) ermittelt man die Ableitung

$$f'(z) = \partial\varphi/\partial x_1 + i\ \partial\psi/\partial x_1 = v_1 - i\ v_2 \,, \qquad (12.37)$$

d.h., die zur Ableitung konjugiert komplexe Größe stimmt mit dem Geschwindigkeitsvektor v_k überein:

$$\boxed{\overline{f'(z)} = v_1 + i\, v_2} \quad . \tag{12.38}$$

In Bild 6.2 ist das Isothermennetz einer Quellen-Senkenströmung (Quelle Q, Senke S) dargestellt [11].

Der Quellen-Senkenströmung in Bild 6.2 liegt die holomorphe Funktion

$$\boxed{z = \coth(w/2)} \tag{12.39}$$

zugrunde, aus der man die Parameterdarstellung (12.1) durch Trennung von Real- und Imaginärteil erhält:

$$x_1 = \frac{\sinh \xi_1}{\cosh \xi_1 - \cos \xi_2} , \qquad x_2 = \frac{-\sin \xi_2}{\cosh \xi_1 - \cos \xi_2} . \tag{12.40a,b}$$

Daraus findet man durch Elimination des "Parameters" $\xi_2 \equiv \psi$ die Kreisgleichung (APOLLONIsche Kreise)

$$\boxed{(x_1 - \coth \xi_1)^2 + x_2^2 = \coth^2 \xi_1 - 1 \equiv 1/\sinh^2 \xi_1} \tag{12.41}$$

der Linien $\xi_1 \equiv \varphi = \text{const.}$ (Äquipotentiallinien in Bild 6.2) und durch Elimination des "Parameters" $\xi_1 \equiv \varphi$ die Kreisgleichung

$$\boxed{(x_2 + \cot \xi_2)^2 + x_1^2 = 1 + \cot^2 \xi_2 \equiv 1/\sin^2 \xi_2} \tag{12.42}$$

der Linien $\xi_2 \equiv \psi = \text{const.}$ (Stromlinien in Bild 6.2).

Die Konstruktion der Äquipotentiallinien (12.41) und der Stromlinien (12.42) geht aus Bild 12.5 hervor.

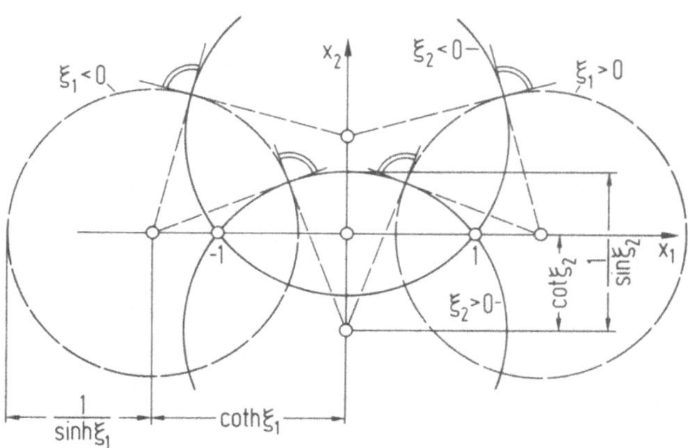

Bild 12.5 Zur Konstruktion der Kreise (12.41) und (12.42)

Die Äquipotentiallinien ξ_1 = const. und Stromlinien ξ_2 = const. in Bild 6.2 bzw. in Bild 12.5 können als krummlinige Koordinaten aufgefaßt werden, die durch eine konforme Abbildung erzeugt werden. Da im Quellen-Senkengebiet (Bild 6.2) zwei Singularitäten vorliegen (Quelle Q, Senke S), spricht man von Bipolarkoordinaten. In [25] werden u.a. Bipolarkoordinaten zur Beschreibung der Umformgeometrie beim Walzen benutzt. Dabei werden die Mittelpunkte der Walzen als "Singularitäten" aufgefaßt. Weitere Beispiele findet man in Tabelle 12.1.

Tabelle 12.1 Beispiele für konforme Abbildungen

konf. Abb. $z = f(w)$	Parameterdarstellung $x_1 = x_1(\xi_1, \xi_2)$	$x_2 = x_2(\xi_1, \xi_2)$	Metrik-Tensor g_{ij}: $g_{11} = g_{22} \equiv H^2$	Koordinaten-Typ
$\sin w$	$x_1 = \sin\xi_1 \cosh\xi_2$	$x_2 = \cos\xi_1 \sinh\xi_2$	$\cos^2\xi_1 + \sinh^2\xi_2$	konfokale Ellipsen und Hyperbeln
$\sinh w$	$x_1 = \sinh\xi_1 \cos\xi_2$	$x_2 = \cosh\xi_1 \sin\xi_2$	$\sinh^2\xi_1 + \cos^2\xi_2$	
$\tan\frac{w}{2}$	$x_1 = \frac{\sin\xi_1}{\cos\xi_1 + \cosh\xi_2}$	$x_2 = \frac{\sinh\xi_2}{\cos\xi_1 + \cosh\xi_2}$	$\frac{1}{(\cos\xi_1 + \cosh\xi_2)^2}$	Bipolar-Koordinaten
$\tanh\frac{w}{2}$	$x_1 = \frac{\sinh\xi_1}{\cosh\xi_1 + \cos\xi_2}$	$x_2 = \frac{\sin\xi_2}{\cosh\xi_1 + \cos\xi_2}$	$\frac{1}{(\cosh\xi_1 + \cos\xi_2)^2}$	
$\cot\frac{w}{2}$	$x_1 = \frac{-\sin\xi_1}{\cos\xi_1 - \cosh\xi_2}$	$x_2 = \frac{\sinh\xi_2}{\cos\xi_1 - \cosh\xi_2}$	$\frac{1}{(\cos\xi_1 - \cosh\xi_2)^2}$	
$\coth\frac{w}{2}$	$x_1 = \frac{\sinh\xi_1}{\cosh\xi_1 - \cos\xi_2}$	$x_2 = \frac{-\sin\xi_2}{\cosh\xi_1 - \cos\xi_2}$	$\frac{1}{(\cosh\xi_1 - \cos\xi_2)^2}$	
e^w	$x_1 = e^{\xi_1}\cos\xi_2$	$x_2 = e^{\xi_1}\sin\xi_2$	$e^{2\xi_1}$	Polar-Koordinaten
$z = w^2$	$x_1 = \xi_1^2 - \xi_2^2$	$x_2 = 2\xi_1\xi_2$	$4(\xi_1^2 + \xi_2^2)$	Parabeln

Analog zu (12.39) und Bild 6.2 stellt das komplexe Strömungspotential [11,73]

$$\boxed{z = \sqrt{\coth(w/2)}} \quad \text{bzw.} \quad \boxed{w = \ln[(z^2 + 1)/(z^2 - 1)]} \qquad (12.43)$$

ein Quellen-Senkengebiet dar, das mit zwei Quellen (Q_1,Q_2) und zwei Senken (S_1,S_2) belegt ist (Bild 6.3).

Die komplexe Funktion (12.43) kann man auch durch $z^2 = \coth(w/2)$ ausdrücken. Darin stimmt die rechte Seite mit der rechten Seite von (12.39) überein, so daß wegen $z^2 = x_1^2 - x_2^2 + i\,2x_1x_2$ und $z = x_1 + i\,x_2$ das gesuchte Isothermennetz für (12.43) sehr einfach gefunden werden kann, indem man in (12.41) und (12.42) den Realteil x_1 von z durch den Realteil $x_1^2 - x_2^2$ von z^2 und den Imaginärteil x_2 von z durch den Imaginärteil $2x_1x_2$ von z^2 ersetzt:

$$(x_1^2 - x_2^2 - \coth \xi_1)^2 + 4x_1^2x_2^2 = 1/\sinh^2 \xi_1 \tag{12.44}$$

$$(2x_1x_2 + \cot \xi_2)^2 + (x_1^2 - x_2^2)^2 = 1/\sin^2 \xi_2 \quad . \tag{12.45}$$

Zur numerischen Auswertung dieser Beziehungen (Bild 6.3) wird in einem Unterprogramm für jedes festgehaltene x_1 eine algebraische Gleichung vierten Grades in x_2 gelöst. Die Werte $\xi_1 \equiv \varphi$ oder $\xi_2 \equiv \psi$ sind "äußere Parameter".

12.3 Ausweichströmung mit Zirkulation

Als weiteres Beispiel sei eine Ausweichströmung um einen Zylinder mit überlagerter Zirkulation untersucht. Hierzu kann man von einem komplexen Strömungspotential

$$w = f(z) = v_\infty(z + a^2/z) + iA \ln z = \varphi + i\psi \tag{12.46}$$

ausgehen. Darin sind v_∞ die ungestörte Anströmgeschwindigkeit und a der Radius des Zylinders. Der Parameter A reguliert die Zirkulation.

Aus (12.46) ergibt sich die Stromfunktion

$$\psi = \psi(x_1,x_2) = v_\infty[1 - a^2/(x_1^2 + x_2^2)]x_2 + (A/2)\ln(x_1^2 + x_2^2) \quad , \tag{12.47}$$

die zur x_2-Achse symmetrisch ist, aber nicht zur x_1-Achse. Mithin wird der Zylinder eine resultierende Kraft in x_2-Richtung erfahren, da an Stellen kleinerer Geschwindigkeit ein größerer Druck herrscht und umgekehrt. Man nennt diese Kraft Auftrieb P_A. Sie ist nach dem KUTTA-JOUKOWSKIschen Satz unabhängig von der Kontur des mit konstanter Geschwindigkeit v_∞ angeströmten Zylinders und hat den Betrag

$$P_A = 2\pi\rho v_\infty A \quad . \tag{12.48}$$

Darin ist ρ die Dichte des strömenden Mediums. Für A = 0 liegt eine reine Ausweichströmung vor. Auf den Zylinder wirkt dann keine resultierende Kraft, auch kein in Anströmrichtung fallender Widerstand. Dieses mit der Erfahrung nicht vereinbare Ergebnis bezeichnet man als hydrodynamisches Paradoxon, auf das bereits D'ALEMBERT (1768) hinwies. Der in Wirklichkeit stets auftretende Widerstand kann nur unter Heranziehung der Reibungskräfte ermittelt werden. Jeder Körper, der sich in einer idealen, inkompressiblen Flüssigkeit befindet, erfährt bei stationärer Potentialströmung keinen Widerstand. Einen Auftrieb, d.h. eine zur Anströmrichtung senkrechte Kraft (12.48), erfährt ein Körper in einer Strömung mit Zirkulation, die durch die holomorphe Funktion (12.46) beschrieben werden kann.

Aus dem Ansatz (12.46) erhält man den Betrag des Geschwindigkeitsvektors zu:

$$v = |\overline{f'(z)}| = |f'(z)| = |v_\infty(1 - a^2/z^2) + iA/z| \qquad (12.49)$$

und daraus für $v = 0$ die Staupunkte:

$$z_{01;02} = \pm\sqrt{a^2 - A^2/(4v_\infty^2)} - iA/(2v_\infty) \; . \qquad (12.50)$$

Für $a^2 \geq A^2/(4v_\infty^2)$ ist $|z_{01;02}| = a$, d.h., die Staupunkte liegen auf dem Zylinder, und zwar sind es zwei für $a^2 > A^2/(2v_\infty^2)$, die sich nur durch ihren Realteil $[\pm\sqrt{\ldots}$ in (12.50)$]$ unterscheiden und die im Grenzfall $a^2 = A^2/(4v_\infty^2)$ zusammenfallen (Bild 12.6).

Für $a^2 < A^2/(4v_\infty^2)$ wandern die Staupunkte längs der x_2-Achse ins Innere des Zylinders ($z = z_{01}$) bzw. in die Flüssigkeit ($z = z_{02}$); nur der im Strömungsgebiet liegende Staupunkt z_{02} hat physikalische Bedeutung. Aus (12.49) erhält man für $z = \pm\, i\, a$ die Geschwindigkeiten am oberen und unteren Randpunkt des Zylinders zu:

$$v = |2v_\infty \pm A/a| \; . \qquad (12.51)$$

Beispielsweise wird damit für den Grenzfall $a^2 = A^2/(4v_\infty^2)$ die Geschwindigkeit am unteren Randpunkt des Zylinders Null (Staupunkt $z_{01} = z_{02}$ in Bild 12.6) und am oberen Randpunkt $v = 4v_\infty$. Durch die größeren Geschwindigkeiten oberhalb des Zylinders und verminderte Geschwindigkeiten unterhalb des Zylinders ergeben sich nach BERNOULLI Unter- und Überdrücke in Richtung der x_2-Achse, d.h., es entsteht ein Auftrieb (12.48). Diese Erscheinung wird als MAGNUS-Effekt bezeichnet. Experimentell kann dieser Effekt dadurch nachgewiesen werden, daß man einen Zylinder an einem aufgedrillten Faden als Pendel in einen Wasserkanal taucht. Beim Ablaufen des aufgedrillten Fadens beobachtet man dann ein Ausweichen des Zylinders senkrecht zur Strömung.

Man erhält den Auftrieb (12.48), indem man die Vertikalkomponente $dP_A = -\, p \sin\alpha\; a\, d\alpha$ der auf ein Bogenelement $a\, d\alpha$ wirkenden Druckkraft $p\, a\, d\alpha$ über die Zylinderoberfläche integriert:

$$P_A = - \int_{\alpha=0}^{2\pi} p(z) \sin\alpha \; a \; d\alpha \; . \qquad (12.52a)$$

Nach Bild 12.7 kann man dafür auch

$$P_A = - a \int_{\alpha=0}^{\pi} [p(z) - p(\bar{z})] \sin\alpha \; d\alpha \qquad (12.52b)$$

schreiben.

Nach BERNOULLI gilt:

$$p(z) - p(\bar{z}) = - (\rho/2)[v^2(z) - v^2(\bar{z})] \; , \qquad (12.53)$$

so daß damit die Beziehung (12.52b) in

$$P_A = (a\, \rho/2) \int_{\alpha=0}^{\pi} [v^2(z) - v^2(\bar{z})] \sin\alpha \; d\alpha \qquad (12.54)$$

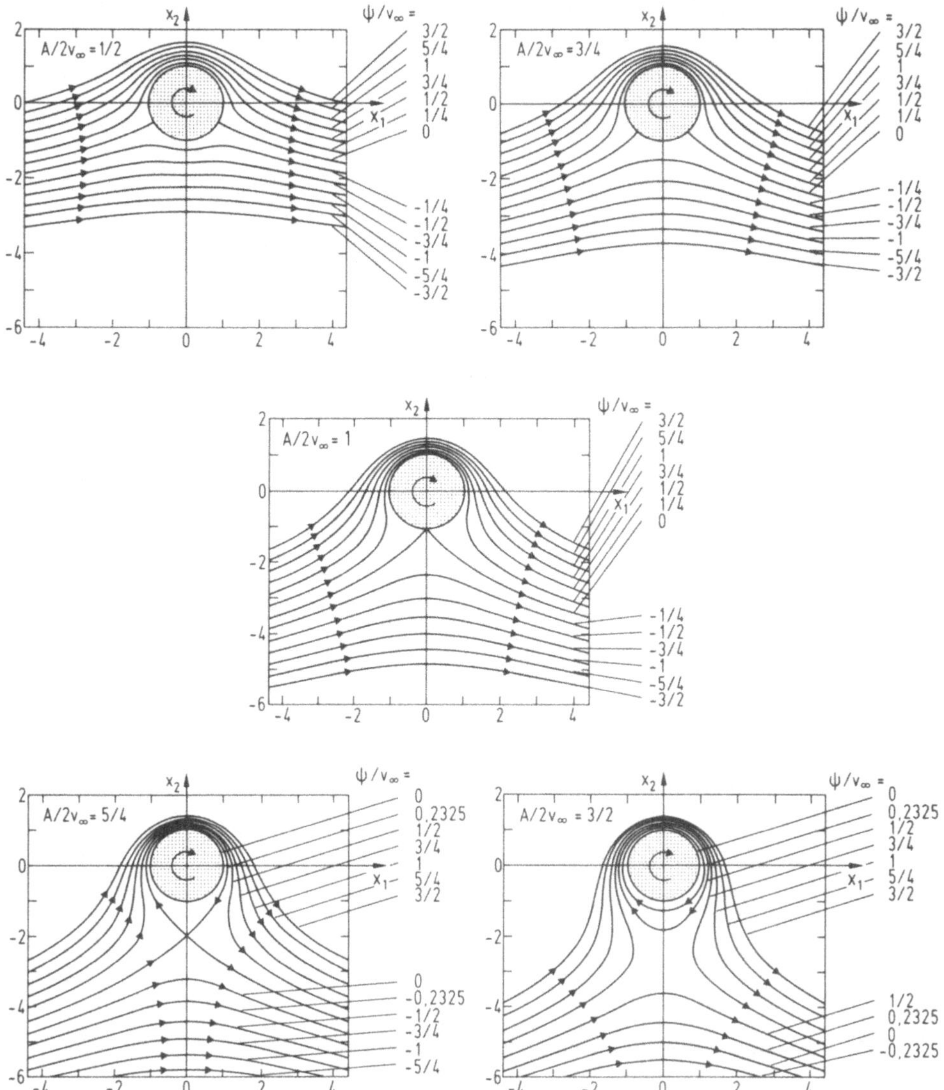

Bild 12.6 Strömung um einen Zylinder (Radius a = 1) mit Zirkulation

übergeht.

Die Differenz der Geschwindigkeitsquadrate in (12.54) kann folgendermaßen ermittelt werden. Aus (12.49) folgt wegen $|z|\cdot|z| = z\,\bar{z}$ die Beziehung:

$$v^2(z) = \left[v_\infty\left(1 - \frac{a^2}{z^2}\right) + i\,\frac{A}{z}\right]\left[v_\infty\left(1 - \frac{a^2}{\bar{z}^2}\right) - i\,\frac{A}{\bar{z}}\right] . \qquad (12.55)$$

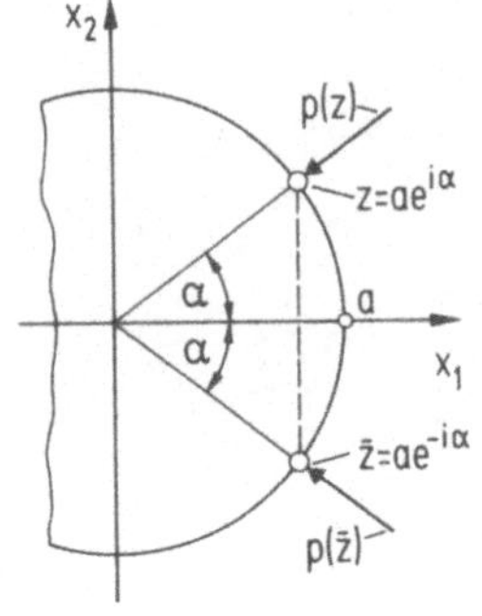

Bild 12.7
Zur Ermittlung des Auftriebes

Durch Vertauschen von z und $\bar{z}$ erhält man dazu entsprechend:

$$v^2(\bar{z}) = \left[v_\infty(1 - \frac{a^2}{\bar{z}^2}) + i\,\frac{A}{\bar{z}}\right]\left[v_\infty(1 - \frac{a^2}{z^2}) - i\,\frac{A}{z}\right] , \qquad (12.56)$$

so daß sich die gesuchte Differenz im Integral (12.54) zu

$$v^2(z) - v^2(\bar{z}) = 2\,i\,v_\infty(A/z\,\bar{z})\left[(\bar{z} - a^2/\bar{z}) - (z - a^2/z)\right] \qquad (12.57a)$$

bzw. wegen $z = a\,e^{i\alpha}$, $\bar{z} = a\,e^{-i\alpha}$ und $\sinh\,(i\alpha) = i\,\sin\,\alpha$ auch zu

$$v^2(z) - v^2(\bar{z}) = 4\,i\,v_\infty(A/a)(e^{-i\alpha} - e^{i\alpha}) = 8v_\infty(A/a)\sin\,\alpha \qquad (12.57b)$$

ergibt. Damit vereinfacht sich (12.54) zu:

$$P_A = 4\rho\,v_\infty A \int_0^\pi \sin^2\alpha\,d\alpha = 2\pi\rho\,v_\infty A\;. \qquad (12.58)$$

Das Ergebnis stimmt mit (12.48) überein.

12.4 Überlagerung einer Parallelströmung mit Quelle und Senke

Wie das Beispiel unter Ziffer 12.3 zeigt, können überlagerte Strömungen durch Superposition komplexer Strömungspotentiale beschrieben werden. So wird in (12.46) das komplexe Strömungspotential $w = f(z) = v_\infty(z + a^2/z)$ einer Ausweichströmung mit dem Potential $w = f(z) = i\,A\,\ln\,z$ einer Zirkulation überlagert.

Für eine Quelle im Punkte $z = a$, die eine Singularität darstellt, lautet der Ansatz

$$w = f(z) = A\,\ln(z - a) = A\,\ln|z - a| + i\,A\,\arg(z - a)\;; \qquad (12.59)$$

denn die Äquipotentiallinien $A \ln|z - a| = \varphi = $ const. stellen Kreise dar mit dem Mittelpunkt $z = a$, während die Stromlinien $A \arg(z - a) = \psi =$ = const. Geraden sind, die vom Quellpunkt $z = a$ ausgehen. Beim Umlaufen von a wächst die Funktion $w = f(z)$ in (12.59) um den konstanten Summanden $i\,2\pi A$. Der Imaginärteil des komplexen Potentials (12.59), d.h. die Stromfunktion $\psi = \psi(x_1,x_2)$, erhält daher den Zuwachs $2\pi A$; mithin liegt im Punkte $z = a$ eine Quelle der Intensität (Ergiebigkeit) $2\pi A$ vor. Bei einer Senke gleicher Intensität (Schluckvermögen) ist A negativ einzusetzen. Sind beispielsweise eine Quelle im Punkte $z = a$ und eine Senke gleicher Intensität im Punkte $z = b$ gegeben, so lautet das komplexe Strömungspotential

$$w = f(z) = A \ln \frac{z - a}{z - b} = A \ln\left|\frac{z - a}{z - b}\right| + i\,A \arg \frac{z - a}{z - b} \qquad (12.60)$$

das speziell für $a = -1$, $b = 1$ und $A = 1$ der holomorphen Funktion (12.39) entspricht (Bild 6.2).

Im folgenden werde eine Parallelströmung $w = f(z) = v_\infty z$ mit der Quellen-Senkenströmung (12.60) für $b = -a = 1$ überlagert:

$$w = f(z) = v_\infty z + A \ln \frac{z + 1}{z - 1} \,. \qquad (12.61)$$

Daraus ergibt sich die Ableitung (12.37) zu

$$w' = f'(z) = v_\infty - 2A/(z^2 - 1) = v_1 - i\,v_2 \qquad (12.62)$$

und der Betrag des Geschwindigkeitsvektors zu

$$v = |\overline{f'(z)}| = |f'(z)| = |v_\infty - 2A/(z^2 - 1)| \,. \qquad (12.63)$$

Die Staupunkte ($v = 0$) kann man unmittelbar aus (12.63) ablesen:

$$z_{01;02} = \pm\sqrt{1 + 2A/v_\infty}\,. \qquad (12.64)$$

Zur Diskussion der Stromlinien wird die holomorphe Funktion (12.61) gemäß

$$w = f(z) = v_\infty x_1 + a \ln \left|\frac{z + 1}{z - 1}\right| + i(v_\infty x_2 + A \arg \frac{z + 1}{z - 1}) \qquad (12.65)$$

in Realteil und Imaginärteil zerlegt, so daß die Stromfunktion durch

$$\psi = \psi(x_1,x_2) = v_\infty x_2 + A \arg \frac{z + 1}{z - 1} \qquad (12.66)$$

gegeben ist. Der zweite Term in (12.66) kann folgendermaßen ausgedrückt werden:

$$\arg Q = \operatorname{arc\,tan}(\operatorname{Im} Q/\operatorname{Re} Q) \qquad (12.67a)$$

mit

$$Q := \frac{z + 1}{z - 1} = \frac{x_1^2 + x_2^2 - 1}{(x_1-1)^2 + x_2^2} - 2\,i\,\frac{x_2}{(x_1-1)^2+x_2^2} \qquad (12.68)$$

Damit wird:

$$\arg \frac{z+1}{z-1} = - \operatorname{arc\,tan} \frac{2x_2}{x_1^2 + x_2^2 - 1} \,. \tag{12.67b}$$

Setzt man (12.67b) in (12.66) ein, so erhält man schließlich die Gleichung der Stromlinien ψ = const. zu:

$$\boxed{x_1^2 = 1 - x_2^2 + 2x_2 \cot \frac{v_\infty}{A} (x_2 - \frac{\psi}{v_\infty})} \,, \tag{12.69}$$

die in Bild 12.8 dargestellt sind.

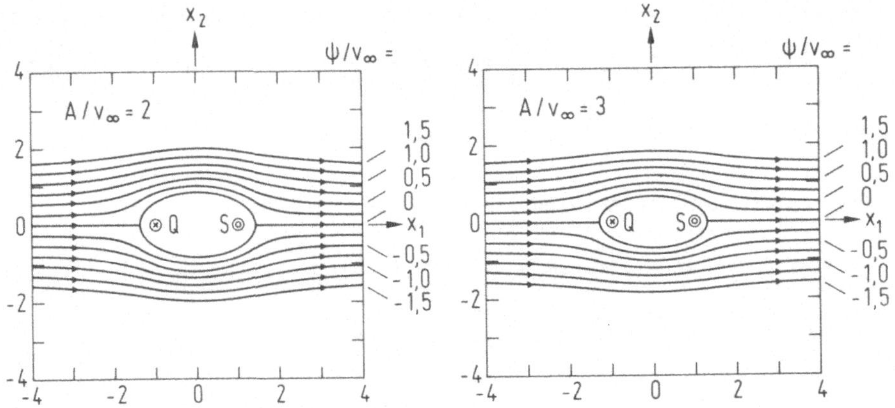

Bild 12.8 Überlagerung einer Parallelströmung mit einer Quelle und Senke

Falls die überlagerte Parallelströmung erlischt ($v_\infty \to 0$), geht (12.69) zwangslos in (12.42) über.

Die Überlagerung einer Parallelströmung nur mit einer Quelle läßt sich in gleicher Weise behandeln wie das Beispiel (12.61). Dazu wird $f(z) = v_\infty z$ mit dem komplexen Strömungspotential (12.59) überlagert.

Auf diese Weise kann die Strömung um einen Halbkörper unendlicher Länge nachgebildet werden. Weitere Beispiele mit ergänzenden Literaturangaben findet man u.a. in [83-85]. Ferner sei auf die Singularitätenmethode [86] hingewiesen, die auch in der Elastizitätstheorie verwendet wird [88, 89].

In [86] werden beispielsweise für ebene Profile sowie achsensymmetrische und dreidimensionale Körper in wirbelfreier Parallelströmung die Singularitätenverteilungen bestimmt, mit denen man näherungsweise diese Körper simulieren kann.

F Lösungen der Übungsaufgaben

Ü 1.1.1 a) Die Norm A erhält man aus (1.6) zu A = 7. Mithin lautet der gesuchte Einsvektor $\vec{e} = (2,3,-6)/7$.

b) Der Differenzvektor $\vec{Q} - \vec{P} = (-1,2,-2)$ hat die Norm 3, so daß der Einsvektor durch $\vec{e} = (-1,2,-2)/3$ gegeben ist.

Ü 1.1.2 Durch Ausmultiplizieren erhält man:

$$(x_i - A_i)x_i = x_ix_i - A_ix_i = x_1^2 + x_2^2 + x_3^2 - A_1x_1 - A_2x_2 - A_3x_3 = 0$$

oder durch quadratische Ergänzung die Gleichung einer Kugel mit dem Mittelpunkt $A_i/2$ und dem Radius A/2:

$$(x_1 - A_1/2)^2 + (x_2 - A_2/2)^2 + (x_3 - A_3/2)^2 = (A/2)^2.$$

In der x_1-x_2-Ebene erhält man für $A_3 = 0$ einen THALES-Kreis, der durch den Ursprung geht. Die Punkte $P(x_1,x_2)$ liegen auf diesem Kreis.

Ü 1.1.3 Die drei gegebenen Vektoren sind Einsvektoren (A=B=C=1) und stehen paarweise aufeinander senkrecht, da alle möglichen Skalarprodukte verschwinden ($A_iB_i = A_iC_i = B_iC_i = 0$). Mithin liegt ein orthonormiertes Dreibein vor.

Ü 1.1.4 (Zur Übung der Summationsregel)

a) $A_{ii} = A_{11} + A_{22} + A_{33}$

b) B_{ijj} stellt entsprechend i=1,2,3 drei Summen dar. Für i=2 folgt beispielsweise:

$B_{2jj} = B_{211} + B_{222} + B_{233}$.

c) $A_iT_{ij} = A_1T_{1j} + A_2T_{2j} + A_3T_{3j}$, mithin also drei verschiedene Summen entsprechend j = 1,2,3: Der Index "j" ist frei.

d) Beide Indizes sind stumm, über die von 1 bis 3 summiert werden muß (Doppelsumme):

$$A_iB_jT_{ij} = A_1B_1T_{11} + A_1B_2T_{12} + A_1B_3T_{13} + \dots + A_3B_1T_{31} + A_3B_2T_{32} + A_3B_3T_{33}.$$

Ü 1.1.5 Es sei $x_i = (x_1,x_2,x_3)$ der Ortsvektor, dessen Spitze auf der Kugeloberfläche wandert. Dann stimmt der Radiusvektor der Kugel mit dem Differenzvektor $x_i - M_i$ überein, dessen Norm gleich R sein muß.

Ü 1.2.1 Die gegebenen Vektoren sind komplanar, da die Determinante (1.29) verschwindet. Die drei Vektoren sind also linear abhängig.

Ü 1.2.2 Die Vektoren müssen komplanar sein, d.h., es muß (1.28) gelten. Weiterhin müssen die Differenzvektoren (B_i-A_i) und (C_i-B_i) kollinear sein, da sie in die Gerade fallen, so daß folgt: $(B_i-A_i)=\mu(C_i-B_i)$ bzw. $-A_i+(1+\mu)B_i-\mu C_i=0_i$ (*). Durch Koeffizientenvergleich erhält man aus (1.28) und (*) die gesuchte Bedingung:

$$\alpha = -1, \quad \beta = (1+\mu), \quad \gamma = -\mu \qquad \text{bzw.} \qquad \alpha + \beta + \gamma = 0 \quad .$$

Ü 1.2.3 Durch Multiplikation mit dem normierenden Faktor $1/A = 1/\sqrt{A_1^2 + A_2^2 + A_3^2}$ kann die gegebene Ebene $A_ix_i = \varkappa$ auf die HESSEsche Normalform $n_ix_i = p$ gebracht werden. Darin sind $n_i = A_i/A$ der Normaleneinsvektor der Ebene und $p = \varkappa/A$ der Abstand der Ebene vom Koordinatenursprung.

Ü 1.2.4 Nach dem Höhensatz ist H^2=ab. Darin sind H die Höhe in einem rechtwinkligen Dreieck, a und b die Hypotenusenabschnitte. Es seien A_i und B_i die Katheten-Vektoren und H_i der Höhenvektor. Der Hypotenusenvektor ist durch den Differenzvektor $C_i=A_i-B_i$ gegeben. Da das Dreieck rechtwinklig ist und der Vektor H_i senkrecht auf der Hypotenuse steht, müssen folgende Skalarprodukte verschwinden: $A_iB_i = 0$ und $(A_i - B_i)H_i = 0$ (*). Die Endpunkte der Vektoren A_i, B_i und H_i liegen auf einer Geraden (Hypotenuse), so daß nach Ü 1.2.2 gelten muß: $\alpha A_i + \beta B_i + \varkappa H_i = 0_i$ mit der Bedingung $\alpha + \beta + \varkappa = 0$. Für $\varkappa = -1$ folgt daraus: $H_i = \alpha A_i + \beta B_i$ mit $\alpha + \beta = 1$ (**). Setzt man die Beziehung (**) in (*) ein, so erhält man den Zusammenhang $\alpha A^2 - \beta B^2 = 0$, so daß unter Berücksichtigung von $\alpha + \beta = 1$ gemäß (**) zwei Gleichungen zur Bestimmung von α und β zur Verfügung stehen: $\alpha = B^2/C^2$, $\beta = A^2/C^2$ mit $C^2 = A^2 + B^2$. Mit diesem Ergebnis geht (**) über in $C^2H_i = B^2A_i + A^2B_i$. Die Norm von H_i folgt daraus zu $H = AB/C$. Wegen $A^2 = H^2 + a^2$, $B^2 = H^2 + b^2$ und $C = a+b$ erhält man schließlich das gesuchte Ergebnis: $\boxed{H^2 = ab}$.

Ü 1.3.1 Da x_i ein Ortsvektor ist, gilt für ihn das Transformationsgesetz $x_i = a_{ji}x_j^*$, das man in die Gleichung der gegebenen Ebene einsetze: $A_ia_{ji}x_j^* = 1$. Vergleicht man damit die Darstellung der Ebene im gedrehten System, $A_j^*x_j^* = 1$, so erhält man $A_j^* = a_{ji}A_i$ bzw. nach Umindizierung: $\boxed{A_i^* = A_{ij}A_j}$ in Übereinstimmung mit (1.43). Mithin unterliegt das Koeffizientenschema dem Transformationsgesetz eines Tensors erster Stufe. Die Koeffizienten einer Ebenengleichung im EUKLIDschen Raum kann man stets als Koordinaten eines Vektors auffassen, der auf der Ebene senkrecht steht (Ü 1.2.3).

Ü 1.3.2 Unter Berücksichtigung der Summationsvorschrift wird

$$\underline{\underline{\delta_{ij}A_j}} = \left.\begin{array}{l} \delta_{11}A_1 + \delta_{12}A_2 + \delta_{13}A_3 = A_1 \text{ für } i=1 \\ \delta_{21}A_1 + \delta_{22}A_2 + \delta_{23}A_3 = A_2 \text{ für } i=2 \\ \delta_{31}A_1 + \delta_{32}A_2 + \delta_{33}A_3 = A_3 \text{ für } i=3\,. \end{array}\right\} = \underline{\underline{A_i}}$$

Nach der Austauschregel wird nur eine Umindizierung ($A_j \to A_i$) herbeigeführt. Die Austauschregel wird in der Tensorrechnung häufig benutzt. Danach wird der stumme Index (hier "j") gegen den verbleibenden freien Index (hier "i") ausgetauscht: $\boxed{\delta_{ij}A_j = A_i}$.

Ü 1.3.3 a) Im neuen System gilt: $A^{*2} = A_i^*A_i^*$. Unter Berücksichtigung von (1.43), (1.41a) und (1.22) folgt daraus:

$$\left.\begin{array}{l} A_i^* = a_{ij}A_j \\ \text{oder} \\ A_i^* = a_{ik}A_k \end{array}\right\} \Rightarrow \underline{\underline{A_i^*A_i^*}} = a_{ij}A_ja_{ik}A_k = a_{ij}a_{ik}A_jA_k = \delta_{jk}A_jA_k = \underline{\underline{A_kA_k}}\,, \text{ q.e.d.}\,.$$

Man beachte: Damit die Summationsvorschrift eindeutig ist, dürfen stumme Indizes nur paarweise auftreten, so daß Umindizierungen häufig erforderlich sind. Daher wurde oben das Transformationsgesetz zweimal aufgeschrieben: mit dem stummen Index "j" und mit dem stummen Index "k"!

b) Im gedrehten System lautet das innere Produkt $A_i^*B_i^*$. Der Rechengang verläuft ähnlich wie unter a):

$$\left.\begin{array}{l} A_i^* = a_{ij}A_j \\ B_i^* = a_{ik}B_k \end{array}\right\} \Rightarrow \underline{\underline{A_i^*B_i^*}} = a_{ij}a_{ik}A_jB_k = \delta_{jk}A_jB_k = A_kB_k \equiv \underline{\underline{A_iB_i}}\,, \text{ q.e.d.}\,.$$

Ü 1.3.4 Aus dem Gesetz (1.34b) folgt in Verbindung mit der gegebenen Transformation (1.32): $A_1^* = a_{11}A_1 + a_{12}A_2 + a_{13}A_3 \overset{!}{=} A_2 \Rightarrow a_{11} = a_{13} = 0$, $a_{12} = 1$ usw. Mithin wird:

$$a_{ij} = \begin{pmatrix} 0 & 1 & 0 \\ 0 & 0 & 1 \\ 1 & 0 & 0 \end{pmatrix} \Rightarrow |a_{ij}| = 1.$$

Das neue Achsenkreuz geht aus dem ursprünglichen durch eine Drehung hervor, die man aus zwei nacheinander geschalteten Drehungen - jeweils um $\pi/2$ im mathematisch positiven Sinn - erzeugen kann, und zwar aus einer Drehung um die x_3-Achse und anschließend einer Drehung um die neue x_1^*-Achse, welche die ursprüngliche Lage der x_2-Achse einnimmt. Aufgrund der zyklischen Vertauschung $\{1,2,3\} \to \{2,3,1\}$ kann man auch unmittelbar um die Raumdiagonale drehen.

Ü 1.3.5 Aus Gl. (1.17) folgt $\cos\vartheta = A_iB_i/AB$. Für die gegebenen Vektoren erhält man: $A_iB_i=A_1B_1+A_2B_2+A_3B_3=30$, $A^2=A_iA_i=49$, $B^2=B_iB_i=25$ und damit: $\cos\vartheta = \frac{30}{35} = \frac{6}{7} \Rightarrow \underline{\underline{\vartheta \approx 31^\circ}}$

Ü 2.1.1 Nach der Summationsvorschrift erhält man aus (2.9):

$$T^*_{23} = a_{2k}a_{3l}T_{kl} = \sum_{k=1}^{3}\sum_{l=1}^{3} a_{2k}a_{3l}A_kB_l = a_{21}a_{31}A_1B_1 + a_{21}a_{32}A_1B_3 + \dots + a_{23}a_{33}A_3B_3.$$

Dasselbe Ergebnis erhält man durch Matrizenmultiplikation gemäß (2.9*).

Ü 2.1.2 Man setze die Vektortransformationen $p_i = a_{ki}p^*_k$ und $n_j = a_{lj}n^*_l$ in die gegebene Beziehung ein: $a_{ki}p^*_k = \sigma_{ji}a_{lj}n^*_l$ und überschiebe mit a_{mi}, so daß man erhält: $a_{mi}a_{ki}p^*_k = a_{mi}a_{lj}\sigma_{ji}n^*_l$. Darin berücksichtige man (1.41a) und (1.22).

$$\left.\begin{array}{ll}\text{Mithin wird:} & p^*_m = a_{mi}a_{lj}\sigma_{ji}n^*_l \\ \text{andererseits gilt:} & p^*_m = \sigma^*_{lm}n^*_l\end{array}\right\} \Rightarrow \sigma^*_{lm} = a_{lj}a_{mi}\sigma_{ji} \text{ bzw. } \boxed{\sigma^*_{ij} = a_{ik}a_{jl}\sigma_{kl}}\ .$$

Ü 2.1.3 Aus dem Transformationsgesetz (2.5) folgt durch Einsetzen in die gegebene Linearkombination:

$$\left.\begin{array}{l}A_{ij} = a_{ki}a_{lj}A^*_{kl} \\ B_{ij} = a_{ki}a_{lj}B^*_{kl}\end{array}\right\} \Rightarrow C_{ij} = a_{ki}a_{lj}(\alpha A^*_{kl} + \beta B^*_{kl}) = a_{ki}a_{lj}C^*_{kl}\ , \quad \text{q.e.d.}$$

Ü 2.1.4 Aus der fundamentalen Beziehung (2.3) erhält man für den gegebenen Fall: $p_1 = \sigma_{11}n_1 + \sigma_{21}n_2 + \sigma_{31}n_3 = (\sigma + \tau + a\tau)/\sqrt{3} = 0$ und zwei weitere Gleichungen aus $p_2 = p_3 = 0$. Die Lösung lautet: $\boxed{a = b = 1; \quad \sigma = -2\tau}$.

Ü 2.1.5 Als Skalarprodukt ist $\sigma = p_in_i$ gegenüber einer Koordinatentransformation invariant, so daß in Verbindung mit (2.3) angesetzt werden kann: $\sigma=\sigma_{ji}n_jn_i \overset{!}{=} \sigma^*_{ji}n^*_jn^*_i = \sigma^*$. Darin wird $n_i=a_{ki}n^*_k$ und $n_j=a_{lj}n^*_l$ eingesetzt. Danach erhält man durch geschicktes Vertauschen von stummen Indizes schließlich: $(\sigma^*_{ij} - a_{ik}a_{jl}\sigma_{kl})n^*_in^*_j = 0 \Rightarrow \boxed{\sigma^*_{ij}=a_{ik}a_{jl}\sigma_{kl}}$, d.h., σ_{ij} ist ein Tensor 2-ter Stufe (<u>Quotientengesetz</u>). Man vergleiche Ü 2.1.2.

Ü 2.1.6 Man gehe von $A^*_i = T^*_{ij}B^*_j$ aus und setze auf der rechten Seite $T^*_{ij}=a_{ip}a_{jq}T_{pq}$ und $B^*_j = a_{jr}B_r$ ein; dann erhält man unter Berücksichtigung von (1.41a), (1.22) und (2.2): $\underline{\underline{A^*_i}} = a_{ip}a_{jq}a_{jr}T_{pq}B_r = a_{ip}\delta_{qr}T_{pq}B_r = a_{ip}T_{pq}B_q = \underline{\underline{a_{ip}A_p}}$ in Übereinstimmung mit (1.43).

Ü 2.2.1 Wegen $x^*_1 \equiv x_1, x^*_2 \equiv x_2, x^*_3 = -x_3$ erhält man nach Definition (1.33) das Ergebnis:

$$a_{ij} = \begin{pmatrix}1 & 0 & 0\\ 0 & 1 & 0\\ 0 & 0 & -1\end{pmatrix} \Rightarrow |a_{ij}| = -1.$$

Nach (2.18b) ist aus dem <u>Rechtssystem</u> (x_1,x_2,x_3) durch die Spiegelung ein <u>Linkssystem</u> (x^*_1,x^*_2,x^*_3) geworden. Wenn alle Achsen fest bleiben, gilt $a_{ij} \equiv \delta_{ij}$ (<u>Einheitsmatrix</u>).

Ü 2.2.2 Rechengang wie im Text nach (2.11b) angegeben. Zur Herleitung entsprechender Beziehungen für die inverse Transformationsmatrix überschiebe man $a_{pr}a_{qr} = \delta_{pq}$ mit $a^{(-1)}_{ip}a^{(-1)}_{jq}$. So erhält man:

$$\left.\underbrace{a^{(-1)}_{ip}a_{pr}a^{(-1)}_{jq}a_{qr}}_{\delta_{ir}\delta_{rj}=\delta_{ij}}=\delta_{pq}a^{(-1)}_{ip}a^{(-1)}_{jq}=a^{(-1)}_{ip}a^{(-1)}_{jq}\right\} \Rightarrow \boxed{a^{(-1)}_{ik}a^{(-1)}_{jk}=\delta_{ij}}$$

Analog weist man die Beziehung $\boxed{a^{(-1)}_{ki}a^{(-1)}_{kj} = \delta_{ij}}$ nach. Mithin ist auch die Inverse zu $\underset{\sim}{a}$ orthonormiert.

Ü 2.2.3 a) $\delta_{ii} = \delta_{11} + \delta_{22} + \delta_{33} = 3$, b) $\delta_{ij}\delta_{ji} = \delta_{1j}\delta_{j1} + \delta_{2j}\delta_{j2} + \delta_{3j}\delta_{j3} = 3$,

c) $\delta_{ij}\delta_{ji}\delta_{ki} = \delta_{ij}\delta_{ji} = 3$; allgemein: $\boxed{\delta_{ij}\delta_{jk}\delta_{kl} \dots \delta_{rs}\delta_{st}\delta_{ti} = 3}$

d) $\delta_{ij}\delta_{jk} = \delta_{i1}\delta_{1k} + \delta_{i2}\delta_{2k} + \delta_{i3}\delta_{3k} = \begin{Bmatrix} 3 \text{ für } i=k \\ 1 \text{ für } i=k=1,2,3 \\ 0 \text{ für } i\neq k=1,2,3 \end{Bmatrix} = \delta_{ik}$

oder nach der Austauschregel: $\delta_{ij}\delta_{jk} = \delta_{ij}\delta_{jk} = \delta_{ik}$,

e) $\delta_{ij}\delta_{jk}\delta_{kl} = \delta_{ij}\delta_{jl} = \delta_{il}$; allgemein: $\boxed{\delta_{ij}\delta_{jk}\delta_{kl} \dots \delta_{rs}\delta_{st}\delta_{tu} = \delta_{iu}}$,

f) nach der Austauschregel: $\delta_{ij}A_{ik} = \delta_{ij}A_{ik} = A_{jk}$.

Ü 2.2.4 Es liegt eine ebene Drehung vor mit der Transformationsmatrix

$$a_{ij} = \begin{pmatrix} \cos\vartheta & \sin\vartheta & 0 \\ -\sin\vartheta & \cos\vartheta & 0 \\ 0 & 0 & 1 \end{pmatrix}.$$

Damit erhält man aus (1.34a) die gesuchten Vektorkoordinaten.

Ü 2.2.5 Gesucht ist also der Zeilenvektor $\vec{e}_3 = (a_{31}, a_{32}, a_{33})$, der in Gemeinschaft mit den gegebenen Zeilenvektoren $\vec{e}_1 = (3/5, -4/5, 0)$ und $\vec{e}_2 = (0,0,1)$ die Orthonormierungsbedingungen (1.21) erfüllt. Mithin stehen drei Gleichungen zur Verfügung. Unter Berücksichtigung von (2.18b) erhält man das Ergebnis:

$$a_{ij} = \begin{pmatrix} 3/5 & -4/5 & 0 \\ 0 & 0 & 1 \\ -4/5 & -3/5 & 0 \end{pmatrix}.$$

Man erkennt: alle Zeilenvektoren sind paarweise orthogonal und haben die Länge EINS. Entsprechendes gilt für die Spaltenvektoren.

Ü 2.2.6 Die Elemente der Transformationsmatrix sind die Richtungskosinusse (1.33), so daß man erhält:

$$a_{ij} = \begin{pmatrix} -1/\sqrt{2} & 1/2 & -1/2 \\ 0 & 1/\sqrt{2} & 1/\sqrt{2} \\ 1/\sqrt{2} & 1/2 & -1/2 \end{pmatrix}.$$

Diese Matrix ist orthonormiert, da die Bedingungen (2.11a,b) erfüllt sind.

Ü 2.2.7 Über das Zeilen-Spaltenprodukt erhält man die Matrix:

$$\begin{pmatrix} \cos\vartheta & \sin\vartheta & 0 \\ -\sin\vartheta & \cos\vartheta & 0 \\ 0 & 0 & 1 \end{pmatrix} \begin{pmatrix} \frac{3}{5} & -\frac{4}{5} & 0 \\ 0 & 0 & 1 \\ -\frac{4}{5} & -\frac{3}{5} & 0 \end{pmatrix} = \begin{pmatrix} \frac{3}{5}\cos\vartheta & -\frac{4}{5}\cos\vartheta & \sin\vartheta \\ -\frac{3}{5}\sin\vartheta & \frac{4}{5}\sin\vartheta & \cos\vartheta \\ -\frac{4}{5} & -\frac{3}{5} & 0 \end{pmatrix},$$

die orthonormiert ist, da sowohl die Zeilenvektoren als auch die Spaltenvektoren Einsvektoren und paarweise orthogonal sind. Man beachte auch Ü 2.2.12.

Ü 2.2.8 Die Aufgabenstellung ist in Bild F 2.1 verdeutlicht.

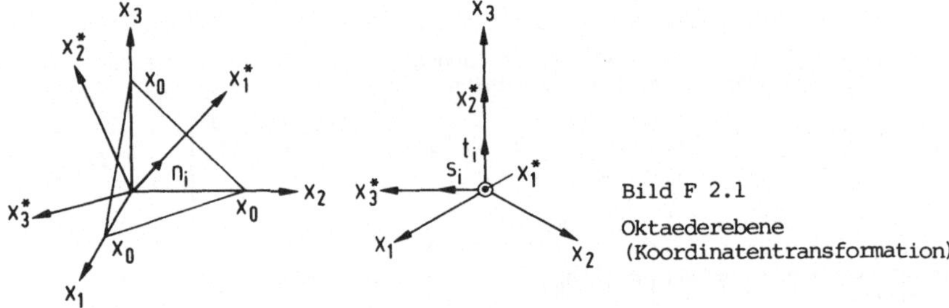

Bild F 2.1
Oktaederebene
(Koordinatentransformation)

Aus den in der Aufgabenstellung aufgezählten Bedingungen erhält man:

1) x_1^* in Oktaedernormalenrichtung:

$$\cos(x_1^*, x_1) = \cos(x_1^*, x_2) = \cos(x_1^*, x_3) = 1/\sqrt{3} \Rightarrow a_{11} = a_{12} = a_{13} = 1/\sqrt{3} = n_1 = n_2 = n_3$$

2) x_2^*-Achse symmetrisch zur x_1- und x_2-Achse: $\cos(x_2^*,x_1) = \cos(x_2^*,x_2) \Rightarrow a_{21} = a_{22}$

3) $\alpha_{23} < \pi/2 \Rightarrow \cos\alpha_{23} = a_{23} > 0$

Aus den Orthonormierungsbedingungen $a_{ik}a_{jk} = \delta_{ij}$ folgt:

$$\left.\begin{array}{r} \text{für } (i = 2,\ j = 2) \Rightarrow a_{21}^2 + a_{22}^2 + a_{23}^2 = 1 \\ \text{mit } a_{21} = a_{22},\ a_{23} > 0 \end{array}\right\} \Rightarrow a_{23} = +\sqrt{1 - 2a_{22}^2}\,.$$

In dieser Weise kann man fortfahren und erhält unter Berücksichtigung, daß das neue System auch ein Rechtssystem ist, schließlich das Ergebnis:

$$a_{ij} = \begin{pmatrix} n_1 & n_2 & n_3 \\ t_1 & t_2 & t_3 \\ s_1 & s_2 & s_3 \end{pmatrix} = \begin{pmatrix} 1/\sqrt{3} & 1/\sqrt{3} & 1/\sqrt{3} \\ -1/\sqrt{6} & -1/\sqrt{6} & \sqrt{2/3} \\ 1/\sqrt{2} & -1/\sqrt{2} & 0 \end{pmatrix}.$$

Die gefundene Matrix ist orthonormiert, da Zeilen- und Spaltenvektoren Einsvektoren sind, die paarweise aufeinander senkrecht stehen.

Ü 2.2.9 Die zu überprüfende Beziehung (2.11*) stellt die Orthonormierungsbedingungen (2.11a,b) dar. Man setze die Transformationsmatrix der ebenen Drehung aus Ü 2.2.4 in (2.11*) ein und erhält durch Matrizenmultiplikation (Zeilen-Spaltenprodukt) die Einsmatrix.

Ü 2.2.10 Durch Transpositionen gemäß $a_{ij}^t = a_{ji}$ gehen die rechten Seiten von (2.9) in Zeilen-Spaltenprodukte über, $T_{ij}^* = a_{ik}T_{kl}a_{lj}^t$ und $T_{ij} = a_{ik}^t T_{kl}^* a_{lj}$, die man symbolisch durch (2.9*) ausdrücken kann.

Ü 2.2.11 Im gedrehten System gilt: $J_{ij}^* = \iiint \rho^*(\delta_{ij}^* r^{*2} - x_i^* x_j^*)dV^*$ (*). Skalare Größen (Invarianten) sind $\rho^* \equiv \rho$, $r^{*2} \equiv r^2$. Das Volumenelement dV ändert sich entsprechend der Funktionaldeterminante $|\partial x_i^*/\partial x_j|$ (bei einer reinen Drehung naturgemäß nicht):

$$\left.\begin{array}{l} dV^* = |\partial x_i^*/\partial x_j|\ dV \\ x_i^* = a_{ij}x_j \Rightarrow \partial x_i^*/\partial x_j = a_{ij} \\ |\partial x_i^*/\partial x_j| = |a_{ij}| = 1 \end{array}\right\} \Rightarrow dV^* \equiv dV\,.$$

Setzt man die Transformationsgesetze $\delta_{ij}^* = a_{ik}a_{jl}\delta_{kl}$, $x_i^* = a_{ik}x_k$, $x_j^* = a_{jl}x_l$ in Gl. (*) ein, so erhält man: $J_{ij}^* = \iiint \rho(a_{ik}a_{jl}\delta_{kl}r^2 - a_{ik}a_{jl}x_kx_l)dV$, bzw.:

$J_{ij}^* = a_{ik}a_{jl}\iiint\rho(\delta_{kl}r^2 - x_kx_l)dV = a_{ik}a_{jl}J_{kl}$, q.e.d. Die Koordinaten $J_{11} = \iiint \rho(x_2^2+x_3^2)dV$ usw. sind die Massenträgheitsmomente bezüglich der x_1-Achse usw. (axiale Trägheitsmomente), während man $J_{12} = -\iiint \rho x_1x_2 dV$ usw. Deviationsmomente oder Zentrifugalmomente nennt.

Ü 2.2.12 Zu a) erhält man: $\underline{\underline{A_{ik}A_{jk}}} = a_{ip}b_{pk}a_{jq}b_{qk} = a_{ip}a_{jq}\delta_{pq} = a_{ip}a_{jp} = \underline{\underline{\delta_{ij}}}$. Die anderen Beispiele überprüft man entsprechend. Man vergleiche auch Ü 2.2.7.

Ü 2.2.13 Analog Ü 2.2.12.

Ü 2.3.1 Der Deviator (2.32) lautet im gedrehten System: $A_{ij}'^* = A_{ij}^* - \frac{1}{3}A_{kk}^*\delta_{ij}^*$. Darin wird $A_{ij}^* = a_{ip}a_{jq}A_{pq}$ und $\delta_{ij}^* = a_{ip}a_{jq}\delta_{pq}$ gemäß (2.9) und $A_{kk}^* \equiv A_{kk}$ (Invariante) eingesetzt, so daß folgt: $A_{ij}'^* = a_{ip}a_{jq}(A_{pq} - \frac{1}{3}A_{kk}\delta_{pq}) = a_{ip}a_{jq}A_{pq}'$, q.e.d.

Ü 2.3.2 Das Schema A_{ij} muß ein Tensor 2-ter Stufe sein, wie man leicht zeigen kann, indem man von $F = A_{ij}x_iy_j \equiv A_{ij}^*x_i^*y_j^* = F^*$ ausgeht und darin die Transformationen $x_i^* = a_{ip}x_p$ und $y_j^* = a_{jq}y_q$ einsetzt. Nach geeigneter Wahl stummer Indizes erhält man dann durch Koeffizientenvergleich das Transformationsgesetz für die Größen A_{ij} gemäß (2.9). Die Bilinearform enthält drei Sonderfälle:

1) Für $y_i \equiv x_i$ geht sie in die quadratische Form (2.20a) über.

2) Für $A_{ij} \equiv \delta_{ij} \Rightarrow F = \delta_{ij}x_iy_j = x_jy_j \mathrel{\hat=}$ Skalarprodukt. Auch in diesem Zusammenhang läßt sich δ_{ij} als Tensor deuten.

3) Treffen 1) und 2) zusammen, so erhält man die Norm.

Ü 2.3.3 Analog dem inneren Produkt zweier Vektoren ist der Ausdruck $\varepsilon_{ij}\sigma_{ij}$ eine <u>simultane Invariante</u> der beiden Tensoren ε_{ij} (Formänderungstensor) und σ_{ij} (Spannungstensor). Die gesuchte Aufspaltung gelingt folgendermaßen:

$$\left.\begin{array}{l}\Pi = \varepsilon_{ij}\sigma_{ij} \\ \varepsilon_{ij} = \varepsilon'_{ij} + \frac{1}{3}\varepsilon_{pp}\delta_{ij} \\ \sigma_{ij} = \sigma'_{ij} + \frac{1}{3}\sigma_{qq}\delta_{ij}\end{array}\right\} \Rightarrow \Pi = (\varepsilon'_{ij} + \frac{1}{3}\varepsilon_{pp}\delta_{ij})(\sigma'_{ij} + \frac{1}{3}\sigma_{qq}\delta_{ij}) .$$

Durch Ausmultiplizieren erhält man wegen $\varepsilon'_{ij}\delta_{ij} = \sigma'_{ij}\delta_{ij} = 0$ und $\delta_{ij}\delta_{ij}=3$ schließlich:

$$\Pi = \varepsilon'_{ij}\sigma'_{ij} + \frac{1}{3}\varepsilon_{pp}\sigma_{qq} = \Pi' + \Pi_{vol} .$$

Ü 2.3.4 Der Verschiebungs- oder Verformungsvorgang kann als Abbildung $\{a_i\} \to \{x_i\}$ aufgefaßt werden, die man folgendermaßen erhält:

$$\left.\begin{array}{l}x_i = a_i + u_i \\ u_i = \varepsilon_{ij}a_j\end{array}\right\} \Rightarrow x_i = a_i + \varepsilon_{ij}a_j = (\delta_{ij} + \varepsilon_{ij})a_j . \qquad (*)$$

Die "Rückbildung" $\{x_i\} \to \{a_i\}$ kann als Entlastungsvorgang aufgefaßt werden (nur die elastische Deformation ist reversibel) und folgt aus (*) über die CRAMERsche Regel:

$$a_i = \zeta_{ij}x_j \equiv \zeta_{ik}x_k \quad \text{mit} \quad \zeta_{ij} = (\delta_{ij} + \varepsilon_{ij})^{(-1)} . \qquad (**)$$

Da δ_{ij} und ε_{ij} symmetrisch sind, ist auch der inverse Tensor ζ_{ij} symmetrisch.

a) Setzt man (**) in die Kugelgleichung ein, so erhält man die Tensorquadrik (2.20a):

$$\zeta_{ij}\zeta_{ik}x_jx_k = 1 ,$$

bzw. in Hauptachsendarstellung (2.27): $\zeta_I^2x_I^2 + \zeta_{II}^2x_{II}^2 + \zeta_{III}^2x_{III}^2 = 1$. Die Hauptwerte ζ_I, ζ_{II}, ζ_{III} erhält man über die CRAMERsche Regel (**) aus den Hauptdehnungen ε_I, ε_{II}, ε_{III} gemäß: $\zeta_I = 1/(1+\varepsilon_I)$, $\zeta_{II} = 1/(1+\varepsilon_{II})$, $\zeta_{III} = 1/(1+\varepsilon_{III})$. Da alle Hauptdehnungen reell sind, stellt die gefundene Tensorquadrik ein <u>Ellipsoid</u> (<u>Maßellipsoid</u>) dar.

b) Wendet man (**) auf den Einheitswürfel an, so stellt man fest, daß die sechs Würfelflächen $a_1 = \pm 1/2,\dots,a_3 = \pm 1/2$, die paarweise parallel sind, in sechs Flächen übergehen, die ebenfalls paarweise parallel sind. Somit bleiben Ebenen und Parallelität erhalten, d.h., die Abbildung (*) ist <u>affin</u>: Aus der Kugel entsteht ein Ellipsoid, der Würfel geht in ein Parallelepiped über.

Ü 2.3.5 a) Aus der gegebenen Abbildung folgt die Inversion

$$a_i = (\delta_{ij} + \frac{1}{3}\varepsilon_{kk}\delta_{ij})^{(-1)}x_j = \frac{1}{1 + \varepsilon_{kk}/3}\delta_{ij}^{(-1)}x_j = x_i/(1 + \varepsilon_{kk}/3) .$$

Damit wird:

$$a_ia_i = \frac{1}{(1 + \varepsilon_{kk}/3)^2}x_ix_i = 1 \Rightarrow \boxed{x_ix_i = (1 + \varepsilon_{kk}/3)^2} ,$$

d.h., man erhält eine Kugel vom Radius $R = 1 + \varepsilon_{kk}/3$. Die Einheitskugel hat bei der Abbildung ihre Gestalt beibehalten und nur ihren Radius und damit ihr Volumen geändert: Aus dem anfänglichen Volumen $V_0 = 4\pi/3$ wird das Volumen $V = V_0(1 + \varepsilon_{kk}/3)^3$. Damit wird die <u>Volumennenndehnung</u>:

$$\varepsilon_{vol} := \Delta V/V_0 = (1 + \varepsilon_{kk}/3)^3 - 1 \Rightarrow \boxed{\varepsilon_{vol} = \varepsilon_{kk} + \dots}$$

Die Punkte (...) stehen für Glieder höherer Ordnung, die bei kleinen (z.B. elastischen) Verformungen vernachlässigbar sind. Die <u>effektive Volumendehnung</u> wird:

$(\varepsilon_{vol})_{eff} := \ln\frac{V}{V_0} = 3\ln(1 + \frac{1}{3}\varepsilon_{kk})$, so daß man wegen $\varepsilon_{eff} = \ln(1 + \varepsilon)$ auch bei großen Verformungen $\boxed{(\varepsilon_{vol})_{eff} = (\varepsilon_{kk})_{eff}}$ erhält.

b) Bezüglich Hauptachsen erhält man aus der gegebenen Abbildung:

$$x_I = (1 + \varepsilon'_I)a_I, \quad x_{II} = (1 + \varepsilon'_{II})a_{II}, \quad x_{III} = (1 + \varepsilon'_{III})a_{III},$$

so daß die Kugel $a_ia_i = 1$ in das Ellipsoid

$$\boxed{[x_I/(1 + \varepsilon'_I)]^2 + [x_{II}/(1 + \varepsilon'_{II})]^2 + [x_{III}/(1 + \varepsilon'_{III})]^2 = 1}$$

übergeht. Es hat wegen $\varepsilon'_I + \varepsilon'_{II} + \varepsilon'_{III} = 0$ das Volumen:

$$V = \frac{4}{3}\pi(1+\varepsilon'_I)(1+\varepsilon'_{II})(1+\varepsilon'_{III}) = \frac{4}{3}\pi(1+\varepsilon'_I+\varepsilon'_{II}+\varepsilon'_{III}+\ldots) = V_0 + \ldots ,$$

d.h., bis auf Glieder höherer Ordnung bleibt das Volumen erhalten.

Bei plastischer Verformung benutzt man die effektive Volumendehnung:

$$(\varepsilon_{vol})_{eff} := \ln (V/V_0) = \ln(1+\varepsilon'_I)(1+\varepsilon'_{II})(1+\varepsilon'_{III})$$

bzw.

$$\boxed{(\varepsilon_{vol})_{eff} = (\varepsilon'_I)_{eff} + (\varepsilon'_{II})_{eff} + (\varepsilon'_{III})_{eff} \equiv 0} ,$$

d.h., die plastische Volumenkonstanz ist "effektiv" erfüllt.

Aus den Ergebnissen schließt man, daß der Kugeltensor $\varepsilon_{kk}\delta_{ij}/3$ allein für die Volumenänderung und der Deviator ε'_{ij} allein für die Gestaltänderung verantwortlich ist! Diese mechanische Deutung ist bei kleinen Verzerrungen möglich - bei großen Verzerrungen jedoch nur dann, wenn man den logarithmischen Verzerrungstensor benutzt, der in [6] formuliert und als isotrope Tensorfunktion dargestellt wird.

Ü 2.3.6 Man setze die angegebenen Spannungszustände in die Tensorquadrik ein und erhält im einzelnen: a) ein Ellipsoid, b) eine Kugel usw..

Ü 2.3.7 Durch Inversion erhält man $n_i = \sigma^{(-1)}_{ij} p_j$. Darin ist $\sigma^{(-1)}_{ij} = (-1)^{i+j} U(\sigma_{ji})/|\sigma_{ij}|$ der inverse Spannungstensor. Im Hauptachsensystem gilt:

$$\sigma_{ij} = \mathrm{diag}\{\sigma_I, \sigma_{II}, \sigma_{III}\} \quad \text{und} \quad \sigma^{(-1)}_{ij} = \mathrm{diag}\{\sigma_I^{-1}, \sigma_{II}^{-1}, \sigma_{III}^{-1}\} . \qquad (*)$$

Aus der Norm $n_i n_i = 1$ folgt mit $n_i = \sigma^{(-1)}_{ij} p_j \equiv \sigma^{(-1)}_{ik} p_k$ die Tensorquadrik

$$\sigma^{(-1)}_{ij}\sigma^{(-1)}_{ik} p_j p_k = 1 \quad \text{bzw.} \quad A_{jk} p_j p_k = 1 \qquad (**)$$

mit $A_{jk} := \sigma^{(-1)}_{ij}\sigma^{(-1)}_{ik}$. Setzt man darin die Hauptwerte gemäß (*) ein, erhält man:

$A_{jk} = \mathrm{diag}\{\sigma_I^{-2}, \sigma_{II}^{-2}, \sigma_{III}^{-2}\}$, so daß die Tensorquadrik (**) auf die Hauptachsenform

$$\boxed{(p_I/\sigma_I)^2 + (p_{II}/\sigma_{II})^2 + (p_{III}/\sigma_{III})^2 = 1} \qquad (***)$$

gebracht werden kann. Jetzt sind die Hauptspannungen $\sigma_I, \sigma_{II}, \sigma_{III}$ "unmittelbar" die Halbachsen des Spannungsellipsoides (im Gegensatz zu Ü 2.3.6). Alle denkbaren Spannungsvektoren p_i in einem betrachteten Punkt sind Spannungsbildvektoren, deren Spitzen auf dem Spannungsellipsoid (***) liegen.

Ü 2.3.8 Nach der Rechenvorschrift $\sigma_{ij} = \sigma'_{ij} + \sigma_{kk}\delta_{ij}/3$ erhält man die gesuchte Zerlegung. Man erkennt, daß der deviatorische Anteil einen einfachen Schubspannungszustand darstellt.

Ü 2.3.9 Unter Beachtung der Beziehung $A'_{33} = -A'_{11} - A'_{22}$, die aus $A'_{kk} = 0$ folgt, gelingt eine additive Zerlegung in 5 Matrizenschemata. Jedes Schema in dieser Zerlegung hat Deviatoreigenschaft, da seine Spur verschwindet. Falls A'_{ij} der Spannungsdeviator σ'_{ij} ist, stellt jedes Schema einen einfachen Schubspannungszustand dar.

Ü 2.3.10 Die Lösung lautet:

$$\sigma'_{ij} = \begin{pmatrix} \sigma'_{11} & \sigma_{12} & 0 \\ \sigma_{12} & -\sigma'_{11} & 0 \\ 0 & 0 & 0 \end{pmatrix} \text{mit } \sigma'_{11} = \frac{1}{2}(\sigma_{11} - \sigma_{22}) ,$$

$K_{ij} = \sigma_{kk}\delta_{ij}/3 = K\delta_{ij}$ mit $K = (\sigma_{11} + \sigma_{22})/2$.

Ü 2.4.1 Da bei der Drehung die Länge erhalten bleibt, ist A_0 auch die entsprechende Projektion von B_i. Mithin wird:

$$\left.\begin{aligned} B_1 &= A_0\cos(\varphi+\vartheta) = A_0\cos\varphi\cos\vartheta - A_0\sin\varphi\sin\vartheta, \\ B_2 &= A_0\sin(\varphi+\vartheta) = A_0\cos\varphi\sin\vartheta + A_0\sin\varphi\cos\vartheta, \quad B_3 \equiv A_3 . \end{aligned}\right\} \qquad (*)$$

Weiterhin gilt $A_0\cos\varphi = A_1$ und $A_0\sin\varphi = A_2$, so daß damit Gl. (*) in das lineare Gleichungssystem

$$\left.\begin{aligned} B_1 &= \cos\vartheta\cdot A_1 - \sin\vartheta\cdot A_2 + 0\cdot A_3 \\ B_2 &= \sin\vartheta\cdot A_1 + \cos\vartheta\cdot A_2 + 0\cdot A_3 \\ B_3 &= \;\;0\;\;\cdot A_1 + \;\;0\;\;\cdot A_2 + 1\cdot A_3 \end{aligned}\right\} \mathrel{\hat{=}} B_i = D_{ij}A_j$$

übergeht, woraus man den Drehtensor und seine Inversion zu

$$D_{ij} = \begin{pmatrix} \cos\vartheta & -\sin\vartheta & 0 \\ \sin\vartheta & \cos\vartheta & 0 \\ 0 & 0 & 1 \end{pmatrix} \quad \text{und} \quad D_{ij}^{(-1)} = \begin{pmatrix} \cos\vartheta & \sin\vartheta & 0 \\ -\sin\vartheta & \cos\vartheta & 0 \\ 0 & 0 & 1 \end{pmatrix}$$

erhält. In der Umkehrung $A_i = D_{ij}^{(-1)}B_j$ ermittelt man den inversen Tensor nach der Rechenvorschrift (2.41). Man vergleiche den inversen Drehtensor $D_{ij}^{(-1)}$ mit der Drehmatrix a_{ij} in Ü 2.2.4.

Ü 2.4.2 Die Projektion des Vektors V_i auf die Richtung von e_i ist gleich dem Betrag des Vektors K_i und durch das skalare Produkt gegeben: $|K_i| \equiv K = V_i e_i \equiv V_k e_k$. Die Komponente K_i von V_i lautet dann: $K_i = K\, e_i = V_k e_k e_i = e_i e_k V_k \equiv e_i e_j V_j \equiv P_{ij}V_j$, so daß der gesuchte Projektionstensor durch

$$P_{ij} = e_i e_j = \begin{pmatrix} e_1^2 & e_1e_2 & e_1e_3 \\ e_2e_1 & e_2^2 & e_2e_3 \\ e_3e_1 & e_3e_2 & e_3^2 \end{pmatrix} = \frac{1}{6}\begin{pmatrix} 1 & 1 & -2 \\ 1 & 1 & -2 \\ -2 & -2 & 4 \end{pmatrix}$$

gegeben ist. Die Inversion $V_i = P_{ij}^{(-1)}K_j$ ist singulär, da die Determinante von P_{ij} für beliebige e_i verschwindet!

Ü 3.1.1 Nach (3.1) und (3.11) erhält man die gesuchten Zerlegungen für den gegebenen Tensor A_{ij} und seinen Deviator (2.32). Den adjungierten Tensor A_{ij}^{A} ermittelt man gemäß

$$A_{ij}^{A} = (-1)^{i+j}U(A_{ji}).$$

Den inversen Tensor erhält man aus (2.41) bzw. nach $A_{ij}^{(-1)} = A_{ij}^{A}/|A_{ij}|$.

Als Kontrolle stellt man fest (Zeilen-Spaltenprodukt): $A_{ik}A_{kj}^{(-1)} = \delta_{ij}$.

Ü 3.1.2 Wegen $A_{ij} = A_{ji}$ und $B_{ij} = -B_{ji}$ folgt: $A_{ij}B_{ij} = -A_{ji}B_{ji}$ oder $A_{ij}B_{ij} + A_{ji}B_{ji} = 0$. Da aber alle Indizes stumm sind, kann z.B. $A_{ji}B_{ji}$ durch $A_{pq}B_{pq} \equiv A_{ij}B_{ij}$ ersetzt werden, so daß man erhält:

$$2A_{ij}B_{ij} = 0 \Rightarrow \boxed{A_{ij}B_{ij} = 0}\,.$$

Entsprechend zeigt man, daß auch der Ausdruck $A_{ij}B_{ji}$ verschwindet.

Ü 3.1.3 Der symmetrische Anteil ist durch $A_{(ij)} = \frac{1}{2}(A_{ij} + A_{ji})$ gegeben. Damit wird:

$$A_{(ij)}x_i x_j = \frac{1}{2}(A_{ij} + A_{ji})x_i x_j = \frac{1}{2}(A_{ij}x_i x_j + A_{pq}x_p x_q) = A_{ij}x_i x_j\ .$$

Mit dem antisymmetrischen Anteil allein wird: $A_{[ij]}x_i x_j = 0$.

Ü 3.1.4 Mit der Definition (2.32) erhält man:

$$A'_{(ij)} = \frac{1}{2}(A_{ij} + A_{ji}) - \frac{1}{3}A_{kk}\delta_{ij} = A_{(ij)} - \frac{1}{3}A_{kk}\delta_{ij}, \quad \text{q.e.d.}\ .$$

Das Ergebnis ist einleuchtend, da die antisymmetrischen Anteile von Tensor und Deviator identisch sind: $A'_{[ij]} \equiv A_{[ij]}$.

Ü 3.2.1 Für $A_{(ij)}$ erhält man die Hauptwerte: $\boxed{\lambda_I = 10,\ \lambda_{II} = 5,\ \lambda_{III} = -15}$.

Ü 3.2.2 Der überlagerte Spannungszustand ist durch das Schema $\sigma_{ij}/\sigma = \begin{pmatrix} 1 & 2 & 0 \\ 2 & 1 & 0 \\ 0 & 0 & 1 \end{pmatrix}$ gekennzeichnet. Die charakteristische Gleichung (3.18) wird:

$(1-\lambda)[(1-\lambda)^2-4]=0$. Sie besitzt die Lösungen (Hauptwerte): $\boxed{\lambda_I = 3,\ \lambda_{II} = 1,\ \lambda_{III} = -1}$.

Aus dem Gleichungssystem (3.24) erhält man für jedes λ eine Eigenrichtung:

$$\boxed{\lambda_I = 3} \Rightarrow \begin{array}{lllll} \text{für } i=1: & (1-3)n_1^I & + \; 2\, n_2^I & + \; 0 & = 0 \\ \text{für } i=2: & 2\, n_1^I & + \; (1-3)n_2^I & + \; 0 & = 0 \\ \text{für } i=3: & 0 & + \; 0 & + \; (1-3)n_3^I & = 0 \end{array}$$

Nebenbedingung: $\quad (n_1^I)^2 + (n_2^I)^2 + (n_3^I)^2 = 1$.

Die ersten beiden Gleichungen sind nicht unabhängig. Sie liefern beide: $n_1^I = n_2^I$, während aus der dritten unmittelbar $n_3^I = 0$ folgt, so daß man mit diesen Zwischenergebnissen aus der Nebenbedingung $n_1^I = \pm\, 1/\sqrt{2}$ erhält. Mithin ist die Hauptrichtung I durch den Eigenvektor $n_i^I = (\pm\, 1/\sqrt{2},\ \pm\, 1/\sqrt{2},\ 0)$ festgelegt. Der Durchlaufsinn ist unbestimmt. Entsprechend erhält man für die Hauptrichtungen II und III mit $\lambda_{II} = 1$ und $\lambda_{III} = -1$:

$$n_i^{II} = (0,\ 0,\ \pm\, 1) \quad \text{und} \quad n_i^{III} = (\pm\, 1/\sqrt{2},\ \mp\, 1/\sqrt{2},\ 0) \ .$$

Die Orientierungen der Eigenvektoren kann man noch so festlegen, daß die Eigenvektoren ein Rechtssystem bilden. Dazu legt man zunächst die Orientierungen von n_i^I und n_i^{II} durch

$$\boxed{n_i^I = (1/\sqrt{2},\ 1/\sqrt{2},\ 0)} \quad \text{und} \quad \boxed{n_i^{II} = (0,\ 0,\ 1)}$$

fest und bestimmt die Orientierung von n_i^{III} über das Kreuzprodukt:

$$n_i^{III} = n_i^I \times n_i^{II} = \begin{vmatrix} {}^1e_i & {}^2e_i & {}^3e_i \\ 1/\sqrt{2} & 1/\sqrt{2} & 0 \\ 0 & 0 & 1 \end{vmatrix} = \frac{1}{\sqrt{2}}\, {}^1e_i - \frac{1}{\sqrt{2}}\, {}^2e_i + 0 \cdot {}^3e_i \ .$$

Wegen (1.4) kann man auch schreiben $n_i^{III} = n_1^{III}\, {}^1e_i + n_2^{III}\, {}^2e_i + n_3^{III}\, {}^3e_i$ bzw.

$$\boxed{n_i^{III} = (1/\sqrt{2},\ -1/\sqrt{2},\ 0)} \ .$$

Damit sind die Eigenvektoren entsprechend der Orientierung eines Rechtssystems ermittelt.

Die Invarianten J_1, J_2, J_3 berechnet man aus den Definitionen (3.20a,b,c) zu $J_1 = 3$, $J_2 = 1$ und $J_3 = -3$. Damit erhält man die charakteristische Gleichung (3.18):

$\lambda^3 - 3\lambda^2 - \lambda + 3 = 0$, die folgendermaßen umgeformt werden kann:

$\lambda^3 - \lambda - 3(\lambda^2 - 1) = 0$ bzw. $\lambda(\lambda^2-1) - 3(\lambda^2-1) = 0 \Rightarrow (\lambda-3)(\lambda^2-1) = 0 \Rightarrow \boxed{(\lambda-3)(\lambda-1)(\lambda+1) = 0}$.

Sie hat die Wurzeln $\lambda_I = 3$, $\lambda_{II} = 1$ und $\lambda_{III} = -1$, die bereits oben ermittelt wurden. Die Numerierung der Hauptwerte und Eigenrichtungen kann nach Vereinbarung so vorgenommen werden, daß λ_I der algebraisch größte und λ_{III} der algebraisch kleinste Hauptwert ist ($\lambda_I > \lambda_{II} > \lambda_{III}$). Mithin lautet der Spannungstensor im Hauptachsensystem: $\sigma_{ij}/\sigma = \operatorname{diag}\{3,1,-1\}$ mit den nach (3.37a,b,c) ermittelten Invarianten: $J_1 = 3$, $J_2 = 1$, $J_3 = -3$, die mit den oben ermittelten Werten aus (3.20a,b,c) übereinstimmen.

Ü 3.2.3 Die Gleichung kann durch $F = A_{ij}x_ix_j = 1$ ausgedrückt werden mit dem Koeffizientenschema

$$A_{ij} = \begin{pmatrix} 1 & 1 & 3 \\ 1 & 5 & 1 \\ 3 & 1 & 1 \end{pmatrix} .$$

Die charakteristische Gleichung (3.18) wird: $\lambda^3 - 7\lambda^2 + 36 = 0$. Sie kann auf die Form $(\lambda - 6)(\lambda - 3)(\lambda + 2) = 0$ gebracht werden, aus der man unmittelbar die charakteristischen Zahlen $\lambda_I = 6$, $\lambda_{II} = 3$ und $\lambda_{III} = -2$ abliest. Mithin wird die Fläche im Hauptachsensystem durch $6x_I^2 + 3x_{II}^2 - 2x_{III}^2 = 1$ bzw. durch

$$\boxed{\left(\frac{x_I}{1/\sqrt{6}}\right)^2 + \left(\frac{x_{II}}{1/\sqrt{3}}\right)^2 - \left(\frac{x_{III}}{1/\sqrt{2}}\right)^2 = 1}$$

dargestellt. Das ist ein einschaliges Hyperboloid mit den reellen Halbachsen $1/\sqrt{6}$ und $1/\sqrt{3}$ und der imaginären Halbachse $i/\sqrt{2}$.

Ü 3.2.4 Für die ebene Drehung gilt die Transformationsmatrix

$$a_{ij} = \begin{pmatrix} \cos\varphi & \sin\varphi & 0 \\ -\sin\varphi & \cos\varphi & 0 \\ 0 & 0 & 1 \end{pmatrix},$$

so daß man damit aus dem Transformationsgesetz (2.25)

$$A^*_{11} = A_{11}\cos^2\varphi + 2A_{12}\sin\varphi\cos\varphi + A_{22}\sin^2\varphi,$$
$$A^*_{22} = A_{22}\cos^2\varphi - 2A_{12}\sin\varphi\cos\varphi + A_{11}\sin^2\varphi$$

erhält, während $A^*_{33} = A_{33}$ beliebig sein kann, z.B. $A_{33} = 0$ beim ebenen Spannungszustand oder $A_{33} = \nu(A_{11} + A_{22})$ beim ebenen Verformungszustand eines elastischen Körpers (ν elastische Querzahl), wenn man A_{ij} mit dem Spannungstensor σ_{ij} identifiziert.

a) Extremwerte ergeben sich aus den Forderungen $dA^*_{11}/d\varphi \overset{!}{=} 0$ und $dA^*_{22}/d\varphi \overset{!}{=} 0$. Aus beiden Bedingungen folgt die nachzuweisende Beziehung

$$\boxed{\tan 2\varphi = 2A_{12}/(A_{11} - A_{22})}\,, \qquad (*)$$

die in der Spannungslehre eine wichtige Rolle spielt und die Richtung der Spannungstrajektorien bzw. der Hauptspannungsebenen angibt.

b) Die jeweiligen zweiten Ableitungen berechnet man zu:

$$d^2A^*_{11}/d\varphi^2 = 2(A_{22} - A_{11})\cos 2\varphi - 4A_{12}\sin 2\varphi,$$
$$d^2A^*_{22}/d\varphi^2 = 2(A_{11} - A_{22})\cos 2\varphi + 4A_{12}\sin 2\varphi,$$

so daß der Vergleich auf das Ergebnis

$$\boxed{d^2A^*_{11}/d\varphi^2 = -\,d^2A^*_{22}/d\varphi^2}$$

führt, d.h., A^*_{11} hat ein Maximum, wenn A^*_{22} minimal ist und umgekehrt, was zu beweisen war.

c) Für i = 1 und j = 2 folgt aus dem Transformationsgesetz (2.25):

$$A^*_{12} = (A_{22} - A_{11})\sin\varphi\cos\varphi + A_{12}(\cos^2\varphi - \sin^2\varphi).$$

Setzt man darin $A^*_{12} = 0$, so erhält man die Beziehung (*), d.h. umgekehrt: für die Orientierung φ aus Gl. (*) verschwindet der Wert A^*_{12}, was zu zeigen war. Für $A^*_{12} \equiv \sigma^*_{12}$ gibt φ eine schubspannungsfreie Ebene (Hauptspannungsebene) an.

Ü 3.2.5 Mit den Ergebnissen aus Ü 3.2.2 ist die Transformationsmatrix a_{ij} durch

$$a_{ij} = \begin{pmatrix} n_1^{I} & n_2^{I} & n_3^{I} \\ n_1^{II} & n_2^{II} & n_3^{II} \\ n_1^{III} & n_2^{III} & n_3^{III} \end{pmatrix} = \begin{pmatrix} 1/\sqrt{2} & 1/\sqrt{2} & 0 \\ 0 & 0 & 1 \\ 1/\sqrt{2} & -1/\sqrt{2} & 0 \end{pmatrix}$$

gegeben, so daß damit aus dem Transformationsgesetz die Diagonalform mit den Hauptwerten $T^*_{11} \equiv T_I = 3$, $T^*_{22} \equiv T_{II} = 1$, $T^*_{33} \equiv T_{III} = -1$ folgt.

Symbolisch wird das Transformationsgesetz durch (2.9*) dargestellt, so daß durch Matrizenmultiplikation die Diagonalform erreicht wird, wie leicht nachzuprüfen ist. In Ü 3.2.8 wird ein allgemeiner Beweis gebracht. Dieser Sachverhalt wird auch durch (3.33) und (3.52) ausgedrückt.

Ü 3.2.6 Die charakteristische Gleichung $(1-\lambda)^3 = 0$ hat die Dreifachwurzel $\lambda_I = \lambda_{II} = \lambda_{III} = 1$. Damit ist wegen $A_{ij} = \delta_{ij}$ das Gleichungssystem (3.24) identisch erfüllt, da alle Koeffizienten verschwinden. Mithin ist jeder beliebige Vektor ein Eigenvektor. Dieser Sonderfall kann geometrisch sehr einfach gedeutet werden: Der Kugeltensor $A_{ij} = \delta_{ij}$ besitzt als Tensorquadrik (2.20a) eine Kugel (2.28), bei der jedes Koordinatensystem ein Hauptachsensystem darstellt.

Ü 3.2.7 a) $\lambda_I=\sigma$, $\lambda_{II}=\lambda_{III}=0$, $n_i^{I}=(1,0,0)$, $n_i^{II}=(0,\alpha,\beta)$ mit $\alpha^2+\beta^2=1$ sonst beliebig, d.h., jeder Vektor in der II-III-Ebene ist Eigenvektor. Um ein orthogonales Dreibein im Sinne

eines Rechtssystems zu bekommen, bestimmt man n_i^{III} aus dem Kreuzprodukt:
$n_i^{III} = n_i^I \times n_i^{II} = 0 \cdot {}^1e_i - \beta\,{}^2e_i + \alpha\,{}^3e_i$. Mithin ist $n_i^{III} = (0,-\beta,\alpha)$.

b) Aus $\begin{vmatrix} -\lambda & \tau & 0 \\ \tau & -\lambda & 0 \\ 0 & 0 & -\lambda \end{vmatrix} = 0$ folgt: $\sigma_I=\lambda_I=\tau$, $\sigma_{II}=\lambda_{II}=0$, $\sigma_{III}=\lambda_{III}= -\tau$. Die Hauptrichtungen ergeben sich zu: $n_i^I = (\frac{1}{\sqrt{2}}, \frac{1}{\sqrt{2}}, 0)$, $n_i^{II} = (0,0,1)$, $n_i^{III} = (\frac{1}{\sqrt{2}}, \frac{-1}{\sqrt{2}}, 0)$.

c) Überlagerung von Zug (Biegung) und Schub mit den Hauptwerten:

$$\sigma_{I;III} = \frac{1}{2}\,(\sigma \pm \sqrt{\sigma^2 + 4\tau^2}), \qquad \sigma_{II} = 0 .$$

Daraus folgt a) bzw. b) als Sonderfall für $\tau = 0$ bzw. $\sigma = 0$.

d) Torsionsbeanspruchung eines Stabes (x als Stabachse) mit den Hauptnormalspannungen

$$\sigma_{I;III} = \pm\sqrt{\tau_{xy}^2 + \tau_{xz}^2}, \qquad \sigma_{II} = 0 .$$

Die Hauptspannungstrajektorien sind 45°-Spiralen, entlang denen man bei tordierten Stäben aus sprödem Material die Rißbildung verfolgen kann (Ü 6.1.5).

Ü 3.2.8 Man überschiebe das Transformationsgesetz (2.8) mit a_{im} und erhält:

$$a_{im}T^*_{ij} = a_{im}a_{ik}a_{jl}T_{kl} = a_{jl}\delta_{mk}T_{kl} = a_{jl}T_{ml} .$$

Im Hauptachsensystem muß gelten: $T^*_{ij} = \begin{cases} 0 & \text{für } i \neq j \\ \lambda_{(\alpha)} & \text{mit } \alpha=I,II,III \text{ für } i=j=1,2,3. \end{cases}$

Dafür kann man auch schreiben: $T^*_{ij}=\lambda_{(\alpha)}\delta_{ij}$ mit α=I,II,III für i=j=1,2,3, so daß man erhält: $a_{im}\lambda_{(\alpha)}\delta_{ij}=a_{jl}T_{ml} \Rightarrow a_{jl}T_{ml}-\lambda_{(\alpha)}a_{jm}=0$. Darin ersetzt man a_{jm} durch $\delta_{ml}a_{jl}$ gemäß der Austauschregel: $(T_{ml} - \lambda_{(\alpha)}\delta_{ml})a_{jl} = 0$ bzw. $\boxed{(T_{ik} - \lambda_{(\alpha)}\delta_{ik})a_{jk} = 0 \quad j=1,2,3 \text{ für } \alpha=I,II,III}$

Damit ist die laut Aufgabenstellung zu zeigende Übereinstimmung

$$\boxed{n_j^{(\alpha)} = a_{ij} \text{ mit } i=1,2,3 \text{ für } \alpha=I,II,III} \tag{3.33}$$

gegeben. Man hätte auch vom inversen Transformationsgesetz (2.5) ausgehen können. Dann muß man allerdings mit a_{mi} überschieben. Der Leser möge diese Rechnung als weitere Übung durchführen. Ferner vergleiche man das Zahlenbeispiel gemäß Ü 3.2.5 und das Ergebnis (3.52), das aus (3.51) gefolgert werden kann.

Ü 3.2.9 Die charakteristische Gleichung wird $\lambda^2(\lambda - 3) = 0$ mit den Lösungen: $\lambda_I = 3$, $\lambda_{II} = \lambda_{III} = 0$.

Für $\lambda_I = 3$ erhält man aus (3.24) analog Ü 3.2.2 die Eigenrichtung: $n_i^I = (\frac{1}{\sqrt{3}}, \frac{1}{\sqrt{3}}, \frac{1}{\sqrt{3}})$.

Für $\lambda_{II} = \lambda_{III} = 0$ erhält man aus (3.24) nur zwei voneinander unabhängige Gleichungen: $n_1 + n_2 + n_3 = 0$ und $n_1^2 + n_2^2 + n_3^2 = 1$, die nicht zur eindeutigen Bestimmung einer zweiten oder dritten Hauptrichtung ausreichen. Mithin kann jedes orthogonale Achsenpaar, das in der zum Eigenvektor n_i^I senkrechten Ebene $n_1 + n_2 + n_3 = 0$ liegt, als zweite und dritte Hauptrichtung angesehen werden. So erfüllt z.B. der Vektor $n_i^{III} = (1/\sqrt{2}, -1/\sqrt{2}, 0)$ aus Ü 3.2.2 die Bedingung $n_1 + n_2 + n_3 = 0$, so daß n_i^{II} dann durch $n_i^{II} = n_i^{III} \times n_i^I = \frac{-1}{\sqrt{6}}\,{}^1e_i - \frac{1}{\sqrt{6}}\,{}^2e_i + \frac{2}{\sqrt{6}}\,{}^3e_i$ gegeben ist.

Mithin lautet die Transformationsmatrix a_{ij}, die das gegebene Schema auf Diagonalform bringt:

$$a_{ij} = \begin{pmatrix} 1/\sqrt{3} & 1/\sqrt{3} & 1/\sqrt{3} \\ -1/\sqrt{6} & -1/\sqrt{6} & 2/\sqrt{6} \\ 1/\sqrt{2} & -1/\sqrt{2} & 0 \end{pmatrix} .$$

Zur Kontrolle verfolge man analog zu Ü 3.2.5 die Matrizenmultiplikation gemäß (2.9*).

Ü 3.2.10 Die Hauptwerte ermittelt man analog Ü 3.2.3 zu: $\lambda_I = 4$, $\lambda_{II} = \lambda_{III} = 2$. Mithin stellt die Fläche (2.27) ein Rotationsellipsoid dar: $4x_I^2+2(x_{II}^2+x_{III}^2)=1$ mit der x_I-Achse als Rotationsachse, so daß jede Senkrechte zu x_I eine weitere Hauptachse darstellt, die das Ellipsoid orthogonal durchsetzt. Aus (3.24) ermittelt man für $\lambda_I = 4$ die Richtung $n_i^I=(1/\sqrt{2}, 0, 1/\sqrt{2})$. Für $\lambda_{II}=2$ erhält man $n_1^{II}= -n_3^{II}$, während n_2^{II} beliebig sein kann. Wählt man beispielsweise $n_2^{II}=0$, so findet man die Richtung $n_i^{II}=(1/\sqrt{2}, 0, -1/\sqrt{2})$ und damit aus $n_i^{III}=n_i^I \times n_i^{II}$ die Richtung $n_i^{III} = (0,1,0)$. Somit ergibt sich eine Matrix a_{ij} zu

$$a_{ij} = \begin{pmatrix} 1/\sqrt{2} & 0 & 1/\sqrt{2} \\ 1/\sqrt{2} & 0 & -1/\sqrt{2} \\ 0 & 1 & 0 \end{pmatrix}.$$

Zur Kontrolle führe man wieder die Matrizenmultiplikation gemäß (2.9*) aus.

Ü 3.2.11 Im gedrehten Koordinatensystem gilt: $P^*(\lambda^*) = \det(A^*_{ij} - \lambda^*\delta^*_{ij})$, woraus wegen (2.8) und $\lambda^* \equiv \lambda$ folgt: $P^*(\lambda^*) = \det[a_{ip}(A_{pq} - \lambda\,\delta_{pq})a^t_{qj}]$. Wendet man darauf zweimal den Multiplikationssatz für Determinanten an, so erhält man:

$$P^*(\lambda^*) = \det(a_{ip}) \cdot \det(A_{pq} - \lambda\,\delta_{pq}) \cdot \det(a^t_{qj})$$

und wegen $\det(\underset{\sim}{a}) = \det(\underset{\sim}{a}^t) = \pm 1$ schließlich: $P^*(\lambda^*) = P(\lambda)$, q.e.d.

Folgerung: Die Koeffizienten J_1, J_2, J_3 in der charakteristischen Gleichung (3.18) sind Invarianten.

Ü 3.2.12 Die Hauptwerte sind: $\lambda_I = 0$; $\lambda_{II;III} = \pm\sqrt{-3}$. Zu $\lambda_I = 0$ erhält man aus (3.24) die reelle Lösung $n_i^I = (1,1,1)/\sqrt{3}$, während n_i^{II} und n_i^{III} imaginär sind.

Ü 3.2.13 Man setze $\partial\Phi_{11}/\partial a_{1k} = 0_k$ mit $k = 1,2,3$ und Φ_{11} aus (3.50) und erhält das homogene lineare Gleichungssystem ($i = 1,2,3$) zur Bestimmung der Elemente a_{11}, a_{12}, a_{13}:

$$\boxed{(A_{ij} - \lambda\,\delta_{ij})a_{1j} = 0_i}$$

Dabei wurde die Symmetrie $A_{ij} = A_{ji}$ berücksichtigt. Dieses Ergebnis erhält man auch aus $\Phi_{21}=0$. Dazu ordne man Φ_{21} aus (3.50) in drei Termen an, indem man jeweils a_{21}, a_{22}, a_{23} ausklammere. Darin setze man jeden dieser Terme NULL.

Ü 3.2.14 Aus der Eigenschaft einer homogenen linearen Funktion folgert man für eine Determinante die Zerlegung

$$\begin{vmatrix} B_{11} & B_{12} & B_{13}+C_{13} \\ B_{21} & B_{22} & B_{23}+C_{23} \\ B_{31} & B_{32} & B_{33}+C_{33} \end{vmatrix} = \begin{vmatrix} B_{11} & B_{12} & B_{13} \\ B_{21} & B_{22} & B_{23} \\ B_{31} & B_{32} & B_{33} \end{vmatrix} + \begin{vmatrix} B_{11} & B_{12} & C_{13} \\ B_{21} & B_{22} & C_{23} \\ B_{31} & B_{32} & C_{33} \end{vmatrix}$$

Von dieser Möglichkeit mache man mehrmals Gebrauch. Somit findet man folgende Zerlegung für (3.17):

$$\begin{vmatrix} A_{11}-\lambda & A_{12} & A_{13} \\ A_{21} & A_{22}-\lambda & A_{23} \\ A_{31} & A_{32} & A_{33}-\lambda \end{vmatrix} = \begin{vmatrix} -\lambda & 0 & 0 \\ 0 & -\lambda & 0 \\ 0 & 0 & -\lambda \end{vmatrix} + \begin{vmatrix} A_{11} & 0 & 0 \\ A_{21} & -\lambda & 0 \\ A_{31} & 0 & -\lambda \end{vmatrix} +$$

$$+ \begin{vmatrix} -\lambda & A_{12} & 0 \\ 0 & A_{22} & 0 \\ 0 & A_{32} & -\lambda \end{vmatrix} + \begin{vmatrix} -\lambda & 0 & A_{13} \\ 0 & -\lambda & A_{23} \\ 0 & 0 & A_{33} \end{vmatrix} + \begin{vmatrix} -\lambda & A_{12} & A_{13} \\ 0 & A_{22} & A_{23} \\ 0 & A_{32} & A_{33} \end{vmatrix} +$$

$$+ \begin{vmatrix} A_{11} & 0 & A_{13} \\ A_{21} & -\lambda & A_{23} \\ A_{31} & 0 & A_{33} \end{vmatrix} + \begin{vmatrix} A_{11} & A_{12} & 0 \\ A_{21} & A_{22} & 0 \\ A_{31} & A_{33} & -\lambda \end{vmatrix} + \begin{vmatrix} A_{11} & A_{12} & A_{13} \\ A_{21} & A_{22} & A_{23} \\ A_{31} & A_{32} & A_{33} \end{vmatrix},$$

aus der man in Übereinstimmung mit (3.20a,b,c) unmittelbar das Bildungsgesetz für die Invarianten J_1, J_2, J_3 in (3.18) ablesen kann: $J_1 \hat{=}$ Spur des Tensors $\underset{\sim}{A}$; $J_2 \hat{=}$ negative Summe der Hauptminoren des Tensors $\underset{\sim}{A}$; $J_3 \hat{=}$ Determinante des Tensors $\underset{\sim}{A}$. Die Symmetrie $A_{ij}=A_{ji}$ wird nicht vorausgesetzt. Obige Zerlegung besteht aus 2^3 Determinanten, deren Spalten keine Summe mehr enthalten. Für n-ten Grad erhält man eine Zerlegung mit 2^n Determinanten. Ergänzend zur quadratischen Invariante sei noch bemerkt, daß man für einen nichtsymmetrischen Tensor aus (3.20b) und (3.11) die additive Zerlegung

$$J_2(A_{ij}) = J_2(A_{(ij)}) + J_2(A_{[ij]})$$

erhält.

Ü 3.3.1 Die Bedingung der Invarianz (3.53) ist für die Ausdrücke a) bis c) zu überprüfen.

a) $f(A^*_{ij}) = A^*_{ii}$

Aus dem Transformationsgesetz $A^*_{ij} = a_{ik}a_{jl}A_{kl}$ folgt durch Verjüngung (j=1):

$$A^*_{ii} = a_{ik}a_{il}A_{kl} = \delta_{kl}A_{kl} = A_{kk} \equiv A_{ii}\,, \quad \text{q.e.d.}$$

b) $f(A^*_{ij}) = A^*_{ij}A^*_{ji}$

$$\left.\begin{aligned} A^*_{ij} &= a_{ik}a_{jl}A_{kl} \\ A^*_{ji} &= a_{jm}a_{in}A_{mn} \end{aligned}\right\} \Rightarrow A^*_{ij}A^*_{ji} = a_{ik}a_{in}a_{jl}a_{jm}A_{kl}A_{mn} = \delta_{kn}\delta_{lm}A_{kl}A_{mn} = A_{ij}A_{ji}\,, \quad \text{q.e.d.}$$

c) $f(A^*_{ij}) = A^*_{ij}A^*_{jk}A^*_{ki}$. Wie oben zeigt man: $A^*_{ij}A^*_{jk}A^*_{ki} \equiv A_{ij}A_{jk}A_{ki}$.

Ü 3.3.2 Aus (2.9*) folgt unter Berücksichtigung des Multiplikationssatzes für Determinanten und wegen (2.11*): $|\underset{\sim}{A}^*| = |\underset{\sim}{a}\underset{\sim}{A}\underset{\sim}{a}^t| = |\underset{\sim}{a}\underset{\sim}{A}| \cdot |\underset{\sim}{a}^t| = |\underset{\sim}{a}| \cdot |\underset{\sim}{A}| \cdot |\underset{\sim}{a}^t| = |\underset{\sim}{A}|$, q.e.d.

Ü 3.3.3 Zum gegebenen Tensor gehört der Deviator (2.32), dessen Koordinaten durch das Schema

$$A'_{ij} = \begin{pmatrix} A'_{11} & A_{12} & 0 \\ A_{12} & -A'_{11} & 0 \\ 0 & 0 & 0 \end{pmatrix} \text{ mit } A'_{11} = \tfrac{1}{2}(A_{11} - A_{22})$$

bestimmt sind. Die zweite <u>Deviatorinvariante</u> J'_2 ergibt sich daraus als negative Summe der <u>Hauptminoren</u> zu:

$$\boxed{J'_2 = \tfrac{1}{4}(A_{11} - A_{22})^2 + A_{12}^2}\ .$$

Dieses Ergebnis kann für $A_{ij} \equiv \sigma_{ij}$ (Spannungstensor) als <u>MOHRscher Kreis</u> mit dem Radius $R = \sqrt{J'_2}$ dargestellt werden und stimmt für $J'_2 = k^2$ (Schubfließgrenze k) mit der <u>MISESschen Fließbedingung</u> bei ebener Verformung überein. Diese Fließbedingung wird in der Gleitlinientheorie zugrunde gelegt, die in der Plastomechanik ebener Umformung und ebener Verformung von größter Bedeutung ist (Ziffer 6.1, Bild 6.4 als Beispiel, Ü 6.1.4).

Ü 3.3.4 Gesucht ist der Zusammenhang $J'_2 = J'_2(J_1, J_2)$. Dazu setze man (2.30) mit (2.31) in (3.20b) ein und erhält den gesuchten Zusammenhang $\boxed{J'_2 = J_2 + \tfrac{1}{3}J_1^2}$, der in Ziffer 3.3 eleganter ermittelt wurde [Gl. (3.71)]. Man vergleiche auch Ü 5.5.6c.

Ü 3.3.5 In Bild F 3.1 ist der zur Oktaederfläche im ersten Oktanten gehörende Spannungsvektor p_i in Normalenrichtung n_i und resultierende "Schubrichtung" zerlegt. Die acht Oktaederflächen sind durch die acht Normaleneinsvektoren $n_i = (\pm 1, \pm 1, \pm 1)/\sqrt{3}$ festgelegt.

a) Zur Oktaederfläche im ersten Oktanten gehört der Normaleneinsvektor $n_i = (1,1,1)/\sqrt{3}$, so daß damit aus der fundamentalen Beziehung (2.3) folgt: $p_i = (\sigma_{1i} + \sigma_{2i} + \sigma_{3i})/\sqrt{3}$. Daraus erhält man aufgrund der Hauptachsenorientierung in Bild 3.1: $p_i = (\sigma_I, \sigma_{II}, \sigma_{III})/\sqrt{3}$. Die Oktaedernormalspannung σ_0 ist die Projektion des Vektors p_i auf den Vektor n_i:

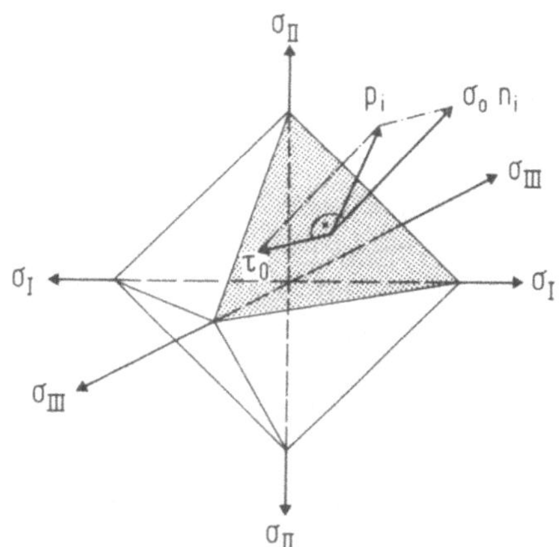

Bild F 3.1

Oktaederspannungen (σ_0, τ_0)

$$\sigma_0 = p_i n_i = (\sigma_I + \sigma_{II} + \sigma_{III})/3 = \sigma_{kk}/3 = J_1/3 \ .$$

Die Oktaedernormalspannung stimmt bis aufs Vorzeichen mit dem hydrostatischen Druck p überein: $\sigma_{ij} = -p\delta_{ij} \Rightarrow \sigma_{kk} = -3p \Rightarrow \boxed{\sigma_0 = -p}$. Die resultierende Oktaederschubspannung τ_0 wird aus der Norm des Spannungsvektors p_i ermittelt, die einerseits nach Bild F 3.1 durch $p_i p_i = \tau_0^2 + \sigma_0^2$ mit $\sigma_0^2 = \frac{1}{9}(\sigma_I + \sigma_{II} + \sigma_{III})^2$ gegeben ist und andererseits durch $p_i p_i = p_1^2 + p_2^2 + p_3^2 = (\sigma_I^2 + \sigma_{II}^2 + \sigma_{III}^2)/3$ ausgedrückt werden kann, so daß folgt:
$\tau_0^2 = \frac{1}{3}(\sigma_I^2 + \sigma_{II}^2 + \sigma_{III}^2) - \frac{1}{9}(\sigma_I + \sigma_{II} + \sigma_{III})^2$ bzw. nach kurzer Zwischenrechnung:
$\tau_0^2 = [(\sigma_I - \sigma_{II})^2 + (\sigma_{II} - \sigma_{III})^2 + (\sigma_{III} - \sigma_I)^2]/9$.
Vergleicht man dieses Ergebnis mit (3.63), so erhält man den wichtigen Zusammenhang

$$\boxed{J_2' = \frac{3}{2}\tau_0^2} ,$$

der eine physikalische Interpretation der zweiten Deviatorinvarianten gestattet.

Das Ergebnis kann einfacher gefunden werden, wenn man berücksichtigt, daß sich der Deviator vom "vollständigen" Spannungstensor nur durch das Fehlen des Kugeltensors $J_1\delta_{ij}/3$ unterscheidet und somit alle Schubspannungen beim Deviator und Tensor identisch sind ($\sigma_{12} \equiv \sigma_{12}'$ usw.). Somit gilt auch:

$$\tau_0'^2 \equiv \tau_0^2 \Rightarrow \tau_0^2 = \frac{1}{3}(\sigma_I'^2 + \sigma_{II}'^2 + \sigma_{III}'^2) - \frac{1}{9}(\sigma_I' + \sigma_{II}' + \sigma_{III}')^2 \equiv 2J_2'/3 \ .$$

b) Zur Ermittlung der Oktaederspannungen aus dem Transformationsgesetz $\sigma_{ij}^* = a_{ik}a_{jl}\sigma_{kl}$ benötigt man die Transformationsmatrix a_{ij}, die das Hauptachsensystem x_I, x_{II}, x_{III} in Bild F 3.1 derart verdreht, daß z.B. die x_I^*-Achse in die Richtung des Normaleneinsvektors $n_i = (1,1,1)/\sqrt{3}$ der Oktaederfläche des ersten Oktanten weist. Diese Matrix a_{ij} wurde bereits in Ü 2.2.8 aufgestellt. Damit erhält man für die Oktaedernormalspannung:

$$\sigma_0 \equiv \sigma_I^* \equiv \sigma_{11}^* = a_{11}^2\sigma_I + a_{12}^2\sigma_{II} + a_{13}^2\sigma_{III} = \sigma_{kk}/3 \ .$$

Die Oktaederschubspannung ergibt sich als "Resultierende" aus $\tau_0^2 = \sigma_{12}^{*2} + \sigma_{13}^{*2}$ mit
$\sigma_{12}^* = [(\sigma_{III} - \sigma_{II}) + (\sigma_{III} - \sigma_I)]/\sqrt{18} = [(\sigma_{III}' - \sigma_{II}') + (\sigma_{III}' - \sigma_I')]/\sqrt{18}$ und
$\sigma_{13}^* = (\sigma_I - \sigma_{II})/\sqrt{6} = (\sigma_I' - \sigma_{II}')/\sqrt{6}$ zu $\tau_0^2 = 2J_2'/3$ wie oben.

Ü 3.3.6 Aus der Definition (3.82) und wegen $A_\alpha - A_\beta = A_\alpha' - A_\beta'$, $\alpha,\beta = I,II,III$ erhält man:
$\mu = [(A_{III}-A_I) + (A_{III}-A_{II})]/(A_I-A_{II}) = [(A_{III}'-A_I') + (A_{III}'-A_{II}')]/(A_I'-A_{II}') = \mu'$ q.e.d.

Ü 3.3.7 Die LODE-Parameter für Spannungs- und Verzerrungstensor ermittelt man nach $\mu_\sigma = (2\sigma_{III}-\sigma_I-\sigma_{II})/(\sigma_I-\sigma_{II})$, $\mu_\varepsilon = (2\varepsilon_{III}-\varepsilon_I-\varepsilon_{II})/(\varepsilon_I-\varepsilon_{II})$; sie müssen bei Koaxialität übereinstimmen.

a) Das HOOKEsche Gesetz $E\varepsilon_{ij} = (1 + \nu)\sigma_{ij} - \nu\,\sigma_{kk}\delta_{ij}$ hat die Hauptachsendarstellung: $E\varepsilon_I = \sigma_I - \nu(\sigma_{II}+\sigma_{III})$ usw. ($E\varepsilon_{II}$ und $E\varepsilon_{III}$ durch Vertauschen der römischen Indizes in zyklischer Reihenfolge), so daß damit der LODE-Parameter μ_ε nach einigen Zwischenrechnungen in μ_σ übergeht: $\boxed{\mu_\varepsilon = \mu_\sigma}$.

b) Mit den LÉVY-MISES-Gleichungen $d^p\varepsilon_{ij} = \sigma_{ij}'d\lambda$ ($d\lambda$ Proportionalitätsfaktor) erhält man:

$$\mu_\varepsilon = (2d^p\varepsilon_{III}-d^p\varepsilon_I-d^p\varepsilon_{II})/(d^p\varepsilon_I-d^p\varepsilon_{II}) = (2\sigma_{III}'-\sigma_I'-\sigma_{II}')/(\sigma_I'-\sigma_{II}') \ ,$$

$$\mu_\varepsilon = [(\sigma_{III}'-\sigma_I') + (\sigma_{III}'-\sigma_{II}')]/(\sigma_I'-\sigma_{II}') = [(\sigma_{III}-\sigma_I) + (\sigma_{III}-\sigma_{II})]/(\sigma_I-\sigma_{II}) = \mu_\sigma \ ,$$

d.h. wie unter a) übereinstimmende LODE-Parameter.

c) Mit den HENCKY-Gleichungen $\varepsilon_{ij}' = \frac{1}{2}(\frac{1}{G} + \frac{3}{S_p})\sigma_{ij}'$, in denen G der Schubmodul und S_p der plastische Sekantenmodul sind, erhält man wegen (3.82) unmittelbar:

$$\mu_\varepsilon = 3\varepsilon_{III}'/(\varepsilon_I' - \varepsilon_{II}') = 3\sigma_{III}'/(\sigma_I' - \sigma_{II}') = \mu_\sigma \ .$$

In allen drei Fällen stimmen die LODE-Parameter überein ($\mu_\varepsilon = \mu_\sigma$). Mithin sind Spannungs- und Verzerrungstensor in den genannten Körpern koaxial.

Ü 3.3.8 Aus (3.37a,c) folgt:

$$\left(\frac{J_1^6}{J_3^2}\right)_A = \frac{A_I^2\left(1 + \frac{A_{II}}{A_I} + \frac{A_{III}}{A_I}\right)^2 A_{II}^2\left(\frac{A_I}{A_{II}} + 1 + \frac{A_{III}}{A_{II}}\right)^2 A_{III}^2\left(\frac{A_I}{A_{III}} + \frac{A_{II}}{A_{III}} + 1\right)^2}{A_I^2 A_{II}^2 A_{III}^2}$$

Setzt man darin die Ähnlichkeitsbeziehungen (3.84) ein, so wird:

$$\left(\frac{J_1^6}{J_3^2}\right)_A = \left(1 + \frac{B_{II}}{B_I} + \frac{B_{III}}{B_I}\right)^2\left(\frac{B_I}{B_{II}} + 1 + \frac{B_{III}}{B_{II}}\right)^2\left(\frac{B_I}{B_{III}} + \frac{B_{II}}{B_{III}} + 1\right)^2 = \left(\frac{J_1^6}{J_3^2}\right)_B .$$

Damit ist (3.86a) bestätigt. Entsprechend weist man (3.86b) nach, indem man die dritte Potenz von (3.37b) und das Quadrat von (3.37c) ins Verhältnis setzt und die Ähnlichkeitsbeziehungen (3.84) berücksichtigt:

$$\left(\frac{J_2^3}{J_3^2}\right)_A = -\frac{A_{II}A_{III}\left(1 + \frac{A_I}{A_{II}} + \frac{A_I}{A_{III}}\right)A_{III}A_I\left(\frac{A_{II}}{A_I} + 1 + \frac{A_{II}}{A_{III}}\right)A_I A_{II}\left(\frac{A_{III}}{A_I} + \frac{A_{III}}{A_{II}} + 1\right)}{A_I A_{II} A_{III} A_I A_{II} A_{III}}$$

$$\left(\frac{J_2^3}{J_3^2}\right)_A = -\left(1 + \frac{B_I}{B_{II}} + \frac{B_I}{B_{III}}\right)\left(\frac{B_{II}}{B_I} + 1 + \frac{B_{II}}{B_{III}}\right)\left(\frac{B_{III}}{B_I} + \frac{B_{III}}{B_{II}} + 1\right) = \left(\frac{J_2^3}{J_3^2}\right)_B .$$

Damit ist auch (3.86b) bestätigt, so daß sich aus (3.88) übereinstimmende Hilfsgrößen $\varphi_A = \varphi_B$, bzw. mit (3.83) übereinstimmende LODE-Parameter $\mu_A = \mu_B$ bei Ähnlichkeit der Tensoren A_{ij} und B_{ij} ergeben. Ihre Tensorquadriken (2.27) sind dann wegen (3.84) geometrisch ähnlich. Wendet man Formel (3.88) auf den Deviator an, so erhält man mit $J_1 \to J_1' \equiv 0$, $J_2 \to J_2'$ und $J_3 \to J_3'$ die Beziehung (3.80) als Sonderfall.

Ü 3.3.9 Aus (2.41) erhält man die Hauptwerte des inversen Tensors zu A_I^{-1}, A_{II}^{-1}, A_{III}^{-1}. Damit kann die Beziehung $A_{ik}A_{kj}^{(-1)} = A_{ik}^{(-1)}A_{kj} = \delta_{ij}$ (*) überprüft werden. Das charakteristische Gleichungssystem (3.24) überschiebe man mit $A_{pi}^{(-1)}$ und berücksichtige die Beziehung (*): $(A_{pi}^{(-1)}A_{ij} - \lambda_{(\alpha)}\delta_{ij}A_{pi}^{(-1)})n_j^{(\alpha)} = (\delta_{pj} - \lambda_{(\alpha)}A_{pj}^{(-1)})n_j^{(\alpha)} = 0_p$. Weiterhin multipliziere man mit $\lambda_{(\alpha)}^{-1}$ und erhält das charakteristische Gleichungssystem für den inversen (reziproken) Tensor $A_{ij}^{(-1)}$ zu: $(A_{pj}^{(-1)} - \lambda_{(\alpha)}^{-1}\delta_{pj})n_j^{(\alpha)} = 0_p$. Darin stimmen die Eigenvektoren $n_j^{(\alpha)}$ mit denen in (3.24) überein, was zu zeigen war.

Die Invarianten ergeben sich zu:

$$J_1^{(-1)} = A_I^{-1} + A_{II}^{-1} + A_{III}^{-1} = \frac{A_{II}A_{III} + A_{III}A_I + A_I A_{II}}{A_I A_{II} A_{III}} = -\frac{J_2}{J_3}$$

$$J_2^{(-1)} = -(A_{II}^{-1}A_{III}^{-1} + A_{III}^{-1}A_I^{-1} + A_I^{-1}A_{II}^{-1}) = -\frac{J_1}{J_3}$$

$$J_3^{(-1)} = -A_I^{-1}A_{II}^{-1}A_{III}^{-1} = 1/J_3 .$$

Die charakteristische Gleichung des inversen Tensors $A_{ij}^{(-1)}$ ist durch

$$(\lambda^{(-1)})^3 - J_1^{(-1)}(\lambda^{(-1)})^2 - J_2^{(-1)}\lambda^{(-1)} - J_3^{(-1)} = 0$$

gegeben und geht mit den obigen Invarianten und wegen $\lambda^{(-1)} = 1/\lambda$ in die charakteristische Gleichung (3.18) des Ausgangstensors über.

Ü 3.3.10 Mit (3.63) geht die MISESsche Fließbedingung $J_2' = \sigma_F^2/3$ in die Form

$$(\sigma_I - \sigma_{II})^2 + (\sigma_{II} - \sigma_{III})^2 + (\sigma_{III} - \sigma_I)^2 = 2\sigma_F^2$$

über. Darin wird σ_{III} über (3.82) eliminiert, $\sigma_{III} = (\sigma_I + \sigma_{II})/2 + \mu(\sigma_I - \sigma_{II})/2$, so daß man nach kurzer Zwischenrechnung den gewünschten Zusammenhang erhält:

$$\sigma_I - \sigma_{II} = 2\sigma_F/\sqrt{3 + \mu^2} ,$$

der für $\mu = \pm 1$ dem TRESCAschen Kriterium entspricht. Für $\sigma_{III} = \sigma_I$ wird nach (3.82) der LODE-Parameter $\mu=1$, und für $\sigma_{III}=\sigma_{II}$ erhält man $\mu= -1$.

Ü 3.3.11 Ergebnisse: a) $J_1 = \sigma_I$, $J_2 = J_3 = 0$; $J_1' \equiv 0$, $J_2' = \frac{1}{3}\sigma_I^2$, $J_3' = \frac{2}{27}\sigma_I^3$;

b) $J_1 = -3p$, $J_2 = -3p^2$, $J_3 = -p^3$; $J_1' = J_2' = J_3' = 0$.

Ü 4.1.1 Der Klammerausdruck enthält Permutationen von T_{ijk}, und zwar 3 gerade und 3 ungerade der Indizesfolge ijk. Da alle Indizes stumm sind, gilt z.B.:

$$T_{ijk}x_i x_j x_k \equiv T_{jik}x_j x_i x_k = T_{jik}x_i x_j x_k .$$

Mithin sind alle 6 gleich, so daß man auch $6T_{ijk}x_i x_j x_k$ schreiben kann.

Ü 4.1.2 Zum Nachweis des Tensorcharakters gehe man vom Stoffgesetz $\sigma_{ij}^* = E_{ijkl}^*\varepsilon_{kl}^*$ aus und setze darin $\sigma_{ij}^* = a_{ip}a_{jq}\sigma_{pq}$ mit $\sigma_{pq}=E_{pqrs}\varepsilon_{rs}$ und $\varepsilon_{rs}=a_{kr}a_{ls}\varepsilon_{kl}^*$ ein. So erhält man:

$$(E_{ijkl}^* - a_{ip}a_{jq}a_{kr}a_{ls}E_{pqrs})\varepsilon_{kl}^* = 0_{ij} .$$

Da hierin ε_{kl}^* eine willkürliche Dyade ist, muß der Ausdruck in der runden Klammer verschwinden, d.h., das Transformationsgesetz (4.14) ist erfüllt, q.e.d..

Ü 4.1.3 Mit den Symmetrieeigenschaften $\sigma_{ij} = \sigma_{ji}$ und $\varepsilon_{ij} = \varepsilon_{ji}$ folgen aus (4.5) die Symmetriebedingungen: $E_{ijkl} = E_{jikl} = E_{ijlk}$, so daß man den Elastizitätstensor 4-ter Stufe (dreidimensionaler Raum) auch als Dyade im sechsdimensionalen Raum auffassen kann:

$$E_{ijkl}\ (i,j,k,l = 1,2,3) \mathrel{\hat{=}} E_{\alpha\beta}(\alpha,\beta=1,\ldots,6) .$$

Das quadratische Schema $E_{\alpha\beta}$ hat 36 Elemente. Eine weitere Symmetrieeigenschaft ergibt sich aus der Existenz eines elastischen Potentials:

$$\Pi = \varepsilon_{ij}\sigma_{ij} = E_{ijkl}\varepsilon_{ij}\varepsilon_{kl}/2 + E_{ijkl}^{(-1)}\sigma_{ij}\sigma_{kl}/2$$

bzw.

$$\Pi = \varepsilon_\alpha\sigma_\alpha = E_{\alpha\beta}\varepsilon_\alpha\varepsilon_\beta/2 + E_{\alpha\beta}^{(-1)}\sigma_\alpha\sigma_\beta/2$$

zu

$$E_{ijkl} = E_{klij} \text{ bzw. } E_{\alpha\beta} = E_{\beta\alpha} ;$$

denn aus dem SCHWARZschen Vertauschungssatz $\partial^2\Pi_\varepsilon/\partial\varepsilon_{ij}\partial\varepsilon_{kl} = \partial^2\Pi_\varepsilon/\partial\varepsilon_{kl}\partial\varepsilon_{ij}$ mit $\Pi_\varepsilon := E_{ijkl}\varepsilon_{ij}\varepsilon_{kl}/2$ folgert man wegen $\partial\Pi_\varepsilon/\partial\varepsilon_{kl} = \sigma_{kl}$ und $\partial\Pi_\varepsilon/\partial\varepsilon_{ij} = \sigma_{ij}$ zunächst $\partial\sigma_{kl}/\partial\varepsilon_{ij}=\partial\sigma_{ij}/\partial\varepsilon_{kl}$ und daraus mit (4.5) schließlich die Symmetrie $E_{ijkl} = E_{klij}$. Aus dieser Symmetrie ergeben sich nur $\sum_{\nu=1}^{n} \nu = \frac{n}{2}(n+1)$, d.h. wegen $\alpha,\beta=1,\ldots,6$ und damit n=6 nur $\sum_{\nu=1}^{6} \nu = 21$ unabhängige Koordinaten, q.e.d..

Ü 4.2.1 Beim schiefsymmetrischen Tensor dritter Stufe verschwinden alle Koordinaten mit mindestens zwei gleichen Indizes. Auch beim vierstufigen Tensor sind aufgrund der Schiefsymmetrie alle Koordinaten mit mindestens zwei gleichen Indizes Null. Da aber im dreidimensionalen Raum (i,j,k,l=1,2,3) alle Koordinaten C_{ijkl} mindestens zwei gleiche Indizes haben, sind sie alle Null. Dasselbe gilt für schiefsymmetrische Tensoren 5-ter und noch höherer Stufe. Mithin ist im dreidimensionalen Raum ein vollständig schiefsymmetrischer Tensor ν-ter Stufe für $\nu>3$ der Nulltensor, q.e.d..

Ü 4.2.2 Da der Tensor C_{ijkl} vollständig schiefsymmetrisch sein soll, sind an der Alternierung alle 4 Indizes beteiligt, wie durch die Schreibweise $C_{ijkl}=A_{[ijkl]}$ zum Ausdruck kommt. (Die beteiligten Indizes sind eingeklammert.) Die vier Indizes i,j,k,l lassen sich auf $\nu! = 4!$ verschiedene Arten anordnen:

$$\left.\begin{array}{l} i;j,k,l \text{ mit } 3! \text{ Anordnungen in } j,k,l \\ j;k,l,i \text{ mit } 3! \text{ Anordnungen in } k,l,i \\ k;l,i,j \text{ mit } 3! \text{ Anordnungen in } l,i,j \\ l;i,j,k \text{ mit } 3! \text{ Anordnungen in } i,j,k \end{array}\right\} \Rightarrow 4\cdot 3! = 4!$$

Mithin können 24 Permutationen A_{ijkl} gebildet werden. In der Alternierungsvorschrift wird über alle Permutationen summiert, wobei eine gerade Permutation ein positives, eine ungerade ein negatives Vorzeichen erhält. Eine Permutation sei gerade (ungerade), wenn die Anzahl der Transpositionen, durch die sie aus einer ausgezeichneten Permutation, z.B. A_{ijkl}, entsteht, gerade (ungerade) ist. Mithin gilt für den Tensor 4-ter Stufe die Alternierungsvorschrift:

$$\begin{aligned} C_{ijkl} = \frac{1}{4!}\,(&A_{ijkl} + A_{iklj} + A_{iljk} - A_{ijlk} - A_{ilkj} - A_{ikjl} + \\ &-A_{jkli} - A_{jlik} - A_{jikl} + A_{jkil} + A_{jilk} + A_{jlki} + \\ &+A_{klij} + A_{kijl} + A_{kjli} - A_{klji} - A_{kjil} - A_{kilj} + \\ &-A_{lijk} - A_{ljki} - A_{lkij} + A_{likj} + A_{lkji} + A_{ljik}). \end{aligned}$$

Im dreidimensionalen Raum verschwindet dieser Tensor, da für die vier Indizes i,j,k,l nur drei Werte 1,2,3 zur Verfügung stehen, so daß jede Koordinate C_{ijkl} mindestens zwei gleiche Indizes hat. Auf der rechten Seite heben sich dann die Permutationen von A_{ijkl} paarweise auf. Im vierdimensionalen Raum erhält man z.B.:

$$C_{1234} = \frac{1}{4!}\,(A_{1234} + \ldots - A_{2341} - \ldots + A_{3412} + \ldots - A_{4123} - \ldots + A_{4213}) \;.$$

Beim Vertauschen zweier Indizes geht die Gruppe der geraden Permutationen in die Gruppe der ungeraden über und umgekehrt, z.B. $C_{1432} = -C_{1234}$.

Ü 4.2.3 Die Transformationsmatrix für diese Spiegelung ist in Ü 2.2.1 angegeben. Damit erhält man aus $C^*_{ijk} = a_{il}a_{jm}a_{kn}C_{lmn}$ das Ergebnis:

$$\boxed{C^*_{123} = -C_{123}} \quad \text{insbesondere} \quad \boxed{\varepsilon^*_{123} = -\varepsilon_{123}} \quad \text{q.e.d.}$$

Allgemein folgt aus dem Transformationsgesetz und (4.24): $\boxed{C^*_{123} = |a_{ij}|C_{123}}$.

Ü 4.2.4 Man erhält die trivialen Ergebnisse: a) $C_{ij} = 0_{ij}$, b) $C_{ijk} = \varepsilon_{ijk}$, da der δ-Tensor keinen antisymmetrischen und der ε-Tensor keinen symmetrischen Anteil besitzen.

Ü 4.2.5 a) Im Rechtssystem sind die orthonormierten Basisvektoren durch (1.4) gegeben. Damit erhält man das Volumen des Würfels mit den Basisvektoren als Kantenvektoren nach (4.27) zu $V = 1$.

b) Ein Linkssystem ist beispielsweise durch (4.28) gegeben, so daß sich in diesem System das Volumen zu

$$V^* = \varepsilon^*_{ijk}\, {}^{1*}e_i\, {}^{2*}e_j\, {}^{3*}e_k = \varepsilon^*_{123} \begin{vmatrix} 1 & 0 & 0 \\ 0 & 1 & 0 \\ 0 & 0 & -1 \end{vmatrix} = -\varepsilon^*_{123} = \varepsilon_{123} = 1$$

berechnet, d.h., $V^* \equiv V$ ist ein absoluter Skalar.

Ü 4.2.6 Mit der Transformationsmatrix aus Ü 2.2.1 erhält man aus dem Transformationsgesetz (2.8): $A^*_{11} = A_I$, $A^*_{22} = A_{II}$, $A^*_{33} = A_{III}$. Mithin werden auch die Invarianten J_1, J_2,J_3 der charakteristischen Gleichung von einer Spiegelung nicht beeinflußt. Die durch A_{ij} gebildete Tensorquadrik geht bei einer Spiegelung in sich selbst über, d.h., Hauptachsen sind geometrische Symmetrieachsen (Ziffer 2.3, Bild 2.1).

Ü 4.2.7 Die Triade T_{ijk} sei beispielsweise bezüglich der beiden letzten Indizes j und k schiefsymmetrisch. Dann kann sie durch Alternierung gemäß $T_{ijk} = A_{i[jk]} = (A_{ijk} - A_{ikj})/2$ entstanden sein. Daraus erhält man für jedes $i=1,2,3$:

$$T_{i12} = -T_{i21},\quad T_{i23} = -T_{i32},\quad T_{i31} = -T_{i13},\quad T_{i11} = T_{i22} = T_{i33} = 0\;,$$

d.h., von den 27 Koordinaten verschwinden 9, von den restlichen 18 sind nur 9 voneinander unabhängig.

Ü 4.2.8 Der Tensor ν-ter Stufe $T_{k_1k_2\ldots k_\eta\ldots k_\varkappa\ldots k_\nu}$ mit ν Indizes möge zwischen k_η und $k_\varkappa$ noch M Indizes aufweisen. Um den Index k_η an den Platz von $k_\varkappa$ zu "transportieren", sind dann M + 1 Vertauschungen benachbarter Indizes erforderlich:

$$T_{k_1k_2\ldots k_{\eta+1}\ldots k_\varkappa k_\eta\ldots k_\nu} \ .$$

Um danach den Index $k_\varkappa$ von rechts nach links bis zum ursprünglichen Platz k_η, der zwischendurch von $k_{\eta+1}$ eingenommen wurde, wandern zu lassen, sind M Vertauschungen benachbarter Indizes erforderlich, insgesamt also 2M + 1 für die Endstellung:

$$T_{k_1k_2\ldots k_\varkappa\ldots k_\eta\ldots k_\nu} \ .$$

Da mit jeder Vertauschung zweier benachbarter Indizes ein Vorzeichenwechsel verbunden ist, erfolgt nach 2M + 1 Vertauschungen wegen $(-1)^{2M+1} = -1$ ebenfalls ein Vorzeichenwechsel, was zu zeigen war.

Ü 4.2.9 Durch Alternierung bezüglich der drei eingeklammerten Indizes findet man:

$$A_{[ij}B_{k]} = (A_{ij}B_k + A_{jk}B_i + A_{ki}B_j - A_{ik}B_j - A_{ji}B_k - A_{kj}B_i)/6 \ .$$

Entsprechend erhält man durch Symmetrisierung:

$$A_{(ij}B_{k)} = (A_{ij}B_k + A_{jk}B_i + A_{ki}B_j + A_{ik}B_j + A_{ji}B_k + A_{kj}B_i)/6 \ .$$

Die Ergebnisse sind:

a) $A_{ij} = A_{ji} \Rightarrow A_{[ij}B_{k]} = 0_{ijk}$ und $A_{(ij}B_{k)} = (A_{ij}B_k + A_{jk}B_i + A_{ki}B_j)/3$.

b) $A_{ij} = -A_{ji} \Rightarrow A_{[ij}B_{k]} = (A_{ij}B_k + A_{jk}B_i + A_{ki}B_j)/3$ und $A_{(ij}B_{k)} = 0_{ijk}$.

Ü 4.2.10 Durch Alternierung findet man:

$$S_{ij} := 2!V_{[i}W_{j]} = V_iW_j - V_jW_i \equiv \begin{vmatrix} V_i & V_j \\ W_i & W_j \end{vmatrix}$$

a) Die wesentlichen Koordinaten sind: $S_{12}=V_1W_2-V_2W_1 = -S_{21},\ldots,S_{31} = V_3W_1-V_1W_3 = -S_{13}$. Die Koordinaten S_{11}, S_{22} und S_{33} verschwinden.

b) Die Vektorkoordinaten ergeben sich wegen (4.24) mit $C_{123} = \varepsilon_{123} = 1$ zu:

$$S_1 = S_{23}, \quad S_2 = S_{31}, \quad S_3 = S_{12} \ .$$

Weitere Bemerkungen und Anwendungen findet man auch in Ü 4.3.23.

Ü 4.3.1 Die Zahlen α,β,γ ermittelt man nach der CRAMERschen Regel, die man wegen (4.63) durch

$$\alpha = \frac{\varepsilon_{ijk}V_iB_jC_k}{\varepsilon_{pqr}A_pB_qC_r}, \quad \beta = \frac{\varepsilon_{ijk}A_iV_jC_k}{\varepsilon_{pqr}A_pB_qC_r}, \quad \gamma = \frac{\varepsilon_{ijk}A_iB_jV_k}{\varepsilon_{pqr}A_pB_qC_r}$$

ausdrücken kann, was zu zeigen war.

Ü 4.3.2 a) Aus (4.72)' erhält man durch entsprechende Umindizierung und anschließender Verjüngung (q=p):

$$\varepsilon_{pij}\varepsilon_{pkl} = \begin{vmatrix} 3 & \delta_{pk} & \delta_{pl} \\ \delta_{ip} & \delta_{ik} & \delta_{il} \\ \delta_{jp} & \delta_{jk} & \delta_{jl} \end{vmatrix} = \delta_{ik}\delta_{jl} - \delta_{il}\delta_{jk} \ . \qquad (*)$$

Analog (4.73a,b) stimmt das Ergebnis (*) mit dem algebraischen Komplement des Elementes $\delta_{pp} = 3$ in obiger Determinante überein.

b) Durch Umindizierung ($i \to q$, $j \to i$, $l \to j$) folgt aus dem Ergebnis (*) unter a):

$$\varepsilon_{pqi}\varepsilon_{pkj} = \delta_{qk}\delta_{ij} - \delta_{qj}\delta_{ik} \Rightarrow \varepsilon_{pqi}\varepsilon_{pqj} = 3\delta_{ij} - \delta_{ij} = 2\delta_{ij} \ .$$

c) Mit dem Ergebnis unter b) erhält man schließlich durch weitere Verjüngung (i=j=r): $\varepsilon_{pqr}\varepsilon_{pqr} = 2\delta_{kk} = 6$.

Auf das Ergebnis unter b) braucht man nicht zurückzugreifen. Man kann auch von der Determinante

$$\varepsilon_{pqr}\varepsilon_{pqr} = \begin{vmatrix} 3 & \delta_{pq} & \delta_{pr} \\ \delta_{qp} & 3 & \delta_{qr} \\ \delta_{rp} & \delta_{rq} & 3 \end{vmatrix}$$

ausgehen und bildet darin zu irgendeinem Element "3" das algebraische Komplement. Analog findet man das Ergebnis unter b), ohne auf a) zurückgreifen zu müssen.

Ü 4.3.3 Mit (3.2b) folgt: $\varepsilon_{ijk}A_{jk} = (\varepsilon_{ijk}A_{jk} + \varepsilon_{ijk}A_{kj})/2$. Da j und k stumme Indizes sind, können sie ersetzt werden durch andere Indizes oder gegeneinander ausgetauscht werden, so z.B. im zweiten Term der rechten Seite: $\varepsilon_{ijk}A_{jk} = (\varepsilon_{ijk} + \varepsilon_{ikj})A_{jk}/2$. Wegen $\varepsilon_{ijk} = -\varepsilon_{ikj}$ folgt daraus $\varepsilon_{ijk}A_{jk} = 0$, q.e.d.. Dieser Sachverhalt beinhaltet das Momentengleichgewicht an einem Volumenelement ($\Rightarrow \varepsilon_{ijk}\sigma_{jk} = 0_i$) und die daraus resultierende Symmetrie des Spannungstensors ($\sigma_{ij} = \sigma_{ji}$), d.h. den Satz von der Gleichheit einander zugeordneter Schubspannungen im "klassischen" Kontinuum.

Darüber hinaus kann das Ergebnis zur Herleitung der CRAMERschen Regel benutzt werden. Dazu überschiebe man das lineare Gleichungssystem (1.30) in den Unbekannten α,β,γ mit $\varepsilon_{ijk}B_jC_k$ und erhält zunächst: $\alpha\varepsilon_{ijk}A_iB_jC_k + \beta\varepsilon_{ijk}B_iB_jC_k + \gamma\varepsilon_{ijk}C_iB_jC_k = \varepsilon_{ijk}V_iB_jC_k$, woraus unmittelbar die Unbekannte α folgt: $\alpha = \varepsilon_{ijk}V_iB_jC_k/\varepsilon_{pqr}A_pB_qC_r$, da die Dyaden B_iB_j und C_iC_k symmetrisch sind. Entsprechend bestimmt man β und γ (Ü 4.3.1).

Ü 4.3.4 Analytisch wird das Vektorprodukt durch $C_i = \varepsilon_{ijk}A_jB_k$ dargestellt. Der Vektor C_i steht auf den Vektoren A_i und B_i senkrecht, wenn die Skalarprodukte C_iA_i und C_iB_i verschwinden. Durch Überschieben erhält man: $A_iC_i = \varepsilon_{ijk}A_iA_jB_k$ und $B_iC_i = \varepsilon_{ijk}B_iA_jA_k$. Darin sind die Dyaden A_iA_j und B_iB_j symmetrisch, so daß die Skalarprodukte verschwinden, was zu zeigen war.

Ü 4.3.5 a) Mit Gl. (4.78a) folgt: $J_1 = \delta_{ip}A_{ip} = A_{ii}$. b) Mit Gl. (4.73b) erhält man:

$$J_2 = -(\delta_{ip}A_{ip}\delta_{jq}A_{jq} - \delta_{jp}A_{ip}\delta_{iq}A_{jq})/2 = (A_{ij}A_{ji} - A_{ii}A_{jj})/2 .$$

Ebenso gilt: $J_2 = -A_{i[i]}A_{j[j]}$, wie man leicht nachprüfen kann.

c) Mit (4.72) geht die in der Aufgabenstellung angegebene Form für J_3 über in:

$$J_3 = \frac{1}{6}A_{ip}A_{jq}A_{kr}\begin{vmatrix}\delta_{ip} & \delta_{iq} & \delta_{ir}\\ \delta_{jp} & \delta_{jq} & \delta_{jr}\\ \delta_{kp} & \delta_{kq} & \delta_{kr}\end{vmatrix} = \frac{1}{6}\begin{vmatrix}\delta_{ip}A_{ip} & \delta_{iq}A_{jq} & \delta_{ir}A_{kr}\\ \delta_{jp}A_{ip} & \delta_{jq}A_{jq} & \delta_{jr}A_{kr}\\ \delta_{kp}A_{ip} & \delta_{kq}A_{jq} & \delta_{kr}A_{kr}\end{vmatrix} = \frac{1}{6}\begin{vmatrix}A_{ii} & A_{ij} & A_{ik}\\ A_{ji} & A_{jj} & A_{jk}\\ A_{ki} & A_{kj} & A_{kk}\end{vmatrix}$$

Nach der Regel von SARRUS erhält man daraus eine häufig benutzte Form für J_3:

$$\boxed{J_3 = \frac{1}{6}\,(2A_{ij}A_{jk}A_{ki}) - 3A_{ij}A_{ji}A_{kk} + A_{ii}A_{jj}A_{kk})} \;,$$

die mit (3.57c) übereinstimmt und auch durch die in (3.20c) angegebene Alternierung gefunden werden kann.

Unter Berücksichtigung von (4.63) mit $|a_{ij}| = 1$ kann die in der Aufgabenstellung angegebene Form der kubischen Invariante folgendermaßen ausgedrückt werden:

$$J_3 = \frac{1}{6}\varepsilon_{ijk}\varepsilon_{pqr}A_{ip}A_{jq}A_{kr} = \frac{1}{6}\varepsilon_{ijk}\begin{vmatrix}A_{i1} & A_{i2} & A_{i3}\\ A_{j1} & A_{j2} & A_{j3}\\ A_{k1} & A_{k2} & A_{k3}\end{vmatrix} .$$

Daraus erhält man nach der Regel von SARRUS:

$$J_3 = \frac{1}{6}\varepsilon_{ijk}(A_{i1}A_{j2}A_{k3} + A_{i2}A_{j3}A_{k1} + A_{i3}A_{j1}A_{k2} - A_{i3}A_{j2}A_{k1} - A_{i1}A_{j3}A_{k2} - A_{i2}A_{j1}A_{k3}) .$$

Da i,j,k stumme Indizes sind, ändern sich die einzelnen Terme nicht, wenn man folgende Umindizierungen vornimmt: $\varepsilon_{ijk}A_{i2}A_{j3}A_{k1} \equiv \varepsilon_{jik}A_{j2}A_{i3}A_{k1} \equiv \varepsilon_{jki}A_{i1}A_{j2}A_{k3}$, usw. Die Umindizierung ist so vorgenommen worden, daß jeweils $A_{i1}A_{j2}A_{k3}$ ausgeklammert werden kann. Mithin erhält man: $J_3 = (\varepsilon_{ijk} + \varepsilon_{jki} + \varepsilon_{kij} - \varepsilon_{kji} - \varepsilon_{ikj} - \varepsilon_{jik})A_{i1}A_{j2}A_{k3}/6$. Als Faktor vor $A_{i1}A_{j2}A_{k3}$ steht die Alternierungsvorschrift (4.16), d.h. ε_{ijk} selbst; mit (4.47) und unter Berücksichtigung von (4.63) erhält man:

$$J_3 = \varepsilon_{ijk}A_{i1}A_{j2}A_{k3} = \begin{vmatrix}A_{11} & A_{21} & A_{31}\\ A_{12} & A_{22} & A_{32}\\ A_{13} & A_{23} & A_{33}\end{vmatrix} = \det(A_{ij}), \text{ q.e.d..}$$

Ü 4.3.6 a) Aufgrund der Deviatoreigenschaft $A'_{ii} \equiv 0$ erhält man aus der angegebenen Formel: $\boxed{J'_3 = A'_{ij}A'_{jk}A'_{ki}/3}$.

b) Diese Beziehung geht wegen (2.32) nach einigen Zwischenrechnungen in Verbindung mit der Beziehung für J_3, die in der Aufgabenstellung angegeben ist, und mit (3.20b) in den gesuchten Zusammenhang (3.71b) über.

Ü 4.3.7 Für die linke Seite der angegebenen Formel kann man mit $\vec{D} = \vec{B} \times \vec{C}$ schreiben:

$$\vec{A} \times (\vec{B} \times \vec{C}) \mathrel{\hat{=}} \varepsilon_{ijk}A_jD_k = \varepsilon_{ijk}\varepsilon_{klm}A_jB_lC_m \ .$$

Darin wird nach (4.73a,b): $\varepsilon_{ijk}\varepsilon_{klm} = \delta_{il}\delta_{jm} - \delta_{im}\delta_{jl}$, so daß man erhält:

$$\boxed{\varepsilon_{ijk}A_j(\varepsilon_{klm}B_lC_m) = (A_mC_m)B_i - (A_lB_l)C_i} \ . \qquad (*)$$

Die Klammern sind in Gl. (*) nur gesetzt, um die "Übersetzung in die symbolische Sprache" ersichtlicher zu machen, die auf die zu beweisende Formel führt. Durch Gl. (*) wird ein Vektor dargestellt (doppeltes Vektorprodukt), der mit den Vektoren B_i und C_i komplanar ist und die Länge

$$ABC\sqrt{\cos^2(A,B) + \cos^2(A,C) + \cos^2(B,C) - 2\cos(A,B)\cos(A,C)\cos(B,C)}$$

besitzt. Diese verschwindet, wenn die Vektoren B_i und C_i parallel oder kollinear sind, und wird $ABC\sqrt{\cos^2(A,B) + \cos^2(A,C)}$, wenn die Vektoren B_i und C_i orthogonal sind.

Vergleicht man das doppelte Vektorprodukt (*) mit (4.75), so stellt man fest, daß die Eigenschaft der Assoziativität nicht gewährleistet ist. Im Gegensatz zu (*) ist (4.75) ein Vektor, der mit den Vektoren B_i und A_i komplanar ist.

Ü 4.3.8 a) Mit der Formel aus Ü 4.3.7 erhält man durch Vertauschung der drei Vektoren in zyklischer Reihenfolge und anschließender Summation die JACOBIsche Identität.

b) Zunächst "übersetze" man in die analytische "Sprache" mit $\vec{A} \times \vec{B} = \vec{E}$ und $\vec{C} \times \vec{D} = \vec{F}$:

$$(\vec{A} \times \vec{B}) \cdot (\vec{C} \times \vec{D}) \mathrel{\hat{=}} E_iF_i = \varepsilon_{ijk}A_jB_k\varepsilon_{ipq}C_pD_q \ .$$

Darin wird nach (4.73a,b): $\varepsilon_{ijk}\varepsilon_{ipq} = \delta_{jp}\delta_{kq} - \delta_{jq}\delta_{kp}$, so daß man erhält:

$$\boxed{(\varepsilon_{ijk}A_jB_k)(\varepsilon_{ipq}C_pD_q) = (A_pC_p)(B_qD_q) - (A_qD_q)(B_pC_p)} \ .$$

Die "Rückübersetzung" in die symbolische Schreibweise führt auf die LAPLACEsche Identität.

c) die LAGRANGEsche Identität weist man nach, indem man in der LAPLACEschen Identität die Vektoren C_i und D_i durch A_i und B_i ersetzt.

Ü 4.3.9 Zunächst "übersetze" man in die analytische "Sprache"

$$(\vec{A} \times \vec{B}) \times (\vec{C} \times \vec{D}) \equiv \vec{S} \times \vec{T} \mathrel{\hat{=}} \varepsilon_{ijk}S_jT_k = \varepsilon_{ijk}\varepsilon_{jlm}A_lB_m\varepsilon_{kpq}C_pD_q \ .$$

Wegen $\varepsilon_{ijk}\varepsilon_{jlm} = \delta_{im}\delta_{kl} - \delta_{il}\delta_{km}$ erhält man die Beziehung:

$$\boxed{\varepsilon_{ijk}S_jT_k = (\varepsilon_{kpq}A_kC_pD_q)B_i - (\varepsilon_{kpq}B_kC_pD_q)A_i} \ ,$$

die nach "Übersetzung" in die symbolische Schreibweise auf die angegebene Formel führt.

Ü 4.3.10 Den Geschwindigkeitsvektor $\vec{v}$ eines Körperpunktes erhält man aus dem Vektorprodukt $\vec{v} = \vec{\omega} \times \vec{R}$. Darin sind $\vec{\omega}$ der Winkelgeschwindigkeitsvektor und $\vec{R}$ der Radiusvektor (Ortsvektor) eines Massenpunktes. Analytisch stellt man den Geschwindigkeitsvektor durch $v_i = \varepsilon_{ijk}\omega_jR_k$ (*) dar. Darin kann das Produkt $\varepsilon_{ijk}\omega_j$ als Tensor zweiter Stufe A_{ik} gedeutet werden, dessen quadratisches Koordinatenschema aufgrund der Eigenschaften (4.46) des ε-Tensors durch (3.9) gegeben ist. Der Geschwindigkeitsvektor (*) kann damit durch $v_i = A_{ik}R_k$ ausgedrückt werden (3.10). Der Impulsmomentenvektor (Drallvektor) ist durch (4.58) definiert. Für ein Volumenelement eines Körpers gilt $dD_i = \varepsilon_{ijk}R_j\, dm\, v_k$, so daß mit $dm = \rho dV$ ($V \mathrel{\hat{=}}$ Volumen, $\rho \mathrel{\hat{=}}$ Dichte) der Drall des gesamten Körpers wird:

$$D_i = \iiint \rho\varepsilon_{ijk}R_jv_k\, dV \ .$$

Mit $v_k = \varepsilon_{kpq}\omega_pR_q$ gemäß (*) erhält man daraus: $D_i = \iiint \rho\varepsilon_{ijk}\varepsilon_{kpq}\omega_pR_jR_q dV$ (**). In (**)

ist $\varepsilon_{ijk}\varepsilon_{kpq}$ durch $\delta_{ip}\delta_{jq} - \delta_{iq}\delta_{jp}$ bestimmt, so daß der Drallvektor (**) übergeht in:

$$\boxed{D_i = \iiint \rho\omega_p(\delta_{ip}R^2 - R_iR_p)dV \equiv J_{ij}\omega_j} \quad .$$

Darin ist J_{ij} der Trägheitstensor, dessen Tensorcharakter in Ü 2.2.11 nachgewiesen wurde. Die kinetische Energie ergibt sich zu:

$$E = \frac{1}{2}\iiint \rho v_i v_i dV = \frac{1}{2}\,\omega_j\omega_k J_{jk} \quad \text{(POINSOTsches Trägheitsellipsoid)}$$

und daraus erhält man wieder den Drallvektor: $D_i = \partial E/\partial\omega_i = J_{ij}\omega_j$, wie in Ü 4.3.22 nachgewiesen wird.

Ü 4.3.11 a) Unter Berücksichtigung der Eigenschaften (4.46) des ε-Tensors erhält man die Koordinaten des dualen Vektors: $A_1 = T_{23} - T_{32}$, $A_2 = T_{31} - T_{13}$, $A_3 = T_{12} - T_{21}$, die nur vom antisymmetrischen Anteil $T_{[ij]} = (T_{ij} - T_{ji})/2$ der Dyade T_{ij} abhängen, so daß der duale Vektor, der zu einer symmetrischen Dyade gehört, der NULL-Vektor ist.
b) Aus der Form $A_i = \varepsilon_{ijk}T_{jk}$ erhält man durch Überschieben mit ε_{ipq} und nach Umindizierung ($p\to j$, $q\to k$): $\varepsilon_{ijk}A_i = T_{jk}-T_{kj}=2T_{[jk]}$. Da der symmetrische Anteil einer antisymmetrischen Dyade verschwindet, ist $T_{[jk]} \equiv T_{jk}$. Mithin gilt für eine antisymmetrische Dyade

$$\boxed{T_{jk} = \varepsilon_{ijk}A_i/2} \;, \qquad \text{q.e.d.}$$

Bei einer symmetrischen Dyade ist A_i der NULL-Vektor. Der antisymmetrische Anteil verschwindet dann identisch, wie diese Formel zeigt.
c) Nach Ü 4.3.10 gilt $v_i = \varepsilon_{ijk}\omega_jR_k \equiv \varepsilon_{ijk}\omega_jx_k$. Mit der unter b) bewiesenen Beziehung kann man formal für $\varepsilon_{ijk}\omega_j = \varepsilon_{jki}\omega_j$ auch schreiben: $\varepsilon_{ijk}\omega_j = \varepsilon_{jki}\omega_j = 2\Omega_{ki}$.
Damit wird der Geschwindigkeitsvektor $v_i = 2\Omega_{ki}x_k = -\,2\Omega_{ik}x_k$.
In diesem Zusammenhang kann der Winkelgeschwindigkeitsvektor ω_i als dualer Vektor gedeutet werden, der zur schiefsymmetrischen Dyade $\Omega_{ki} = -\,\Omega_{ik}$ gehört. Es besteht die Dualität: $\omega_j = \varepsilon_{jki}\Omega_{ki} \Leftrightarrow \Omega_{ki} = \varepsilon_{jki}\omega_j/2$ bzw. nach Umindizierung ($j\to i, k\to j, i\to k$):

$$\boxed{\omega_i = \varepsilon_{ijk}\Omega_{jk}} \Leftrightarrow \boxed{\Omega_{jk} = \varepsilon_{ijk}\omega_i/2} \;.$$

Ü 4.3.12 a) Mit $\lambda^* \equiv \lambda$ und (2.8) wird: $C^*_{ij} = A^*_{ij} - \lambda^*\delta^*_{ij} = a_{ik}a_{jl}C_{kl}$, q.e.d.
b) Nach der Regel von SARRUS ergibt sich die Determinante zu (Ü 4.3.5):

$$\det(C_{ij}) = (2C_{ij}C_{jk}C_{ki} - 3C_{ij}C_{ji}C_{kk} + C_{ii}C_{jj}C_{kk})/6 = 0 \;.$$

Darin wird $C_{ij} = A_{ij} - \lambda\delta_{ij}$ eingesetzt. Man erhält im einzelnen nach kurzen Zwischenrechnungen: $C_{ij}C_{jk}C_{ki} = A_{ij}A_{jk}A_{ki} - 3\lambda A_{ij}A_{ji} + 3\lambda^2A_{ii} - 3\lambda^3$ usw., so daß insgesamt die kubische Gleichung $\lambda^3 - A_{ii}\lambda^2 - \frac{1}{2}(A_{ij}A_{ji}-A_{ii}A_{jj})\lambda - \frac{1}{6}(2A_{ij}A_{jk}A_{ki}-3A_{ij}A_{ji}A_{kk}+A_{ii}A_{jj}A_{kk}) = 0$ folgt, die mit (3.18) übereinstimmt, wenn man J_1, J_2, J_3 gemäß (3.20a,b,c) definiert.
c) Aus der Rechenvorschrift folgt durch Einsetzen und Ausmultiplizieren:

$$\varepsilon_{ijk}\varepsilon_{pqr}(A_{ip}A_{jq}A_{kr} - \lambda A_{ip}A_{jq}\delta_{kr} - \lambda A_{ip}\delta_{jq}A_{kr} + \lambda^2A_{ip}\delta_{jq}\delta_{kr} - \lambda\delta_{ip}A_{jq}A_{kr} + \lambda^2\delta_{ip}A_{jq}\delta_{kr} + \lambda^2\delta_{ip}\delta_{jq}A_{kr} - \lambda^3\delta_{ip}\delta_{jq}\delta_{kr}) = 0 \;.$$

Darin sind im einzelnen (Ü 4.3.5):

$\varepsilon_{ijk}\varepsilon_{pqr}A_{ip}A_{jq}A_{kr} = 6\det(A_{ij}) \equiv 6J_3$;

$\varepsilon_{ijk}\varepsilon_{pqr}A_{ip}A_{jq}\delta_{kr} = \varepsilon_{ijk}\varepsilon_{pqr}A_{ip}\delta_{jq}A_{kr} = \varepsilon_{ijk}\varepsilon_{pqr}\delta_{ip}A_{jq}A_{kr} = -\,2J_2$;

$\varepsilon_{ijk}\varepsilon_{pqr}A_{ip}\delta_{jq}\delta_{kr} = \varepsilon_{ijk}\varepsilon_{pqr}\delta_{ip}A_{jq}\delta_{kr} = \varepsilon_{ijk}\varepsilon_{pqr}\delta_{ip}\delta_{jq}A_{kr} = 2J_1$;

$\varepsilon_{ijk}\varepsilon_{pqr}\delta_{ip}\delta_{jq}\delta_{kr} = \varepsilon_{ijk}\varepsilon_{ijk} = 6$.

Mit diesen Ergebnissen erhält man aus der Forderung $\det(C_{ij}) \stackrel{!}{=} 0$ die charakteristische Gleichung (3.18), q.e.d.
Man kann auch von $\det(C_{ij}) \equiv J_3(C_{ij}) = (2C_{ij}C_{jk}C_{ki} - 3C_{ij}C_{ji}C_{kk} + C_{ii}C_{jj}C_{kk})/6 \stackrel{!}{=} 0$ aus-

gehen und erhält mit $C_{ij} = A_{ij} - \lambda\delta_{ij}$ und unter Berücksichtigung von (3.57a,b,c) die charakteristische Gleichung (3.18).

Ü 4.3.13 a) Die Richtigkeit der Formel kann man nachweisen, indem man sie für einige Elemente verifiziere. So erhält man beispielsweise:

$$U_{11} = \begin{vmatrix} A_{22} & A_{23} \\ A_{32} & A_{33} \end{vmatrix} , \quad U_{12} = - \begin{vmatrix} A_{21} & A_{23} \\ A_{31} & A_{33} \end{vmatrix} , \quad U_{23} = - \begin{vmatrix} A_{11} & A_{12} \\ A_{31} & A_{32} \end{vmatrix} \quad \text{usw..}$$

zum Nachweis des Tensorcharakters geht man von $U^*_{ip} = \varepsilon^*_{ijk}\varepsilon^*_{pqr}A^*_{jq}A^*_{kr}/2$ aus und berücksichtigt darin auf der rechten Seite die Transformationsgesetze der entsprechenden Tensoren.
b) Durch Verjüngung (p = i) erhält man wegen $\varepsilon_{ijk}\varepsilon_{iqr} = \delta_{jq}\delta_{kr} - \delta_{jr}\delta_{kq}$ gemäß (4.73) für die Spur: $U_{ii} = -J_2$. Die Spur U_{ii} ist die <u>Summe der Hauptminoren</u>, q.e.d. Unter Berücksichtigung des δ-Tensors (4.72) kann man auch schreiben: $\boxed{U_{ip}=A_{ri}A_{pr}-A_{pi}A_{rr}-J_2\delta_{ip}}$, woraus die Spur $U_{ii} = -J_2$ folgt.

Ü 4.3.14 Nach (4.94a,b) erhält man $e_{pqr}|B_{ij}|=e_{ijk}B_{pi}B_{qj}B_{rk}$, $e_{pqr}|A_{ij}|=e_{xyz}A_{xp}A_{yq}A_{zr}$, und durch Multiplikation unter Berücksichtigung von $e_{pqr}e_{pqr} = \varepsilon_{pqr}\varepsilon_{pqr} = 6$ und $e_{xyz}e_{ijk}=\varepsilon_{xyz}\varepsilon_{ijk}$ folgt: $|A_{ij}|\cdot|B_{ij}|= \frac{1}{6}\,\varepsilon_{xyz}\varepsilon_{ijk}A_{xp}B_{pi}A_{yq}B_{qj}A_{zr}B_{rk}= \frac{1}{6}\,\varepsilon_{xyz}\varepsilon_{ijk}C_{xi}C_{yj}C_{zk}$. Nach Ü 4.3.5c) stimmt darin die rechte Seite mit der Determinante von C_{ij} überein. Mithin ist $|C_{ij}| = |A_{ij}|\cdot|B_{ij}|$ nachgewiesen. Darin wurden die Elemente C_{ij} aus dem "Zeilen-Spalten-Produkt" gebildet. Ebenso kann man das "Spalten-Zeilen-Produkt", das "Spalten-Spalten-Produkt" oder das "Zeilen-Zeilen-Produkt" ansetzen und $|C_{ij}| = |A_{ij}|\cdot|B_{ij}|$ beweisen, d.h., der Multiplikationssatz für Determinanten kann durch die Formeln

$$\boxed{|A_{ij}|\cdot|B_{ij}| = |C_{ij}| \equiv |A_{ik}B_{kj}| = |A_{ki}B_{jk}| = |A_{ki}B_{kj}| = |A_{ik}B_{jk}|}$$

ausgedrückt werden. Man kann also von (4.94a) und/oder (4.94b) ausgehen und diese Gleichungen auf die Tensoren A_{ij} und B_{ij} anwenden.

Ü 4.3.15 Wegen $\varepsilon_{ijk}\varepsilon_{klm} = \delta_{il}\delta_{jm} - \delta_{im}\delta_{jl}$ nach Ü 4.3.7 folgt:

$$A_i = A_k e_k e_i + \delta_{il}A_l\delta_{jm}e_j e_m - \delta_{im}e_m\delta_{jl}e_j A_l = A_i \ .$$

Damit ist die Identität nachgewiesen, die einer Zerlegung des Vektors A_i in die Komponente in Richtung von e_i und in die hierzu senkrechte Komponente entspricht. Diese Zerlegung ist ein Sonderfall der in Ü 4.3.7 bewiesenen Identität.

Ü 4.3.16 Man setze (4.2) in (1.29) ein.

Ü 4.3.17 a) Durch Einsetzen erhält man:

$$P_{ij} = (P_{ij} + P_{ji})/2 - P_{kk}\delta_{ij}/3 + \varepsilon_{ijk}\varepsilon_{rsk}P_{rs}/2 + P_{kk}\delta_{ij}/3 \ ,$$

und wegen $\varepsilon_{ijk}\varepsilon_{rsk} = \delta_{ir}\delta_{js} - \delta_{is}\delta_{jr}$ folgt schließlich: $P_{ij} = P_{ij}$.
b) Die einzelnen Terme in der Zerlegung bedeuten:
Der erste Term ist ein spurloser ($A_{jj} = 0$) symmetrischer ($A_{ij} = A_{ji}$) Tensor, d.h. ein symmetrischer Deviator mit <u>fünf</u> unabhängigen Koordinaten.
Der zweite Term ist ein schiefsymmetrischer Tensor zweiter Stufe mit <u>drei</u> unabhängigen Koordinaten.
Der dritte Term ist ein Kugeltensor mit <u>einer</u> Koordinate.
Zusammen ergeben sich also <u>neun</u> unabhängige Koordinaten.

Ü 4.3.18 Die eingeklammerten Indizes p,q,r unterliegen der Alternierungsvorschrift (4.16), so daß man 6 Terme erhält in Übereinstimmung mit der Regel von SARRUS.

Ü 4.3.19 Die Alternierungen führen auf die Invarianten J_1, $-J_2$, J_3 gemäß (3.20a,b,c). Man beachte auch Ü 4.3.5.

Ü 4.3.20 Man vergleiche Ü 4.3.7 mit der Identität (4.75).

Ü 4.3.21 Laut Aufgabenstellung soll $T_{ik}A_k = \varepsilon_{ijk}W_jA_k$ nachgewiesen werden. Daraus liest man unmittelbar $T_{ik} = \varepsilon_{ijk}W_j$ mit $T_{ik} = -T_{ki}$ und $T_{32} = W_1$, $T_{13} = W_2$, $T_{21} = W_3$ ab, was zu zeigen war.
Zur Anwendung vergleiche man die lineare Vektorfunktion (3.10) mit dem Geschwindigkeitsvektor (*) in Ü 4.3.10.

Ü 4.3.22 Wegen $v_i = \varepsilon_{ijk}\omega_jR_k$ und $v^2 = v_iv_i$ wird:

$$E = \frac{1}{2}\iiint \rho v^2 dV = \frac{1}{2}\iiint \rho\varepsilon_{ipq}\varepsilon_{irs}\omega_p\omega_rR_qR_s dV .$$

Darin kann $\varepsilon_{ipq}\varepsilon_{irs} = \delta_{pr}\delta_{qs} - \delta_{ps}\delta_{qr}$ gesetzt werden, so daß nach kurzer Zwischenrechnung folgt: $E = J_{pr}\omega_p\omega_r/2 \equiv J_{jk}\omega_j\omega_k/2$ (*). Für E = const. erhält man das POINSOTsche Trägheitsellipsoid (Ü 4.3.10), das in Hauptachsen ω_I, ω_{II}, ω_{III} durch

$$\boxed{(\omega_I/a)^2 + (\omega_{II}/b)^2 + (\omega_{III}/c)^2 = 1} \qquad (**)$$

darstellbar ist. Die Halbachsen a,b,c sind durch $a = \sqrt{2E/J_I}$, $b = \sqrt{2E/J_{II}}$, $c = \sqrt{2E/J_{III}}$ gegeben mit J_I, J_{II}, J_{III} als den Hauptträgheitsmomenten.

Wegen $D_i = J_{ij}\omega_j$ aus Ü 4.3.10 und der Inversion $\omega_i = J_{ij}^{(-1)}D_j$ kann die kinetische Energie (*) auch gemäß $E = J_{ij}^{(-1)}D_iD_j/2$ ausgedrückt werden, und man erhält analog (**) die Hauptachsendarstellung des MAC CULLAGHschen Drallellipsoides

$$\boxed{(D_I/A)^2 + (D_{II}/B)^2 + (D_{III}/C)^2 = 1}$$

mit den Halbachsen $A = \sqrt{2E\,J_I}$, $B = \sqrt{2E\,J_{II}}$, $C = \sqrt{2E\,J_{III}}$.

Differenziert man die kinetische Energie (*) nach dem Winkelgeschwindigkeitsvektor, so erhält man den Drallvektor:

$$Di = \frac{\partial E}{\partial\omega_i} = \frac{1}{2}J_{jk}\left(\omega_k\frac{\partial\omega_j}{\partial\omega_i} + \omega_j\frac{\partial\omega_k}{\partial\omega_i}\right) = \frac{1}{2}(J_{ik}\omega_k + J_{ji}\omega_j) .$$

Dabei wurde $\partial\omega_j/\partial\omega_i = \delta_{ji}$ und die Austauschregel benutzt. Da der Trägheitstensor symmetrisch ist und $J_{ik}\omega_k \equiv J_{ij}\omega_j$ gilt, folgt schließlich:

$$\boxed{D_i = J_{ij}\omega_j}$$

in Übereinstimmung mit Ü 4.3.10, d.h., der Drall ist der Gradient der kinetischen Energie nach der Winkelgeschwindigkeit. Entsprechend weist man die Umkehrung

$$\boxed{\omega_i = \partial E/\partial D_i = J_{ij}^{(-1)}D_j}$$

nach.

Da der Gradient der skalaren Funktion $E = E(\omega_1,\omega_2,\omega_3)$ immer senkrecht auf der Fläche E = const. steht, ist der Drallvektor jeweils senkrecht zum zugehörigen Oberflächenelement des Trägheitsellipsoides E = const.

Aus der skalaren Funktion $E = E(\omega_i)$ folgt für eine Fläche E = const.:

$$dE = 0 = \frac{\partial E}{\partial\omega_i}d\omega_i = D_id\omega_i, \quad \text{d.h.:} \quad \vec{D} \perp d\vec{\omega} . \qquad (***)$$

Wegen E = const. liegt der Vektor $d\vec{\omega}$ in der Tangentialebene des Ellipsoidpunktes ω_i, so daß der Drallvektor nach (***) senkrecht auf dem Trägheitsellipsoid E = const. steht. In den Hauptrichtungen sind $\vec{D}$ und $\vec{\omega}$ kollinear.

Bezüglich der Hauptträgheitsachsen mit den Basisvektoren n_i^α, α = I, II, III, kann der Drallvektor analog (3.35) und wegen $D_I \equiv J_I\omega_I,\ldots,D_{III} \equiv J_{III}\omega_{III}$ auch folgendermaßen zerlegt werden:

$$\boxed{D_i = J_I\omega_In_i^I + J_{II}\omega_{II}n_i^{II} + J_{III}\omega_{III}n_i^{III}} \quad . \qquad (****)$$

Damit erhält man den Momentenvektor (4.62) als zeitliche Änderung des Drallvektors zu:

$$M_i = \dot{D}_i = \sum_{\alpha=I}^{III} J_\alpha (\dot{\omega}_\alpha n_i^\alpha + \omega_\alpha \dot{n}_i^\alpha) \; .$$

Wegen $\dot{x}_i \equiv v_i = \varepsilon_{ijk}\omega_j x_k$ gilt auch: $\dot{n}_i^\alpha = \varepsilon_{ijk}\omega_j n_k^\alpha$, so daß damit der Momentenvektor gemäß

$$M_i = \sum_{\alpha=I}^{III} J_\alpha \dot{\omega}_\alpha n_i^\alpha + \varepsilon_{ijk}\omega_j \sum_{\alpha=I}^{III} J_\alpha \omega_\alpha n_k^\alpha$$

bzw. wegen (****) auch gemäß

$$\boxed{M_i = \sum_{\alpha=I}^{III} J_\alpha \dot{\omega}_\alpha n_i^\alpha + \varepsilon_{ijk}\omega_j D_k}$$

zerlegt werden kann mit den Koordinaten: $M_I = J_I\dot{\omega}_I - (J_{II} - J_{III})\omega_{II}\omega_{III}$, M_{II} und M_{III} entsprechend durch zyklische Vertauschung der Indizes. Diese Gleichungen sind als EULERsche Gleichungen bekannt und stellen ein System von drei gekoppelten, nichtlinearen Differentialgleichungen zur Beschreibung der Bewegung eines starren Körpers dar; sie entsprechen den drei Freiheitsgraden der Drehung um einen raumfesten Punkt 0. Die EULERschen Gleichungen können auch dann herangezogen werden, wenn 0 kein raumfester Punkt, sondern der beliebig bewegte Schwerpunkt ist. In diesem Fall beschreiben sie die Drehung des Körpers um seinen Schwerpunkt, auf den man dann auch das Moment beziehen muß. Die Größen J_I, J_{II}, J_{III} sind dann die Trägheitsmomente, bezogen auf das durch den Schwerpunkt gelegte Hauptachsensystem.

Durch das System der EULERschen Gleichungen wird der Momentensatz (Drehimpulssatz, Drallsatz) bezüglich eines Hauptachsensystems dargestellt.

Ü 4.3.23 a) Ein von den Vektoren $\vec{V}$ und $\vec{W}$ aufgespanntes Parallelogramm kann im dreidimensionalen Raum durch den Vektor $S_i = \varepsilon_{ijk}V_jW_k \equiv \{\vec{V} \times \vec{W}\}_i$ (*) oder in der dualen Form

$$S_{ij} = \varepsilon_{ijk}S_k \iff S_i = \varepsilon_{ijk}S_{jk}/2 \qquad (**)$$

dargestellt werden (Plangröße). Man weist (**) nach, indem man die eine Beziehung in die andere einsetzt (oder umgekehrt):

$$\left.\begin{array}{l} S_{ij} = \varepsilon_{ijk}S_k \\ S_k = \varepsilon_{kpq}S_{pq}/2 \end{array}\right\} \Rightarrow S_{ij} = \varepsilon_{ijk}\varepsilon_{kpq}S_{pq}/2 \; .$$

Mit $\varepsilon_{ijk}\varepsilon_{kpq} = \varepsilon_{ijk}\varepsilon_{pqk} = \delta_{ip}\delta_{jq} - \delta_{iq}\delta_{jp}$ gemäß (4.73b) folgt unter Berücksichtigung der Schiefsymmetrie ($S_{ij} = -S_{ji}$) schließlich: $S_{ij} = (S_{ij} - S_{ji})/2 = S_{ij}$, q.e.d. Man kann auch die linke Beziehung von (**) in die rechte einsetzen und erhält dann $S_i = \delta_{ip}S_p = S_i$. Aus den Beziehungen (*) und (**) entnimmt man unmittelbar die Zerlegung $S_{ij} = V_iW_j - V_jW_i \equiv 2!V_{[i}W_{j]}$.

Der Bivektor besitzt drei wesentliche, nicht verschwindende Koordinaten S_{23}, S_{31}, S_{12}, wie in Ü 4.2.10 gezeigt. Die Absolutwerte dieser Koordinaten sind die Projektionen der betrachteten Parallelogrammfläche auf die Koordinatenebenen x_1=const., x_2=const., x_3=const. Somit kann der zweistufige Tensor S_{ij} als Flächenvektor (Plangröße) gedeutet werden, dessen Richtung und Richtungssinn durch das Kreuzprodukt (*) festgelegt sind.
b) Ein differentiell kleines Tetraeder (Bild 3.1) kann durch das System von vier Bivektoren

$$d^1S_i = -\,\varepsilon_{ijk}(dx_2)_j(dx_3)_k/2 \;, \qquad d^2S_i = -\,\varepsilon_{ijk}(dx_3)_j(dx_1)_k/2 \;,$$
$$d^3S_i = -\,\varepsilon_{ijk}(dx_1)_j(dx_2)_k/2 \;, \qquad d^4S_i = \varepsilon_{ijk}[(dx_1)_j - (dx_3)_j][(dx_2)_k - (dx_3)_k]/2$$

charakterisiert werden. Diese Flächenvektoren stehen jeweils senkrecht auf den vier Flächen des Tetraeders und sind nach außen gerichtet. Wegen $\varepsilon_{ijk}(dx_2)_j(dx_3)_k = -\varepsilon_{ijk}(dx_3)_j(dx_2)_k$ etc. und $\varepsilon_{ijk}(dx_3)_j(dx_3)_k = 0_i$ ergibt die Summe der vier Bivektoren den Nullvektor.
Anders ausgedrückt: Die orientierte Oberfläche eines Tetraeders ist der Nullvektor.

Ebenso ist die orientierte Oberfläche eines jeden geschlossenen Polyeders der Nullvektor. Um das z.B. für ein konvexes Polyeder zu zeigen, zerlege man es von einem inneren Punkt aus in dreiseitige Pyramiden. Die Summe der Bivektoren für jedes dieser Tetraeder ist der Nullvektor. Alle Seitenflächen, die nicht der Oberfläche des Polyeders angehören, werden durch zwei entgegengesetzt gerichtete Bivektoren gleicher Länge charakterisiert. Mithin ist die Summe der Bivektoren aller Oberflächenelemente des Polyeders der Nullvektor.

Mechanisch läßt sich dieser Sachverhalt folgendermaßen deuten. Ein Polyeder werde (allseitig) einem konstanten hydrostatischen Druck p ausgesetzt. Dann wirkt auf jedes Oberflächenstück eine Druckkraft, die um den skalaren Faktor p größer ist als der jeweilige Bivektor. Aus dem Kräftegleichgewicht erhält man dann wegen p = const. die verschwindende Summe der Bivektoren. Für gekrümmte geschlossene Oberflächen erhält man aus (7.3) für hydrostatischen Spannungszustand $\sigma_{ij} = -p\delta_{ij}$ im Gleichgewichtszustand bei fehlenden Volumen- und Trägheitskräften allgemein: $\Phi_i = -p\iint\limits_S \delta_{ji} n_j dS = 0_i \Rightarrow \boxed{\iint\limits_S n_i dS \equiv \iint\limits_S dS_i = 0_i}$

In [6,50] werden Systeme von <u>Bivektoren</u> zur Konstruktion von <u>Schadenstensoren</u> benutzt.

Ü 4.3.24 Man setze $S_{ij} = \varepsilon_{ijk} S_k$ etc. ein und berücksichtige den Zusammenhang (4.72).

Ü 4.3.25 Mit den drei Vektoren $\vec{U}$, $\vec{V}$, $\vec{W}$ definiere man den <u>Trivektor</u>

$$T_{ijk} := 3!\, U_{[i}V_j W_{k]} \equiv \begin{vmatrix} U_i & U_j & U_k \\ V_i & V_j & V_k \\ W_i & W_j & W_k \end{vmatrix} \qquad (*)$$

mit der Eigenschaft $T_{ijk} = T_{jki} = T_{kij} = -T_{ikj} = -T_{jik} = -T_{kji}$ (**) analog (4.47) und der wesentlichen Koordinate $T_{123} = V$ gemäß (4.63).

Analog Ü 4.2.23 weist man die <u>duale Form</u> $T_{ijp} = \varepsilon_{ijk} T_{kp} \Leftrightarrow T_{ip} = \varepsilon_{ijk} T_{jkp}/2$ (***) nach. Allerdings ist darin T_{ijk} im Widerspruch zur Definition (*) im allgemeinen <u>nicht</u> vollständig schiefsymmetrisch, und es gilt in (***) nur $T_{ijp} \equiv T_{[ij]p}$. Zum Nachweis von (***) wird auch nur diese Eigenschaft benötigt. Bei vollständiger Schiefsymmetrie (**) folgert man aus (***) die Koordinaten $T_{11} = T_{22} = T_{33} \equiv T_{123}$ und $T_{12} = \ldots = T_{31} = 0$, d.h. den Kugeltensor $T_{ip} = T_{123}\delta_{ip}$ und somit das triviale Ergebnis: $T_{ijp} = T_{123}\varepsilon_{ijp}$.

Ü 4.4.1 Analog zu den Permutationen des Tensors A_{ijkl} in Ü 4.2.2 sind die 4! Permutationen (mit Wiederholungen) der Anordnung $\delta_{ij}\delta_{kl}$ gegeben durch:

$$\delta_{ij}\delta_{kl}, \ldots, \delta_{jk}\delta_{li}, \ldots, \delta_{kl}\delta_{ij}, \ldots, \delta_{li}\delta_{jk}, \ldots, \delta_{lj}\delta_{ik} \,.$$

Aufgrund der Symmetrien $\delta_{ij} = \delta_{ji}$ und $\delta_{ij}\delta_{kl} = \delta_{kl}\delta_{ij}$ sind von den 24 möglichen "vierstufigen Anordnungen" nur die drei $\delta_{ij}\delta_{kl}$, $\delta_{ik}\delta_{jl}$, $\delta_{il}\delta_{jk}$ verschieden, während die restlichen 21 aus diesen hervorgehen und somit als Wiederholungen ausscheiden.

Ü 4.4.2 Den in der Aufgabenstellung angegebenen Ansatz schreibt man nach entsprechender Umindizierung auch für E_{jikl} und E_{ijlk} auf. Aus diesen drei Beziehungen liest man ab, daß die Symmetrieeigenschaften nur gegeben sind, wenn μ und ν übereinstimmen.

Setzt man den Ansatz der Aufgabenstellung in das Transformationsgesetz (4.14) mit $T_{ijkl} \equiv E_{ijkl}$ ein, so erhält man unter Berücksichtigung der Austauschregel und der Orthonormierungsbedingungen: $E^*_{ijkl} = \lambda\delta_{ij}\delta_{kl} + \mu\delta_{ik}\delta_{jl} + \nu\delta_{il}\delta_{jk} \equiv E_{ijkl}$, q.e.d..

Somit ist ein isotroper Tensor vierter Stufe durch $\boxed{E_{ijkl} = \lambda\delta_{ij}\delta_{kl} + \mu(\delta_{ik}\delta_{jl} + \delta_{il}\delta_{jk})}$ gegeben. Er besitzt alle in der Aufgabenstellung angegebenen Symmetrieeigenschaften.

Ü 4.4.3 Es muß nachgewiesen werden, daß der angegebene Tensor die Bedingung (4.102) erfüllt. Wegen $\mu = \nu/2$ kann eine Umindizierung gemäß

$$\delta_{l_1 l_2}\, \delta_{l_3 l_4}\, \delta_{l_5 l_6} \cdots \delta_{l_{\nu-1} l_\nu} \equiv T_{l_1 l_2 \ldots l_\nu} \qquad (*)$$

vorgenommen werden, so daß damit unter Berücksichtigung der Austauschregel und Orthonormierungsbedingung die Bedingung (4.102) übergeht in:

$$T_{k_1 k_2 \ldots k_\nu} = \delta_{k_1 k_2}\, \delta_{k_3 k_4} \cdots \delta_{k_{\nu-1} k_\nu}\,, \qquad \text{q.e.d..}$$

Ü 4.4.4 Mit $\varepsilon_{lmn} = |a_{pq}| e_{lmn}$ nach (4.45) erhält man aus dem Transformationsgesetz (4.88) wegen (2.18a) und (4.94a): $\varepsilon^*_{ijk} = |a_{pq}|\ a_{il}a_{jm}a_{kn}e_{lmn} = e_{ijk} = |a_{pq}|^{-1}\varepsilon_{ijk}$. Bei reiner Drehung ($|a_{ij}| = 1$) ist die Isotropiebedingung (4.101), d.h. $\varepsilon^*_{ijk} \equiv \varepsilon_{ijk}$ erfüllt. Mithin ist der ε-Tensor isotrop.

Ü 5.3.1 a) Man schreibe die Koordinatenschemata der angegebenen dyadischen Produkte auf.
Man erkennt: Abgesehen vom symmetrischen Fall ($T_{ij} = T_{ji}$) ist das dyadische Produkt $T_{ij} = A_iB_j$ <u>nicht kommutativ</u>.
b) Für i = 1 weist man z.B. nach: $T_{1jk} = A_{1j}B_k = B_kA_{1j}$, $\tilde{T}_{1jk} = B_1A_{jk} \neq A_{1j}B_k = T_{1jk}$, indem man die "Matrizenschemata" aus (j,k) bzw. (k,j) aufschreibt. Man stellt fest: Das Produkt aus einer Dyade und einem Vektor ist <u>nicht kommutativ</u>: $T_{ijk} = A_{ij}B_k \neq B_iA_{jk} = \tilde{T}_{ijk}$.

Ü 5.3.2 $T_{ij} = A_iB_j = (A_iB_j + A_jB_i)/2 + (A_iB_j - A_jB_i)/2 \equiv T_{(ij)} + T_{[ij]}$.

Ü 5.4.1 Durch Überschiebung mit dem δ-Tensor 2-ter Stufe erhält man aus einem Tensor ν-ter Stufe Tensoren (ν-2)-ter Stufe gemäß: $\delta_{k_\lambda k_\mu} A_{k_1 \ldots k_\lambda k_\mu \ldots k_\nu} = T_{k_1 \ldots k_{\lambda-1} k_{\mu+1} \ldots k_\nu}$.
Darin durchlaufen $\lambda \neq \mu$ alle Zahlen von 1 bis ν, so daß man aufgrund der Symmetrie $\delta_{k_\lambda k_\mu} = \delta_{k_\mu k_\lambda}$ insgesamt nur $(\nu^2 - \nu)/2 = \nu(\nu - 1)/2$ verschiedene Operatoren $\delta_{k_\lambda k_\mu}$ kombinieren kann:

$$\left(\delta_{k_\lambda k_\mu}\right)_{\lambda \neq \mu} = \begin{pmatrix} - & \delta_{k_1k_2} & \delta_{k_1k_3} & \cdots & \delta_{k_1k_\nu} \\ & - & \delta_{k_2k_3} & \cdots & \delta_{k_2k_\nu} \\ & & - & \cdots & \vdots \\ & \text{symmetrisch} & & - & \delta_{k_{\nu-1}k_\nu} \\ & & & & - \end{pmatrix}$$

Da die Hauptdiagonale nicht besetzt ist, enthält das Schema aufgrund der Symmetrie nur $\nu(\nu-1)/2$ verschiedene Operatoren.
Beispiele: a) $\nu = 2 \Rightarrow \nu(\nu - 1)/2 = 1$ <u>Skalar</u>: $\delta_{ij}A_{ij} = T$

$$\left(\delta_{k_\lambda k_\mu}\right)_{\lambda \neq \mu} = \begin{pmatrix} - & \delta_{ij} \\ \delta_{ji} & - \end{pmatrix} \Rightarrow \begin{pmatrix} - & T \\ T & - \end{pmatrix}$$

b) $\nu = 3 \Rightarrow \nu(\nu - 1)/2 = 3$ <u>Vektoren</u>: $\delta_{jk}A_{ijk} = U_i$, $\delta_{ki}A_{ijk} = V_j$, $\delta_{ij}A_{ijk} = W_k$

$$\begin{pmatrix} - & \delta_{ij} & \delta_{ik} \\ \delta_{ji} & - & \delta_{jk} \\ \delta_{ki} & \delta_{kj} & - \end{pmatrix} \Rightarrow \begin{pmatrix} - & W_k & V_j \\ W_k & - & U_i \\ V_j & U_i & - \end{pmatrix}$$

c) $\nu = 4 \Rightarrow \nu(\nu - 1)/2 = 6$ <u>Dyaden</u>:

$$\delta_{kl}A_{ijkl} = U_{ij},\quad \delta_{lj}A_{ijkl} = V_{ik},\quad \delta_{jk}A_{ijkl} = W_{il},$$
$$\delta_{il}A_{ijkl} = X_{jk},\quad \delta_{ik}A_{ijkl} = Y_{jl},\quad \delta_{ij}A_{ijkl} = Z_{kl}$$

$$\begin{pmatrix} - & \delta_{ij} & \delta_{ik} & \delta_{il} \\ \delta_{ji} & - & \delta_{jk} & \delta_{jl} \\ \delta_{ki} & \delta_{kj} & - & \delta_{kl} \\ \delta_{li} & \delta_{lj} & \delta_{lk} & - \end{pmatrix} \Rightarrow \begin{pmatrix} - & Z_{kl} & Y_{jl} & X_{jk} \\ Z_{kl} & - & W_{il} & V_{ik} \\ Y_{jl} & W_{il} & - & U_{ij} \\ X_{jk} & V_{ik} & U_{ij} & - \end{pmatrix}.$$

Ü 5.4.2 Ein <u>einfach verjüngendes Produkt</u> kann durch Überschiebung mit dem Substitutionstensor δ_{ij} gemäß $\delta_{j_\lambda k_\mu} A_{j_1 \ldots j_\lambda \ldots j_\nu} B_{k_1 \ldots k_\mu \ldots k_\omega}$ gebildet werden. Mit $\lambda = 1,2,\ldots,\nu$ und $\mu = 1,2,\ldots,\omega$ erhält man auf diese Weise (Austauschregel) aus den Tensoren $A_{j_1 \ldots j_\nu}$ und $B_{k_1 \ldots k_\omega}$ insgesamt $\nu \cdot \omega = 1!\binom{\nu}{1}\binom{\omega}{1}$ Tensoren der Stufenzahl $(\nu + \omega - 2)$.

Ein <u>zweifach verjüngendes Produkt</u> bildet man gemäß

$$\delta_{j_\alpha k_\beta}\,\delta_{j_\lambda k_\mu}\,A_{j_1\ldots j_\alpha\ldots j_\lambda\ldots j_\nu}\,B_{k_1\ldots k_\beta\ldots k_\mu\ldots k_\omega}$$

mit $(\nu\cdot\omega)\cdot[(\nu-1)\cdot(\omega-1)]$ Möglichkeiten, die man wegen $\delta_{j_\alpha k_\beta}\delta_{j_\lambda k_\mu} = \delta_{j_\lambda k_\mu}\delta_{j_\alpha k_\beta}$ durch 2! teilen muß, um Wiederholungen zu vermeiden. Entsprechend findet man $(\nu\cdot\omega)\cdot[(\nu-1)\cdot(\omega-1)]\cdot[(\nu-2)\cdot(\omega-2)]/3!$ verschiedene dreifach verjüngende Produkte. So kann man fortfahren und findet schließlich

$$N_\Phi(\nu,\omega) = \frac{1}{\Phi!}\,\nu\omega(\nu-1)(\omega-1)\ldots[\nu-(\Phi-1)][\omega-(\Phi-1)] \qquad (*)$$

verschiedene Φ-fach verjüngende Produkte, die Tensoren $(\nu+\omega-2\Phi)$-ter Stufe sind. Die Formel (*) kann folgendermaßen umgeformt werden:

$$\frac{1}{\Phi!}\,\frac{\nu(\nu-1)\ldots(\nu-\Phi+1)(\nu-\Phi)!}{(\nu-\Phi)!}\,\frac{\omega(\omega-1)\ldots(\omega-\Phi+1)(\omega-\Phi)!}{(\omega-\Phi)!} = \frac{\nu!\;\;\omega!}{\Phi!(\nu-\Phi)!(\omega-\Phi)!},$$

so daß wegen $\nu!/(\nu-\Phi)!=\Phi!\binom{\nu}{\Phi}$ und entsprechend $\omega!/(\omega-\Phi)!=\Phi!\binom{\omega}{\Phi}$ schließlich wird:

$$\boxed{N_\Phi(\nu,\omega) = \Phi!\binom{\nu}{\Phi}\binom{\omega}{\Phi}} \qquad \text{q.e.d.}$$

Beispiele: Aus den Tensoren A_{ij} und B_{ijk} bildet man $N_2(2,3) = 2!\binom{2}{2}\binom{3}{2} = 6$ zweifach verjüngende Produkte, die Vektoren sind:

$$\delta_{iq}\delta_{jr}A_{ij}B_{pqr} = A_{qr}B_{pqr} = U_p,\qquad \delta_{ir}\delta_{jq}A_{ij}B_{pqr} = A_{rq}B_{pqr} = X_p,$$
$$\delta_{ir}\delta_{jp}A_{ij}B_{pqr} = A_{rp}B_{pqr} = V_q,\qquad \delta_{ip}\delta_{jr}A_{ij}B_{pqr} = A_{pr}B_{pqr} = Y_q,$$
$$\delta_{ip}\delta_{jq}A_{ij}B_{pqr} = A_{pq}B_{pqr} = W_r,\qquad \delta_{iq}\delta_{jp}A_{ij}B_{pqr} = A_{qp}B_{pqr} = Z_r.$$

Aus den Tensoren A_{ijk} und B_{ijk} bildet man $N_3(3,3) = 3!\binom{3}{3}\binom{3}{3} = 6$ dreifach verjüngende Produkte, die Tensoren nullter Stufe, d.h. Skalare sind:

$$\delta_{ip}\delta_{jq}\delta_{kr}A_{ijk}B_{pqr} = A_{ijk}B_{ijk} = U \quad \text{usw.}$$

Insgesamt sind die sechs verschiedenen Faktoren

$$\delta_{ip}\delta_{jq}\delta_{kr},\quad \delta_{iq}\delta_{jr}\delta_{kp},\quad \delta_{ir}\delta_{jp}\delta_{kq},\quad \delta_{ip}\delta_{jr}\delta_{kq},\quad \delta_{iq}\delta_{jp}\delta_{kr},\quad \delta_{ir}\delta_{jq}\delta_{kp}$$

möglich, so daß man durch dreifache Überschiebung die sechs Skalare

$$A_{ijk}B_{ijk} = U,\quad A_{ijk}B_{kij} = V,\quad A_{ijk}B_{jki} = W,$$
$$A_{ijk}B_{ikj} = X,\quad A_{ijk}B_{jik} = Y,\quad A_{ijk}B_{kji} = Z$$

erhält. Darin ist die Gruppe (U,V,W) dadurch gekennzeichnet, daß die Indizes an B eine gerade Permutation der ausgezeichneten Permutation ijk darstellen, d.h. durch eine gerade Anzahl von Transpositionen aus dieser hervorgehen. In der Gruppe (X,Y,Z) stellen die Indizes an B ungerade Permutationen von ijk dar. Man beachte: Die dreifache Verjüngung $A_{jki}B_{kij}$ stimmt aufgrund der Vertauschbarkeit stummer Indizes mit der Verjüngung $A_{ijk}B_{jki}$ überein und ist somit eine Wiederholung von W.

Ü 5.4.3 Nach Definition gilt: $A_{(ij)} := (A_{ij}+A_{ji})/2$ und $A_{[ij]} := (A_{ij}-A_{ji})/2$ (für B_{ij} entsprechend), so daß man erhält: $A_{ij}B_{ij}=A_{(ij)}B_{(ij)}+A_{[ij]}B_{[ij]}+A_{(ij)}B_{[ij]}+A_{[ij]}B_{(ij)}$. Darin verschwinden die letzten zwei Terme, wie man durch Einsetzen der symmetrischen und antisymmetrischen Teile zeigt. Somit ist die angegebene Aufspaltung nachgewiesen.

Ü 5.4.4 a) Unter den Voraussetzungen $A_{[ij]} = 0$ und $B_{(ij)} = 0$ folgt aus der in Ü 5.4.3 bewiesenen Formel: $A_{ij}B_{ij} = 0$, was zu zeigen war. Man vergleiche Ü 3.1.2.

b) Analog zu Ü 5.4.3 weist man nach: $A_{ijk}B_{ljk} = A_{i(jk)}B_{l(jk)} + A_{i[jk]}B_{l[jk]}$, so daß wegen $A_{i[jk]} = 0$ und $B_{l(jk)} = 0$ das doppelt verjüngende Produkt $A_{ijk}B_{ljk}$ verschwindet, was zu beweisen war.

Ü 5.5.1 a) Mit $A^{(p)}_{ij} = A_{il_1}A_{l_1l_2}\ldots A_{l_{p-1}j}$ und $A^{(q)}_{jk} = A_{jm_1}A_{m_1m_2}\ldots A_{m_{q-1}k}$ folgt:

$A^{(p)}_{ij} A^{(q)}_{jk} = A_{il_1} \dots A_{l_{p-1}j} A_{jm_1} \dots A_{m_{q-1}k}$ oder:

$A^{(p)}_{ij} A^{(q)}_{jk} = A_{il_1} \dots A_{l_{p-1}l_p} A_{l_p l_{p+1}} \dots A_{l_{p+q-1}k} = A^{(p+q)}_{ik}$

b) Mit $A^{(p)}_{ij} = A_{ik_1} A_{k_1k_2} \dots A_{k_{p-1}j} := B_{ij}$ folgt:

$[A^{(p)}_{ip}]^{(q)} = B^{(q)}_{ij} = B_{im_1} B_{m_1m_2} \dots B_{m_{q-1}j} = A^{(p)}_{im_1} A^{(p)}_{m_1m_2} \dots A^{(p)}_{m_{q-1}j} = A^{(p\cdot q)}_{ij}$.

Ü 5.5.2 Analog zum Beweis von (5.34) setzt man in (5.37) die Inversion $X_{kl} = A^{(-1)}_{klmn} Y_{mn}$ ein und erhält: $Y_{ij} = A_{ijkl} A^{(-1)}_{klmn} Y_{mn}$. Der Vergleich mit der Austauschregel $Y_{ij} = \delta_{im}\delta_{jn} Y_{mn}$ führt unmittelbar auf die zu beweisende Beziehung. Die Verallgemeinerung erhält man entsprechend. Aus

$$Y_{i_1 \dots i_\mu} = A_{i_1 \dots i_\mu j_1 \dots j_\mu} X_{j_1 \dots j_\mu} \quad \text{mit} \quad X_{j_1 \dots j_\mu} = A^{(-1)}_{j_1 \dots j_\mu k_1 \dots k_\mu} Y_{k_1 \dots k_\mu}$$

wird: $Y_{i_1 \dots i_\mu} = A_{i_1 \dots i_\mu j_1 \dots j_\mu} A^{(-1)}_{j_1 \dots j_\mu k_1 \dots k_\mu} Y_{k_1 \dots k_\mu}$;
andererseits gilt nach der Austauschregel: $Y_{i_1 i_2 \dots i_\mu} = \delta_{i_1k_1}\delta_{i_2k_2}\dots\delta_{i_\mu k_\mu} Y_{k_1k_2\dots k_\mu}$,
so daß durch Vergleich das gesuchte Ergebnis folgt:

$$A_{i_1 \dots i_\mu j_1 \dots j_\mu} A^{(-1)}_{j_1 \dots j_\mu k_1 \dots k_\mu} = \delta_{i_1k_1}\delta_{i_2k_2}\dots\delta_{i_\mu k_\mu} ,$$

das mit (5.27) vereinbar ist.

Ü 5.5.3 Aus (4.5) und der Inversion $\varepsilon_{kl} = E^{(-1)}_{klmn}\sigma_{mn}$, bzw. aus $\varepsilon_{ij} = E^{(-1)}_{ijkl}\sigma_{kl}$ mit $\sigma_{kl} = E_{klmn}\varepsilon_{mn}$ folgt:

$$\sigma_{ij} = E_{ijkl}E^{(-1)}_{klmn}\sigma_{mn} \quad \text{bzw.} \quad \varepsilon_{ij} = E^{(-1)}_{ijkl}E_{klmn}\varepsilon_{mn}.$$

Darin setze man die laut Aufgabenstellung zu beweisenden Beziehungen ein und berücksichtige die Symmetrie des Spannungs- und Verzerrungstensors. Der in der Aufgabenstellung angegebene Tensor ist die nullte Potenz eines vierstufigen Tensors $E^{(0)}_{ijmn} \equiv A^{(0)}_{ijmn}$ gemäß (5.25b) mit den Symmetrieeigenschaften (4.129).

Ü 5.5.4 a) Aus $\sigma_{ij} = C_{ijklmn}\varepsilon_{kl}\varepsilon_{mn}$ und der Inversion

$\varepsilon_{kl}\varepsilon_{mn} = C^{(-1)}_{klmnop}\sigma_{op}$ bzw. $\varepsilon_{ij}\varepsilon_{kl} = C^{(-1)}_{ijklmn}\sigma_{mn}$ folgt:

$$\sigma_{ij} = C_{ijklmn}C^{(-1)}_{klmnop}\sigma_{op} \quad \text{bzw.} \quad \varepsilon_{ij}\varepsilon_{kl} = C^{(-1)}_{ijklmn}C_{mnopqr}\varepsilon_{op}\varepsilon_{qr} .$$

Daraus folgert man $C_{ijklmn}C^{(-1)}_{klmnop} = \delta_{io}\delta_{jp}$ und $C^{(-1)}_{ijklmn}C_{mnopqr} = \delta_{io}\delta_{jp}\delta_{kq}\delta_{lr}$.

b) Analog wird: $\sigma_{ij}\sigma_{kl} = D_{ijklmn}D^{(-1)}_{mnopqr}\sigma_{op}\sigma_{qr}$ bzw. $\varepsilon_{ij} = D^{(-1)}_{ijklmn}D_{klmnop}\varepsilon_{op}$,

woraus $D_{ijklmn}D^{(-1)}_{mnopqr} = \delta_{io}\delta_{jp}\delta_{kq}\delta_{lr}$ bzw. $D^{(-1)}_{ijklmn}D_{klmnop} = \delta_{io}\delta_{jp}$ folgt.

Ü 5.5.5 Nach Ü 4.3.13 gilt: $U_{ip} = A^{(2)}_{pi} - J_1 A_{pi} - J_2\delta_{ip}$. Eine Überschiebung mit A_{is} führt auf $U_{ip}A_{is} = A^{(3)}_{ps} - J_1 A^{(2)}_{ps} - J_2 A_{ps}$ (*). Die linke Seite in (*) wird mit Hilfe der Beziehung

$$\boxed{\varepsilon_{ijk}\delta_{lm} = \varepsilon_{mjk}\delta_{li} + \varepsilon_{imk}\delta_{lj} + \varepsilon_{ijm}\delta_{lk}} \qquad (**)$$

bestimmt, die man leicht bestätigt findet, indem man beide Seiten mit δ_{lm}, δ_{li}, δ_{lj} oder δ_{lk} überschiebt. Durch Überschieben mit $\varepsilon_{pqr}A_{ip}A_{jq}A_{kr}$ folgt aus (**) nach einigen Zwischenrechnungen: $3J_3\delta_{lm} = U_{mp}A_{lp} + U_{mq}A_{lq} + U_{mr}A_{lr} \equiv 3U_{ms}A_{ls}$. Entsprechend erhält man

$$3J_3\delta_{lm} = U_{pm}A_{pl} + U_{qm}A_{ql} + U_{rm}A_{rl} \equiv 3U_{sm}A_{sl} ,$$

wenn man Gl. (**) mit $\varepsilon_{pqr}A_{pi}A_{qj}A_{rk}$ überschiebt, so daß $\boxed{U_{pi}A_{si} = U_{ip}A_{is} = J_3\delta_{ps}}$ (***)

gilt. Aus den Beziehungen (*) und (***) folgt die HAMILTON-CAYLEYsche Gleichung (5.41), die nach Überschieben mit $\underset{\sim}{A}^2$ wegen (5.28a) in die allgemeinere Form (5.40) übergeht.

Ü 5.5.6 a) Für $A_{ij} = \lambda\delta_{ij}$ erhält man im einzelnen:

$$A_{ij}^{(2)} := A_{ik}A_{kj} = (\lambda\delta_{ik})(\lambda\delta_{kj}) = \lambda^2\delta_{ik}\delta_{kj} = \lambda^2\delta_{ij} ,$$

$$A_{ij}^{(3)} := A_{ik}A_{kl}A_{lj} = (\lambda\delta_{ik})(\lambda\delta_{kl})(\lambda\delta_{lj}) = \lambda^3\delta_{ik}\delta_{kl}\delta_{lj} = \lambda^3\delta_{il}\delta_{lj} = \lambda^3\delta_{ij} ,$$

so daß aus (5.41) die charakteristische Gleichung (3.18) folgt. Der Übergang von (5.41) zu (3.18) ist trivial, da die HAMILTON-CAYLEYsche Gleichung (5.41) auch in einem beliebig gedrehten Koordinatensystem gilt, insbesondere auch im Hauptachsensystem, in dem der Tensor A_{ij} die Diagonalform (2.26) annimmt mit den aus (3.18) ermittelten Hauptwerten (3.19). Man beachte auch die Bemerkungen in Ziffer 5.5 im Anschluß an Gl. (5.41).

Für $\lambda = 1$ erhält man entsprechend: $\boxed{J_1(\delta_{ij}) + J_2(\delta_{ij}) + J_3(\delta_{ij}) = 1}$ mit den Invarianten (3.37a,b,c) des Substitutionstensors, $J_1 = 3$, $J_2 = -3$, $J_3 = 1$, deren Summe EINS ergibt. Die charakteristische Gleichung (3.18) des Substitutionstensors ist $\lambda^3-3\lambda^2+3\lambda-1=0$ bzw. $(1-\lambda)^3 = 0$ mit der dreifachen Wurzel $\lambda_I=\lambda_{II}=\lambda_{III}=\delta_I=\delta_{II}=\delta_{III} = 1$ (Ü 3.2.6).

b) Für den Spannungsdeviator σ'_{ij} mit $J'_1 \equiv 0$ lautet die HAMILTON-CAYLEYsche Gleichung:

$$\sigma'^{(3)}_{ij} := \sigma'_{ik}\sigma'_{kl}\sigma'_{lj} = J'_2\sigma'_{ij} + J'_3\delta_{ij} .$$

Nach Überschieben mit δ_{ij} folgt: $J'_3 = \sigma'_{ij}\sigma'_{jk}\sigma'_{ki}$ bzw. (3.64).

c) Im einzelnen erhält man:

$$A_{ij}^{(2)} := A_{ik}A_{kj} = (A'_{ik} + J_1\delta_{ik}/3)(A'_{kj} + J_1\delta_{kj}/3) = A'^{(2)}_{ij} + 2J_1A'_{ij}/3 + J_1^2\delta_{ij}/9 ,$$

$$A_{ij}^{(3)} := A_{ik}A_{kj}^{(2)} = A'^{(3)}_{ij} + J_1A'^{(2)}_{ij} + J_1^2A'_{ij}/3 + J_1^3\delta_{ij}/27$$

und nach Einsetzen in (5.41) schließlich: $\boxed{A'^{(3)}_{ij} = (J_2+J_1^2/3)A'_{ij}+(J_3+J_1J_2/3+2J_1^3/27)\delta_{ij}}$

Vergleicht man damit die HAMILTON-CAYLEYsche Gleichung des Deviators,

$$A'^{(3)}_{ij} = J'_2A'_{ij} + J'_3\delta_{ij} ,$$

so findet man unmittelbar die Zusammenhänge (3.71a,b).

Ü 5.5.7 Für $j = i$ erhält man aus (5.41): $3J_3 = A_{ij}A_{jk}A_{ki} - J_2A_{kk} - J_1A_{ij}A_{ji}$ und mit (3.20a,b) schließlich (3.57c). Man vergleiche Ü 4.3.5

Ü 5.5.8 Für $p = 1$ lautet die HAMILTON-CAYLEYsche Gleichung (5.40):

$$A_{im}^{(4)} = J_1A_{im}^{(3)} + J_2A_{im}^{(2)} + J_3A_{im} ,$$

woraus durch Verjüngung $(m = i)$ und mit (3.57a,b,c) die gesuchte Beziehung

$$\boxed{S_4 = 4S_3S_1/3 + S_2^2/2 - S_2S_1^2 + S_1^4/6}$$

folgt. Mit (3.57a,b,c) erhält man daraus auch (3.58). Die Spur der vierten Potenz eines Tensors zweiter Stufe (tr $\underset{\sim}{A}^4 \equiv A_{ii}^{(4)}$) ist eine <u>reduzible</u> Invariante und kann durch die <u>irreduziblen Grundinvarianten</u> (3.56a,b,c) oder alternativ durch die <u>irreduziblen Hauptinvarianten</u> (3.20a,b,c) ausgedrückt werden. Entsprechende Beziehungen erhält man für S_5 etc.

Ü 5.5.9 Die vollständige Lösung kann man [11,24] entnehmen. Darüber hinaus werden in [24] einige Anwendungen diskutiert.

Ü 5.5.10 Das Quadrat des Tensors ist durch (5.16) gegeben, bzw. in Matrizendarstellung durch das Zeilen-Spaltenprodukt. Das Quadrat ist wie A_{ij} symmetrisch:

$$A_{ik}^{(2)} = A_{ij}A_{jk} = A_{ji}A_{kj} = A_{kj}A_{ji} = A_{ki}^{(2)} .$$

Die Hauptwerte ergeben sich zu: $\begin{vmatrix} 5-\lambda & 4 & 0 \\ 4 & 5-\lambda & 0 \\ 0 & 0 & 1-\lambda \end{vmatrix} \overset{!}{=} 0 \Rightarrow \boxed{\lambda_I = 9, \quad \lambda_{II} = \lambda_{III} = 1}$, die man wegen (5.43) auch unmittelbar aus den Hauptwerten der Aufgabe Ü 3.2.2 durch Quadrieren erhält. Aus dem Gleichungssystem (3.24) bzw. aus

$$(A^{(2)}_{ij} - \lambda_{(\alpha)}\delta_{ij})n^{(\alpha)}_j = 0_i ; \quad n^{(\alpha)}_j n^{(\alpha)}_j = 1 ; \qquad \alpha = I,II,III$$

erhält man für jedes λ eine Eigenrichtung:

$$\boxed{\lambda_I = 9} \Rightarrow \text{für } i = 1: \quad (5-9)n^I_1 + 4\,n^I_2 + 0 = 0$$

$$i = 2: \quad 4\,n^I_1 + (5-9)n^I_2 + 0 = 0$$

$$i = 3: \quad 0\cdot n^I_1 + 0\cdot n^I_2 + (1-9)n^I_3 = 0$$

Nebenbedingung: $\quad (n^I_1)^2 + (n^I_2)^2 + (n^I_3)^2 = 1$.

Die ersten beiden Gleichungen liefern $n^I_1 = n^I_2$, während aus der dritten Gleichung $n^I_3 = 0$ folgt, so daß in Verbindung mit der Nebenbedingung die Hauptrichtung I durch den Eigenvektor $n^I_i = (\pm 1/\sqrt{2}, \pm 1/\sqrt{2}, 0)$ festgelegt ist, der mit dem entsprechenden Eigenvektor aus Ü 3.2.2 zusammenfällt. Wegen der Doppelwurzel $\lambda_{II}=\lambda_{III}$ ist jede Richtung in der zur I-Richtung senkrechten Ebene Hauptrichtung, insbesondere auch die Richtungen n^{II}_i und n^{III}_i aus Ü 3.2.2. Mithin hat das Quadrat des Tensors dieselben Hauptachsen wie der Tensor selbst (Koaxialität). Man vergleiche (2.26) und (5.43).

Ü 5.5.11 Im Hauptachsensystem gilt: $B^*_{ij} = \text{diag}\{9,1,1\} \Rightarrow B^{*(1/2)}_{ij} = \text{diag}\{3,1,-1\}$. Durch Rücktransformation $A_{ij}=a_{ki}a_{lj}A^*_{kl}$ erhält man dann den Tensor A_{ij}, d.h. die "Wurzel" des Tensors B_{ij}. Die Transformationsmatrix a_{ij} enthält die Eigenvektoren als Zeilenvektoren und ist aus Ü 3.2.2 bzw. Ü 5.5.10 bekannt. Symbolisch wird die Rücktransformation durch

$$\boxed{\sqrt{\underset{\sim}{B}} = \underset{\sim}{a}^t\sqrt{\underset{\sim}{B}^*}\,\underset{\sim}{a}}$$

ausgedrückt, die man durch Matrizenmultiplikation ausführen möge. Man vergleiche auch Ü 3.2.5.

Ü 5.5.12 Man geht wie in Ü 5.5.11 vor.

a) Die Matrix a_{ij}, die das gegebene Schema auf Hauptachsen transformiert, entnimmt man Ü 3.2.9 und erhält durch Rücktransformation, nachdem man aus den Hauptwerten die Wurzel gezogen hat:

$$\begin{pmatrix} \frac{1}{\sqrt{3}} & -\frac{1}{\sqrt{6}} & \frac{1}{\sqrt{2}} \\ \frac{1}{\sqrt{3}} & -\frac{1}{\sqrt{6}} & -\frac{1}{\sqrt{2}} \\ \frac{1}{\sqrt{3}} & \frac{2}{\sqrt{6}} & 0 \end{pmatrix} \begin{pmatrix} \sqrt{3} & 0 & 0 \\ 0 & 0 & 0 \\ 0 & 0 & 0 \end{pmatrix} \begin{pmatrix} \frac{1}{\sqrt{3}} & \frac{1}{\sqrt{3}} & \frac{1}{\sqrt{3}} \\ -\frac{1}{\sqrt{6}} & -\frac{1}{\sqrt{6}} & \frac{2}{\sqrt{6}} \\ \frac{1}{\sqrt{2}} & -\frac{1}{\sqrt{2}} & 0 \end{pmatrix} = \begin{pmatrix} \frac{1}{\sqrt{3}} & \frac{1}{\sqrt{3}} & \frac{1}{\sqrt{3}} \\ \frac{1}{\sqrt{3}} & \frac{1}{\sqrt{3}} & \frac{1}{\sqrt{3}} \\ \frac{1}{\sqrt{3}} & \frac{1}{\sqrt{3}} & \frac{1}{\sqrt{3}} \end{pmatrix}$$

Zur Kontrolle bildet man das Quadrat $A^{(1/2)}_{ik}A^{(1/2)}_{kj}=A_{ij}$ durch Matrizenmultiplikation mit den gegebenen Zahlenwerten. Entsprechend erhält man für die dritte Wurzel:

$$A^{(1/3)}_{ij} = \frac{1}{3^{2/3}}\begin{pmatrix} 1 & 1 & 1 \\ 1 & 1 & 1 \\ 1 & 1 & 1 \end{pmatrix} .$$

Zur Kontrolle zeige man: $A^{(1/3)}_{ik}A^{(1/3)}_{kl}A^{(1/3)}_{lj}=A_{ij}$ durch Matrizenmultiplikationen.

b) Die Transformationsmatrix a_{ij}, die das gegebene Koordinatenschema auf Diagonalform bringt, ist in Ü 3.2.10 ermittelt. Nachdem man die Wurzel aus den Hauptwerten gezogen hat, führt man die Rücktransformation durch und erhält $A_{ij}^{(1/2)}$:

$$\begin{pmatrix} \frac{1}{\sqrt{2}} & \frac{1}{\sqrt{2}} & 0 \\ 0 & 0 & 1 \\ \frac{1}{\sqrt{2}} & \frac{-1}{\sqrt{2}} & 0 \end{pmatrix}\begin{pmatrix} 2 & 0 & 0 \\ 0 & \sqrt{2} & 0 \\ 0 & 0 & \sqrt{2} \end{pmatrix}\begin{pmatrix} \frac{1}{\sqrt{2}} & 0 & \frac{1}{\sqrt{2}} \\ \frac{1}{\sqrt{2}} & 0 & \frac{-1}{\sqrt{2}} \\ 0 & 1 & 0 \end{pmatrix} = \begin{pmatrix} 1+\frac{1}{\sqrt{2}} & 0 & 1-\frac{1}{\sqrt{2}} \\ 0 & \sqrt{2} & 0 \\ 1-\frac{1}{\sqrt{2}} & 0 & 1+\frac{1}{\sqrt{2}} \end{pmatrix}$$

Die Kontrollrechnung ergibt: $A_{ik}^{(1/2)}A_{kj}^{(1/2)}=A_{ij}$, wie man in Matrizenform zeigen möge. Entsprechend ermittelt man:

$$A_{ij}^{(1/3)} = \begin{pmatrix} (2^{1/3}+1)/2^{2/3} & 0 & (2^{1/3}-1)/2^{2/3} \\ 0 & 2^{1/3} & 0 \\ (2^{1/3}-1)/2^{2/3} & 0 & (2^{1/3}+1)/2^{2/3} \end{pmatrix}. \qquad (*)$$

Die Kontrolle $A_{ik}^{(1/3)}A_{kl}^{(1/3)}A_{lj}^{(1/3)} = A_{ij}$ möge der Leser wieder selbst durchführen. Das Ergebnis (*) stimmt mit (10.58) überein. Nach der in Kapitel 10 beschriebenen Interpolationsmethode kann das Wurzelziehen von Tensoren (Ziffer 10.4.1) sehr einfach durchgeführt werden.

Ü 5.5.13 a) Durch Quadrieren (Zeilen-Spaltenprodukt) erhält man:

$$A_{ij}^{(2)} = \begin{pmatrix} 10 & 0 & 6 \\ 0 & 4 & 0 \\ 6 & 0 & 10 \end{pmatrix} \text{ und daraus: } A_{ij}^{(4)} = \begin{pmatrix} 136 & 0 & 120 \\ 0 & 16 & 0 \\ 120 & 0 & 136 \end{pmatrix}.$$

b) Die charakteristische Gleichung (3.18) für A_{ij} ist gegeben durch:

$$\lambda^3 - 8\lambda^2 + 20\lambda - 16 = 0 \qquad (*)$$

mit den Lösungen $\lambda_I = 4$, $\lambda_{II} = \lambda_{III} = 2$ und den Invarianten $J_1 = 8$, $J_2 = -20$, $J_3 = 16$.

Gl. (*) gilt auch für den Tensor selbst (5.41): $A_{ij}^{(3)} - 8A_{ij}^{(2)} + 20A_{ij} - 16\delta_{ij} = 0_{ij}$ (**).

Durch Überschieben mit A_{jk} erhält man aus (**): $A_{ik}^{(4)} - 8A_{ik}^{(3)} + 20A_{ik}^{(2)} - 16A_{ij} = 0_{ij}$ und daraus unter Berücksichtigung von (**) in Übereinstimmung mit Gl. (5.45):

$$\boxed{A_{ik}^{(4)} = 44A_{ik}^{(2)} - 144A_{ik} + 128\delta_{ij}},$$

bzw.

$$A_{ik}^{(4)} = 44\begin{pmatrix} 10 & 0 & 6 \\ 0 & 4 & 0 \\ 6 & 0 & 10 \end{pmatrix} - 144\begin{pmatrix} 3 & 0 & 1 \\ 0 & 2 & 0 \\ 1 & 0 & 3 \end{pmatrix} + \begin{pmatrix} 128 & 0 & 0 \\ 0 & 128 & 0 \\ 0 & 0 & 128 \end{pmatrix} = \begin{pmatrix} 136 & 0 & 120 \\ 0 & 16 & 0 \\ 120 & 0 & 136 \end{pmatrix}$$

c) Man kann auch die Hauptwerte zur vierten Potenz nehmen und eine Rücktransformation $A_{ij}^{(4)} = a_{ki}a_{lj}A_{kl}^{*(4)}$ wie in Ü 5.5.12 b durchführen:

$$\begin{pmatrix} \frac{1}{\sqrt{2}} & \frac{1}{\sqrt{2}} & 0 \\ 0 & 0 & 1 \\ \frac{1}{\sqrt{2}} & \frac{-1}{\sqrt{2}} & 0 \end{pmatrix}\begin{pmatrix} 256 & 0 & 0 \\ 0 & 16 & 0 \\ 0 & 0 & 16 \end{pmatrix}\begin{pmatrix} \frac{1}{\sqrt{2}} & 0 & \frac{1}{\sqrt{2}} \\ \frac{1}{\sqrt{2}} & 0 & \frac{-1}{\sqrt{2}} \\ 0 & 1 & 0 \end{pmatrix} = \begin{pmatrix} 136 & 0 & 120 \\ 0 & 16 & 0 \\ 120 & 0 & 136 \end{pmatrix}$$

Ü 5.5.14 Auch der inverse Tensor $A_{ij}^{(-1)}$ besitzt dasselbe Hauptachsensystem wie der Ausgangstensor A_{ij} (Ü 3.3.9). Analog zu Ü 5.5.13 c erhält man durch Rücktransformation:

$$\begin{pmatrix} \frac{1}{\sqrt{2}} & \frac{1}{\sqrt{2}} & 0 \\ 0 & 0 & 1 \\ \frac{1}{\sqrt{2}} & \frac{-1}{\sqrt{2}} & 0 \end{pmatrix}\begin{pmatrix} \frac{1}{4} & 0 & 0 \\ 0 & \frac{1}{2} & 0 \\ 0 & 0 & \frac{1}{2} \end{pmatrix}\begin{pmatrix} \frac{1}{\sqrt{2}} & 0 & \frac{1}{\sqrt{2}} \\ \frac{1}{\sqrt{2}} & 0 & \frac{-1}{\sqrt{2}} \\ 0 & 1 & 0 \end{pmatrix} = \begin{pmatrix} \frac{3}{8} & 0 & -\frac{1}{8} \\ 0 & \frac{1}{2} & 0 \\ -\frac{1}{8} & 0 & \frac{3}{8} \end{pmatrix}$$

Dasselbe Ergebnis erhält man auch nach der Formel (2.41). Ebenso kann zur Kontrolle Gl. (5.34) überprüft werden mit den entsprechenden Zahlenschemata durch Matrizenmultiplikation.

Ü 5.5.15 Durch Überschieben von (3.24) mit A_{ki} folgt: $(A_{kj}^{(2)} - \lambda_{(\alpha)}A_{kj})n_j^{(\alpha)} = 0_k$.

Darin setzt man $A_{kj}n^{(\alpha)} = \lambda_{(\alpha)}\delta_{kj}n^{(\alpha)}$ gemäß (3.24) ein: $(A_{kj}^{(2)} - \lambda_{(\alpha)}^2\delta_{kj})n_j^{(\alpha)} = 0_k$.

Eine weitere Überschiebung mit A_{ik} ergibt: $(A_{ij}^{(3)} - \lambda_{(\alpha)}^2 A_{ij})n_j^{(\alpha)} = 0_i$,

bzw. mit $A_{ij}n_j^{(\alpha)} = \lambda_{(\alpha)}\delta_{ij}n_j^{(\alpha)}$ gemäß (3.24): $(A_{ij}^{(3)} - \lambda_{(\alpha)}^3\delta_{ij})n_j^{(\alpha)} = 0_i$.

Schließlich findet man für die p-te Potenz: $\boxed{(A_{ij}^{(p)} - \lambda_{(\alpha)}^p\delta_{ij})n_j^{(\alpha)} = 0_i}$. Darin stimmen die Eigenvektoren $n_j^{(\alpha)}$, α = I,II,III, mit denen in (3.24) überein, was zu zeigen war. Man vergleiche auch Ü 3.3.9 und das Schema (5.43).

Ü 5.5.16 Man entwickle nach der ersten Zeile und drücke die jeweiligen Unterdeterminanten gemäß (4.72) aus:

$$\det(\ldots.) = \delta_{ip}\varepsilon_{jkl}\varepsilon_{qrs} - \delta_{iq}\varepsilon_{jkl}\varepsilon_{prs} + \delta_{ir}\varepsilon_{jkl}\varepsilon_{pqs} - \delta_{is}\varepsilon_{jkl}\varepsilon_{pqr} =$$
$$= \varepsilon_{jkl}(\delta_{ip}\varepsilon_{qrs} - \delta_{iq}\varepsilon_{prs} + \delta_{ir}\varepsilon_{pqs} - \delta_{is}\varepsilon_{pqr}).$$

Darin kann man ersetzen: $\varepsilon_{qrs} = \delta_{qm}\varepsilon_{mrs}$ und $\varepsilon_{prs} = \delta_{pm}\varepsilon_{mrs}$, so daß gilt:

$$\det(\ldots.) = \varepsilon_{jkl}[(\delta_{ip}\delta_{mq} - \delta_{iq}\delta_{mp})\varepsilon_{mrs} + \delta_{ir}\varepsilon_{pqs} - \delta_{is}\varepsilon_{pqr}].$$

Mit $(\delta_{ip}\delta_{mq} - \delta_{iq}\delta_{mp})\varepsilon_{mrs} = \varepsilon_{tim}\varepsilon_{tpq}\varepsilon_{mrs} = \varepsilon_{tpq}(\delta_{is}\delta_{tr} - \delta_{ir}\delta_{ts})$ erhält man weiter:

$$\det(\ldots.) = \varepsilon_{jkl}(\delta_{is}\varepsilon_{rpq} - \delta_{ir}\varepsilon_{spq} + \delta_{ir}\varepsilon_{pqs} - \delta_{is}\varepsilon_{pqr})$$

und wegen $\varepsilon_{rpq} = \varepsilon_{pqr}$, $\varepsilon_{spq} = \varepsilon_{pqs}$ schließlich das gesuchte Ergebnis (5.50b), d.h., die Determinante in (5.50b) ist ein Nulltensor achter Stufe.

Ü 5.5.17 Man führe jeweils auf beiden Seiten die Alternierung aus:

a) $\delta_{i[p]}\delta_{j[q]}A_{pi}A_{qj} = (\delta_{ip}\delta_{jq}A_{pi}A_{qj} - \delta_{iq}\delta_{jp}A_{pi}A_{qj})/2!$ Dafür kann man wegen (1.22) oder Ü 2.2.3 f schreiben: $\delta_{i[p]}\delta_{j[q]}A_{pi}A_{qj} = (A_{pp}A_{qq} - A_{pq}A_{qp})/2!$ (*). Durch Alternierung erhält man andererseits: $A_{p[p]}A_{q[q]} = (A_{pp}A_{qq} - A_{pq}A_{qp})/2!$ in Übereinstimmung mit (*), q.e.d.

b) Der Nachweis erfolgt analog a).

Ü 5.5.18 Das Quadrat eines Deviators (2.32) ist: $A'^{(2)}_{ij} := A'_{ik}A'_{kj} = A^{(2)}_{ij} - 2J_1A_{ij}/3 + J_1^2\delta_{ij}/9$ mit der Spur $A'^{(2)}_{ii} = A^{(2)}_{ii} - J_1^2/3 = S_2 - S_1^2/3 = 2(J_2 + J_1^2/3) = 2J'_2$, die nicht verschwindet, d.h., das Quadrat eines Deviators ist <u>kein</u> spurloser Tensor. In obiger Rechnung wurden die Beziehungen (3.56a,b), (3.57b) und (3.71a) benutzt.

Ü 5.5.19 Man überschiebe (3.18) mit δ_{ij} und findet mit $\delta_{ij}^{(3)} = \delta_{ij}$, $\delta_{ij}^{(2)} = \delta_{ij}$ zunächst:

$$(\lambda\delta_{ij})^{(3)} - J_1(\lambda\delta_{ij})^{(2)} - J_2\lambda\delta_{ij} - J_3\delta_{ij} = 0_{ij}\ .$$

Ersetzt man darin rein formal $\lambda\delta_{ij}$ durch A_{ij}, so erhält man die HAMILTON-CAYLEYsche Gleichung (5.41).

Ü 5.5.20 a) Man bilde die Spur (i = j) und beachte (3.20c) und Ü 4.3.5 bzw. Ü 4.3.19.
b) Die eingeklammerten Indizes [j], [q], [r] in (5.53b) unterliegen der Alternierungsvorschrift gemäß (4.16):

$$2J_3\delta_{ij} = A_{ij}A_{qq}A_{rr} + A_{iq}A_{qr}A_{rj} + A_{ir}A_{qj}A_{rq} - A_{ij}A_{qr}A_{rq} - A_{iq}A_{qj}A_{rr} - A_{ir}A_{qq}A_{rj} .$$

Daraus folgt wegen $A_{iq}A_{qr} := A^{(2)}_{ir}$, $A_{ir}A_{rq}A_{qj} := A^{(3)}_{ij}$ und mit (3.56a,b), (3.57a,b) unmittelbar (5.41).

Ü 5.5.21 Das Quadrat ist: $Q_{ij} := A_{ik}A_{kj}$, und wegen $A_{ij} = A_{ji}$ gilt auch: $Q_{ij} = A_{ji}$. Man erhält unter Benutzung von (3.56), (3.57) und (3.58):

$$J_1(\underset{\sim}{Q}) = Q_{ii} = S_2(\underset{\sim}{A}) = J_1^2(\underset{\sim}{A}) + 2J_2(\underset{\sim}{A}) ,$$

$$J_2(\underset{\sim}{Q}) = [Q_{ij}Q_{ji} - J_1^2(\underset{\sim}{Q})]/2 = 2J_1(\underset{\sim}{A})J_3(\underset{\sim}{A}) - J_2^2(\underset{\sim}{A}) .$$

Wegen (5.43) und $J_3(\ldots) = \det(\ldots)$ gilt: $J_3(\underset{\sim}{Q}) = J_3^2(\underset{\sim}{A})$.

Ü 5.5.22

a) $\underline{\underline{Q_{ij}}} := A_{ip}A_{pj} = A_{pj}A_{ip} = - A_{jp}A_{ip} = A_{jp}A_{pi} := \underline{\underline{Q_{ji}}}$

b) $C_{ij} := A_{ip}A_{pq}A_{qj} = A_{qj}A_{pq}A_{ip} = - A_{jq}A_{qp}A_{pi} := - C_{ji}$.

Ü 5.5.23 Für p = 1 und für den Deviator erhält man aus (5.40) durch Spurbildung:

$$A'^{(4)}_{kk} = J'_2\, A'^{(2)}_{kk} \Rightarrow 2A'^{(4)}_{kk} = A'^{(2)}_{ii}A'^{(2)}_{kk} = (A'^{(2)}_{kk})^2 .$$

Es gilt auch: $A'^{(4)}_{kk} = 2J'^2_2$. Dieser Zusammenhang kann mit $J'_1=0$ auch aus (3.58) gefolgert werden.

Für p > 1 erhält man: $A'^{(p+3)}_{kk} = J'_2\, A'^{(p+1)}_{kk} + J'_3\, A'^{(p)}_{kk}$ und daraus für $p + 3 \equiv q$ schließlich: $A'^{(q)}_{kk} \equiv J'_2\, A'^{(q-2)}_{kk} + J'_3\, A'^{(q-3)}_{kk}$.

Ü 5.5.24 Aus (5.40) folgt:

a) $C_{ij} = 0_{ij}$, b) $C_{ij} = J'_2A'^{(2)}_{ij}/3$.

Ü 5.5.25 Die Symmetrie von $\underset{\sim}{A}$ und $\underset{\sim}{B}$ wird nicht für alle Unterpunkte benötigt.

a) $C^{(2)}_{ij} := C_{ik}C_{kj} = (A_{ik} + B_{ik})(A_{kj} + B_{kj})$, $\boxed{C^{(2)}_{ij} = A^{(2)}_{ij} + A_{ik}B_{kj} + B_{ik}A_{kj} + B^{(2)}_{ij}}$.

Die Spur (i = j) ist: $S_2(\underset{\sim}{C}) = S_2(\underset{\sim}{A}) + 2A_{ij}B_{ji} + S_2(\underset{\sim}{B})$. Sind $\underset{\sim}{A}$ und $\underset{\sim}{B}$ symmetrisch, so gilt auch: $C^{(2)}_{ij} = C^{(2)}_{ji}$.

b) Unter Berücksichtigung von (3.20b) findet man: $J_2(\underset{\sim}{C}) = J_2(\underset{\sim}{A}) + A_{ij}B_{ji} - A_{ii}B_{jj} + J_2(\underset{\sim}{B})$.

c) $C^{(3)}_{ij} := C^{(2)}_{ip}C_{pj} = A^{(3)}_{ij} + A^{(2)}_{ik}B_{kj} + B_{ik}A^{(2)}_{kj} + A_{ik}B_{kp}A_{pj} + B_{ik}A_{kp}B_{pj} + A_{ik}B^{(2)}_{kj} + B^{(2)}_{ik}A_{kj} + B^{(3)}_{ij}$.

Symbolisch kann man dafür schreiben: $\underset{\sim}{C}^3 = \underset{\sim}{A}^3 + (\underset{\sim}{A}^2\underset{\sim}{B} + \underset{\sim}{B}\underset{\sim}{A}^2) + \underset{\sim}{ABA} + \underset{\sim}{BAB} + (\underset{\sim}{AB}^2 + \underset{\sim}{B}^2\underset{\sim}{A}) + \underset{\sim}{B}^3$.

Darin sind $\underset{\sim}{A}^3$ und $\underset{\sim}{B}^3$ wegen (5.41) reduzierbar; ferner sind auch die Terme $\underset{\sim}{ABA}$ und $\underset{\sim}{BAB}$ reduzierbar, so daß $(\underset{\sim}{A} + \underset{\sim}{B})^3$ durch die irreduziblen Generatoren (9.3) der beiden Tensoren $\underset{\sim}{A}$ und $\underset{\sim}{B}$ ausgedrückt werden kann. Allgemein wird man die n-te Potenz für $n \geq 2$ durch eine tensorwertige Funktion (9.35) gemäß

$$\boxed{(\underset{\sim}{A} + \underset{\sim}{B})^n = \underset{\sim}{f}(\underset{\sim}{A},\underset{\sim}{B}) = \frac{1}{2}\sum_{\lambda,\nu=0}^{2} {}^n\varphi_{(\lambda,\nu)}\,(\underset{\sim}{A}^\lambda\underset{\sim}{B}^\nu + \underset{\sim}{B}^\nu\underset{\sim}{A}^\lambda)}$$

darstellen können. Je nach n ergeben sich die skalaren Koeffizienten ${}^n\varphi_{(\lambda,\nu)}$. Methoden zu ihrer Bestimmung werden in Kapitel 9 und 10 behandelt.

Ü 5.5.26 Es gilt: $P_{ij} = (A_{ip} - \lambda_I\delta_{ip})(A_{pq} - \lambda_{II}\delta_{pq})(A_{qj} - \lambda_{III}\delta_{qj})$.

Nach Ausmultiplizieren und Ausklammern der Potenzen $A^{(3)}_{ij}$, $A^{(2)}_{ij}$, A_{ij}, δ_{ij} findet man unter Berücksichtigung der elementaren symmetrischen Funktionen J_1, $-J_2$, J_3 gemäß (3.37a, b,c) und der HAMILTON-CAYLEYschen Gleichung (5.41) den Nulltensor: $P_{ij} = 0_{ij}$.

Ü 5.5.27 Im zweidimensionalen Raum (i,j,p,q = 2) gilt analog (4.72):

$$\varepsilon_{ij}\varepsilon_{pq} = \begin{vmatrix} \delta_{ip} & \delta_{iq} \\ \delta_{jp} & \delta_{jq} \end{vmatrix} \equiv 2!\ \delta_{i[p]}\delta_{j[q]}$$

und analog (5.50b): $\varepsilon_{ijk}\varepsilon_{pqr} = 3!\ \delta_{i[p]}\delta_{j[q]}\delta_{k[r]} \equiv 0_{i\ldots r}$ (*). In (*) ist ε_{ijk} vollständig schiefsymmetrisch. Ein vollständig schiefsymmetrischer Tensor dritter Stufe kann im zweidimensionalen Raum nur der Nulltensor sein, da sich die Zahlen 1, 2 auf <u>3</u> Indizes verteilen und somit jede Koordinate ε_{ijk} mindestens einen Doppelindex hat, also keine Permutation der Zahlenfolge 1,2,3 darstellt. Überschiebt man (*) mit $A_{qj}A_{rk}$, so erhält man unter Berücksichtigung der Austauschregel gemäß Ü 5.5.17 in Analogie zu (5.52b) die Beziehung $\boxed{A_{p[p]}A_{q[q]}\delta_{i[j]} = 0_{ij}}$ (**), die man in 3·2! Terme zerlegen kann: $(A_{p[p]}A_{q[q]}\delta_{ij} + A_{p[q]}A_{q[j]}\delta_{ip} + A_{p[j]}A_{q[p]}\delta_{iq})/3 = 0_{ij}$, woraus man wegen

$$A_{p[p]}A_{q[q]} = A_{11}A_{22} - A_{12}A_{21} = \det(\underset{\sim}{A}) \equiv J_2$$

und unter Berücksichtigung der Austauschregel den Zusammenhang

$$J_2\delta_{ij} = - A_{i[q]}A_{q[j]} - A_{p[j]}A_{i[p]}$$

erhält. Die beiden Terme auf der rechten Seite sind einander gleich, da der stumme Index q im ersten Term durch p ersetzt werden kann:

$$\boxed{J_2\delta_{ij} = - 2A_{i[p]}A_{p[j]} = 2A_{i[j]}A_{p[p]}} \ . \qquad (***)$$

Diese Beziehung, die für die Dimension n = 2 gilt, entspricht der Beziehung (5.53b), die für n = 3 gilt. Durch Spurbildung (i = j = q) mit $\delta_{ii} = \delta_{11} + \delta_{22} = 2$ erhält man aus (***) die Determinante: $\det(\underset{\sim}{A}) \equiv J_2 = A_{p[p]}A_{q[q]}$, die sich <u>formal</u> durch das Vorzeichen von (3.20b) unterscheidet!

Für n = 4 erhält man entsprechend: $J_4\delta_{ij} = 4A_{i[j]}A_{p[p]}A_{q[q]}A_{r[r]}$ (****) mit $i,j,\ldots,r = 1,2,3,4$ und schließlich allgemein (8.37).

Führt man in (***), (5.53b) und (****) die Alternierung aus, so erhält man der Reihe nach:

$$\underline{n = 2} \Rightarrow (-1)^2 A^{(2)}_{\beta\gamma} + J_1A_{\beta\gamma} + J_2\delta_{\beta\gamma} = \sum_{\nu=0}^{2} J_\nu A^{(2-\nu)}_{\beta\gamma} \equiv 0_{\beta\gamma}$$

mit $\beta,\gamma = 1,2$ und $(-1)^2J_0 \equiv 1$, $J_1 = -(A_{11} + A_{22})$, $J_2 = \det(\underset{\sim}{A})$.

- -

$$\underline{n = 3} \Rightarrow (-1)^3A^{(3)}_{\beta\gamma} + J_1A^{(2)}_{\beta\gamma} + J_2A_{\beta\gamma} + J_3\delta_{\beta\gamma} \equiv 0_{\beta\gamma}$$

oder: $\sum_{\nu=0}^{3} J_\nu A^{(3-\nu)}_{\beta\gamma} = 0_{\beta\gamma}$; $\beta,\gamma = 1,2,3$;

mit $(-1)^{3-\nu}J_\nu \equiv A_{\alpha_1[\alpha_1]}A_{\alpha_2[\alpha_2]} \cdots A_{\alpha_\nu[\alpha_\nu]}$

und $(-1)^3J_0 \equiv 1$. Daraus ergibt sich: J_1, J_2, J_3 gemäß (3.20a,b,c).

- -

$$\underline{n = 4} \Rightarrow (-1)^4A^{(4)}_{\beta\gamma} + J_1A^{(3)}_{\beta\gamma} + J_2A^{(2)}_{\beta\gamma} + J_3A_{\beta\gamma} + J_4\delta_{\beta\gamma} \equiv 0_{\beta\gamma}$$

oder: $\sum_{\nu=0}^{4} J_\nu A^{(4-\nu)}_{\beta\gamma} \equiv 0_{\beta\gamma}$; $\beta,\gamma = 1,2,3,4$;

mit $(-1)^{4-\nu}J_\nu \equiv A_{\alpha_1[\alpha_1]}A_{\alpha_2[\alpha_2]} \cdots A_{\alpha_\nu[\alpha_\nu]}$

und $(-1)^4J_0 \equiv 1$.

- -

Allgemein findet man schließlich (8.38) mit den Koeffizienten J_ν aus (8.28), die irreduzible Invarianten eines Tensors zweiter Stufe im n-dimensionalen Raum sind.

Ü 5.5.28 Mit der Inversion von $\underset{\sim}{B}$ definiert man:

$$Q_{ij} := A_{ik}B_{kj}^{(-1)} \quad \text{mit} \quad Q_{ij} \neq Q_{ji} \quad \text{und}$$

$$Q_{ij} := [A_{ik}B_{kj}^{(-1)} + B_{ik}^{(-1)}A_{kj}]/2 \quad \text{mit} \quad Q_{ij} = Q_{ji} \; .$$

Auf diese Weise lassen sich beispielsweise auch gebrochene lineare Abbildungen $Y = (a + bX)/(c + dX)$ tensoriell formulieren. Eine Darstellung als isotrope Tensorfunktion (9.10) mit (9.13) ist ebenfalls möglich.

Ü 6.1.1 Wegen (6.7) kann man $z = \coth(w/2)$ in der Form

$$x_1 + i\, x_2 = \coth(\tfrac{\varphi}{2} + i\, \tfrac{\psi}{2})$$

schreiben. Man wendet darauf die Formel $\coth(w/2) = (e^w + 1)/(e^w - 1)$ an und erhält nach kurzer Zwischenrechnung (Erweiterung mit konjugiert komplexem Nenner) unter Berücksichtigung der Beziehungen $e^\varphi - e^{-\varphi} = 2 \sinh \varphi$ und $e^\varphi + e^{-\varphi} = 2 \cosh \varphi$ die Trennung von Real- und Imaginärteil, wie in (6.13) angegeben. Daraus folgt weiter:

$$\sin \psi = -\,(x_2/x_1) \sinh \varphi \; , \qquad \cos \psi = \cosh \varphi - (1/x_1) \sinh \varphi$$

und wegen $\sin^2\psi + \cos^2\psi = 1$ und $\cosh^2\varphi = 1 + \sinh^2\varphi$ die Kreisgleichung

$$\boxed{(x_1 - \coth \varphi)^2 + x_2^2 = 1/\sinh^2\varphi} \qquad (*)$$

für die Äquipotentiallinien $\varphi = \text{const}$. Entsprechend erhält man die Kreisgleichung

$$\boxed{(x_2 + \cot \psi)^2 + x_1^2 = 1/\sin^2\psi} \qquad (**)$$

für die Stromlinien $\psi = \text{const}$ (Bild 6.2).

Wegen $z^2 = x_1^2 - x_2^2 + i\, 2x_1x_2 = \coth(w/2)$ erhält man das "Isothermennetz" der Strömung (6.14), indem man in den Gln. (*) und (**) den Realteil x_1 der komplexen Funktion $z = \coth(w/2)$ gemäß (6.13) durch den Realteil $x_1^2 - x_2^2$ der Funktion (6.14) und den Imaginärteil x_2 entsprechend durch $2x_1x_2$ ersetzt:

$$\boxed{(x_1^2 - x_2^2 - \coth \varphi)^2 + 4x_1^2x_2^2 = 1/\sinh^2\varphi} \; , \qquad (***)$$

$$\boxed{(2x_1x_2 + \cot \psi)^2 + (x_1^2 - x_2^2)^2 = 1/\sinh^2\psi} \; . \qquad (****)$$

Zur Kontrolle überprüfe man, ob die Stromlinien $\psi = \text{const}$ gemäß (****) durch die Quellpunkte $Q_{1,2} = (0,\pm 1)$ und die Senken $S_{1,2} = (\pm 1,0)$ verlaufen. Aufgrund der Quellen- und Senkenverteilung ist das Isothermennetz (Bild 6.3) spiegelsymmetrisch zur x_1- und x_2-Achse, wie man auch unmittelbar den Gleichungen (***) und (****) entnimmt. Durch eine Drehung des x_1-x_2-Achsenkreuzes um $\pi/4$ erhält man wegen $x_i = a_{ji}x_j^*$, d.h. wegen $x_1 = (x_1^* - x_2^*)/\sqrt{2}$ und $x_2 = (x_1^* + x_2^*)/\sqrt{2}$ aus (***) und (****) die analoge Darstellung im gedrehten System:

$$\boxed{(2x_1^*x_2^* + \coth \varphi)^2 + (x_1^{*2} - x_2^{*2})^2 = 1/\sinh^2\varphi} \; ,$$

$$\boxed{(x_1^{*2} - x_2^{*2} + \cot \psi)^2 + 4x_1^{*2}x_2^{*2} = 1/\sin^2\psi} \; ,$$

aus der man unmittelar die Spiegelsymmetrie des Isothermennetzes zur x_1^*- und x_2^*-Achse, d.h. zu den 45°-Linien $x_2 = \pm\, x_1$ abliest (Bild 6.3).

Ü 6.1.2 Bei einem plastischen Fließen (${}^{p}\dot{\varepsilon}_{i3} = 0$) liegt ein ebenes Feld vor. Beim ebenen Spannungszustand ($\sigma_{i3} = 0_i$) sind die Verzerrungsgeschwindigkeiten ${}^{p}\dot{\varepsilon}_{i3}$ zwar im allgemeinen von Null verschieden, aber über Stoffgleichungen durch die Verzerrungsgeschwindigkeiten ${}^{p}\dot{\varepsilon}_{11}$, ${}^{p}\dot{\varepsilon}_{12}$ und ${}^{p}\dot{\varepsilon}_{22}$ ausdrückbar, so daß in beiden Fällen das ebene Feld

$$ {}^{p}\dot{\varepsilon}_{\alpha\beta} = \begin{pmatrix} {}^{p}\dot{\varepsilon}_{11} & {}^{p}\dot{\varepsilon}_{12} \\ {}^{p}\dot{\varepsilon}_{12} & {}^{p}\dot{\varepsilon}_{22} \end{pmatrix} $$

auf sein Richtungsfeld hin zu untersuchen ist. Die Hauptrichtungen findet man analog (3.16a) aus:

$$ {}^{p}\dot{\varepsilon}\, n_\alpha = {}^{p}\dot{\varepsilon}_{\alpha\beta}\, n_\beta \qquad \text{bzw.} \qquad {}^{p}\dot{\varepsilon}\, dn_\alpha = {}^{p}\dot{\varepsilon}_{\alpha\beta} dn_\beta \ , \tag{*} $$

und die charakteristischen Zahlen ${}^{p}\dot{\varepsilon}_{I;II}$ ergeben sich aus der Forderung $\det({}^{p}\dot{\varepsilon}_{\alpha\beta} - {}^{p}\dot{\varepsilon}\delta_{\alpha\beta}) \overset{!}{=} 0$ zu:

$$ {}^{p}\dot{\varepsilon}_{I;II} = ({}^{p}\dot{\varepsilon}_{11} + {}^{p}\dot{\varepsilon}_{22})/2 \pm \sqrt{({}^{p}\dot{\varepsilon}_{11} - {}^{p}\dot{\varepsilon}_{22})^2/4 + {}^{p}\dot{\varepsilon}_{12}^2} \ . \tag{**} $$

Es sei φ_I der Winkel zwischen der Eigenrichtung "I" und der x_1-Achse, d.h. $\tan\varphi_I = d\,n_2/d\,n_1$, so daß sich aus (*) mit (**) die Differentialgleichung der Hauptdehnungstrajektorien zu

$$ {}^{p}\dot{\varepsilon}_{12}(dn_2^2 - dn_1^2) + ({}^{p}\dot{\varepsilon}_{11} - {}^{p}\dot{\varepsilon}_{22})dn_1\, dn_2 = 0 \tag{***} $$

ergibt. Unter einem Winkel von $\pi/4$ zu den Trajektorien verlaufen die Gleitlinien. Ihre Differentialgleichung erhält man daher aus (***) vermöge der Transformation $dn_1 = (dx_1 - dx_2)/\sqrt{2}$, $dn_2 = (dx_1 + dx_2)/\sqrt{2}$ zu:

$$ 4\,{}^{p}\dot{\varepsilon}_{12}\, dx_1\, dx_2 + ({}^{p}\dot{\varepsilon}_{11} - {}^{p}\dot{\varepsilon}_{22})(dx_1^2 - dx_2^2) = 0 \ , $$

woraus durch "Trennung" die Gleichung

$$ {}^{p}\dot{\varepsilon}_{11}dx_1^2 + 2\,{}^{p}\dot{\varepsilon}_{12}dx_1dx_2 + {}^{p}\dot{\varepsilon}_{22}dx_2^2 = {}^{p}\dot{\varepsilon}_{22}dx_1^2 - 2\,{}^{p}\dot{\varepsilon}_{12}dx_1dx_2 + {}^{p}\dot{\varepsilon}_{11}dx_2^2 $$

folgt, die nur erfüllt ist, wenn beide Seiten verschwinden:

$$ \boxed{{}^{p}\dot{\varepsilon}_{11}dx_1^2 + 2\,{}^{p}\dot{\varepsilon}_{12}dx_1dx_2 + {}^{p}\dot{\varepsilon}_{22}dx_2^2 = 0} \ , \tag{****} $$

$$ \boxed{{}^{p}\dot{\varepsilon}_{22}dx_1^2 - 2\,{}^{p}\dot{\varepsilon}_{12}dx_1dx_2 + {}^{p}\dot{\varepsilon}_{11}dx_2^2 = 0} \ . \tag{$\overset{*}{*}$} $$

Gleichung (****) ist bereits das gesuchte Ergebnis, das man unter Berücksichtigung der Summationsvereinbarung kürzer durch ${}^{p}\dot{\varepsilon}_{\alpha\beta}dx_\alpha dx_\beta = 0$ mit $\alpha,\beta = 1,2$ ausdrücken kann. Aufgrund des "negativ-reziproken" Verhältnisses

$$ \left(\frac{dx_2}{dx_1}\right)_I = -\left(\frac{dx_1}{dx_2}\right)_{II} \tag{$\overset{*}{\underset{*}{*}}$} $$

zwischen den Tangenten der Gleitlinienscharen "I" und "II", d.h. ihrer Orthogonalität, geht Gl. (****) in Gl. ($\overset{*}{*}$) über und umgekehrt. Anders ausgedrückt: Die Richtungsbedingungen (****) und ($\overset{*}{*}$) sind miteinander verknüpft über die Orthogonalitätsbedingung ($\overset{*}{\underset{*}{*}}$). Bei negativer Diskriminante $D := {}^{p}\dot{\varepsilon}_{11}{}^{p}\dot{\varepsilon}_{22} - {}^{p}\dot{\varepsilon}_{12}^2 < 0$ ergeben sich jeweils zwei verschiedene reelle Richtungen dx_2/dx_1, und zwar aus (****) die Richtungen

$$ \left(\frac{dx_2}{dx_1}\right)_{I;II} = -\frac{1}{{}^{p}\dot{\varepsilon}_{22}}\left({}^{p}\dot{\varepsilon}_{12} \mp \sqrt{{}^{p}\dot{\varepsilon}_{12}^2 - {}^{p}\dot{\varepsilon}_{11}{}^{p}\dot{\varepsilon}_{22}}\right) $$

und aus ($\overset{*}{*}$) die Richtungen

$$ \left(\frac{dx_2}{dx_1}\right)_{II;I} = +\frac{1}{{}^{p}\dot{\varepsilon}_{11}}\left({}^{p}\dot{\varepsilon}_{12} \pm \sqrt{{}^{p}\dot{\varepsilon}_{12}^2 - {}^{p}\dot{\varepsilon}_{11}{}^{p}\dot{\varepsilon}_{22}}\right) \ . $$

Man überprüfe die Orthogonalität ($\overset{*}{*}$). Bei plastisch inkompressiblen Stoffen verschwindet die Spur $\overset{p}{\dot\varepsilon}_{ii}$, so daß dann bei ebenem plastischem Fließen $\overset{p}{\dot\varepsilon}_{22} = - \overset{p}{\dot\varepsilon}_{11}$ gilt und die Diskriminante $D = -(\overset{p}{\dot\varepsilon}_{11} + \overset{p}{\dot\varepsilon}_{12})$ stets negativ ist (hyperbolischer Fall).

Ü 6.1.3 Aus Richtungsbedingung und Stoffgleichungen erhält man

$$\sigma'_{22}\, dx_2^2 + 2\sigma'_{12}\, dx_1 dx_2 + \sigma'_{11}\, dx_1^2 = 0 .$$

Daraus ergibt sich aufgrund der Deviatoreigenschaft $\sigma'_{kk}=0$, d.h. bei ebenem plastischem Fließen wegen $\overset{p}{\dot\varepsilon}_{i3} = \sigma'_{i3}\dot\lambda = 0_i$ auch $\sigma'_{22} = - \sigma'_{11}$, die Neigung der Charakteristiken zu:

$$\left(\frac{dx_2}{dx_1}\right)_{I;II} = \frac{1}{\sigma'_{11}}\left(\sigma'_{12} \mp \sqrt{\sigma'^2_{12} + \sigma'^2_{11}}\right)$$

bzw. unter Berücksichtigung der MISESschen Fließbedingung $\sigma'^2_{11} + \sigma'^2_{12} = k^2$ und wegen $\sigma'_{12} \equiv \sigma_{12}$ zu:

$$\boxed{\left(\frac{dx_2}{dx_1}\right)_{I;II} = \pm\sqrt{\frac{1 \pm t_{12}}{1 \mp t_{12}}} \qquad \text{mit } t_{12} := \sigma_{12}/k}$$

Das Ergebnis stimmt mit (6.26) und (6.27) überein. Für den in der Aufgabenstellung erwähnten Sonderfall gilt $t_{12} = x_2$, so daß die Lösung (6.28) mit der Darstellung in Bild 6.4 folgt.

Ü 6.1.4 Zum gegebenen Tensor gehört der in Ü 3.3.3 mit $A'_{ij} = \sigma'_{ij}$ angegebene Deviator (ebenes Deviatorfeld). Die charakteristischen Zahlen ergeben sich unter Berücksichtigung der Fließbedingung $J'_2 = k^2$ zu:

$$\lambda'_{I;II} = \pm\sqrt{\sigma'^2_{11} + \sigma^2_{12}} = \pm\sqrt{J'_2} = \pm k .$$

Damit erhält man analog zu (6.23) für die I-Richtung:

$$n_2^I = \frac{k - \sigma'_{11}}{\sigma_{12}}\, n_1^I = \frac{k - \sqrt{k^2 - \sigma^2_{12}}}{\sigma_{12}}\, n_1^I$$

und mit der bezogenen Schubspannung $t_{12} := \sigma_{12}/k$ analog zu (6.25):

$$\tan\varphi_I = n_2^I/n_1^I = \left(1 - \sqrt{1 - t^2_{12}}\right)/t_{12} . \qquad (*)$$

Für die Gleitlinien mit $\Phi_I = \varphi_I + \pi/4$ ergibt sich daraus entsprechend (6.26) und (6.27) die in Ü 6.1.3 gefundene Lösung (Bild 6.4), wenn man die Transformation $n_1^I = (dx_2 + dx_1)/\sqrt{2}$, $n_2^I = (dx_2 - dx_1)/\sqrt{2}$ ($\pi/4$-Drehung) in (*) einsetzt.

Ü 6.1.5 Für das vorliegende Spannungsfeld ergeben sich die Hauptwerte unter Berücksichtigung der Fließbedingung $J'_2 = k^2$ aus der charakteristischen Gleichung

$$\lambda^3 = (\sigma^2_{31} + \sigma^2_{32})\,\lambda = k^2\lambda$$

zu $\sigma_I \equiv \lambda_I = k$, $\quad \sigma_{II} \equiv \lambda_{II} = 0$, $\quad \sigma_{III} \equiv \lambda_{III} = - k$.

Aus dem Gleichungssystem (3.24) ermittelt man für $\lambda_I = k$:

$$\left.\begin{aligned} n_1^I &= (\sigma_{31}/k)\, n_3^I \\ n_2^I &= (\sigma_{32}/k)\, n_3^I \end{aligned}\right\} \Rightarrow \boxed{n_2^I/n_1^I = \sigma_{32}/\sigma_{312} = \tan\varphi_I} \qquad (*)$$

$$n_3^I = (\sigma_{31}/k)\, n_1^I + (\sigma_{32}/k)\, n_2^I = [(\sigma_{31}/k)^2 + (\sigma_{32}/k)^2]\, n_3^I .$$

Die dritte Bedingung ist identisch erfüllt (Fließbedingung). Aus der Nebenbedingung in (3.24) folgt mit den obigen Ergebnissen $n_3^I = 1/\sqrt{2}$, so daß die Eigenrichtung "I" durch

$$\boxed{n_i^I = (\sigma_{31}/k,\ \sigma_{32}/k,\ 1)/\sqrt{2}}$$

bestimmt ist. Ersetzt man darin k durch -k, so erhält man wegen $\lambda_{III} = -k = -\lambda_I$ den Eigenvektor n_i^{III} zu:

$$\boxed{n_i^{III} = (-\sigma_{31}/k,\ -\sigma_{32}/k,\ 1)/\sqrt{2}} \quad .$$

Das Vektorprodukt $n_i^{II} = \varepsilon_{ijk} n_j^{III} n_k^I$ liefert schließlich den Eigenvektor n_i^{II}:

$$\boxed{n_i^{II} = (-\sigma_{32}/k,\ \sigma_{31}/k,\ 0)} \quad .$$

Die Projektionen der Eigenrichtungen "I" und "III" auf den tordierten Querschnitt sind durch (*) bestimmt, während die Eigenrichtung "II" im tordierten Querschnitt liegt (Bild F 6.1).

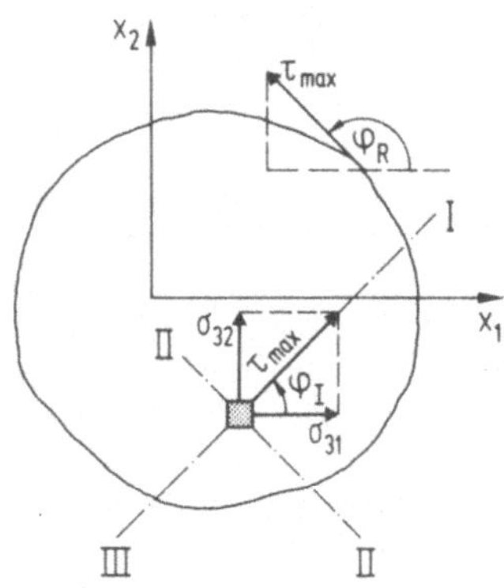

Bild F 6.1

Spannungen im tordierten Querschnitt

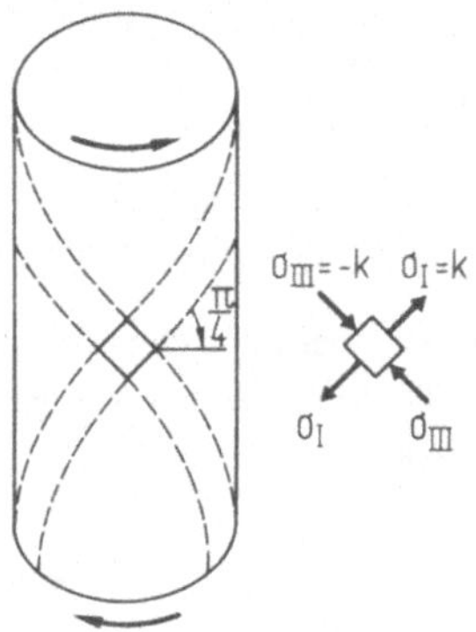

Bild F 6.2

Hauptspannungstrajektorien eines tordierten Stabes

Die resultierende Schubspannung $\tau_{max} = \sqrt{\sigma_{31}^2 + \sigma_{32}^2} = k$ ist eine Hauptschubspannung, die am Querschnittsrand tangential zu diesem verläuft. Die Hauptrichtungen "I" und "III" sind zur Hauptschubspannungsrichtung um $\pi/4$ geneigt und ergeben sich somit als Spiralen, wie man aus Bild F 6.2 erkennt.

Bei tordierten Stäben aus sprödem Material kann man entlang der Hauptspannungstrajektorien die Rißbildung verfolgen.

Ü 6.2.1 Im gedrehten System gilt, wenn man den skalaren Charakter der Funktion f (z.B. Temperaturfeld) beachtet, $f = f(x_i^*) \equiv f(x_i)$, und die Kettenregel benutzt:

$$\frac{\partial f}{\partial x_i^*} = \frac{\partial f}{\partial x_j}\frac{\partial x_j}{\partial x_i^*} \quad \text{bzw.} \quad \frac{\partial}{\partial x_i^*} = \frac{\partial x_j}{\partial x_i^*}\frac{\partial}{\partial x_j} \quad \text{oder} \quad \nabla_i^* = \frac{\partial x_j}{\partial x_i^*}\nabla_j \ .$$

Daraus folgt wegen $x_i^* = a_{ij}x_j \Leftrightarrow x_i = a_{ji}x_j^*$:

$$\frac{\partial f}{\partial x_i^*} = a_{ij}\frac{\partial f}{\partial x_j} \Leftrightarrow \frac{\partial f}{\partial x_i} = a_{ji}\frac{\partial f}{\partial x_j^*} \quad \text{bzw.} \quad \boxed{\nabla_i^* = a_{ij}\nabla_j} \Leftrightarrow \boxed{\nabla_i = a_{ji}\nabla_j^*} \ .$$

Damit ist der Tensorcharakter (6.34) nachgewiesen.

Ü 6.2.2 Man erhält über die Kettenregel $A^*_{ijk,pq} \equiv \frac{\partial}{\partial x^*_p}\frac{\partial A^*_{ijk}}{\partial x^*} = \frac{\partial}{\partial x^*_p}\frac{\partial A^*_{ijk}}{\partial x_s}\frac{\partial x_s}{\partial x^*_q}$ (*).

Mit $\partial/\partial x^*_p \equiv \nabla^*_p = a_{pr}\nabla_r \equiv a_{pr}\partial/\partial x_r$, $\partial A^*_{ijk}/\partial x_s = a_{il}a_{jm}a_{kn}\partial A_{lmn}/\partial x_s$ und

$x_s = a_{qs}x^*_q$ bzw. $\partial x_s/\partial x^*_q = a_{qs}$

folgt aus (*) das gesuchte Transformationsgesetz:

$A^*_{ijk,pq} = a_{il}a_{jm}a_{kn}a_{pr}a_{qs}A_{lmn,rs}$ bzw.: $\nabla^*_{pq}A^*_{ijk} = a_{pr}a_{qs}a_{il}a_{jm}a_{kn}\nabla_{rs}A_{lmn}$,

d.h., aus dem dreistufigen Tensor A_{ijk} ist ein Tensor 5-ter Stufe entstanden.

Ü 6.2.3 a) Die Gradientendyade (6.37) ergibt sich für $A_i = x_i$ zu: $G_{ij} = \nabla_i x_j = \delta_{ij}$,

b) die Divergenz (6.39) zu: $G_{ii} = 3$ und

c) der Rotor (6.42) zu: $R_i = \varepsilon_{ijk}G_{jk} = \varepsilon_{ijk}\delta_{jk} = 0_i$.

Mithin liegt ein wirbelfreies Quellenfeld (POISSONsches Feld) vor.

Ü 6.2.4 Aus $G_i = \nabla_i\lambda \equiv \partial_i\lambda \equiv \lambda_{,i}$ mit $\lambda = |x_i| = \sqrt{x_ix_i} \equiv \sqrt{x_kx_k}$ folgt:

$$\left.\begin{aligned} G_i = \frac{\partial\sqrt{x_kx_k}}{\partial x_i} = \frac{x_k\frac{\partial x_k}{\partial x_i}}{\sqrt{x_jx_j}} \\ \partial x_k/\partial x_i = \delta_{ik} \end{aligned}\right\} \Rightarrow G_i = \frac{x_k\delta_{ik}}{\sqrt{x_jx_j}} = x_i/x .$$

Mithin ist der Gradientenvektor $G_i = \nabla_i\lambda$ für $\lambda = x$ der Einsvektor x_i/x.

Ü 6.2.5 a) Nach (6.36) ist $G_i = \nabla_i\Phi \equiv \partial\Phi/\partial x_i$ mit:

$G_1 = -GDx_1 \equiv -\sigma_{32}$, $G_2 = -GDx_2 \equiv \sigma_{31}$, $G_3 \equiv 0$ (Spannungsfeld).

b) Die Gradientendyade (6.37) ergibt sich zu $G_{ij} = \partial^2\Phi/\partial x_i\partial x_j = \mathrm{diag}\{-GD, -GD, 0\}$ und ist symmetrisch ($G_{ij} = G_{ji}$), so daß der Rotor (6.42) verschwindet (wirbelfreies Feld).

c) Die Divergenz (6.39) ergibt sich aus der Spur G_{ii} zu: $\boxed{\Delta\Phi = -2GD}$. Das ist die POISSONsche Differentialgleichung des elastischen Torsionsproblems.

Ü 6.2.6 Wegen $\partial A_i/\partial x_j = G_{ij} = G_{ji}$ ist das Vektorfeld A_i wirbelfrei. Für das Feld A'_i ergibt sich die Gradientendyade zu: $G'_{ij} = \nabla_iA'_j = \nabla_iA_j - c\nabla_ix_j = G_{ij} - c\nabla_ix_j$. Nach Ü 6.2.3 gilt $\nabla_ix_j = \delta_{ij}$, so daß $G'_{ij} = G_{ij} - c\delta_{ij}$ wird. Die Dyade G'_{ij} ist symmetrisch, so daß der Rotor $R'_i = \varepsilon_{ijk}G'_{jk}$ verschwindet. Für $c = G_{ii}/3$ verschwindet die Spur G'_{ii} (Deviatoreigenschaft), d.h. die Divergenz des Feldes A'_i. Mithin ist das Feld A'_i quellen- und wirbelfrei (LAPLACEsches Feld).

Ü 6.2.7 a) Die Gradientendyade des Rotors R_i ist durch $G_{pi} = \nabla_pR_i = \nabla_p\varepsilon_{ijk}\nabla_jA_k$ gegeben. Die Divergenz ist die Spur: $G_{ii} = \varepsilon_{ijk}\nabla_i\nabla_jA_k = 0$. Mithin verschwindet stets die Divergenz eines Rotors:

$\boxed{G_{ii} = \varepsilon_{ijk}\nabla_i\nabla_jA_k = 0}$ symbolisch: $\boxed{\mathrm{div\,rot}\,\vec{A} = 0}$.

b) Der Rotor eines Rotors wird analytisch ausgedrückt durch:

$$\varepsilon_{ijk}\nabla_j\varepsilon_{klm}\nabla_lA_m = \varepsilon_{ijk}\varepsilon_{klm}\nabla_j\nabla_lA_m = (\delta_{il}\delta_{jm} - \delta_{im}\delta_{jl})\nabla_j\nabla_lA_m .$$

Somit erhält man: $\boxed{\varepsilon_{ijk}\nabla_j\varepsilon_{klm}\nabla_lA_m = \nabla_i\nabla_mA_m - \nabla^2A_i}$ bzw. in symbolischer Schreibweise:

$$\boxed{\mathrm{rot\,rot}\,\vec{A} = \mathrm{grad\,div}\,\vec{A} - \nabla^2\vec{A}} .$$

Ü 6.2.8 a) Divergenz: $G_{ii} = \nabla_i(\lambda A_i) = A_i\nabla_i\lambda + \lambda\nabla_i A_i \mathrel{\hat{=}} \vec{A} \cdot \text{grad}\,\lambda + \lambda\,\text{div}\,\vec{A}$.

b) Mit $\vec{A} \times \vec{B} = \vec{C} \mathrel{\hat{=}} \varepsilon_{ijk}A_jB_k = C_i$ wird $\text{div}(\vec{A} \times \vec{B}) = \text{div}\,\vec{C} \mathrel{\hat{=}} \nabla_i C_i = \varepsilon_{ijk}\nabla_i A_j B_k$ und somit

$$\nabla_i C_i = \varepsilon_{ijk}B_k\nabla_i A_j + \varepsilon_{ijk}A_j\nabla_i B_k\,.$$

Wegen $\varepsilon_{ijk} = \varepsilon_{kij}$ und $\varepsilon_{ijk} = -\varepsilon_{jik}$ folgt schließlich das Ergebnis:

$$\nabla_i C_i = B_k\varepsilon_{kij}\nabla_i A_j - A_j\varepsilon_{jik}\nabla_i B_k = B_k R_k(A_j) - A_j R_j(B_k)\,,$$

das die angegebene Regel in Indexschreibweise darstellt.

c) Mit $(\vec{A} \times \vec{B}) = \vec{C} \mathrel{\hat{=}} \varepsilon_{klm}A_lB_m = C_k$ erhält man:

$$\text{rot}(\vec{A} \times \vec{B}) = \text{rot}\,\vec{C} \mathrel{\hat{=}} \varepsilon_{ijk}\nabla_j C_k = R_i = \varepsilon_{ijk}\varepsilon_{klm}(B_m\nabla_j A_l + A_l\nabla_j B_m)\,.$$

Wegen (4.73) oder (4.74) ergibt sich nach kurzer Zwischenrechnung:

$$\boxed{R_i = B_m\nabla_m A_i - A_j\nabla_j B_i + A_i\nabla_m B_m - B_i\nabla_l A_l}\,.$$

"Übersetzt" man dieses Ergebnis in die symbolische Schreibweise, so erkennt man die zu beweisende Regel.

d) Diese Aufgabe läßt sich sehr einfach lösen, wenn man von der rechten Seite ausgeht, die in der Indexschreibweise gemäß $A_j\nabla_j B_i + B_j\nabla_j A_i + \varepsilon_{ijk}A_j\varepsilon_{kpq}\nabla_p B_q + \varepsilon_{ijk}B_j\varepsilon_{kpq}\nabla_p A_q := G_i$ ausgedrückt werden kann. Darin ist $\varepsilon_{ijk}\varepsilon_{kpq} = \delta_{ip}\delta_{jq} - \delta_{iq}\delta_{jp}$, so daß man erhält:

$$\boxed{G_i = A_j\nabla_i B_j + B_j\nabla_i A_j \equiv \nabla_i A_j B_j \mathrel{\hat{=}} \text{grad}(\vec{A} \cdot \vec{B})}\,, \quad \text{q.e.d.}$$

In [11] wird die Aufgabe von "links" nach "rechts" gelöst, was sehr umständlich wird.

e) Zweckmäßigerweise führt man wie unter d) den Nachweis wieder von rechts nach links durch. Die rechte Seite lautet in Indexschreibweise:

$$\frac{1}{2}\,\frac{\partial(v_pv_p)}{\partial x_i} - \varepsilon_{ijk}v_j\varepsilon_{kpq}\nabla_p v_q\,.$$

Darin ist $\varepsilon_{ijk}\varepsilon_{kpq} = \delta_{ip}\delta_{jq} - \delta_{iq}\delta_{jp}$, so daß man erhält:

$$v_p\partial_i v_p - v_q\partial_i v_q + v_p\partial_p v_i = v_p\partial_p v_i \mathrel{\hat{=}} \vec{v}\cdot(\text{grad}\,\vec{v})\,.$$

<u>Anwendungsbeispiel</u>: Die Beschleunigung eines materiellen Punktes in einem Kontinuum läßt sich additiv in einen <u>konvektiven</u> und <u>lokalen Anteil</u> aufspalten:

$$\vec{b} = (\text{grad}\,\vec{v}) \cdot \vec{v} + \partial\vec{v}/\partial t\,.$$

Dabei ist der konvektive Anteil seinerseits gemäß Aufgabenstellung zerlegbar.

Ü 6.2.9 $F = A_{ij}x_ix_j \equiv A_{pq}x_px_q \Rightarrow \dfrac{\partial F}{\partial x_i} = A_{pq}\left(x_q\dfrac{\partial x_p}{\partial x_i} + x_p\dfrac{\partial x_q}{\partial x_i}\right)$

Wegen $\partial x_p/\partial x_i = \delta_{pi}$ und $\partial x_q/\partial x_i = \delta_{qi}$ folgt:

$$\frac{\partial F}{\partial x_i} = A_{iq}x_q + A_{pi}x_p \equiv (A_{ij} + A_{ji})x_j \equiv 2A_{(ij)}x_j\,.$$

$$\frac{\partial^2 F}{\partial x_i\partial x_j} = (A_{ip} + A_{pi})\frac{\partial x_p}{\partial x_j} = (A_{ip} + A_{pi})\delta_{pj} = A_{ij} + A_{ji} \equiv 2A_{(ij)}\,.$$

In der Tensorquadrik $F = A_{ij}x_ix_j$ kann der Tensor $\underset{\sim}{A}$ ohne Einschränkung der Allgemeinheit als symmetrisch angenommen werden. Mithin gilt: $A_{(ij)} \equiv A_{ij}$.

Ü 6.2.10 Die gesuchte Ableitung ist gleich der Projektion des Gradientenvektors grad F auf die vorgegebene Richtung:

$$\partial F/\partial n = \vec{n} \cdot \text{grad}\,F \mathrel{\hat{=}} n_i\nabla_i F = (2x_1 + 3x_3)/\sqrt{3} - 1/\sqrt{6} + 3x_1/\sqrt{2}\,.$$

Ü 6.2.11 Der geometrische Ort der Fläche $\Phi(x_p) = \text{const.}$ wird durch den Ortsvektor x_p beschrieben. Der zugehörige Vektor der "Änderung" dx_p liegt in der Tangentenebene, welche die Fläche im betrachteten Punkt berührt. Wegen $\Phi(x_p) = \text{const.}$ verschwindet das vollständige Differential:

$$d\Phi = (\partial\Phi/\partial x_i)dx_i = \nabla_i\Phi dx_i = G_i dx_i \Rightarrow \boxed{G_i \perp dx_i} \,.$$

Ü 6.2.12 Da die Ellipse der geometrische Ort ist, für den die Summe der Strahlen, d.h. $\Phi = A + B = \text{const.}$ ist, steht der Gradientenvektor $\nabla_i = \nabla_i(A + B)$ nach Ü 6.2.11 senkrecht auf dem Tangenteneinsvektor t_i:

$$t_i\nabla_i(A + B) = 0 \Rightarrow \boxed{t_i\nabla_i A = - t_i\nabla_i B} \,. \qquad (*)$$

Da nach Ü 6.2.4 der Gradientenvektor $\nabla_i A$ bzw. $\nabla_i B$ Einsvektor ist in Richtung A_i bzw. B_i, ist nach (*) der Cosinus des Winkels zwischen $\nabla_i A$ und t_i gleich dem Cosinus des Winkels zwischen $\nabla_i B$ und $-t_i$. Mithin sind die Winkel selbst gleich, was zu zeigen war.

Ü 6.2.13 a) $\nabla_i f(r) \equiv \frac{\partial}{\partial x_i} f(r) = \frac{\partial f}{\partial r}\frac{\partial r}{\partial x_i}$; wegen $r = \sqrt{x_j x_j}$ gilt:

$$\frac{\partial r}{\partial x_i} = \frac{x_j}{\sqrt{x_k x_k}}\frac{\partial x_j}{\partial x_i} = \frac{x_j\delta_{ji}}{r} = \frac{x_i}{r} \,. \text{ Mithin: } \nabla_i f(r) = \frac{x_i}{r}\frac{df}{dr} \,, \text{ q.e.d.}$$

b) $$\nabla^2(f(r)) = \frac{\partial^2 f(r)}{\partial x_i \partial x_i} = \frac{\partial}{\partial x_i}\left(\frac{x_i}{r}\frac{df}{dr}\right) = \frac{df}{dr}\left(\frac{3}{r} - \frac{x_i x_i}{r^3}\right) + \frac{d^2 f}{dr^2}\frac{x_i x_i}{r^2} \,.$$

Mithin folgt wegen $x_i x_i = r^2$ das Ergebnis: $\nabla^2(f(r)) = \frac{d^2 f(r)}{dr^2} + \frac{2}{r}\frac{df(r)}{dr}$, q.e.d.

Ü 6.2.14 Zunächst wählt man für i und j andere Indizes und leitet dann unter Berücksichtigung der Produktregel ab:

$$\partial F/\partial\sigma_{ij} = A_{pq}\,\partial\sigma_{pq}/\partial\sigma_{ij} + A_{pqkl}(\sigma_{kl}\,\partial\sigma_{pq}/\partial\sigma_{ij} + \sigma_{pq}\,\partial\sigma_{kl}/\partial\sigma_{ij})/2 + \ldots$$

Wegen $\partial\sigma_{pq}/\partial\sigma_{ij} = \delta_{pi}\delta_{qj}$ oder auch $\partial\sigma_{pq}/\partial\sigma_{ij} = (\delta_{pi}\delta_{qj} + \delta_{pj}\delta_{qi})/2$ gemäß Ü 6.2.18 folgt weiter:

$$\partial F/\partial\sigma_{ij} = A_{ij} + (A_{ijkl}\sigma_{kl} + A_{pqij}\sigma_{pq})/2 + \ldots$$

Aus der gegebenen Funktion liest man die Symmetrieeigenschaften der <u>Stofftensoren</u> ab:

$$A_{ijkl} = A_{klij} \,,$$

$$A_{ijklmn} = A_{klmnij} = A_{mnijkl} = A_{ijmnkl} = A_{klijmn} = A_{mnklij} \,,$$

so daß damit schließlich folgt:

$$\boxed{\partial F/\partial\sigma_{ij} = A_{ij} + A_{ijkl}\sigma_{kl} + A_{ijklmn}\sigma_{kl}\sigma_{mn}} \,. \qquad (*)$$

b) Unter Berücksichtigung der Kettenregel und in Anlehnung an das Ergebnis (*) erhält man:

$$\frac{\partial F}{\partial\sigma_{ij}} = \frac{\partial F}{\partial\sigma'_{pq}}\frac{\partial\sigma'_{pq}}{\partial\sigma_{ij}} = (B_{pq} + B_{pqkl}\sigma'_{kl} + B_{pqklmn}\sigma'_{kl}\sigma'_{mn})\frac{\partial\sigma'_{pq}}{\partial\sigma_{ij}} \,. \qquad (**)$$

Aus $\sigma'_{pq} = \sigma_{pq} - \frac{1}{3}\sigma_{ij}\delta_{ij}\delta_{pq}$ folgt: $\frac{\partial\sigma'_{pq}}{\partial\sigma_{ij}} = \delta_{pi}\delta_{qj} - \frac{1}{3}\delta_{ij}\delta_{pq}$ bzw. aufgrund der Symmetrieeigenschaften $\sigma'_{pq} = \sigma'_{qp}$, $\sigma_{ij} = \sigma_{ji}$ auch:

$$\boxed{\frac{\partial\sigma'_{pq}}{\partial\sigma_{ij}} = \frac{1}{2}(\delta_{pi}\delta_{qj} + \delta_{pj}\delta_{qi}) - \frac{1}{3}\delta_{ij}\delta_{pq}}$$

und damit aus (**) in Analogie zu (*):

$$\boxed{\partial F/\partial\sigma_{ij} = B'_{ij} + B'_{\{ij\}kl}\sigma'_{kl} + B'_{\{ij\}klmn}\sigma'_{kl}\sigma'_{mn}} \,. \qquad (***)$$

Darin sind die <u>Stofftensoren</u> folgendermaßen definiert:

$$B'_{ij} := B_{ij} - \frac{1}{3} B_{kk}\delta_{ij} , \quad B'_{\{ij\}kl} := B_{ijkl} - \frac{1}{3} B_{rrkl}\delta_{ij} ,$$

$$B'_{\{ij\}klmn} = B_{ijklmn} - \frac{1}{3} B_{rrklmn}\delta_{ij} .$$

Sie haben "Deviatorcharakter" (verschwindende Spur) bezüglich der eingeklammerten Indizes: $B'_{ii} \equiv 0$; $B'_{\{ii\}kl} \equiv 0_{kl}$; $B'_{\{ii\}klmn} \equiv 0_{klmn}$. Die Schreibweise $B'_{\{ij\}kl}$ erinnert an den in i,j antisymmetrischen Anteil $B_{[ij]kl}$ eines Tensors 4-ter Stufe, der über die Alternierungsvorschrift $B_{[ij]kl} := \frac{1}{2}(B_{ijkl} - B_{jikl})$ gegeben ist (Analogie). An der Rechenoperation sind nur die eingeklammerten Indizes beteiligt.

Ergänzend sei bemerkt, daß man spurlose Tensoren dritter und vierter Stufe, die bezüglich zweier beliebiger Indizes "Deviatorcharakter" besitzen und vollständig symmetrisch sind, nach folgenden Rechenvorschriften erhält:

dritter Stufe: $A'_{ijk} = A_{ijk} - (A_{ppi}\delta_{jk} + A_{ppj}\delta_{ki} + A_{ppk}\delta_{ij})/5$,

vierter Stufe:

$$A'_{ijkl} = A_{ijkl} + \frac{1}{35}(\delta_{ij}\delta_{kl} + \delta_{ik}\delta_{jl} + \delta_{il}\delta_{jk})A_{ppqq} -$$

$$- \frac{1}{7}(\delta_{ij}A_{ppkl} + \delta_{ik}A_{ppjl} + \delta_{il}A_{ppjk} + \delta_{jk}A_{ppil} + \delta_{jl}A_{ppik} + \delta_{kl}A_{ppij}) .$$

Ü 6.2.15 Aus (6.44) erhält man durch Überschieben mit $\varepsilon_{ilm}dx_l$:

$$\varepsilon_{ilm} d A_i\, d x_l = \varepsilon_{ijk}\varepsilon_{ilm}R_j\, d x_k\, d x_l/2 = (R_j d x_j\, d x_m - R_m\, d x_l\, d x_l)/2$$

und nach Umindizierung ($i \to j$, $l \to k$, $m \to i$):

$$\varepsilon_{jki}\, d A_j\, d x_k = \varepsilon_{ijk}\, d A_j\, d x_k = (R_j\, d x_j\, d x_i - R_i\, d x_k\, d x_k)/2 .$$

Darin verschwindet die rechte Seite bei Wirbelfreiheit ($R_i = 0_i$) womit (6.45) nachgewiesen ist.

Ü 6.2.16 Analog Ü 6.2.9 und Ü 6.2.14 findet man die Ergebnisse:
a) $\partial J_2/\partial A_{ij} = A_{ji} - A_{kk}\delta_{ji}$, b) $\partial J'_2/\partial A'_{ij} = A'_{ji}$, c) $\partial J'_2/\partial A_{ij} = A'_{ji}$.

Ü 6.2.17 Über die Kettenregel erhält man: $\partial F/\partial A_{ij} = (\partial F/\partial A'_{pq})(\partial A'_{pq}/\partial A_{ij})$. Mit $\partial A'_{pq}/\partial A_{ij} = \delta_{pi}\delta_{qj} - \delta_{ij}\delta_{pq}/3$ folgt schließlich die Ableitung

$$\partial F/\partial A_{ij} = (\partial F/\partial A'_{pq})(\delta_{pi}\delta_{qj} - \delta_{ij}\delta_{pq}/3) ,$$

deren Spur ($i = j$) verschwindet.

Anwendungsbeispiel: Stellt man das plastische Potential als Funktion vom Spannungsdeviator dar, $F = F(\sigma'_{ij})$, so ergibt sich aus der Fließregel (4.126) die verschwindende Spur des plastischen Verzerrungstensors und somit plastische Inkompressibilität [6]. Man beachte auch das spezielle Beispiel (4.128).

Ü 6.2.18 Für $\lambda = 1$ geht die rechte Seite der Formel in

$$[A^{(0)}_{pi}A^{(0)}_{qj} + A^{(0)}_{pj}A^{(0)}_{qi}]/2 = (\delta_{ip}\delta_{jq} + \delta_{iq}\delta_{jp})/2$$

über. Das stimmt überein mit: $\partial A_{pq}/\partial A_{ij} \equiv A^{(0)}_{pqij}$ gemäß (5.25b).

Man beachte: Aufgrund der Symmetrie ist die nullte Potenz des vierstufigen Tensors durch (5.25b) und nicht durch (5.25a) gegeben. Das wäre auch in Ü 6.2.17 bei symmetrischem Tensor $\underset{\sim}{A}$ und symmetrischem Deviator $\underset{\sim}{A}'$ zu beachten [6]:

$$\partial A'_{pq}/\partial A_{ij} = (\delta_{ip}\delta_{jq} + \delta_{iq}\delta_{jp})/2 - \delta_{ij}\delta_{pq}/3 .$$

Für $\lambda = 2$ erhält man aus der Summenformel das Ergebnis

$$\sum_{\alpha=0}^{1} [\ldots] = (\delta_{ip}A_{jq} + \delta_{iq}A_{jp} + A_{ip}\delta_{jq} + A_{iq}\delta_{jp})/2 , \qquad (*)$$

das die "üblichen" Symmetrieeigenschaften eines Tensors vierter Stufe besitzt:

$$\Sigma_{ijpq} = \Sigma_{jipq} = \Sigma_{ijqp} = \Sigma_{pqij} .$$

Durch Differentiation erhält man zunächst

$$\frac{\partial A^{(2)}_{pq}}{\partial A_{ij}} = \frac{\partial (A_{pr}A_{rq})}{\partial A_{ij}} = A_{rq}\frac{\partial A_{pr}}{\partial A_{ij}} + A_{pr}\frac{\partial A_{rq}}{\partial A_{ij}}$$

und wegen $\partial A_{pr}/\partial A_{ij} = (\delta_{pi}\delta_{rj} + \delta_{pj}\delta_{ri})/2$ etc. schließlich das Ergebnis (*), q.e.d.

Die in der Aufgabenstellung angegebene Formel wird in [6] zur Herleitung von Stoffgleichungen benutzt.

Ü 6.2.19 Aufgrund der Homogenität vom Grade r gilt:

$$U(\varkappa x_1, \varkappa x_2, \varkappa x_3) = \varkappa^r U(x_1, x_2, x_3) \ . \qquad (*)$$

Wendet man darauf den Operator $\partial/\partial\varkappa$ an, so folgt:

$$\partial U(\varkappa x_i)/\partial\varkappa = r\varkappa^{r-1} U(x_i) \ . \qquad (**)$$

Darin kann man für die linke Seite schreiben:

$$\frac{\partial U(\varkappa x_i)}{\partial \varkappa} = \sum_i \frac{\partial U}{\partial(\varkappa x_i)} \frac{\partial(\varkappa x_i)}{\partial\varkappa} \equiv \frac{1}{\varkappa} x_i \frac{\partial U(\varkappa x_i)}{\partial x_i} \ ,$$

so daß mit (**) und (*) schließlich die in der Aufgabenstellung angegebene "EULERsche Differentialgleichung" folgt.

In Verbindung mit der Fließregel (4.126) erhält man [6]:

$$d^pA = \sigma_{ij} d^p\varepsilon_{ij} = \sigma_{ij}(\partial F/\partial\sigma_{ij}) d\lambda \ . \qquad (***)$$

Falls das plastische Potential eine homogene Funktion vom Grade r ist,

$$F(\varkappa\sigma_{11}, \varkappa\sigma_{22}, \ldots) = \varkappa^r F(\sigma_{11}, \sigma_{22}, \ldots) \ , \quad \text{bzw.} \quad F(\varkappa\sigma_{ij}) = \varkappa^r F(\sigma_{ij}) \ ,$$

kann die EULERsche Differentialgleichung $\sigma_{ij}\partial F(\sigma_{pq})/\partial\sigma_{ij} = rF(\sigma_{ij})$ benutzt werden, so daß man (***) gemäß $d^pA = rF(\sigma_{ij})d\lambda$ ausdrücken kann. Als Fließbedingung vom Grade r kann allgemein $F(\sigma_{ij}) = k^r$ mit der Schubfließgrenze k angesetzt werden. Dann erhält man:

$$^pA = r\int k^r d\lambda \ .$$

Beispielsweise ist das quadratische plastische Potential (r = 2) nach MISES durch $F = J_2'$ gegeben. Weiterhin ist dann $k = \sigma_V/\sqrt{3}$ und $d\Lambda = 3d^p\varepsilon_V/2\sigma_V$, so daß folgt: $^pA = \int\sigma_V d^p\varepsilon$. Darin ist σ_V die Vergleichsspannung [6].

Ü 6.2.20 Unter Berücksichtigung der Produktregel findet man:

a) $$\frac{\partial^2(U_kV_k)}{\partial U_i \partial V_j} = \frac{\partial}{\partial V_j}(V_k\delta_{ki} + U_k 0_{ki}) = \delta_{kj}\delta_{ki} = \underline{\underline{\delta_{ij}}},$$

b) $$\frac{\partial^3(\varepsilon_{pqr}U_pV_qW_r)}{\partial U_i \partial V_j \partial W_k} = \frac{\partial^2(\varepsilon_{pqr}V_qW_r\delta_{pi})}{\partial V_j \partial W_k} = \frac{\partial}{\partial W_k}(\varepsilon_{iqr}W_r\delta_{qj}) = \varepsilon_{ijr}\delta_{rk} = \underline{\underline{\varepsilon_{ijk}}} \ ,$$

c) $$\frac{\partial^2(A_{pq}B_{qp})}{\partial A_{ij}\partial B_{kl}} = \frac{\partial}{\partial B_{kl}}\left[\frac{1}{2}(\delta_{pi}\delta_{qj} + \delta_{pj}\delta_{qi})B_{qp}\right] = \frac{\partial B_{ij}}{\partial B_{kl}} = \frac{1}{2}(\delta_{ik}\delta_{jl} + \delta_{il}\delta_{jk}) \ .$$

Bemerkung: Unter "a)" erhält man für $\vec{V} = \vec{U}$ das Ergebnis: $2\delta_{ij}$.
Für $\underset{\sim}{B} = \underset{\sim}{A}$ findet man unter "c)" das Ergebnis: $\delta_{ik}\delta_{jl} + \delta_{il}\delta_{jk}$.

Ü 6.3.1 Unter Benutzung des ε-Tensors erhält man:

$$J := |\partial x_i/\partial a_j| = \varepsilon_{ijk}(\partial x_1/\partial a_i)(\partial x_2/\partial a_j)(\partial x_3/\partial a_k) \ .$$

Daraus ermittelt man die Zeitableitung zu:

$$\dot{J} = \varepsilon_{ijk}\left(\frac{\partial \dot{x}_1}{\partial a_i}\frac{\partial x_2}{\partial a_j}\frac{\partial x_3}{\partial a_k} + \frac{\partial x_1}{\partial a_i}\frac{\partial \dot{x}_2}{\partial a_j}\frac{\partial x_3}{\partial a_k} + \frac{\partial x_1}{\partial a_i}\frac{\partial x_2}{\partial a_j}\frac{\partial \dot{x}_3}{\partial a_k}\right).$$

Unter Berücksichtigung der Kettenregel $\partial\dot{x}_1/\partial a_i = (\partial\dot{x}_1/\partial x_p)(\ x_p/\ a_i)$ folgt weiter:

$$\dot{J} = \varepsilon_{ijk}\left(\frac{\partial \dot{x}_1}{\partial x_p}\frac{\partial x_p}{\partial a_i}\frac{\partial x_2}{\partial a_j}\frac{\partial x_3}{\partial a_k} + \frac{\partial \dot{x}_2}{\partial x_p}\frac{\partial x_p}{\partial a_j}\frac{\partial x_3}{\partial a_k}\frac{\partial x_1}{\partial a_i} + \frac{\partial \dot{x}_3}{\partial x_p}\frac{\partial x_p}{\partial a_k}\frac{\partial x_1}{\partial a_i}\frac{\partial x_2}{\partial a_j}\right).$$

Führt man darin die Summation über den stummen Index p durch, so stellt man fest, daß von den insgesamt neun Determinanten nur drei von Null verschieden sind. Beispielsweise verschwindet die Determinante $(\partial\dot{x}_1/\partial x_2)\varepsilon_{ijk}(\partial x_2/\partial a_i)(\partial x_2/\partial a_j)(\partial x_3/\partial a_k)$, die zwei übereinstimmende Zeilenvektoren besitzt. Mithin erhält man:

$$\boxed{\dot{J} = (\partial\dot{x}_r/\partial x_r)\varepsilon_{ijk}(\partial x_1/\partial a_i)(\partial x_2/\partial a_j)(\partial x_3/\partial a_k) \equiv J\,\dot{x}_{r,r}} \; .$$

Darin bedeutet der Index nach dem Komma partielle Differentiationen nach den entsprechenden Koordinaten. Aus dem Ergebnis können die Zusammenhänge $\operatorname{div}\vec{v} = \dot{J}/J = d/(\ln J)/dt$ gefolgert werden.

Ü 6.3.2 Durch die Vektoren $d\vec{y}$ und $d\vec{z}$ werde ein Flächenelement aufgespannt, das durch den Flächenvektor $dA_i = \varepsilon_{ijk}dy_j dz_k$ in der aktuellen Konfiguration repräsentiert wird. Aufgrund der Bewegung (6.56) gilt $dy_j = (\partial x_j/\partial a_q)dy_q^0$ etc. Mithin erhält man durch Überschiebung mit $\partial x_i/\partial a_p$ die Beziehung:

$$(\partial x_i/\partial a_p)dA_i = \varepsilon_{ijk}(\partial x_i/\partial a_p)(\partial x_j/\partial a_q)(\partial x_k/\partial a_r)dy_q^0 dz_r^0 \; .$$

Darin kann auf der rechten Seite die Determinante durch die Formel

$$\varepsilon_{ijk}(\partial x_i/\partial a_p)(\partial x_j/\partial a_q)(\partial x_k/\partial a_r) = |\partial x_i/\partial a_j|\varepsilon_{pqr} \equiv J\varepsilon_{pqr}$$

ausgedrückt werden (Ziffer 4.3). Eine weitere Überschiebung mit $(\partial a_p/\partial x_j)$ führt zu:

$$\underbrace{(\partial x_i/\partial a_p)(\partial a_p/\partial x_j)}_{\delta_{ij}}dA_i = (\partial a_p/\partial x_j)J\,\underbrace{\varepsilon_{pqr}dy_q^0 dz_r^0}_{dA_p^0} \; .$$

Somit gilt $dA_j = (\partial a_p/\partial x_j)J\,dA_p^0$ bzw. $dA_i = (\partial a_p/\partial x_i)J\,dA_p^0$. Überschiebt man dieses Ergebnis mit $(\partial x_i/\partial a_q)$, so findet man die Umkehrung $dA_q^0 = (\partial x_i/\partial a_q)J^{-1}dA_i$. Wegen $J^{-1} = J^{(-1)}$ kann man schließlich die Lösung der Aufgabe folgendermaßen zusammenfassen:

$$\boxed{dA_i = J(\partial a_p/\partial x_i)dA_p^0} \iff \boxed{dA_i^0 = J^{(-1)}(\partial x_p/\partial a_i)dA_p} \; .$$

Man erkennt wieder die "Dualität", d.h., durch Vertauschen der Kernbuchstaben (x,a) und (A,A^0) geht die eine Form in die andere über.

Ü 6.3.3 a) Unter Benutzung des Ergebnisses aus Ü 6.3.1 und wegen $dV = J\,dV_0$ erhält man die <u>materielle Zeitableitung</u>:

$$d(dV)/dt \equiv (dV)^\bullet = \dot{J}\,dV_0 = \dot{x}_{k,k}J\,dV_0 = \dot{x}_{k,k}dV \; .$$

Dieses Ergebnis kann auch durch $(dV)^\bullet = (\operatorname{div}\vec{v})dV$ ausgedrückt werden.
b) Mit dem Ergebnis aus Ü 6.3.2 erhält man die <u>materielle Zeitableitung</u> eines Oberflächenelementes dS_i zu:

$$(dS_i)^\bullet = \frac{d}{dt}\left(J\frac{\partial a_p}{\partial x_i}\right)dS_p^0 = \dot{J}\frac{\partial a_p}{\partial x_i}dS_p^0 + J\frac{d}{dt}\left(\frac{\partial a_p}{\partial x_i}\right)dS_p^0 \; . \qquad (*)$$

Wegen $(\partial a_p/\partial x_i)(\partial x_i/\partial a_q) = \delta_{pq}$ wird:

$$\frac{d}{dt}\left(\frac{\partial a_p}{\partial x_i}\frac{\partial x_i}{\partial a_q}\right) = \frac{\partial x_i}{\partial a_q}\frac{d}{dt}\left(\frac{\partial a_p}{\partial x_i}\right) + \frac{\partial a_p}{\partial x_i}\frac{d}{dt}\left(\frac{\partial x_i}{\partial a_q}\right) = 0 \; .$$

Darin kann $d(\partial x_i/\partial a_q)/dt = \partial\dot{x}_i/\partial a_q = (\partial\dot{x}_i/\partial x_r)(\partial x_r/\partial a_q)$ gesetzt werden. Durch Überschieben mit $(\partial a_q/\partial x_j)$ folgt weiter:

$$\frac{\partial a_q}{\partial x_j}\frac{\partial x_i}{\partial a_q}\frac{d}{dt}\left(\frac{\partial a_p}{\partial x_i}\right) + \frac{\partial\dot{x}_i}{\partial x_r}\frac{\partial x_r}{\partial a_q}\frac{\partial a_q}{\partial x_j}\frac{\partial a_p}{\partial x_i} = 0$$

und wegen $(\partial x_i/\partial a_q)(\partial a_q/\partial x_j) = \delta_{ij}$ schließlich:

$$\frac{d}{dt}\left(\frac{\partial a_p}{\partial x_j}\right) = -\frac{\partial \dot{x}_i}{\partial x_j}\frac{\partial a_p}{\partial x_i} \quad \text{bzw.} \quad \frac{d}{dt}\left(\frac{\partial a_p}{\partial x_i}\right) = -\frac{\partial \dot{x}_q}{\partial x_i}\frac{\partial a_p}{\partial x_q} .$$

Diese Beziehung und $\dot{J} = \dot{x}_{r,r}J$ setzt man in (*) ein und erhält mit Ü 6.3.2 das gesuchte Ergebnis:

$$(dS_i)^{\bullet} = \dot{x}_{r,r}J(\partial a_p/\partial x_i)dS_p^0 - \dot{x}_{q,i}J(\partial a_p/\partial x_q)dS_p^0 = \dot{x}_{r,r}dS_i - \dot{x}_{q,i}dS_q ,$$

das man auch in die symbolische Schreibweise übertragen möge.

c) Wegen $dx_i = (\partial x_i/\partial a_j)da_j$ folgt: $d(dx_i)/dt \equiv (dx_i)^{\bullet} = (\partial \dot{x}_i/\partial a_j)da_j = (\partial \dot{x}_i/\partial x_p)(\partial x_p/\partial a_j)da_j$ und mit $(\partial x_p/\partial a_j)da_j = dx_p$ schließlich: $(dx_i)^{\bullet} = (\partial \dot{x}_i/\partial x_p)dx_p \equiv (\partial v_i/\partial x_p)dx_p \equiv v_{i,p}dx_p$.

Ü 6.3.4 a) Mit dem Ergebnis aus Ü 6.3.3 a) erhält man:

$$\dot{\underset{\sim}{P}}(t) = \iiint_V \frac{d}{dt}[\underset{\sim}{p}(\underset{\sim}{x},t)dV] = \iiint_V [\dot{\underset{\sim}{p}}(\underset{\sim}{x},t) + \underset{\sim}{p}(\underset{\sim}{x},t)\,\text{div}\,\vec{v}]dV .$$

Dieser Zusammenhang wird als <u>REYNOLDSsches Transporttheorem</u> bezeichnet. Unter Berücksichtigung von (6.62) kann man weiter zerlegen:

$$\dot{\underset{\sim}{P}}(t) = \iiint_V (\partial \underset{\sim}{p}/\partial t + \vec{v}\cdot\nabla\underset{\sim}{p} + \underset{\sim}{p}\,\text{div}\,\vec{v})dV = \iiint_V [\partial \underset{\sim}{p}/\partial t + \text{div}(\underset{\sim}{p}\,\vec{v})]dV .$$

Nach dem <u>GAUSSschen Satz</u> gilt: $\iiint_V \text{div}(\underset{\sim}{p}\,\vec{v})dV = \iint_S \underset{\sim}{p}\,\vec{v}\cdot d\vec{S}$

($d\vec{S} \mathrel{\hat{=}}$ orientiertes Oberflächenelement), so daß man schließlich die Zerlegung

$$\dot{\underset{\sim}{P}}(t) = \iiint_V (\partial \underset{\sim}{p}/\partial t)\,dV + \iint_S \underset{\sim}{p}\,\vec{v}\cdot d\vec{S}$$

erhält, die man in Indexschreibweise gemäß

$$\dot{P}_{ij\ldots}(t) = \iiint_V \frac{\partial p_{ij\ldots}(\underset{\sim}{x},t)}{\partial t}dV + \iint_S [p_{ij\ldots}(\underset{\sim}{x},t)]v_r dS_r$$

ausdrückt. In dieser Zerlegung wird durch das Volumenintegral die zeitliche Änderung der Feldgröße berücksichtigt, während das zweite Integral als "Fluß" des Tensorfeldes $[p_{ij\ldots}(\underset{\sim}{x},t)]v_r$ durch die Oberfläche S des Volumens V gedeutet werden kann.

b) Mit dem Ergebnis aus Ü 6.3.3 b) erhält man die <u>materielle Zeitableitung</u> des <u>tensoriellen Flusses</u> zu:

$$\dot{\Phi}_{ij\ldots}(t) = \iint_S [\dot{A}_{ij\ldots p}(\underset{\sim}{x},t)dS_p + A_{ij\ldots p}(\underset{\sim}{x},t)(dS_p)^{\bullet}]$$

$$\dot{\Phi}_{ij\ldots}(t) = \iint_S (\dot{A}_{i\ldots p} + \dot{x}_{r,r}A_{i\ldots p})dS_p - \iint_S A_{i\ldots p}\dot{x}_{r,p}dS_r .$$

c) Mit dem Ergebnis aus Ü 6.3.3 c) erhält man:

$$\dot{\Gamma}_{ij\ldots}(t) = \int_C [\dot{B}_{ij\ldots p}(\underset{\sim}{x},t)dx_p + B_{ij\ldots p}(\underset{\sim}{x},t)(dx_p)^{\bullet}]$$

$$\dot{\Gamma}_{ij\ldots}(t) = \int_C \dot{B}_{ij\ldots p}(\underset{\sim}{x},t)dx_p + \int_C B_{ij\ldots p}(\underset{\sim}{x},t)\dot{x}_{p,r}dx_r .$$

Ü 6.3.5 a) Die zeitliche Änderung des Volumens ist:

$$\boxed{\dot{V} = \iiint_V (dV)^{\bullet} = \iiint_V \text{div}\,\vec{v}\,dV = \iint_S \vec{v}\cdot\vec{n}\,dS} .$$

Darin ist $\vec{n}\,dS$ ein orientiertes Oberflächenelement.

b) Die zeitliche Änderung des Flusses eines Vektorfeldes ergibt sich zu:

$$\dot{\Phi}(t) = \iint_S (\dot{A}_i + \dot{x}_{r,r}A_i)\,dS_i - \iint_S A_i\dot{x}_{r,i}dS_r .$$

Durch Vertauschen der stummen Indizes im zweiten Integranden und unter Berücksichtigung von (6.62) erhält man:

$$\dot{\Phi}(t) = \iint_S (\dot{A}_i + A_i\dot{x}_{r,r} - A_r\dot{x}_{i,r})dS_i \quad .$$

c) Für $x_1 = x$ entnimmt man aus Ü 6.3.4 c):

$$\dot{F}(t) = \int_{a(t)}^{b(t)} \dot{f}\, dx + \int_{a(t)}^{b(t)} f \frac{\partial \dot{x}}{\partial x}\, dx \; .$$

Darin wird im ersten Integral der Operator (6.62) berücksichtigt, während das zweite Integral durch partielle Integration umgeformt wird. Das führt auf das bekannte Ergebnis

$$\dot{F}(t) = \int_{a(t)}^{b(t)} \frac{\partial f(x,t)}{\partial t}\, dt + f[b(t),t]\dot{b}(t) - f[a(t),t]\dot{a}(t)$$

aus der Integralrechnung. Die beiden letzten Terme hängen von den zeitlichen Veränderungen der Integrationsgrenzen ab.

Die in Ü 6.3.4 und Ü 6.3.5 behandelten Integrale erstrecken sich über Volumina, Flächen und Linien, die zu allen Zeiten aus denselben Teilchen (materiellen Punkten) bestehen. Dabei sind aufgrund der Bewegung die Integrationsbereiche zeitlich veränderlich.

Ü 6.3.6 Die Übungsaufgabe Ü 3.1.1 und der entsprechende Textteil in [6] befassen sich ausführlich mit dem angeschnittenen Problem. Aufgrund der materiellen Objektivität wird darin eine Einschränkung gefunden, die als Bedingung der Form-Invarianz für die tensorwertige Funktion $f_{ij}(\partial x_p/\partial a_q)$ angesehen werden kann. Eine weitere Einschränkung ergibt sich bei Isotropie und wird ebenfalls in [6] diskutiert. Man beachte auch Ü 6.4.11.

Ü 6.3.7 Auch diese Aufgabe wird ausführlich in [6] unter Ü 3.1.2 behandelt mit folgenden Ergebnissen:

a) Der Geschwindigkeitsvektor ist nicht objektiv.

b) Der Verzerrungsgeschwindigkeitstensor ("rate-of-deformation tensor") ist objektiv, während der Spintensor wiederum nicht objektiv ist.

c) Der CAUCHYsche Spannungstensor selbst ist objektiv (Ü 6.4.11). Hingegen ist seine materielle Zeitableitung (6.63) nicht objektiv.

Die JAUMANNsche Spannungsgeschwindigkeit ("co-rotational stress rate"), die gemäß (6.64) definiert wird, ist objektiv.

Ebenfalls ist die konvektive Spannungsgeschwindigkeit objektiv, die man erhält, wenn man zur JAUMANNschen Spannungsgeschwindigkeit die objektive Größe $D_{ik}\sigma_{kj} + \sigma_{ik}D_{kj}$ addiert. Darin sind $\underset{\sim}{D}$ der Verzerrungsgeschwindigkeitstensor und $\underset{\sim}{\sigma}$ der CAUCHYsche Spannungstensor.

Ü 6.3.8 Wegen $\varepsilon_{ij} = (u_{i,j} + u_{j,i})/2$ und der Volumendilatation $\varepsilon_{kk} = u_{k,k}$ (Divergenz) folgt aus dem Stoffgesetz (4.124): $\sigma_{ij} = \mu(u_{i,j} + u_{j,i}) + \lambda u_{k,k}\delta_{ij}$. Setzt man diese Gleichung in die Bewegungsgleichung ein, so erhält man unmittelbar die gesuchte Differentialgleichung in den Verschiebungen:

$$\rho\, \partial^2 u_i/\partial t^2 = (\lambda + \mu)u_{k,ki} + \mu\, u_{i,kk} \quad , \qquad (*)$$

die man symbolisch durch $\rho\, \partial^2\vec{u}/\partial t^2 = (\lambda + \mu)\text{grad div}\,\vec{u} + \mu\, \nabla^2\vec{u}$ oder wegen $\text{rot rot}\,\vec{u} = \text{grad div}\,\vec{u} - \nabla^2\vec{u}$ gemäß Ü 6.2.7b auch durch

$$\rho\, \partial^2\vec{u}/\partial t^2 = (\lambda + 2\mu)\text{grad div}\,\vec{u} - \mu\, \text{rot rot}\,\vec{u}$$

ausdrücken kann. Wendet man auf (*) den Nabla-Operator $\nabla_i \equiv {}_{,i}$ an, d.h. bildet man die Divergenz von (*), so folgt:

$$\rho\, \partial^2 u_{i,i}/\partial t^2 = (\lambda + \mu)u_{k,kii} + \mu\, u_{i,ikk} = (\lambda + 2\mu)u_{k,kii} \; .$$

Darin kann die Divergenz $u_{k,k} \equiv u_{i,i}$ durch die Volumendehnung ε_{kk} ersetzt werden, so daß die gesuchte Wellengleichung der Longitudinalwellen (Kompressionswellen) folgt:

$$\boxed{\left(\frac{\partial^2}{\partial t^2} - \alpha^2 \frac{\partial^2}{\partial x_i \partial x_i}\right)\varepsilon_{kk} = 0}$$

mit der Fortpflanzungsgeschwindigkeit $\alpha = \sqrt{(\lambda + 2\mu)/\rho} = \sqrt{\text{Elastizität/Dichte}}$ (**).

Wendet man die Dyade $\varepsilon_{ijk}\nabla_j$ auf (*) nach geeigneter Umindizierung an, d.h. bildet man den Rotor von (*), so erhält man:

$$\rho\, \partial^2 \varepsilon_{ijk}\nabla_j u_k/\partial t^2 = (\lambda + \mu)\varepsilon_{ijk}\nabla_j\nabla_k\varepsilon_{pp} + \mu\, \varepsilon_{ijk}\nabla_j\nabla_p\nabla_p\, u_k = \mu\, \varepsilon_{ijk}\nabla_j\nabla_p\nabla_p\, u_k \,.$$

Mithin folgt für den Rotor $R_i = \varepsilon_{ijk}\nabla_j u_k$ der Verschiebung die Wellengleichung (Transversalwellen):

$$\rho \frac{\partial^2 R_i}{\partial t^2} = \mu\, \nabla_p\nabla_p\, R_i \equiv \mu\, \Delta\, R_i \quad \text{bzw.} \quad \boxed{\left(\frac{\partial^2}{\partial t^2} - \beta^2 \frac{\partial^2}{\partial x_k \partial x_k}\right) R_i = 0}$$

mit der Fortpflanzungsgeschwindigkeit $\beta = \sqrt{\mu/\rho} = \sqrt{\text{Elastizität/Dichte}}$ (***).
Aus den Ergebnissen (**) und (***) stellt man fest, daß die Fortpflanzungsgeschwindigkeiten der Kompressionswellen stets größer sind als die der Transversalwellen:

$$\alpha/\beta = \sqrt{(\lambda + 2\mu)/\mu} = \sqrt{2 + \lambda/\mu} > \sqrt{2}\,.$$

Schließlich kann man noch die Fortpflanzungsgeschwindigkeit (**) der Kompressionswellen durch den Kompressionsmodul $K = E/[3(1 - 2\nu)]$ ausdrücken: $\alpha = \sqrt{3(1-\nu)/(1+\nu)}\,\sqrt{K/\rho}$ (E Elastizitätsmodul, ν elastische Querzahl), während die Fortpflanzungsgeschwindigkeit (***) der Schubwellen vom Schubmodul $G = E/[2(1 + \nu)] \equiv \mu$ abhängig ist: $\beta = \sqrt{G/\rho}$.

Ü 6.3.9 Setzt man $u_i = \varepsilon_{ij}a_j$ in (6.68) ein, so erhält man:

$$a_j\, d\varepsilon_{ij}/dt + \varepsilon_{ij}\, da_j/dt = a_j\, d^*\varepsilon_{ij}/dt + \varepsilon_{ij}\, d^*a_j/dt + \varepsilon_{ijk}\omega_j\varepsilon_{kl}a_l$$

und daraus unter Anwendung von (6.68) auf a_j:

$$a_j\, d\varepsilon_{ij}/dt = a_j\, d^*\varepsilon_{ij}/dt + \varepsilon_{ilk}\omega_l\varepsilon_{kj}a_j - \varepsilon_{jlk}\omega_l\varepsilon_{ij}a_k \,.$$

Darin kann der letzte Term durch $\varepsilon_{jlk}\omega_l\varepsilon_{ik}a_j$ ersetzt werden. Mithin erhält man in Übereinstimmung mit (6.72) für den Verzerrungstensor:

$$\boxed{d\varepsilon_{ij}/dt = d^*\varepsilon_{ij}/dt + \varepsilon_{ikl}\omega_k\varepsilon_{lj} + \varepsilon_{jkl}\omega_k\varepsilon_{il}}\,.$$

Ü 6.3.10 Aus (6.67) unter Benutzung von (6.68) folgt:

$$b_i = dv_i/dt = d^2y_i/dt^2 + \varepsilon_{ijk}(d\omega_j/dt)\,\xi_k + \varepsilon_{ijk}\omega_j\, d\xi_k/dt + d\,{}^r v_i/dt\,,$$

$$b_i = d^2y_i/dt^2 + \varepsilon_{ijk}(d\omega_j/dt)\,\xi_k + \varepsilon_{ijk}\omega_j\,{}^r v_k + \varepsilon_{ijk}\omega_j\varepsilon_{klm}\omega_l\xi_m + d^*\,{}^r v_i/dt + \varepsilon_{ijk}\omega_j\,{}^r v_k\,,$$

$$b_i = \underbrace{\frac{d^2 y_i}{dt^2} + \varepsilon_{ijk}\frac{d\omega_j}{dt}\xi_k + \varepsilon_{ijk}\omega_j\varepsilon_{klm}\omega_l\xi_m}_{{}^f b_i} + \underbrace{\frac{d^*\,{}^r v_i}{dt}}_{{}^r b_i} + \underbrace{2\varepsilon_{ijk}\omega_j\,{}^r v_k}_{{}^C b_i}\,.$$

Wegen $\varepsilon_{ijk}\varepsilon_{klm} = \delta_{il}\delta_{jm} - \delta_{im}\delta_{jl}$ kann man auch schreiben:

$$b_i = \frac{d^2 y_i}{dt^2} + \varepsilon_{ijk}\frac{d\omega_j}{dt}\xi_k + \omega_i\omega_j\xi_j - \omega^2\xi_i + \frac{d^*\,{}^r v_i}{dt} + 2\varepsilon_{ijk}\omega_j\,{}^r v_k\,.$$

Gegenüber der Zerlegung (6.67) der absoluten Geschwindigkeit in Führungsgeschwindigkeit und Relativgeschwindigkeit tritt bei der absoluten Beschleunigung zu den entsprechenden Gliedern noch die CORIOLISbeschleunigung ${}^{C}b_i = 2\varepsilon_{ijk}\omega_j{}^{r}v_k$ hinzu, die gleich dem doppelten Vektorprodukt aus der Winkelgeschwindigkeit des rotierenden Systems mit der Relativgeschwindigkeit des Punktes Q in Bild 6.6 ist.

Ü 6.3.11 Setzt man (6.72) in die Produktregel ein, so erhält man:

$$d(A_{ij}/B_{ij})/dt = B_{ij}\ d^*A_{ij}/dt + \varepsilon_{ikl}\omega_k A_{lj}B_{ij} + \varepsilon_{jkl}\omega_k A_{il}B_{ij} + \\ + A_{ij}\ d^*B_{ij}/dt + \varepsilon_{ikl}\omega_k B_{lj}A_{ij} + \varepsilon_{jkl}\omega_k B_{il}A_{ij}\ .$$

Wegen

$$\varepsilon_{ikl}\omega_k B_{lj}A_{ij} \equiv \varepsilon_{lki}\omega_k B_{ij}A_{lj} = -\ \varepsilon_{ikl}\omega_k A_{lj}B_{ij}\ ,$$

$$\varepsilon_{jkl}\omega_k B_{il}A_{ij} \equiv \varepsilon_{lkj}\omega_k B_{ij}A_{il} = -\ \varepsilon_{jkl}\omega_k A_{il}B_{ij}$$

folgt:

$$d(A_{ij}B_{ij})/dt = B_{ij}\ d^*A_{ij}/dt + A_{ij}\ d^*B_{ij}/dt\ , \quad \text{q.e.d.}$$

Das Ergebnis kann man auch in der Schreibweise $(A_{ij}B_{ji})^{\bullet} = (A_{ij}B_{ji})^{\circ}$ ausdrücken.

Ü 6.3.12 Man ersetze den Vektor ξ_i in (6.68) durch den Vektor $A_i = T_{ijk}B_{jk}$:

$$B_{jk}\ dT_{ijk}/dt + T_{ijk}\ dB_{jk}/dt = B_{jk}\ d^*T_{ijk}/dt + T_{ijk}\ d^*B_{jk}/dt + \varepsilon_{ijk}\omega_j T_{klm}B_{lm}\ ,$$

$$B_{jk}(dT_{ijk}/dt - d^*T_{ijk}/dt) = \varepsilon_{ijk}\omega_j T_{klm}B_{lm} - T_{ijk}\ (dB_{jk}/dt - d^*B_{jk}/dt)\ . \qquad (*)$$

Darin kann der zweite Term nach (6.72) durch $-T_{ijk}(\varepsilon_{jlm}\omega_l B_{mk} + \varepsilon_{klm}\omega_l B_{jm})$ ersetzt werden. Wegen

$$\varepsilon_{ijk}\omega_j T_{klm}B_{lm} \equiv \varepsilon_{ilm}\omega_l T_{mjk}B_{jk}\ , \quad \varepsilon_{jlm}\omega_l T_{ijk}B_{mk} \equiv \varepsilon_{mlj}\omega_l T_{imk}B_{jk} = -\ \varepsilon_{jlm}\omega_l T_{imk}B_{jk}\ ,$$

$$\varepsilon_{klm}\omega_l T_{ijk}B_{jm} \equiv \varepsilon_{mlk}\omega_l T_{ijm}B_{jk} = -\ \varepsilon_{klm}\omega_l T_{ijm}B_{jk}$$

folgt aus (*) die herzuleitende Beziehung (6.75).

Ü 6.3.13 a) Für die Stufenzahl "4" reduziert sich (6.76a) auf:

$$(d/dt - d^*/dt)T_{ijkl} = \varepsilon_{ipq}\omega_p T_{qjkl} + \varepsilon_{jpq}\omega_p T_{iqkl} + \varepsilon_{kpq}\omega_p T_{ijql} + \varepsilon_{lpq}\omega_p T_{ijkq}\ .$$

Mit $T_{ijkl} = E_{ijkl} = \lambda\ \delta_{ij}\delta_{kl} + \mu(\delta_{ik}\delta_{jl} + \delta_{il}\delta_{jk})$ und $d\lambda/dt = d\mu/dt = 0$ folgt daraus:

$$(d/dt - d^*/dt)E_{ijkl} = \lambda\ \varepsilon_{ipj}\omega_p\delta_{kl} + \mu\ \varepsilon_{ipk}\omega_p\delta_{jl} + \mu\ \varepsilon_{ipl}\omega_p\delta_{jk} + \\ + \lambda\ \varepsilon_{jpi}\omega_p\delta_{kl} + \mu\ \varepsilon_{jpl}\omega_p\delta_{ik} + \mu\ \varepsilon_{jpk}\omega_p\delta_{il} + \\ + \lambda\ \varepsilon_{kpl}\omega_p\delta_{ij} + \mu\ \varepsilon_{kpi}\omega_p\delta_{jl} + \mu\ \varepsilon_{kpj}\omega_p\delta_{il} + \\ + \lambda\ \varepsilon_{lpk}\omega_p\delta_{ij} + \mu\ \varepsilon_{lpj}\omega_p\delta_{ik} + \mu\ \varepsilon_{lpi}\omega_p\delta_{jk}\ .$$

Darin heben sich die 12 Glieder auf der rechten Seite wegen $\varepsilon_{ipj} = -\ \varepsilon_{jpi}$ usw. paarweise auf, so daß man das triviale Ergebnis $d\ E_{ijkl}/dt = d^*E_{ijkl}/dt \equiv 0_{ijkl}$ erhält.

b) Für Tensoren 5-ter Stufe vereinfacht sich (6.76a) zu:

$$(d/dt - d^*/dt)T_{ijklm} = \varepsilon_{ipq}\omega_p T_{qjklm} + \varepsilon_{jpq}\omega_p T_{iqklm} + \varepsilon_{kpq}\omega_p T_{ijqlm} + \\ + \varepsilon_{lpq}\omega_p T_{ijkqm} + \varepsilon_{mpq}\omega_p T_{ijklq}\ ,$$

so daß daraus für den isotropen Tensor $T_{ijklm} = \delta_{ij}\varepsilon_{klm}$ folgt:

$$(d/dt - d^*/dt)T_{ijkl} = (\varepsilon_{ipj}\varepsilon_{klm} + \varepsilon_{jpi}\varepsilon_{klm})\omega_p + (\varepsilon_{kpq}\varepsilon_{qlm} + \varepsilon_{lpq}\varepsilon_{kqm} + \varepsilon_{mpq}\varepsilon_{klq})\delta_{ij}\omega_p\ .$$

Daraus folgt wegen $\varepsilon_{ipj} = -\ \varepsilon_{jpi}$, $\varepsilon_{kpq}\varepsilon_{qlm} = \delta_{kl}\delta_{pm} - \delta_{km}\delta_{pl}$,
$\varepsilon_{lpq}\varepsilon_{kqm} = -(\delta_{kl}\delta_{pm} - \delta_{lm}\delta_{pk})$, $\varepsilon_{mpq}\varepsilon_{klq} = \delta_{mk}\delta_{pl} - \delta_{ml}\delta_{pk}$:

$$(d/dt - d^*/dt)T_{ijklm} = \delta_{ij}\delta_{kl}\omega_m - \delta_{ij}\delta_{km}\omega_l - \delta_{ij}\delta_{lk}\omega_m + \delta_{ij}\delta_{lm}\omega_k + \delta_{ij}\delta_{mk}\omega_l - \delta_{ij}\delta_{ml}\omega_k\ .$$

Mithin gilt: $d(\delta_{ij}\varepsilon_{klm})/dt = d^*(\delta_{ij}\varepsilon_{klm})/dt \equiv 0_{ijklm}$.

c) Für den δ-Tensor 6-ter Stufe, $\delta_{ijklmn} = \varepsilon_{ijk}\varepsilon_{lmn}$ erhält man aus (6.76a):

$$(d/dt - d^*/dt)\delta_{ijklmn} = (\varepsilon_{ipq}\varepsilon_{qjk} + \varepsilon_{jpq}\varepsilon_{iqk} + \varepsilon_{kpq}\varepsilon_{ijq})\varepsilon_{lmn}\omega_p + (\varepsilon_{lpq}\varepsilon_{qmn} + \varepsilon_{mpq}\varepsilon_{lqn} + \varepsilon_{npq}\varepsilon_{lmq})\varepsilon_{ijk}\omega_p$$

und daraus wegen (4.72):

$$\begin{aligned}(d/dt - d^*/dt)\delta_{ijklmn} = {} & \delta_{ij}\varepsilon_{lmn}\omega_k - \delta_{ik}\varepsilon_{lmn}\omega_j - \delta_{ji}\varepsilon_{lmn}\omega_k + \delta_{jk}\varepsilon_{lmn}\omega_i + \\ & + \delta_{ki}\varepsilon_{lmn}\omega_j - \delta_{kj}\varepsilon_{lmn}\omega_i + \delta_{lm}\varepsilon_{ijk}\omega_n - \delta_{ln}\varepsilon_{ijk}\omega_m + \\ & + \delta_{mn}\varepsilon_{ijk}\omega_l - \delta_{ml}\varepsilon_{ijk}\omega_n + \delta_{nl}\varepsilon_{ijk}\omega_m - \delta_{nm}\varepsilon_{ijk}\omega_l ,\end{aligned}$$

so daß gilt: $d\,\delta_{ijklmn}/dt = d^*\delta_{ijklmn}/dt \equiv 0_{ijklmn}$.

Ü 6.3.14 Aus (6.64) erhält man für den Spannungsdeviator:

$$d^*\sigma'_{ij}/dt = d^*\sigma_{ij}/dt - (1/3)\delta_{ij}\, d\sigma_{pp}/dt \equiv d^*\sigma_{ij}/dt - (1/3)\delta_{ij}\, d^*\sigma_{pp}/dt .$$

Für die Spur σ_{pp} gilt: $d\sigma_{pp}/dt \equiv d^*\sigma_{pp}/dt$, wie man durch Überschieben von (6.55) mit δ_{ij} formal feststellen kann. Außerdem ist die Spur ein Skalar.

Ü 6.3.15 Aus der angegebenen Definitionsgleichung erhält man durch weitere Ableitung nach t:

$$d^{(\nu+1)}(ds^2)/dt^{(\nu+1)} = {}^{(\nu+1)}A_{ij}dx_i dx_j = ({}^{\nu}A_{ij}dx_i dx_j)^{\bullet} \qquad (*)$$

$$(\ldots)^{\bullet} = {}^{\nu}\dot{A}_{ij}dx_i dx_j + {}^{\nu}A_{ij}(dx_i)^{\bullet}dx_j + {}^{\nu}A_{ij}dx_i(dx_j)^{\bullet} .$$

Darin wird $(dx_i)^{\bullet} = v_{i,p}dx_p \equiv L_{ip}dx_p$ gemäß Ü 6.3.3 berücksichtigt:

$$(\ldots)^{\bullet} = {}^{\nu}\dot{A}_{ij}dx_i dx_j + {}^{\nu}A_{ij}L_{ip}dx_p dx_j + {}^{\nu}A_{ij}L_{jp}dx_i dx_p .$$

Weiterhin werden stumme Indizes so vertauscht, daß $dx_i dx_j$ ausgeklammert werden kann:

$$(\ldots)^{\bullet} = ({}^{\nu}\dot{A}_{ij} + {}^{\nu}A_{ip}L_{pj} + {}^{\nu}A_{pj}L_{pi})dx_i dx_j . \qquad (**)$$

Der Vergleich von (**) mit (*) führt unmittelbar auf das gesuchte Ergebnis

$$\boxed{{}^{(\nu+1)}A_{ij} = {}^{\nu}\dot{A}_{ij} + {}^{\nu}A_{ip}L_{pj} + {}^{\nu}A_{pj}L_{pi}} , \qquad (***)$$

das symbolisch durch

$$\boxed{{}^{(\nu+1)}\underset{\sim}{A} = {}^{\nu}\dot{\underset{\sim}{A}} + {}^{\nu}\underset{\sim\sim}{AL} + \underset{\sim}{L}^T\underset{\sim}{A}}$$

ausgedrückt werden kann. Die Rechenvorschrift in (***), nach der man aus ${}^{\nu}A_{ij}$ die Tensorkoordinaten ${}^{(\nu+1)}A_{ij}$ ermittelt, wird <u>OLDROYDsche Zeitableitung</u> genannt. Benutzt man die <u>JAUMANNsche Zeitableitung</u> eines Tensors zweiter Stufe analog (6.64)

$$\overset{\circ}{T}_{ij} := \dot{T}_{ij} - \varepsilon_{ipq}\omega_p T_{qj} - \varepsilon_{jpq}\omega_p T_{iq} ,$$

bzw. wegen $\omega_i = -\varepsilon_{ijk}W_{jk}/2$ nach [6] und $W_{ij} = -W_{ji}$ auch:

$$\overset{\circ}{T}_{ij} = \dot{T}_{ij} + T_{ik}W_{kj} - W_{ik}T_{kj} \quad \text{bzw.} \quad \overset{\circ}{\underset{\sim}{T}} = \dot{\underset{\sim}{T}} + \underset{\sim\sim}{TW} - \underset{\sim\sim}{WT} ,$$

so kann das Ergebnis (***) in der Form

$${}^{(\nu+1)}A_{ij} = {}^{\nu}\overset{\circ}{A}_{ij} + {}^{\nu}A_{ip}D_{pj} + D_{ip}{}^{\nu}A_{pj} \qquad (****)$$

angegeben werden, wenn man noch zusätzlich

$$\partial v_i/\partial x_j \equiv L_{ij} = L_{(ij)} + L_{[ij]} = D_{ij} + W_{ij}$$

berücksichtigt [6]. Darin sind $D_{ij}=D_{ji}$ die Koordinaten des <u>Verzerrungsgeschwindigkeitstensors</u> und $W_{ij} = -W_{ji}$ die Koordinaten des <u>Drehgeschwindigkeitstensors</u> (<u>Spintensors</u>). Der Tensor $\underset{\sim}{L}$ wird <u>Geschwindigkeitsgradiententensor</u> genannt [6].

Das Ergebnis (****) im Vergleich mit (***) stellt einen Zusammenhang zwischen OLDROYDscher und JAUMANNscher Zeitableitung dar.

Für $\nu = 0$ erhält man aus der Definitionsgleichung in der Aufgabenstellung unmittelbar: ${}^{\circ}A_{ij} \equiv \delta_{ij}$. Im Vergleich mit der Beziehung $d[(ds)^2]/dt = 2D_{ij}dx_i dx_j$, die z.B. in [6] hergeleitet wird, erhält man für $\nu = 1$ den Tensor ${}^1A_{ij} \equiv 2D_{ij}$. Dieser Tensor geht auch aus der Formel (***) oder (****) durch Einsetzen von $\nu = 0$ hervor.

Schließlich erhält man aus (***) durch Einsetzen von $\nu = 1$ den Tensor

$$ {}^2A_{ij} = 2(\dot{D}_{ij} + 2D^{(2)}_{ij} + D_{ip}W_{pj} - W_{ip}D_{pj}) \; . $$

Ü 6.3.16 Nach (***) in Ü 6.3.15 ist die OLDROYDsche Zeitableitung eines symmetrischen Tensors zweiter Stufe gemäß

$$ \overset{\nabla}{T}_{ij} := \dot{T}_{ij} + T_{ip}L_{pj} + T_{pj}L_{pi} $$

definiert. Ersetzt man nach [6] unter Ü 1.10.8 den Tensor T_{ij} durch den EULERschen Verzerrungstensor η_{ij}, so stellt man fest, daß der Verzerrungsgeschwindigkeitstensor D_{ij} als OLDROYDsche Zeitableitung des EULERschen Verzerrungstensors gedeutet werden kann ($D_{ij} \equiv \overset{\nabla}{\eta}_{ij}$).

Ü 6.4.1 Wie in Ziffer 6.3 vermerkt, wird die JACOBIsche Determinante $J \equiv |\underset{\sim}{F}|$ stets positiv vorausgesetzt. Da die Tensoren (6.82a,b) positiv definit sind [6], besitzen auch $\underset{\sim}{U}$ und $\underset{\sim}{V}$ nur positive Hauptwerte, so daß auch $\det(\underset{\sim}{U}) > 0$ und $\det(\underset{\sim}{V}) > 0$ gilt. Somit folgt aus den Zerlegungen (6.80a,b):

$$ \left.\begin{array}{l} |\underset{\sim}{R}\underset{\sim}{U}| = |\underset{\sim}{V}\underset{\sim}{R}| > 0 \\ |\underset{\sim}{U}| = |\underset{\sim}{V}| \;\;\, > 0 \end{array}\right\} \Rightarrow \left.\begin{array}{l} |\underset{\sim}{R}| > 0 \\ \underset{\sim}{R}^T\underset{\sim}{R} = \underset{\sim}{R}\underset{\sim}{R}^T = \underset{\sim}{\delta} \end{array}\right\} \Rightarrow |\underset{\sim}{R}| = +1, \qquad \text{q.e.d.} $$

Folgerung: Spiegelungen werden nicht zugelassen.

Ü 6.4.2 In der polaren Darstellung $z = r\exp(i\varphi)$ ist r der Betrag der komplexen Zahl z und somit eine positive reelle Zahl, während $\exp(i\varphi)$ eine komplexe Zahl vom Betrage Eins ist und eine Drehung beinhaltet.

Analog dazu besitzen die symmetrischen positiven Tensoren $\underset{\sim}{U}$ und $\underset{\sim}{V}$ des polaren Zerlegungstheorems (6.80a,b) nur reelle positive Hauptwerte und bestimmen die Größe (Betrag, Norm) des Deformationsgradienten:

$$ ||\underset{\sim}{F}|| := \sqrt{\operatorname{tr}(\underset{\sim}{F}^T\underset{\sim}{F})} = \sqrt{\operatorname{tr}(\underset{\sim}{F}\underset{\sim}{F}^T)} = \sqrt{U_I^2 + \ldots} = \sqrt{V_I^2 + \ldots} \; . $$

Darin ist "tr" die Abkürzung für "trace" (Spur eines Tensors). Der Tensor $\underset{\sim}{R}$ hat die Norm $||\underset{\sim}{R}|| = 1$ und bewirkt eine gegenseitige Verdrehung der Hauptachsen von $\underset{\sim}{U}$ und $\underset{\sim}{V}$ gemäß (6.84).

Ü 6.4.3 Definiert man $\underset{\sim}{V}^2 = \underset{\sim}{F}\underset{\sim}{F}^T$, so folgt mit (6.80):

$$ \underset{\sim}{V}^2 = (\underset{\sim}{R}\underset{\sim}{U})(\underset{\sim}{R}\underset{\sim}{U})^T = (\underset{\sim}{R}\underset{\sim}{U})(\underset{\sim}{U}^T\underset{\sim}{R}^T) = \underset{\sim}{R}\underset{\sim}{U}^2\underset{\sim}{R}^T \; . \qquad (*) $$

Es gilt:

$$ (\underset{\sim}{R}\underset{\sim}{U}\underset{\sim}{R}^T)^2 = (\underset{\sim}{R}\underset{\sim}{U}\underset{\sim}{R}^T)(\underset{\sim}{R}\underset{\sim}{U}\underset{\sim}{R}^T) = \underset{\sim}{R}\underset{\sim}{U}\underset{\sim}{R}^T\underset{\sim}{R}\underset{\sim}{U}\underset{\sim}{R}^T = \underset{\sim}{R}\underset{\sim}{U}^2\underset{\sim}{R}^T \; , $$

so daß wegen (*) folgt:

$$ \boxed{\underset{\sim}{V} = \underset{\sim}{R}\underset{\sim}{U}\underset{\sim}{R}^T} \Rightarrow \boxed{\underset{\sim}{V}\underset{\sim}{R} = \underset{\sim}{R}\underset{\sim}{U}} \qquad \text{q.e.d.} $$

In der Indexschreibweise erhält man:

$$ V^{(2)}_{ij} = R_{ip}U^{(2)}_{pq}R^T_{qj} = R_{ip}U_{pr}U_{rq}R^T_{qj} = R_{ip}U_{pr}\delta_{rs}U_{sq}R^T_{qj} \; . $$

Darin kann $\delta_{rs} = R_{tr}R_{ts} = R^T_{rt}R_{ts}$ berücksichtigt werden:

$$ V^{(2)}_{ij} = (R_{ip}U_{pr}R^T_{rt})(R_{ts}U_{sq}R^T_{qj}) \equiv (R_{ip}U_{pq}R^T_{qj})^{(2)} \; , $$

so daß folgt:

$$\boxed{V_{ij} = R_{ip}U_{pq}R^T_{qj} \equiv R_{ip}R_{jq}U_{pq}} \quad \Rightarrow \quad \boxed{V_{ij}R_{jk} = R_{ip}U_{pk}} \; .$$

Den letzten Übergang erhält man durch Überschieben mit R_{jk} und unter Berücksichtigung von (6.81).

Ü 6.4.4 Zum Nachweis der Eindeutigkeit der Zerlegung (6.80a) nehme man an, daß eine weitere Zerlegung $\underset{\sim}{R}_0\underset{\sim}{U}_0$ existiert, so daß $\underset{\sim}{R}\underset{\sim}{U} = \underset{\sim}{R}_0\underset{\sim}{U}_0$ gilt. Die Transposition dazu ist wegen $\underset{\sim}{U}^T = \underset{\sim}{U}$ und $\underset{\sim}{U}_0^T = \underset{\sim}{U}_0$ durch $\underset{\sim}{U}\underset{\sim}{R}^T = \underset{\sim}{U}_0\underset{\sim}{R}_0^T$ gegeben, so daß man aus beiden Beziehungen durch Matrizenmultiplikation unter Berücksichtigung von (6.81) erhält:

$$\underset{\sim}{U}\underset{\sim}{R}^T\underset{\sim}{R}\underset{\sim}{U} = \underset{\sim}{U}_0\underset{\sim}{R}_0^T\underset{\sim}{R}_0\underset{\sim}{U}_0 \Rightarrow \boxed{\underset{\sim}{U}^2 = \underset{\sim}{U}_0^2} \qquad \text{q.e.d.}$$

Mithin folgt $\underset{\sim}{U}_0 = \underset{\sim}{U}$ und damit auch $\underset{\sim}{R}_0 = \underset{\sim}{R}$, so daß die Zerlegung <u>eindeutig</u> ist.

Ü 6.4.5 Aus $\underset{\sim}{V}\underset{\sim}{R} = \underset{\sim}{R}\underset{\sim}{U}$ folgt: $\underset{\sim}{V} = \underset{\sim}{R}\underset{\sim}{U}\underset{\sim}{R}^T$. Damit wird in Verbindung mit (6.81):

$$\det(\underset{\sim}{V} - \lambda\underset{\sim}{\delta}) = \det(\underset{\sim}{R}\underset{\sim}{U}\underset{\sim}{R}^T - \lambda\underset{\sim}{R}\underset{\sim}{R}^T) = \det \underset{\sim}{R}(\underset{\sim}{U}-\lambda\underset{\sim}{\delta})\underset{\sim}{R}^T \; .$$

Wendet man den Multiplikationssatz der Determinantenlehre an, so erhält man:

$$\underline{\underline{\det(\underset{\sim}{V} - \lambda\underset{\sim}{\delta})}} = \det(\underset{\sim}{R})\det(\underset{\sim}{R}^T)\det(\underset{\sim}{U} - \lambda\underset{\sim}{\delta}) = \underline{\underline{\det(\underset{\sim}{U} - \lambda\underset{\sim}{\delta})}} \; ,$$

d.h., die Tensoren haben dieselben charakteristischen Zahlen (Hauptwerte), wie man auch Bild 6.9 entnehmen kann.

Ü 6.4.6 Der Übergang von dV_0 nach dV ist in Bild F 6.3 veranschaulicht.

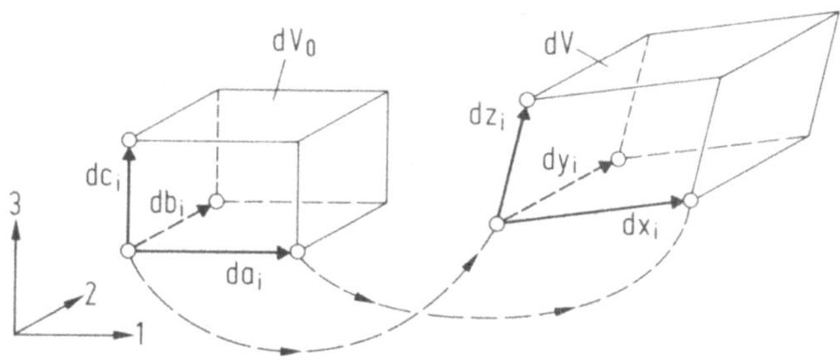

Bild F 6.3 Deformation eines Elementarquaders zu einem Spat

Unter Benutzung des Deformationsgradienten F erhält man:

$$dx_i = F_{ij}da_j \; , \quad dy_i = F_{ij}db_j \; , \quad dz_i = F_{ij}dc_j \; .$$

Die Kantenvektoren des Quaders sind durch

$$da_i = (da,\, 0,\, 0) \; , \quad db_i = (0,\, db,\, 0) \; , \quad dc_i = (0,\, 0,\, dc)$$

gegeben, so daß $dV_0 = da\, db\, dc$ gilt. Das Volumen dV ermittelt man aus dem <u>Spatprodukt</u> $dV = \varepsilon_{ijk}dx_i dy_j dz_k$ zu:

$$dV = \varepsilon_{ijk}\underbrace{F_{ip}da_p}_{F_{i1}da}\underbrace{F_{jq}db_q}_{F_{j2}db}\underbrace{F_{kr}dc_r}_{F_{k3}dc} = \underbrace{\varepsilon_{ijk}F_{i1}F_{j2}F_{k3}}_{\det(\underset{\sim}{F})}dV_0$$

Mithin:

$$\boxed{dV = \det(\underset{\sim}{F})dV_0 \equiv J\, dV_0} \qquad \text{q.e.d.}$$

Ü 6.4.7 Man setze in (6.82a) die Zerlegung (6.80b) bzw. in (6.82b) die Zerlegung (6.80a) ein:

$$C_{ij} = F_{ki}F_{kj} = R_{pi}R_{qj}B_{pq} \qquad \text{bzw.} \qquad B_{ij} = F_{ik}F_{jk} = R_{ip}R_{jq}C_{pq} \; .$$

In Matrizenform kann das Ergebnis wegen $R_{pi} = R^T_{ip} = R^{(-1)}_{ip}$ durch

$$\underset{\sim}{C} = \underset{\sim}{R}^{-1}\underset{\sim}{B}(\underset{\sim}{R}^{-1})^T = \underset{\sim}{R}^T\underset{\sim}{B}\underset{\sim}{R} \qquad \text{bzw.} \qquad \underset{\sim}{B} = \underset{\sim}{R}\underset{\sim}{C}\underset{\sim}{R}^T \qquad (*)$$

ausgedrückt werden. Man hätte auch die in Ü 6.4.5 angegebene Beziehung $\underset{\sim}{V} = \underset{\sim}{R}\underset{\sim}{U}\underset{\sim}{R}^T$ oder die Umkehrung $\underset{\sim}{U} = \underset{\sim}{R}^T\underset{\sim}{V}\underset{\sim}{R}$ quadrieren können, um das Ergebnis (*) zu erhalten. Wie $\underset{\sim}{U}$ und $\underset{\sim}{V}$ haben wegen (6.82a,b) auch die Tensoren $\underset{\sim}{C}$ und $\underset{\sim}{B}$ dieselben Hauptwerte.

Ü 6.4.8 Der Deformationsgradient wird:

$$\underset{\sim}{F} = \begin{pmatrix} \sqrt{3} & 0 & 0 \\ 0 & 2 & 0 \\ 0 & -1 & \sqrt{3} \end{pmatrix} \quad => J = \det(\underset{\sim}{F}) = 6 \; .$$

Die Tensoren (6.82a,b) ermittelt man zu:

$$\underset{\sim}{U}^2 = \underset{\sim}{F}^T\underset{\sim}{F} = \begin{pmatrix} 3 & 0 & 0 \\ 0 & 5 & -\sqrt{3} \\ 0 & -\sqrt{3} & 3 \end{pmatrix} \; ; \; \underset{\sim}{V}^2 = \underset{\sim}{F}\underset{\sim}{F}^T = \begin{pmatrix} 3 & 0 & 0 \\ 0 & 4 & -2 \\ 0 & -2 & 4 \end{pmatrix} .$$

Daraus ermittelt man die Hauptwerte zu:

$$U^2_I = V^2_I = 6 \; , \quad U^2_{II} = V^2_{II} = 3 \; , \quad U^2_{III} = V^2_{III} = 2$$

und die Eigenrichtungen zu:

$$m^I_i = (0, -\sqrt{3}/2, 1/2) \; , \qquad m^{II}_i = (1, 0, 0) \; , \qquad m^{III}_i = (0, 1/2, \sqrt{3}/2)$$

$$n^I_i = (0, -1/\sqrt{2}, 1/\sqrt{2}) \; , \qquad n^{II}_i = (1, 0, 0) \; , \qquad n^{III}_i = (0, 1/\sqrt{2}, 1/\sqrt{2}) \; .$$

Diese sind Zeilenvektoren der Transformationsmatrizen, die den Tensor $\underset{\sim}{U}^2$ bzw. den Tensor $\underset{\sim}{V}^2$ auf Diagonalgestalt bringen. Die Tensoren $\underset{\sim}{U}$ und $\underset{\sim}{V}$ erhält man durch folgende Matrizenoperationen:

$$\underset{\sim}{U} = \begin{pmatrix} 0 & 1 & 0 \\ -\sqrt{3}/2 & 0 & 1/2 \\ 1/2 & 0 & \sqrt{3}/2 \end{pmatrix} \begin{pmatrix} \sqrt{6} & 0 & 0 \\ 0 & \sqrt{3} & 0 \\ 0 & 0 & \sqrt{2} \end{pmatrix} \begin{pmatrix} 0 & -\sqrt{3}/2 & 1/2 \\ 1 & 0 & 0 \\ 0 & 1/2 & \sqrt{3}/2 \end{pmatrix} ,$$

$$\underset{\sim}{V} = \begin{pmatrix} 0 & 1 & 0 \\ -1/\sqrt{2} & 0 & 1/\sqrt{2} \\ 1/\sqrt{2} & 0 & 1/\sqrt{2} \end{pmatrix} \begin{pmatrix} \sqrt{6} & 0 & 0 \\ 0 & \sqrt{3} & 0 \\ 0 & 0 & \sqrt{2} \end{pmatrix} \begin{pmatrix} 0 & -1/\sqrt{2} & 1/\sqrt{2} \\ 1 & 0 & 0 \\ 0 & 1/\sqrt{2} & 1/\sqrt{2} \end{pmatrix} .$$

Die Ergebnisse lauten:

$$\underset{\sim}{U} = \frac{\sqrt{6}}{4} \begin{pmatrix} \sqrt{8} & 0 & 0 \\ 0 & 3+1/\sqrt{3} & 1-\sqrt{3} \\ 0 & 1-\sqrt{3} & 1+\sqrt{3} \end{pmatrix} \quad \text{und } \underset{\sim}{V} = \frac{1}{\sqrt{2}} \begin{pmatrix} \sqrt{6} & 0 & 0 \\ 0 & 1+\sqrt{3} & 1-\sqrt{3} \\ 0 & 1-\sqrt{3} & 1+\sqrt{3} \end{pmatrix}$$

Da die Tensoren $\underset{\sim}{U}$ und $\underset{\sim}{V}$ gleiche Hauptwerte besitzen, müssen auch ihre Invarianten (3.20 a,b,c) wegen (3.37a,b,c) übereinstimmen, wie man zur Kontrolle nachprüfen möge.

Den Rotationstensor $\underset{\sim}{R}$ ermittelt man zu:

$$\underset{\sim}{R} = \underset{\sim}{F}\underset{\sim}{U}^{-1} = \frac{1}{\sqrt{8}} \begin{pmatrix} \sqrt{8} & 0 & 0 \\ 0 & 1+\sqrt{3} & \sqrt{3}-1 \\ 0 & 1-\sqrt{3} & 1+\sqrt{3} \end{pmatrix} .$$

Zur Kontrolle überprüfe man $\underset{\sim}{R}\underset{\sim}{U} = \underset{\sim}{F}$ und $\underset{\sim}{V}\underset{\sim}{R} = \underset{\sim}{F}$. Weiterhin überprüfe man $n^I_i = R_{ij}m^I_j$ gemäß (6.84) und die Orthonormierungsbedingungen (6.81).

Ü 6.4.9 Tabelle 6.2 entnimmt man unter Berücksichtigung von (6.82a,b):

$$\underset{\sim}{U} = \sqrt{\underset{\sim}{\delta} + 2\underset{\sim}{\lambda}} \approx \underset{\sim}{\delta} + \underset{\sim}{\varepsilon} \quad \text{und} \quad \underset{\sim}{V} = 1/\sqrt{\underset{\sim}{\delta} - 2\underset{\sim}{\eta}} \approx \underset{\sim}{\delta} + \underset{\sim}{\varepsilon} .$$

Darin ergeben sich die angedeuteten Näherungen bei kleinen Verzerrungen

$$\varepsilon_{ij} = (u_{i,j} + u_{j,i})/2 \approx \lambda_{ij} \approx \eta_{ij}$$

($u_i = x_i - a_i \hat{=}$ Verschiebungsvektor), so daß die Tensoren $\underset{\sim}{U}$ und $\underset{\sim}{V}$ näherungsweise gleichgesetzt werden können:

$$U_{ij} \approx V_{ij} \approx \delta_{ij} + \varepsilon_{ij} .$$

Für $\underset{\sim}{R} = \underset{\sim}{F}\underset{\sim}{U}^{-1} = \underset{\sim}{V}^{-1}\underset{\sim}{F}$ findet man mit (*) in [6] die Näherung:

$$R_{ij} = F_{ik}U_{kj}^{(-1)} \approx (\delta_{ik} + \varepsilon_{ik} + \omega_{ik})(\delta_{kj} + \varepsilon_{kj})^{(-1)} = \delta_{ij} + \omega_{ik}(\delta_{kj} + \varepsilon_{kj})^{(-1)} ;$$

wegen $(\delta_{kj} + \varepsilon_{kj})^{(-1)} \approx \delta_{kj} - \varepsilon_{kj}$ folgt weiter unter Berücksichtigung kleiner ε_{ij} und $\omega_{ij} = (u_{i,j} - u_{j,i})/2$ die Näherung:

$$R_{ij} \approx \delta_{ij} + \omega_{ij} - \omega_{ik}\varepsilon_{kj} \approx \delta_{ij} + \omega_{ij} . \qquad (**)$$

Mit (*) und (**) erhält man aus dem <u>polaren Zerlegungstheorem</u> (6.80a,b) die <u>additive Aufspaltung</u>:

$$F_{ij} = \delta_{ij} + \varepsilon_{ij} + \omega_{ij} + \omega_{ik}\varepsilon_{kj} , \qquad (***)$$

die wegen $\omega_{ik}\varepsilon_{kj} << \delta_{ij}$ und $\varepsilon_{ij} + \omega_{ij} \approx \partial u_i/\partial a_j$ mit (6.77a) verträglich ist [6]. Bei kleinen Verzerrungen und Rotationen erfüllen also die Näherungsansätze (*) und (**) das <u>polare Zerlegungstheorem</u>. Durch die Näherung (**) sind die Orthonormierungsbedingungen (6.81) verletzt und nur für $\omega_{ik}\omega_{jk} << \delta_{ij}$ erfüllt. Man erhält:
$R_{ik}R_{jk} = \delta_{ij} + \omega_{ik}\omega_{jk} = R_{ki}R_{kj}$. Schließlich sei noch auf die Sonderfälle

$$R_{ij} = \delta_{ij} \Rightarrow F_{ij} = U_{ij} = V_{ij} = F_{ji} \qquad \text{(reine Verzerrung)},$$

$$U_{ij} = V_{ij} = \delta_{ij} \Rightarrow F_{ij} = R_{ij} \qquad \text{(reine Rotation)}$$

hingewiesen. Man erkennt, daß bei reiner Verzerrung der Deformationsgradient symmetrisch ist.

Ü 6.4.10 Man geht wie in Ü 6.4.8 vor und erhält im einzelnen folgende Ergebnisse:

$$\underset{\sim}{F} = \begin{pmatrix} 1 & K & 0 \\ K & 1 & 0 \\ 0 & 0 & 1 \end{pmatrix} \Rightarrow \det(\underset{\sim}{F}) = 1 - K^2 \Rightarrow \underline{\underline{K^2 < 1}};\ \underset{\sim}{U}^2 = \underset{\sim}{F}^T\underset{\sim}{F} = \begin{pmatrix} 1+K^2 & 2K & 0 \\ 2K & 1+K^2 & 0 \\ 0 & 0 & 1 \end{pmatrix} = \underset{\sim}{F}\underset{\sim}{F}^T = \underset{\sim}{V}^2 .$$

Die Tensoren $\underset{\sim}{U}^2$ und $\underset{\sim}{V}^2$ stimmen überein, da $\underset{\sim}{F}$ symmetrisch ist. Wurzelziehen $\underset{\sim}{U} = \sqrt{\underset{\sim}{U}^2}$ über Hauptachsentransformation (Ü 5.5.11 und Ü 5.5.12):

$$U_I^2 = V_I^2 = (1 + K)^2 , \quad U_{II}^2 = V_{II}^2 = 1 , \quad U_{III}^2 = V_{III}^2 = (1 - K)^2 ,$$

$$m_i^I = \{1/\sqrt{2}, 1/\sqrt{2}, 0\} ; \quad m_i^{II} = \{0, 0, 1\} ; \quad m_i^{III} = \{1/\sqrt{2}, -1/\sqrt{2}, 0\} .$$

Bei dieser Aufgabe gilt $n_i^I = m_i^I$ usw. Das Wurzelziehen führt schließlich auf:

$$\underset{\sim}{U} = \begin{pmatrix} 1/\sqrt{2} & 0 & 1/\sqrt{2} \\ 1/\sqrt{2} & 0 & -1/\sqrt{2} \\ 0 & 1 & 0 \end{pmatrix} \begin{pmatrix} 1+K & 0 & 0 \\ 0 & 1 & 0 \\ 0 & 0 & 1-K \end{pmatrix} \begin{pmatrix} 1/\sqrt{2} & 1/\sqrt{2} & 0 \\ 0 & 0 & 1 \\ 1/\sqrt{2} & -1/\sqrt{2} & 0 \end{pmatrix} .$$

Wie man leicht nachprüfen kann, wird: $\boxed{\underset{\sim}{U} = \underset{\sim}{V} \equiv \underset{\sim}{F}} \Rightarrow \boxed{\underset{\sim}{R} = \underset{\sim}{\delta}}$.

Das Ergebnis ist trivial, da der Deformationsgradient $\underset{\sim}{F}$ für die gegebene Bewegung symmetrisch ist und daher mit den Tensoren $\underset{\sim}{U}$ und $\underset{\sim}{V}$ übereinstimmt. Umgekehrt kann man im Falle $\underset{\sim}{R} = \underset{\sim}{\delta}$, d.h. bei zusammenfallenden Hauptachsen (Bild 6.9), auf die Übereinstimmung der Tensoren $\underset{\sim}{U}$ und $\underset{\sim}{V}$ mit dem Deformationsgradienten $\underset{\sim}{F}$ schließen.

Ü 6.4.11 Ein elastischer Körper ist durch die Materialgleichung $\sigma_{ij} = f_{ij}(\partial x_p/\partial a_q)$ (*) definiert, die im unverformten Zustand des Körpers auf den Nulltensor führt. In (*) ist f_{ij} eine tensorwertige Funktion vom Deformationsgradienten (6.77a), für die wegen $\sigma_{ij}=\sigma_{ji}$ die Indexsymmetrie $f_{ij}=f_{ji}$ gelten muß. Berücksichtigt man das Prinzip der materiellen Objektivität, so ergibt sich für die Darstellung der Stoffgleichung (*) eine Einschränkung, die man folgendermaßen finden kann. Ein ruhender Beobachter beschreibt den Bewegungsvorgang des Materials durch den Deformationsgradienten (6.77a). Die Bewegung des Bezugssystems eines bewegten Beobachters sei durch eine zeitabhängige Drehung $\underset{\sim}{Q}(t)$ und eine Translation $\vec{c}(t)$ gekennzeichnet, so daß von ihm aus eine Bewegung

$$\bar{x}_i(a_p,t) = Q_{ij}(t)x_j(a_p,t) + c_i(t) \qquad (**)$$

beobachtet wird. Durch Differentiation erhält man aus (**) einen Deformationsgradienten $\bar{F}_{ij} := \partial\bar{x}_i/\partial a_j$, der mit (6.77a) gemäß

$$\bar{F}_{ij} = Q_{ip}F_{pj} \qquad (***)$$

zusammenhängt. Diesen Deformationsgradienten würde der bewegte Beobachter in (*) einsetzen, um den Spannungstensor $\underset{\sim}{\sigma}$ zu ermitteln. Somit stellt jeder Beobachter einen anderen Deformationsgradienten fest, d.h., der Deformationsgradient ist nicht objektiv, was mathematisch durch (***) zum Ausdruck kommt.

Bei "Objektivität" müßte $\bar{F}_{ij} = Q_{ip}Q_{jq}F_{pq}$ im Gegensatz zu (***) gelten.

Da der Deformationsgradient (6.77) ein Doppelfeldtensor ist, weicht sein Transformationsverhalten von (2.9) ab. Dies sei im folgenden kurz erläutert.

Eine orthogonale Koordinatentransformation in der Referenzkonfiguration ist durch die Richtungskosinusse $a_{ij} = \cos(a^*_i,a_j)$ charakterisiert. Unabhängig davon ist eine Koordinatentransformation in der aktuellen Konfiguration durch die Richtungskosinusse $b_{ij} = \cos(x^*_i,x_j)$ gekennzeichnet. Die gedrehten Koordinatensysteme sind durch "*" markiert:

$$\left.\begin{aligned} dx^*_i &= F^*_{ip}da^*_p \\ dx^*_i &= b_{ij}dx_j \\ da^*_p &= a_{pq}da_q \end{aligned}\right\} \Rightarrow \left.\begin{aligned} b_{ij}dx_j &= F^*_{ip}a_{pq}da_q \\ dx_j &= F_{jq}da_q \end{aligned}\right\} \Rightarrow b_{ij}F_{jq} = F^*_{ip}a_{pq} \; .$$

Überschiebt man dieses Zwischenergebnis einmal mit a_{rq} und zum anderen mit b_{ik}, so erhält man:

$$F^*_{ip}a_{pq}a_{rq} = b_{ij}a_{rq}F_{jq} \quad \text{und} \quad b_{ij}b_{ik}F_{jq} = b_{ik}a_{pq}F^*_{ip} \; .$$

Daraus findet man unter Berücksichtigung der Orthonormierungsbedingungen für die Matrizen $\underset{\sim}{a}$ und $\underset{\sim}{b}$ und der Austauschregel schließlich nach Umindizierung das gesuchte Gesetz:

$$\boxed{F^*_{ip} = b_{ij}a_{pq}F_{jq}} \quad \Leftrightarrow \quad \boxed{F_{ip} = b_{ji}a_{qp}F^*_{jq}} \; ,$$

das einen Doppelfeldtensor kennzeichnet. Stimmen a_{ij} und b_{ij} überein, so folgt das Transformationsgesetz (2.9) für einen gewöhnlichen Tensor zweiter Stufe. Für den inversen Deformationsgradienten erhält man entsprechend:

$$\boxed{F^{(-1)*}_{pi} = a_{pq}b_{ij}F^{(-1)}_{qj}} \quad \Leftrightarrow \quad \boxed{F^{(-1)}_{pi} = a_{qp}b_{ji}F^{(-1)*}_{qj}} \; .$$

Setzt man $a_{ij} \equiv \delta_{ij}$ und $b_{ij} \equiv Q_{ij}$, so folgt auch (***).

Vom Spannungstensor muß man "Objektivität" verlangen:

$$\bar{\sigma}_{ij} \overset{!}{=} \sigma^*_{ij} = Q_{ip}Q_{jq}\sigma_{pq} \; , \qquad (****)$$

d.h., der CAUCHYsche Spannungstensor ist ein objektiver Tensor. Die vom bewegten Beobachter ermittelten Spannungskoordinaten σ^*_{ij} sind durch das Transformationsgesetz eines Tensors zweiter Stufe mit den Spannungskoordinaten σ_{ij} verknüpft, die der ruhende Beobachter feststellt. Mithin schließen beide Beobachter auf ein und denselben Spannungszustand. Für die Materialgleichung (*) findet man somit aufgrund der materiellen Objektivität wegen (***) und (****) die Einschränkung:

$$\boxed{Q_{ik}Q_{jl}f_{kl}(F_{pq}) \equiv f_{ij}(Q_{pr}F_{rq})} \quad ,$$

die als Bedingung der Form-Invarianz für die tensorwertige Funktion $f_{ij}(F_{pq})$ angesehen werden kann (Ü 6.3.6).

Eine weitere Einschränkung für die tensorwertige Funktion f_{ij} in (*) ergibt sich bei isotropem Stoffverhalten. Dann müssen die aus (*) ermittelten Spannungen unabhängig von der Anfangslage ("Orientierung") des Körpers sein, der infolge $F_{ij} = \partial x_i/\partial a_j$ eine Deformation erfährt. Mithin muß im isotropen Sonderfall die Einschränkung

$$f_{ij}(F_{pr}Q_{rq}) \stackrel{!}{=} f_{ij}(F_{pq})$$

gefordert werden. Ersetzt man darin den Deformationsgradienten durch seine polare Zerlegung (6.80a,b), so folgert man mit der Wahl $\underset{\sim}{Q}=\underset{\sim}{R}^T$ die Materialgleichung $\sigma_{ij}=f_{ij}(V_{pq})$, die analog (9.10) als "isotrope Tensorfunktion"

$$\boxed{\sigma_{ij} = f_{ij}(V_{pq}) = \varphi_0\delta_{ij} + \varphi_1 V_{ij} + \varphi_2 V_{ij}^{(2)}}$$

darstellbar ist. Weitere Bemerkungen zu dieser Materialgleichung findet man in [6].

Ü 6.4.12 Ein symmetrischer Tensor zweiter Stufe ist eindeutig durch seine Hauptwerte und Hauptrichtungen in der Form (3.34) darstellbar. Von dieser Beziehung wird im folgenden mehrmals Gebrauch gemacht.

Aus (6.80a,b) folgt: $V_{ij} = R_{ip}U_{pq}R^T_{qj} = R_{ip}R_{jq}U_{pq}$. Wendet man darauf die Beziehung (3.34) an, so erhält man:

$$V_I n_i^I n_j^I + \ldots = R_{ip}R_{jq}(U_I m_p^I m_q^I + \ldots).$$

Daraus folgt wegen $V_I = U_I$ usw.: $\boxed{n_i^I = R_{ip}m_p^I \text{ usw.}}$.

Umgekehrt erhält man aus $R_{ik}U_{kj} = V_{ik}R_{kj}$ unter Berücksichtigung der Darstellung (3.34) zunächst:

$$R_{ik}(m_k^I m_j^I U_I + \ldots) = (V_I n_i^I n_k^I + \ldots)R_{kj} \, .$$

Darin werden auf der linken Seite die Beziehungen $R_{ik}m_k^I = n_i^I$ und $m_j^I = R^{(-1)}_{jk} n_k^I$ usw. gemäß (6.84) verwendet:

$$\left.\begin{aligned} n_i^I n_k^I R^{(-1)}_{jk} U_I + \ldots &= V_I n_i^I n_k^I R_{kj} + \ldots \\ R^{(-1)}_{jk} = R^T_{jk} &= R_{kj} \end{aligned}\right\} \Rightarrow \boxed{U_I = V_I \text{ usw.}} \, .$$

Ü 7.2.1 In der Indexschreibweise wird: $\iint\limits_S \vec{n} \times (\vec{A} \times \vec{x})dS \mathrel{\hat{=}} \iint\limits_S \varepsilon_{ijk}n_j\varepsilon_{klm}A_l x_m dS$. Unter Berücksichtigung des GAUSSschen Satzes (7.18) und wegen (4.72) folgt daraus bei konstantem A_I:

$$\iiint\limits_V \partial_j\varepsilon_{ijk}\varepsilon_{klm}A_l x_m dV = \iiint\limits_V (\delta_{il}\delta_{jm} - \delta_{im}\delta_{jl})A_l\partial_j x_m dV =$$

$$= \iiint\limits_V (A_i\partial_m x_m - A_j\partial_j x_i)dV = \iiint\limits_V (3A_i - A_i)dV = 2V\,A_i \, , \quad \text{q.e.d.}$$

Ü 7.2.2 Ersetzt man im GAUSSschen Satz (7.5), nachdem man den stummen Index "i" gegen "j" ausgetauscht hat, den Vektor A_j durch $\delta_{ji}x_i$, so folgt:

$$\iint\limits_S A_j n_j dS = \iint\limits_S \delta_{ji}x_i n_j dS = \iiint\limits_V \partial_j(\delta_{ji}x_i)dV = \iiint\limits_V \delta_{ji}\partial_j x_i dV \, .$$

Mithin: $\delta_{ji}\iint\limits_S x_i n_j dS = \delta_{ji}\iiint\limits_V \delta_{ij}dV \Rightarrow \iint\limits_S x_i n_j dS = \delta_{ij}V$, q.e.d.

Ü 7.2.3 Nach der Austauschregel gilt: $A_{k_1\ldots k_\mu\ldots k_\nu} = \delta_{k_\lambda k_\mu} A_{k_1\ldots k_\lambda\ldots k_\nu}$, so daß man damit aus dem GAUSSschen Divergenz-Theorem (7.18) erhält:

$$\iint_S \delta_{k_\lambda k_\mu} A_{k_1\ldots k_\lambda\ldots k_\nu} n_{k_\mu} dS = \iiint_V \partial_{k_\mu} (\delta_{k_\lambda k_\mu} A_{k_1\ldots k_\lambda\ldots k_\nu}) dV$$

$$\delta_{k_\lambda k_\mu} \iint_S A_{k_1\ldots k_\lambda\ldots k_\nu} n_{k_\mu} dS = \delta_{k_\lambda k_\mu} \iiint_V \partial_{k_\mu} A_{k_1\ldots k_\lambda\ldots k_\nu} dV .$$

Daraus kann für alle <u>regulär</u> begrenzten Volumina V gefolgert werden:

$$\iint_S A_{k_1\ldots k_\lambda\ldots k_\nu} n_{k_\mu} dS = \iiint_V \partial_{k_\mu} A_{k_1\ldots k_\lambda\ldots k_\nu} dV$$

bzw. nach Umindizierung ($k_\mu \to p$; <u>der Index k_μ kommt in der Reihe</u> $k_1\ldots k_\nu$ <u>nicht vor!</u>):

$$\boxed{\iint_S A_{k_1\ldots k_\nu} n_p dS = \iiint_V \partial_p A_{k_1\ldots k_\nu} dV} \qquad \text{q.e.d.}$$

Ü 7.2.4 Mit dem Ergebnis aus Ü 7.2.3 erhält man:

$$\iint_S \Phi R_i n_i dS = \iint_S \Phi \varepsilon_{ijk} \partial_j A_k n_i dS = \iiint_V \partial_i (\Phi \varepsilon_{ijk} \partial_j A_k) dV =$$

$$= \iiint_V [\varepsilon_{ijk} (\partial_i \Phi)(\partial_j A_k) + \varepsilon_{ijk} \Phi \partial_i \partial_j A_k] dV .$$

Wegen $\varepsilon_{ijk}\partial_i\partial_j A_k \equiv \varepsilon_{jik}\partial_j\partial_i A_k = -\varepsilon_{ijk}\partial_i\partial_j A_k = 0$ und $\varepsilon_{ijk}\partial_j A_k = R_i$ folgt der nachzuweisende Zusammenhang:

$$\iint_S \Phi R_i n_i dS = \iiint_V R_i \partial_i \Phi \; dV .$$

Ü 7.2.5 In der Indexschreibweise lautet die Formel:

$$V = \frac{1}{6} \iint_S \partial_i (x_j x_j) n_i dS = \frac{1}{3} \iint_S x_j \partial_i x_j n_i dS$$

$$V = \frac{1}{3} \iint_S x_i n_i dS = \frac{1}{3} \iint_S x_1 dx_2 dx_3 + x_2 dx_3 dx_1 + x_3 dx_1 dx_2 . \qquad (*)$$

Wendet man auf (*) den <u>GAUSSschen Satz</u> (7.5) an, so ergibt sich:

$$V = \frac{1}{3} \iiint_V \partial_i x_i dV = \frac{1}{3} \delta_{ii} \iiint_V dV = V , \qquad \text{q.e.d.}$$

Formel (*) geht auch aus der in Ü 7.2.2 behandelten Beziehung durch Verjüngung (j = i) hervor.

Ü 7.2.6 Aus (7.5) erhält man für $A_i = \Phi B_i$ unter Berücksichtigung, daß B_i ein beliebiger konstanter Vektor ist: $\iint_S \Phi B_i n_i dS = \iiint_V \partial_i (\Phi B_i) dV = \iiint_V B_i \partial_i \Phi dV$ und somit:

$$B_i \iint_S \Phi n_i dS = B_i \iiint_V \partial_i \Phi dV \Rightarrow \boxed{\iint_S \Phi n_i dS = \iiint_V \partial_i \Phi dV} .$$

Denselben Zusammenhang erhält man, wenn man die in Ü 7.2.3 bewiesene Formel auf das Skalarfeld $\Phi = \Phi(x_p)$ anwendet ($\nu = 0$).

Ü 7.2.7 Aufgrund der Quellfreiheit $\partial_i\partial_i\varphi = \partial_i\partial_i\psi = 0$, bzw. $\Delta\varphi = \Delta\psi = 0$ verschwindet in (7.21) die rechte Seite, so daß man mit $n_i dS = dS_i$ das Ergebnis

$$\boxed{\iint_S \varphi \partial_i \psi dS_i = \iint_S \psi \partial_i \varphi dS_i} \qquad (*)$$

erhält. Merkwürdig ist, daß durch (*) ein Zusammenhang zwischen zwei voneinander unabhängigen Skalarfeldern $\varphi(x_p)$ und $\psi(x_p)$ besteht, von denen man nur vorausgesetzt hat, daß sie Potentiale zweier quellen- und wirbelfreier Felder $\partial_i\varphi$ und $\partial_i\psi$ sind.

Wendet man auf das Ergebnis (*) den <u>GAUSSschen Satz</u> (7.5) an, so erhält man:

$\iiint_V \partial_i(\varphi\partial_i\psi)dV = \iiint_V \partial_i(\psi\partial_i\varphi)dV$ und durch Differenzieren:

$$\iiint_V (\partial_i\,\psi\,\partial_i\varphi + \varphi\,\partial_i\partial_i\psi)dV = \iiint_V (\partial_i\varphi\,\partial_i\psi + \psi\,\partial_i\partial_i\varphi)dV \;.$$

Daraus kann gefolgert werden: $\varphi\partial_i\partial_i\psi = \psi\,\partial_i\partial_i\varphi$ bzw. $\varphi\Delta\psi = \psi\Delta\varphi$. Diese Beziehung ist erfüllt für $\Delta\varphi = \Delta\psi = 0$.

Ü 7.2.8 Da der Spannungstensor $\sigma_{ij} = \sigma_{ji}$ und der zweistufige Operator $\partial_{pq}\equiv\partial^2/\partial x_p\partial x_q=\partial^2/\partial x_q\partial x_p\equiv\partial_{qp}$ symmetrisch sind, muß die in der Aufgabenstellung angegebene Rechenvorschrift in sich selbst übergehen, wenn man i und j bzw. p und q vertauscht:

$$\varepsilon_{ipr}\varepsilon_{jqs}\partial_{pq}T_{rs} = \varepsilon_{jqr}\varepsilon_{ips}\partial_{pq}T_{rs} \;,$$

und da r und s stumme Indizes sind, folgt weiter:

$$\varepsilon_{ipr}\varepsilon_{jqs}\partial_{pq}T_{rs} = \varepsilon_{ipr}\varepsilon_{jqs}\partial_{pq}T_{sr} \;.$$

Mithin muß das Tensorfeld symmetrisch sein: $T_{ij} = T_{ji}$. Mit (4.72) ergeben sich die einzelnen Koordinaten des Spannungstensors σ_{ij} aus

$$\left.\begin{aligned}\sigma_{ij} &= (\partial_{pp}T_{rr} - \partial_{sr}T_{rs})\delta_{ij} + \partial_{si}T_{js} + \partial_{jr}T_{ri} - \partial_{ij}T_{rr} - \partial_{pp}T_{ji} \;,\\ \sigma_{ij} &= (T_{rr,pp} - T_{rs,sr})\delta_{ij} + T_{ir,rj} + T_{js,si} - T_{ij,pp} - T_{pp,ir}\end{aligned}\right\} \quad (*)$$

zu:

$$\left.\begin{aligned}\sigma_{11} &= T_{22,33} + T_{33,22} - 2T_{23,23} \;, & \sigma_{22} &= T_{33,11} + T_{11,33} - 2T_{31,31}\\ \sigma_{33} &= T_{11,22} + T_{22,11} - 2T_{12,12} \;, & \sigma_{12} &= T_{23,31} + T_{31,23} - T_{12,33} - T_{33,12}\\ \sigma_{23} &= T_{31,12} + T_{12,31} - T_{23,11} - T_{11,23} \;, & \sigma_{31} &= T_{12,23} + T_{23,12} - T_{31,22} - T_{22,31}\end{aligned}\right\} \quad (**)$$

Zur eindeutigen Bestimmung der sechs unabhängigen Spannungskoordinaten genügt es, die Hauptwerte des symmetrischen Tensors T_{ij}, d.h. drei skalare Funktionen:

$$T_I \equiv \varphi = \varphi(x_p) \;, \quad T_{II} \equiv \psi = \psi(x_p) \;, \quad T_{III} \equiv \chi = \chi(x_p)$$

zu kennen. Damit vereinfacht sich (**) wesentlich:

$$\left.\begin{aligned}\sigma_{11} &= \partial^2\psi/\partial x_3^2 + \partial^2\chi/\partial x_2^2 \;, & \sigma_{22} &= \partial^2\chi/\partial x_1^2 + \partial^2\varphi/\partial x_3^2 \;, & \sigma_{33} &= \partial^2\varphi/\partial x_2^2 + \partial^2\psi/\partial x_1^2 \;,\\ \sigma_{12} &= -\,\partial^2\chi/\partial x_1\partial x_2 \;, & \sigma_{23} &= -\,\partial^2\varphi/\partial x_2\partial x_3 \;, & \sigma_{31} &= -\,\partial^2\psi/\partial x_3\partial x_1 \;.\end{aligned}\right\} \quad (***)$$

Zur Überprüfung der statischen Zulässigkeit setze man die Beziehungen (**) bzw. (***) in die Gleichgewichtsbedingungen (7.7) ein, die erfüllt sein müssen. Man kann aber auch die Beziehung (*) in (7.7) einsetzen und stellt unmittelbar fest, daß die Gleichgewichtsbedingungen (7.7) erfüllt werden, womit die statische Zulässigkeit des Spannungsfeldes (*) bzw. der daraus gewonnenen Ergebnisse (**) und (***) nachgewiesen ist.

Für den Sonderfall eines ebenen Tensorfeldes $T_{ij} = T_{ij}(x_1,x_2)$ vereinfacht sich (***) zu:

$$\boxed{\sigma_{11} = \partial^2\chi/\partial x_2^2 \;, \quad \sigma_{22} = \partial^2\chi/\partial x_1^2 \;, \quad \sigma_{12} = -\,\partial^2\chi/\partial x_1\partial x_2} \;. \quad (\overset{*}{*})$$

Darin ist $\chi = \chi(x_1,x_2)$ als AIRYsche Spannungsfunktion bekannt. Bei ebenen Problemen ist die Koordinate σ_{33} in (***) entweder Null (ebene Spannungsprobleme) oder durch σ_{11} und σ_{22} eliminierbar, z.B. $\sigma_{33} = (\sigma_{11} + \sigma_{22})/2$ beim ebenen plastischen Fließen (Ü 3.3.3, Ü 6.1.4).

Für $T_{33} \neq 0$ und alle anderen Koordinaten Null erhält man aus (**) unmittelbar das Ergebnis $(\overset{*}{*})$ mit $\chi \equiv T_{33}$

Ü 7.2.9 Es sei z_i der Bezugspunkt und x_i ein Körperpunkt, dann ist $y_i = x_i - z_i$ der "Hebelarm". Die Äquivalenzbeziehung für das Moment infolge Oberflächen- ($dP_i = p_i dF$) und Volumenkräften ($dQ_i = q_i dV$) ist durch

$$M_i = \iint_S \varepsilon_{ijk}y_j p_k dS + \iiint_V \varepsilon_{ijk}y_j q_k dV \quad (*)$$

gegeben. Unter Benutzung der fundamentalen Beziehung (2.3) und des GAUSSschen Satzes (7.18) erhält man im Momentengleichgewicht ($M_i = 0_i$):

$$\iiint_V [\partial_l(\varepsilon_{ijk}y_j\sigma_{lk}) + \varepsilon_{ijk}y_jq_k]dV = 0_i$$

und nach Ausdifferenzieren und Ordnen:

$$\iiint_V \varepsilon_{ijk}[\sigma_{lk}\partial_l y_j + y_j(\sigma_{lk,l} + q_k)]dV = 0_i \ .$$

Darin wird $\partial_l y_j = \partial_l x_j = \delta_{lj}$ und damit $\sigma_{lk}\delta_{lj} = \sigma_{jk}$, während $\sigma_{lk,l} + q_k$ aufgrund der Gleichgewichtsbedingungen (7.7) bei Anwesenheit von Volumenkräften $q_k dV$ verschwindet, so daß $\iiint_V \varepsilon_{ijk}\sigma_{jk}dV = 0_i$ folgt. Das gilt für jeden Kontrollraum V; insbesondere kann der Kontrollraum auf einen Punkt zusammengezogen werden, so daß in jedem Punkt des Spannungsfeldes gilt (Ü 4.3.3):

$$\boxed{\varepsilon_{ijk}\sigma_{jk} = 0_i} \quad \Rightarrow \quad \boxed{\sigma_{ij} = \sigma_{ji}} \ .$$

Diese Symmetrie gilt im klassischen Kontinuum. Dagegen berücksichtigt man im COSSERAT-Kontinuum neben dem Kraftspannungstensor σ_{ij} noch einen Momentenspannungstensor τ_{ij} als Reaktion auf eine aufgezwungene Gitterkrümmung (maßgeblich ist der "Versetzungsanteil" der Gitterkrümmung). Infolge von Momentenspannungen erhält die Äquivalenzbeziehung (*) für das Moment noch weitere Glieder, wodurch die Symmetrie des Kraftspannungstensors σ_{ij} verlorengeht.

In einem schadhaften Kontinuum ist der "aktuelle Spannungstensor" ("net-stress" Tensor) nur dann symmetrisch, wenn der Schadenszustand isotrop ist [6].

Ü 7.2.10 Über den GAUSSschen Satz (7.5) ermittelt man den Fluß (7.1) zu:

$$\Phi = \iiint_V \left[\frac{\partial}{\partial x_1}(2x_1x_3) + \frac{\partial}{\partial x_2}(-x_2^2) + \frac{\partial}{\partial x_3}(x_2x_3)\right]dV ,$$

$$\Phi = \iiint_V (2x_3 - x_2)dV = \int_{x_3=0}^{1}\int_{x_2=0}^{1}\int_{x_1=0}^{1}(2x_3 - x_2)dx_1dx_2dx_3 = \frac{1}{2} \ .$$

Ü 7.3.1 Aus dem STOKESschen Satz (7.23) folgert man, daß ein Kurvenintegral $\int_C A_i dx_i$ über eine geschlossene Kurve C dann und nur dann verschwindet, wenn das Vektorfeld $A_i = A_i(x_p)$ wirbelfrei ist, d.h., wenn der Rotor R_i in (7.23) verschwindet. Das Vektorfeld A_i ist dann ein konservatives Feld oder Potentialfeld $A_i = \partial_i U$, für das $R_i = \varepsilon_{ijk}\partial_j A_k = \varepsilon_{ijk}\partial_j\partial_k U = 0_i$ gilt.

Ü 7.3.2 Aus (7.23) erhält man für $A_i = \Phi B_i$ unter Berücksichtigung, daß B_i ein konstanter Vektor ist und wegen $\varepsilon_{ijk} = -\varepsilon_{kji}$:

$$\int_C \Phi B_i dx_i = \iint_S \varepsilon_{ijk}\partial_j(\Phi B_k)dS_i = -\iint_S B_k\varepsilon_{kji}\partial_j\Phi dS_i \equiv -\iint_S B_i\varepsilon_{ijk}\partial_j\Phi dS_k \ ,$$

$$B_i\int_C \Phi dx_i = -B_i\iint_S \varepsilon_{ijk}\partial_j\Phi dS_k \Rightarrow \boxed{\int_C \Phi dx_i = -\iint_S \varepsilon_{ijk}\partial_j\Phi dS_k = \iint_S \varepsilon_{ijk}dS_j\partial_k\Phi} \ .$$

In symbolischer Schreibweise lautet das Ergebnis:

$$\int_C \Phi d\vec{x} = -\iint_S \mathrm{grad}\Phi \times d\vec{S} = \iint_S d\vec{S} \times \mathrm{grad}\Phi \ .$$

Ü 7.3.3 Mit der Austauschregel $A_k = \delta_{kj}A_j$ folgt aus (7.23):

$$\int_C \delta_{kj}A_jt_kds = \iint_S \varepsilon_{pqk}n_p\partial_q(\delta_{kj}A_j)dS \quad \text{bzw.} \quad \delta_{kj}\int_C A_jt_kds = \delta_{kj}\iint_S \varepsilon_{pqk}n_p\partial_qA_jdS \ .$$

Daraus kann gefolgert werden:

$$\boxed{\int_C A_jt_kds = \iint_S \varepsilon_{pqk}n_p\partial_qA_jdS} \ . \qquad (*)$$

Überschiebt man das Zwischenergebnis (*) mit ε_{ijk}, so erhält man unter Berücksichtigung von (4.72):

$$\int_C \varepsilon_{ijk}A_jt_kds = \iint_S (n_iA_{q,q} - n_jA_{j,i})dS \equiv \iint_S (\delta_{ij}A_{k,k} - A_{j,i})n_jdS \ , \qquad \text{q.e.d.}$$

Ü 7.3.4 Mit dem vollständigen Differential $d\psi = \partial_i\psi dx_i$ und unter Berücksichtigung des STOKESschen Satzes (7.23) erhält man: $\int_C \varphi d\psi = \int_C \varphi\partial_i\psi dx_i = \iint_S \varepsilon_{ijk}\partial_j(\varphi\partial_k\psi)dS_i$, so daß nach Ausführung der Differentiation gemäß der Produktregel und wegen $\varepsilon_{ijk}\partial_j\partial_k\psi = 0_i$ gemäß Ü 4.3.3 die zu beweisende Formel folgt:

$$\int_C \varphi d\psi = \iint_S \varepsilon_{ijk}\partial_j\varphi\partial_k\psi dS_i \;\hat{=}\; \iint_S (\mathrm{grad}\varphi \times \mathrm{grad}\psi) \cdot d\vec{S} \; .$$

Ü 7.3.5 Setzt man den Rotor $A_i=\varepsilon_{ijk}\partial_j v_k$ in (7.23) ein, so erhält man unter Berücksichtigung von (4.72):

$$\int_C \varepsilon_{ijk}\partial_j v_k t_i ds = \iint_S \varepsilon_{pqr}\partial_q(\varepsilon_{rjk}\partial_j v_k)n_p dS = \iint_S (n_p\partial_p\partial_q v_q - n_p\Delta v_p)dS$$

bzw. wegen $n_p\partial_p \equiv n_p \frac{\partial}{\partial x_p} = \frac{\partial}{\partial n}$ auch: $\int_C \varepsilon_{ijk}\partial_j v_k t_i ds = \iint_S [\frac{\partial}{\partial n}\left(\frac{\partial v_q}{\partial x_q}\right) - n_p(\Delta v_p)]dS$.

In symbolischer Schreibweise lautet das Ergebnis:

$$\int_C \vec{t} \cdot \mathrm{rot}\,\vec{v}\, ds = \iint_S [\frac{\partial}{\partial n}(\mathrm{div}\,\vec{v}) - \vec{n} \cdot (\Delta\vec{v})]dS \; .$$

Ü 7.3.6 Die Zirkulation (7.27) des angegebenen Geschwindigkeitsfeldes ergibt sich nach dem STOKESschen Satz (7.23) zu:

$$\Gamma := \int_C v_i dx_i = \int_C \varepsilon_{ijk}\omega_j x_k dx_i = \iint_S \varepsilon_{pqr}\partial_q\varepsilon_{rjk}\omega_j x_k n_p dS \; .$$

Da ω_i konstant ist, erhält man mit (4.72) und wegen $\partial_q x_k = \delta_{qk}$ weiter:

$$\Gamma = \iint_S \omega_j(\delta_{pj}\delta_{qk} - \delta_{pk}\delta_{qj})\delta_{qk}n_p dS = \iint_S 2\omega_p n_p dS \; . \qquad (*)$$

Den Rotor des Geschwindigkeitsfeldes berechnet man wegen (4.72) bei konstantem ω_i zu:

$$R_i = \varepsilon_{ijk}\partial_j v_k = \varepsilon_{ijk}\varepsilon_{klm}\omega_l\partial_j x_m = \omega_l(\delta_{il}\delta_{jm} - \delta_{im}\delta_{jl})\delta_{mj} = 2\omega_i \; ,$$

so daß (*) in Übereinstimmung mit (7.23) durch $\Gamma = \iint_F R_i n_i dS$ ausgedrückt werden kann.

Ü 7.3.7 Wendet man den STOKESschen Satz (7.23) in einem ebenen Gebiet mit $dF_i = (0,0,dF_3) = (0,0,dx_1dx_2)$ und $A_i = (A_1,A_2,0)$ an, so erhält man:

$$\int_C A_1dx_1 + A_2dx_2 = \iint_S (\varepsilon_{3j1}\partial_j A_1 + \varepsilon_{3j2}\partial_j A_2)dx_1dx_2 \; .$$

Daraus folgt mit $A_1 \equiv P$, $A_2 \equiv Q$ und wegen $\varepsilon_{321} = -\varepsilon_{312} = -1$ die herzuleitende GREENsche Formel.

Ü 7.3.8 Für $P = -x_2$ und $Q = x_1$ erhält man aus der GREENschen Formel für den Inhalt einer Fläche, die von einer geschlossenen JORDANschen Kurve C begrenzt wird, die Beziehung:

$$\boxed{S = \iint_S dx_1dx_2 = \frac{1}{2}\int_C x_1dx_2 - x_2dx_1} \; .$$

Setzt man darin die Parameterdarstellung der Ellipse ein, so folgt:

$$S = \frac{1}{2}\int_0^{2\pi} [(a\cos\varphi)(b\cos\varphi) - (b\sin\varphi)(-a\sin\varphi)\, d\varphi = \frac{ab}{2}\int_0^{2\pi} d\varphi = \pi ab.$$

Ü 7.3.9 Mit der Parameterdarstellung $x_1 = r\cos\varphi$, $x_2 = r\sin\varphi$, $x_3 = 0$, $\varphi = \langle 0,2\pi \rangle$ für den begrenzenden Kreis C berechnet man das Umlaufintegral in (7.23) folgendermaßen:

$$\int_C A_idx_i = \int_C A_1dx_1 + A_2dx_2 + A_3dx_3 = \int_C (2x_1 - x_2)dx_1 - x_2x_3^2dx_2 - x_2^2x_3dx_3 \; ,$$

$$\int_C A_idx_i = r^2\int_0^{2\pi} (2\cos\varphi - \sin\varphi)(-\sin\varphi)d\varphi = \pi r^2. \qquad (*)$$

Der Rotor des gegebenen Vektorfeldes ergibt sich zu: $R_i = \varepsilon_{ijk}\partial_j A_k = (0,0,1)$. Damit berechnet man das Flächenintegral in (7.23) zu:

$$\iint_S R_i dF_i = \iint_S dS_3 = \iint_S dx_1 dx_2 = 4\int_0^r \int_0^{\sqrt{r^2-x_1^2}} dx_2 dx_1 = 4\int_0^r \sqrt{r^2 - x_1^2}\, dx_1 = \pi r^2 . \qquad (**)$$

Die Ergebnisse (*) und (**) stimmen überein, q.e.d.

Ü 7.3.10 Man setze $\Phi(z,\bar{z}) = P(x_1,x_2) + i\, Q(x_1,x_2)$ und erhält:

$$\int_C \Phi(z,\bar{z})dz = \int_C (P + i\, Q)(dx_1 + i\, dx_2) = \int_C P\, dx_1 - Q\, dx_2 + i\int_C Q\, dx_1 + P\, dx_2 .$$

Wendet man auf die beiden Integrale der rechten Seite die GREENsche Formel an, so folgt weiter:

$$\int_C \Phi(z,\bar{z})dz = -\iint_S \left(\frac{\partial Q}{\partial x_1} + \frac{\partial P}{\partial x_2}\right) dx_1 dx_2 + i\iint_S \left(\frac{\partial P}{\partial x_1} - \frac{\partial Q}{\partial x_2}\right) dx_1 dx_2 ,$$

$$\int_C \Phi(z,\bar{z})dz = i\iint_S \left[\left(\frac{\partial P}{\partial x_1} - \frac{\partial Q}{\partial x_2}\right) + i\left(\frac{\partial P}{\partial x_2} + \frac{\partial Q}{\partial x_1}\right)\right] dx_1 dx_2 . \qquad (*)$$

Wegen

$$\left.\begin{aligned} \frac{\partial \Phi}{\partial x_1} &= \frac{\partial \Phi}{\partial z}\frac{\partial z}{\partial x_1} + \frac{\partial \Phi}{\partial \bar{z}}\frac{\partial \bar{z}}{\partial x_1} = \frac{\partial \Phi}{\partial z} + \frac{\partial \Phi}{\partial \bar{z}} \\ \frac{\partial \Phi}{\partial x_2} &= \frac{\partial \Phi}{\partial z}\frac{\partial z}{\partial x_2} + \frac{\partial \Phi}{\partial \bar{z}}\frac{\partial \bar{z}}{\partial x_2} = i\left(\frac{\partial \Phi}{\partial z} - \frac{\partial \Phi}{\partial \bar{z}}\right) \end{aligned}\right\} \Rightarrow 2\frac{\partial \Phi}{\partial \bar{z}} = \frac{\partial \Phi}{\partial x_1} + i\frac{\partial \Phi}{\partial x_2} \quad \text{analog(12.13)}$$

und

$$\frac{\partial \Phi}{\partial x_1} = \frac{\partial P}{\partial x_1} + i\frac{\partial Q}{\partial x_1}, \quad \frac{\partial \Phi}{\partial x_2} = \frac{\partial P}{\partial x_2} + i\frac{\partial Q}{\partial x_2}, \text{ d.h. } \quad 2\frac{\partial \Phi}{\partial \bar{z}} = \left(\frac{\partial P}{\partial x_1} - \frac{\partial Q}{\partial x_2}\right) + i\left(\frac{\partial P}{\partial x_2} + \frac{\partial Q}{\partial x_1}\right),$$

geht (*) in die Form

$$\boxed{\int_C \Phi(z,\bar{z})dz = 2\, i\iint_S \frac{\partial \Phi}{\partial \bar{z}} dx_1 dx_2} \qquad (**)$$

über, was zu zeigen war.

Wegen $d\bar{z} = dx_1 - i\, dx_2$ und $2\frac{\partial \Phi}{\partial z} = \frac{\partial \Phi}{\partial x_1} - i\frac{\partial \Phi}{\partial x_2}$ weist man in gleicher Weise die Beziehung

$$\boxed{\int_C \Phi(z,\bar{z})d\bar{z} = -2i\iint_S \frac{\partial \Phi}{\partial z} dx_1 dx_2}$$

nach, so daß die in Ü 7.3.7 angegebene GREENsche Formel in der komplexen Form

$$\boxed{\int_C M(z,\bar{z})dz + N(z,\bar{z})d\bar{z} = 2\, i\iint_S \left(\frac{\partial M}{\partial \bar{z}} - \frac{\partial N}{\partial z}\right) dx_1 dx_2}$$

geschrieben werden kann.

Falls $\Phi(z,\bar{z}) \equiv f(z)$ nur eine Funktion von z ist und somit nur holomorphe Funktionen (Ziffer 12.1) betrachtet werden, geht wegen $\partial\Phi/\partial\bar{z} = 0$ aus (**) unmittelbar der CAUCHYsche Integralsatz

$$\boxed{\int_C f(z)dz = 0} \qquad (***)$$

hervor, den man auch als CAUCHY-GOURSAT Theorem [84] oder als Hauptsatz der Funktionentheorie [90] bezeichnet. Eine Umkehrung wird in dem Satz von MORERA formuliert, wonach aus (***) gefolgert wird, daß die in einem (beliebigen) Gebiet definierte und stetige Funktion f(z) holomorph ist. Das gilt für jeden geschlossenen Weg C, der in dem betrachteten Gebiet liegt.

Aus (***) folgt noch eine andere Fassung des Hauptsatzes, die besagt, daß

$$\boxed{F(z) = \int_{z_0}^{z} f(z^*)dz^*}$$

nicht vom Integrationsweg abhängt.

G Literaturverzeichnis

Hinsichtlich des Literaturverzeichnisses wird kein Anspruch auf Vollständigkeit erhoben. Aus Platzgründen konnte eine Vielzahl von erwähnenswerten Arbeiten zur Tensorrechnung nicht aufgeführt werden. Im folgenden sind lediglich einige Bücher und Aufsätze aufgelistet, denen der Verfasser Anregungen entnommen hat.

[1] RICCI, G. und T. LEVI-CIVITA: Méthodes de calcul différentiel absolu et leurs applications, Math. Ann. 54 (1901).

[2] DUSCHEK, A. und A. HOCHRAINER: Tensorrechnung in analytischer Darstellung, Springer-Verlag, Wien, Band I: Tensoralgebra, 4. Aufl. 1960, Bd. II: Tensoranalysis, 2. Aufl. 1961, Bd. III: Anwendungen in Physik und Technik, 2. Aufl. 1965.

[3] EINSTEIN, A.: Die Grundlagen der allgemeinen Relativitätstheorie, Annalen der Physik, 4. Folge, Bd. 49 (1916), Nr. 7, S. 769-822.

[4] LAUGWITZ, D.: Differentialgeometrie, B.G. Teubner-Verlag, Stuttgart, 2. Aufl. 1968.

[5] BORG, S.F.: Matrix-Tensor Methods in Continuum Mechanics, D. van Nostrand Company, Inc., Princeton / New Jersey / Toronto / London / New York 1963.

[6] BETTEN, J.: Elastizitäts- und Plastizitätslehre, Vieweg-Verlag, Braunschweig / Wiesbaden 1985, 2. Aufl. 1986.

[7] LEIPHOLZ, H.: Einführung in die Elastizitätstheorie, G. Braun Karlsruhe (Wissenschaft + Technik Taschenausgaben) 1968.

[8] LIPPMANN, H. und O. MAHRENHOLTZ: Plastomechanik der Umformung metallischer Werkstoffe, Bd. 1, Springer-Verlag, Berlin / Heidelberg / New York 1967.

[9] LONG, R.R.: Mechanics of Solids and Fluids, Prentice-Hall, Inc., Englewood Cliffs, New Jersey, 1961, Deutsche Ausgabe von H. LEIPHOLZ: Kontinuumsmechanik, Berliner Union Stuttgart 1964.

[10] PRAGER, W.: Einführung in die Kontinuumsmechanik, Birkhäuser-Verlag, Basel und Stuttgart 1961.

[11] BETTEN, J.: Elementare Tensorrechnung für Ingenieure, Vieweg-Verlag, Braunschweig 1977.

[12] BETTEN, J.: Applications of Tensor Functions in Solid Mechanics, CISM-Lecture Notes (Herausg.: BOEHLER, J.P.), Springer-Verlag, Wien / New York 1987.

[13] BECKER, E. und W. BÜRGER: Kontinuumsmechanik, B.G. Teubner-Verlag, Stuttgart 1975.

[14] BÖHME, G.: Strömungsmechanik nicht-newtonscher Fluide, B.G. Teubner-Verlag, Stuttgart 1981.

[15] BOLEY, B.A. und J.H. WEINER: Theory of Thermal Stresses, John Wiley & Sons, Inc., New York / London / Sydney 1960.

[16] MASE, G.E.: Theory and Problems of Continuum Mechanics, Mc Graw-Hill, Inc., New York / ... / Panama 1970.

[17] BACKHAUS, G.: Deformationsgesetze, Akademie-Verlag, Berlin 1983.

[18] JEFFREYS, H.: Cartesian Tensors, Cambridge University Press 1931, Nachdruck 1957.

[19] LANDAU, L.D. und E.M. LIFSCHITZ: Lehrbuch der Theoretischen Physik, Band VII: Elastizitätstheorie, Akademie-Verlag, 4. Aufl., Berlin 1975.

[20] HALMOS, P.R.: Finite-Dimensional Vector Spaces, Springer-Verlag, New York / Heidelberg / Berlin 1974.

[21] BETTEN, J.: Creep Theory of Anisotropic Solids, Journal of Rheology 25 (1981), S. 565-581, vorgetragen auf dem "Golden Jubilee Meeting of the Society of Rheology" in Boston (Mass.), U.S.A., 28.10. - 02.11.1979.

[22] HILL, R.: The Mathematical Theory of Plasticity, Clarendon Press, Oxford 1950.

[23] VOIGT, W.: Lehrbuch der Kristallphysik, B.G. Teubner, Leipzig / Berlin 1919, Nachdruck 1928.

[24] BETTEN, J.: Zur Modifikation des Spannungsdeviators, Acta Mechanica 27 (1977), S. 173-184, vorgetragen auf dem Workshop "Plastizitätstheorie" in Bad Honnef, Sept. 1977.

[25] BETTEN, J.: Spannungsfelder bei ebenem plastischen Fließen als Lösungen von Randwertaufgaben, Dissertation, RWTH Aachen 1968.

[26] TRUESDELL, C.A. und NOLL, W.: The Non-Linear Field Theories of Mechanics, in: FLÜGGE, S. (Herausg.), Handbuch der Physik, Band III/3, Springer-Verlag, Berlin / Heidelberg / New York 1965.

[27] MÜLLER, I.: Thermodynamik, Grundlagen der Materialtheorie, Bertelsmann Universitätsverlag, Düsseldorf 1973.

[28] ERINGEN, A.C.: Constitutive Equations for Simple Materials, in: ERINGEN, A.C. (Herausg.), Continuum Physics, Vol. II, Academic Press, New York / San Francisco / London 1975, S. 131-172.

[29] TRUESDELL, C.: Sketch for a History of Constitutive Relations, in: ASTARITA, G., MARRUCCI, G. und NICOLAIS, L. (Hrsg.), Proceedings Rheology, Vol. 1 (Principles), Plenum Press, New York / London 1980, S. 1-27.

[30] ASTARITA, G.: "Why do we search for Constitutive Equations?", vorgetragen auf dem "Golden Jubilee Meeting of the Society of Rheology" in Boston (Mass.), U.S.A., 28.10. - 02.11.1979.

[31] GRACE, J.H. und YOUNG, A.: The Algebra of Invariants, Cambridge Univ. Press, London / New York 1903.

[32] GUREVICH, G.B.: Foundations of the Theory of Algbraic Invariants, P. Noordhoff, Groningen 1964.

[33] RIVLIN, R.S.: An Introduction to Non-Linear Continuum Mechanics, in: RIVLIN, R.S. (Hrsg.), Non-Linear Continuum Theories in Mechanics and Physics and their Applications, Edizione Cremonese, Rome 1970.

[34] SCHUR, I.: Vorlesungen über Invariantentheorie, bearbeitet und herausgegeben von H. GRUNSKY, Die Grundlehren der mathematischen Wissenschaften in Einzeldarstellungen, Bd. 143, Springer-Verlag, Berlin / Heidelberg / New York 1968.

[35] WEITZENBÖCK, R.: Invariantentheorie, P. Noordhoff, Groningen 1923.

[36] WEYL, H.: The Classical Groups, Their Invariants and Representation, Princeton Univ. Press, Princeton / New Jersey 1946.

[37] SPENCER, A.J.M.: Theory of Invariants, in: ERINGEN, A.C. (Hrsg.), Continuum Physics, Vol. I, Academic Press, New York / London 1971, S. 239-353.

[38] BETTEN, J.: Integrity Basis for a Second-Order and a Fourth-Order Tensor, Internat. J. Math. and Math. Sci. 5 (1982), S. 87-96.

[39] BETTEN, J.: Representation of Constitutive Equations in Creep Mechanics of Isotropic and Anisotropic Materials, in: PONTER, A.R.S. und HAYHURST, D.R. (Hrsg.), Creep in Structures, Springer-Verlag, Berlin 1981, S. 179-201, vorgetragen auf dem dritten IUTAM Symposium on Creep in Structures in Leicester, Sept. 1980.

[40] SMITH, G.F.: On the Yield Condition for Anisotropic Materials, Quart. Appl. Math. 20 (1962), S. 241-247.

[41] SMITH, G.F., SMITH, M.M. und RIVLIN, R.S.: Integrity Bases for a Symmetric Tensor and a Vector - The Crystal Classes, Arch. Rational Mech. Anal. 12 (1963), S. 93-133.

[42] WINEMAN, A.S. und PIPKIN, A.C.: Material Restrictions on Constitutive Equations, Arch. Rational Mech. Anal. 17 (1964), S. 184-214.

[43] BETTEN, J.: Zur Aufstellung von Stoffgleichungen in der Kriechmechanik anisotroper Körper, Rheologica Acta 20 (1981), S. 527-535.

[44] GANTMACHER, F.R.: The Theory of Matrices, Vol. I, Chelsea Publishing Company, New York 1959,...,1977.

[45] BETTEN, J.: Irreducible Invariants of Fourth-Order Tensors, "Fifth Intern. Conf. on Mathematical Modelling" in Berkeley (CA), U.S.A., Juli 1985, veröffentlicht in: AVULA, X.J.R. et al. (Hrsg.), Mathematical Modelling in Science and Technology, Pergamon Journals Limited 1987, S. 29-33.

[46] BETTEN, J.: Algebraische Invarianten tensorieller Größen, vorgetragen auf dem XI. Österreichischen Mathematikerkongreß, Graz, 16. - 21.09.1985.

[47] BETTEN, J.: Pressure-dependent Yield Behaviour of Isotropic and Anisotropic Materials, in: VERMEER, P.V. und LUGER, H.J. (Hrsg.), Deformation and Failure of Granular Materials, A.A. Balkema, Rotterdam 1982, S. 81-89, vorgetragen auf dem IUTAM Symposium "Deformation and Failure of Granular Materials" in Delft, Sept. 1982.

[48] BETTEN, J.: Formulation of Failure Criteria for Anisotropic Materials under Multi-Axial States of Stress, Colloque International du CNRS n° 351 on "Failure Criteria of Structured Media, Grenoble, 21.06. - 24.06.1983, erscheint in den Proceedings.

[49] BETTEN, J.: Theory of Invariants in Creep Mechanics of Anisotropic Materials, in: BOEHLER, J.P. (Hrsg.), Mechanical Behaviour of Anisotropic Materials, Martinus Nijhoff Publishers, The Hague / Boston / London 1982, S. 65-80, vorgetragen auf dem EUROMECH Colloquium 115 in Grenoble, Juni 1979.

[50] BETTEN, J.: Damage Tensors in Continuum Mechanics, Journal de Mécanique théorique et appliquée 2 (1983), S. 13-32, vorgetragen auf dem EUROMECH Colloquium 147 in Cachan / Paris am 22.09.1981.

[51] BETTEN, J.: Net-Stess Analysis in Creep Mechanics, Ingenieur-Archiv 52 (1982), S. 405-419, vorgetragen auf dem "Second Symposium on Inelastic Solids and Structures" in Bad Honnef am 24.09.1981.

[52] BETTEN, J.: The Classical Plastic Potential Theory in Comparison with the Tensor Function Theory, Engineering Fracture Mechanics (OLSZAK Memorial Volume) 21 (1985), S. 641-652, vorgetragen auf dem internationalen Symposium PLASTICITY TODAY, Udine, 27. - 30. Juni 1983.

[53] BETTEN, J.: On the Representation of the Plastic Potential of Anisotropic Solids, Proceedings of the CNRS International Colloquium 319 "Plastic Behavior of Anisotropic Solids", Villard-de-Lans, 16. - 19. Juni 1981, Hrsg.: BOEHLER, J.P., EDITIONS DU CENTRE NATIONAL DE LA RECHERCHE SCIENTIFIQUE 15, Quai Anatole France - 75700 Paris 1985, S. 213-228.

[54] BETTEN, J.: Constitutive Equations of Isotropic and Anisotropic Materials in the Secondary and Tertiary Creep Stage, in: WILSHIRE, B. und OWEN, D.R.J. (Hrsg.), Creep and Fracture of Engineering Materials and Structures, Pineridge Press, Swansea 1984, Part II, S. 1291-1305, Proceeding of the Second International Conference on Creep in Swansea, April 1984.

[55] BOEHLER, J.P.:A Simple Derivation of Representations for Non-Polynomial Constitutive Equations in Some Cases of Anisotropy, Z. Angew. Math. Mech. (ZAMM) 59 (1979), S. 157-167.

[56] BETTEN, J.: Interpolation Methods for Tensor Functions, in: AVULA, X.J.R. et al. (Hrsg.), Mathematical Modelling in Science and Technology, Pergamon Press, New York / ... / Frankfurt 1984, S. 52-57, vorgetragen auf der "Fourth International Conference on Mathematical Modelling" in Zürich, August 1983.

[57] SAUER, R. und SZABÓ, I.: Mathematische Hilfsmittel des Ingenieurs, Teil III, Springer-Verlag, Berlin / Heidelberg / New York 1968.

[58] JORDAN-ENGELN, G. und REUTTER, F.: Numerische Mathematik für Ingenieure, B.I.-Hochschultaschenbuch, Band 104, Bibliographisches Institut, Mannheim / Wien / Zürich 1972.

[59] DAVIS, Ph.J.: Interpolation and Approximation, Dover Publication, New York 1975.

[60] SCHWARZ, H.R.: Numerische Mathematik, B.G. Teubner, Stuttgart 1986.

[61] BETTEN, J.: Applications of Tensor Functions to the Formulation of Constitutive Equations involving Damage and Initial Anisotropy, Engineering Fracture Mechanics 25 (1986), S. 573-584, vorgetragen auf dem IUTAM-Symposium on Mechanics of Damage and Fatigue, Haifa / Tel Aviv, 01. - 04. Juli 1985.

[62] BETTEN, J.: Tensorial Generalization of Uni-Axial Constitutive Relations, vorgetragen auf der "2nd Conference of European Rheologists", Prag, 17. - 20. Juni 1986.

[63] BETTEN, J.: Beitrag zur tensoriellen Verallgemeinerung einachsiger Stoffgesetze, Z. angew. Math. Mech. (ZAMM) 66 (1986), S. 577-581.

[64] SOBOTKA, Z.: Tensorial Expansions in Non-Linear Mechanics, Academia Nakladatelstvi Ceskoslovenské, Akademie VED, Praha 1984.

[65] BETTEN, J.: Bemerkungen zum Versuch von HOHENEMSER, Z. Angew. Math. Mech. (ZAMM) 55 (1975), S. 149-158.

[66] BETTEN, J.: Zum Traglastverfahren bei nichtlinearem Stoffgesetz, Ingenieur-Archiv 44 (1975), S. 199-207.

[67] LECKIE, F.A. und HAYHURST, D.R.: Constitutive Equations for Creep Rupture, Acta Metallurgica 25 (1977), S. 1059-1070.

[68] ODQUIST, F.K.G. und HULT, J.: Kriechfestigkeit metallischer Werkstoffe, Springer-Verlag, Berlin /Göttingen / Heidelberg 1962.

[69] RAMBERG, W. und OSGOOD, W.R.: Description of stress-strain curves by three parameters, NACA Technical Note No. 902, July 1943.

[70] BETTEN, J.: On the Creep-Behaviour of an Elastic-Plastic Thick-Walled Circular Cylindrical Tube subjected to internal Pressure, in: MAHRENHOLTZ, O. and SAWCZUK, A. (Hrsg.), Mechanics of inelastic Media and Structures, Polish Academy of Science, Warszawa, Poznań 1982, S. 51-72, vorgetragen auf dem internationalen Symposium on Mechanics of inelastic Media and Structures in Warschau, Sept. 1978.

[71] BETTEN, J.: Zur Kriechaufweitung zylindrischer Hochdruckbehälter, Rheol. Acta 19 (1980), S. 517-524, vorgetragen auf der Jahrestagung d. Deutschen Rheologischen Gesellschaft in Aachen, März 1979.

[72] BETTEN, J., BORRMANN, M. und KNÖRZER, D.: Berechnung des Kriechverhaltens druckbeanspruchter dickwandiger Kugelbehälter aus anisotropem Material, Forsch. Ing.-Wes. 50 (1984), S. 117-122.

[73] BETTEN, J.: Tensorrechnung für Ingenieure II, Vorlesung an der RWTH Aachen seit SS 1972.

[74] SOKOLNIKOFF, I.S.: Tensor Analysis, Theory and Applications to Geometry and Mechanics of Continua, John Wiley, New York / London / Sydney, Second Edition 1964.

[75] MALVERN, L.W.: Introduction to the Mechanics of a Continuous Medium, Prentice-Hall, Englewood Cliffs, New Jersey 1969.

[76] GREEN, A.E. und ZERNA, W.: Theoretical Elasticity, Oxford University Press, Second Edition 1968.

[77] GREEN, A.E. und ADKINS, J.W.: Large Elastic Deformation, Oxford University Press, Second Edition 1970.

[78] ERINGEN, A.C.: Tensor Analysis, in: ERINGEN, A.C. (Hrsg.), Continuum Physics, Vol. I, Academic Press, New York / London 1971, S. 1-155.

[79] TRUESDELL, C.: The physical Components of Vektors and Tensors, Z. angew. Math. Mech. (ZAMM) 33 (1953), S. 345-356.

[80] FÖPPL, L.: Konforme Abbildung ebener Spannungszustände, Z. angew. Math. Mech. 11 (1931), S. 81-92.

[81] FÖPPL, L.: Zur konformen Abbildung ebener elastischer Spannungszustände, Forschung auf dem Gebiete des Ingenieurwesens 26 (1960), S. 173-178.

[82] MUSKHELISHVILI, N.I.: Some Basic Problems of the Mathematical Theory of Elasticity, P. Noordhoff Ltd., Groningen 1953 (deutsche Übersetzung, Hanser-Verlag, München 1971).

[83] MEISTER, E.: Randwertaufgaben der Funktionentheorie, B.G. Teubner, Stuttgart 1983.

[84] SPIEGEL, M.R.: Complex Variables, Schaum's Outline Series, Mc GRAW-HILL Book Company, New York 1974.

[85] SMIRNOV, W.I.: Lehrgang der höheren Mathematik, Teil III/1, VEB Deutscher Verlag der Wissenschaften, 2. Aufl., Berlin 1960.

[86] KEUNE, F. und BURG, K.: Singularitätenverfahren der Strömungslehre, G. Braun, Karlsruhe 1975.

[87] BETTEN, J.: Zum Eigenwertproblem für Tensoren vierter Stufe, ZAMM, in Vorbereitung.

[88] BETTEN, J.: Spannungszustand im elastischen Halbraum und in elastischen kreiszylindrischen Walzen unter verschiedenen Randbedingungen, Diplomarbeit, RWTH Aachen WS 1963/64.

[89] BETTEN, J.: Beitrag zur Ermittlung AIRYscher Spannungsfunktionen als Grundlage zur Berechnung der Walzenabplattung, Archiv Eisenhüttenwes. 42 (1971), S. 9-11.

[90] KNOPP, K.: Funktionentheorie I, Grundlagen der allgemeinen Theorie der analytischen Funktionen, Walter de Gruyter, Berlin 1957.

H Sachwortverzeichnis